Jetzt helfe ich mir selbst

Motor buch Verlag

Umschlagentwurf und Buchgestaltung: Anita Ament.
Umschlagfotos: Richter, Seufert.

ISBN 3-613-01465-3

Auflage Nr. 1012908
Copyright © by Motorbuch Verlag, Postfach 103743, 7000 Stuttgart 10; ein Unternehmen der
Paul Pietsch-Verlage GmbH & Co.
Sämtliche Rechte der Speicherung, Vervielfältigung und Verbreitung sind vorbehalten.
Die in diesem Buch enthaltenen Ratschläge werden nach bestem Wissen und Gewissen erteilt, jedoch
unter Ausschluß jeglicher Haftung.
Dieser Band wird bei jeder Neuauflage auf den aktuellen Stand gebracht. Dennoch können Änderungen
durch Weiterentwicklung der beschriebenen Fahrzeuge nicht enthalten sein.
Manuskriptbearbeitung: Redaktion »Jetzt helfe ich mir selbst«.
Fotos: Axmann 1, BMW 28, Bosch 2, Lautenschlager 166, Riesen 129.
Zeichnungen: Archiv Verfasser 1, autopress 5, BMW 35, Bosch 1, Brunner 3, Hella 1, Opel 1, Pirelli 1,
Fichtel & Sachs 1, Teves 1, Volkswagen 2.
Bildgrafik: Stefan Conzelmann, Ulrike Nülsen.
Stromlaufpläne: BMW.
Satz und Druck: Maisch + Queck, 7016 Gerlingen.
Bindung: Wilhelm Nething, 7315 Weilheim.
Printed in Germany.

Dieter Korp
Thomas Lautenschlager
Roland Riesen

BMW 316i, 318i, 318is

ab Januar '91

Motorbuch Verlag
Stuttgart

Inhaltsverzeichnis

Wertanlage

BMW-Automobile besitzen allgemein eine hohe Wertbeständigkeit. Das zeigt natürlich zunächst am guten Wiederverkaufswert, den selbst recht betagte Exemplare noch erzielen, aber auch am guten Gesamtzustand von Wagen mit hoher Kilometerleistung. Daß der BMW ein Wagen ist, der seinem Besitzer lange Zeit Freude bereiten kann, das weiß auch die TÜV-Mängelstatistik zu berichten: In Sachen Rostunempfindlichkeit gehört der 3er schon seit zwei Fahrzeuggenerationen zu den Musterknaben.
Gute Anlagen also, um den BMW zum privaten Langzeit-Auto zu machen. Ein Vorhaben, das auch dieses Buch im Schilde führt, denn nicht immer geht's ohne fachkundige Anleitung.
Ein weiterer Grund, in dieses Buch zu schauen: Information über Ihren BMW, der voller fortschrittlicher Technik steckt, über die man sonst kaum etwas im Detail erfährt. Wir denken z.B. an die Vierventiltechnik des 318is oder an das Kombi-Instrument, das sich selbst testet – wenn man nur weiß, wie man den Test auslöst. Solche Kenntnisse dienen nicht nur der privaten Weiterbildung in Sachen BMW-Technik, sondern helfen ganz sicher beim Gespräch mit der Werkstatt.

Damit Sie sich im Innern dieses Bandes leichter zurechtfinden, ist bereits im Inhaltsverzeichnis auf den vorhergehenden Seiten eine kleine Auswahl der Stichworte herausgegriffen, die in den einzelnen Kapiteln zur Sprache kommen. Weitere Orientierungshilfen bietet der Wartungsplan innen auf der hinteren Umschlagseite, das Verzeichnis der Störungsbeistände im Kapitel »Defektsuche« sowie das Stichwortverzeichnis ganz hinten im Buch.
Ebenfalls der besseren Orientierung dient die Buchgestaltung auf den einzelnen Seiten. So sind Passagen, die der Information dienen, stets einspaltig abgedruckt, während reine Arbeitsschritte generell zweispaltig erscheinen. Je nach Interessenlage können Sie sich also mehr dem einen oder dem anderen Wissensgebiet zuwenden.

Natürlich konnten wir uns alle die im Buch genannten Tips und Tricks nicht einfach aus dem Ärmel schütteln. Viele hilfsbereite Menschen aus allen Bereichen der Automobilbranche haben uns deshalb mit Rat und Tat unterstützt. Ihnen wollen wir an dieser Stelle herzlich danken.

Die Verfasser

Flotter Dreier

Für das Haus BMW ist die 3er-Reihe die Basis-Baureihe; und das gleich in zweierlei Wortsinn: Zum einen ist sie die Einsteiger-Baureihe, zum anderen ist sie – die Stückzahlen beweisen es – die Basis für das Automobilgeschäft bei BMW schlechthin. Man glaubt es kaum: Jeder zweite BMW ist ein 3er.

Aus kleinen Anfängen

Die BMW 3er-Reihe hat zwar keine lange, doch eine recht interessante Ahnengalerie. Gemeinsamkeit dieser Wagen ist die kompakte Bauform und die sportliche Prägung.

Die sportliche Mittelklasse

Den Erfolg der Marke verdankt BMW vor allem der Einführung eines sportlichen Mittelklassewagens; einer Idee, die bereits 1959 mit dem sportlich geprägten BMW 700 realisiert wurde. Den echten Durchbruch schaffte jedoch erst der BMW 1500, der zusätzlich dem Anspruch eines zuverlässigen, vollwertigen Automobils gerecht wurde.

Dem 1500er stellte man nach und nach weitere Motor- und Ausstattungsversionen zur Seite. 1600, 1800 und 2000 lauteten die Bezeichnungen. Stets auf ausreichend Motorleistung bedacht, entwickelten die Bayern daraus weitere Varianten mit Mehrvergaser- und Einspritzanlagen.

Den für die 3er-Reihe entscheidenen Meilenstein markiert die Zweitürer-Karosserie des BMW 1600-2 (später 1602), die ab '68 als 2002 auch mit 100 PS zu haben war. »Scharfe« Versionen, wie der 2002 tii und turbo, folgten.

Das 3er Coupé – also der Zweitürer – präsentiert sich hier mit kompletter Ahnengalerie. Von links nach rechts: Das BMW 700 Sportcoupé, der BMW 1600-2, der BMW 3er der ersten Generation sowie sein Nachfolger.

Der Schritt zur ersten 3er-Reihe war danach ein vergleichsweise kleiner, wenn auch diese Modellreihe die Verkaufszahlen der Vorgänger noch übertraf. Noch mehr Attraktivität gewann der kleine BMW, nachdem in dieser Modellreihe seit 1977 zwei Sechszylindermotoren zur Verfügung standen; damals ein Novum in dieser Fahrzeugklasse.

Ende 1982 war die Zeit reif für die Vorstellung einer grundlegend überarbeiteten neuen 3er-Generation – werksintern E30 genannt. Die neue Karosserie wirkt durch die niedrigere Gürtellinie zierlicher und wartet gegenüber der Vorgängerversion mit einem besseren Luftwiderstandsbeiwert auf. Stark überarbeitet ist auch das Fahrwerk, was vor allen Dingen der Vorderachse zugute kommt.

Erstmals wird die Limousine auch viertürig angeboten. Allrad-, Cabrio- und Dieselversion rundeten das Angebot dieser Baureihe ab. Legendär ist die Sportversion M 3.

Im Laufe der Bauzeit sind zahlreiche Detailverbesserungen angesagt: So wurde z.B. der c_w-Wert ab 1985 verringert (beim 324 d auf 0,37). Dazu wurde neben anderen Detailarbeiten die Frontschürze verändert. Außerdem wurden die Räder mit Vollblenden versehen.

1987 bekommt der 318 i einen völlig neu konstruierten Motor, und die gesamte 3er-Reihe erfährt eine optische Aufwertung: Neue Stoßfänger aus Kunststoff, die einen Stoß mit 4 km/h ohne Beschädigung aushalten (Cabrio und M 3 behalten ihre bisherigen Stoßstangen). Ellipsoid-Frontscheinwerfer mit Linsenoptik (erstmals im 7er eingebaut) sorgen für besseres Abblendlicht. Am Heck: Schwarze Zierblende und größere Rückleuchten.

Die neue Motorengeneration gibt es ab 1988 auch für den 316 i, 1989 wird den beiden Vierzylindern der sportliche 318 is mit Vierventiltechnik zur Seite gestellt.

Selbst nach Vorstellung der Nachfolgemodelle bleibt die E 30-Baureihe in zweitüriger Ausführung sowie in den Versionen touring, Cabrio und M 3 noch für einige Zeit im Verkaufsprogramm.

Der 3er der dritten Generation ist zwar eine völlig neu entwickelte viertürige Limousine – sie ist jedoch anhand von typischen Stilelementen wie der Niere im Kühlergrill, den Doppel-Rundscheinwerfern (aus Gründen der Aerodynamik diesmal hinter einem Deckglas) und des Gegenschwungs im hinteren Dachpfosten eindeutig als BMW zu identifizieren. Zwei- und Viertürer gelten als eigenständige Modellreihen. Das Zweitürer-Modell wird nach der Einführung im Januar 1992 als »Coupé« vermarktet.

Die M 40-Motorenbaureihe für die Modelle 316 i und 318 i wurde erst im Jahre 1987 eingeführt. Entwicklungsziel war unter anderem die Verwendung von möglichst vielen gleichen Teilen in den verschiedenen Motorenbaureihen des Hauses BMW. Angestrebt wurde außerdem geringes Gewicht und kompakte Bauform. Übrigens wartet

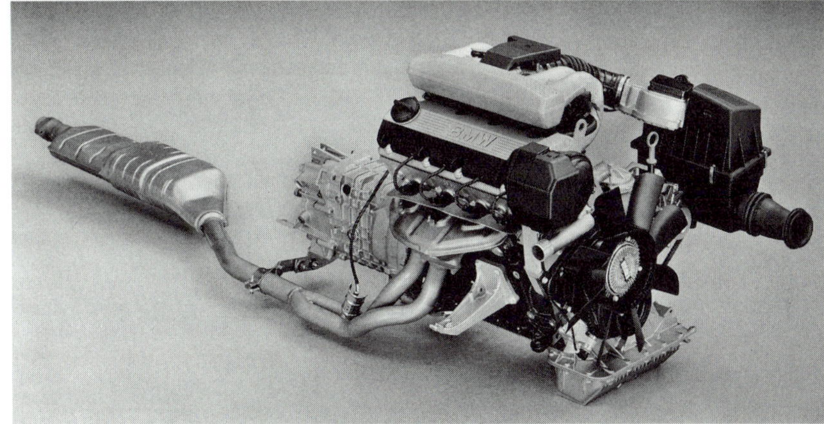

Der Zweiventiler-Motor M 40 komplett mit Luftfilter und Luftmengenmesser, Grauguß-Auspuffkrümmer und dem vorderen Abgasrohr mit Katalysator. Deutlich zu erkennen ist der Einbauort der Lambda-Sonde im Abgasrohr vorn.

dieser Motor mit eine kleinen Superlative auf: es ist der erste und einzige BMW-Serienmotor, bei dem ein Zahnriemen die Nockenwelle treibt. Leistungsdaten: 316 i: 73 kW; 318 i: 83 kW.

Der Vierventiler-Motor M 42 des BMW 318 is läßt in dieser Ansicht besonders deutlich den sogenannten Auspuff-Fächerkrümmer mit seinen vier Einzelrohren erkennen. Auch hier ist wieder der Einbauort der Lambda-Sonde gut sichtbar.

Der M 40-Motor war es auch, der als Basis für den Vierventiler-Motor (M 42) des 318 is diente. Neben dem Vierventiler-Zylinderkopf unterscheidet sich dieser Motor vor allem durch den Antrieb der Nockenwellen, der

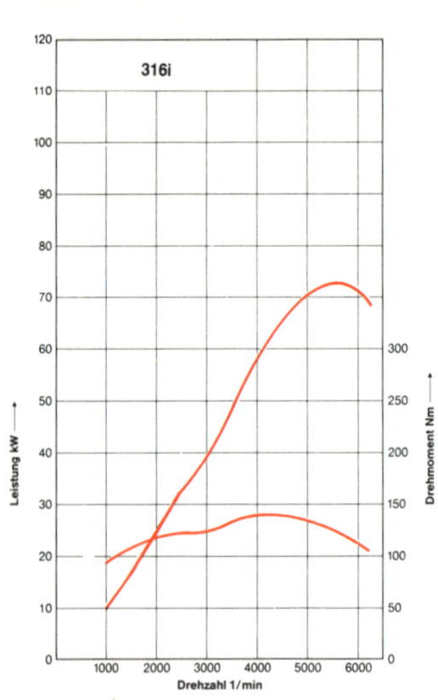

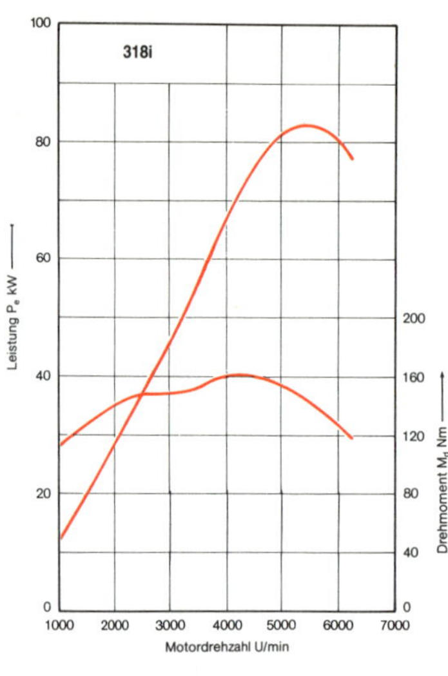

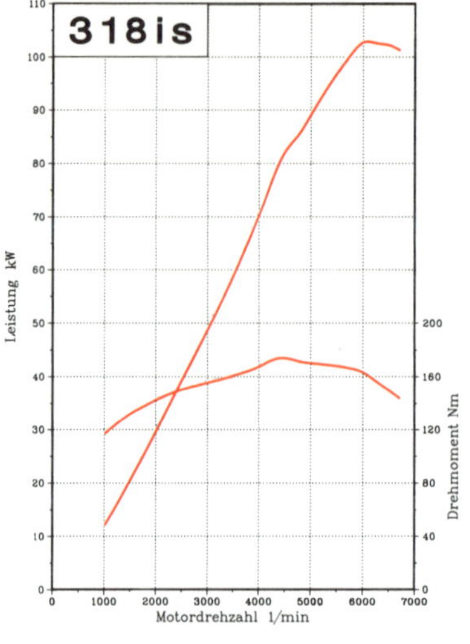

Den Verlauf von Drehmoment und Leistung über der Motordrehzahl zeigen diese drei Diagramme für die Modelle 316i, 318i und 318is.

hier wieder traditionell mittels Duplexkette (Doppelkette) erfolgt. Ebenfalls schon im Vorgänger-Modell präsentiert, ist dieser Motor in unserer Modellreihe zunächst nur dem 3er-Coupé vorbehalten. Leistungsdaten 318is: 103 kW. Für die Präsentation in der E 36-Modellreihe wurde dem Vierventiler noch ein technisches Schmankerl verpaßt: eine variable Sauganlage (Erklärung siehe Kapitel »Die Motoren und ihr Innenleben«).

Die Karosserie

Die Blechhaut des 3ers hat es in sich: So ist z.B. durch optimierte Trägerprofile und verklebte Front- und Heckscheiben die Verwindungssteifigkeit stark erhöht. Auch die Aerodynamik kommt nicht zu kurz: Der c_w-Wert liegt je nach Version zwischen 0,29 und 0,32. Zu diesen guten Werten tragen neben der markanten Keilform der Karosserie – mit weit abgesenkter Motorhaube und anhobener Heckpartie – die außenbündigen Scheiben ebenso bei wie die verkleideten Scheinwerfer und gezielte Kühlluftführung im Motorraum.
Saubere Umströmung der Karosserie senkt auch die Windgeräusche bei hohen Geschwindigkeiten – ein weiterer Grund für die außen angesetzen Seitenscheiben. Außerdem dämpft ein doppeltes Dichtungssystem an den Türen.

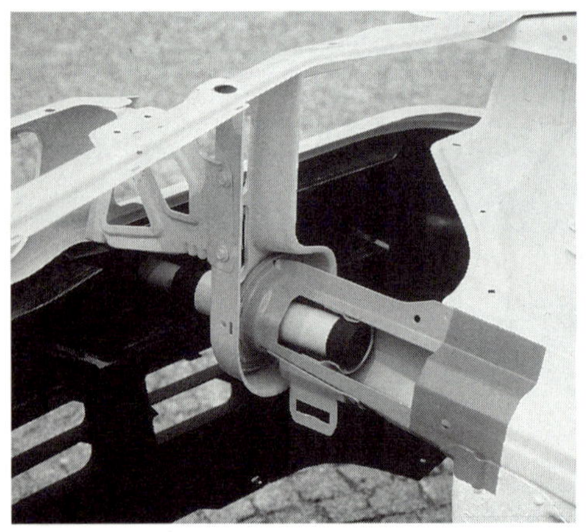

Kleinere Rempeleien übersteht der BMW ohne Beschädigung. Elastische Dämpfer in der Stoßfängeraufhängung ermöglichen dies. Bis 16 km/h bleibt der Aufprall ohne schwerwiegende Folgen. Es müssen nur die Prallelemente der Stoßfängeraufhängung sowie die Stoßfänger selbst ersetzt werden. Die Trägerstruktur des Heckbereiches ist ebenfalls so ausgelegt, daß selbst bei schweren Unfällen keine Gefahr für die Fahrzeuginsassen besteht. Der Träger ist in der Abbildung dunkel abgesetzt. Das in den Kofferraumboden eingelassene Reserverad ist übrigens auch Bestandteil des Aufprallschutzes.

Unfallsicherheit Die Unfallsicherheit der Karosserie läßt nichts zu wünschen übrig. Angefangen von den Prallboxen hinter dem vorderen Stoßfänger, die einen Stoß bis 4 km/h durch Hydraulikdämpfer absorbieren können und die bei einem 16-km/h-Aufprall zwar ersetzt werden müssen, aber weitere Karosserieschäden vermeiden. Bis hin zum crashsicher unter der Rückbank angeordneten hochflexiblen Kraftstofftank. Fast schon logisch, daß der BMW

Bevor ein Fahrzeugmodell in Serie geht, müssen zahlreiche Crash-Tests überstanden werden. Hier ist der BMW 3er mit ca. 50 kmh frontal auf ein feststehendes Hindernis geprallt.

den für die USA-Zulassung vorgeschriebenen 56-km/h-Frontalaufprall ohne Deformation der Fahrgastzelle übersteht. Auch der hintere Stoßfänger ist in der Lage, einen 4-km/h-Aufprall mit den Prallelementen zu »verdauen«. Höhere Geschwindigkeiten verursachen hier allerdings Karosserieschäden.

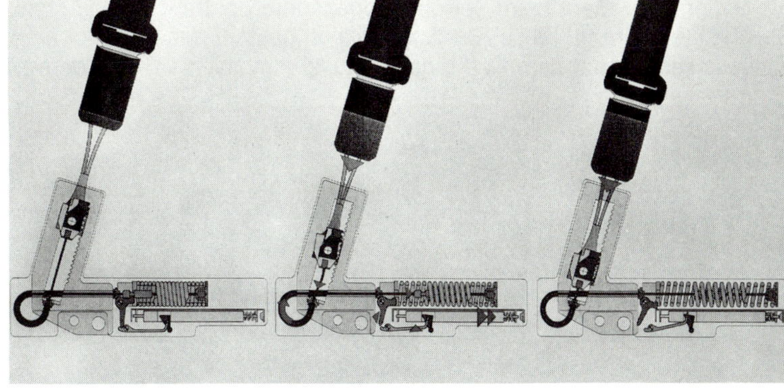

Der BMW besitzt sogenannte Gurtstrammer an den Gurtschlössern. Bei einem Aufprall wird eine Feder ausgelöst, die das Gurtschloß nach unten zieht und somit über dem Körper strafft, was Verletzungen durch zu lose angelegte Sicherheitsgurte vermeidet. Die Abbildungen demonstrieren das Auslösen des Gurtstrammers.
Links: Gurtstrammer in Normalstellung.
Mitte: Die Feder zieht das Gurtschloß nach unten.
Rechts: Das Gurtschloß ist komplett nach unten gezogen, die Feder ist entspannt.

Erwähnt seien noch die mechanischen Gurtstrammer am Gurtschloß der Vordersitze. Sie straffen im Auslösefall Schulter- und Beckengurt um jeweils 6 cm. Ein Durchtauchen der Insassen unter dem Gurt wird damit zusätzlich erschwert bzw. ein lose angelegter Gurt hat weniger Körperbewegung zur Folge.

Ausgewogenes Fahrverhalten wird erzielt, wenn Vorder- und Hinterachse des Wagens gleich stark belastet sind (Achlastverteilung von 50:50). Das wurde erreicht, indem man den Radstand – also den Abstand von Vorder- und Hinterachse – gegenüber dem Vorgängermodell um 130 mm vergrößerte. Die Vorderachse rutschte weiter nach vorn, das Motorgewicht wirkt so auch zum Teil auf die ansonsten nur schwach belastete Hinterachse.

Vorderachse

In diesem Bereich finden wir die aus der Vorgänger-Modellreihe bewährten Komponenten mit neuen Ideen angereichert:
Kern der Vorderradaufhängung ist nach wie vor das sogenannte Federbein, an dem das Rad direkt befestigt ist und das sich gleichzeitig für Federung und Stoßdämpfung zuständig fühlt. Ein elastisch aufgehängtes Lager verbindet das Federbein an der Oberkante mit der Karosserie. Die elastische Aufhängung verhindert, daß Fahrwerksgeräusche aus den Stoßdämpfern auf die Karosserie übertragen werden. Auch der eigentliche Achsträger ist zur Geräuschminderung über Gummilager mit der Karosserie verschraubt.

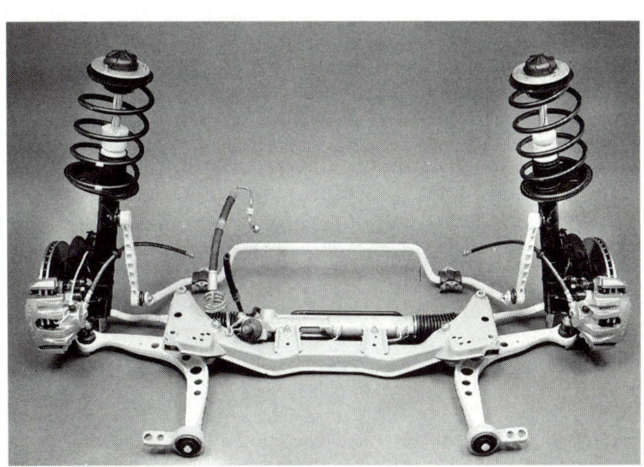

Die Vorderachse des 3er-BMW basiert weitgehend auf der Achse der Vorgänger-Modellreihe, charakteristische Merkmale sind die sichelförmigen unteren Querlenker und die langen Federbeine.

Unten ist das Federbein über den sogenannten Querlenker gelenkig mit dem Vorderachsträger und der Karosserie verbunden. Mit der Lenkung haben die Querlenker übrigens nichts zu schaffen – ihren Namen bekamen sie vielmehr, weil an ihnen die Federbeine angelenkt (sprich: gelenkig aufgehängt) sind und weil sie quer zur Fahrtrichtung stehen.
An den beiden Querlenkern ist ferner noch ein mehrfach gebogener Rundstab aus Federstahl befestigt – der sogenannte Stabilisator. Der bewirkt folgendes: Wenn bei Kurvenfahrten das kurveninnere Rad ausfedert, wird der Stabilisator in sich verwunden. Mit der so entstehenden Federkraft wird nun die kurvenäußere Radaufhän-

gung unterstützt und somit deren Feder gewissermaßen verstärkt. Erfolg: Der Wagen neigt sich beim Kurvenfahren wesentlich schwächer. Federt der Wagen etwa beim Bremsen vorn gleichmäßig ein, bleibt der Stabilisator wirkungslos.

Hinterachse

Als Hinterachse dient beim 3er eine sogenannte Zentral-Lenker-Achse, die in ihrer Grundkonstruktion dem BMW Z1 entstammt. Diese Achskonstruktion besteht aus einem oberen und einem unteren Querlenker, dem Längslenker, der mit dem Radträgergehäuse kombiniert ist, und dem eigentlichen Hinterachsträger.

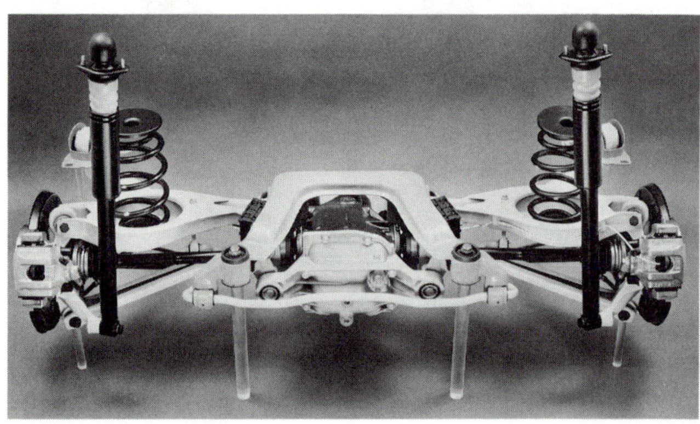

Die Hinterachse des 3er-BMW kann die Verwandtschaft zur BMW Z1-Achse nicht leugnen. Fahrwerksysteme wie diese können heute ohne Computerunterstützung nicht mehr entwickelt werden.

Beide Querlenker sind an der Innenseite am Achsträger aufgehängt und außen mit dem Radträger verbunden. Der Radträger wiederum mündet vorn in einen Längslenker, und dieser ist elastisch an der Karosserie gelagert. Logisch, daß alle Teile beweglich miteinander verbunden sind, um die Federbewegungen zuzulassen. Federn und Stoßdämpfer treten hier als einzelne Bauteile auf, sind also nicht zu einem Federbein zusammengefaßt. Wie an der Vorderachse unterbindet auch hier ein Querstabilisator allzu große Seitenneigung.

Stoßdämpfer

Serienmäßig sind sogenannte Zweirohrdämpfer eingebaut. Sie bestehen aus einem Arbeitszylinder, in dem ein mit einer Kolbenstange verbundener Arbeitskolben auf und ab gleiten kann. Der Arbeitszylinder ist von einem zweiten Zylinder umgeben, der als Vorratsbehälter für das Stoßdämpfer-Hydrauliköl dient. Bei Federbewegungen eines Rades verschiebt sich der Kolben im Zylinder. Das in Bewegung versetzte Spezialöl wird durch Ventile hindurchgepreßt, was die Kolbenbewegung verlangsamt und damit die Radschwingungen dämpft.

Die Lenkung

Der 3er-BMW ist mit einer sogenannten Zahnstangenlenkung ausgestattet. Ein Ritzel am Ende der Lenksäule greift in eine Zahnstange ein und verschiebt diese je nach Drehrichtung am Lenkrad nach rechts oder links. Diese Bewegungen übertragen die beiden an der Zahnstange angeschraubten Spurstangen auf die schwenkbaren Radzapfen, die mit dem jeweiligen Federbein eine Baueinheit bilden. Das Rad kann also in die gewünschte Richtung geschwenkt werden. Drehpunkte für das Federbein sind das Stoßdämpferlager oben und das Achsgelenk unten.
Ab dem 318i ist der 3er BMW serienmäßig mit einer Servolenkung ausgestattet. Hier dient die Zahnstange im Lenkgetriebe gleichzeitig als Kolben. Dieser wird vom hineingepumpten Hydrauliköl nach rechts oder links verschoben. In welche Richtung gepumpt wird, bestimmen Sie beim Drehen des Lenkrads. Diese Drehung wird auf ein Ventilsystem übertragen, das Richtung und Menge des Flüssigkeitsstromes regelt. Den Druck im hydraulischen System erzeugt eine Flügelpumpe, die der Motor über einen Keilriemen antreibt.
Kleiner Gag bei dieser Lenkung: Die Lenkkraftunterstützung ist drehzahlabhängig. Das heißt: Niedrige Motordrehzahl (wie beim Einparken) – hohe Lenkkraftunterstützung; hohe Drehzahl (Autobahn) – geringe Lenkkraftunterstützung.

Räder und Bremsen

Grundsätzlich rollt der BMW jetzt auf 15″-Felgen. Die lassen in der Felgenschüssel viel Platz für große Bremsscheiben mit 286 mm Durchmesser an der Vorder- und 280 mm an der Hinterachse. Seit 9/91 ist das Antiblockiersystem (Teves ABS) bei allen 3ern serienmäßig. Zuvor waren Fahrzeuge ohne ABS mit Trommelbremsen an der Hinterachse ausgestattet.

Elektrische Ausstattung der Karosserie

Beginnen wir mit den Scheinwerfern: Damit das typische BMW-Gesicht gewahrt bleibt, besitzt der 3er vier Rundscheinwerfer, die wegen der niedrigen Haubenkante klein ausfallen mußten. Um ein ebenso gutes

Abblendlicht wie bei größerem Reflektordurchmesser zu erhalten, griff man zu zwei Ellipsoid-Scheinwerfern mit eingebauter Linsenoptik. Die Fernscheinwerfer besitzen herkömmliche Technik. Auch die Aerodynamik hat Einfluß auf die Gestaltung der Scheinwerfer: Die zusätzliche Glasabdeckung ist ein Zugeständnis an eine bessere Umströmung.

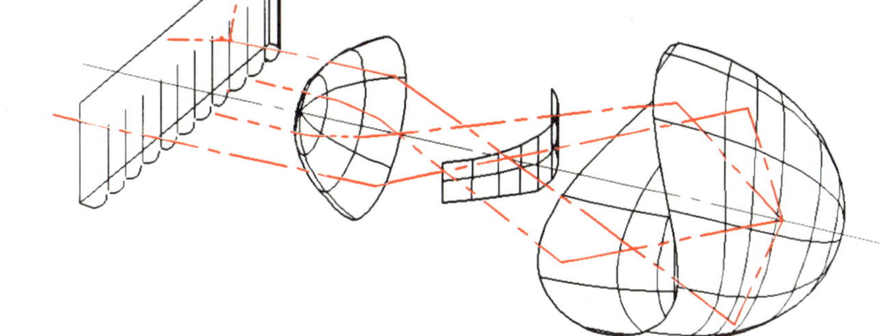

Gutes Licht aus kleinen Scheinwerfern erfordert hohen Aufwand an optischen Einrichtungen. Die Grafik zeigt den Verlauf der Lichtstrahlen durch Linsen und Blenden im Hauptscheinwerfer des BMW.

Bemerkenswert ist auch die Scheibenwischersteuerung des BMW: In der ersten Wischerstufe erfolgt bei Fahrzeugstillstand ein automatisches Zurückschalten der Wischer auf Intervallbetrieb. Ist der Wagen mit einer Intensivreinigungsanlage ausgestattet, kann die Intervallzeit von 0–25 Sekunden frei programmiert werden. Bei Fahrzeugstillstand verdoppelt sich die Intervallzeit.

Die Scheinwerfer-Reinigungsanlage funktioniert ohne eigene Wischer. Hochdruckdüsen unter den Scheinwerfern werden im Bedarfsfall ca. 40 mm ausgefahren und lassen Spritzwasser mit 2,5 bar Überdruck auf die Scheinwerferabdeckungen auftreffen.

Den Fahrer erwartet ein Rundinstrumenten-Kombi in vertrauter BMW-Aufteilung mit Tankuhr, Tachometer, Drehzahlmesser mit Verbrauchsanzeige, Temperaturanzeige, Kontrolleuchten und Service-Intervallanzeige. Dem Stand der Technik entsprechend sind die Instrumente in Durchleuchttechnik angelegt, d.h. die Skalenbeleuchtung scheint nicht von vorn auf das Ziffernblatt, sondern die Ziffern und Zeiger selbst sind von hinten beleuchtet.

Das Kombi-Instrument der 3er-Modelle besitzt nach wie vor die klassische BMW-Aufteilung. Hinter der traditionellen Fassade gibt sich die Instrumenten-Kombination dagegen vollelektronisch.

Wie bei den größeren BMW-Modellen erscheint der Kilometerstand über eine Flüssigkristall-Anzeige unten im Tachometer. Der Kilometerstand ist natürlich stets gespeichert, und zwar unabhängig von der Spannungsversorgung durch die Batterie.

Bei der Vielzahl der elektronischen Systeme im BMW wird ein Verfahren notwendig, Fehlern in diesem Bereich leicht und schnell auf die Spur zu kommen. Die Voraussetzungen dafür sind in den Steuergeräten des 3ers angelegt – sie sind diagnosefähig. Was das zu bedeuten hat, erfahren Sie im übernächsten Textkapitel.

Quadrillie

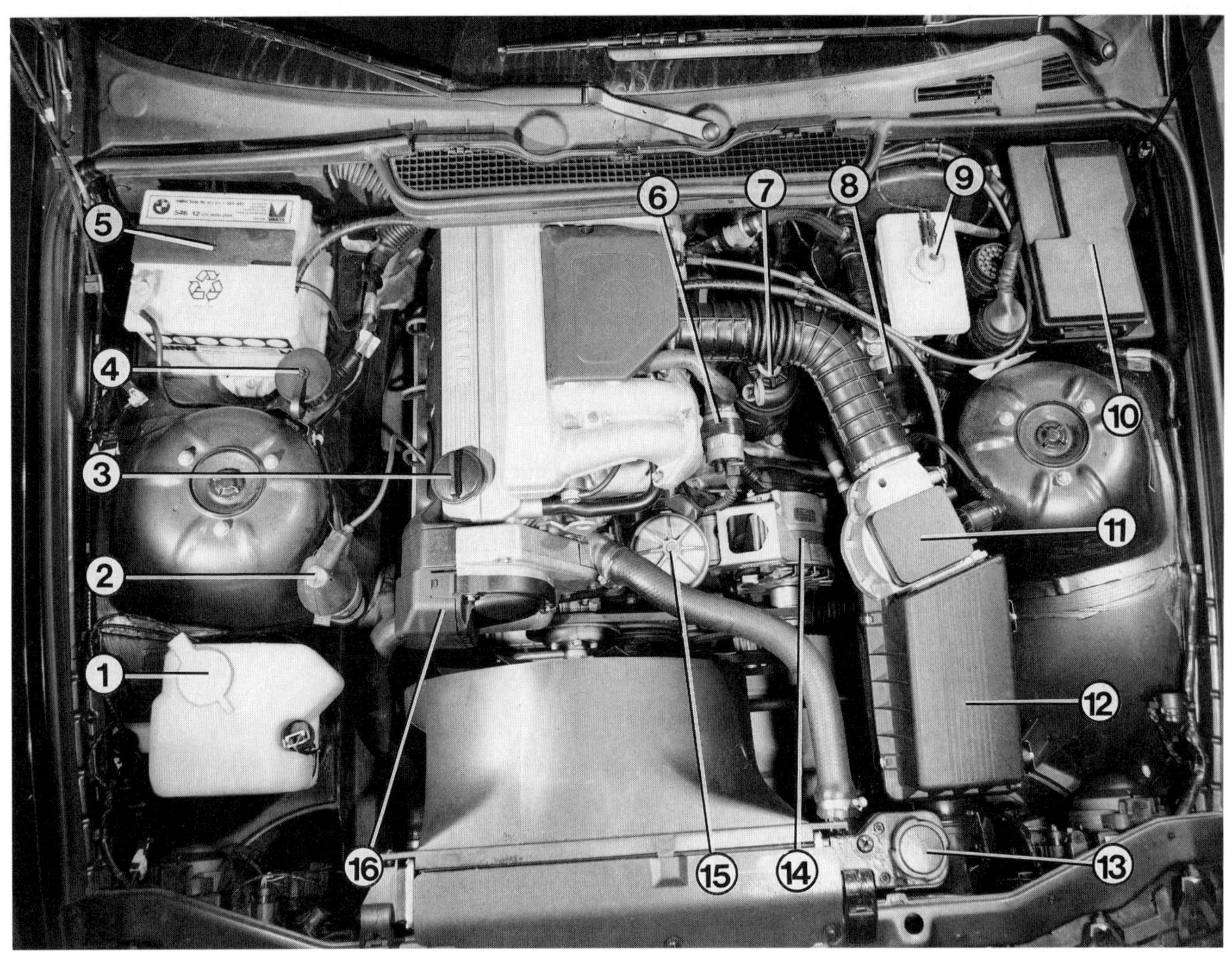

Im Motorraum eines **BMW 316i/318i** sind hier die folgenden Teile bezeichnet: 1 – Behälter für Scheibenwaschwasser; 2 – Zündspule; 3 – Öleinfüllstutzen; 4 – Diagnose-Steckdose; 5 – Batterie; 6 – Leerlaufregelventil; 7 – Vorratsbehälter der Servolenkung; 8 – ABS-Hydraulikpumpe; 9 – Bremsflüssigkeits-Vorratsbehälter; 10 – Stromverteilerkasten mit Relais und Sicherungen; 11 – Luftmengenmesser; 12 – Luftfiltergehäuse; 13 – Kühlsystem-Verschlußdeckel; 14 – Lichtmaschine; 15 – Ölfiltergehäuse; 16 – Zündverteiler.

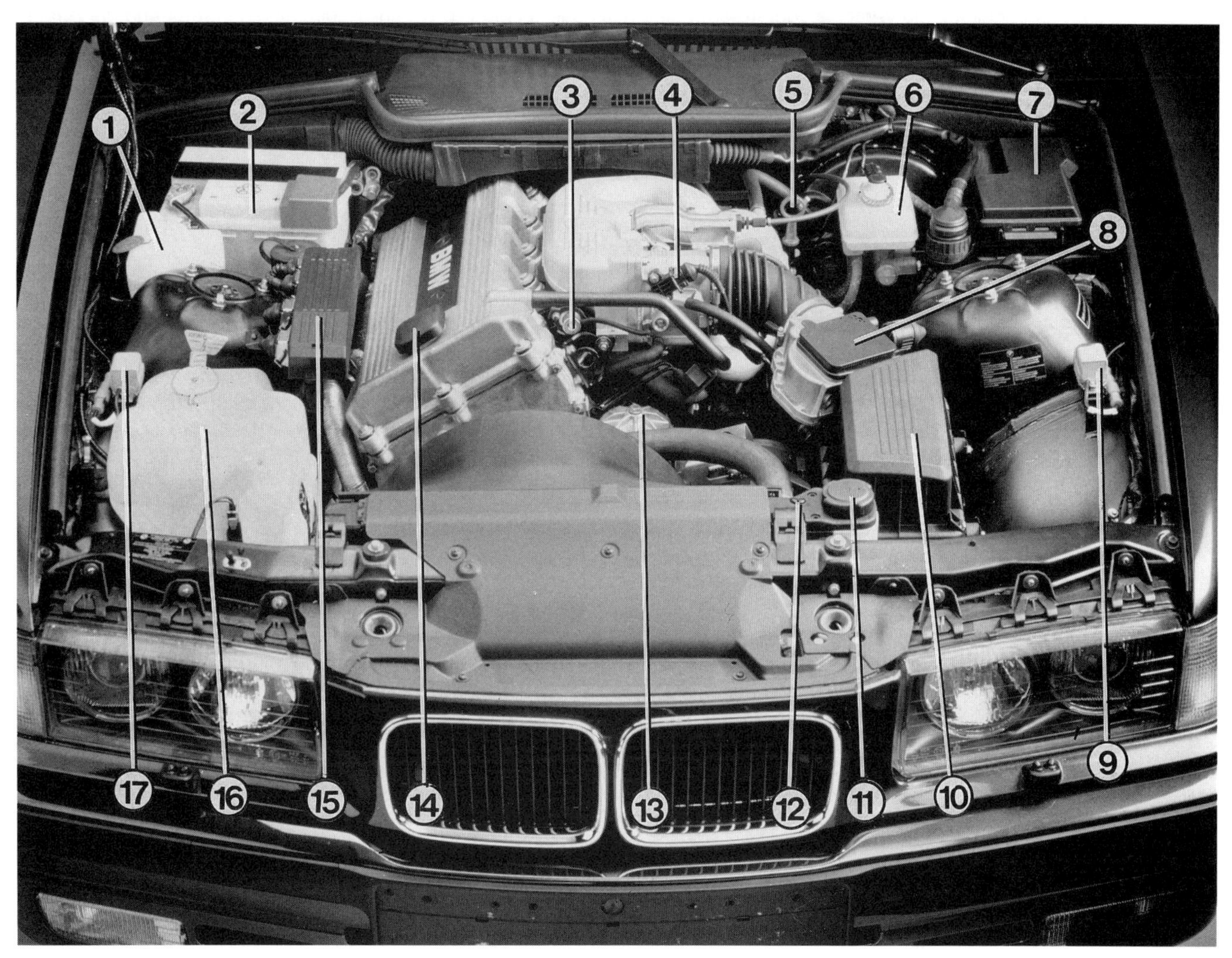

Beim Blick in den Motorraum eines **BMW 318is** sind folgende Teile zu erkennen: 1 – Vorratsbehälter für Intensivreiniger; 2 – Batterie; 3 – Kraftstoffdruckregler; 4 – Drosselklappen-Potentiometer; 5 – Ölpeilstab; 6 – Bremsflüssigkeits-Vorratsbehälter; 7 – Stromverteilerkasten mit Relais und Sicherungen; 8 – Luftmengenmesser; 9 – Crashsensor für Airbag; 10 – Luftfiltergehäuse; 11 – Kühlsystem-Verschlußdeckel; 12 – Entlüfterschraube für Kühlsystem; 13 – Ölfiltergehäuse; 14 – Öleinfüllstutzen; 15 – Zündspulen; 16 – Behälter für Scheibenwaschwasser; 17 – Crashsensor für Airbag.

Selbstkontrolle

Eigendiagnose lautet eines der Zauberworte im BMW – Elektronik macht's möglich. Genauso wie einige Systeme im Wagen sich selbst überwachen und eine »Krankmeldung« ausstellen, sagt uns der BMW selbst, wann er wieder durchgecheckt werden möchte.

Die Service-Intervallanzeige

Um die Art der Benutzung eines Autos zu erkennen, entwickelte man für den BMW einen kleinen Mikroprozessor, der ständig Verschleißdaten sammelt. Dazu gehören Motordrehzahl, Kühlmitteltemperatur und die zurückgelegte Wegstrecke. Aus diesen Informationen ermittelt er einen Vergleichswert für den Fahrzeugverschleiß, der naturgemäß für ein Langstreckenfahrzeug geringer ist als für einen Wagen, der nur im Stop-and-go-Verkehr einer Großstadt bewegt wird. Zusätzlich kommt noch eine Zeitkomponente mit ins Spiel, denn auch ein nicht benutzter Wagen altert.

Ist ein festgesetztes, vom elektronischen Rechner bewertetes Verschleißmaß überschritten, signalisiert die Anzeige am Armaturenbrett, daß nun eine Wartung ansteht.

Individuelle Wartung

Mittels verschiedener Leucht- und Schriftfelder zeigt die Service-Intervallanzeige unmißverständlich, wann die Fahrzeugtechnik gewartet werden soll und was zu tun ist:

○ **Grüne Leuchtfelder** signalisieren, daß noch **keine Wartung** nötig ist. Je mehr grüne Leuchtfelder beim Einschalten der Zündung brennen, desto mehr Zeit haben Sie bis zur nächsten Wartung.

○ Das **gelbe Leuchtfeld** sagt Ihnen, daß nun eine **Wartung** durchgeführt werden muß. Damit sie nicht übersehen wird, brennt sie beim Start und während der Fahrt. Welche Maßnahme jetzt zu treffen ist, zeigt die gleichzeitig aufleuchtende Schrift **OILSERVICE** oder **INSPECTION**.

○ Das **rote Leuchtfeld** brennt erst, wenn Sie der Aufforderung zur Wartung nicht nachgekommen sind und den **Termin überzogen** haben.

○ Das **Uhrensymbol** leuchtet alle zwei Jahre in Verbindung mit dem Schriftzug »INSPECTION«. Dann ist die **Jahreskontrolle** unabhängig von der Kilometerleistung fällig.

Sonderfälle

Bisweilen gerät die Service-Intervallanzeige in Verdacht, falsche Informationen zu liefern. Meist sind aber in einem solchen Fall die unregelmäßigen Wartungsgewohnheiten des Fahrzeugbesitzers die Ursache für die vermeintliche Fehlanzeige, denn:

○ Durch Überziehen der Wartungsintervalle können Sie den Rechner der Service-Intervallanzeige nicht überlisten. Er sammelt weiter seine Verschleiß- und Wartungsdaten und bittet Sie dann eben beim nächsten Mal früher zum Wartungstermin.

○ Auch bei einem nicht benutzten Fahrzeug fordert die Anzeige nach einem Jahr zur Inspektion bzw. Jahreskontrolle auf. Grundlage dafür ist die Erkenntnis, daß auch ein nicht benutzter Wagen altert.

Fingerzeig: Durch Abklemmen der Fahrzeugbatterie kann der Speicher der Service-Intervallanzeige nicht gelöscht werden. Das Bauteil besitzt einen kleinen Festspeicher, der die Informationen speichert.

Wartungsrhythmus

Angeregt durch die Service-Intervallanzeige ergibt sich der Rhythmus der verschiedenen, aufeinanderfolgenden Wartungen so:

Ölservice – Inspektion I – Ölservice – Inspektion II – Ölservice – Inspektion I usw.

Zusätzlich muß natürlich die **BMW-Jahreskontrolle** durchgeführt werden. Die geschieht getrennt vom übrigen Wartungsrhythmus und wird auch durch das Uhrensymbol getrennt angezeigt. Die Jahreskontrolle braucht also nicht mit einer regulären Inspektion zusammengelegt zu werden, sondern sie erfolgt nach Aufleuchten des Uhrensymbols.

Wartungsintervalle für den Selbsthelfer

Die verschleißorientierte Wartung mit Service-Intervallanzeige bringt auch dem Selbsthelfer erhebliche Vorteile. Wir basieren deshalb auch hier im Buch auf diesem System. Um nach dieser Methode arbeiten zu können, müssen wir jedoch in der Lage sein, die Anzeige der SI zurückzustellen – ein Problem, auf das wir im folgenden Abschnitt eingehen.

Eine andere Möglichkeit für den Selbstpfleger sehen wir darin, die SI zu ignorieren und die Wartung wieder

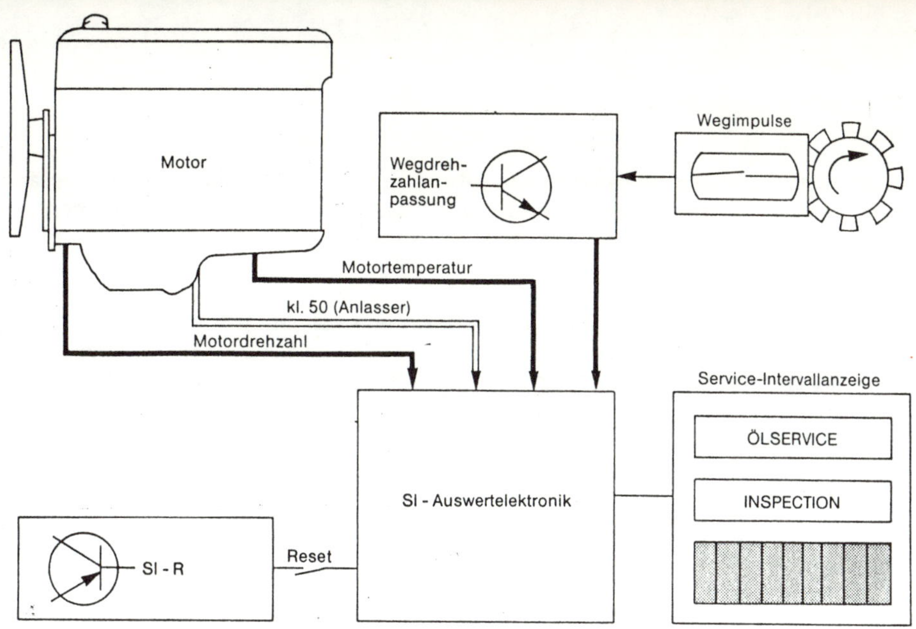

Das Blockschaltbild zeigt die Einflußgrößen auf die Service-Intervallanzeige.

nach festen Kilometer- und Zeit-Intervallen durchzuführen. Laut Untersuchungen von BMW ist dann der Ölservice alle 7500–12500 km fällig, die Inspektion alle 15000–23000 km. Langstreckenfahrer dürfen die obere Intervallgrenze ausnutzen, bei normaler Nutzung gilt – wie vor Einführung der SI – der jeweils niedrigere Kilometer-Wert. Der Wartungsrhythmus bleibt wie gehabt, die Jahreskontrolle natürlich auch.
Letztere Methode halten wir jedoch nicht für sinnvoll. Der Selbsthelfer bringt sich dadurch um die zahlreichen Vorzüge der Intervallanzeige.

Nach erfolgter Wartung muß die SI wieder zurückgestellt werden, wenn man sich auf die nächste Wartungs-Ankündigung verlassen will. Da stehen uns mehrere Möglichkeiten offen:
○ Die BMW-Werkstatt stellt den Rechner freundlicherweise zurück. Auch freie Werkstätten verfügen häufig über ein Rückstellgerät. Guter Werkstattkontakt ist meist Voraussetzung für diese Gefälligkeit.
○ Man erwirbt – evtl. zusammen mit anderen BMW-Fahrern – ein Rückstellgerät von BMW (Bestell-Nr. 621110).
○ Man kauft ein Rückstellgerät beim Zubehörhandel, über eine der zahlreichen Anzeigen in Automobilzeitschriften oder direkt beim Hersteller (z.B. Fa. Hermann Elektronik, Rathausstraße 1–5, 8501 Cadolzburg-Wachendorf). Vorteil der Rückstellgeräte: Bedienungsfehler sind nicht möglich.
Beim Kauf des Rückstellgeräts darauf achten, daß es für den großen Motordiagnose-Stecker paßt. Sonst muß evtl. zusätzlich ein teurer Adapter erworben werden.
○ Mit einer Drahtbrücke überbrückt man die Rückstellkontakte im Motordiagnose-Stecker, wie im folgenden Abschnitt beschrieben. Allerdings ist bei dieser Methode Vorsicht und umsichtiges Arbeiten geboten.

Fingerzeige: Die Anzeige »Jahreskontrolle« durch das Uhrensymbol wird in derselben Weise gelöscht wie die Anzeige »INSPECTION« der Verschleißwartung.

Zurückstellen der Service-Intervallanzeige mittels Rückstellgerät. Das Gerät wird dazu in den Motordiagnose-Stecker (Pfeil) eingesteckt.

Nach Rückstellen der Jahreskontrolle (Uhr) bleibt die Leuchtfeldanzeige unverändert. Sollte der Sonderfall eintreten, daß Jahreskontrolle und Verschleiß-Inspektion zusammenfallen und somit auch zusammen zurückgestellt werden müssen, können die beiden Rückstellvorgänge nacheinander mit einer Pause von mindestens 10 Sekunden erfolgen.

SI-Anzeige mit Drahtbrücke löschen

Wer den Kauf eines Rückstellgeräts für die SI-Anzeige scheut, geht so vor:

● Eine Drahtbrücke aus einem kurzen Stück flexibler Leitung fertigen. Guten Kontakt schaffen sogenannte Aderendhülsen für 4-mm²-Kabel (vom Elektriker), die an den Kabelenden festgelötet werden.

● **Zündung einschalten**, Motor aber **nicht starten**.

● Deckel des Motordiagnose-Steckers abschrauben.

● Drahtbrücke zunächst in Kontakt 19 (Masse) und erst dann in Kontakt 7 einschieben – so kann es keine Schäden durch statische Aufladung geben.

● Die Numerierung ist am Stecker aufgedruckt.

● Zum Rückstellen bei »OILSERVICE« die Brücke **ca. 3 Sekunden** lang eingesteckt lassen. Abstoppen der Zeit mit der Armbanduhr ist genau genug.

● Zum Rückstellen bei »INSPECTION« die Brücke **ca. 12 Sekunden** lang eingesteckt lassen.

● Deckel des Motordiagnose-Steckers wieder anschrauben.

Der Wartungsplan

Damit Sie zu unserem Pflegeplan während der Arbeit nicht ständig zurückblättern müssen, haben wir ihn **innen auf der hinteren Umschlagseite** abgedruckt. So haben Sie ihn ständig vor Augen und können die Arbeiten Punkt für Punkt erledigen. Die Reihenfolge haben wir speziell für den Heimwerker zusammengestellt und auch zusätzliche Punkte eingefügt, die nach unseren Erfahrungen wichtig sind.

Ganz zu Anfang finden Sie eine Anzahl von Arbeiten unter der Überschrift »Ständige Kontrollen«. Diese Wartungspunkte lassen sich in kein herkömmliches Intervall pressen, und ein Teil der Kontrollpunkte wird zusätzlich durch das Check-Control-System (falls eingebaut) regelmäßig geprüft. Dennoch kann es nicht schaden, all diese Teile von Zeit zu Zeit selbst in Augenschein zu nehmen.

Was können Sie selbst machen?

Fast alle Wartungsarbeiten am BMW können Sie selbst ausführen, das entsprechende Wissen hierzu liefert unser Handbuch. Wenn dennoch Werkstatt oder Tankstelle den einen oder anderen Wartungspunkt rationeller durchführen können, so haben wir das im Wartungsplan vermerkt. Die Selbsthelfer-Ampel weist Ihnen dabei vor jedem Wartungspunkt in den bekannten Farben grün – gelb – rot den richtigen Weg:

Grün – Freie Fahrt für den Selbsthelfer. Diese Arbeit können Sie mit den Kenntnissen aus diesem Buch fachgerecht ausführen und Geld sparen.

Gelb – Die Arbeit ist zwar nicht schwierig, doch es fehlen meist die nötigen Einrichtungen. An der Tankstelle sind Sie in diesem Fall am besten aufgehoben.

Rot – Halt, hier lassen Sie am besten die Werkstatt ran. Spezielle Werkzeuge oder Meßgeräte sind erforderlich, der Aufwand an Eigenarbeit lohnt sich nicht, weil die Werkstatt wesentlich schneller arbeitet oder weitergehende Kenntnisse erforderlich sind.

Einschränkungen innerhalb der Garantiezeit

Solange Ihr Wagen noch jünger als ein Jahr ist oder wenn ein Austauschmotor eingebaut wurde, verlangt das Werk, daß die entsprechenden Wartungsarbeiten termingerecht in einer BMW-Werkstatt erledigt werden. Andernfalls können auch berechtigte Garantieansprüche abgelehnt werden.

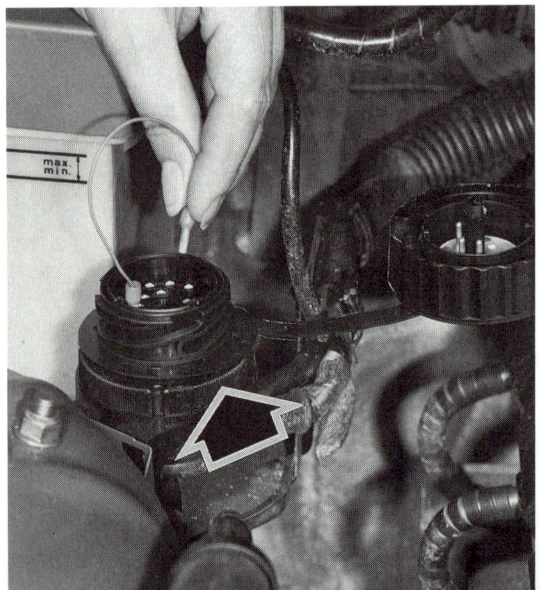

Diagnosesteckdose (Draufsicht)

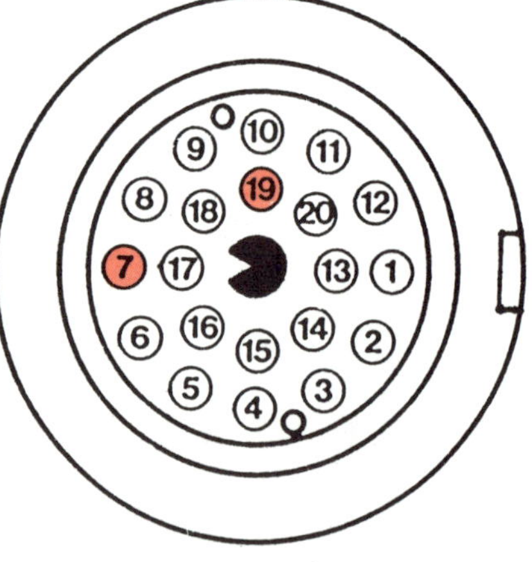

Links: Rückstellen der Service-Intervallanzeige mittels Drahtbrücke: Deckel (Pfeil) vom Motordiagnose-Stecker abschrauben. Mit der Drahtbrücke Steckkontakt 19 (= Masse) und Steckkontakt 7 (= Rückstell-Leitung) verbinden, wie im Text beschrieben.
Rechts: Die Polbelegung – wie sie die Zeichnung zeigt – ist mit kleinen Zahlen im Stecker aufgedruckt.

Ort der Veranstaltung

Wenn die Autopflege Hobby bleiben soll, müssen die äußeren Voraussetzungen stimmen. Das gilt auch für die Wahl des Pflegeplatzes: Beim Suchen nach heruntergefallenen Kleinteilen auf Rasenplätzen verliert man schnell die Lust am Basteln.

Wagen immer abstützen!

Wagenheber sind – wie ihr Name schon sagt – nur dazu da, das Fahrzeug anzuheben. Das gilt generell für alle Wagenhebertypen. Sie sind keine ausreichende Abstützung für Arbeiten an der Wagenunterseite! **Lassen Sie es auch in der größten Eile nie an der fachgerechten Abstützung des aufgebockten Fahrzeugs fehlen!** Sonst kann die eigenhändige Reparatur das Leben kosten. Zum richtigen Abstützen gehört natürlich auch das Unterlegen der Räder mit Steinen oder Holzkeilen, damit der Wagen beim Anheben nicht wegrollen kann.

Womit abstützen?

Hohlbocksteine haben sich als eine preisgünstige Abstützmöglichkeit erwiesen. Doch sie dürfen weder feucht noch rissig sein, sonst könnten sie unter Belastung in sich zusammenbrechen. Zwischen Stein und Karosserie muß ein Brett gelegt werden, damit sich die Last gleichmäßg über den ganzen Stein verteilen kann. Der Hohlblockstein selbst muß mit den Öffnungen senkrecht auf ebenem und tragfähigem Grund (Beton oder Asphalt) stehen.

Unterstellböcke stellen eine ideale Ergänzung zum Rangierwagenheber dar. Bei allen anderen Hebern – aber auch bei seitlich angesetztem Rangierheber – besteht die Gefahr, daß der auf der gegenüberliegenden Seite angesetzte Dreibeinbock einfach zur Seite weggedrückt wird.

Auffahrrampen sind die schnellste Aufbockmöglichkeit, da kein Wagenheber gebraucht wird. Auch steht der Wagen dann absolut sicher.

Wagenheber

Wagenheber gibt es für jeden Geldbeutel und Einsatzzweck. Hier die verschiedenen Typen:

Bordwagenheber: Er schafft nur eine geringe Hubhöhe, und das auch nur nach langem Kurbeln, wodurch er letztlich ein Notbehelf für unterwegs bleibt. Kleines Brettchen zum Unterlegen mitnehmen, damit sich der Wagenheberfuß nicht in den Untergrund drücken kann.

Scherenwagenheber: Hiervon ist nur eine stabile Ausführung ratsam. Er schafft eine größere Hubhühe bei geringerer Kurbelarbeit. Bei älteren, rostgeschwächten Fahrzeugen kann er an stabilen Fahrwerksteilen angesetzt werden.

Hydraulischer Stempelwagenheber: Er kann den Wagen sehr schnell und bequem anheben. Doch vor dem Kauf die Hubhöhe kontrollieren! Eine zu kurze Ausführung kann die Räder nicht weit genug vom Boden abheben. Ein zu hoher Heber läßt sich erst gar nicht am Wagenboden ansetzen.

Rangierwagenheber: Für den Heimwerker geeignet ist ein kleiner Rangierheber, der gut zu verstauen ist.

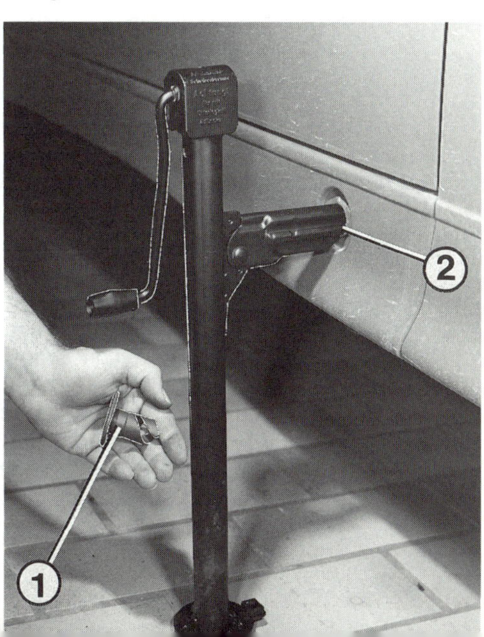

Links: Am Längsträger unter dem Wagenboden (hinter dem vorderen Radkasten) läßt sich ein Unterstellbock ansetzen. Passenden Holzklotz (Pfeil) zum Schutz des Trägers zwischenlegen.
Rechts: Vor dem Ansetzen des Bordwagenhebers (2) muß der Deckstopfen (1) im Schweller herausgedreht werden. Dazu Abdeckstopfen beispielsweise mit einer Münze linksdrehen.

Wo tut's denn weh?

Oft ist die Suche nach einem Fehler langwierig und damit der teuerste Posten der Werkstattarbeit – speziell dann, wenn es sich um Effekte handelt, die nur hin und wieder auftreten. Was läge da näher, als die Nervenstränge eines Automobils anzuzapfen, um auf diesem Weg sofort über die Probleme in seinem Innersten Kenntnis zu erhalten?

Idee und Realisierung

Leider läßt sich nicht alles, was logisch erscheint, auch leicht realisieren. Weshalb z. B. VW Ende der 60er Jahre mit einem umfassenden Diagnosesystem Schiffbruch erlitt. Zu viele Widrigkeiten – etwa Temperatur- und Kabelsteckerprobleme – stellten sich einer verläßlichen Anzeige entgegen. Die Zeit war noch nicht reif für derartige Systeme.

Bei BMW arbeitet man seit 1977 an einer Problemlösung. Damals wurde zunächst damit begonnen, einen kleinen Stecker am Motor zu montieren, an dem ein fest installierter Geber (OT-Geber) angeschlossen war, der beim Einstellen des Zündzeitpunkts half. Ermuntert durch diese Erfolge bauten die BMW-Techniker das Diagnosesystem weiter aus. Ende 1986 mit Einführung der zweiten Generation der 7er-Reihe stand dann die fertige Problemlösung auf den Beinen, wie wir sie heute kennen.

Das Prinzip

Diagnosefähige Steuergeräte gibt es im BMW nicht wenige. Das Steuergerät der Motronic (Einspritzung, Zündung), das Wisch/Wasch-Modul oder des Antiblockiersystems seien hier genannt. Diagnosefähig ist ein solches Steuergerät, wenn es über einen Fehlerspeicher verfügt, in dem Fehlfunktionen im Fahrbetrieb festgehalten werden. Darüber hinaus muß es eine Sender- und eine Empfängerleitung besitzen, über die es mit dem Service-Tester in der BMW-Werkstatt kommunizieren kann.

Die Handhabung

Richtig angewandt funktioniert die Sache dann so: Der Autofahrer kommt mit seinem BMW in die Vertragswerkstatt, und noch vor Beginn jeglicher Arbeiten am Wagen wird dieser an den Service-Tester angeschlossen. Der druckt als erste Maßnahme ein komplettes Fehlerprotokoll aus, auf dem alle diagnosefähigen Steuergeräte ihr Herz ausschütten – sprich: den Inhalt ihrer Fehlerspeicher anzeigen. Der Tester führt dabei den Monteur mittels entsprechender Bildschirmanzeige durch sein Programm. Zum Schluß liegt zweifelsfrei fest, wo repariert werden muß.

Unterstützung bei der Reparatur

Unterstützt durch Werkstattliteratur zeigt das Rechnerprogramm die Fehlersuchpfade am Bildschirm Schritt für Schritt an – etwa so: Liegt Batteriespannung an Pin 5 an? – nein → Leitung prüfen, ggf. Spannungsversorgung instand setzen.

Entscheidend für eine zügige Reparatur ist auch eine Tester-Funktion, die BMW »Statusabfrage« nennt. Gemeint ist damit folgendes: Elektrische Funktionen – wie etwa das Betätigen der elektrisch getriebenen Türfenster – lassen sich vom Service-Tester aus in Betrieb setzen.

So kann grundsätzlich geklärt werden, ob der jeweilige Elektromotor defekt ist oder ob der Fehler am Steuergerät gesucht werden muß – eine ganz wesentliche Erleichterung bei der Fehlersuche.

Fingerzeig: Steht man vor dem verschlossenen Wagen, wohl wissend, daß der einzig greifbare Autoschlüssel sich im ebenso verschlossenen Kofferraum befindet, so ist das eine ärgerliche Situation. Doch auch hier kann der Service-Tester helfen, den Wagen ohne Einbruchspuren wieder zu öffnen. Die BMW-Mechaniker brauchen nur die Motorhaube von außen zu öffnen und mittels Statusabfrage die Türentriegelung zu betätigen. Die Abschleppkosten zur nächsten BMW-Werkstatt sind bestimmt geringer als der Aufwand zum Beseitigen der sonst nötigen Gewalteinwirkung.

Wie man es schafft, den Schlüssel in den verschlossenen Kofferraum zu bekommen? Ganz einfach: Man schließt die Türen ab, während der Kofferraumdeckel noch offen ist, legt Jacke samt Autoschlüssel in den Gepäckraum und schlägt die Klappe zu.

Er deckt auf, wo Fehler im Fahrzeug sitzen und hilft bei der Reparatur: Der BMW Service-Tester.

Fehlerabfrage im Diagnosesystem

Im Sicherheitstest und in den Arbeitsumfängen der Inspektionen ist das Auslesen der Fehlerspeicher mit enthalten. Die Werkstatt hat damit sogar ohne Kundengespräch einen Überblick über etwaige Fehler an den Elektronikbauteilen des Fahrzeugs.
Wer die Wartung komplett selbst in die Hand nimmt, kann auf diesen Arbeitspunkt verzichten, zumal er ja den Wagen im Alltagsbetrieb ständig beobachtet – Fehlfunktionen wären in der Regel aufgefallen.

Wartung Nr. 3

Mit jedem neuen BMW-Modell und natürlich auch mit jeder Änderung an den bestehenden Modellreihen müssen auch die Daten im Tester aktualisiert werden. Das geschieht im sogenannten Kommunikationsmodul des Testers, dessen Diskettenlaufwerk die jeweils aktuelle Datendiskette aufnimmt, damit die Daten im Rechner auf den neuesten Stand gebracht werden. Die neuesten Disketten erhält der BMW-Händler regelmäßig über die Werks-Händlerorganisation.
Wer's nicht weiß: Disketten sind die dünnen Datenträger-Scheiben, die in allen Computern zum Speichern und Sichern von Daten verwendet werden.

Aktualisierung der Daten

Modic

Fast alle Funktionen des großen Service-Testers hat auch der kleine **Mo**bile **Di**agnose-**C**omputer zu bieten. Das handliche Gerät ist aber letztlich immer vom großen Tester abhängig, weil er seinen Datenspeicher (der ist 1 Mega-Byte groß) nur am großen Bruder aktualisieren kann.
Doch ansonsten ist das Handgerät dank eigener Spannungsversorgung über Batterien selbständig einsatzfähig – etwa, wenn das Fahrzeug unterwegs stehenbleibt. Dann kann der BMW-Mechaniker mit dem Modic im Handgepäck anreisen und an Ort und Stelle entscheiden, ob der Wagen wieder flottzukriegen ist oder ob abgeschleppt werden muß.

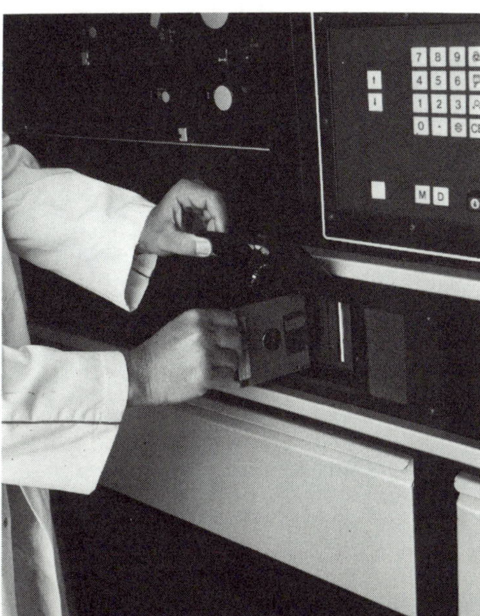

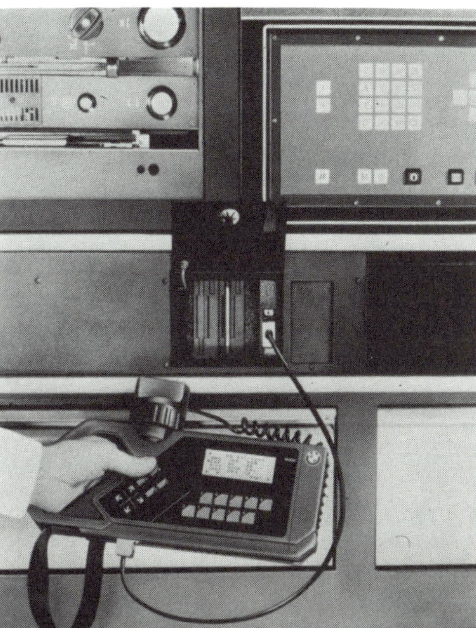

Links: Zum Aktualisieren der Daten im Service-Tester wird hier die neue Diskette in das Kommunikationsmodul gesteckt.
Rechts: Der Modic ist gewissermaßen der »Service-Tester für unterwegs«.

Wie man den BMW-Mechaniker samt Modic zum defekten BMW bekommt? Ganz einfach: Man wählt die Tag und Nacht zum Ortstarif erreichbare Nummer des BMW-Bereitschaftsdienstes **0130/3332**. Von dort aus wird eine Service-Mechaniker aus der nächstgelegenen dienstbereiten Werkstatt benachrichtigt.

Steuergeräte codieren mit Modic

Eine Funktion hat der Modic dem Service-Tester voraus: Er kann Steuergeräte codieren. Wird also beispielsweise ein Motronic-Steuergerät ausgewechselt, muß das neue mit der passenden Länder-Codierung versehen werden. Denn für alle Versionen stehen nur noch einheitliche, nicht codierte Steuergeräte zur Verfügung, die erst beim Einbau angepaßt werden. Das betrifft im besonderen Zündung und Einspritzung, die länderspezifische Differenzierungen aufweisen.

Derselbe Vorgang ist natürlich auch dann möglich, wenn ein hiesiges Fahrzeug ins ferne Ausland exportiert wird und den dortigen Gegebenheiten und Bestimmungen angepaßt werden soll.

Diagnose als Hilfe bei der Selbsthilfe

Die Zeiten als man – wie am VW Käfer – alles am Auto selbst reparieren konnte, sind endgültig vorbei. Doch das heißt längst nicht, daß Selbsthilfe am eigenen Wagen passé wäre. Ganz im Gegenteil. Wir müssen nur die Vorgehensweisen etwas verändern und uns die moderne Technik zunutze machen.

So läßt sich beispielsweise die Diagnose in der Werkstatt durchaus sinnvoll in unser Selbsthelfer-Programm einbauen. Die folgenden Beispiele sollen das veranschaulichen:

Selbsthelfer-Beispiel 1

○ Der Motor bringt unter Vollast zu wenig Leistung. Wir haben gerade wenig Zeit und wollen uns die Mühe nicht machen, alle Punkte im Störungsbeistand »Einspritzung« hier im Buch nachzuprüfen.

○ Also melden wir uns zu einer Fahrzeugdiagnose (mit Auslesen der Fehlerspeicher) beim BMW-Händler an, was dieser mit 6 Arbeitswerten (ca. 40 DM) verrechnet. Extra berechnet wird die genaue Lokalisierung des Fehlers.

○ In unserem Fall hat die Diagnose einen Fehler am Drosselklappen-Potentiometer ergeben. Wir können uns nun dafür entscheiden, den Potentiometer im Ersatzteillager zu kaufen und selbst (nach der Beschreibung im Einspritzungs-Kapitel hier im Buch) einzubauen. Oder wir lassen uns den Preis für den Einbau nennen und vergeben die Arbeit an die Werkstatt.

○ Wie immer wir uns entscheiden, wir waren bei dieser Vorgehensweise genau informiert, was dem Wagen fehlt und konnten uns den weiteren Ablauf des Geschehens aussuchen. Die Diagnose hat Klarheit über Art und Umfang des Schadens gebracht.

Selbsthelfer-Beispiel 2

○ Der elektrische Fensterheber rechts vorn geht nicht mehr.

○ Wir machen uns auf die Suche nach denjenigen Fehlermöglichkeiten, die wird in Eigenregie leicht ergründen können. Als da wären: Sicherungen, Schalter, Kabelstecker zur Tür, sowie (nach Abnehmen der Türverkleidung) der Fensterhebermotor.

○ Höchstwahrscheinlich haben Sie den Fehler jetzt schon gefunden, denn mit großer Wahrscheinlichkeit liegen die Defekte an Teilen der Peripherie, also der Umgebung des Steuergeräts und nicht am Steuergerät selbst.

○ War bis jetzt keine Fehlerursache zu finden, lohnt sich weiteres Suchen nicht. Ab in die Werkstatt zur Diagnose! Alles andere ist Zeitverschwendung.

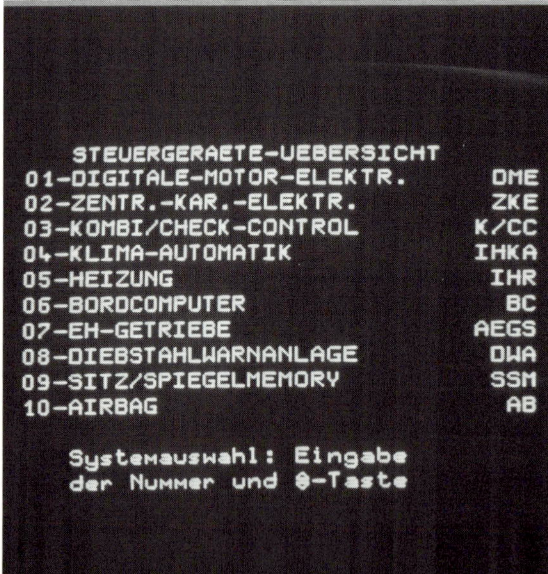

Werkstattliteratur (links) und Bildschirmanzeige (rechts) ergänzen sich bei der Fehlersuche am Fahrzeug.
Hier zeigt der Service-Tester, welche diagnosefähigen Steuergeräte im Wagen eingebaut sind.

Schmiermaxe gesucht

Motoröl hat es schwer! Es muß viele verschiedene Eigenschaften besitzen und soll selbst noch bei extremen und extremsten Bedingungen seine Schmierfähigkeit behalten. Auch soll es möglichst langsam altern, damit lange Ölwechselintervalle realisiert werden können.

Motorölstand prüfen

Ständige Kontrolle

● Den Peilstab sollten Sie nach jedem zweiten Volltanken ziehen. Dazu:
● Wagen auf waagrechtem Untergrund abstellen.
● Nach dem Abstellen des vorher warmgefahrenen Motors mindestens fünf Minuten warten, damit alles Öl in die Ölwanne abtropfen kann. Besser ist die Kontrolle vor dem ersten Start bei kaltem Motor.
● Peilstab an der Grifföse herausziehen, mit sauberem, fusselfreien Lappen oder Papiertuch abwischen, bis zum Anschlag wieder hineinschieben, kurz warten und erneut herausziehen.
● An der Peilstabspitze können Sie nun den Ölstand ablesen: Der Pegel muß sich **zwischen den Markierungen** befinden; dann ist alles in Ordnung.
● Reicht die Schmiermittelmenge nur noch bis zur unteren Markierung, muß Motoröl bis zur oberen Peilstabmarke nachgefüllt werden.
● Die Ölmenge zwischen unterer und oberer Peilstabmarke beträgt **ca. 1 Liter**.

Darf man Öle mischen?

Die Motorölsorten aller Hersteller lassen sich ohne Gefahr mischen, auch Einbereichs- mit Mehrbereichsölen. Diese Mischbarkeit ohne schädliche Folgen ist eine Grundforderung der internationalen Öl-Normen. Entscheidend ist lediglich, ob die **Spezifikation** für den BMW ausreicht – doch davon später.

Fingerzeig: Wegen ihrer doch sehr unterschiedlichen Eigenschaften raten wir vom Mischen von Mineralöl mit synthetischem Öl ab, obwohl das theoretisch ohne nachteilige Folgen möglich sein muß.

Ölverbrauch

Ein Teil des Motoröls verbrennt bei seiner Schmiertätigkeit. Ölverbrauch ist also völlig natürlich. Gut eingefahrene Motoren kommen mit **0,2 Liter Öl auf 1000 km** aus, bei BMW gilt als **höchstzulässiger Wert** ein Verbrauch von **1,5 Liter je 1000 km**, was aber tatsächlich als die Obergrenze des Vertretbaren anzusehen ist.

Ölverbrauch messen

Wenn Sie den Ölverbrauch exakt messen wollen, muß der Wagen jeweils auf einer absolut waagrechten Stelle stehen und der Motor mindestens fünf Minuten stillstehen.
Am einfachsten geht das vor dem ersten Start. Dann wird der Ölstand ganz genau angezeigt, da über Nacht alles Öl in die Ölwanne zurückgesickert ist.

Zur Ölstandskontrolle wird der Peilstab aus dem Führungsrohr an der linken Motorseite gezogen. Der Pegel muß sich zwischen den Marken (Pfeile) an der Peilstabspitze befinden. Genau ist die Messung nur, wenn der Wagen auf waagrechtem Untergrund steht.

| **Zu hoher Ölverbrauch** | Wieviel Öl Ihr BMW verbraucht, hängt von folgenden Umständen ab: |

Wieviel Öl Ihr BMW verbraucht, hängt von folgenden Umständen ab:
○ Ölverlust wird häufig mit Ölverbrauch verwechselt. Bevor also der Ölverbrauch kritisiert wird, müssen erst die illegalen Ölquellen beseitigt werden (siehe Motor-Kapitel).
○ Wer Öl bis weit über die obere Peilstabmarke einfüllt, hat automatisch höheren Ölverbrauch, denn der übrige Schmierstoff wird zur Kurbelgehäuse-Entlüftung hinausgeblasen.
○ Mehrbereichsöl, das zu lange im Motor bleibt, hat einen höheren Nachfüllbedarf.
○ Scharfe Fahrweise treibt nicht nur den Kraftstoffkonsum in die Höhe. Nach unseren Erfahrungen hängt auch der Ölverbrauch davon ab, ob bevorzugt in den höchsten Drehzahlen gefahren wird.
○ Einlaufvorgang noch nicht abgeschlossen (mindestens 5000 km).
○ Defekt im Motor; z. B. Ventilschaftabdichtungen defekt, Spiel zwischen Ventilführung und Ventilschaft zu groß, Kolbenringe falsch eingebaut oder schadhaft, beschädigte Zylinderwand durch Kolbenfresser.

Ihr Motor verbraucht kein Öl?

Im winterlichen Kurzstreckenbetrieb kann es vorkommen, daß der Ölstand steigt, statt wie normal leicht abzufallen. Sie haben dann nicht etwa eine Ölquelle entdeckt, sondern der Ölwanneninhalt wurde durch Kraftstoffkondensat verdünnt, das sich an den Kolbenringen vorbeigemogelt hat. Sie riechen den Benzingehalt im Öl sogar am herausgezogenen Ölpeilstab.
Die Schmiereigenschaften des Öls sind dadurch beträchtlich herabgesetzt. Ein zusätzlicher Ölwechsel zwischen den Intervallen (oft schon nach 3000 km) ist da kein Luxus, denn er kann Ihnen schwere Motorschäden ersparen. Der Ölfilter braucht dabei natürlich nicht gewechselt zu werden.
Bei geringerer Ölverdünnung kann auch eine längere Fahrt Ölstand und Schmierfähigkeit des Öls wieder ins Lot bringen. Bei Öltemperaturen über 100°C verdunsten die Kondensatanteile nach etwa einer halben Stunde. Wichtig ist jetzt die sofortige Ölstandskontrolle! Durch die Verdunstung kann der Ölpegel erheblich absinken.

Die Ölqualität

Ölspezifikationen

Zahlreiche Institutionen, aber auch einzelne Automobilhersteller haben es sich zur Aufgabe gemacht, Schmierstoffe nach unterschiedlichen, aber letztlich doch ähnlichen Prüfbedingungen zu erproben. Mit Erfolg geprüfte Öle dürfen als Qualitätsnachweis die erreichte Spezifikation auf der Verpackung tragen.
BMW akzeptiert lediglich die Qualitätsprüfungen des American Petroleum Institute (API) und die der Vereinigung der Automobilhersteller der Europäischen Gemeinschaft (CCMC). Dabei handelt es sich aber um zwei der gebräuchlichsten Ölnormen.

Die richtige Ölspezifikation

BMW gibt für seine Benzinmotoren ausdrücklich nur die folgenden Ölspezifikationen frei:
○ CCMC–G 4 ○ CCMC–G 5
○ API SF ○ API SG
Egal, ob Sie das Motoröl teuer an der Tankstelle oder billig im Supermarkt kaufen, auf der Verpackung muß mindestens **eine** der geforderten Ölspezifikationen aufgedruckt sein.

Fingerzeig: Öle mit der Bezeichnung CCMC–PD 2 oder API CD bzw. API CC sind reine Dieselöle und somit für den BMW ungeeignet. Anders ist das bei Ölen mit Doppelbezeichnung, z. B. API SF/CD oder CCMC–G 4/PD 2. Diese Öle sind für beide Motorentypen geeignet.

Zähflüssigkeit des Öls

Damit der Anlasser den kalten Motor durchdrehen kann, darf das Öl keinen großen Widerstand dagegensetzen. Außerdem soll es schnellstmöglich an die Schmierstellen gelangen; dazu muß es dünnflüssig sein. Bei hohen Temperaturen und Drehzahlen muß der Schmiersaft dagegen ausreichend zäh sein, damit der Schmierfilm nicht abreißt. Mineralöl ist leider umgekehrt veranlagt. Bei Kälte ist es zäh, mit zunehmender Erwärmung dagegen leichtflüssig. Das Öl und die vorherrschenden Betriebstemperaturen des Motors müssen daher genau aufeinander abgestimmt werden.
Das Fließverhalten, also die Dick- oder Dünnflüssigkeit, wird durch die Viskositätsklasse angegeben. Die entsprechenden Klassen wurden von der amerikanischen **S**ociety of **A**utomotive **E**ngineers (SAE) festgelegt. Die Viskositätsklassen reichen von den mit **W** gekennzeichneten Winterölen SAE 5 W, 10 W, 15 W über die Übergangsstufe SAE 20W/20 zu den Sommerölen SAE 30, 40 und 50.

Mehrbereichsöl ist Standard

Mehrbereichsöle sind Motoröle, die mehrere der genannten Viskositätsklassen überspannen. Öle mit nur einer Viskositätsklasse nennt man Einbereichsöle, doch die gibt BMW mittlerweile schon gar nicht mehr frei, da sie nicht ins BMW-Wartungssystem passen und auch mittlerweile an der Tankstelle kaum noch erhältlich sind.
Das Standard-Motoröl ist heute Mehrbereichsöl. Es besitzt Viskositätsindex-(VI-)Verbesserer – lange Molekülketten, die beim Erhitzen quellen und beim Abkühlen wieder schrumpfen. Das Öl kann sich damit den

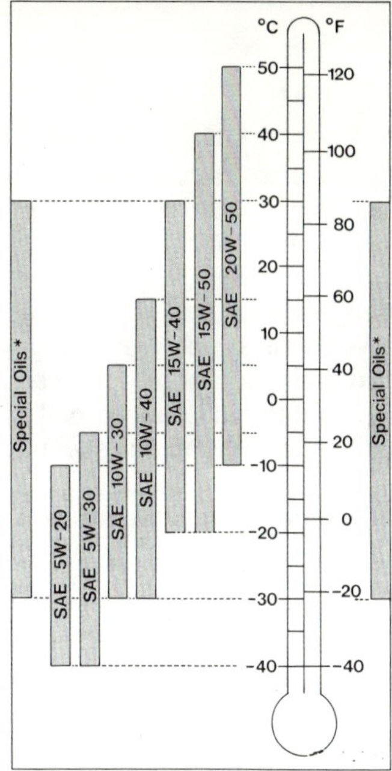

Die Grafik zeigt die Verwendbarkeit der verschiedenen Ölviskositäten in Abhängigkeit von der Außentemperatur. Was hier als Spezialöl deklariert wird, sind die von BMW namentlich freigegebenen Leichtlauföle.

Temperaturen elastisch anpassen und mehrere Viskositätsklassen überspannen. Ein Öl SAE 15 W–50 entspricht bei einer Temperatur von –15°C der Zähflüssigkeitsklasse 15 W und bei 100°C der Klasse 50. Problematisch ist bei mineralischen Mehrbereichsölen, daß die Molekülketten ihrer Viskositäts-Verbesserer bei hoher Alterung regelrecht kleingehackt (abgeschert) werden können. Dann ist die obere Zähflüssigkeitsklasse nicht mehr gesichert, das Öl also nicht mehr in vollem Umfang temperaturbeständig. Aus diesem Grund sind Mehrbereichsöle der Klassen SAE 5 W–20, 5 W–30, 10 W–30 und 10 W–40 in der warmen Jahreszeit für die BMW-Motoren nicht freigegeben.

Bei welchen Temperaturen der BMW-Motor welche Öl-Zähflüssigkeit verlangt, zeigt die **Grafik oben**. Für mitteleuropäische Verhältnisse ist nach dieser Tabelle das Öl **15 W–40** am besten geeignet.

Das richtige Motoröl für den BMW

Hier die Zusammenfassung der Kriterien für den Kauf des richtigen Motoröls. Das Öl muß haben:
○ Die richtige **Ölspezifikation**. Etikettenschwindel auf der Packung ist da äußerst selten, denn die Ölfirmen überwachen sich gegenseitig.
○ Die richtige **Ölviskosität** (Zähflüssigkeit). Sie hängt von der überwiegenden Außentemperatur ab und kann aus der Grafik oben entnommen werden.
Andere Faktoren, wie Ölpreis oder Herkunft, sagen nichts über die Verwendbarkeit aus!

Leichtlauföle

Leichtlauf- oder Benzinsparöle sind teurer als herkömmliche Mehrbereichsöle. Die in kaltem Zustand sehr dünnflüssigen Leichtlauf-Schmierstoffe verringern vor allem in der Warmlaufphase und im Kurzstreckenverkehr die innere Reibung im Motor, setzen ihm also weniger Widerstand entgegen. Man kann realistisch mit einer Benzinverbrauchs-Einsparung von rund 3% rechnen. Diese Ersparnis macht sich nur bei einem Motor bezahlt, der einen geringen Ölverbrauch hat.

BMW gibt Leichtlauföle nur für Außentemperaturen von -30° bis +30°C frei, was für die hiesigen Klimaverhältnisse völlig ausreichend ist. Kurzfristige Überschreitungen der Temperaturgrenzen werden toleriert. Genauer nimmt man die Auswahl der Leichtlauf-Schmierstoffe: Sie müssen der Qualitätsstufe CCMC–G5 entsprechen und **vom BMW-Kundendienst freigegeben** sein. Die Freigabeliste liegt dem BMW-Händler vor; einen Auszug aus der Tabelle finden Sie am Ende des Buches.

Alles über den Ölwechsel

Wo Öl wechseln?

○ In den Werkstätten kostet der Ölwechsel das meiste Geld, weil nur sehr teure Ölsorten vorrätig sind. Außerdem ist der Motor oft schon wieder kalt, bis das alte Öl abgelassen wird, so daß nicht aller Schmutz herausgeschwemmt wird. Manche Werkstätten berechnen die Arbeit für den Ölwechsel zusätzlich zum Ölpreis.
○ An Tankstellen kommt der Wagen dagegen meist sofort dran. Sie können auch ein billigeres Öl aus dem Tankstellen-Verkaufsprogramm auswählen, und im Ölpreis ist die Arbeit des Tankwarts inbegriffen.
○ Gegen den SB-Ölwechsel mit Absauggerät an der Tankstelle bestehen keine Bedenken, vorausgesetzt der Ölfiltereinsatz wird ebenfalls ausgetauscht.
○ Ölwechsel zu Hause lohnt sich, wenn Sie das Öl preisgünstig einkaufen können (Zubehörhandel, Großmarkt, Warenhaus oder Mitnahme-Öl an der Tankstelle).

Die Service-Intervallanzeige gibt die Ölwechsel-Abstände abhängig von der Fahrzeugnutzung recht realistisch an. Es gibt kaum Veranlassung, die Intervalle nach eigenem Gutdünken zu verändern.

Lediglich im Winter kann es durch Kraftstoffkondensat im Öl durch ausschließlichen Kurzstreckenverkehr erforderlich sein, einen zusätzlichen Ölwechsel zwischenzuschieben. Für diesen Fall kann man sich natürlich den Wechsel des Ölfilters sparen.

Wer sich in seinen Wartungsgewohnheiten nicht nach der Service-Intervallanzeige orientiert, ist als Langstreckenfahrer nicht schlecht beraten, den Ölwechsel alle 12500 km durchzuführen. Bei vorwiegenden Kurzstreckenfahrten muß das Intervall dagegen noch unter 7500 km gelegt werden. An Wagen mit noch geringerer Jahresfahrleistung sollte wenigstens einmal im Jahr das Öl gewechselt werden.

Folgende Hilfsmittel erleichern dem Selbst-Ölwechsler das Leben:
○ Motoröl nach den entsprechenden Spezifikationen (preisgünstig im 5-Liter-Kanister).
○ Ein Ölfiltereinsatz mit Dichtung, z.B. Et-Nr. 11 42 1 727 300 oder unter verschiedenen Herstellerbezeichnungen im Zubehörhandel.
○ Einen neuen Dichtring für die Ölablaßschraube.
○ Auffangefäß für das Altöl. Ein alter Ölkanister mit herausgeschnittener Seitenwand oder eine ausgediente Spülschüssel leisten hier gute Dienste.
○ Ein Altölkanister zum Wegschaffen des Altöls.
○ Mit einer Ölkanne erleichtert man sich das Einfüllen des frischen Motoröls.

Das beim Ölwechsel anfallende Altöl muß ordnungsgemäß beseitigt werden. Wer es einfach ins Erdreich versickern läßt, vergräbt oder in die Kanalisation schüttet, verunreinigt das Grundwasser, gefährdet die Trinkwasserversorgung und muß mit hohen Geldstrafen rechnen. Altöl kann man kostenlos dort abgeben, wo man Motoröl kauft (Quittung aufbewahren!) oder bei einer nahegelegenen Altölsammelstelle. Deren Adresse erfahren Sie von der Gemeindeverwaltung, der örtlichen Polizei oder einer Autoclub-Geschäftsstelle.

Motoröl und Ölfilter wechseln

● Öl nur bei betriebswarmem Motor wechseln! Deshalb den Wagen evtl. warmfahren.
● Den BMW möglichst waagrecht aufbocken (abstützen!) oder über eine Rampe fahren.
● Geeignetes Gefäß unter die Ölwanne stellen.
● Ablaßschraube mit Ringschlüssel öffnen, Öl auslaufen lassen. Vorsicht, es ist heiß!
● Haben Sie den Wagen nur vorn aufgebockt, sollten Sie ihn zum völligen Auslaufenlassen des Altöls nochmals ablassen. Aufpassen, daß dabei das Auffanggefäß nicht beschädigt wird oder umkippt.
● Zentrale Schraube oben am Filterdeckel losdrehen, Deckel abnehmen.
● Filtereinsatz auswechseln.

● Beim Zusammenbau auf die Dichtungen achten, defekte Dichtungen ersetzen.
● Die »Nasen« am Filterdeckel und -gehäuse müssen übereinander stehen.
● Zentralschraube mit 30 Nm anziehen.
● Ölablaßschraube sauberreiben und mit neuem Dichtring eindrehen; nicht anknallen, sonst wird das Führungsgewinde in der Ölwanne beschädigt (33 Nm).
● Öl einfüllen.
● Motor kurz laufen lassen, Öldichtheit kontrollieren.

Auswechseln des Ölfiltereinsatzes. Es bedeuten:
1 – zentrale Schraube am Filterdeckel;
2 – Gehäusedeckel;
3 – Filtergehäuse;
4 – Öldruckschalter.
Die Pfeile zeigen auf die »Nasen« am Filtergehäuse und -deckel, die übereinander stehen müssen.

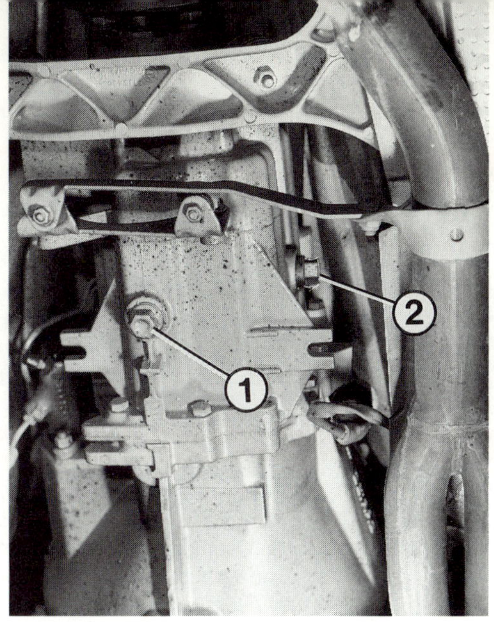

Links: Die Ölablaßschraube (Pfeil) des Motors sitzt in Fahrtrichtung rechts an der Ölwanne. Zum Lösen ist ein Ringschlüssel das am besten geeignete Werkzeug.
Rechts: Zur Verdeutlichung, daß im Schaltgetriebe ATF eingefüllt ist, sind Ölablaßschraube (1) sowie die Kontroll- und Einfüllschraube (2) mit Außensechskant versehen.

Modell	Ölfüllmenge ohne Filterwechsel (zwischen den Intervallen)	Ölfüllmenge mit Filterwechsel
316i/318i	3,75 Liter	4,0 Liter
318is	4,25 Liter	4,5 Liter

Die Ölfüllmenge

ATF-Stand im Schaltgetriebe kontrollieren

Wartung Nr. 13

Im Getriebe wird das Schmiermittel nicht wie im Motor verbraucht, sondern kann allenfalls durch undichte Stellen ins Freie gelangen. Zeigt das Getriebegehäuse von außen keine feuchtigkeitsdurchtränkte Schmutzkruste, ist nicht mit ATF-Verlust zu rechnen. Wer's genau wissen will, macht beim Schaltgetriebe die Probe an der Kontroll- und Einfüllschraube (siehe Bild oben rechts):
- Fahrzeug waagrecht aufbocken.
- Sechskantschraube SW 17 herausdrehen.
- Läuft nun bereits etwas ATF heraus, stimmt der Flüssigkeitsstand.
- Ansonsten Finger in das Schraubengewinde stecken und fühlen, ob die Schmierflüssigkeit bis an die Öffnung heranreicht: Ausreichender Flüssigkeitsstand.

- Bei größerem Flüssigkeitsmangel an der Tankstelle oder in der Werkstatt die vorgeschriebene ATF-Sorte einfüllen lassen.

Das Getriebe unserer BMW-Modelle wird — egal, ob Schalt- oder Automatikgetriebe nur mit **ATF**, einer Flüssigkeit, die ursprünglich nur für automatische Getriebe gedacht war, befüllt. Ein beliebiges Fabrikat darf es aber nicht sein. Deshalb hat BMW eine Freigabeliste erstellt. Einen Auszug daraus finden Sie am Ende des Buches.

ATF für Schalt- und Automatikgetriebe

ATF im Schaltgetriebe wechseln

Wartung Nr. 41

Anläßlich der Inspektion II ist beim BMW ein Wechsel der ATF im Schaltgetriebe fällig. Für diese Arbeit sind Sie an der Tankstelle oder in der Werkstatt am besten aufgehoben. Dort verfügt man über die nötige Einfüllvorrichtung. Wer dennoch an Selbsthilfe denkt, verfährt so:
- Bei betriebswarmem Getriebe Ablaßschraube öffnen und alte ATF ablaufen lassen.
- Ablaßschraube wieder eindrehen, aber nicht zu fest anknallen.
- **1,1 Liter** ATF in die Einfüll- und Kontrollöffnung gießen.
- Zum leichteren Einfüllen gibt es ATF-Dosen mit einem kurzen Schlauchstück zu kaufen. Bei herkömmlichen Dosen muß man sich mit einem separaten Schlauch und aufgestecktem Trichter behelfen.
- Das Getriebe ist richtig befüllt, wenn die ATF bei

waagrecht stehendem Wagen **bis zur Unterkante** der Einfüllbohrung reicht bzw. ein wenig aus der Bohrung herausläuft.
- Einfüllschraube eindrehen. Nicht zu fest anknallen, da konisches Gewinde (40−60 Nm).

ATF im Automatikgetriebe wechseln

Wartung Nr. 42

Mit jeder Inspektion II wird der Wechsel der ATF im automatischen Getriebe fällig. Gleichzeitig muß die Ölwanne gereinigt und das Ölsieb gewechselt werden – eine Arbeit für die BMW-Werkstatt.

Fingerzeig: Das automatische Getriebe unserer BMW-Modelle besitzt keinen Peilstab mehr, wie das früher üblich war. Mit anderen Worten: Das Automatikgetriebe wird ein Mal mit 3,0 Liter ATF befüllt und man geht – wie beim Schaltgetriebe – davon aus, daß der Flüssigkeitspegel bei dichtem Getriebe bis zum nächsten ATF-Wechsel konstant bleibt.

Ölstand im Hinterachsantrieb kontrollieren

Wartung Nr. 14

Sind am Hinterachsantrieb keine Ölspuren zu sehen, kann davon ausgegangen werden, daß der Ölstand stimmt. Genaueren Aufschluß gibt die folgende Prüfung:
- Öleinfüllschraube des Hinterachsgetriebes bei genau waagrecht stehendem Wagen herausdrehen (Innensechskant 10 mm).
- Läuft etwas Öl heraus oder reicht der Flüssigkeitsspiegel genau bis zur Unterkante der Kontrollöffnung, ist alles in Ordnung.
- Ist der Ölstand beträchtlich gesunken, ist mit einer Undichtigkeit zu rechnen (ölverschmiertes Gehäuse?).
- Hinterachsgetriebe abdichten und Ölstand ergänzen lassen.

Öl für das Hinterachsgetriebe

Eine Zusammenstellung der von BMW freigegebenen Öle bekannter Hersteller finden Sie in der Betriebsstoffliste hinten im Buch.

Öl im Hinterachsantrieb wechseln

Wartung Nr. 43

Wie beim Getriebe ist auch am Hinterachsantrieb zu jeder Inspektion II ein Wechsel des Schmiermittels fällig. Das macht die Werkstatt weit müheloser als der Selbsthelfer. Die Arbeit verläuft so:
- Wagen etwa 15 Minuten fahren, damit das Öl im Hinterachsgetriebe warm wird.
- Einfüll- und Ablaßschraube mit Innensechskantschlüssel 10 mm öffnen und Öl ablassen.
- Beide Schrauben – sie sind magnetisch – von evtl. anhaftenden Metallspänen reinigen.
- Ablaßschraube wieder eindrehen und vorgeschriebene Ölsorte einfüllen. Es werden **1,1 Liter** gebraucht.
- Einfüllschraube nicht vergessen!

Flüssigkeitsstand der Servolenkung kontrollieren

Ständige Kontrolle

Die Servolenkung besitzt eine ATF-Dauerfüllung – man braucht damit zwar nicht an einen regelmäßigen Wechsel zu denken, wohl aber an die laufende Füllstandskontrolle:
- Bei **stehendem** Motor Deckel des Vorratsbehälters der Servolenkung abschrauben.
- Den im Deckel angebrachten Peilstab abwischen, Deckel jetzt nur lose auf den Behälter auflegen, damit der Meßstab eintaucht.
- Flüssigkeitsstand am wieder abgenommenen

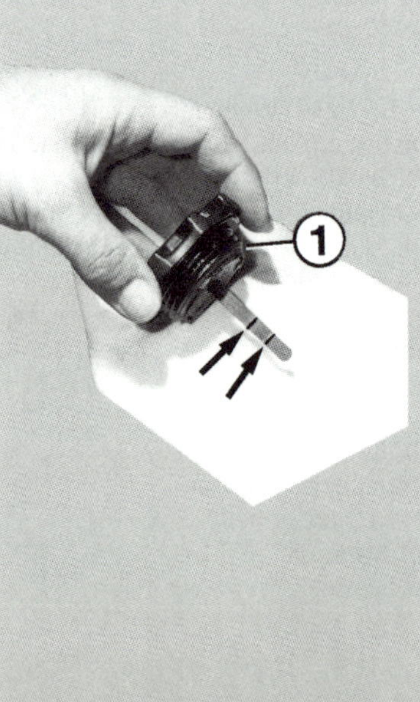

Zur Kontrolle des Flüssigkeitsstands im Vorratsbehälter (Pfeil in der linken Abbildung) der Servolenkung ist am Behälterdeckel (1) ein Peilstab angebracht. Die Pfeile deuten auf die Markierungen »Min« und »Max«.

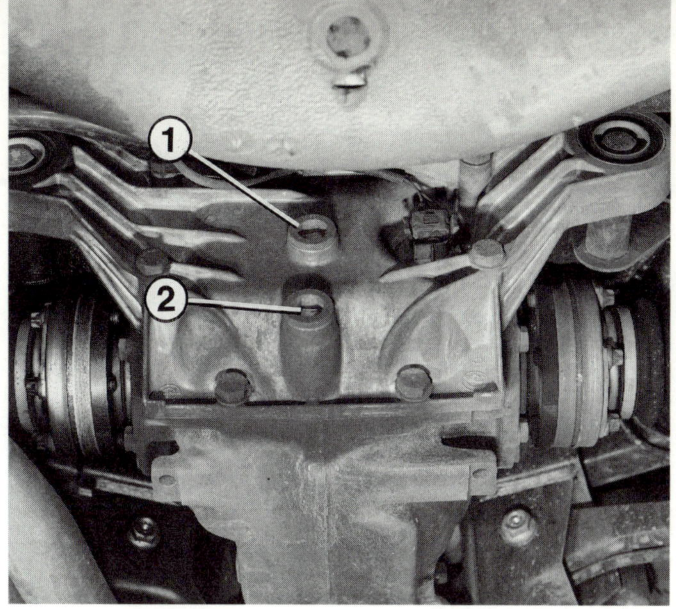

Öleinfüllschraube (1) und die Ölablaßschraube (2) am Hinterachsgetriebe.

Deckel mit Peilstab ablesen: Das Niveau soll sich zwischen den beiden Markierungen befinden.
● Stimmt der Pegel nicht, Motor starten und langsam ATF (siehe folgenden Abschnitt) nachgießen, bis der Füllstand die richtige Höhe hat. Dazu zwischendurch nachmessen.

● Nach dem Abstellen des Motors kann das Niveau 5 mm über die obere Marke ansteigen. Das ist normal.
● Deckel zuschrauben.

Als Hydraulik-Flüssigkeit für die Servolenkung dient ATF – genauso wie beim Schalt- und Automatikgetriebe. Doch BMW akzeptiert nicht alle Fabrikate. Einen Auszug aus der Freigabeliste finden Sie am Ende des Buches.

ATF für die Servolenkung

Beim Durchführen dieses Wartungspunkts gilt folgende Faustregel: An Scharnieren und Gelenken mit engen Durchgängen, in die kein Fett eindringen kann, ist Öl oder Schmierspray günstiger. Gegeneinander reibende Flächen werden besser gefettet oder mit einer Schmierpaste behandelt, da diese Gleitstoffe besser haften.

Wartung Nr. 10

● Die Türscharniere sind beim BMW wartungsfrei. Trotzdem sind sie gelegentlich für einen Spritzer Öl dankbar.
● Die Schloßfallen an Türen und Kofferraumdeckel können mit etwas Sprühfett behandelt werden.
● Die Kofferraumdeckelscharniere besprühen Sie mit etwas Öl. Lappen dahinterhalten!

Türen und Kofferraumdeckel

● Sprühen Sie spätestens zu Beginn der kalten Jahreszeit etwas Rostlöser-Isolierspray in den Schlüsselschlitz. Es schmiert, verdrängt Feuchtigkeit und schützt vor Rost sowie Einfrieren im Winter.

Schließzylinder

● Die Motorhaubenscharniere und -stützen erhalten etwas Öl oder Schmierspray.
● Auf die gleiche Weise wird das Haubenschloß geschmiert.

Motorhaube

● Gleitschienen des Schiebedaches sauberreiben.
● Schienen mit Silikonpaste oder -spray fetten.
● Darauf achten, daß der empfindliche Dachhimmel nicht verfleckt wird.

Schiebedach

● Von einem Helfer bei ausgeschaltetem Motor das Gaspedal durchtreten lassen.
● An allen sich hierbei bewegenden Stellen die eventuell anhaftende Schmutzkruste abreiben und anschließend etwas Öl ansprühen, während ein Helfer ein paar Mal das Gaspedal durchtritt.

● Dem Gaszug kann es nicht schaden, wenn zusätzlich etwas Öl von vorn in seine Hülle gesprüht wird.

Wartung Nr. 9

Treibende Kräfte

Nach mehr als 25 Jahren Bauzeit schickte BMW im Herbst 1987 einen Klassiker in den Ruhestand: Den Vierzylindermotor M 10, der in seiner Urform noch auf dem Zeichenbrett des legendären Motorenkonstrukteurs Alexander von Falkenhausen entstand. Doch für stilechte Nachfolge war gesorgt: Der M 40-Motor, wie er heute in den Modellen 316i und 318i eingebaut ist, bringt wieder Entwicklungspotential für weitere 25 Jahre. Beweis: der aus ihm hervorgegangene Motor M 42 mit Vierventiler-Kopf, der den 318is treibt.

Motordaten

Typ		316i	318i	318is
Motor		M 40	M 40	M 42
Leistung	kW	73	83	103
Hub	mm	72	81	81
Bohrung	mm	84	84	84
Hubraum	cm³	1596	1796	1796
Gemisch-Aufbereitung		Elektronische Einspritzung	Elektronische Einspritzung	Elektronische Einspritzung
Typ		Motronic	Motronic	Motronic

Technische Beschreibung M 40

»Er hat was vom Zwölfzylinder« sagt die Werbung und hat recht: So ist beispielsweise die Auslegung des Zylinderkopfes und die Ventilbetätigung identisch mit dem BMW-Zwölfzylindermotor: Die Nockenwelle drückt auf sogenannte Schlepphebel, die an ihrem einen Ende auf Sockeln ruhen, in denen der Ventilspielausgleich sitzt (Hydrosockel). Die andere Seite des Schlepphebels liegt auf dem Ventilschaftende auf. Dreht sich eine Nocke der Nockenwelle über den Schlepphebel, wird dieser niedergedrückt. Da der Hydrosockel in diesem Moment ein starres Teil darstellt, kann nur das auf der gegenüberliegenden Seite sitzende Ventil niedergedrückt werden.

Der Zylinderblock aus Perlit-Guß zeigt als Besonderheit zusammengegossene Zylinder ohne zwischenliegende Wasserspalte. Vorteil dieser Bauweise ist neben größerer Stabilität des Blocks die wesentlich kompaktere Bauweise. So geriet der M 40 um rund 110 mm kürzer als sein Vorgänger, wodurch letztlich Gewicht gespart wurde. 5 kg brachte die Schlankheitskur an den verschiedenen Motorenteilen.

Ganz unten im Motorblock haust die Kurbelwelle aus Sphäroguß, deren Haupt- und Pleuellagerzapfen nitriert

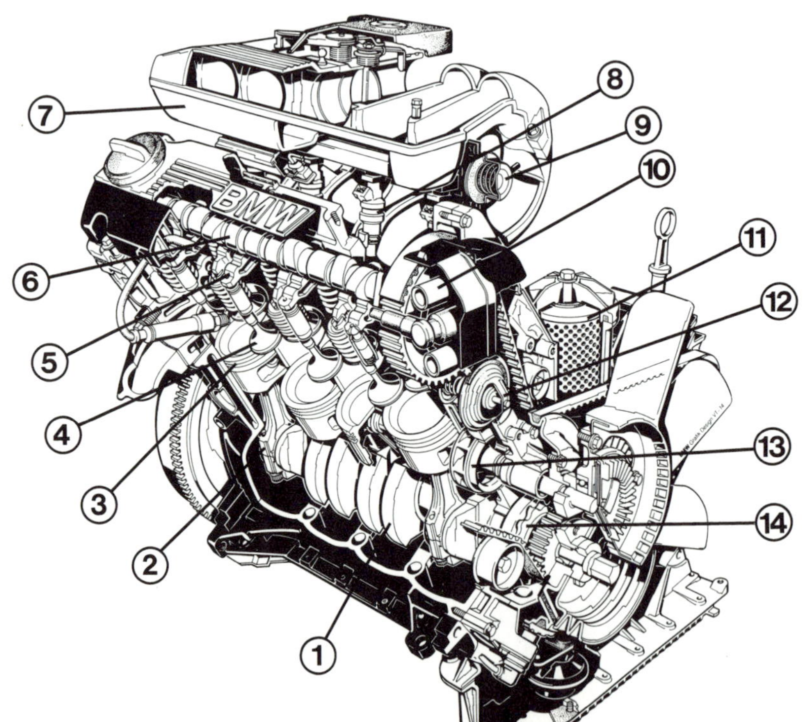

Die Schnittzeichnung des M 40-Motors zeigt die Lage wichtiger Komponenten:
1 – Kurbelwelle;
2 – Pleuel;
3 – Kolben;
4 – Ventil;
5 – Schlepphebel;
6 – Nockenwelle;
7 – Ansaugkrümmer;
8 – Einspritzventil;
9 – Kraftstoff-Druckregler;
10 – Zündverteiler;
11 – Ölfilter;
12 – Thermostat;
13 – Kühlwasserpumpe;
14 – Ölpumpe.

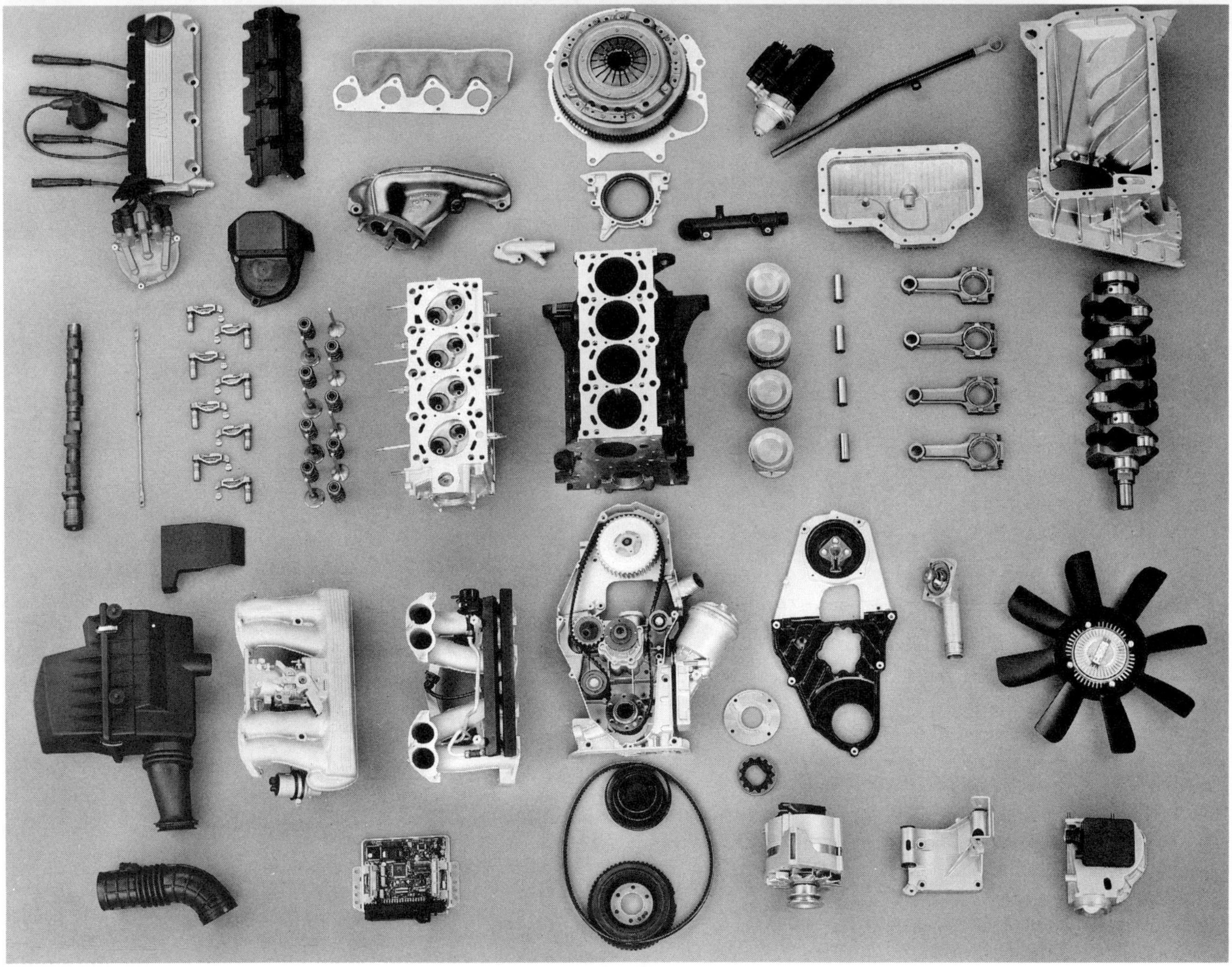

Hier wurde der M 42-Motor in seine Bestandteile zerlegt. Gut zu erkennen sind die Einzelteile des Zylinderkopfes, des Kurbeltriebs und der Ansauganlage. Das Bild zeigt auch, daß das Zahnriemengehäuse eine separate Baugruppe darstellt.

(an der Oberfläche gehärtet) sind. Vorn auf der Kurbelwelle sitzt der Schwingungsdämpfer, hinten die Schwungscheibe. Die Lagerböcke der Kurbelwelle im Kurbelgehäuse sind mit Ölspritzdüsen zur Kühlung der Kolbenböden von unten versehen.

Die geschmiedeten Stahlpleuel verbinden Kurbelwelle und Kolben. Sie sind ein Vermächtnis aus den älteren Sechszylindermotoren. In den Kolben selbst befindet sich ein Teil des Brennraums: Der Kolbenboden ist mit einer zwar symmetrischen, aber etwas versetzt angeordneten Mulde versehen. Sinn des Versatzes ist es, eine Quetschfläche gegenüber dem Sitz der Zündkerze zu erzielen, das Gemisch also zur besseren Verbrennung zur Kerze hin zu quetschen.

Der Antrieb der Nockenwelle erfolgt über einen Zahnriemen, der gut geschützt im Steuergehäusedeckel vorn am Motor umläuft. In diesem Gehäuse ist zusätzlich die Ölpumpe, das Öl-Überdruckventil und die Kühlmittelpumpe untergebracht. Außen links ist das Ölfiltergehäuse angeflanscht.

Die Ölpumpe selbst bezeichnet BMW als eine sogenannte Duocentric-Pumpe: In einem Innenzahnrad läuft ein

Hier wurde die Kurbelwelle (3) nebst Pleueln (2) und Kolben (1) ausgebaut. Deutlich zu sehen sind die asymmetrisch angeordneten Mulden in den Kolbenböden.

Hier wurde die Nockenwelle aus dem Zylinderkopf ausgebaut, um die Teile des Ventiltriebs sichtbar zu machen. Es bedeuten:
1 – Ventile mit Ventilfedern;
2 – Hydrosockel;
3 – Schlepphebel.
Die schwarzen Pfeile zeigen die insgesamt fünf Lagerstellen der Nockenwelle.

kleineres außenverzahntes Rad. Beide befinden sich ständig im Eingriff, sind jedoch in ihrem Mittelpunkt zueinander versetzt. Durch die exzentrische Lage spannen sich während der Drehung der Pumpe immer neue Freiräume über den Zähnen auf. Ein Unterdruck entsteht, der Öl in die Pumpe zieht. Die Drehung der Räder schafft das Öl zur Druckseite, während mehrere Zähne Saug- und Druckbereich der Pumpe gegeneinander abdichten.

Vierventil-Technik ist im Hause BMW ein alter Hut. Schon im Jahre 1978 war das legendäre BMW M1 Coupé mit einem Vierventil-Sechszylindermotor ausgestattet.

Später kamen die Vierventiler – neben den Rennsport-Einsätzen – in den Wagen der M-Serie zur Anwendung, angefangen mit dem M635 CSi. Der große Durchbruch der Vierventil-Technik in der Serie erfolgte bei BMW dagegen 1989 mit dem Motor M42 im 318is der Vorgänger-Modellreihe und natürlich 1990 mit den neuen Sechszylindermotoren in der 5er-Reihe.

Technische Beschreibung M42

Der Vierventiler-Motor im 318is basiert auf dem Kurbelgehäuse des 318i-Motors. Wesentliche Änderungen sind hier nur an den Kolben zu entdecken, die über vier Ventiltaschen (Aussparungen für die Ventile) verfügen. Komplett anders ist dagegen der Zylinderkopf des Vierventilers: Gleich zwei Nockenwellen sind dort für das rechtzeitige Öffnen und Schließen der Ventile verantwortlich. Die in Fahrtrichtung rechts angeordnete Nockenwelle betätigt die Auslaßventile, die links eingebaute die Einlaßventile.

Die fünf Lagerstellen der Nockenwellen befinden sich nicht direkt im Zylinderkopf, sondern pro Seite in je einer separat abnehmbaren Lagerleiste. Diese Leisten nehmen auch die Hydrostößel des hydraulischen Ventilspielausgleichs auf.

Die Stößel sind zwischen Nockenwelle und Ventilschaft-Ende angeordnet. Auf sie drücken die einzelnen Nocken der Nockenwelle, um die Ventile zu öffnen. Durch ihre Form bedingt werden die Stößel im BMW Tassenstößel genannt – sie erinnern an eine über den Ventilschaft gestülpte Kaffeetasse.

Diese ungewöhnliche Perspektive zeigt den Motorblock von unten bei abgenommener Ölwanne. Es bedeuten:
1 – Hauptlagerdeckel;
2 – Kurbelwelle;
3 – Pleuellagerdeckel.

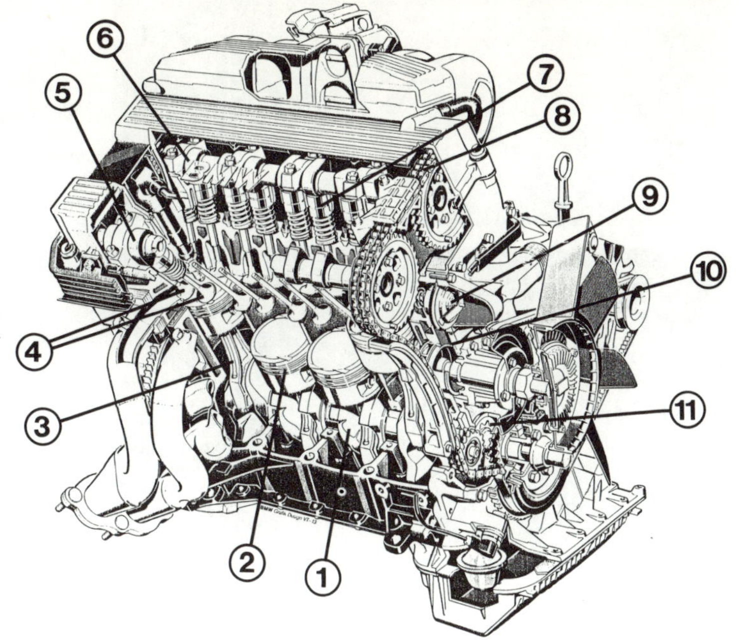

Die Schnittzeichnung des M 42-Motors zeigt eindrucksvoll, wie dicht gedrängt es im Vierventiler-Zylinderkopf zugeht. Insgesamt 16 Ventile und zwei Nockenwellen müssen auf kleinstem Raum miteinander leben. Die Teile im einzelnen:

1 – Kurbelwelle;
2 – Kolben;
3 – Pleuel;
4 – Auslaßventile;
5 – Nockenwelle für Auslaßventile;
6 – Nockenwelle für Einlaßventile;
7 – Hydrostößel;
8 – Duplex-Steuerkette;
9 – Thermostat;
10 – Wasserpumpe;
11 – Ölpumpe.

Einstellen des Ventilspiels ist auch beim Vierventiler-Motor nicht mehr notwendig. Der hydraulische Ventilspielausgleich arbeitet spielfrei, aber dennoch ist dafür gesorgt, daß die geschlossenen Ventile fest auf dem Ventilsitz aufliegen und damit einwandfrei abdichten.

Akustisch wahrnehmbarer Vorzug der Hydrostößel: Der spielfreie Ventiltrieb arbeitet wesentlich geräuschärmer als der herkömmliche.

Langlebiges Antriebselement der Nockenwellen im Vierventilermotor ist eine Duplex-Kette (zweireihige Kette). Damit sie auf dem langen Weg von der Kurbelwelle zu den Nockenwellen nicht flattert oder peitscht, wird sie von einer hydraulisch gedämpften Spannschiene im Zaum gehalten.

Eines der Grundprobleme des Viertaktmotors ist es, die Zylinder während des Ansaugtakts mit der ausreichenden Menge Kraftstoff/Luft-Gemisch zu füllen. Das Problem vergrößert sich mit steigender Drehzahl, weil ja die Ventil-Öffnungszeiten dadurch immer kürzer werden. Der Techniker spricht von Füllungsverlusten.

Dem zu begegnen, wählt man den Ventildurchmesser so groß als möglich, denn nur so kann mehr Gemisch einströmen. Diesem Bestreben setzt jedoch der Brennraumdurchmesser Grenzen. Hier fußt nun der Grundgedanke der Vierventil-Technik: Vier Ventil-Teller addieren sich zu einer insgesamt größeren Öffnungsfläche als zwei noch so große – jeweils auf dieselbe Brennraumgröße bezogen.

Kaum ein Automobilhersteller entschließt sich zu teuren Mehraufwendungen an seinen Fahrzeugmodellen, wenn sich nicht gleichzeitig mehrere Vorteile daraus ergeben. Und die sind bei der Vierventil-Technik tatsächlich gegeben:

Vorteile der Vierventil-Technik

○ Vier Ventile ermöglichen größere Durchlaßquerschnitte für Frisch- und Abgas. Das freiere Atmen kommt der Motorleistung und damit auch dem Kraftstoffverbrauch zugute. So hat ein Vierventiler einen ca. 8 % geringeren spezifischen Kraftstoffverbrauch im Vergleich zum Zweiventiler.

○ Vierventiler besitzen kleinere Ventile; dadurch geringere bewegte Massen, was schnelleres Reagieren des Ventiltriebs zur Folge hat. Angenehmer Nebeneffekt: Man benötigt weniger straffe Ventilfedern zum Schließen der Ventile.

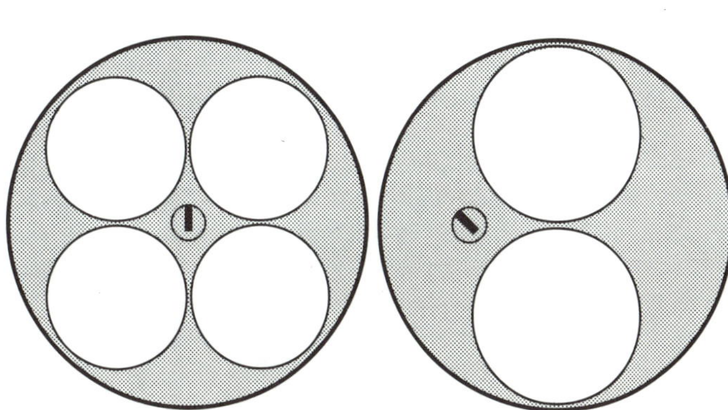

Im kreisrunden Zylinder lassen sich zwei Ventilkreise nicht beliebig vergrößern. Bald stoßen sie aneinander, während rechts und links ungenutzter Raum bleibt.

Vier kleine Kreise kann man dagegen vergleichsweise elegant unterbringen und erreicht dadurch einen insgesamt größeren Öffnungsquerschnitt.

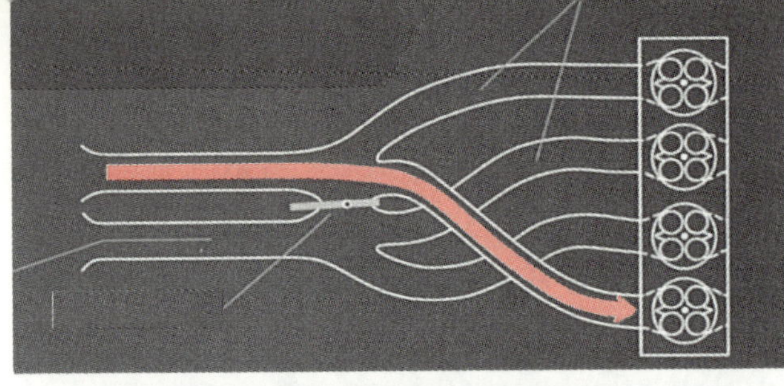

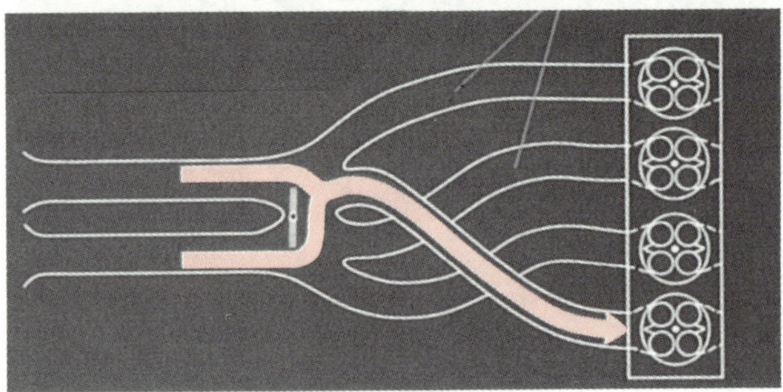

Die Zeichnungen stellen das Funktionsprinzip der variablen Sauganlage des M 42-Motors dar. Oben ist die Klappenstellung bei Drehzahlen oberhalb 4800/min gezeigt; unten sehen wir die Stellung der Steuerklappe bei niedrigeren Drehzahlen.

○ Die kleineren Ventile kühlen sich während der Schließzeiten über die Ventilsitze besser ab als große Ventile. Daher geringere thermische Probleme.
○ Vierventilermotoren sind auf Grund der Brennraumverhältnisse unempfindlicher gegenüber klopfender Verbrennung. Sie vertragen ein um 1–5 Punkte höheres Verdichtungsverhältnis.
○ Die Zündkerze kann beim Vierventiler optimal in Brennraummitte plaziert werden.

Variable Sauganlage

M 42-Anlage

Gutes Durchzugsvermögen im unteren Bereich des Drehzahlbandes und trotzdem hohe Leistung bei höheren Drehzahlen galt lange Zeit als Widerspruch in der Motorenkonstruktion. Beim 1,8-Liter-Vierventiler konnten beide Anforderungen durch die Verwendung einer »differenzierten Sauganlage« recht gut erfüllt werden.

Dabei wird das Prinzip der Impulsaufladung genutzt: Gassäulen, die Behälter oder Rohre durchströmen, werden durch periodisches Ansaugen zu Schwingungen angeregt. Dieses Schwingungssystem wird nun so abgestimmt, daß die Füllung in den Zylindern und damit das Drehmoment und die Leistung verbessert wird. In Abhängigkeit von der Drehzahl wird – über eine Klappe im Saugrohrsystem – die wirksame Saugrohrlänge verändert.

Im unteren Drehzahlbereich (unterhalb 4800/min) saugen die Zylinder 1 und 4 sowie 2 und 3 gruppenweise jeweils aus dem Vorrohr an. Die Vorrohre werden dabei periodisch – und zwar alle 360° Kurbelwellenumdrehung – durchströmt. Dadurch wird das gesamte Schwingrohrsystem (Vorrohre und Schwingrohre) zu Schwingungen angeregt, die im mittleren Drehzahlbereich durch die dynamische Aufladung die Zylinderfüllung verbessern und damit das Drehmoment deutlich anheben.

Im Drehzahlbereich oberhalb 4800/min werden die Rohrverzweigungen über eine nun geöffnete Klappe (sie

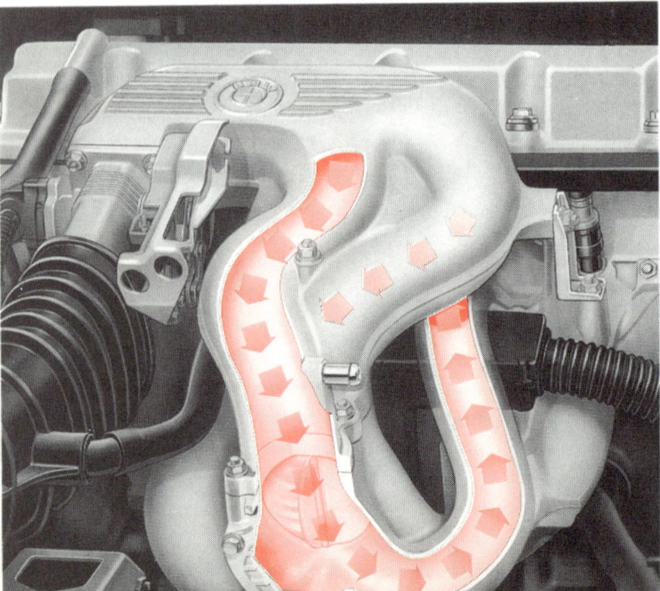

In dieser Zeichnung verdeutlichen die Pfeile den Ansaugluftstrom in der variablen Sauganlage des M 42-Motors. Gezeigt ist hier die Klappenstellung oberhalb 4800/min.

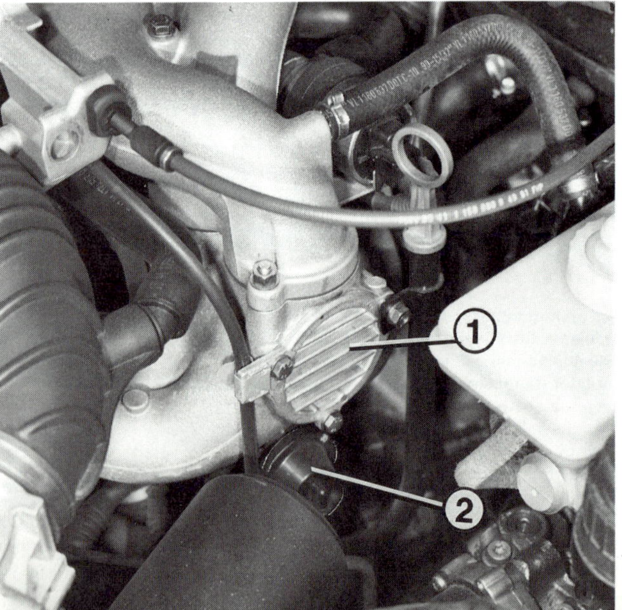

Hinter diesem Verschlußdeckel (1) befindet sich die Steuerklappe der variablen Sauganlage. Darunter ist das pneumatische Stellelement (2) der Klappe sichtbar.

Die Ventilbetätigung erfolgt im M 42-Motor über Hydrostößel, einen solchen zeigt diese Schemazeichnung. Fast identisch aufgebaut sind die Hydrosockel des M 40-Motors. In der Darstellung ist das unter Druck befindliche Öl in dunklem Rot eingezeichnet, hellrot abgesetzt ist die zur Ventilbetätigung nicht gebrauchte Ölmenge. Die Zahlen bezeichnen die folgenden Teile:
1 – Nockenwelle;
2 – Ölvorratsraum;
3 – Rückschlagventil;
4 – Ölzulauf;
5 – Hochdruckraum;
6 – Ventilschaft;
7 – Druckfeder;
8 – Zylinder;
9 – Kolben;
10 – Hydrostößel.

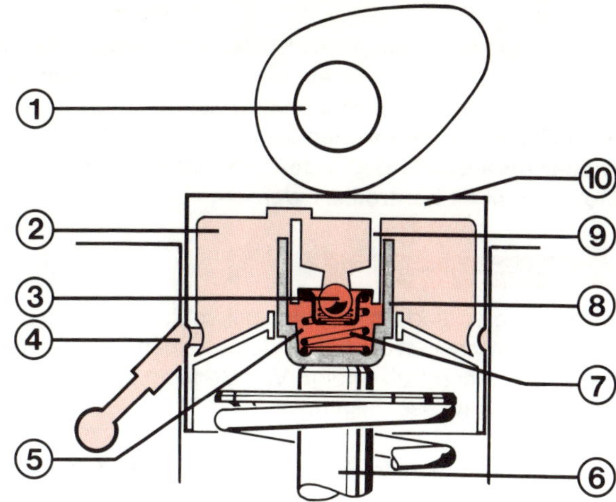

sitzt an der Verzweigung der beiden Vorrohre zu den vier Schwingrohren) miteinander verbunden. Jetzt sind die Vorrohre dynamisch nicht mehr wirksam, und die verbleibenden kurzen Schwingrohre ermöglichen im oberen Drehzahlbereich hohe Leistungswerte.

Im Gegensatz zu herkömmlichen Sauganlagen können damit zwei Auslegungsbereiche erreicht werden mit einem fülligen Drehmomentverlauf bei gleichzeitig hoher Leistung und einer verbesserten Beschleunigung und Elastizität, besonders im unteren Drehzahlbereich.

Funktion des hydraulischen Ventilspielausgleiches

M 40 und M 42

Bei geschlossenem Ventil gelangt Öl aus dem Schmierkreislauf des Motors über eine Ringnut in den Hydrosockel bzw. in den Hydrostößel. Nach Passieren des Rückschlagventils im Ventilspielausgleich fließt der Schmierstoff in den momentan noch völlig drucklosen Hochdruckraum und füllt diesen ganz aus. Parallel zu diesem Vorgang drückt die Druckfeder das Oberteil des Hydroelements spielfrei an den Schlepphebel bzw. die Nockenwelle.

Dreht sich nun die Nockenwelle, drückt ihr exzentrischer Nocken beim M 40-Motor gegen den Schlepphebel und damit auch gegen den Hydrosockel.

Beim M 42-Motor geschieht ähnliches: Die Nockenwelle drückt direkt gegen den Stößel. Bei beiden Versionen steigt der Druck im Hochdruckraum. Das Rückschlagventil verschließt die Zulaufbohrung und sorgt dafür, daß kein Öl mehr entweichen kann. Da sich das Öl nicht komprimieren (in sich zusammendrücken) läßt, ist damit eine starre Verbindung zwischen Oberteil und Unterteil des Hydroelements hergestellt. Das Ventil kann also durch die Kraft der Nocke niedergedrückt werden.

Nach dem Schließen des Ventils entsteht durch Lecköölverlust ein geringfügiges Ventilspiel, das aber durch die Druckfeder – sie drückt das Oberteil nach oben – sofort wieder ausgeglichen wird. In das vergrößerte Volumen des Druckraums strömt nun bei geöffnetem Rückschlagventil wieder Öl nach. Damit ist der hydraulische Ventilspielausgleich bereit zur nächsten Ventilbetätigung.

Links: Der Teilschnitt durch den M 40-Motor zeigt:
1 – Motorblock;
2 – Zylinderkopf;
3 – Hydrosockel;
4 – Nockenwelle;
5 – Schlepphebel;
6 – Ventilfeder;
7 – Ventil.
Rechts: Hier ist der Hydrosockel einzeln dargestellt. Die Zahlen bezeichnen:
1 – Entlüftungsbohrung;
2 – Ölvorratsraum;
3 – Ölversorgungsbohrung;
4 – Kolben;
5 – Gehäuse;
6 – Kugelventil;
7 – Hochdruckraum;
8 – Feder.

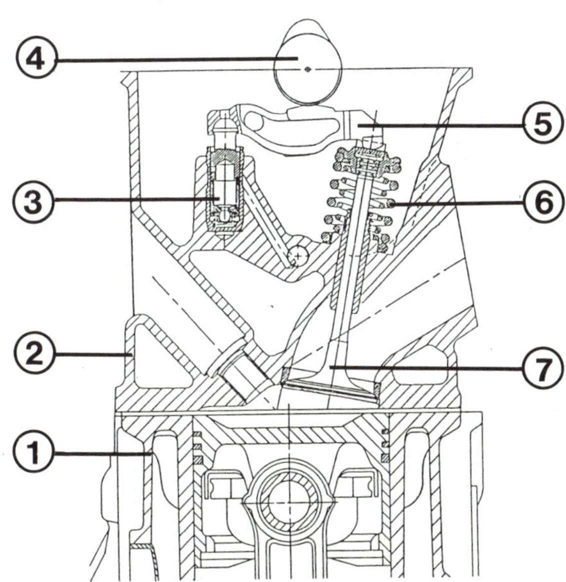

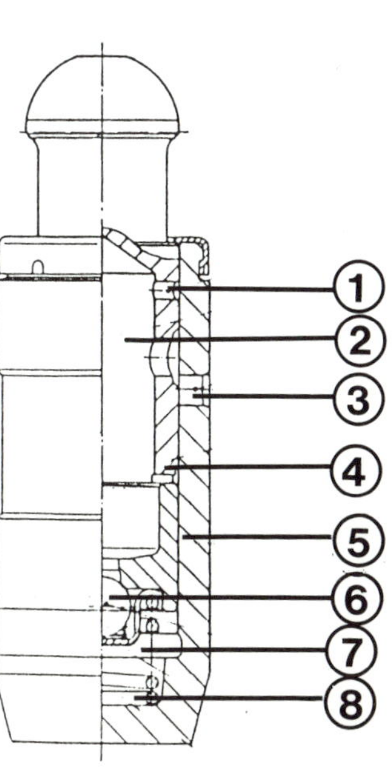

Fingerzeig: Nach längeren Standzeiten kurz nach dem ersten Motorstart können die Elemente des hydraulischen Ventilspielausgleiches laute Klappergeräusche verursachen. Dieser Effekt tritt auf, wenn alles Öl aus den Hydroelementen ausgelaufen und dadurch wieder Spiel im Ventiltrieb entstanden ist. Kein Grund zur Besorgnis: Das Geräusch verschwindet nach kurzer Zeit, und der Ventiltrieb arbeitet wieder geräuschfrei. Klappert ein einzelnes Hydroelement längere Zeit oder sogar noch bei warmem Motor, muß es kontrolliert werden.

Die Motorlebensdauer

BMW-Motoren sind als langlebig bekannt. So können unsere Vierzylinder ohne weiteres 200 000 km erreichen. Generell entscheidet der Fahrer durch seinen Umgang mit der Maschine, ob sie biblisches Alter erreicht oder ob der Exitus schon früh erfolgt. Von Bedeutung ist hierbei an erster Stelle die Motorschmierung. Öldruck und Öltemperatur müssen stimmen:

Öltemperatur

Während die Kühlmittel-Temperaturanzeige schon relativ früh Betriebstemperatur signalisiert, ist das Motoröl frühestens nach etwa 10 Minuten Fahrt völlig einwandfrei schmierfähig. Für den BMW gilt als Anhaltspunkt, daß das Motoröl gegenüber dem Kühlmittel etwa doppelt so lange braucht, bevor es seine Betriebstemperatur erreicht hat. Deshalb sollten Sie nach Möglichkeit den Motor nach dem Kaltstart nicht hoch drehen lassen, ehe das Öl etwa 60°C erreicht hat. Erst dann sollte der Motor voll belastet werden.

Schädlich ist auch zu hohe Öltemperatur. Doch in modernen Motoren geht man davon aus, daß die Öltemperatur stets im zulässigen Bereich bleibt. Zu Vergleichszwecken interessant ist die Motoröltemperatur am Ölfilterflansch oder in der Ölwanne; dort ist der Schmiersaft am kühlsten. Dagegen können an den Kolbenringen Temperaturen bis 300°C auftreten. Falls Sie nachträglich ein Ölthermometer eingebaut haben: 150°C in der Ölwanne gilt als höchstzulässige Temperatur.

Öldruck

Nur im Falle einer Störung wird üblicherweise der Öldruck kontrolliert: Im **Leerlauf** soll er **0,5–2,0 bar** betragen, bei **Höchstdrehzahl** (siehe Tabelle im folgenden Abschnitt) **4,0–6,0 bar**. Natürlich beziehen sich diese Druck-Werte auf den **betriebswarmen Motor**, denn bei kaltem, zähflüssigem Öl ist der Druck schon im Leerlauf relativ hoch.

Normalerweise überwacht ein Öldruckschalter den Druck im Schmiersystem. Ein Kontakt im Schalter wird geschlossen, wenn der Öldruck unter **0,2–0,5 bar** fällt. Das ist ein sehr niedriger Druckwert. Er stellt das absolute Minimum dessen dar, was zum Sicherstellen der Motorschmierung nötig ist. Deshalb den Motor **sofort abstellen**, wenn unterwegs die Ölkontrolleuchte aufflackert! Sonst riskieren Sie einen Lagerschaden (siehe Ende des Kapitels).

Vielleicht war Ölmangel die Ursache für den fehlenden Öldruck. Sofort nachfüllen. Oder der Öldruckschalter selbst ist defekt (Kapitel »Instrumente und Geräte«).

Alles über Drehzahlen

Ein Verbrennungsmotor gibt seine höchste Leistung bei einer bestimmten Drehzahl ab – der sogenannten **Nenndrehzahl**. Höher als diese hinauszudrehen bringt keine Mehrleistung, sondern bestenfalls besseres Anschließen an den nächsten Getriebe-Gang, was aber nur für die maximale Beschleunigung entscheidend ist. Für eher geruhsames Fahren hält man den Motor möglichst im **Drehzahlbereich des größten Drehmoments**. Dort ist die beste Durchzugskraft vorhanden.

Die **Höchstdrehzahlen** in der Tabelle zeigen, daß man dem Motor nach guter alter BMW-Manier in Sachen Drehfreudigkeit einiges abverlangen kann.

Denn die Ventile werden über kurze Schlepphebel (Zweiventiler) bzw. Tassenstößel (Vierventiler) von der/den obenliegenden Nockenwelle(n) betätigt. Dabei sind nur geringe Massen zu bewegen, was hohe Drehzahlen ohne Gefahr für den Ventiltrieb gestattet.

Höchstdrehzahl ist bei BMW nicht gleich **Dauerdrehzahl**. Um Überbeanspruchung vorzubeugen, wurde die zulässige Dauerdrehzahl um 200/min niedriger angesetzt. Eine sinnvolle Einschränkung zugunsten der Motorlebensdauer.

Die Tabelle gibt eine Übersicht über die verschiedenen Drehzahlen der einzelnen Motoren:

Modell		316i	318i	318is
Nenndrehzahl	1/min	5500	5500	6000
Höchstes Drehmoment bei	1/min	4250	4250	4500
zulässige Dauerdrehzahl	1/min	6000	6000	6300
Höchstdrehzahl	1/min	6200	6200	6500

Die Motorschmierung ist beim M 40-Motor zu einer kompakten Einheit zusammengefaßt. Die Bauteile im einzelnen:
1 – Ölfiltergehäuse;
2 – Öldruckschalter;
3 – Abschlußdeckel Motor vorn;
4 – Ölumpen-Innenzahnrad;
5 – Ölumpen-Außenzahnrad;
6 – Ölumpen-Deckel.

Drehzahl-Begrenzung

Oberhalb der Höchstdrehzahl geraten die Ventilfedern so stark ins Schwingen, daß ein einwandfreies Öffnen und Schließen der Ventile nicht mehr gewährleistet ist. Die Ventilfedern können brechen, was zur Folge hat, daß das betreffende Ventil auf dem Kolben aufschlägt und gewaltige Zerstörungen anrichtet.

Damit es erst gar nicht so weit kommen kann, sperrt das Steuergerät der Motronic-Einspritzung bei Erreichen der Höchstdrehzahl die Kraftstoffzufuhr – die Drehzahl fällt wieder ab. Falls Sie sich also über Motoraussetzer in sehr hohen Drehzahlen gewundert haben, so ist das keine Störung, sondern der eingebaute Selbstschutz des Motors.

Wartungs-und Reparaturarbeiten am Motor

Was die Wartung anbetrifft, sind die Motoren der 3er-Reihe anspruchslose Gesellen: Die Ventile brauchen nicht mehr eingestellt zu werden, und auch an Zündung und Einspritzung gibt's nichts mehr zu tun. So bleibt im Bereich »Motor-Mechanik« als einzige Arbeit der doch recht selten notwendig werdende Wechsel des Zahnriemens beim M 40.

Arbeiten zum Selbst-Hand-anlegen für fortgeschrittene Selbsthelfer bzw. Arbeitsbeschreibungen, die ganz einfach der Information dienen, finden Sie in den folgenden Abschnitten beschrieben.

Unterscheidung der Motoren

In den folgenden Abschnitten sind Reparaturarbeiten an beiden Motortypen beschrieben. Zur Unterscheidung ist jeweils der Motortyp genannt:
○ **M 40** = Zweiventiler (316i und 318i)
○ **M 42** = Vierventiler (318is)

Motor auf Öldichtheit kontrollieren

● Betrachten Sie den Motor von oben und unten.
● Geringfügig ölfeuchte Stellen sind nicht bedenklich, alle Motoren schwitzen gelegentlich etwas Schmiermittel aus.
● Ölflecken unter dem geparkten Wagen und deutlichen Ölnässen sollten Sie aber auf den Grund gehen.

● Motor mit einem Dampfstrahlgerät und Motorreiniger säubern.
● Nach einer Probefahrt von wenigen Kilometern wird kontrolliert, wo Öl austritt.

Wartung Nr. 34

An welchen Stellen beim BMW-Motor Öl austreten kann, finden Sie hier aufgezählt:
○ Abdichtungen von Kurbelwelle und Nockenwelle (M 40)
○ Steuergehäusedeckel ganz vorn am Motor (M 42)
○ Zylinderkopfdeckeldichtung
○ Zylinderkopfdichtung
○ Ölfilterdichtung bzw. Ölfiltergehäuse
○ Öldruckschalter
○ Ölwannendichtung

Mögliche Leckstellen

Die Messung des Kompressionsdrucks in den Motorzylindern gibt Aufschluß darüber, ob Ventile und Kolbenringe noch gut abdichten. Leistung, Kaltstartverhalten sowie Öl- und Kraftstoffverbrauch unseres Motors hängen davon ab. Eine Prüfung also, die zur Fehlersuche und beim Gebrauchtwagenkauf interessant ist.

● Motor warmfahren. Die Kolbenringe dichten bei warmem Öl besser ab.

● Hauptrelais der Motronic und Kraftstoffpumpenrelais abziehen, damit kein Kraftstoff mehr eingespritzt wird.

● Alle Zündkerzen herausschrauben (Kapitel »Die Zündanlage«).

● Gummikonus des Druckprüfers auf das Kerzenloch des 1. Zylinders (in Fahrtrichtung der vordere) pressen bzw. Anschlußleitung ins Zündkerzengewinde schrauben.

● Handbremse anziehen, Schalthebel in Leerlauf bzw. Getriebeautomatik-Wählhebel in Stellung »P« drücken.

● Von Helfer den Motor mit dem Anlasser durchdrehen lassen. Das Gaspedal muß er dabei voll durchtreten (zwecks besserer Zylinderfüllung).

● Steigt der Druckwert nicht mehr wesentlich an, Anzeigewert notieren und am nächsten Zylinder weitermessen.

● Der minimale Kompressionsdruck soll bei allen Zylindern **10–11 bar** betragen (M 40 und M 42).

● Wichtiger als der absolute Kompressionsdruck (Meßgerätetoleranz ist möglich) ist jedoch die Differenz zwischen den Zylindern. Maximal **0,5 bar** Unterschied sind zulässig.

● Nach der Messung Zündkerzen wieder einbauen (Kapitel »Die Zündanlage«).

Zu niedrige Druckwerte

Gleichmäßig niedriger Kompressionsdruck ist nicht unbedingt ein Alarmzeichen; Ursache können Meßtoleranzen zwischen verschiedenen Prüfgeräten sein. Bedenklich ist es dagegen, wenn zwischen den Meßwerten für die Zylinder Unterschiede von mehr als ca. 3 bar bestehen. Das kann bedeuten:

○ Kolben- und Kolbenringverschleiß
○ Festsitzende Kolbenringe durch Rückstandsbildung
○ Unrunde Zylinder als Folgeerscheinung von Kolbenklemmern
○ Ablagerungen an den Ventilschäften oder -sitzen durch Verbrennungs- bzw. Schmierölrückstände
○ Verbrannte Ventile. In den meisten Fällen sind undichte Ventile die Ursache für mangelhaften Kompressionsdruck und damit geringere Motorleistung. Abhilfe bringt entweder Einschleifen der Ventile oder die Überholung des Zylinderkopfes.

Fehlersuche

Um bei zu niedrigem Kompressionsdruck den Fehler lokalisieren zu können, wendet man folgenden Trick an: Ins Zündkerzenloch mit einer Spritzkanne etwas Motoröl träufeln und Kompressionsdruck nochmals messen.

○ Sind die Werte weiterhin schlecht, liegt es an den Ventilen.

○ Erhalten Sie höhere Druckwerte, liegt es an den Kolbenringen und vielleicht auch an den Zylindern. Das eingefüllte Öl hat kurzfristig zwischen Kolben und Zylinderwänden besser abgedichtet, so daß das komprimierte Gas dort kaum noch entweichen konnte.

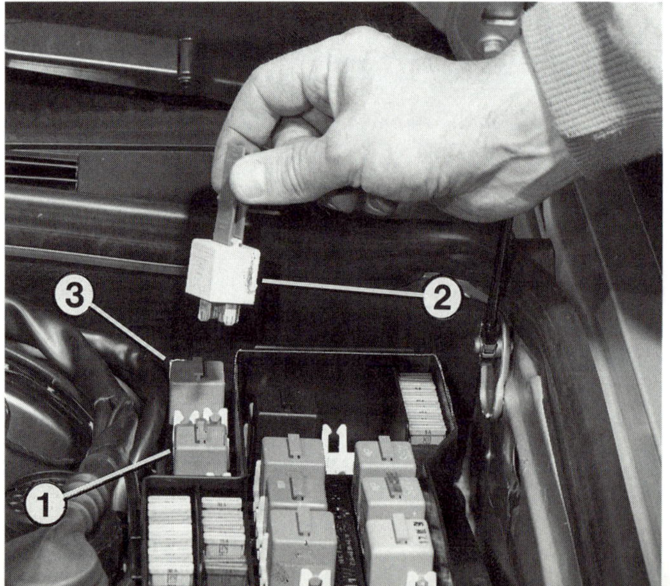

Zum Prüfen des Kompressionsdrucks muß das Hauptrelais der Motronic (2) sowie das Kraftstoffpumpenrelais (1) abgezogen werden. Das Relais der Lambda-Sondenbeheizung (3) kann eingesteckt bleiben.

Zum Durchdrehen der Kurbelwelle von Hand wird ein SW-22-Schlüssel bzw. eine gleich große Stecknuß mit Rätsche auf der Lichtmaschinen-Riemenscheibe angesetzt. Rutscht der Riemen durch, wird er mit der Hand belastet.

Zu manchen Arbeiten muß man die Kurbelwelle des Motors entweder in eine bestimmte Stellung bringen oder durchdrehen.

● Dazu auf ebener Fläche den 5. Gang (Schaltgetriebe ist Voraussetzung) einlegen und den Wagen vor- oder zurückschieben.

● Oder: Einen gekröpften SW-22-Ringschlüssel auf der Zentralmutter der Kurbelwellen-Riemenscheibe ansetzen und den Motor direkt durchdrehen.

Zylinder 1 auf Zündzeitpunkt stellen

Beim Viertaktmotor kommt der Kolben während der vier Arbeitstakte zweimal in den Oberen Totpunkt (OT): Einmal beim Zünden des angesaugten Gemisches und zum zweiten Mal nach dem Ausstoßen der Altgase mit anschließend beginnendem Wiederansaugen von Kraftstoff/Luft-Gemisch.

Bei verschiedenen Arbeiten am Motor (beispielsweise Abbauen des Zylinderkopfes) wird üblicherweise der OT von Zylinder 1 (der vordere) während des Zündzeitpunkts gebraucht.

● Zylinderkopfdeckel abnehmen.

● **M 40**: Kurbelwelle so lange durchdrehen, bis die beiden Nocken der Nockenwelle an Zylinder 4 – das ist der in Fahrtrichtung hintere – auf Überschneidung stehen.

● Dann bewegt sich der eine Schlepphebel nach unten, während sich der andere gerade nach oben bewegt. Kontrolle: An Zylinder 1 zeigen die Nocken gleichmäßig nach oben, die Schlepphebel bewegen sich jetzt nicht.

● **M 42**: Kurbelwelle so lange durchdrehen, bis die beiden Nocken von Ein- und Auslaßnockenwelle an Zylinder 4 – das ist der in Fahrtrichtung hintere – auf Überschneidung stehen.

● Dann bewegt sich der eine Tassenstößel nach unten, während sich der andere gerade nach oben bewegt. Kontrolle: An Zylinder 1 zeigen die Nocken zueinander, die Tassenstößel bewegen sich nicht.

● **Alle**: Damit die Sache ganz genau wird, Kurbelwelle ein Stückchen hin- oder herdrehen, bis sich ein passender Bolzen (oder Sonderwerkzeug 112 300) durch die Bohrung am Kurbelgehäuse in die dahinterliegende Bohrung der Schwungscheibe stecken läßt.

 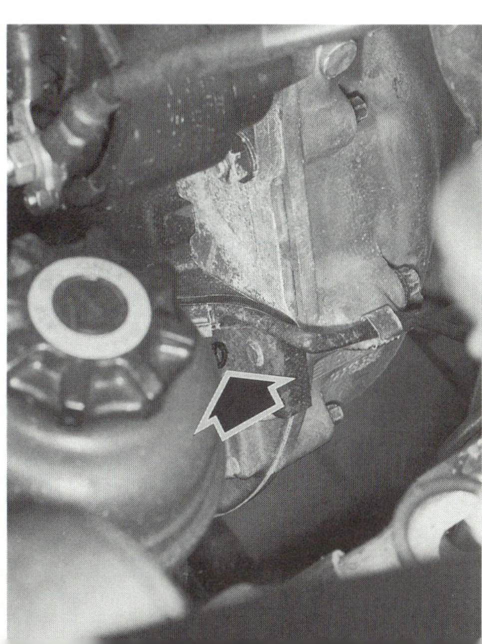

Links: Steht die Kurbelwelle auf OT-Zündzeitpunkt von Zylinder 1, so zeigen die Nocken an Einlaß- und Auslaß-Nockenwelle bei Zylinder 1 zueinander (Pfeile).
Rechts: Durch die hier mit einem Stopfen verschlossene Bohrung (Pfeil) hinten links am Kurbelgehäuse kann ein Bolzen gesteckt werden, um die Schwungscheibe in OT-Stellung zu arretieren. Der Pfeil zeigt auf den Verschlußstopfen.

Zum Ausbau des Zylinder-
kopfdeckels am M 40-Mo-
tor ist hier die Abdeckhaube über dem Zündverteiler
bereits abgenommen. Der
Zündkabelschacht wird
gelöst, indem man einen
Schraubendreher in die
Schlitze (Pfeil) oben am
Zündkabelschacht steckt
und die Verhakungen aus-
rastet.

**Zylinder-
kopfdeckel
abnehmen**

● **M 40:** Kerzenstecker abziehen, Abdeckhaube für Zündkabel über dem Verteiler abnehmen und Zünd-kabelschacht mit Schraubendreher vom Zylinder-kopfdeckel lösen.

● Schraubendreher dazu in die Schlitze oben am Zündkabelschacht stecken und Verhakungen ausra-sten.

● Kabelschacht herausheben, Verteilerdeckel ab-schrauben und mit Zündkabeln abnehmen.

● Schlauch für Kurbelgehäuse-Entlüftung abziehen.

● **M 42:** Schnellverschlüsse der Abdeckung in der Mitte des Zylinderkopfdeckels 90° linksdrehen und Abdeckung abnehmen.

● Zündkerzenstecker mit dem blauen Hilfswerkzeug (ebenfalls unter der Abdeckung) abziehen.

● Schwarze Kabelführung aus dem Zylinderkopf-deckel herausnehmen.

● Zündkabel hinten und seitlich aus den Haltern nehmen.

● Zündspulen ausbauen; ggf. Leitungen kenn-zeichnen.

● **Alle:** Verschraubungen des Zylinderkopfdeckels lösen, Deckel abnehmen.

● Beim **Einbau** beachten: Dichtungen prüfen. Ver-härtetete, eingerissene Dichtungen ersetzen.

● Dichtungen auflegen. **M 42:** Auf richtige Lage der Dichtungen an den Kerzenbohrungen sowie an der Rückseite des Zylinderkopfes achten.

● Auf richtigen Sitz der Gummihülsen an den Ver-schraubungen achten.

● Verschraubungen über Kreuz in der Mitte begin-nend und in zwei Stufen mit nur 10 Nm anziehen.

Antrieb der Nockenwellen

Der Antrieb der Nockenwelle und damit die Ventilsteuerung erfolgt beim **M 40**-Motor über einen Zahnriemen. Beim **M 42** ist dafür die Steuerkette zuständig.

Fingerzeig: Die kleinen Brennräume lassen es nicht zu, daß eines der Ventile bzw. der Ventilpaare geöffnet hat und somit in den Verbrennungsraum ragt, während sich der betreffende Kolben nach oben

Die Pfeile im Bild deu-
ten auf die acht Schrau-
ben, die zum Abnehmen
des Zylinderkopfdek-
kels am M 40-Motor ge-
löst werden müssen,
nachdem zuvor der
Zündkabelschacht (1)
ausgebaut wurde.

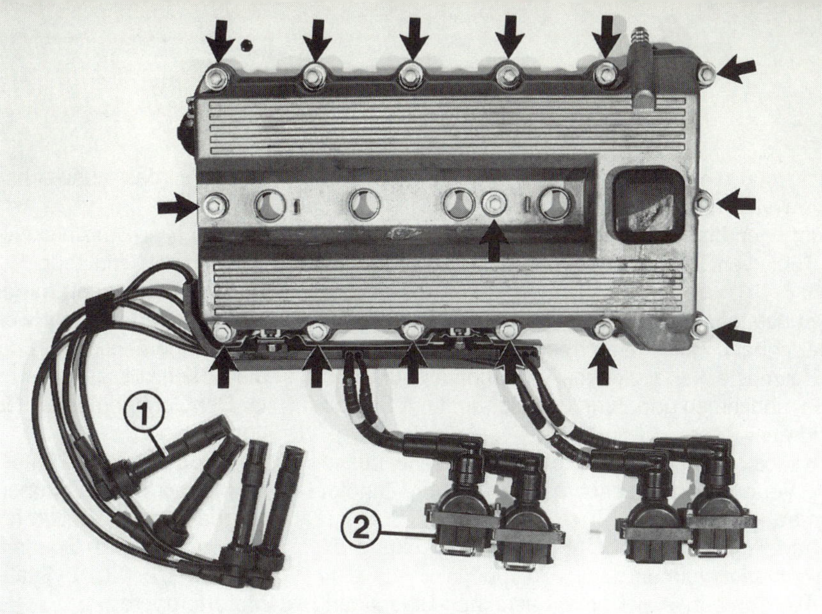

Ausbau des Zylinderkopfdeckels am M 42-Motor: Die mit Pfeilen bezeichneten Schrauben müssen gelöst werden, nachdem zuerst die Kerzenstecker (1) und die Zündspulen (2) ausgebaut wurden.

– seiner höchsten Stellung zu – bewegt. Dieser Fall könnte eintreten, wenn durch einen falsch eingebauten Zahnriemen bzw. eine falsch eingebaute Kette die Einstellung von Nockenwelle zu Kurbelwelle nicht stimmt (siehe »Zahnriemen auswechseln« bzw. »Zylinderkopf einbauen«). Dann schlägt das Ventil auf den Kolbenboden auf – Motor-Totalschaden.

Steuerzeiten einstellen

Unter dem Begriff »Steuerzeiten« versteht man das zeitgerechte Öffnen und Schließen der Ventile in Abhängigkeit zur Stellung der Kolben und damit der Kurbelwelle. Einzustellen im Sinn von Justieren gibt es da nichts. Es wird nach Demontagearbeiten in diesem Bereich lediglich geprüft, ob Nockenwelle(n) und Kurbelwelle in der richtigen Stellung zueinander stehen, was nach Abnehmen des Zahnriemens bzw. der Steuerkette nicht mehr unbedingt der Fall zu sein braucht. Wie die Steuerzeiten eingestellt werden, ist für den **M 40**-Motor im Abschnitt »Zahnriemen auswechseln« und für den **M 42** im Abschnitt »Zylinderkopf aus- und einbauen« beschrieben.

nur M 40-Motor
Wartung Nr. 44

Beim 316i/318i schreibt BMW aus Sicherheitsgründen recht frühzeitig – nämlich bei jeder 2. Inspektion II; spätestens aber nach 4 Jahren – den Wechsel des Zahnriemens vor. Grund: Reißt der Zahnriemen bei laufendem Motor, wird die Nockenwelle nicht mehr angetrieben. Einzelne Ventile bleiben in »Offen«-Stellung und ragen in den Brennraum, wo sie mit den nach oben laufenden Kolben kollidieren – Motorschaden.
Zum Auswechseln des Zahnriemens wird eine Reihe von Spezialwerkzeugen benötigt. Das wichtigste davon ist das Meßgerät 112080 zum genauen Einstellen der Zahnriemenspannung. Wer's nicht ausleihen

Der M 40-Motor mit Zahnriemenabdeckung. Zu sehen sind: 1 – Nockenwellengeber der Motronic; 2 – Thermostatgehäuse mit Wasseranschlußstutzen; 3 – Wasserpumpen-Keilriemenscheibe; 4 – Lichtmaschine; 5 – Kurbelwellen-Keilriemenscheibe; 6 – Drehzahlgeber der Motronic.

Der M 40-Motor mit abgenommener Zahnriemenabdeckung: 1 – Nockenwellen-Zahnriemenrad; 2 – Thermostat, 3 und 6 – Umlenkrollen, 4 – Zahnriemen; 5 – Kurbelwellen-Zahnriemenrad; 7 – Wasserpumpe; 8 – Spannrolle.

kann, muß die Riemenspannung schätzen. In diesem Fall kann das Auswechseln des Zahnriemens dem Heimwerker nicht empfohlen werden.

Nachfolgend ist der Zahnriemen-Austausch unter Zuhilfenahme aller Spezialwerkzeuge beschrieben:

● Kühlerventilator ausbauen (Kapitel »Das Kühlsystem«).

● Kunststoffdübel rechts und links an der Lüfterzarge abhebeln, Zarge nach oben herausheben.

● Kerzenstecker abziehen, Abdeckhaube für Zündkabel abnehmen und Zündkabelschacht mit Schraubendreher lösen.

● Kabelschacht an der Motor-Vorderseite ausheben, Verteilerdeckel abschrauben und mit Zündkabeln abnehmen.

● Verteilerfinger abschrauben, die Abdeckung dahinter herausnehmen.

● Alle Schrauben der Lichtmaschinen-Befestigung lockern, Keilriemen entspannen und abbauen.

● Wasserpumpen-Riemenscheibe mit Ölfilter-Spannbandschlüssel gegenhalten, Schrauben lösen, Riemenscheibe abnehmen.

● Kurbelwellen-Riemenscheibe mit Schwingungsdämpfer losschrauben und abziehen.

● Kühlmittel ablassen und auffangen (Kapitel »Das Kühlsystem«).

● Schrauben an Wasserschlauchstutzen vorn am Motor lösen, Thermostatgehäuse und Thermostat abnehmen (Einbaurichtung merken).

● Obere und untere Zahnriemenabdeckung abschrauben (insgesamt sieben Schrauben).

● Zylinder 1 auf OT Zündzeitpunkt stellen und Kurbelwelle mit Werkzeug 112300 (oder passendem Bolzen) fixieren.

● Nockenwelle am Vierkant vorn mit dem BMW-Werkzeug 113190 arretieren. Das kann auch mit einem selbstgebauten Hilfswerkzeug erfolgen, das den Adapter in OT-Stellung zur Zylinderkopf-Dichtfläche fixiert.

● Befestigungsschraube am Nockenwellen-Zahnriemenrad lockern.

● Mutter der Spannrolle lösen und Zahnriemen abnehmen.

● **Neuen Zahnriemen einbauen:** Die Nockenwelle

ist noch mit Werkzeug 113190 in OT-Stellung fixiert.

● Spannrolle sanft mit ca. 1 Nm festschrauben, so daß sie noch verstellt werden kann.

● Zahnriemen unter Zug vom Kurbelwellenrad auf die Spannrolle auflegen.

● Den Zahnriemen am Nockenwellenrad mittig positionieren.

● Meßgerät 112080 auf »0« justieren.

● Meßgerät am Zahnriemen so anbringen, daß die beiden äußeren Rollen am Zahnriemenrücken anliegen und über die Spannrolle den Riemen spannen.

● Sollwert: 32 ± 2 Skalenteile (bezogen auf 20°C Motortemperatur).

● Spannrolle mit 22 Nm und Nockenwellenrad mit 63 Nm festziehen.

● Werkzeuge zum Fixieren von Kurbelwelle und Nockenwelle entfernen.

● Zylinderkopfdeckel (mit intakter Dichtung) montieren. Schrauben von innen nach außen über Kreuz mit 9 Nm anziehen.

● Beim Einbau der Zahnriemenabdeckung auf die Paßhülsen und die Dichtung achten, defekte Dichtung erneuern.

● Am Thermostat nur intakten O-Ring einbauen. Der Thermostat wird mit O-Ring zum Gehäuse hin eingesetzt.

● Kühlmittel auffüllen und Kühlsystem entlüften. Dazu nach Befüllen des Kühlsystems bis zur Marke die Kunststoffschraube neben dem Kühlmittel-Einfüllstutzen öffnen. Motor mit 2500/min drehen lassen, bis blasenfreies Kühlmittel an der Schraube austritt. Kühlmittel währenddessen stets bis zur Marke ergänzen.

● Zum Schluß Schraube mit Gefühl wieder festziehen.

● Kurbelwellen-Keilriemenscheibe so einbauen, daß der Paßstift in die Bohrung eingesetzt wird. Schrauben mit 23 Nm anziehen.

Zum Spannen des Zahnriemens am M 40-Motors wird die Spannrolle (1) nach Lösen der Mutter (2) nach links gedreht. Dazu kann im Sechskant (Pfeil) ein Steckschlüssel angesetzt werden.

Hier schauen wir auf die linke Vorderkante des M 42-Motors. Hinter der Verschlußschraube (Pfeil) sitzt der Kettenspanner.

Fingerzeig: Ein bereits gelaufener Zahnriemen ist – unabhängig von der Laufleistung – generell nach jedem Lösen der Spannrolle zu erneuern.

Zur Vermeidung von Kettengeräuschen und zum Ausgleich von Verschleiß an der Steuerkette (sie längt sich etwas im Laufe der Zeit) dient der Kettenspanner an der rechten Motorseite vorn im Zylinderkopf. Ein federbelasteter und mit Öl gedämpfter Kolben drückt die rechte Führungsschiene gegen die Kette, wodurch sich diese spannt.

nur M 42

Rasselgeräusche, die von der der Steuerkette ausgehen, lassen auf eine stark gelängte Kette (Verschleiß bei mehr als 150 000 km) oder einen defekten Spannmechanismus schließen. Fehlerursache:
○ Dämpfungskolben sitzt verklemmt
○ Feder ist erlahmt

Störungen am Kettenspanner
nur M 42

● **Ausbauen:** Außen sitzende Verschlußschraube lösen; Kettenspanner-Kolben herausnehmen.
● **Einbauen:** Der Stößel des Kettenspanner-Kolbens muß nach jedem Ausbau (aber auch schon nach Lösen der Verschlußschraube) in **Grundstellung** gebracht werden. Das ist nötig, weil bei jedem Ausfahren des Kolbenstößels der Stößel in ausgefahrener Stellung verriegelt wird. Der Stößel läßt sich dann nicht mehr in den Kolben drücken. Folge: Schäden an Kette und Kettenspanner.

● **Stößel in Grundstellung bringen:** Kolben zerlegen, dazu Kolben mit der Außenseite (zur Verschlußschraube) auf eine harte Unterlage schlagen. Der Stößel springt aus der Arretierung..
● Jetzt Kolben neu zusammenstecken, dabei auf richtige Anordnung der Teile achten.
● Kolben in Schraubstock einspannen so daß der Stößel nicht aus dem Kolben herausfallen kann.
● Stößel durch Zudrehen des Schraubstocks langsam in den Kolben hineindrücken. Dabei darauf ach-

Kettenspanner aus- und einbauen
nur M 42

Die Kettenführung oben (1) wird nur zum Auswechseln der Steuerkette bzw. zum Ausbau des Zylinderkopfes ausgebaut. Dazu die beiden Innensechskantschrauben (Pfeile) lösen.

ten, daß die Federringe sauber in den Kolben hineingleiten und nicht anecken.
● Schraubstock langsam so weit zudrehen, bis der vordere Federring wieder einrastet – nicht weiterdrehen!
● Schraubstock lösen, Kolben entnehmen. Der Stößel bleibt im Kolben – das ist die angestrebte **Grundstellung**.
● **Kontrolle:** Der zusammengebaute Kolben hat eine Gesamtlänge von ca. 68,5 mm.
● Wurde der Einrast-Punkt überdrückt, Prozedur wiederholen.
● Kolben einsetzen, Verschlußschraube mit 35 Nm festdrehen.

● Zylinderkopfdeckel abbauen.
● Mit langem Schraubendreher von oben die rechte Spannschiene der Steuerkette gegen den Kettenspanner-Kolben drücken, bis der Stößel ausrastet und in Arbeitsposition geht.
● Zylinderkopfdeckel wieder einbauen.
● Nach dem Zerlegen ist das Öl im Kettenspanner-Kolben ausgelaufen. Zum Füllen den Motor nach Einbau des Kolbens ca. 20 Sekunden mit 3500/min laufen lassen.

Arbeiten am Zylinderkopf

Arbeiten am Zylinderkopf setzen gute Kenntnis der Materie und Spezialwerkzeug voraus. Aus unseren Erkenntnissen heraus würden wir dem versierten Selbsthelfer bestenfalls den Aus- und Einbau des kompletten Zylinderkopfs zum Auswechseln der Zylinderkopfdichtung zumuten wollen. Von weitergehenden Arbeiten ist jedoch abzuraten.

Störungsbeistand

Zylinderkopf-dichtung

Häufigster Schaden im Bereich Zylinderkopf ist eine defekte Zylinderkopfdichtung als Folge von Überhitzung.

Erkennungsmerkmal	Ursache/Besonderheiten
A Kühlflüssigkeitsstand nimmt stetig langsam ab	Kühlmittel gelangt in sehr geringer Menge in die Brennräume. Diese Erscheinung kann sich ohne weitere Merkmale über längere Zeit hinziehen. Andere Möglichkeit: Kühlanlage undicht
B Beträchtlicher Kühlmittelverlust. Der Wagen zieht bei Betriebstemperatur einen weißen Abgasschleier hinter sich her	Kühlmittel dringt in großer Menge in einen Verbrennungsraum, verdampft dort und entweicht als weiße Fahne durch den Auspuff
C Aus dem geöffneten Kühler steigen bei laufendem Motor Luftblasen auf oder beim Öffnen des Verschlußdeckels sprudelt eine größere Menge Kühlmittel heraus	Verbrennungsgase werden ins Kühlsystem gedrückt. Aus der Öffnung des Kühlers riecht es nach Abgasen
D In Regenbogenfarben schillernde Verfärbung oder schwarze Verfärbung an der Oberfläche des Kühlmittels	Öl aus dem Schmierkreislauf gelangt ins Kühlsystem
E Grau oder braun aussehende Emulsion am herausgezogenen Ölpeilstab oder Öl von Wasserbläschen durchsetzt	Kühlflüssigkeit ist in den Schmierkreislauf geraten. Achtung: Wasser im Motoröl kann einen Lagerschaden verursachen. Zylinderkopfdichtung sofort wechseln (lassen). Motor nicht mehr starten; Wagen zur Reparatur abschleppen

Fingerzeige: Ist nach einem Schaden an der Zylinderkopfdichtung Öl ins Kühlsystem gelangt, muß der Kühler gespült werden. Dazu 2 Liter Kühlerreinigungsmittel (z.B. Solvethane) in die ausgebauten Teile einfüllen und kräftig schütteln. Gebrauchtes Kühlerreinigungsmittel zum Sondermüll geben. Kühlsystem anschließend durch mehrmaliges Neubefüllen mit heißem Wasser komplett durchspülen. Ähnliche Symptome wie bei einer defekten Zylinderkopfdichtung entstehen auch durch kleine Risse im Zylinderkopf. Wenn also trotz offensichtlichen Defekts die Dichtung nach Demontage keine Schäden zeigt, muß ein Motorinstandsetzungsbetrieb den Zylinderkopf unter Druck prüfen.

Zylinderkopf aus- und einbauen

Ausbau M 40-Motor

Zu dieser Arbeit werden neben einem Drehmomentschlüssel das BMW-Werkzeug 113190 zum Arretieren der Nockenwellen in OT-Stellung gebraucht sowie das Meßgerät für Riemenspannung 112080. Wer findig ist, ersetzt zumindest die Nockenwellen-Arretierung durch eine ähnliche Vorrichtung.
Noch eine Warnung vorweg: Die Nockenwelle darf bei eingebautem Zylinderkopf und ausgebautem Zahnriemen nicht durchgedreht werden. Die Ventile könnten sonst auf den Kolben aufschlagen. Gleiches gilt für das Durchdrehen der Kurbelwelle.

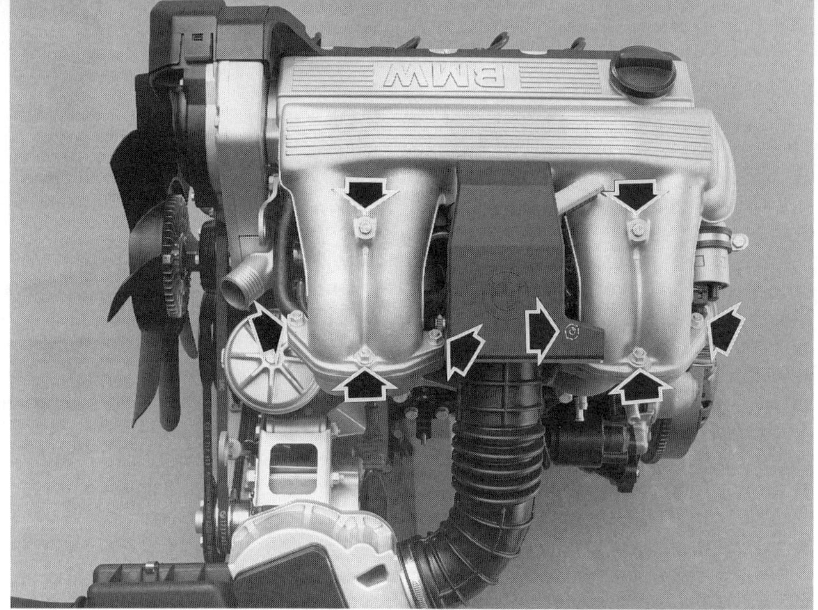

Zum Ausbau des Ansaugrohr-Oberteils am M 40-Motor müssen die hier mit Pfeilen bezeichneten Schrauben gelöst werden.

● Motorhaube in Werkstatt-Stellung bringen (Kapitel »Die Karosserieteile«).
● Massekabel an der Batterie abklemmen.
● Abgasrohr vorn an Auspuffkrümmer und Getriebestütze abbauen.
● Stecker am Luftmengenmesser nach Linksdrehen abziehen.
● Luftfilter samt Luftmengenmesser und Ansaugluftschlauch ausbauen.
● Kühlmittel ablassen (Kapitel »Das Kühlsystem«).
● Kühlmittelschläuche zum Kühler und zum Heizungs-Wärmetauscher abbauen.
● Kühlmittelschläuche zur Drosselklappenstutzen-Beheizung abbauen.
● Abdeckung über dem Drosselklappenstutzen abschrauben.
● Widerlager für Gaszug abschrauben, Gaszugende am Drosselklappenhebel aushängen.
● Unterdruckleitung mit Rückschlagventil aus dem Bremskraftverstärker herausziehen.
● Stecker am Leerlaufregelventil abziehen, Ventil selbst aus dem Halter ziehen.
● Ansaugrohr-Oberteil abschrauben.
● Kraftstoffzu- und Rücklaufleitung kennzeichnen und an den Schlauchstutzen abziehen.

● Stecker zu den Einspritzventilen abziehen.
● Ansaugrohr-Unterteil abschrauben.
● Schutzgitter am Lufteintritt der Heizung hinten im Motorraum herausheben.
● Oben im Lufteintrittschacht die beiden Halteschrauben des Kabelkanals lösen.
● Halteblech rechts am Lufteintrittschacht und Haltemutter links am Lufteintrittschacht abschrauben.
● Lufteintrittschacht abnehmen.
● Zylinderkopfdeckel abbauen (siehe weiter vorn im Kapitel).
● Zahnriemen ausbauen (siehe weiter vorn im Kapitel).
● Hintere Zahnriemenabdeckungen abschrauben.
● Kabelschacht hinten am Motor abschrauben und Kabelbaum zur Seite legen.
● Zylinderkopfschrauben entgegen der im Anzugsschema unten gezeigten Reihenfolge lösen.
● Nochmals kontrollieren, ob alle Verbindungen vom Zylinderkopf zum Motorblock und zur Karosserie gelöst sind.
● Zylinderkopf abnehmen.
● Ist der Zylinderkopf mit der Dichtung am Motorblock festgebacken, helfen leichte Schläge mit dem Kunststoff-Hammer auf die Seitenfläche des Kopfes.

Damit der Zylinderkopf absolut plan und gleichmäßig aufliegt, müssen die zehn Zylinderkopfschrauben in der hier gezeigten Reihenfolge und den in der Tabelle auf Seite 48 angegebenen Drehmomenten angezogen werden. Nur so ist der richtige Sitz des Zylinderkopfes gewährleistet. Gezeigt ist hier der Zylinderkopf des M 40-Motors. Beim M 42-Motor gilt die gleiche Reihenfolge.

Zu dieser Arbeit werden neben einem Drehmomentschlüssel das BMW-Werkzeug 113240 zum Arretieren der Nockenwellen in OT-Stellung gebraucht sowie der Spezial-TORX-Schlüssel 112250. Wer findig ist, ersetzt beides durch ähnliche Werkzeuge bzw. Vorrichtungen.

Noch eine Warnung vorweg: Die Nockenwellen dürfen bei eingebautem Zylinderkopf und ausgebauter Steuerkette nicht durchgedreht werden. Die Ventile könnten sonst auf den Kolben aufschlagen. Gleiches gilt für das Durchdrehen der Kurbelwelle.

● Motorhaube in Werkstatt-Stellung bringen (Kapitel »Die Karosserieteile«).

● Massekabel an der Batterie abklemmen.

● Abgasrohr vorn an Auspuffkrümmer und Getriebestütze abbauen.

● Stecker am Luftmengenmesser nach Linksdrehen abziehen.

● Luftfilter samt Luftmengenmesser und Ansaugluftschlauch ausbauen.

● Kühlmittel ablassen (Kapitel »Das Kühlsystem«).

● Kühlmittelschläuche zum Kühler und zum Heizungs-Wärmetauscher abbauen.

● Kühlmittelschläuche zur Drosselklappenstutzen-Beheizung abbauen.

● Abdeckung über dem Drosselklappenstutzen abschrauben.

● Widerlager für Gaszug abschrauben, Gaszugende am Drosselklappenhebel aushängen.

● Unterdruckleitung mit Rückschlagventil aus dem Bremskraftverstärker herausziehen.

● Abdeckung im Zylinderkopfdeckel abschrauben, Kerzenstecker abziehen, Kabelbefestigung lösen.

● Zündspulen abbauen und zur Seite legen.

● Nockenwellengeber ausbauen.

● Lüfterzarge ausbauen, Kühlerlüfter abschrauben (Kapitel »Das Kühlsystem«).

● Unterdruckleitung mit Rückschlagventil aus dem Bremskraftverstärker herausziehen.

● Schutzgitter am Lufteintritt der Heizung hinten im Motorraum ausheben.

● Oben im Lufteintrittschacht die beiden Halteschrauben des Kabelkanals lösen.

● Halteblech rechts am Lufteintrittschacht und Haltemutter links am Lufteintrittschacht abschrauben.

● Lufteintrittschacht abnehmen.

● Jetzt wird die **Steuerkette** von den Nockenwellen-

rädern **abgenommen**, wozu die folgenden Arbeiten notwendig sind:

● Zylinderkopfdeckel abbauen (siehe weiter vorn im Kapitel).

● Zylinder 1 auf Oberen Totpunkt (OT Zündzeitpunkt) stellen (siehe weiter vorn im Kapitel). Schwungscheibe mit passenden Bolzen oder Werkzeug 112300 arretieren, wie in diesem Abschnitt beschrieben.

● Zusätzlich die Nockenwellen am hinteren Ende mit dem BMW-Werkzeug 113240 arretieren. Das kann auch mit einem selbstgebauten Hilfswerkzeug erfolgen, das die Vierkant-Adapter der Nockenwellen senkrecht bzw. waagrecht zur Zylinderkopf-Fläche fixiert.

● Thermostat ausbauen (Kapitel »Die Kühlung«).

● Insgesamt elf Schrauben lösen und oberen Räderkastendeckel abschrauben.

● Kettenspanner-Kolben nach Lösen der Verschlußschraube ausbauen (siehe weiter vorn im Kapitel).

● Kettenführung oben (zwischen den Kettenrädern) abschrauben.

● Schrauben der Kettenräder lösen.

● Kettenräder abnehmen, dabei Kette gespannt halten.

● Kette mit Draht (weiterhin gespannt) zur Garagendecke hochbinden, damit sie nicht in den Kettenschacht zurückfällt.

● Obere Schraube der Kettenführung rechts herausdrehen.

● **Zylinderkopfschrauben** entgegen der im Anzugsschema auf der Vorseite gezeigten Reihenfolge mit Spezial-TORX-Schlüssel lösen.

● Nochmals kontrollieren, ob alle Verbindungen vom Zylinderkopf zum Motorblock und zur Karosserie gelöst sind.

Um sicherzustellen, daß die Nockenwellen auf OT-Stellung stehen, arretiert die Werkstatt die quadratischen Adapter hinten an den Nockenwellen (Pfeile) mit dem Spezialwerkzeug 113240. Ohne Werkzeug muß man darauf achten, daß die Adapter parallel bzw. rechtwinklig zu der oberen Dichtfläche des Zylinderkopfes stehen. Zusätzlich die Stellung der Nocken von Zylinder 1 beachten.

Beim Auflegen der Sekundärkettenräder mit Kette muß darauf geachtet werden, daß die Pfeile oder Markierungen an den Rädern (hier mit Pfeilen gekennzeichnet) nach oben zeigen.

● Zylinderkopf abnehmen.

● Ist der Zylinderkopf mit der Dichtung am Motor-

● Reste der alten Zylinderkopfdichtung sorgfältig von Block und Kopf entfernen. Am relativ weichen Zylinderkopf dazu kein hartes Werkzeug verwenden. Am besten ist Dichtungsentferner aus der Sprühdose.

● Dichtfläche am Kopf mit langem Metallineal auf Ebenheit kontrollieren. Unebenheiten bis maximal 0,03 mm sind zulässig.

● War Überhitzung die Ursache für den Dichtungsschaden, kann der Zylinderkopf verzogen sein. Dann den Kopf planschleifen lassen. Als Bearbeitungsgrenze gelten 140,55 mm (M 40) bzw. 139,55 mm Gesamthöhe von der Dichtfläche zum Zylinderkopfdeckel bis zur Dichtfläche zur Kopfdichtung.

● Max. 0,45 mm darf der Kopf insgesamt gegenüber dem Originalmaß nachgearbeitet werden. Dafür gibt es im Ersatzteillager eine stärkere Zylinderkopfdichtung, die wieder Ausgleich schafft. Zu dieser Dichtung muß der entsprechend stärkere O-Ring für den Kühlmittelschacht verbaut werden.

● Nach Planen des Zylinderkopfes muß beim M 42-Motor auch der obere Räderkastendeckel entsprechend nachgearbeitet werden.

● Auch Risse können nach Überhitzung im Zylinderkopf auftreten. Das können Sie bei einem Motorinstandsetzer am ausgebauten Kopf prüfen lassen.

● In den Gewindelöchern am Zylinderblock darf kein Öl oder Wasser stehen. Sonst stimmt die Anpreßkraft der Zylinderkopfschrauben trotz richtigem Drehmoment nicht. Außerdem kann der Zylinderkopf im Bereich der Gewindelöcher reißen.

● Die Zylinderkopfschrauben dürfen nur einmal verwendet werden. Am Gewinde sowie unten am Schraubenkopf sollen sie leicht eingeölt sein.

● Paßhülsen in der Dichtfläche des Zylinderblocks auf Beschädigung und richtige Einbaulage prüfen.

● **Vor dem Aufsetzen** des Zylinderkopfes kontrollieren, ob Nockenwelle(n) und Kurbelwelle noch auf OT stehen.

● Dazu müssen die Nockenwellen mit Spezialwerk-

block festgebacken, helfen leichte Schläge mit dem Kunststoff-Hammer auf die Seitenfläche des Kopfes.

zeug 113190 (M 40) bzw. 113240 (M 42) arretiert sein. Die Kurbelwelle ist durch den Dorn in OT-Stellung fixiert.

● Die Zylinderkopfdichtung richtig auflegen: Markierung »TOP« nach oben, »FRONT« zur Motor-Vorderseite.

● Nach Auflegen der (neuen!) Zylinderkopfdichtung kann der Zylinderkopf montiert werden. Die Schrauben werden nach dem Anzugsschema auf Seite 45 in mehreren Durchgängen (Tabelle folgende Seite) festgezogen.

● **M 40-Motor**: Zahnriemen einbauen und Abdeckung montieren.

● **M 42-Motor**: Steuerkette wieder auflegen und Kettenräder an den Nockenwellen montieren – die **Pfeile** auf den Kettenrädern müssen **rechtwinklig zur Zylinderkopf-Dichtfläche nach oben** zeigen.

● Kettenspanner einbauen (weiter vorn im Kapitel beschrieben).

● Räderkastendeckel montieren: Dichtung an den Enden mit dauerelastischer Dichtungsmasse bestreichen. Deckel zum Anschrauben nach unten »in die Dichtung« drücken. Evtl. mit Schraubendreher hebeln.

● **Alle Motoren:** Nun den weiteren Zusammenbau vornehmen. Besonders zu beachten sind die folgenden Punkte:

● Sonderwerkzeuge zum Arretieren der Nockenwelle(n) und der Kurbelwelle entfernen.

● Gewindestifte am Auspuffkrümmer mit Kupferpaste fetten und Auspuff mit neuer Dichtung und neuen selbstsichernden Auspuffmuttern am Krümmer festschrauben (50–55 Nm). Dann den Auspuffträger spannungsfrei am Getriebe befestigen (22–24 Nm).

● Kühlmittelschläuche befestigen, Kühlmittel einfüllen, zum Schluß entlüften (Kapitel »Das Kühlsystem«).

● Motoröl wechseln.

● Gaszug einstellen (Kapitel »Motronic-Einspritzung«).

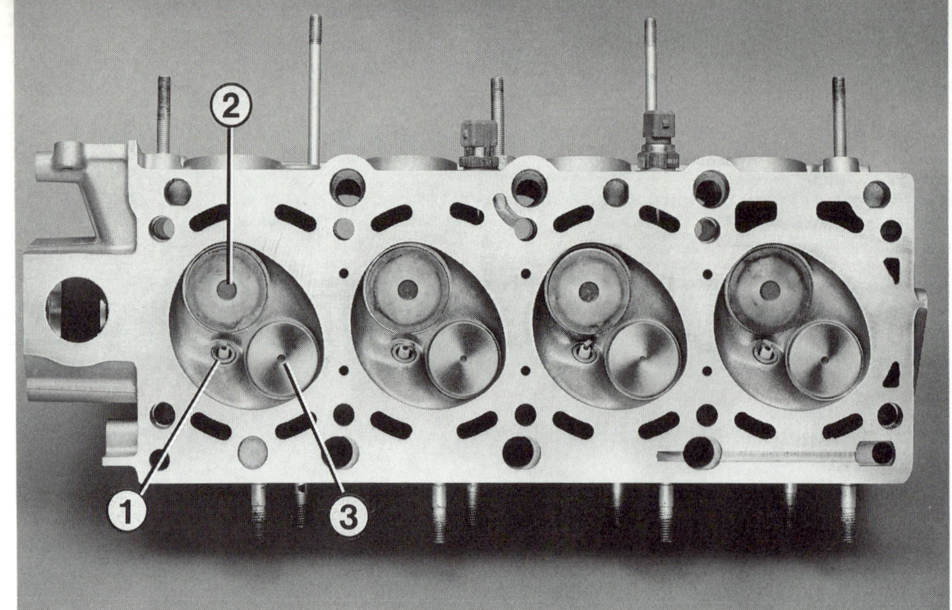

Der ausgebaute Zylinderkopf des M 40-Motors von unten zeigt:
1 – Zündkerze;
2 – Einlaßventil;
3 – Auslaßventil.

● Zylinderkopfdeckel wieder anbauen.
● Vor dem ersten Motorstart den Motor erst von Hand einige Male durchdrehen, um sicherzustellen, daß die Ventile nicht aufgrund eines Einbaufehlers auf die Kolben aufschlagen.

Zylinderkopf-Anzugs-drehmomente M 40- und M 42-Motor

○ Zylinderkopfschrauben nur einmal verwenden!
○ Schrauben an Gewinde und Kopfauflagefläche leicht einölen.
○ Öl und Wasser aus den Sacklöchern des Zylinderblocks entfernen.
○ Schrauben in der Reihenfolge 1 bis 10 (Abbildung Seite 45 unten) in 3 Durchgängen anziehen:

1. Stufe	2. Stufe	3. Stufe
Drehmoment 33 Nm	Drehwinkel 93°	Drehwinkel 93°

Lagerschäden

Klopfgeräusche aus dem Motorraum, die mit wärmer werdendem Öl lauter werden, sind Anzeichen für einen Lagerschaden.

Ursachen

○ Mangelnde Schmierung durch zu niedrigen Ölstand
○ Wasser im Motoröl als Folge einer defekten Zylinderkopfdichtung
○ Zu hohe Drehzahlen bei kaltem Motor und daher zähflüssigem Öl
○ Abgerissener Schmierfilm bei hohen Öltemperaturen, evtl. durch falsche Ölviskosität

Maßnahmen bei einem Lagerschaden

Um es vorweg zu nehmen – fast immer sind die Gleitlager der Pleuel defekt. Ganz selten liegt der Schaden an den Hauptlagern der Kurbelwelle. Normalerweise bedeutet ein Lagerschaden eine umfangeiche Motorreparatur. Wenn Sie ein defektes Pleuellager aber bereits im Frühstadium erkennen, kann der Austausch der Lagerschalen genügen. Deshalb:

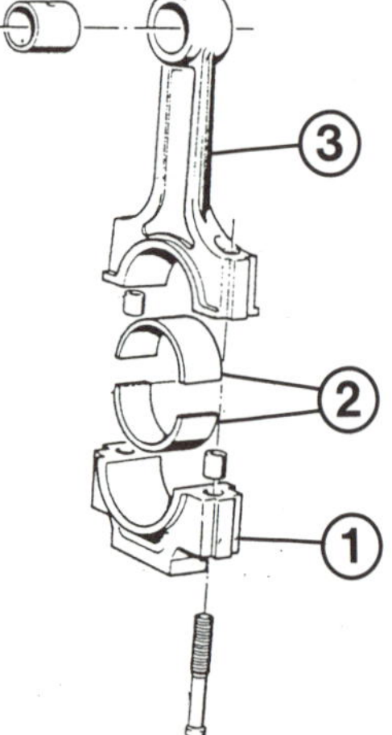

Die Hauptbestandteile des Pleuels: 1 – Lagerdeckel; 2 – Gleitlagerschalen; 3 – Pleuel-Oberteil.

○ Bei harten Klopfgeräuschen aus dem Motorraum den Motor **sofort abstellen**. Oft leuchtet zusätzlich die Ölkontrollampe auf.
○ Motor nicht mehr starten, Wagen jetzt in die Werkstatt schleppen lassen.
○ Ist der Motor noch jünger als 100 000 km, kann sich eine Teilreparatur lohnen:
○ Ölwanne ausbauen und Lagerdeckel aller Pleuellager abschrauben lassen.
○ Sind nur einzelne Lagerschalen beschädigt, die Zapfen der Kurbelwelle aber noch glatt, reicht Austauschen der Lagerschalen.
○ Eventuell muß anhaftendes Lagermetall vom Kurbelwellenzapfen entfernt werden.
○ In jedem Fall die Pleuelbohrung am defekten Lager vermessen lassen. Meist muß die Pleuelbohrung nachgebohrt werden – das kann nur der Moteninstandsetzer.

Der Motor wird nach vorangegangenem Ausbau des Getriebes nach oben aus dem Motorraum gehoben. Dazu brauchen Sie einen Flaschenzug und einen Raum, in dem er stabil und in ausreichender Höhe aufgehängt werden kann. Günstig ist auch ein »vorbelasteter« Helfer.
Für den späteren Wiedereinbau der Maschine kann es sinnvoll sein, die Schlauch- und Kabelverbindungen schon beim Ausbau zu kennzeichnen, sofern sich das nicht durch Einbaulage, Steckerform oder -farbe erübrigt.

Fingerzeig: Wird der ausgebaute Motor länger als 10 Minuten auf den Kopf gestellt, laufen die Hydrostößel bzw. Hydrosockel leer und funktionieren dann nicht mehr.

Ausbau M 40- und M 42-Motor

● Massekabel an der Batterie abklemmen.
● Abgasrohr vorn am Auspuffkrümmer und Getriebestütze abbauen.
● Getriebe ausbauen (Kapitel »Getriebe und Achsantrieb«).
● Motorhaube in Werkstatt-Stellung bringen (Kapitel »Die Karosserieteile«).
● Lüfterzarge am Kühler und Kühlerventilator abbauen (Kapitel »Das Kühlsystem«).
● Fahrzeuge mit Klimaanlage: Kompressor der Klimaanlage vom Motorblock abschrauben und mit Draht an der Karosserie aufhängen. Die Leitungen für Kältemittel dürfen nicht geöffnet werden.
● Kühlmittel ablassen und auffangen (Kapitel »Das Kühlsystem«).
● Kühlmittelschläuche zum Kühler und zur Heizung abbauen.

● Stecker am Luftmengenmesser nach Linksdrehen abziehen.
● Luftfilter samt Luftmengenmesser und Ansaugluftschlauch ausbauen.
● Abdeckung auf Zylinderkopfdeckel abnehmen, Zündkerzenstecker abziehen und Kabelführung vom Zylinderkopf lösen (M 42).
● Zündspulen abschrauben und zur Seite im Motorraum ablegen (M 42).
● Pumpe der Servolenkung vom Motorblock abschrauben und mit Draht an der Karosserie aufhängen. Die Leitungen dürfen nicht abgeschraubt werden.
● ATF-Vorratsbehälter der Servolenkung von der Motorstütze abschrauben und mit Draht an der Karosserie aufhängen. Die Leitungen dürfen nicht abgeschraubt werden.

Getriebe bzw. Kupplungsglocke sind großteils mit sogenannten TORX-Schrauben (Pfeile) am Motor befestigt.

Der Motor ruht vorn links und rechts je auf einem Gummi/Metall-Lager. Position »1« bezeichnet die Bestigungsmutter am rechten Gummi/Metall-Lager; Position »2« deutet auf das Haupt-Massekabel.

An der Stirnseite des ausgebauten M 42-Motors sind zu sehen:
1 – Nockenwellengeber der Motronic zur Zylindererkennung;
2 – Thermostatgehäuse mit Wasseranschlußstutzen;
3 – Wasserpumpen-Keilriemenscheibe;
4 – Lichtmaschine;
5 – Kurbelwellen-Keilriemenscheibe;
6 – Drehzahlgeber der Motronic.

● Abdeckung über dem Drosselklappenstutzen abschrauben (M 40).
● Widerlager für Gaszug abschrauben, Gaszugende am Drosselklappenhebel aushängen.
● Kraftstoffzu- und Rücklaufleitung kennzeichnen und an den Schlauchstutzen links unten am Motor abziehen.
● Unterdruckleitung mit Rückschlagventil aus dem Bremskraftverstärker herausziehen.
● Schutzgitter am Lufteintritt der Heizung hinten im Motorraum ausheben.
● Oben im Lufteintrittschacht die beiden Halteschrauben des Kabelkanals lösen.
● Halteblech rechts am Lufteintrittschacht und Haltemutter links am Lufteintrittschacht abschrauben.
● Lufteintrittschacht abnehmen.
● Motorkabelbaum jetzt vom Motor trennen, wozu die folgenden Arbeiten erforderlich sind:
● Saugrohr-Oberteil abbauen (M 42).
● Dünnes Kabel vom Pluspol der Batterie abschrauben und Pluspolschuh selbst von der Batterie trennen.
● Zündkabel an der Zündspule abziehen (M 40).
● Kabel an Lichtmaschine und Anlasser abbauen.
● Stecker am Kabelschacht bzw. Halter vorn abziehen (zum Geber für Zylindererkennung bzw. Drehzahlgeber).
● Stecker am Leerlaufregelventil abziehen, Ventil selbst aus dem Halter ziehen.
● Stecker am Öldruckschalter, am Drosselklappenschalter und am Tankentlüftungsventil abziehen.
● Abstützung für Ansaugrohr abschrauben. Dazu alle angebauten Teile und Halteschrauben lösen (M 40).
● Stecker der Temperaturfühler links am Motor abziehen.
● Stecker zu den Einspritzventilen (am hinteren Ende des Kabelschachts) abziehen.
● Kabelschacht hinten am Motor abschrauben und Kabelbaum zur Seite legen.
● Zwei Ketten mit dem Flaschenzug verbinden und in die Ösen vorn und hinten am Motor einhängen.
● Motor leicht anheben, damit die Motorlager nicht mehr belastet werden.
● Massekabel und Motorlager rechts abschrauben.
● Motorlager links abschrauben.
● Motor nach oben herausheben.

Einbau

Sinngemäß wird beim Einbau in umgekehrter Reihenfolge des Ausbaus vorgegangen. Dabei gilt es einige Punkte besonders zu beachten:
● Generell alle selbstsichernden Muttern und alle Quetsch-Schlauchklemmen ersetzen.
● Hinweise zum Einbau des Getriebes beachten (Kapitel »Getriebe und Achsantrieb«).
● Keilriemen spannen (Kapitel »Die Lichtmaschine«).
● Gaszug einstellen (Kapitel »Die Motronic-Einspritzung«).
● Kühlsystem befüllen und entlüften, Kühlerventilator montieren (Kapitel »Das Kühlsystem«).
● Kraftstoff-Zu- und Rücklaufschlauch nicht verwechseln.

Anzugsdrehmomente

Bauteil		Nm
Gummilager an Vorderachsträger	M 8	22
	M 10	42
Gummilager an Motorträger		42
Auspuffrohr an Auspuffkrümmer siehe Seite 52		
Auspuffträger an Getriebe und Auspuff		22
Getriebe an Motor siehe Seite 93		

Raus hier!

Unangenehmes muß schnell verschwinden. Doch auf saubere Weise. Und ohne allzuviel Aufhebens zu verursachen. So lautet die Aufgabe der Auspuffanlage. Sie leitet die Abgase nach hinten, reinigt sie mit dem Katalysator, dämpft das Verbrennungsgeräusch.

Die Teile der Auspuffanlage

Die Auspuffanlage besteht aus folgenden Teilen (von vorn nach hinten):
○ **Auspuffkrümmer**. Beim 316i/318i handelt es sich dabei um einen Krümmer aus Grauguß, beim 318is ist es ein Fächerkrümmer, der aus einzelnen Rohren besteht.
○ **Katalysator mit Abgasrohr vorn**. In dieses Bauteil ist auch die Lambda-Sonde eingeschraubt.
○ **Nachschalldämpfer**. Der Nachschalldämpfer mit den zugehörigen Abgasrohren stellt den hinteren Teil der Abgasanlage dar. Je nach Motorenversion ist der Nachschalldämpfer unterschiedlich geformt.

Auspuffanlage kontrollieren

Wartung Nr. 16

Die Auspuffanlage ist nur mit dem Auspuffkrümmer starr angeschraubt. Weiterhin ist sie durch einen Halter mit dem Getriebe verbunden. Am Fahrzeugboden hängt sie dagegen frei schwingend in Gummischlaufen.
● Haltegummis auf Brüchigkeit, Einrisse oder sonstige Schäden überprüfen, ggf. ersetzen.
● Schrauben der Halterungen am Getriebe und am Nachschalldämpfer auf festen Sitz prüfen, aber nicht mit aller Gewalt »anknallen«.
● Gleiches gilt für die Verschraubungen am Auspuffkrümmer und an den Rohr-Verschraubungen.
● Mit einem Lappen in der Hand bei laufendem Motor Auspuff-Endrohr zuhalten. Der Motor muß nach kurzer Zeit stehenbleiben.
● Hören Sie zischende Geräusche und läuft der Motor ungestört weiter, ist die Anlage an der Geräuschstelle undicht.
● Ein dumpferer Auspuffton als gewöhnlich und Knallen im Schiebebetrieb weist auf einen durchgerosteten Auspuff hin.

Auspuffanlage erneuern

Reparaturen an einer durchgerosteten Auspuffanlage sind heute selten geworden. Verwendung von Edelstahl und verzinktem Blech macht's möglich. Wenn dann trotzdem eines der Teile der Abgasanlage zu Bruch geht, sollte man keine Reparaturversuche machen, sondern an Ersatz denken, denn einer Reparatur ist meist nur kurzer Erfolg beschieden: Auf rostgeschwächtem Blech kann nicht mehr geschweißt werden. Auspuffkitt und Bandagen sind zwar recht dauerhaft, aber das Blech bricht bald neben der Reparaturstelle aus. Das ist also nur ein Behelf für unterwegs.

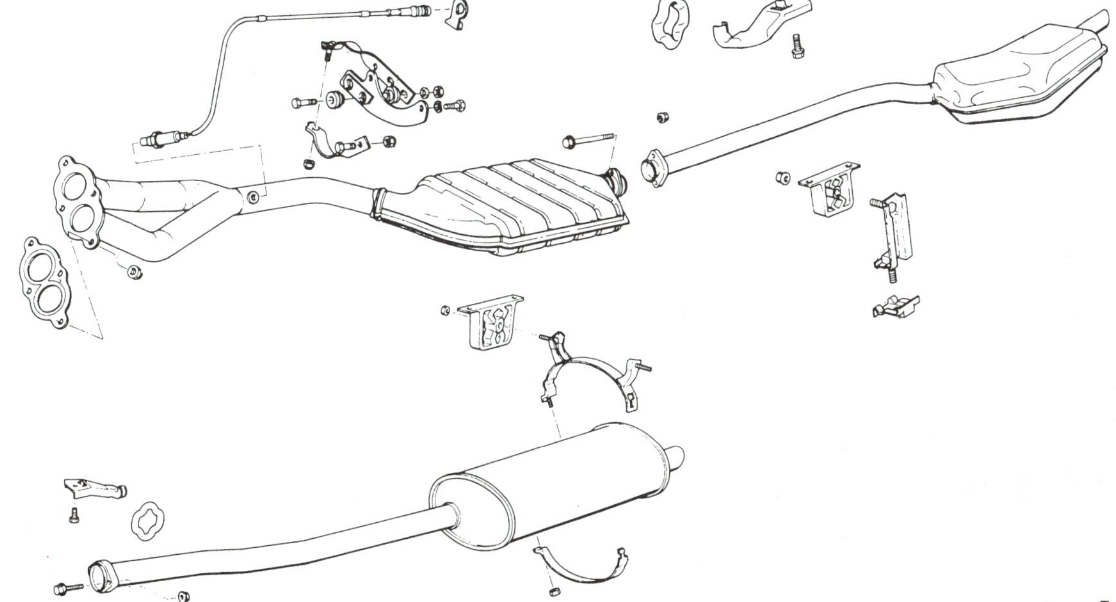

Die Zeichnungen zeigen alle Einzelteile der Auspuffanlage. Oben ist der komplette Auspuff des 318i dargestellt, unten sehen wir den Nachschalldämpfer des 316i. Katalysator und Abgasrohr vorn sind bei beiden Versionen identisch.

Die Abbildung zeigt den Auspuffkrümmer (1) und das Abgasrohr vorn (2) beim 316i/318i. Die Schrauben sind mit Pfeilen gekennzeichnet.

Fingerzeig: Für den Ersatzteilkauf gilt, daß Dichtungen und selbstsichernde Muttern ersetzt werden müssen.

Katalysator mit Abgasrohr vorn ausbauen

● Steckverbindung der Lambda-Sonde trennen. Kabel zur Lambda-Sonde aus den Karosseriehaltern nehmen.

● Die Muttern auf den Stehbolzen des Auspuffkrümmers werden am besten mit einem scharfen Meißel zerstört.

● Sie bestehen für gewöhnlich aus sehr weichem Material mit eingelegter Gewindespirale. Das Gewindeteil muß dann noch einzeln vom Gewinde des Stehbolzens »gepopelt« werden.

● Fahrzeuge mit Automatikgetriebe: Querträger abschrauben.

● Verschraubung am Getriebe und Flansch zum hinteren Teil der Auspuffanlage lösen (siehe dazu den Tip im folgenden Abschnitt).

● Gummiringe der Mittellagerung aushängen.

● Zum **Einbau** unbedingt neue selbstsichernde Auspuffmuttern aus dem beschriebenen weichen Material verwenden. Keine Muttern aus der heimischen Schraubenkiste verwenden.

● Konus der Auspuffflansche vorn am Krümmer mit Kupferpaste einfetten.

● Muttern am Auspuffkrümmer zuerst mit 30–35 Nm anziehen, dann in einem zweiten Durchgang mit 50–55 Nm nachziehen.

● Dichtungen am Flansch zum hinteren Teil der Auspuffanlage prüfen.

● Neue selbstsichernde Muttern mit 25 Nm anziehen.

● Getriebeträger ebenfalls spannungsfrei festziehen (25 Nm).

● Bei Wagen mit Automatikgetriebe den Träger wieder einbauen.

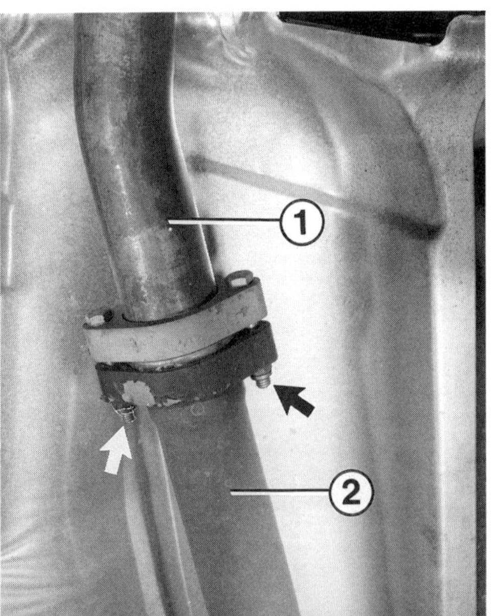

Links: Das Abgasrohr vorn ist durch einen Halter (Pfeil) am Getriebe abgestützt. Der Bügel selbst ist elastisch mit dem Getriebe verbunden.
Rechts: Vorderer (1) und hinterer (2) Teil der Auspuffanlage sind durch einen Flansch verbunden. Die Pfeile deuten auf die Verschraubungen.

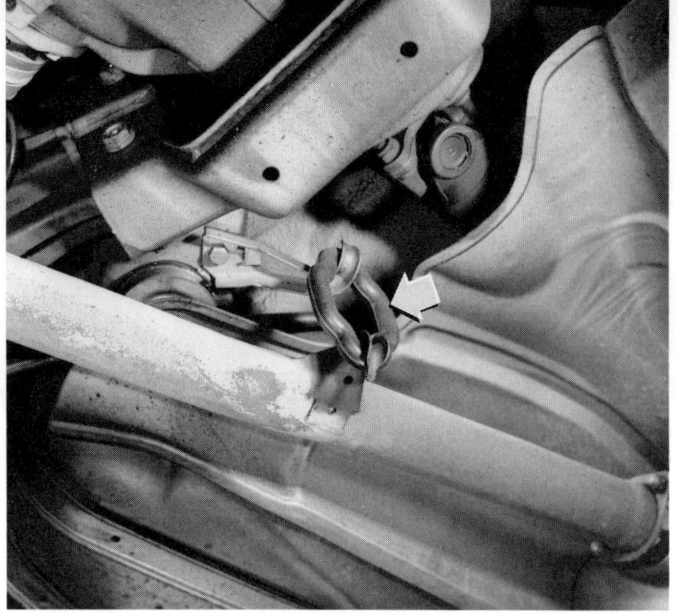

In Höhe der Hinterachse befindet sich eine elastische Auspuffaufhängung (Pfeil).

Fingerzeig: Katalysatoren liefert BMW als Ersatzteil im Austauschverfahren. Sie geben den beschädigten Kat am Ersatzteilschalter zurück und erhalten (preisgünstiger) einen neuen. Der alte Kat wird nicht weggeworfen – er ist wertvoller Recycling-Rohstoff. Es werden sowohl der Stahlblechmantel wie auch die Edelmetalle Platin und Rhodium auf dem Keramikkörper weiterverwertet.

Hinteren Teil der Auspuffanlage abbauen

● Zwei Verschraubungen am Verbindungsflansch zum Katalysator lösen.

● Wenn sich eine Verschraubung nicht lösen läßt, niemals den Sechskant der Schraube bzw. Mutter runddrehen, sondern die Verbindung durch Überdrehen der Schraube (sie reißt dann ab) lösen.

● Auspuffhalterung am Abgasrohr aushängen.

● Klemmbügel rechts und links am Nachschalldämpfer abschrauben.

● Schalldämpfer abnehmen.

● Beim **Einbau** neue selbstsichernde Muttern verwenden. Dichtringe prüfen und gegebenenfalls ersetzen.

● Zuerst den Schalldämpfer ausrichten und die Flanschverschraubungen zum Katalysator mit 25 Nm anziehen.

● Klemmbügel am hinteren Auspufftopf so befestigen, daß die Gummihalterung sich unter ca. 15 mm Vorspannung in Fahrtrichtung befindet. Verschraubungen mit 25 Nm anziehen.

● Lage des Endrohrs im Ausschnitt des Stoßfängers kontrollieren: Es muß rundum ausreichend Abstand zum Stoßfänger vorhanden sein.

● Gegebenenfalls Nachschalldämpfer nach Lösen der Flansche und Aufhängungen neu einrichten.

Das Bild zeigt die Aufhängung des Nachschalldämpfers am BMW 316i. Es bedeuten:
1 – Haltemutter der elastischen Auspuffhalterung an der Karosserie;
2 – Verschraubung der Auspuffhalterung mit dem Klemmbügel;
3 – Auspuffhalterung;
4 – Verschraubung des Klemmbügels mit dem Schalldämpfer.

Familie Saubermann

Benzin besteht im wesentlichen aus den Elementen Kohlenstoff und Wasserstoff. Wenn der Kraftstoff im Motor verbrannt wird, verbindet sich der Kohlenstoff mit dem Luftsauerstoff zu **Kohlendioxid** (chemische Kurzformel CO_2), und der Wasserstoff vereinigt sich mit Sauerstoff zu **Wasserdampf** (H_2O).
Diese Verbrennungsprodukte bilden sich, wenn Luft und Kraftstoff im optimalen Verhältnis (14,6:1) gemischt sind. Das ist leider fast nie der Fall. Deshalb entstehen auch Schadstoffe:
○ **Kohlenmonoxid** (CO) ist wohl die bekannteste Verbindung, denn der CO-Gehalt im Abgas wird bei der Abgas-Sonder-Untersuchung gemessen. Es entsteht um so mehr, je fetter, also kraftstoffreicher das Benzin/Luft-Gemisch ist.
○ Unverbrannte **Kohlenwasserstoffe** (HC) entstehen, wenn die von der Zündkerze entzündete Flammenfront an kalten Wandungen und engen Winkeln im Brennraum erlöscht. Zu fettes oder zu mageres Gemisch erhöht den Ausstoß der Kohlenwasserstoffe.
○ **Stickoxide** (NO_x) bilden sich vor allem durch den zu über ¾ in der Verbrennungsluft enthaltenen Stickstoff. Ihr Anteil ist besonders hoch bei einer Auslegung des Motors für geringen Kraftstoffverbrauch und niedrigen CO- sowie HC-Ausstoß: Hohe Verbrennungstemperaturen und mageres Kraftstoff/Luft-Gemisch.

Was ist wie gefährlich?

○ Kohlenmonoxid ist giftig und kann beim Einatmen in geschlossenen Räumen zum Tod führen. In der Luft verbindet sich das Kohlenmonoxid relativ schnell mit Sauerstoff zu Kohlendioxid (CO_2). Es ist zwar ungiftig, aber an der Entstehung des »Treibhaus-Effekts« wesentlich beteiligt.
○ Die Kohlenwasserstoff-Verbindungen sind der Übersichtlichkeit wegen zusammengefaßt, wobei die Bandbreite von harmlos bis – bei bestimmten Verbindungen (Diesel) – möglicherweise krebserregend reicht. In der Luft sind die Kohlenwasserstoffe mit den Stickoxiden für Bildung von Smog (schwer auflösbare Abgasnebelwolken) verantwortlich.
○ Stickoxide können entsprechend konzentriert zu Reizungen der Atmungsorgane führen.

Funktion des Katalysators

Ein Katalysator ist in der Chemie ein Stoff, der eine chemische Reaktion einleitet oder beschleunigt. Dabei bleibt der Katalysator in seiner Zusammensetzung unverändert.
Im Auto verstehen wir unter dem Katalysator ein mit den Edelmetallen Platin und Rhodium beschichtetes Keramik-Bauteil samt der Umhüllung, die einem Auspufftopf ähnelt. Das auf Drahtgeflecht gelagerte Keramik-Bauteil ist von mehreren tausend parallel verlaufenden Kanälen durchzogen. Auf die Wandungen der Kanäle ist eine Zwischenschicht zur Oberflächenvergrößerung (der sogenannte wash-coat) aufgetragen. Er vergrößert die aktive Katalysatorfläche etwa auf die Größe eines Fußballfeldes.
Die katalytisch wirkenden Substanzen sind Platin (5 Teile) und Rhodium (1 Teil). Von diesen Edelmetallen enthält der Katalysator 2−3 Gramm, wobei das Platin die Oxidation und das Rhodium die Stickoxidreduktion unterstützt.
Mit dem Dreiwege-Katalysator rückt man den Schadstoffen Kohlenmonoxid, Kohlenwasserstoff und den Stickoxiden zu Leibe:
○ Es werden **Kohlenmonoxid und Kohlenwasserstoffe** durch Oxidation mit Sauerstoff zu Kohlendioxid (CO_2) umgewandelt.

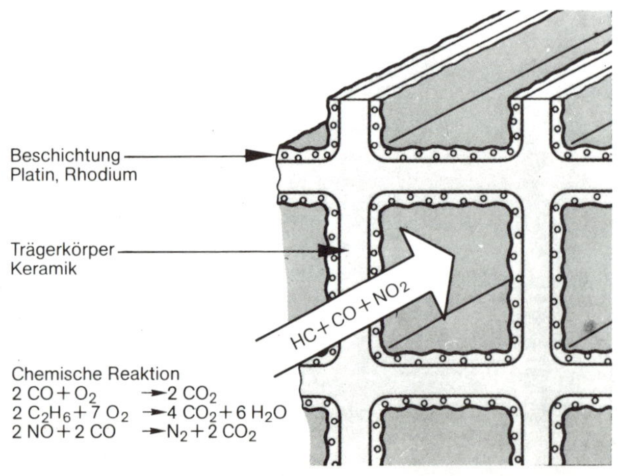

**Hier wird die Wirkungsweise des Dreiwege-Katalysators gezeigt: Das Abgas mit seinen Schadstoffen (Pfeil) strömt durch die vielen Kanäle im Keramikteil und kommt dort mit den katalytisch wirksamen Edelmetallen Platin und Rhodium in Berührung.
Die Reaktionsgleichung beschreibt, wie durch Oxidation CO_2 und HC unschädlich gemacht werden. Das Stickoxid (NO_x) wird durch Abspaltung von Sauerstoff (Reduktion) in harmlose Verbindungen umgewandelt.**

○ Zum Abbau der **Stickoxide** wird ein Mittel gebraucht, welches den Sauerstoff entzieht. Wie aus der Reaktionsgleichung in der Zeichnung auf der gegenüberliegenden Seite zu sehen ist, kann der Schadstoff Kohlenmonoxid dieses Mittel sein. Dabei entsteht Stickstoff (N_2) und wieder CO_2. Beides ungiftig.

Der Katalysator arbeitet nur in einem schmalen Bereich mit hohem Wirkungsgrad. Das Kraftstoff/Luft-Verhältnis muß dazu in einem genauen Verhältnis zueinander stehen. Ideal ist die Zusammensetzung bei $\lambda = 1$. Die größte Schwierigkeit bei der Katalysatortechnik ist es, dieses Verhältnis bei jedem Betriebszustand einzuhalten. Das ist Sache der Lambda-Regelung (siehe folgenden Abschnitt).
Ehe der Kat arbeiten kann, muß er eine Anspringtemperatur von etwa 300°C erreichen. Die sind normalerweise nach 25−80 Sekunden erreicht, im Stadtverkehr können aber auch drei Minuten vergehen, ehe die notwendige Temperatur erreicht ist. Der Katalysator ist aber andererseits überhitzungsempfindlich. Steigen die Temperaturen im Kat über 900°C, setzt eine verstärkte Alterung ein. Ab 1200°C wird er auf Dauer zerstört.
Für den Katalysator ist unverbleiter Kraftstoff unbedingt erforderlich. Blei würde die Oberfläche im Katalysator schnell verstopfen, und die Abgase könnten die katalytisch wirkenden Substanzen nicht mehr erreichen. Versuche haben gezeigt, daß bereits nach einer Tankfüllung Kohlenmonoxid kaum noch abgebaut wird. Nach 2−3 Tankfüllungen werden auch die restlichen Schadstoffe nicht mehr abgebaut. Der Katalysator ist vergiftet.

Funktion der Lambda-Sonde

Die Lambda-Sonde (auch Sauerstoffsonde bzw. O_2-Sonde genannt) ist vor dem Katalysator in den Auspuff eingeschraubt. Die Sonderkeramik der Sonde ist außen dem Abgas ausgesetzt und steht an ihrer Innenseite mit der Umgebungsluft in Verbindung. Durch den unterschiedlichen Sauerstoffgehalt in Abgas und Außenluft erzeugt die Sonde eine Spannung, die bei einem bestimmten Rest-Sauerstoffgehalt im Abgas steil ansteigt. Dieser Spannungssprung findet genau bei einem Kraftstoff/Luft-Verhältnis von $\lambda = 1$ statt. Bei Sauerstoffmangel (λ kleiner 1), also bei fettem Gemisch, beträgt die Spannung 0,8−1 Volt. Bei magerem Gemisch (λ größer 1) werden um 0,1 Volt erreicht.
Die Lambda-Signale werden zum Steuergerät der Motronic-Einspritzung geleitet. Von dort aus wird die Gemischaufbereitung beeinflußt, um das Kraftstoff/Luft-Verhältnis möglichst nahe an $\lambda = 1$ zu halten.
Die Lambda-Sonde reagiert auf Sauerstoffschwankungen in Abhängigkeit ihrer Betriebstemperatur unterschiedlich schnell: Bei 300°C hat sie ca. 1 Sekunde, bei 600°C hat sie weniger als 50 Millisekunden Reaktionszeit. Durch eine eingebaute Heizung wird die günstigste Betriebstemperatur von ca. 600°C schneller erreicht.

In der Betriebsanleitung sind zahlreiche Hinweise für Katalysator-Fahrzeuge aufgeführt. Besonders **gefährlich ist unverbranntes Gemisch**, das sich im heißen Katalysator entzündet und so die Temperaturen in gefährliche Höhen ansteigen läßt. Folge: Der Katalysator kann teilweise schmelzen und wird dadurch funktionsunfähig.
Deshalb:
○ Das Anrollenlassen, Anschieben oder Anschleppen des Wagens ist problemlos, wenn der Anlasser wegen einer leeren Batterie den Motor nicht zum Laufen brachte.
○ Anschleppen über lange Distanzen – was z. B. bei defekter Zündung der Fall sein könnte – ist nicht zulässig. Denn so gerät eine große Menge unverbrannten Kraftstoffs in die Abgasanlage, was besonders bei noch betriebswarmem Kat schädliche Folgen hat.

Die Lambda-Sonde (Pfeil) sitzt unter dem Wagenboden im Abgasrohr vor dem Katalysator.

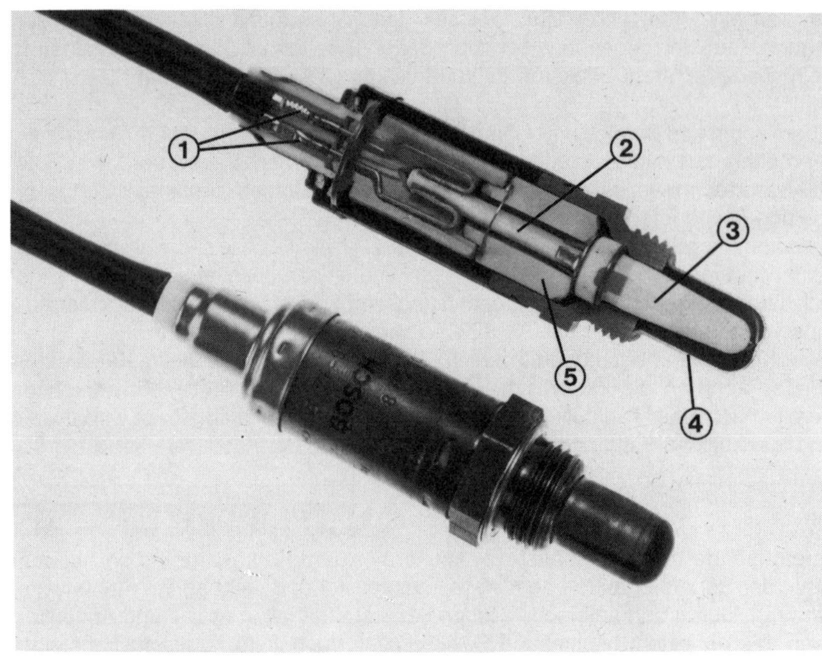

Die Lambda-Sonde komplett und als Schnittmodell. Es bedeuten: 1 – Anschlüsse der Sondenheizung; 2 – Heizstab; 3 – Sondenkeramik; 4 – Schutzrohr; 5 – Stützkeramik.

○ Lassen Zündaussetzer oder Fehlzündungen auf einen Defekt an der Zündanlage schließen, diese sofort überprüfen (lassen). Auf der Weiterfahrt hohe Drehzahlen vermeiden.

○ Ungefährlich sind kleine Mengen unverbrannten Gemisches, besonders, wenn sie in den kalten Kat gelangen. Das passiert oft bei Werkstattarbeiten, wie z. B. Messen des Kompressionsdrucks.

○ Zu einem Überhitzen des Kat kann es auch bei Dauervollgas nicht kommen, denn der höhere Gasdurchsatz wirkt gewissermaßen kühlend auf den Katalysator. Dieser ist nämlich durch die »Nachverbrennung« in seinem Innern stets viel heißer als die vom Motor kommenden Abgase.

Außerdem:

○ Im Hochsommer nach wochenlanger Trockenheit beim Parken den Wagen nicht über trockenem Laub, Heu o. ä. abstellen. Unter besonders ungünstigen Umständen könnte es zu einer Entzündung unter dem Wagen kommen.

○ Beim Auftragen von Unterbodenschutz darf nichts davon an den Katalysator oder die Hitzeschutzschilde über der Auspuffanlage geraten.

○ Kontrollieren Sie gelegentlich bei aufgebocktem Fahrzeug, ob die Hitzeschutzbleche nicht beschädigt oder verloren gegangen sind.

Was sonst noch wissenswert ist:

○ Hoher Ölverbrauch ist für den Kat weitgehend unschädlich. Da Motoröl wie Kraftstoff aus Kohlenwasserstoffen besteht, behandelt der Kat verbranntes Öl genauso wie verbrannten Kraftstoff.

○ Additive in Kraftstoffen und Motorölen schädigen den Kat nicht. Ganz sicher ist das, wenn die Betriebsstoffe von BMW freigegeben sind.

○ Defekte an Kat oder Lambda-Sonde lassen sich leider nur in recht aufwendigen Abgastests nachweisen. Ein thermisch beschädigter Katalysator ist dagegen an Klappergeräuschen zu erkennen. Der Keramik-Träger des Kat schrumpft durch das teilweise Schmelzen, was zur Folge hat, daß er sich lose im Blechmantel bewegt.

Fingerzeig: Kat-Fahrzeuge machen gelegentlich durch stechenden Geruch auf sich aufmerksam. Was da übel riecht, sind kleinste Mengen der aus »Stinkbomben« bekannten Schwefelverbindung H_2S (Schwefelwasserstoff), die im Katalysator entstehen kann. In den im Auto auftretenden Konzentrationen ist dieses Gift jedoch völlig unschädlich. Abhilfe: Keine. Versuchsweise an einer anderen Tankstelle tanken, um weniger schwefelhaltigen Kraftstoff zu erwischen.

Coole Typen

Bei der Verbrennung des Kraftstoffgemisches wird es dem Motor ausgesprochen warm ums Herz. Denn außer der Kraft für die Fortbewegung gibt er auch Wärme ab, und das nicht zu knapp: ¼ Kraft, ¾ Wärme lautet ungefähr das Verhältnis. Die Wärme muß von der Kühlanlage abgeführt werden.

So wird gekühlt

Durch den Motor werden ständig **6,0** (316i/318i) bzw. **6,5 Liter** (318is) Kühlmittel gepumpt. Die Zirkulation des Kühlmittels durch Motor, Kühler und Heizung veranlaßt die Wasserpumpe. Vom Keilriemen angetrieben, beschleunigt sie den Wasserstrom durch ein kleines Schaufelrad an ihrer Rückseite.
Auf welchem Weg das Naß durch die zahlreichen Kanäle und Schläuche strömt, hängt von seiner momentanen Temperatur ab:
○ Bei noch nicht betriebswarmem Motor fließt das Kühlmittel im »kleinen Kreislauf«, der durch den Motor und durch den Heizungs-Wärmetauscher führt.
○ Über ca. 88°C öffnet der Thermostat den »großen Kühlwasserkreis«, der den Kühler mit einbezieht. Dort wird das Kühlmittel durch den Fahrtwind und durch den vom Kühlerventilator erzeugten Luftstrom abgekühlt.

Überdruck-Kühlsystem

Im Kühlsystem herrscht ein Überdruck von **ca. 1,4 bar**, was die Siedetemperatur des Kühlmittels von normalerweise 100°C wesentlich erhöht. Somit ist eine Reserve geschaffen, der Motor kann bequem Betriebstemperaturen von mehr als 100°C erreichen, ohne daß »Kochgefahr« im Kühlsystem besteht. Das ist vor allem bei starker Belastung des Motors – etwa bei einer Paßfahrt – wichtig.
Zuständig für den richtigen Systemdruck ist der Verschlußdeckel des Kühlers, der ein Überdruckventil (ca. 1,4 bar) und ein Unterdruckventil (0,09 bar) enthält. Das Unterdruckventil läßt Luft einströmen, wenn das Kühlmittel kälter wird und damit weniger Raum einnimmt.

Stand der Kühlflüssigkeit prüfen

Ständige Kontrolle

● Nur bei stehendem Motor läßt sich der Kühlmittelstand exakt kontrollieren.
● Der Flüssigkeitsstand ist im linken, durchsichtigen Teil des Kühlers (dem Ausgleichbehälter) zu erkennen.
● Bis zur Markierung (siehe Bild unten links) soll der Pegel bei kaltem Motor reichen.

● Bei warmem Motor kann der Flüssigkeitsstand natürlich etwas höher sein.

Kühlmittel nachfüllen

Merklicher Kühlmittelverlust ist ein Zeichen für eine Störung oder einen Defekt. Die Kühlflüssigkeit wird nicht verbraucht und kann im geschlossenen Kühlsystem auch nicht verdampfen.

Links: Die Füllstandsmarke (2) für kaltes Kühlmittel befindet sich links am Kühler im durchsichtigen Ausgleichbehälter (1).
Rechts: Im Kühlsystem-Verschlußdeckel (Pfeil) ist das Überdruck- und das Unterdruckventil des Kühlsystems eingesetzt.

● Wird der Verschlußdeckel des Kühlsystems bei heißem Motor geöffnet, besteht **Verbrühungsgefahr** – deshalb Vorsicht walten lassen:
● Deckel mit Handschuh oder Lappen langsam zunächst eine Umdrehung öffnen und den Überdruck aus dem Kühlsystem entweichen lassen. Erst dann den Deckel vollends abschrauben.
● Wird nur Wasser nachgefüllt, verdünnen Sie den Frostschutz allmählich, daher evtl. gleich etwas Frostschutzmittel mit einfüllen.

● Nicht über die Markierung (siehe vorigen Abschnitt) nachfüllen; das Kühlmittel dehnt sich bei Erwärmung aus, und die Mehrmenge entweicht aus dem System.
● Kleinere Flüssigkeitsmengen können Sie sowohl bei warmem wie kaltem Motor nachfüllen.
● Bei erheblichem Wasserverlust und heißer Maschine kein kaltes Wasser nachgießen. Durch den »Kälteschock« kann sich der Zylinderkopf verziehen oder der Motorblock reißen.

Im Kühlsystem sorgt nicht allein klares Wasser für die notwendige Abkühlung des Motors, sondern eine Mischung von Frost- und Korrosionsschutzmittel sowie Wasser. Man spricht daher auch besser von Kühlflüssigkeit oder Kühlmittel. Das Mischungsverhältnis schreibt BMW mit 50:50 vor. Es müssen also z.B. bei **6,0 Liter** Gesamtinhalt 3,0 Liter Gefrier- und Korrosionsschutzmittel und 3,0 Liter Wasser eingefüllt werden. Als Frostschutzmittel dient gewöhnlich Äthylenglykol – eine Flüssigkeit auf Alkoholbasis, die nicht verdampft oder verdunstet. Ebenso wichtig wie der Gefrierschutz ist auch der Korrosionsschutz. Er verhindert, daß sich im Kühlsystem Kesselstein, Rost und andere Korrosionsprodukte bilden. Das werkseitig eingefüllte Kühlmittel mit Korrosionsschutz darf deshalb auch nicht im Frühjahr abgelassen werden, sondern verbleibt ganzjährig in der Kühlanlage.
BMW-Werkstätten besitzen eine Liste der vom Werk ausdrücklich freigegebenen Frostschutzmittel. Einen Auszug daraus finden Sie hinten im Buch.

Wartung Nr. 4

Zum Nachprüfen der Kühlmittel-Frostfestigkeit brauchen Sie einen Hebe-Messer (Spindel, Aräometer). Damit wird das spezifische Gewicht der Flüssigkeit gemessen. Durch unterschiedliche Zugabe von Korrosionsschutzmitteln sind die spezifischen Gewichte der einzelnen Frostschutzprodukte nicht gleich. Für eine absolut genaue Messung brauchen Sie eine auf das eingefüllte Gefrierschutzmittel abgestimmte Spindel. Im Zweifelsfall ziehen Sie vom ermittelten Wert eine Meßtoleranz von 2–3°C ab.
● Etwas Kühlmittel aus dem Ausgleichbehälter ansaugen, die Spindel muß frei schwimmen können.
● Je nach spezifischem Gewicht der Flüssigkeit taucht die Spindel mehr oder minder tief ein.

● An der Skala ablesen, wie weit der Gefrierschutz reicht.
● Manche Frostschutzprüfer haben Zeiger, an denen die Frostfestigkeit abgelesen werden kann.

Frostschutz-konzentration einstellen

Meist stellt sich heraus, daß die Konzentration des Gefrierschutzmittels nicht mehr ausreicht. Dann muß etwas Frostschutzmittel nachgefüllt werden; grob über den Daumen gepeilt 1 Liter für einen um 10°C erweiterten Frostschutz.
● Wanne zum Auffangen der Kühlflüssigkeit unter den Wagen stellen.
● Ablaßschraube unten am Kühler öffnen, ca. 1 Liter Kühlmittel ablassen.
● Schraube wieder festdrehen.

● Entsprechende Menge unverdünntes Frostschutzmittel eingießen und mit der aufgefangenen Kühlflüssigkeit nachfüllen.
● Kühlsystem entlüften.

Wartung Nr. 6

● Schläuche am Kühler und Motor dicht, auch die dünneren zur Heizanlage?
● Schläuche rissig? Durch Kneten feststellen, ob die Kühlmittelschläuche hart und spröde sind – dann umgehend austauschen.
● Sitzen die Schlauchenden nicht zu knapp auf ihren Stutzen?
● Sind die Spannschrauben der Schlauchschellen festgezogen?
● Verrostete Schlauchschellen können unvermutet während der Fahrt und bei vollem Betriebsdruck im Kühlsystem nachgeben. Auswechseln!

● Die Werkstatt kontrolliert die Dichtheit der Kühlanlage mit einer speziellen Handluftpumpe mit Druckmesser.
● Dieses Gerät wird auf die Einfüllöffnung des Ausgleichbehälters gesetzt und ein Druck von 1,4 bar aufgepumpt.
● Fällt der Skalenzeiger nicht innerhalb von 2 Minuten um mehr als 0,1 bar, ist das Kühlsystem dicht.

Hier wird mit einem Frostschutzprüfer (Pfeil) die Gefrierschutzmittelkonzentration im Kühler kontrolliert.

Besorgen Sie sich als Ersatz Originalschläuche in der richtigen Bogenform und grundsätzlich neue Schlauchschellen.

- Kühlmittel ablassen und auffangen.
- Schlauchschellen lösen, Schläuche abziehen.
- Die Schlauchstutzen besitzen Querrillen, die sicheren Sitz der Schläuche gewährleisten sollen. Entsprechend schwer lassen sich die Schläuche abziehen. Deshalb:
- Festsitzende Schlauchenden mit einem Schraubendreher lockern, den man zwischen Schlauch und Stutzen schiebt und dann vorsichtig hebelt.
- Neue Schläuche weit genug auf die Stutzen schieben, damit sie nicht wieder abrutschen können.
- Schraubschellen nicht mit Gewalt anziehen, sonst wird das Gewinde überdreht.

Fingerzeig: Unterwegs kann man einen gerissenen Kühlmittelschlauch selten ersetzen. Hier hilft das »Pannenband« von Weyer, Düsseldorf, oder Holts »Hoseweld Bandage«. Beide kleben auf gesäuberten und trockenen Gummischläuchen recht gut. Bei einem großen Leck kann es vorteilhaft sein, den Verschlußdeckel des Kühlsystems eine Umdrehung zu öffnen, damit sich im Kühlsystem kein Druck aufbauen kann, dem die Bandage dann nicht mehr standhält. Jetzt nur noch sehr schonend bis zur Werkstatt weiterfahren. Temperaturanzeige und Kühlmittelstand im Auge behalten!

Der Kühler

In unseren 3er-Modellen haben wir es mit einer neuartigen Kühlerkonstruktion zu tun. Zur Besonderheit gehört der an der linken Seite des Kühlers mit angebaute Ausgleichbehälter. Er kann bei Beschädigungen jedoch getrennt ersetzt werden.
Der Kühler besitzt sogenannte Wasserkästen aus Kunststoff. Die sitzen rechts und links am Kühler. Von diesen

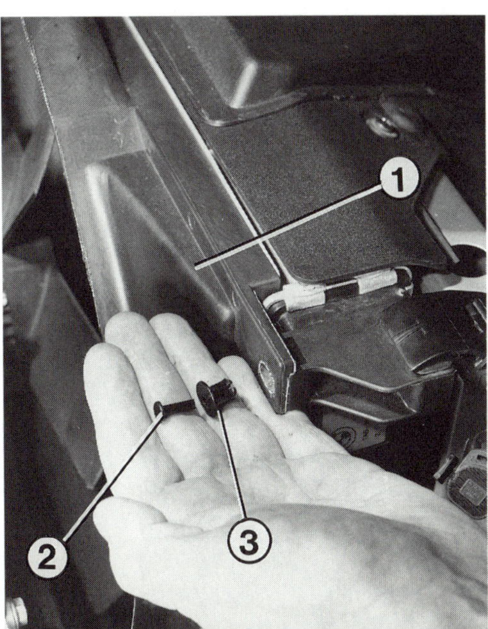

Links: Die Lüfterzarge (1) kann nach Herausziehen des Stifts (2) aus dem Dübel (3) ausgebaut werden. Dübel vollends herausheben und Lüfterzarge nach oben herausziehen.
Rechts: Ausbau des Kühlers. Schraubendreher in die Öffnung der Halteklammer stecken (gerader Pfeil) und Rastsicherung auslösen. Danach Kühlerhalterung nach oben herausschwenken (gebogener Pfeil).

Sammelkästen aus strömt das Kühlmittel durch die Leichtmetallröhren des Kühlers, die zur Vergrößerung ihrer Oberfläche (und damit der Kühlfläche) mit Kühlrippen versehen sind. Über die Kühlrippen kann das Kühlmittel Wärme an die Umgebung abgeben.

Bei Wagen mit Automatikgetriebe ist der Wasserkühler mit einem kleinen Kühler für die Getriebeflüssigkeit (ATF) kombiniert.

Haben Sie den Verdacht, der Kühler könnte undicht sein, sollten Sie in der Werkstatt die beschriebene Druckprüfung durchführen lassen. Bei einem offenkundigen Defekt können Sie den Kühler auch gleich selbst ausbauen und zur Reparatur bringen. Es gibt spezielle Kühlerwerkstätten (Branchentelefonbuch!), oder vielleicht befindet sich in Ihrer Nähe eine Kühlerfabrik, die ebenfalls Reparaturen durchführt.

Kühler ausbauen

● Kühlmittel ablassen und auffangen.
● Luftleitschacht über dem Kühler vom Frontblech losschrauben.
● Alle Kühlmittelschläuche vom Kühler abbauen.
● Bei Klimaanlage Stecker vom Temperaturschalter abziehen.
● Lüfterzarge (Luftführung um Kühlerventilator) abnehmen. Dazu die Stifte der Haltedübel mit einem Schraubendreher nach hinten hebeln und die Dübel herausziehen.
● Bei einem Wagen mit Automatikgetriebe die Leitungsanschlüsse zum Getriebeölkühler (im Wasserkühler integriert) abschrauben und die Leitungsenden mit Stopfen verschließen. Dabei auf äußerste Sauberkeit achten. Schmutz im ATF des Automatikgetriebes führt zu Funktionsstörungen!
● Austretende ATF auffangen.
● Beide Halteclips oben am Kühler abnehmen.

● Das geht so: Passenden Schraubendreher tief in die Öffnungen oben am Clip stecken. Schraubendreher nach vorn hebeln. So gibt der Clip seine Verrastungen an der Vorderseite frei. Jetzt kann er aus dem Frontblech ausgehakt werden.
● Kühler zuletzt nach oben herausheben.
● Wo nötig, Ausgleichbehälter vom Kühler abbauen.
● Beim **Einbau** den Kühler wieder exakt auf die Gummilager setzen.
● Halteclips am Kühler anbringen und sorgfältig am Frontblech einrasten.
● Bei Automatikgetriebe die Getriebeöl-Leitungsanschlüsse mit 20 Nm anziehen.
● ATF im automatischen Getriebe in der BMW-Werkstatt ergänzen lassen.
● Aufgefangene Kühlflüssigkeit nach Montieren der Schläuche wieder einfüllen und Kühlsystem entlüften.

<u>Fingerzeig:</u> **An den scharfkantigen Kühlerlamellen kann man sich böse Schnittverletzungen holen. Arbeitshandschuhe tragen!**

Kühler reinigen

Vor und nach dem Sommerhalbjahr sollten die Kühlerlamellen von den dort festgesetzten Insektenleichen gesäubert werden, sonst wird die Kühlwirkung verschlechtert.

● Angetrocknete Insektenreste durch das Kühlergrill hindurch mit einem eiweißlösenden Mittel einsprühen.
● Nach einer gewissen Einwirkzeit von der Kühlerrückseite her mit einem Gartenschlauch abspülen. Oder ein Dampfstrahlgerät zur Selbstbedienung – wie es an Tankstellen und »Reinigungsparks« zur Verfügung steht – verwenden.

● Besser geht das nach Ausbau der Lüfterzarge, wie unter »Kühler ausbauen« beschrieben.
● Hartes Bürsten oder scharfes Werkzeug kann die Kühlerlamellen knicken oder beschädigen.

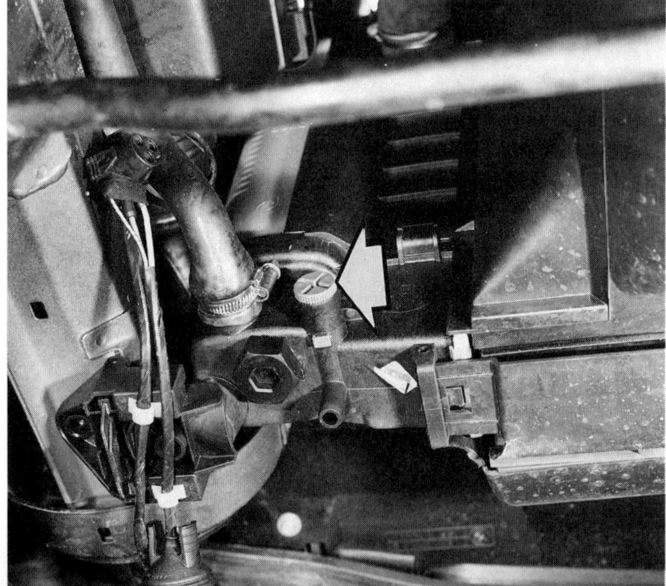

Ablassen des Kühlmittels. Am Kühler unten die Ablaßschraube (Pfeil) öffnen oder – wo diese nicht vorhanden ist – den unteren Wasserschlauch am Kühler abbauen.

Zum vollständigen Ablassen des Kühlmittels wird am Motor die Ablaßschraube (Pfeil) rechts am Motorblock herausgedreht.

Alle zwei Jahre – so empfiehlt es BMW – soll die Kühlflüssigkeit gewechselt werden, weil die Korrosionsschutz-Zugaben allmählich unwirksam werden. Das recht kurze Intervall schließt wirklich alle Sonderfälle mit ein, so daß es bei normalem Betrieb mit ruhigem Gewissen um ein Jahr ausgedehnt werden kann.

Wartung Nr. 46

Kühlmittel ablassen

● Motor abkühlen lassen, sonst **Verbrühungsgefahr!**
● Verschlußdeckel des Kühlsystems öffnen.
● Wanne zum Auffangen des Kühlmittels bereitstellen.
● Heizungsregler am Armaturenbrett auf »Warm« stellen, Zündung einschalten.
● Ablaßschraube unten am Kühler herausdrehen. Eventuell kann ein kurzes Schlauchstück auf den Ablaufstutzen gesteckt werden.

● Ablaßschraube rechts unten am Motorblock herausdrehen.
● Nachdem alle Kühlflüssigkeit abgelaufen ist, Motor-Ablaßschraube mit 50–56 Nm anziehen.
● Die Kunststoff-Ablaßschraube im Kühler sanft anziehen (nur 2 Nm).
● Anschließend bei eingefülltem Kühlmittel und warmem Motor nochmals festen Sitz prüfen.

Fingerzeig: Kühlerfrostschutzmittel ist giftig, es darf deshalb nicht einfach in die Kanalisation geschüttet werden. Stattdessen in ein gesondertes Gefäß füllen und zum Sondermüll geben (Annahmestelle von der Gemeindeverwaltung erfragen).

Kühlsystem neu befüllen und entlüften

Da eine gewisse Restmenge von Kühlflüssigkeit im Motor zurückbleibt, kann möglicherweise nicht die gesamte Flüssigkeitsmenge eingefüllt werden.
● Heizungsregler am Armaturenbrett auf »Warm« stellen, Zündung einschalten.

● Zuerst Gefrierschutzmittel, dann möglichst kalk-

Links: Zum Entlüften des Kühlsystems nach dem Neueinfüllen von Kühlmittel wird die Entlüftungsschraube (Pfeil) oben am Kühler geöffnet.
Rechts: Eine weitere Entlüftungsschraube (Pfeil) sitzt beim M 40-Motor unterhalb des Verteilers.

armes Wasser einfüllen, bis der Ausgleichbehälter randvoll ist.

● Motor starten und laufen lassen, bis Betriebstemperatur erreicht ist. Dabei immer wieder Wasser nachfüllen, wenn der Pegel absinkt.

● Bei warmem Motor folgt das **Entlüften:**

● Kühlsystem-Verschlußdeckel zudrehen.

● Motor mit erhöhter Leerlaufdrehzahl laufen lassen, **Entlüftungsschraube oben am Ausgleichbehälter** ca. 2 Umdrehungen lösen.

● Schraube erst wieder zudrehen, wenn das Kühl-mittel **ohne Luftblasen** austritt. Kühlmittel währenddessen gegebenenfalls ergänzen.

● Gleicher Vorgang an der Entlüftungsschraube am Thermostatgehäuse (nur M 40).

● Motor abstellen und Kühlflüssigkeit auffüllen. Bei warmem Motor kann der Flüssigkeitspegel etwas über der Füllstandsmarke stehen.

Fingerzeige: Strömungsgeräusche in der Heizung können nur durch besonders sorgfältiges Entlüften beseitigt werden. Bei BMW kennt man dazu folgenden Trick: Ausgleichbehälter bis zum Rand füllen, Heizungsdrehknopf in Stellung »Warm«, den Wagen vorne etwa einen halben Meter anheben und den Motor dann mit ca. 3000/min eine Minute lang laufen lassen.
Zur Behebung von kleineren Undichtigkeiten im Kühlsystem hat sich das Mehrzweckmittel »5 in 1« (Bezugsquellennachweis: Firma Munz, Oelser Straße 17, 7450 Hechingen) sehr gut bewährt. Es dient aber auch als zusätzlicher Korrosionsschutz, schmiert die an sich wartungsfreie Wasserpumpe und hält Thermostat und Heizventil beweglich.

Der Kühlsystem-Verschlußdeckel

Im Überdruck-Kreislauf spielt der Kühlsystem-Verschlußdeckel auf dem Ausgleichbehälter eine wichtige Rolle:
○ Die Dichtfläche wird bei aufgeschraubtem Deckel fest auf den Rand der Einfüllöffnung gedrückt. Es kann kein Druck entweichen.
○ Wenn bei Erwärmung der Überdruck im Kühlsystem **ca. 1,4 bar** übersteigt, öffnet das Überdruckventil. Jetzt kann zum Druckausgleich etwas Wasserdampf entweichen.
○ Beim Abkühlen zieht sich die Kühlflüssigkeit wieder zusammen, und es entsteht ein Unterdruck in der Kühlanlage. Für diesen Unterdruckausgleich sitzt im Deckel ein zweites Ventil. Es öffnet bei einem Unterdruck von **0,09 bar**, so daß Außenluft einströmen kann.

Überdruck-ventil prüfen

Wer sich die Mühe der Kontrolle nicht machen will, wechselt den relativ preisgünstigen Verschlußdeckel im Verdachtsfall einfach aus. Die Werkstatt prüft ihn mittels Druckprüfer:
● Druck aufpumpen.
● Bei **ca. 1,4 bar** muß das Ventil öffnen.

Unterdruck-ventil prüfen

Ob das Unterdruckventil richtig arbeitet, läßt sich nur behelfsmäßig feststellen.
● Bei abgenommenem Verschlußdeckel einen dicken Wasserschlauch fest zusammendrücken.
● Deckel aufsetzen und festdrehen.
● Schlauch loslassen.
● Rundet sich der zusammengepreßte Schlauch wieder, dürfte das Ventil intakt sein.

● Sind die Kühlmittelschläuche morgens vor dem ersten Start plattgedrückt, streikt sicher das Unterdruckventil.

Der Thermostat

Der Thermostat sitzt in Fahrtrichtung vorn am Zylinderkopf. Er hat das Sagen darüber, ob das Kühlmittel im Kühler abgekühlt werden soll oder nicht. Er bestimmt also, ob das Kühlmittel im »kleinen« oder im »großen Kühlmittelkreislauf« zirkuliert (siehe Kapitel-Anfang).
Welchen Kreislauf er dabei schaltet, hängt ausschließlich von der Kühlmitteltemperatur ab. So bleibt die Betriebstemperatur annähernd konstant.

Funktion des Thermostats

○ Das »Umschalten« des Thermostats bewirkt eine mit Spezialwachs gefüllte Büchse und der daran befestigte Ventilteller. Bei Erwärmung des Kühlmittels verflüssigt sich das Wachs und dehnt sich dabei aus. Zwangsläufig öffnet es durch sein größeres Volumen jetzt den Ventilteller.
○ Solange die Kühlmitteltemperatur steigt, wird vom Thermostat der Zufluß zum Kühler zunehmend geöffnet und gleichzeitig der Kurzschluß-Kreislauf geschlossen.
○ Sinkt während der Fahrt die Kühlmitteltemperatur unter die gewünschte Betriebstemperatur, drückt eine Feder am Thermostat den Ventilteller wieder in Richtung »Zu« und sperrt den Kühlerdurchfluß so lange, bis das Kühlmittel wieder genügend warm ist.

Der Kühlsystem-Verschlußdeckel im Schnitt. Der schwarze Pfeil zeigt das Überdruckventil, der weiße das Unterdruckventil. Rot dargestellt ist der Druckraum innerhalb des Kühlers; die rosa abgesetzten Bereiche zeigen den Zugang der Außenluft.

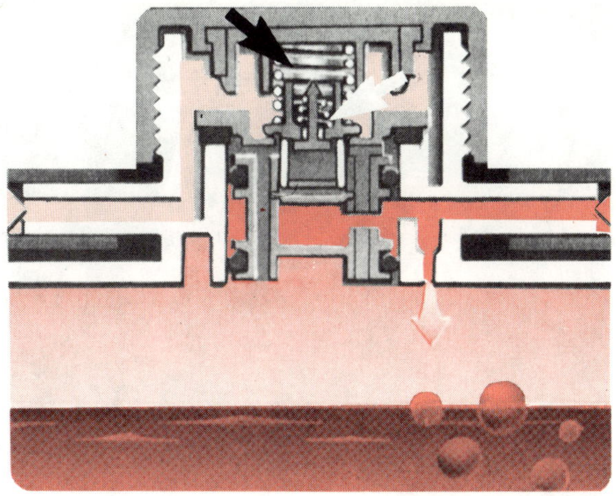

Thermostat

Erkennungsmerkmal	Ursache/Auswirkungen
A Temperaturanzeige steigt langsam, Betriebstemperatur wird später erreicht, Heizwirkung ungenügend	Thermostat-Ventilteller ist in »Offen«-Stellung blockiert (etwa durch Ablagerungen); der Zufluß zum Kühler bleibt ständig offen. Motor bleibt zu lange im Kaltlaufbetrieb. Es kommt jedoch kurzfristig zu keinen Schäden. Trotzdem Thermostat in Bälde auswechseln
B Temperaturanzeige steht trotz richtigem Kühlmittelstand im roten Bereich	Thermostat-Ventilteller ist in »Geschlossen«-Stellung blockiert (etwa durch eine defekte bzw. undichte Thermostatbüchse). Auf keinen Fall weiterfahren, sonst entstehen schwere Hitzeschäden am Motor! Thermostat auswechseln

Fingerzeig: Wenn der Motor unterwegs wegen defektem Thermostat ins Kochen kommt, hilft nur noch Abschleppen oder der komplette Ausbau des Thermostaten an Ort und Stelle. Sollten Sie sich für den Ausbau entscheiden, müssen Sie erst abwarten, bis die Kühlmitteltemperatur abgesunken ist. Besorgen Sie sich derweil Gefäße zum Auffangen des Kühlmittels.

Thermostat ausbauen

● Einen Teil des Kühlmittels an der Ablaßschraube am Motorblock ablassen und auffangen.
● Ggf. zwecks Verbesserung der Zugänglichkeit die Lüfterzarge bzw. den Verteilerdeckel (M 40) ausbauen.
● Drei Sechskantschrauben am Thermostatgehäuse herausdrehen.

● Deckel des Thermostatgehäuses abnehmen, Thermostateinsatz herausziehen.
● Neuen Thermostat – möglichst mit neuem Dichtring – wieder einsetzen.
● Aufgefangenes Kühlmittel einfüllen, Kühlsystem entlüften (wie bereits beschrieben).

Thermostat prüfen

● Thermostat in einen Topf mit Wasser hängen und Wasser erhitzen.
● Kontrollieren, ob der Ventilteller bei **ca. 88°C** von seinem Sitz abhebt.

● Der genaue Öffnungsbeginn ist zusätzlich im Thermostat eingeprägt.

Die Kühlflüssigkeit wird von der Wasserpumpe beschleunigt, damit sie im Kühlsystem zirkulieren kann. Sie sitzt vorn an der Stirnseite des Motors und ist beim 316i/318i-Motor größtenteils von der Zahnriemenabdeckung verdeckt.

Wartungsarbeiten an der Wasserpumpe gibt es nicht. An Defekten ist nur Verschleiß an den Lagern durch minderwertige Kühlmittelzusätze oder zu straff gespannten Keilriemen denkbar oder Undichtigkeiten – ausgelöst durch schadhafte Dichtringe. Das Kühlmittel läuft in diesem Fall durch eine kleine Bohrung unten an der Wasserpumpe ab. Schadhafte Lager machen sich zusätzlich durch Mahlgeräusche bemerkbar.

Eine Reparatur der Wasserpumpe ist nicht möglich. BMW und auch der Zubehörhandel bieten deshalb Austausch-Wasserpumpen an.

Bei abgenommener Zahnriemenabdeckung sehen wir an der Stirnseite des M 40-Motors:
1 – Thermostat (die Einbaulage ist gut zu erkennen);
2–5 – Halteschrauben der Wasserpumpe.
Die Pfeile zeigen auf die M 6-Gewindebohrungen, in die zum Abziehen der Wasserpumpe zwei Schrauben eingedreht werden können.

Wasserpumpe ausbauen

● Kühlmittel ablassen und auffangen.
● Lüfterzarge ausbauen.
● Keilriemen abnehmen, siehe Kapitel »Die Lichtmaschine«.
● Kühlerventilator ausbauen (weiter hinten im Kapitel).
● Riemenscheibe der Wasserpumpe abschrauben. Zum Lösen der Schrauben Riemenscheibe mit Ölfilter-Spannbandschlüssel festhalten.
● Vier Befestigungsschrauben der Wasserpumpe herausdrehen.
● Zwei M 6-Schrauben in die dafür vorgesehenen Gewindebohrungen an der Wasserpumpe eindrehen.
● Diese Schrauben jeweils im Wechsel mit Gefühl eindrehen – dadurch wird die Pumpe vom Motor abgedrückt.
● Beim **Einbau** neuen Wasserpumpen-Dichtring verwenden. Dichtring mit Vaseline bestreichen, damit er beim Einbau nicht verquetscht wird.
● Schrauben der Wasserpumpe mit 10 Nm anziehen.
● Kühlmittel einfüllen, Kühlsystem entlüften.

Der Keilriemen

Beim Vierzylinder-BMW erfolgt der Antrieb der Wasserpumpe mittels Keilriemen. Auswechseln und Spannen dieses Riemens siehe Kapitel »Die Lichtmaschine«.

Der Kühlerventilator

Er soll – wenn das vom Fahrtwind nicht in ausreichender Weise besorgt werden kann – einen stetigen Luftstrom durch die Kühlerlamellen erzeugen. Die Luft nimmt die vom Kühler abgegebene Wärme gewissermaßen »mit«. Je mehr Luft durch die Lamellen zieht, desto besser ist die Wärmeabfuhr.

Um Leistung zu sparen, ist der Ventilator mit einer sogenannten Viscokupplung versehen. Sie schaltet den Lüfter ab einer Umgebungstemperatur von 82°C zu. Das geschieht über ein Bimetallband, das (temperaturabhängig) über ein Ventil zähes Silikonöl in den Arbeitsraum der Viscokupplung einfließen läßt. Das Öl schafft den Kraftschluß zwischen Keilriemenscheibe und Lüfter – der Ventilator fördert Kühlluft. Unter 60°C fließt das Silikonöl vom Arbeitsraum in den Vorratsraum zurück – der Ventilator läuft mit langsamer Drehzahl mit, ohne Kraft zu verbrauchen.

Störungen

Die Viscokupplung muß ersetzt werden, wenn
○ der Ventilator sich bei stehendem Motor nicht mehr leicht durchdrehen läßt,
○ der Ventilator starkes Axial- und Radialspiel hat (leichtes Spiel ist zulässig),
○ Silikonöl aus der Viscokupplung austritt.

Die Viscokupplung des Lüfters (hier ein Schnittbild) schaltet den Kühlerventilator ab 82° C zu. Unter 60° C unterbricht sie den Kraftfluß zum Lüfter – er läuft mit langsamer Drehzahl mit, ohne Kraft zu verbrauchen.

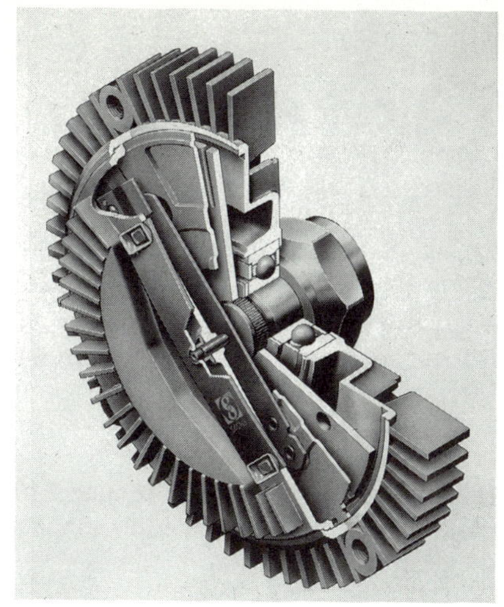

● Lüfterzarge – das ist der »Ring« um den Ventilator – abbauen (siehe »Kühler ausbauen«).
● Zarge vorsichtig nach oben herausziehen oder über den Kühlerventilator hängen.
● Halteschraube des Ventilators (sie ist gleichzeitig Ventilator-Achse) mit Gabelschlüssel SW 32 lösen. Achtung: **Linksgewinde!** Dabei die Riemenscheibe, wenn nötig, bei abgenommenem Keilriemen (Kapitel »Die Lichtmaschine«) mit einem Ölfilter-Spannbandschlüssel gegenhalten.

● Ggf. Lüfterkupplung vom Ventilator abschrauben.
● Beim **Einbau** die Schraube an der Wasserpumpe mit 40 Nm anziehen.
● Anzugsdrehmoment Ventilator an Lüfterkupplung: 10 Nm.

Die Störung	– ihre Ursache	– ihre Abhilfe
A Temperatur-Anzeigenadel steht im roten Bereich, Temperatur-Warnleuchte brennt	**1 Zu wenig Flüssigkeit im Kühlsystem**	**Auffüllen**
	2 Kabel zur Temperaturanzeige hat Massekontakt	**Kabel am Temperaturfühler abziehen, Zeiger muß zurückgehen, sonst Masseschluß. Kabelverlauf kontrollieren**
	3 Thermostat öffnet den Kaltwasserzufluß aus dem Kühler nicht (Kühler kalt)	**Thermostat ausbauen und ohne ihn weiterfahren oder Wagen abschleppen lassen**
	4 Viscokupplung des Kühlerventilators defekt. Ventilator hat keinen Kraftschluß	**Viscokupplung ersetzen**
	5 Keilriemen zu schwach gespannt oder gerissen	**Keilriemenspannung prüfen bzw. Keilriemen ersetzen**
	6 Überdruckventil im Verschlußdeckel defekt	**Deckel prüfen (lassen), ggf. austauschen**
	7 Instrument defekt	**Austauschen**
	8 Kühlerlamellen zugesetzt	**Kühler reinigen**
B Temperaturanzeige spricht sehr langsam an, schwache Heizleistung	**Thermostat schließt nicht völlig, aufgeheiztes Kühlmittel strömt zu früh durch den Kühler**	**Thermostat ersetzen**

Getränkemarkt

Die Urangst jedes gestandenen Bayern dürfte wohl sein, daß eines Tages der Bier-Nachschub ausbleibt. Fast ebenso ärgerlich ist – nicht nur für Fahrer eines bayerischen Automobils – das Ausbleiben des Kraftstoff-Nachschubs. Dieses Kapitel hilft weiter, falls es wirklich so weit kommen sollte.

Der richtige Kraftstoff

Die genügsamen Modelle **316i** und **318i** kommen mit **Normalbenzin bleifrei** aus, der **318is** verlangt dagegen **bleifreies Euro-Super**. Freilich können alle Modelle auch mit Super Plus bleifrei betankt werden, doch Vorteile bringt das nicht.

Bleifrei muß sein

Hohe Klopffestigkeit erreichte man in früheren Jahren durch die Zumischung des hochgiftigen Blei-Tetraäthyls. Solcher bleihaltiger Kraftstoff darf in unseren serienmäßig mit Katalysator ausgerüsteten Modellen nicht verwendet werden. Kommt der Katalysator mit Blei oder Bleiverbindungen – wie sie im verbleiten Kraftstoff vorhanden sind – in Berührung, wird er binnen kurzem wirkungslos. Das ist der Grund, weshalb in Katalysator-Autos bleifreies Benzin gefahren werden **muß**.
Auch in europäischen Ländern mit geringem Anteil an Katalysatorfahrzeugen ist bleifreier Kraftstoff an den wichtigen Durchgangsstraßen erhältlich. Schwierigkeiten kann es allenfalls im Landesinnern und in touristisch weniger erschlossenen Gegenden geben. Im Zweifelsfall bei einem Autoclub oder Fremdenverkehrsbüro eine Bleifrei-Landkarte besorgen und einen Reservekanister mitnehmen.

Fingerzeig: Das Sicherheitsventil im Tankeinfüllstutzen kann nur von der schlanken Bleifrei-Zapfpistole aufgestoßen werden, damit nicht versehentlich verbleites Benzin eingefüllt wird. Zum Nachfüllen aus einem Reservekanister benötigen Sie einen geeigneten Einfüllstutzen für den Kanister. Oder Sie müssen während des Einfüllens die Ventilklappe mit einem Schraubendreher niederdrücken.

Der Tank

Unter dem Wagenboden etwa in Höhe des Rücksitzes ist im BMW 3er der 65 Liter fassende Kunststoff-Tank untergebracht. Dort ist er besonders gut geschützt – auch ein schwerer Heckaufprall kann ihm nichts anhaben. Interessant ist die zerklüftete Form des Karftstoffbehälters, die es ermöglicht, alle in diesem Bereich vorhandenen freien Ecken für ein möglichst großes Tankvolumen auszunutzen. Nachteil dieser Form: Es bedarf zweier Tankgeber, um den momentanen Tankinhalt richtig zu erfassen.
Der Ausbau des Tanks gestaltet sich beim BMW recht aufwendig. Der komplette Tankinhalt muß abgesaugt, die Auspuffanlage und die Kardanwelle müssen ausgebaut werden. Wir empfehlen, diese Arbeit – sollte sie wirklich einmal notwendig werden – der Werkstatt zu überlassen.

Fingerzeig: Bevor Sie irgendwelche Arbeiten an der Kraftstoffanlage in Angriff nehmen, sollten Sie unbedingt das Batterie-Massekabel abnehmen. Unbeabsichtigte elektrische Verbindungen können zu gefährlicher Funkenbildung führen.

Wozu Tank-Entlüftung?

Wichtig für den einwandfreien Kraftstoffnachschub ist die Belüftung des Tanks: In dem Maß, wie Kraftstoff verbraucht wird, muß Luft nachströmen können, sonst würde sich im Tank ein Vakuum bilden, und der Kraftstofffluß würde stocken. Ferner muß der Tank belüftet werden, um dem Inhalt Gelegenheit zum Ausdehnen bei Erwärmung zu geben. Auch muß beim Betanken genug Luft aus dem Tank austreten können, damit der hineingeschüttete Kraftstoff nicht wieder zum Einfüllstutzen herausprudelt.

Die Tank-Entlüftung im BMW

○ Drei Entlüftungsleitungen führen zum Ausgleichbehälter, der – versteckt unter einer Kunststoffabdeckung – im Radkasten des rechten Hinterrades sitzt. Der Ausgleichbehälter kann bei Ausdehnung (durch Wärme) ein gewisses Kraftstoffvolumen aufnehmen. Zusätzlich kondensiert in ihm auch schon ein Teil der Kraftstoffdämpfe, die aus dem Tank austreten.
○ Zwei Entlüftungsleitungen kommen direkt vom Tank, wo ihre Enden im Tank-Innern an die höchsten Stellen herangeführt sind – also an die Stellen, an denen sich Luft sammelt.

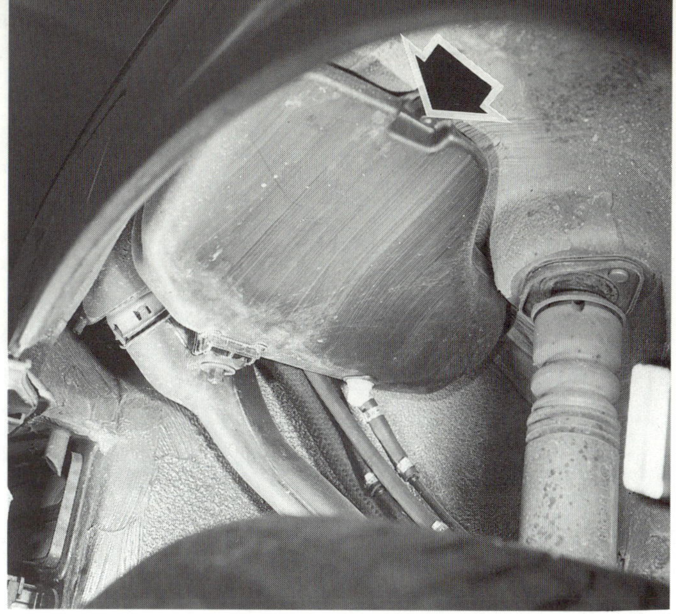

Im rechten hinteren Radkasten verbirgt sich der Ausgleichbehälter (Pfeil) des Kraftstofftanks, der die bei Erwärmung entstehende Mehrmenge an Benzin aufnehmen kann, ohne daß Kraftstoff ausläuft.

○ Die dritte Leitung kommt direkt vom Tankeinfüllstutzen, also auch von einem hochgelegenen Punkt der Tankanlage.

○ Der Ausgleichbehälter selbst muß natürlich auch entlüftet werden. Doch diese Entlüftungsleitung führt nicht einfach ins Freie, sondern mündet in einen Aktivkohlebehälter im Motorraum. Zweck der Sache ist es, die durch diese Leitung austretenden umweltschädlichen Kraftstoffdämpfe aufzufangen. Bei laufendem Motor werden die Gase – über das elektrische Tankentlüftungsventil im Motorraum (gesteuert von der Motronic) – bei bestimmter Motorlast wieder aus dem Aktivkohlebehälter herausgesaugt.

○ Unabhängig von den vorgenannten Leitungen läßt die dicke Schnell-Entlüftungsleitung ausschließlich beim Betanken Luft aus dem Tankinnern zum Einfüllstutzen strömen.

Der BMW besitzt – wie schon erwähnt – zwei Tankgeber, die rechts und links oben in den Kraftstoffbehälter eingesetzt sind. Beide Tankgeber zusammen melden die Flüssigkeitsmenge auf elektrischem Weg an die auswertende Elektronik des Kombi-Instruments. Am rechten Tankgeber ist zusätzlich die Kraftstoffpumpe befestigt.

Tankgeber mit Kraftstoffpumpe ausbauen

● Tank möglichst weit leerfahren, damit kein Kraftstoff herausschwappt.
● Rücksitz ausbauen, Unterlegmatte zurückschlagen.
● Blechdeckel abschrauben.
● Schläuche am Tankgeber für späteren Wiedereinbau kennzeichnen und abbauen.
● Kabelstecker entriegeln und abziehen.

● Kunststoff-Überwurfmutter des Tankgebers losdrehen. Dazu einen stumpfen Schraubendreher an einer Rippe der Mutter ansetzen und mit leichten Hammerschlägen die Mutter lockern.
● Tankgeber vorsichtig nach oben herausziehen bzw. -schwenken.
● Kraftstoffpumpe und Geber (rechter Tankgeber)

Aus Gründen des Umweltschutzes endet der Schlauch der Tank-Entlüftung nicht einfach im Freien. Damit keine schädlichen Benzindämpfe freigesetzt werden, führt die Entlüftung in einen Aktivkohlebehälter (1), der links vorn im Motorraum angebracht ist. Der Aktivkohlebehälter nimmt die Dämpfe auf und gibt sie bei laufendem Motor über die zweite Anschlußleitung und das Tank-Entlüftungsventil (2) zum Ansaugsystem ab, wodurch sie der Verbrennung zugeführt werden.

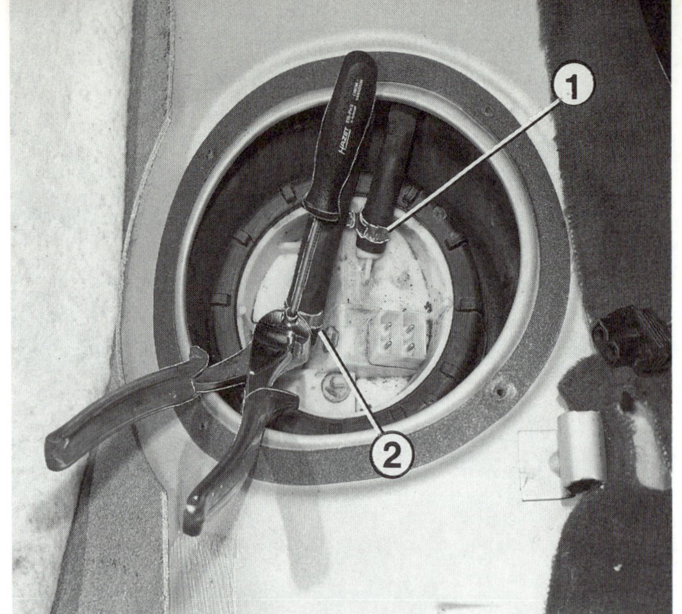

Lösen einer werkseitig angebrachten Benzin-schlauch-Quetschklemme (2) durch Aufweiten mit einem kleinen Schraubendreher. Im Notfall kann die alte Quetschklemme wiederverwendet werden. Das Zuammendrücken erfolgt dann mit einem Seitenschneider oder einer geeigneten Beißzange. Generell sollte aber nach Reparaturen eine Schraubklemme (1) angebracht werden.

sind nicht einzeln als Ersatzteil erhältlich, brauchen daher also auch nicht getrennt zu werden.

● Zum Wiedereinbau Dichtring am Tankgeber prüfen und mit Kraftstoff benetzen.

● Einbaulage des Tankgebers beachten: Die Markierungen an Tank und Geber müssen sich gegenüberstehen (siehe Bild gegenüberliegende Seite unten).

● Darauf achten, daß beim Einsetzen des Tankgebers der Höhentaster (senkrechter Metallstab) in die Kuhle am Tankboden zeigt.

● Tankgeber mit Dichtung vorsichtig vollends in die Öffnung stecken. Der Dichtring darf nicht verrutschen.

● Kunststoff-Überwurfmutter festdrehen, Schläuche mit neuen Klemmschellen befestigen. Kabelstecker anschließen.

Tankgeber prüfen

Die Prüfung des Tankgebers fällt mit der Prüfung des Tankanzeige zusammen, den entsprechenden Text finden Sie im Kapitel »Instrumente und Geräte«.

Die Kraftstoffleitungen

Die Kraftstoffanlage unserer Einspritzmotoren muß dem hohen Betriebsdruck von bis zu 3 bar widerstehen können. Die Schläuche sind deshalb aus besonders druckfestem Material gefertigt. Zudem sind sie an allen Verbindungsstellen mit Klemmschellen, Schraubschellen oder mit stabilen Verschraubungen gesichert.

Kraftstoff-leitungen und -schläuche ausbauen

● Sauberkeit ist oberstes Gebot bei Arbeiten an der Kraftstoffanlage. Zumindest den Bereich, in dem gearbeitet wird, vorher reinigen, damit kein Schmutz in die offenen Leitungen gelangen kann.

● Teilweise werden zur Befestigung der Leitungen **Klemmschellen** benutzt.

● Um sie zu lösen, muß mit einer Zange die Blechschlaufe an ihrem Umfang plattgedrückt werden. Da-

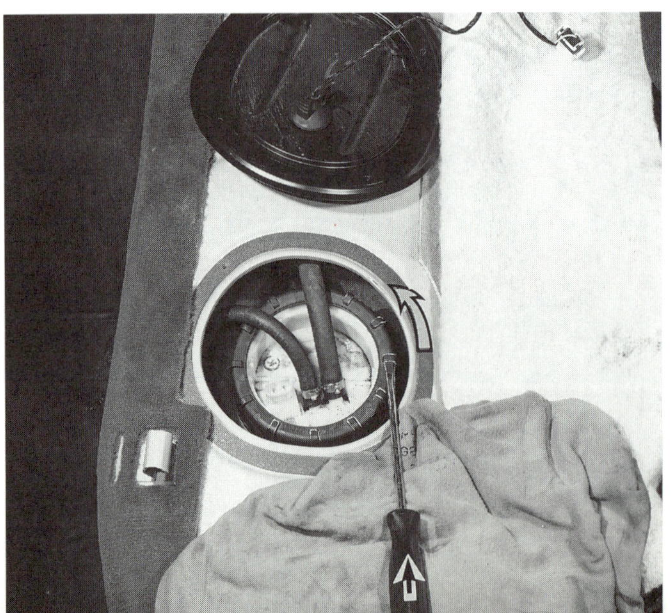

Zum Lösen der großen Kunststoff-Überwurfmutter muß ein Schraubendreher an der Verrippung angesetzt werden. Durch leichte Schläge auf den Griff des Schraubendrehers können Sie nun versuchen, die Überwurfmutter zu drehen (Pfeile).

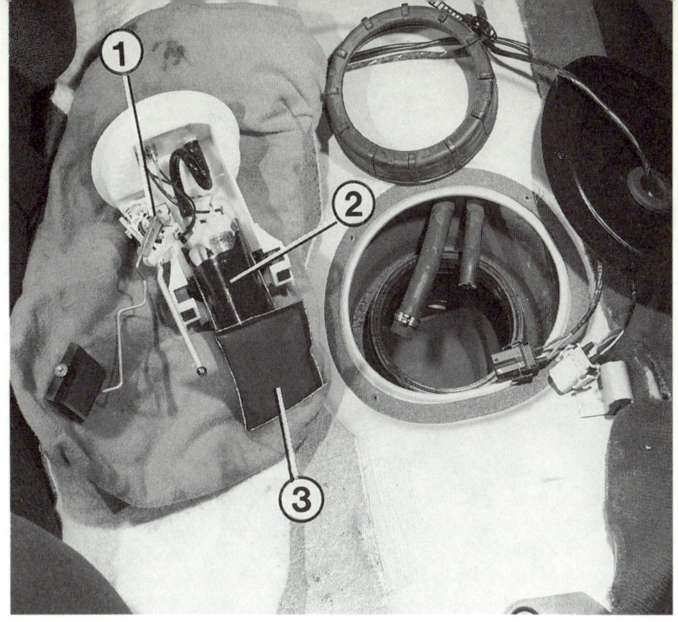

Der rechte Tankgeber (1) ist mit der Kraftstoffpumpe (2) kombiniert. Die Position »3« zeigt auf das Ansaugsieb, das verhindert, daß Schmutzteilchen aus dem Tank mit angesaugt werden.

durch weitet sich die Klemmschelle, und der Kraftstoffschlauch kann unter Drehbewegungen abgezogen werden.

● Andere Möglichkeit: Blechschlaufe mit einem schmalen Schraubendreher weiten.

● Danach kleinen Gabelschlüssel am Schlauchende ansetzen und damit abdrücken.

● Beim Einbau sollten Sie statt der Klemmschellen solche zum Schrauben verwenden.

● **Schraubschellen** (Schlauchbänder) können natürlich wiederverwendet werden. Beim Anziehen nicht zuviel Kraft anwenden, sonst rutscht die Verzahnung durch, und die Schraubschelle ist unbrauchbar.

● Möglicherweise steht das Kraftstoffsystem auch nach Abschalten des Motors noch unter einem geringen Restdruck. Deshalb beim Lösen einer Benzinleitung einen Lappen bereithalten, damit kein Kraftstoff in die Augen spritzen kann.

Kraftstoffanlage auf Dichtheit prüfen

Wartung Nr. 15

Riecht es am Abstellplatz des Wagens nach Benzin, tritt dies irgendwo aus einer Leitung oder an einem Bauteil der Kraftstoffanlage aus. Zur Suche einer Undichtigkeit sollte der Wagen über Nacht an einem trockenen, sauberen Platz gestanden haben.

● Flecken unter dem Wagenboden?

● Wenn nicht, Motor starten und einige Minuten laufen lassen.

● Nach dem Abstellen erneut kontrollieren.

● Falls nichts sichtbar, sämtliche Leitungen verfolgen und auf Benzingeruch bzw. auf Verfleckungen achten.

Die elektrische Kraftstoffpumpe

Die Kraftstoffpumpe hat ihren Platz innen im Tank, direkt am rechten Tankgeber. Da sie ständig von kühlendem

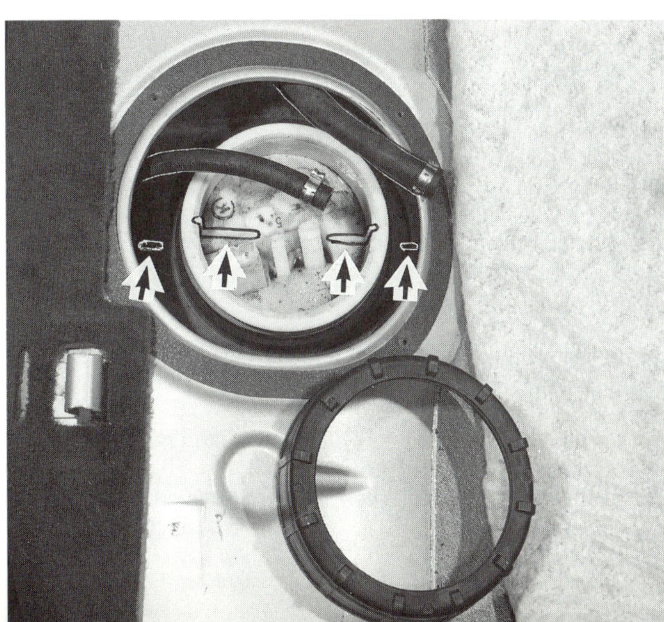

Beim Einbauen der Tankgeber muß auf die richtige Einbaulage geachtet werden, u. a. muß der Deckel in der richtigen Position stehen. Die Markierungen (Pfeile) an Tankgeber und Tank stehen sich dann gegenüber.

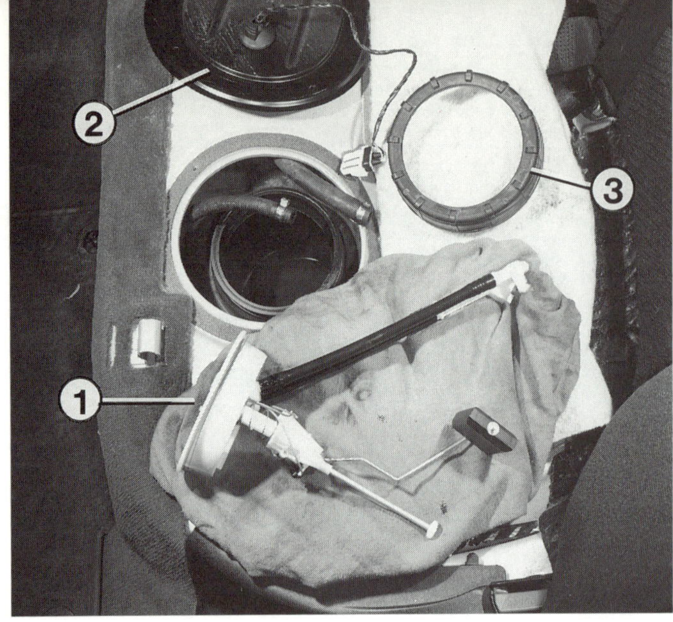

Hier ist der linke Tankgeber (1) aus dem Tank ausgebaut. Ferner bedeuten:
2 – Abdeckblech;
3 – Überwurfmutter.

Benzin umgeben ist, können sich auch bei hohen Betriebstemperaturen keine Dampfblasen bilden, die zu Aussetzern führen.

Die Stromversorgung der Kraftstoffpumpe läuft vom Zündschloß über das Motronic-Relais 1 (das Kraftstoffpumpenrelais) und eine Sicherung zur Pumpe. Gesteuert wird das Kraftstoffpumpenrelais vom Motronic-Steuergerät, das eine Sicherheitsschaltung beinhaltet. Diese sorgt dafür, daß die Pumpe nur dann läuft, wenn der Motor dreht. Ob das der Fall ist, erfährt das Steuergerät von der Zündung, die ja ebenfalls in der Motronic enthalten ist. Die Sicherheitsschaltung soll Brände durch auslaufendes Benzin nach Unfällen verhindern.

Relais der Motronic

Außen am Stromverteilerkasten (Sicherungskasten) sind hinten rechts die drei Relais der Motronic angebracht:
○ Vorn sitzt das Kraftstoffpumpenrelais (auch Motronic-Relais 1 genannt oder mit K 6301 bezeichnet).
○ In der Mitte sitzt das Hauptrelais (Motronic-Relais 2 genannt bzw. mit K 6300 bezeichnet), das die Stromversorgung zum Motronic-Steuergerät bei entsprechender Zündschlüsselstellung schaltet.
○ Hinten sitzt das Relais für die Beheizung der Lambda-Sonde (Bezeichnung K 6303).

Fingerzeig: Nicht bei allen Wagen stimmt die Anordnung der Relais mit der hier genannten überein. Deshalb vorsichtshalber prüfen, ob die angeschlossenen Kabelfarben mit den Stromlaufplänen übereinstimmen.

Störungen an der Kraftstoffpumpe

Die elektrische Kraftstoffpumpe erhält aus Sicherheitsgründen nur dann Strom, wenn der Anlasser betätigt wird oder der Motor läuft. Deshalb ist das Prüfen der Pumpe etwas kompliziert.

● Sicherung für Kraftstoffpumpe überprüfen (Kapitel »Die Karosserie-Elektrik«). Wenn sie intakt ist:
● Schwarzen Blechdeckel rechts unter dem Rücksitz losschrauben.
● Von Helfer den Anlasser kurz betätigen lassen. Dabei muß die Pumpe hörbar anlaufen.
● Ist das nicht der Fall, Stromverteilerkasten links hinten im Motorraum öffnen, Kraftstoffpumpenrelais abziehen.
● Klemme 30 und 87 (im Relaissockel sind das die Steckkontakte 2 und 6) mit einem selbstgefertigten Überbrückungskabel verbinden.
● Läuft die Pumpe jetzt (Zündung an), war das Relais defekt. Ersetzen.

● Läuft sie immer noch nicht, wird die Stromversorgung der Pumpe mit der Prüflampe kontrolliert. Dazu das Relais wieder aufstecken.
● Am rechten Tankgeber Steckverbindung zur Kraftstoffpumpe (Kabelfarben grün/violett und braun/schwarz) abziehen. Prüflampe an die Steckerkontakte anschließen.
● Anlasser von Helfer kurz betätigen lassen. Die Prüflampe muß jetzt aufleuchten.
● Fehlt es an der Spannung, muß der Leitungsverlauf überprüft werden.
● War Spannung vorhanden, ist die Kraftstoffpumpe zu ersetzen.

Fördermenge der Kraftstoffpumpe prüfen

Wenn mangelhafte Motorleistung bei hohen Drehzahlen oder Verschlucker beim Fahren Zweifel an der ausreichenden Kraftstoffversorgung aufkommen lassen, kann die Fördermenge der Benzinpumpe gemessen werden.

● Rücklaufschlauch von der Rücklaufleitung unten links am Motor abziehen.
● Ersatzschlauch auf die vom Motor kommende Kraftstoffleitung aufstecken und von einem Helfer in ein Meßglas halten lassen.

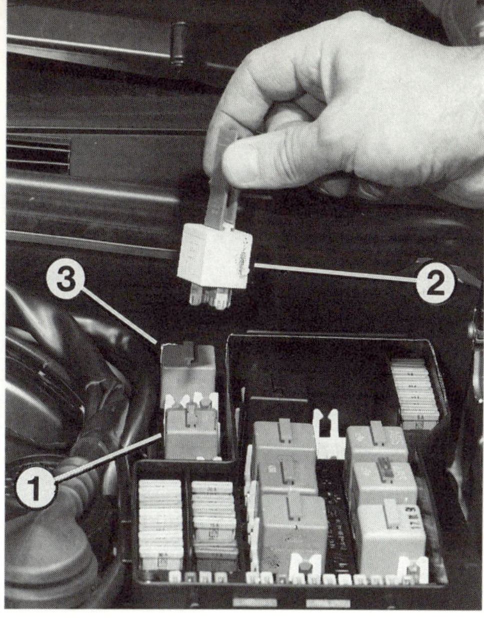

Links: Die Abbildung zeigt die Kraftstoff-Vorlaufleitung (2) und die Kraftstoff-Rücklaufleitung (1) links unten am M 40-Motor.
Rechts: Hier ist das Hauptrelais der Motronic (2) abgezogen. In Fahrtrichtung davor befindet sich das Relais der Kraftstoffpumpe (1); dahinter sitzt das Relais der Lambda-Sondenbeheizung (3).

● Offene Schlauchleitung zum Tank mit sauberer Schraube verschließen.
● Sicherungskasten rechts hinten im Motorraum öffnen, Benzinpumpenrelais abziehen.
● Klemme 30 und 87 (im Relaissockel sind das die Steckkontakte 2 und 6) mit einem selbstgefertigten Überbrückungskabel verbinden.
● Nach 30 Sekunden muß die Pumpe 875 cm³ Kraftstoff gefördert haben.

Wartung Nr. 40

Verunreinigungen stammen meist aus dem Tank einer Zapfstation. Etwa dann, wenn Sie getankt haben, als die Erdtanks eben frisch befüllt wurden. Dadurch können Schmutzpartikel und auch Kondenswasser aufgewirbelt werden und über den Zapfhahn in Ihren Tank gelangen. Deshalb an frisch belieferten Tankstellen möglichst nicht auftanken.
Sicherheitshalber ist bei allen Modellen ein Kraftstoffilter eingesetzt, der regelmäßig ausgewechselt werden soll.

● Der Filter sitzt links neben dem Motor am Wagenboden und ist am besten von unten erreichbar.
● Zuerst den Arbeitsbereich säubern.
● Schraube der Halteschelle am Filter lösen.
● Vergessen Sie nicht das Abklemmen der Kraftstoffschläuche, sonst läuft während der Arbeit Benzin aus.
● Zum Abklemmen beider Schläuche verwendet man schraubbare Schlauch-»Würger« (Zubehörhandel).
● Schlauchschellen vorn und hinten am Filter lockern, Schläuche abziehen.
● Beachten Sie die Durchflußrichtung beim Einbau: Der Pfeil auf dem Gehäuse muß in Richtung des zum Motor führenden Schlauches zeigen. Oder eine der Stirnseiten des Filters ist mit dem Wort »Auslauf« gekennzeichnet.

Der Pfeil zeigt auf den Kraftstoffilter, der links hinter der Vorderachse am Wagenboden angebracht ist. Zugänglich ist er am besten, wie hier gezeigt, von der Fahrzeugunterseite her.

Gezügelte Trinksitten

Das Motor-Management, wie Zündung und Einspritzung auf BMW-Deutsch heißen, übernimmt in allen Vierzylindern eine Bosch Motronic. **D**igitale **M**otor **E**leketronik – kurz DME – nennt BMW das Ganze. Allerdings kommen bei Zwei- und Vierventilern unterschiedliche Versionen zum Einsatz:

○ Die **Motronic M 1.3** steuert den **Zweiventiler**. Zündung und Einspritzung sind – wie das bei einer Motronic so üblich ist, in einem Steuergerät zusammengefaßt. Vom Grundprinzip her ist die Einspritzungsseite der Motronic gegenüber den älteren Versionen gleichgeblieben: Das Steuergerät bestimmt die Öffnungszeiten der elektromagnetisch betätigten Einspritzventile. Bei der Zündungsseite hat dagegen das Steuergerät weitere Aufgaben dazubekommen: Die automatische Zündverstellung findet nicht mehr im Verteiler statt, sondern der Verstellwinkel wird im Motronic-Steuergerät errechnet und ausgeführt.

○ Noch einen Schritt weiter geht die **Motronic 1.7** des **Vierventiler-Motors**. Während die Einspritzungsseite dieser Motronic auf konventionelle Technik zurückgreift, besitzt sie zündungsseitig eine Neuerung: Die sogenannte ruhende Zündverteilung. Auf einen Verteiler kann hierbei völlig verzichtet werden, denn jede Zündkerze hat hier ihre eigene Zündspule, die in einem gesonderten Zündspulenblock untergebracht ist, doch davon später (Kapitel »Die Zündanlage«).

○ Das Steuergerät der Motronic ist voll **diagnosefähig**. D.h. die im Fahrbetrieb auftretenden Störungen werden in einem Fehlerspeicher abgelegt, der erst nach Abklemmen der Batterie gelöscht wird. Genial daran ist, daß auch diejenigen Fehler gespeichert werden, die nur kurzzeitig auftreten. Erfahrungsgemäß sind es eben jene Defekte, die extrem schwer auffindbar sind.

○ Und noch eins: Das Steuergerät ist **codierbar**. Das heißt, die verschiedenen Programme der Fahrzeugversionen (z.B. Schalt- oder Automatikgetriebe) und der Länderversionen (z.B. Europa, USA, Golf-Staaten) sind im Steuergerät bereits angelegt und brauchen bei Einbau eines neuen Steuergeräts nur noch aufgerufen zu werden, was mittels des Modic-Geräts geschieht.

Steuergerät

Zwischen den Eingangsinformationen (durch die verschiedenen Geber) und den Einspritzventilen steht das Steuergerät. Es billigt dem Motor – abhängig von den herrschenden Last- und Temperaturbedingungen – eine ganz bestimmte Kraftstoffmenge zu. Dazu variiert das Steuergerät die Öffnungsdauer der elektromagnetisch gesteuerten Einspritzventile. Da der Druck im Kraftstoffsystem stets annähernd konstant ist, kann die Einspritzmenge nur über die Einspritzzeit variiert werden.

Woher bezieht das Steuergerät die Informationen, nach denen es die Einspritzzeit festlegt? Dafür sind verschiedene Geber zuständig:

○ Luftmengenmesser; er gibt Auskunft über die angesaugte Luftmenge.
○ Temperaturgeber im Ansaugkrümmer; er signalisiert die Temperatur der Ansaugluft.
○ Kühlmittel-Temperaturgeber; er liefert eine Vergleichsgröße für die Motortemperatur.
○ Drosselklappen-Potentiometer; er liefert Informationen über den Lastzustand des Motors.

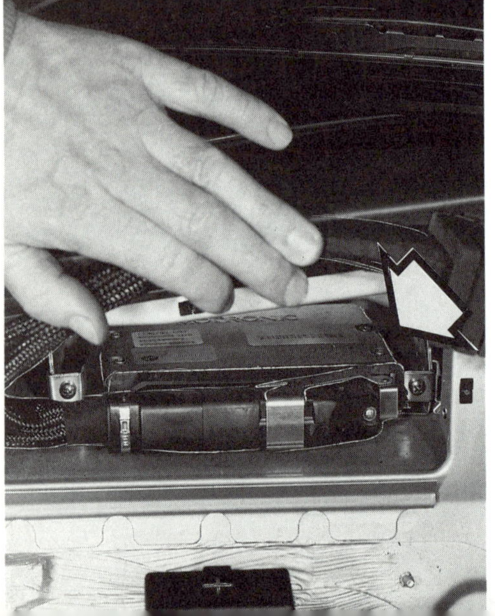

Links: Das Steuergerät der Motronic (Pfeil) sitzt gut versteckt in einem eigenen Kasten rechts in der hinteren Motorraumwand. In der Abbildung ist der Deckel und die Dämm-Matte vor dem Steuergerätekasten abgenommen.
Rechts: Der Geber für Zylindererkennung (Pfeil) des M 40-Motors meldet dem Steuergerät, welcher Zylinder mit dem Zünden bzw. Einspritzen an der Reihe ist.

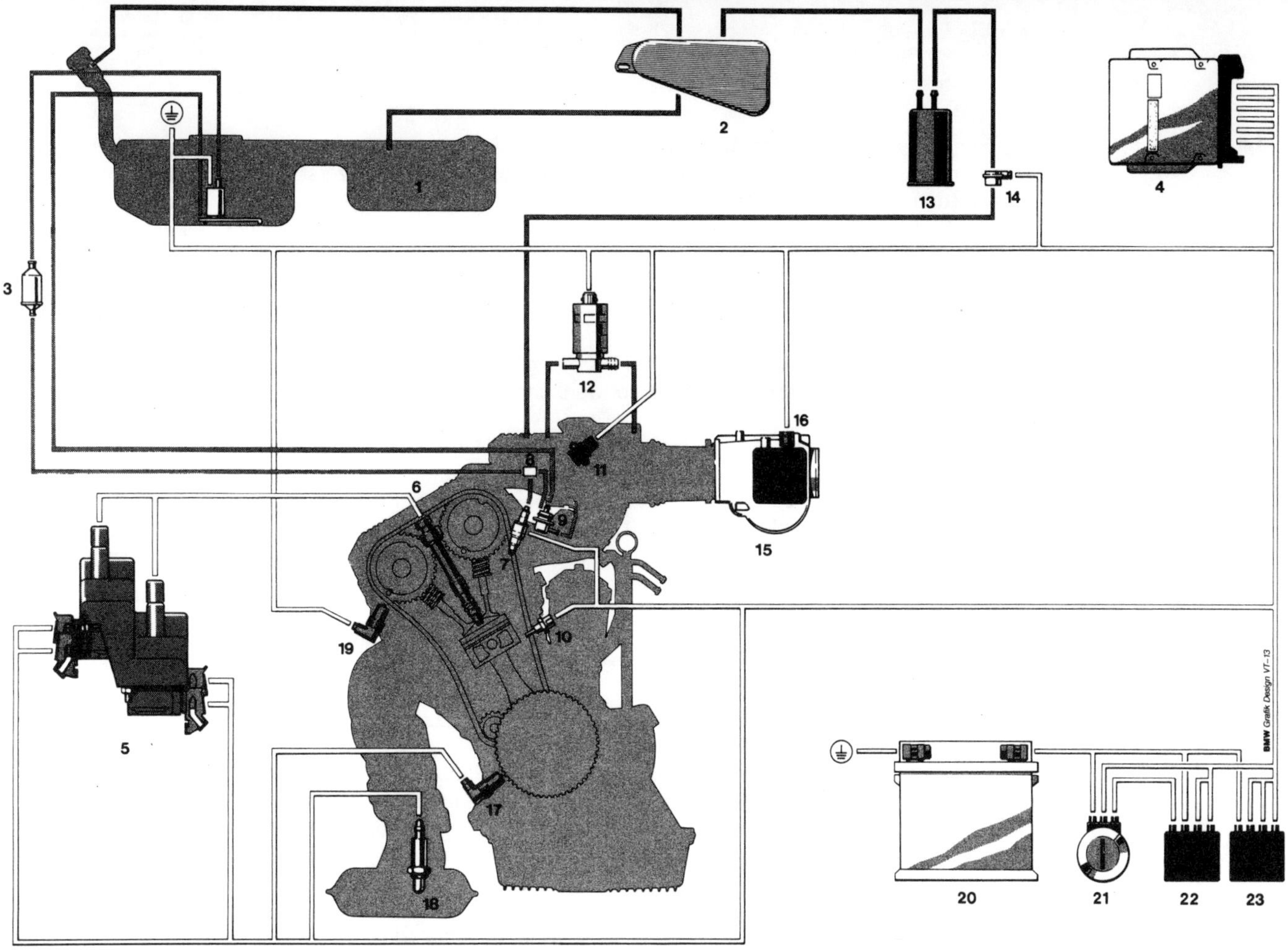

Die Grafik zeigt das Funktionsschema der Motronic-Zünd- und Einspritzanlage hier am Beispiel des M 42-Motors. Die Zahlen bedeuten: 1 – Kraftstofftank mit elektrischer Kraftstoffpumpe; 2 – Ausgleichbehälter des Kraftstofftanks; 3 – Kraftstoffhauptfilter; 4 – Motronic-Steuergerät; 5 – Zündspulen; 6 – Zündkerze; 7 – Einspritzventil; 8 – Kraftstoffverteilerrohr; 9 – Kraftstoffdruckregler; 10 – Kühlmittel-Temperaturgeber; 11 – Drosselklappen-Potentiometer; 12 – Leerlaufregelventil; 13 – Aktivkohlebehälter; 14 – Tank-Entlüftungsventil; 15 – Luftmengenmesser; 16 – Ansaugluft-Temperaturgeber; 17 – Drehzahlgeber; 18 – Lambda-Sonde; 19 – Geber für Nockenwellenstellung (Nockenwellengeber); 20 – Stromversorgung von der Batterie; 21 – Zündschloß; 22 – Hauptrelais; 23 – Kraftstoffpumpenrelais.

○ Drehzahlgeber; er übermittelt das Drehzahlsignal für Zündungs- und Einspritzungsteil der Motronic. Außerdem meldet er die Stellung der Kurbelwelle.
○ Geber für Zylindererkennung bzw. Nockenwellengeber; er meldet dem Steuergerät, welcher Zylinder mit dem Zünden bzw. Einspritzen dran ist.
○ Das Startsignal kommt von der Zündschloß-(Anlasser-)Klemme 50.
○ Weitere Einflußgrößen stammen vom Getriebe, vom Tachometer, ja selbst von der Klimaanlage.

Links: Der Nockenwellengeber (Pfeil) der Motronic des M 42-Motors dient der Zylindererkennung. Er meldet dem Steuergerät, wann ein bestimmter Zylinder mit dem Zünden bzw. Einspritzen dran ist. Rechts: Der Drehzahlgeber der Motronic (2) ist über der Zahnscheibe (1) am Schwingungsdämpfer bzw. Riemenrad vorn am Motor befestigt. Er gibt der Motronic Auskunft über Motordrehzahl und Stellung der Kurbelwelle. Um die Stellung der Kurbelwelle orten zu können, fehlen an einer Stelle des Zahnkranzes zwei Zähne (Pfeil).

Einspritzventile

Im Ansaugkanal eines jeden Motorzylinders sitzt je ein Einspritzventil. Es mißt dem jeweiligen Zylinder die momentan benötigte Kraftstoffmenge zu und sorgt gleichzeitig für die Feinzerstäubung des Benzins.
Die Ventile werden mittels Elektromagnet betätigt. Dabei wird die Ventilnadel ungefähr 0,1 mm von ihrem Sitz abgehoben – der Kraftstoff kann durchfließen. Interessant ist die schnelle Reaktionszeit des Ventils: Anzugs- und Abfallzeit liegen im Bereich von 1–1,5 Millisekunden.
Übrigens ist der Spritzstrahl der Einspritzventile geteilt. Somit wird gezielt vor jedes der Einlaßventile Kraftstoff gesprüht.

Kraftstoff-Verteilerrohr

Es dient dazu, alle Einspritzventile gleichmäßig mit Kraftstoff zu versorgen. Außerdem wirkt das Verteilerrohr als Kraftstoffspeicher und verhindert damit Druckschwankungen.

Kraftstoff-Druckregler

Er sitzt vorn am Kraftstoff-Verteilerrohr und muß – wie der Name schon sagt – den Druck im Verteilerrohr konstant halten. Das macht er, indem er mehr oder weniger Kraftstoff durch die Rücklaufleitung zum Tank zurückfließen läßt. Läuft mehr zurück, sinkt der Druck; bei geringerer Rücklaufmenge steigt er.
Durch einen Unterdruck-Anschluß weiß der Druckregler gleichzeitig über den Lastzustand des Motors Bescheid. Bei Vollast hebt er den Druck noch um etwa 0,5 bar an. Dadurch wird mehr Kraftstoff eingespritzt, was der Motor zum Erreichen der vollen Leistung dringend braucht.

Kraftstoffpumpe und Relais

Mehr über die elektrische Kraftstoffpumpe, das Kraftstoffpumpenrelais und die übrigen Relais der Motronic erfahren Sie im Kapitel »Vom Tank zur Kraftstoffpumpe«.

Luftmengen-messer

Nach Passieren des Luftfilters gelangt die vom Motor angesaugte Luft in den Luftmengenmesser und lenkt dort eine V-förmige Stauklappe aus.
○ Passiert eine größere Luftmenge die Stauklappe, wird die Klappe stärker zur Seite gedrückt.
○ Bei kleinerer Luftmenge bleibt die Bewegung der Klappe geringer.
Ein mit der Stauklappe verbundener elektrischer Widerstand (Potentiometer) ändert je nach Klappenstellung seinen Widerstandswert und übermittel so dem Steuergerät einen Vergleichswert für die angesaugte Luftmenge.

Drosselklappe

Weiter hinten im Ansaugluftstrom sitzt die Drosselklappe im Drosselklappenstutzen. Betätigt wird sie vom Gaspedal über den Gaszug. Sie öffnet oder verschließt den Luftweg zum Ansaugkrümmer und damit zu den Brennräumen des Motors.

Drosselklappen-Potentiometer

Der Drosselklappen-Potentiometer wird von der Drosselklappenwelle betätigt. Der Potentiometer erfaßt die momentane Stellung der Drosselklappe und meldet sie in Form elektrischer Spannung dem Steuergerät. Das Steuergerät benötigt diese Lastinformationen unter anderem zur Leerlaufregelung, Zündkennfeldauswahl und zur Einspritzzeitberechnung.

Leerlauf-regelventil

Wie sein Name schon sagt, sorgt das Leerlaufregelventil für eine stets konstante Leerlaufdrehzahl – egal ob der Motor kalt oder warm ist oder ob kraftzehrende Verbraucher (Klimaanlage) eingeschaltet sind.
Das Ventil ist dabei nur ausführendes Organ. Kopf der Regelung ist das Motronic-Steuergerät. Es vergleicht die Momentan- mit der Solldrehzahl und sorgt so für das fein abgestimmte Öffnen und Schließen des Regelventils

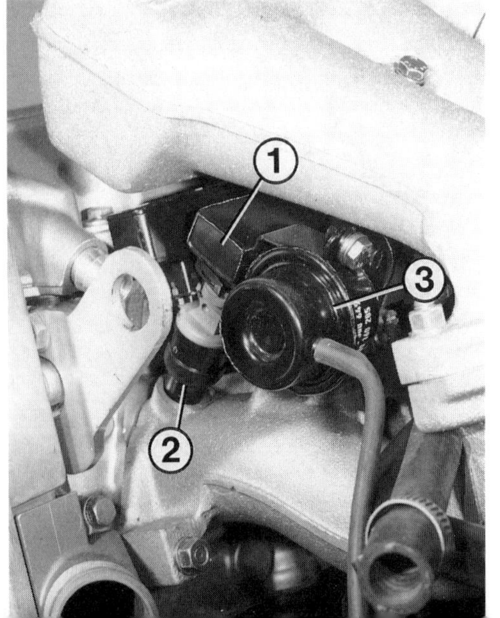
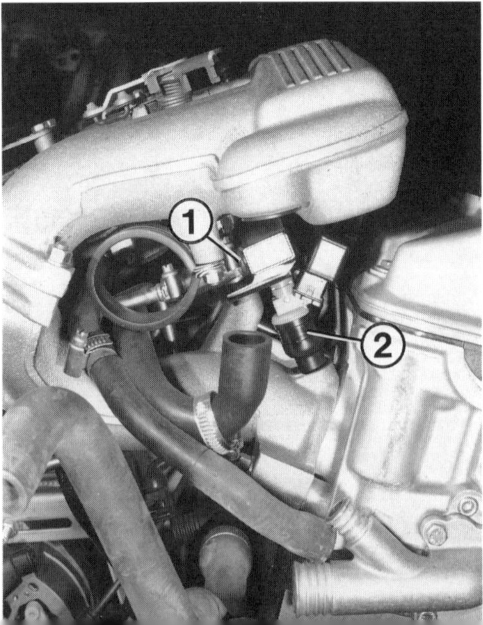

Blick auf die Einspritzventile (2) und das Kraftstoffverteilerrohr (1), einmal von der Vorderseite (links), einmal von der Hinterseite (rechts) des M 40-Motors. Vorn am Verteilerrohr sitzt auch der Kraftstoffdruckregler (3) der Kraftstoff-Einspritzanlage.

Die Abbildung zeigt den ausgebauten Luftmengenmesser (1). Gut zu erkennen ist hier die bewegliche Stauklappe (2) im Durchlaß.

zur Drehzahlanpassung. Variiert wird dabei der Querschnitt eines Luft-Nebenkanals, der die Drosselklappe umgeht. Ist der Kanal geöffnet, wird mehr Luft angesaugt, und somit »glaubt« der Luftmengenmesser durch die Mehrmenge an Luft, man habe die Drosselklappe geöffnet. Was wiederum die Einspritzung dazu veranlaßt, die nötige Mehrmenge an Kraftstoff beizusteuern. Resultat: die Motordrehzahl erhöht sich.

Zusammenspiel der Einzelteile

Bei laufendem Motor saugen die in den Zylindern auf- und ab sausenden Kolben Luft an. Treten Sie das Gaspedal voll durch, saugt der Motor die größtmögliche Menge an, denn die Drosselklappe ist dann voll geöffnet. Entsprechend geringer ist die Luftmenge in geschlossener bzw. teilweise offener Stellung der Drosselklappe. Für sauberen Motorlauf muß der Ansaugluft im genau richtigen Verhältnis Kraftstoff beigemischt werden. Zur Bestimmung des Kraftstoff/Luft-Verhältnisses wird die Menge der Ansaugluft herangezogen. Der Ausschlag der Stauklappe im Luftmengenmesser dient dem Motronic-Steuergerät als Information für die angesaugte Luftmenge.

Dieses Steuergerät ist es auch, das die Impulse zum Öffnen und Schließen der Einspritzventile gibt. Längeres Öffnen ist angesagt, wenn viel Kraftstoff gebraucht wird – kurze Offenzeiten reichen aus, wenn die benötigte Kraftstoffmenge gering ist. Die »Sprühstärke« der Einspritzventile bleibt also konstant. Die Mengenreduzierung erfolgt über die Reduzierung der »Sprühzeit«.

Links: Das Leerlaufregelventil (Pfeil) des M 40-Motors sitzt vorn neben dem Ansaugkrümmer.
Rechts: Das Leerlaufregelventil (Pfeil) des M 42-Motors sitzt hinten zwischen Ansaugkrümmer und hinterer Motorraumwand.

| **Start** | Zum Starten des kalten Motors wird ein fetteres – also kraftstoffreicheres – Gemisch benötigt, weil sich viele der Kraftstofftröpfchen schon auf dem Weg in die Brennräume an den Wänden im Ansaugbereich absetzen und so für die Verbrennung nicht mehr zur Verfügung stehen. Das Gemisch muß also angefettet werden. |

Start

Zum Starten des kalten Motors wird ein fetteres – also kraftstoffreicheres – Gemisch benötigt, weil sich viele der Kraftstofftröpfchen schon auf dem Weg in die Brennräume an den Wänden im Ansaugbereich absetzen und so für die Verbrennung nicht mehr zur Verfügung stehen. Das Gemisch muß also angefettet werden.
Hierfür sorgt ein Kaltstartprogramm, das im Steuergerät gespeichert ist. Während der Kaltstartsteuerung – dies sind eine bestimmte Anzahl an Zündungen – wird die Abspritzdauer der Einspritzventile erhöht. Faktoren, wie Kühlmitteltemperatur und Motordrehzahl, beeinflussen die Abspritzdauer.
Nach einer bestimmten Anzahl Motorumdrehungen wird dann die Kaltstart-Kraftstoffmenge langsam an die Normalmenge angepaßt.

Warmlauf

Auch nach dem Start braucht der Motor noch eine gewisse Zeit fetteres Gemisch, denn immer noch kondensiert eine gewisse Kraftstoffmenge im Ansaugbereich. Dafür gibt es die »Nachstartanhebung«. Es wird – temperaturabhängig – noch für eine gewisse Zeit mehr Kraftstoff zugeführt. Die nötige Information über die Motortemperatur erhält das Steuergerät vom Temperaturgeber.
Das bei kaltem Motor noch recht zähflüssige Motoröl verursacht eine höhere innere Reibung in der Maschine. Es wird mehr Kraft – sprich Gemisch – gebraucht, um den Motor auf Drehzahl zu halten. Für diese Gemisch-Mehrmenge sorgt das schon erwähnte Leerlaufregelventil.

Leerlauf

Bei geschlossener Drosselklappe (losgelassenes Gaspedal) wird eine geringe Menge Luft durch einen Bypass-Kanal um die Drosselklappe herumgeführt. Diese Luftmenge wird vom Luftmengenmesser erfaßt und deshalb mit der hierzu nötigen Menge Kraftstoff zum Leerlaufgemisch ergänzt. Übrigens ist das Leerlaufgemisch etwas fetter als das Normalgemisch, damit der Motor schön rund läuft und keine Zündaussetzer bekommt. Wann die Leerlauf-Anreicherung zu erfolgen hat, erfährt das Steuergerät vom Drosselklappen-Potentiometer.
Wieviel Luft durch den Bypass fließt (und damit die Höhe der Leerlaufdrehzahl), bestimmt das Leerlaufregelventil.

Teillast

Bei Teillast erhält der Motor die Normalmengen an Kraftstoff zugeteilt. Dabei wird auf möglichst geringen Verbrauch Wert gelegt.

Beschleunigen

Wird das Gaspedal plötzlich niedergetreten, wird die Beschleunigungsanreicherung ausgelöst, wenn der Zuwachs der angesaugten Luftmenge pro Sekunde einen bestimmten Wert überschreitet. Bei kaltem Motor wird zum Beschleunigen noch mehr Kraftstoff gebraucht. Das Steuergerät wertet deshalb den jeweiligen Impuls des Luftmengenmessers als Beschleunigungs-Signal aus und steuert zusätzlichen Kraftstoff bei.

Vollast

Der Drosselklappen-Potentiometer zeigt dem Steuergerät an, daß der Fahrer das Gaspedal voll durchgetreten hat. Zum Erreichen der Höchstleistung bekommt der Motor jetzt ein fetteres Gemisch vorgesetzt (Vollastanreicherung). Das geschieht wohlgemerkt unter Mißachtung des Lambda-Sondensignals, d. h. der Katalysator kann die entstehenden Giftstoffe im Abgas nicht in gewohnter Manier umsetzen, der Giftanteil ist jetzt höher.

Schubbetrieb

Bergab mit losgelassenem Gaspedal braucht dem Motor kein Kraftstoff zugeführt zu werden. Der Wagen rollt durch Gewicht oder Schwung von selbst. An der hohen Drehzahl und der Stellung der Drosselklappe (über den Drosselklappen-Potentiometer) erkennt das Steuergerät, wann Schubbetrieb vorliegt und kann auf »Kraftstoff sparen« schalten.

Drehzahlbegrenzung

In unserem BMW erledigt das die Einspritzanlage. Sie vergleicht die Momentan- mit der Höchstdrehzahl und dreht bei Überschreiten einfach den Kraftstoffhahn zu (siehe auch Kapitel »Die Motoren und ihr Innenleben«). Diese Methode ist bei Wagen mit Katalysator ein Muß, denn bei Unterbrechen der Zündung käme unverbrannter Kraftstoff in den Kat, was zum Schmelzen des Keramikkörpers führen könnte (Kapitel »Die Abgas-Entgiftung«).

Lambda-Regelung

Der Katalysator kann nur dann richtig arbeiten, wenn die Luftzahl λ (Lambda) dem Wert 1 möglichst nahekommt; davon war schon im Kapitel »Die Abgas-Entgiftung« die Rede. Damit dies der Fall sein kann, ist die Motronic mit einer sogenannten Lambda-Regelung versehen. Dabei mißt die Lambda-Sonde den Sauerstoffgehalt im Abgas – eine Vergleichsgröße für die Zusammensetzung des Kraftstoff/Luft-Gemisches. Weicht die Messung vom Idealwert ab, regelt das Steuergerät nach. Die Regelung arbeitet im Bereich von $\lambda = 0{,}8$ bis $\lambda = 1{,}2$.
Die Lambda-Sonde gibt erst bei Temperaturen über 350°C ein verwertbares Signal ab. Damit diese Temperatur schnell erreicht wird, ist die Sonde elektrisch beheizt. Bis es soweit ist, bleibt die Anlage ungeregelt und richtet sich nach einem vorgegebenen mittleren λ-Wert.

Viele Prüfungen an der Einspritzung sind dem Selbsthelfer in Ermangelung der nötigen Prüfgeräte leider unmöglich gemacht. Dennoch bleibt ein gewisses Betätigungsfeld.

Vorgehensweise

Das Steuergerät selbst kann mit Heimwerkermitteln nicht kontrolliert werden. In der Praxis ist hier auch nur sehr selten mit Fehlern zu rechnen. Geber, Schalter und Kabelverbindungen geben ungleich häufiger Anlaß zu Beanstandungen.

Damit bietet sich bei einem Defekt folgende Vorgehensweise an:

○ Sicherstellen, daß die Zündung in Ordnung ist.
○ Kraftstoffversorgung prüfen.
○ Sichtprüfung an den Teilen der Einspritzanlage durchführen.
○ Wurde durch genannte Prüfungen kein Fehler gefunden, den Störungsbeistand am Ende dieses Kapitels studieren, mögliche Fehlerquelle ermitteln, verdächtiges Bauteil nach Prüfanleitung kontrollieren.
○ Brachte das keinen Erfolg, Fehlerspeicher des Steuergeräts im Rahmen einer Fahrzeugdiagnose auslesen lassen. Das ist aber nur möglich, wenn zuvor **die Batterie nicht abgeklemmt** wurde. Denn so wird der Speicherinhalt gelöscht.

Sichtprüfung

● Luftschläuche auf Dichtheit prüfen. Alle Schläuche – vom dicken Ansaugluftschlauch bis zum kleinen Unterdruckschlauch zum Druckregler – müssen geprüft werden.
● Sind die Dichtungen an den Einspritzventilen in Ordnung; ebenso die Flanschdichtungen der Ansaugkanäle?
● Undichtigkeiten lassen »Nebenluft« ins Ansaugsystem eindringen – Luft also, die der Luftmengenmesser nicht erfassen kann und die deshalb die Gemischaufbereitung empfindlich stört. Das Gemisch magert unkontrolliert ab, Motorlaufstörungen – hauptsächlich im Leerlauf – sind die Folge.

● Sind an den Kraftstoffleitungen Undichtigkeiten zu erkennen?
● Wurden die Kabelstecker mehrfach auseinandergezogen und wieder verbunden? Korrosion oder ungeschicktes Reißen kann mangelnden Kontakt zur Folge haben.
● Sehen Sie sich die Stecker an den einzelnen Bauteilen der Einspritzung genau an. Sie dürfen nur mit Kontaktspray behandelt werden, Nachbiegen kann Störungen verursachen.

Prüfen der Bauteile

Die folgenden Abschnitte beschreiben Prüfungen an den Komponenten der Einspritzanlage, soweit sie mit Heimwerkermitteln möglich sind.

Einspritzventile

Besteht der Verdacht, daß eines der Einspritzventile nicht funktioniert, können Sie zunächst versuchen, das brachliegende Ventil durch Fühlen mit der Hand ausfindig zu machen. Das nicht funktionierende Ventil vibriert nicht – im Gegensatz zu den anderen.
Weitergehende Kontrollen erfordern einen Spannungsprüfer mit Leuchtdioden und einen genauen Ohmmeter.

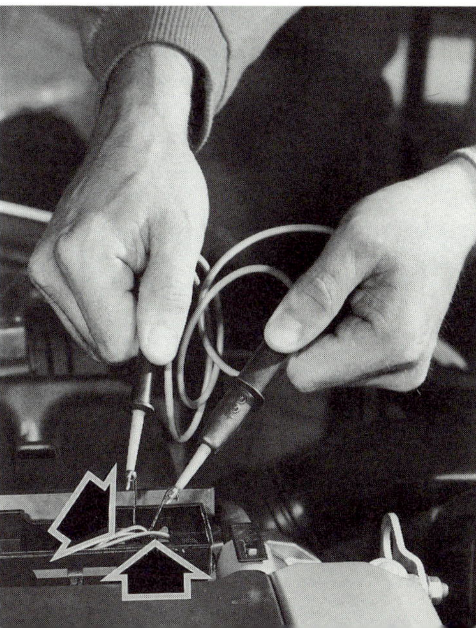

Links: Beim M 42-Motor ist der Steckerleiste der Einspritzventile (2) noch relativ gut zugänglich. Hier wird gerade der Deckel (1) der Leiste abgenommen, um an die Kabelanschlüsse (Pfeile) heranzukommen.
Rechts: Bei abgenommenem Deckel der Steckerleiste kann die Stromversorgung der Ventile mit einem Leuchtdioden-Spannungsprüfer kontrolliert werden. Dazu die Kabelumhüllungen beider Leitungen zu einem Einspritzventil mit zwei Nadeln durchstechen. Darauf achten, daß kein Kurzschluß entsteht. An den Prüfnadeln kann der Spannungsprüfer angeschlossen werden.

Links: Der Bereich um den Drosselklappenstutzen des M 42-Motors ist hier abgebildet. Es bedeuten:
1 – Gasgestänge;
2 – Drosselklappe;
3 – Drosselklappen-Potentiometer.
Rechts: Vorn am Drosselklappenstutzen (1) des M 42-Motors ist der Drosselklappen-Potentiometer (2) befestigt.

● Ansaugrohr-Oberteil ausbauen, wie unter »Einspritzventile ausbauen« weiter hinten im Kapitel beschrieben.

● Steckerleiste der Einspritzventile oben öffnen.

● Zuerst die **Spannungsprüfung:** LED-Spannungsprüfer (keine Prüflampe) an den Steckkontakten anschließen. Motor starten: Die Leuchtdioden im Spannungsprüfer müssen flackern, sonst ist keine Versorgungsspannung da, oder das Masse schaltende Steuergerät ist defekt. Mit einem Meßgerät klappt diese Kontrolle nicht.

● **Widerstandsprüfung:** Steckerleiste der Einspritzventile abziehen, Ohmmeter an den beiden Kontakten des Ventils anschließen: bei kaltem Motor müssen **15–17,5** Ω (M 40- und M 42-Motor) abzulesen sein.

● Liegt der Wert außerhalb der Toleranz, Ventil ersetzen (sofern genau gemessen wurde).

● **Dichtheit prüfen:** Kraftstoff-Verteilerrohr samt Einspritzventilen ausbauen.

● Die Anschlußsteckerleiste an den Einspritzventilen ist abgezogen, die Kraftstoffleitungen bleiben angeschlossen.

● Von Helfer den Motor einige Male mit dem Anlasser durchdrehen lassen, damit die Kraftstoffpumpe anläuft und Kraftstoffdruck aufbaut.

● Einspritzventile beobachten: Jedes einzelne darf höchstens einen Kraftstofftropfen in der Minute verlieren. Sonst Ventil auswechseln.

● Unabhängig hiervon kann der Spritzstrahl und die Dichtheit des Ventils geprüft werden, falls es Motorlaufstörungen erforderlich machen.

Drosselklappen-Potentiometer

● Stecker am Drosselklappen-Potentiometer abziehen.

● Mit einem genauen Ohmmeter den Widerstand zwischen den Kontakten des Potentiometers messen.

● Gemessen wird jeweils bei Drosselklappenstellung »Leerlauf« und »Vollgas« bei **stehendem Motor.**

● Folgende Sollwerte sollen erreicht werden:

Drosselklappenstellung	Messen zwischen den Anschlüssen		
	oben und unten	mitte und oben	mitte und unten
Leerlauf	ca. 4 kΩ	ca. 4 kΩ	ca. 1 kΩ
Vollgas	ca. 4 kΩ	ca. 1 kΩ	ca. 4 kΩ

Luftmengen-messer

● Luftmengenmesser ausbauen (weiter hinten im Kapitel).

● Mit einem Finger oder Schraubendreher in den Luftdurchlaß des Luftmengenmessers fahren und prüfen, ob sich die Stauklappe leicht bewegen läßt.

● Falls die Klappe klemmt oder der Luftmengenmesser verölt ist, Verschmutzung mit Benzin reinigen.

Leerlauf-regelventil

Das Leerlaufregelventil sitzt beim M 40-Motor vorn und beim M 42-Motor hinten am Ansaugrohr. Es wird folgendermaßen geprüft:

● Bei eingeschalteter Zündung müssen leichte Vibrationen am Gehäuse des Leerlaufregelventils spürbar sein, sonst ist das Ventil, die Kabelzuleitung oder das Motronic-Steuergerät defekt.

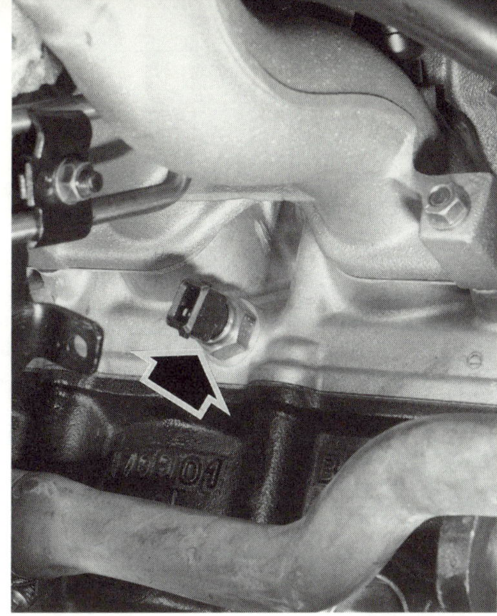

Links: Der Geber der Temperaturanzeige (Pfeil) sitzt beim M 40-Motor schlecht zugänglich links hinten am Zylinderkopf. Er ist braun eingefärbt. Ein Stück weiter vorn sitzt der Temperaturgeber der Motronic, er ist blau eingefärbt.
Rechts: Der Pfeil zeigt auf den Motronic-Temperaturgeber (blau) des M 42-Motors im 318 is.

● Weitergehende Funktionsprüfung: Leerlaufregelventil ausbauen; der Stecker bleibt angeschlossen. Drehkolben im Luftdurchlaß des Ventils in »Offen«- oder »Geschlossen«-Stellung bringen.
● Zündung einschalten und Drehkolben beobach

● **M 40-Motor:** Ansaugluftschlauch und Drosselklappenstutzen ausbauen.
● **Alle:** Temperaturgeber am Motor abschrauben.
● Austretendes Kühlmittel auffangen.
● Ohmmeter an den Steckkontakten des Gebers anschließen und Geber in ein entsprechend temperiertes Wasserbad tauchen.
● Die Wassertemperatur von 80°C kontrolliert man mit einem Einmach-Thermometer.

ten: Er muß sich etwa in Mittelstellung einpendeln.
● Leichtgängigkeit des Drehkolbens prüfen: Er muß sich durch ruckartiges Drehen des ausgebauten Ventils bewegen lassen.

● Bei folgenden Temperaturen müssen die genannten Widerstandswerte angezeigt werden:
● Bei −10°C (Kühltruhe): **8,2–10,5 kΩ**; bei +20°C: **2,2–2,7 kΩ**; bei +80°C: **0,30–0,36 kΩ**.
● Werden die Widerstandswerte nicht erreicht: Temperaturgeber ersetzen.
● Kühlmittel auffüllen, Kühlsystem entlüften.
● Dichtungen des Drosselklappenstutzens ersetzen.

Kühlmittel-Temperaturgeber der Einspritzung

Für diese Prüfung wird die Steckverbindung im Kabel zur Lambda-Sonde getrennt. Wo die Steckverbindung sitzt, zeigt das Bild unten. Die Zeichnung daneben gibt die Belegung der Steckkontakte an.
Gemessen wird mit Ohmmeter und Voltmeter in der Leitung zur Lambda-Sonde:
● **Sondenheizung prüfen:** Ohmmeter an beiden Buchsen der Heizungskabel anschließen.
● Bei intakter Heizung muß ein Wert **kleiner 5 Ω** angezeigt werden.

● **Sondenspannung prüfen:** Dieser Wert wird erst nach einigen Minuten Motorlauf gemessen, wenn die Lambda-Sonde aufgeheizt, also wirksam ist.
● Die Steckverbindung muß wieder zusammenge-

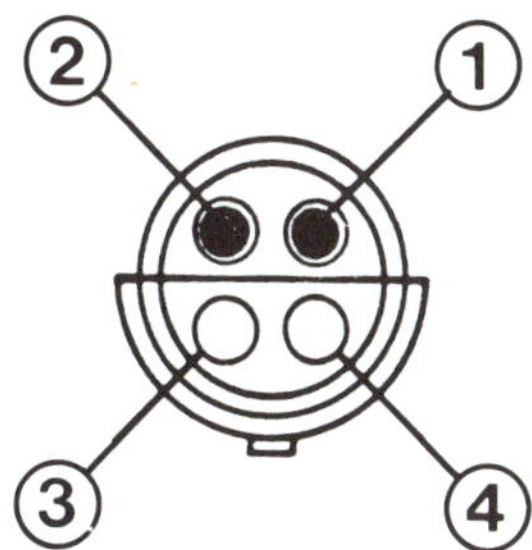

Die Steckverbindung zur Lambda-Sonde (Pfeil) befindet sich rechts neben dem Getriebe unter dem Wagenboden.
Die Zeichnung zeigt die Polbelegung des Stekkers:
1 und 2 – Sondenspannung;
3 und 4 – Sondenheizung.

Die Pfeile in der Abbildung zeigen auf eine Anzahl Verschraubungen, die zum Ausbau des Ansaugrohr-Oberteils gelöst werden müssen.

steckt sein, also entweder hinten im Stecker nach Zurückschieben der Gummistulpe messen oder Kabelbrücken legen.
● An den Sondenspannungskabeln gemessen muß die Spannung auf dem Voltmeter (es muß ein Zeigerinstrument sein) **zwischen 0,02 und 0,85 V pendeln**.
● Werden konstant 0,45 Volt gemessen, ist die

Lambda-Sonde außer Betrieb, was an der Sonde oder deren Zuleitung liegen kann.
● Muß die Lambda-Sonde ersetzt werden, Gewinde vor dem Einbau mit »Anti-Seize-Paste« aus der BMW-Werkstatt bestreichen. Anzugsdrehmoment: 55 Nm.

Einzelteile ausbauen

Bei vielen Einzelteilen der Einspritzung bedarf es keiner zusätzlichen Ausbaubeschreibung. Die Ausnahmen sind in den folgenden Abschnitten behandelt.

Luftmengenmesser ausbauen

● Drehsicherung am Stecker des Luftmengenmessers lösen und Stecker abziehen.
● Schlauchschelle am Luftmengenmesser lösen und Faltenbalg abziehen.
● Spannklammern des Luftfiltergehäuses lösen.
● Luftmengenmesser und Luftfiltergehäuse-Oberteil abnehmen.
● Ggf. Filtergehäuse-Oberteil abschrauben.
● Schraube für Schlauchhalter links am Luftmengenmesser herausdrehen.

Einspritzventile ausbauen

● Gummileisten um den Frischluft-Eintrittschacht lösen und Befestigungsschrauben des Kabelschachts herausdrehen. Kabelschacht vom Frischluftgehäuse abziehen.
● Lufteinlaßgitter abnehmen und Frischluftgehäuse ausbauen.
● Luftansaugschlauch zum Luftmengenmesser ausbauen.
● Gaszug am Drosselklappenstutzen aushängen.
● Alle Luftschläuche am Ansaugrohr-Oberteil abziehen.
● Abstützwinkel hinten und vorn am Ansaugrohr-Oberteil losschrauben (nur M 42).
● Ansaugrohr-Oberteil vom Unterteil abschrauben und hochheben.
● Halter für Vorwärmung bzw. Vorwärmung selbst vom Drosselklappenstutzen abschrauben.
● Schlauchklemmen lösen und Kraftstoff-Vor- und Rücklaufleitung vom Verteilerrohr abziehen.
● Steckerleiste von den Einspritzventilen abziehen.
● Halteschrauben des Kraftstoff-Verteilerrohrs lösen.
● Ggf. Halter für Kraftstoff-Anschlußstutzen abschrauben.

● Kraftstoff-Verteilerrohr samt Einspritzventilen vorsichtig nach oben ziehen, bis die Ventile aus ihrer Führung im Ansaugkrümmer herausgezogen sind.
● Sicherungsklammer zwischen Ventil und Kraftstoff-Verteilerrohr abziehen, Ventil aus dem Verteilerrohr ziehen.
● Vor dem **Wiedereinbau** die Gummi-Dichtringe am Einspritzventil prüfen. Beschädigte, gealterte Ringe ersetzen.
● Lage von Kunststoffscheibe und Dichtung auf dem Einspritzventil beachten.
● Beim Ersatzteilkauf unbedingt auf gleiche Kennnummer des Einspritzventils achten.
● Zum leichteren und beschädigungsfreien Einsetzen der Ventile die Dichtringe mit Vaseline oder Getriebeöl SAE 90 bestreichen. Nichts anderes verwenden!
● Dichtung für Ansaugrohr und (nur M 40) für Vorwärmung ersetzen.
● Paßhülsen an den Stehbolzen der Verschraubungen der Ansaugrohr-Teile beachten (nur M 42).
● Ggf. Halter für Vorwärmung so weit nachbiegen, bis die Vorwärmung richtig am Drosselklappenstutzen anliegt (nur M 42).

Gasbetätigung beim M 42-Motor. Es bedeuten:
1 – Drosselklappenhebel;
2 – Kontermutter;
3 – Einstellschraube;
4 – Gaszughülle.

Der Gaszug verbindet Gaspedal und Drosselklappe. Sein größter Fehler: Er ist sehr knickempfindlich, worauf wir beim Einbau besonders achten müssen.

Gaszug ausbauen

● Im Motorraum endet der Gaszug unter einer Abdeckung (nur M 40) und ist am Drosselklappenhebel befestigt.
● An dieser Stelle die Kunststoffklammern am Gaszuglager zusammendrücken und Gaszuglager aus dem Hebel herausdrücken.
● Jetzt kann der Gaszug samt Metall-Lagerstück vom Gaszuglager getrennt werden.
● Gaszug nun nach hinten aus dem Widerlager herausziehen.
● Verkleidung links unten am Armaturenbrett ausbauen (Kapitel »Innenraum«).
● Gaszug oben am Pedal aushängen.

● An der Kunststoff-Durchführungshülse in der Zwischenwand zum Motorraum von innen die Sicherungshaken zusammendrücken und Hülse in Richtung Motorraum hinausdrücken.
● Zug vollends nach außen durchziehen.
● Zum Einbau Gaszuglager ersetzen.

Gaszug einstellen

● Einstellmutter am Widerlager so weit zurückdrehen, bis der Zug am Drosselklappenhebel weder lose hängt noch unter Zug steht (Drosselklappe und Gaspedal in Leerlaufstellung).
● Gaspedal jetzt voll durchdrücken.
● In dieser Stellung muß der Drosselklappenhebel zum Vollastanschlag der Drosselklappe noch 0,5 mm »Luft« haben.
● Muß eingestellt werden, so geschieht das jetzt an der Anschlagschraube unter dem Gaspedal.
● Bei Automatikgetriebe wird ebenfalls bei voll durchgetretenem Gaspedal (Kickdown) eingestellt.

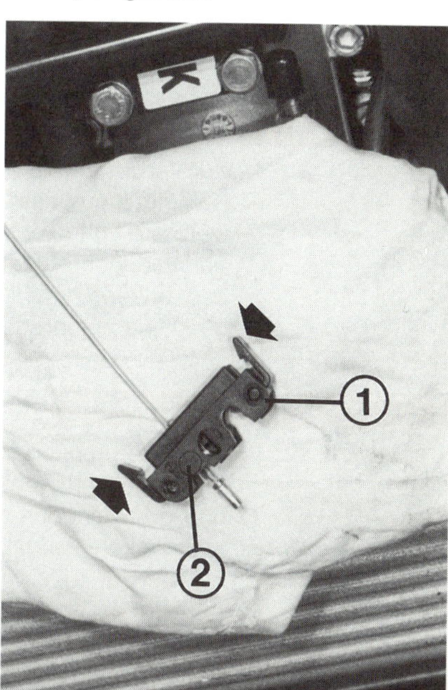

Links: Die Gasbetätigung beim M 40-Motor zeigt folgende Teile:
1 – Abdeckung;
2 – Drosselklappenhebel;
3 – Gaszug;
4 – Einstellschraube.
Rechts: Das Gaszuglager (1) wird durch Ausclipsen der Kunststoffhaken (Pfeile) aus dem Drosselklappenhebel ausgebaut. Position »2« zeigt das Metall-Lagerstück des Gaszugs.

Wartung Nr. 51

In der Bundesrepublik ist für Fahrzeug mit geregeltem Katalysator ab 1. 1. 1993 eine regelmäßige Abgaskontrolle (ASU) vorgeschrieben. Am Neuwagen hat die Plakette der Abgas-Sonder-Untersuchung drei Jahre lang Gültigkeit, anschließend wird die Kontrolle im Zweijahres-Rhythmus fällig.
Zur Überprüfung von Abgasgehalt und Leerlaufdrehzahl gehört auch die Kontrolle der Zündeinstellung. Dies führen markengebundene und freie Werkstätten, Tankstellen, DEKRA und TÜV durch. Wenn Sie die Wartung Ihres 3er BMW immer in der Werkstatt durchführen lassen, gehört das Erneuern der Plakette zum Umfang der fälligen Wartung dazu. Wer die Instandhaltung seines Wagens selbst überwacht, muß selber drandenken – deshalb die Erwähnung dieses Wartungspunkts.

Leerlauf-drehzahl einstellen?

Die **Leerlaufdrehzahl** kann bei unseren BMW-Modellen nicht mehr korrigiert werden – sie besitzen keine Leerlauf-Einstellschraube. Eine automatische Leerlaufregelung sorgt dafür, daß die vom Steuergerät vorgegebenen **800 ± 40/min** (316i/318i) bzw. **850 ± 40/min** (318is) stets beibehalten werden.
Überdies paßt sich die Leerlauf-Korrektur eventuellen Veränderungen an Motor, Ansaug- und Abgassystem an. Der Korrekturwert wird gespeichert, so daß die Drehzahl sofort nach dem Start richtig einreguliert wird.
Kommt es dennoch zu Drehzahlveränderungen, sind diese als Störungen zu betrachten. Mögliche Ursachen:
○ Nebenluft durch Undichtigkeiten im Ansaugsystem
○ Verschmutzter Luftfilter
○ Nachlassende Kompression der Zylinder

Fingerzeig: Abklemmen der Batterie löscht den Drehzahl-Korrekturfaktor der Motronic. Das System muß sich erst wieder langsam an den richtigen Drehzahlwert herantasten, was einige Minuten dauern kann. Also nicht gleich in Panik verfallen, wenn nach Austausch der Batterie der Wagen plötzlich nicht mehr richtig läuft, sondern erst einige Zeit fahren, bis die Einregulierung abgeschlossen ist.

Abgas-CO-Gehalt prüfen

Der **Abgas-CO-Gehalt** wird auch bei Kat-Fahrzeugen lediglich zur Fehlersuche kontrolliert, was aber mangels CO-Meßgerät keine Arbeit für den Heimwerker ist. **0,7 ± 0,5 Vol.% CO** lautet der Sollwert für unsere 3er-Modelle.
BMW fordert bestimmte **Voraussetzungen** zum Einstellen:
○ Motor betriebswarm (mind. 60°C Öltemperatur)
○ Zündanlage in Ordnung
○ Hydrostößel bzw. Hydrosockel intakt
○ Luftfiltereinsatz einwandfrei sauber
○ elektrische Verbraucher ausgeschaltet
○ zur Abgasmessung darf keine Absauganlage am Auspuff angeschlossen sein
○ der Abgaswert wird am Auspuffkrümmer gemessen

CO-Wert stimmt nicht

Wird bei der Messung der schon genannte Sollwert nicht erreicht, kann das an folgenden Ursachen liegen:
Zu hoher CO-Wert:
○ Einspritzventile lecken
○ Kraftstoffdruck zu hoch
○ Kühlmittel-Temperaturgeber defekt
Zu niedriger CO-Wert:
○ Nebenluft dringt in das Ansaugsystem ein

Drosselklappenstutzen-Beheizung

Zur Verbesserung des Fahr- und Abgasverhaltens in der Warmlaufphase wird der Drosselklappenstutzen vom Kühlmittel aus dem »Kleinen Kreislauf« aufgeheizt, was eine gewisse Anwärmung der Ansaugluft bewirkt. Da wärmere Luft gleichzeitig ein größeres Volumen einnimmt, ist die Beheizung des Drosselklappenstutzens nur bei niedrigen Außentemperaturen wirksam. Bei warmem Wetter wird der Wasserdurchfluß zum Drosselklappenstutzen vom Thermostat im Luftfiltergehäuse wieder verschlossen. Der Motor saugt jetzt seine Verbrennungsluft entsprechend den Außentemperaturen an.

Der Luftfilter

Seine Verbrennungsluft saugt der BMW durch einen Luftfilter an. Dort werden die Staub- und Schmutzteilchen herausgefiltert, sonst könnten sie in die Teile der Gemischaufbereitung oder die Verbrennungsräume gelangen und dort Schaden stiften.
Eine weitere Aufgabe des Filters ist die Dämpfung der Ansauggeräusche.

● Vier Spannklammern des Luftfiltergehäuses lösen.
● Halterung des Luftmengenmessers losschrauben.
● Luftfilter-Gehäusedeckel samt Luftmengenmesser hochheben.

Das Luftfiltergehäuse wird zusammen mit dem Luftmengenmesser ausgebaut.
● Stecker am Luftmengenmesser linksdrehen und abziehen.
● Schlauch zum Drosselklappenstutzen am Luftmengenmesser abbauen.
● Haltemuttern am Luftfiltergehäuse lösen.
● Schraube für Schlauchhalterung am Luftmengenmesser lösen.
● Filtergehäuse mit Luftmengenmesser nach oben aus dem Motorraum herausnehmen.

● Filtereinsatz aus dem Gehäuse-Unterteil entnehmen.

Das Luftfiltergehäuse wird zusammen mit dem Luftmengenmesser ausgebaut.
● Ggf. Filtergehäuse öffnen und Luftmengenmesser vom Gehäusedeckel abschrauben.

Luftfiltereinsatz ausbauen

Luftfiltergehäuse ausbauen

Anläßlich der Inspektion I empfehlen wir die Reinigung des Papierfiltereinsatzes von gröberer Verschmutzung. Bei einer Reise über extrem staubige Straßen sollten Sie die Reinigungskur schon früher durchführen.
● Papierfiltereinsatz ausbauen.
● Filter auf harter Unterlage ausklopfen, damit sich die groben Schmutzteilchen lösen.
● Soll auch der feine Staub entfernt werden, muß mit Preßluft seitlich an den Filterlamellen vorbeigeblasen werden. Niemals den Preßluftstrahl direkt auf das Filterpapier richten! Sonst drückt sich ein Teil der Staubkörnchen fest in die Filterporen.
● Filtergehäuse mit sauberem Lappen auswischen.
● Filter wieder einbauen.

Wartung Nr. 2

BMW ordnet den Wechsel des Filtereinsatzes bei jeder Inspektion II an. Wenn aber der Filtereinsatz also noch schön hell aussieht, kann der Austausch noch etwas aufgeschoben werden.
Andererseits muß bei Reisen über unbefestigte Straßen trotz häufigerer Reinigung des Filters schon wesentlich früher an Ersatz gedacht werden.

Wartung Nr. 35

Nach Lösen von vier Spannklammern (Pfeile) kann das Oberteil (1) des Luftfiltergehäuses samt Luftmengenmesser abgenommen werden. Der Luftfiltereinsatz (2) kann nun leicht herausgenommen werden.

**Motronic-
Einspritzung**

Die Störung	– ihre Ursache	– ihre Abhilfe
A Kalter Motor springt nicht oder schlecht an	1 Sicherung der Einspritzung defekt	Auswechseln
	2 Kraftstoffpumpen- bzw. Hauptrelais defekt	Überprüfen, ggf. austauschen
	3 Kraftstoffpumpe fördert nicht oder nicht genügend	Benzin im Tank? Pumpe kontrollieren, Fördermenge messen (Kapitel »Tank und Kraftstoffpumpe«)
	4 Druckregler defekt	Druck messen lassen
	5 Leerlaufregelvenil defekt	Prüfen
	6 Steuergerät defekt	Prüfen lassen
	7 Kein Drehzahlsignal vom Drehzahlgeber	Kabelverlauf kontrollieren
	8 Motor erhält Nebenluft	Sämtliche Schlauchleitungen überprüfen
B Warmer Motor springt nicht oder schlecht an	1 Unterdruckleitung zum Druckregler defekt	Leitung überprüfen
	2 Siehe A 1–4, 6 und 7	
	3 Einspritzventile undicht	Ventile überprüfen
	4 Kühlmittel-Temperaturgeber defekt	Fühler überprüfen
C Motor springt an, stirbt aber wieder ab	1 Siehe A 1 und 5	
	2 Siehe B 1	
	3 CO-Wert stimmt nicht	Einspritzung prüfen lassen
	4 Luftmengenmesser oder Zuleitungskabel defekt	Prüfen bzw. Kabelverlauf kontrollieren
	5 Drosselklappen-Potentiometer defekt	kontrollieren
D Kalter Motor schüttelt im Leerlauf	Siehe A 5	
E Warmer Motor schüttelt im Leerlauf	1 Siehe A 4 und 5	
	2 Siehe C 3	
F Warmer Motor dreht im Leerlauf zu hoch	Siehe A 5	
G Motor hat Aussetzer	1 Kraftstoffilter verstopft	Filter austauschen
	2 Siehe A 3 und 5	
	3 Siehe B 3	
	4 Siehe C 3 und 4	
H Motor stottert, setzt aus	Kraftstoffpumpe fördert ungleichmäßig	Fördermenge messen
I Motorleistung ungenügend	1 Siehe A 3, 4 und 8	
	2 Siehe C 3 und 5	
	3 Drosselklappe geht nicht in Vollgasstellung	Gaszug einstellen
J Motor patscht ins Saugrohr	1 Siehe A 4	
	2 Siehe C 3	
K Kraftstoffverbrauch zu hoch	1 Siehe B 4	
	2 Siehe C 3	

Reibereien

Die Kupplung verkuppelt Motor und Getriebe. Doch nicht auf immer und ewig. Denn für den Schaltvorgang brauchen beide wieder etwas Abstand – Trennung auf Zeit. Reibereien entstehen beim Anfahren: Der laufende Motor muß sanft mit den zunächst noch stehenden Teilen des Antriebs Kontakt aufnehmen.

Funktion der Kupplung

Die Kraftübertragung zwischen Motor und Getriebe erfolgt durch die Kupplung. Die arbeitet ausschließlich mit Reibung, und das kann man sich so vorstellen: Zwei Anlageflächen nehmen eine dritte in die Zange und halten sie so stark fest, daß sie sich mit den beiden anderen mitdrehen muß. Trick der Sache ist der, daß diese Verbindung jederzeit gelöst werden kann, denn sonst könnten beide Teile genauso gut miteinander verschraubt werden.
Um die Teile beim Namen zu nennen: Fest mit dem Motor verbunden sind die **Schwungscheibe** und die federbelastete **Druckplatte**. Dazwischen eingeklemmt ist die **Mitnehmerscheibe**, die mit der Getriebewelle fest verzahnt ist.
Eine weitere wichtige Funktion hat das **Ausrücklager** zu erfüllen: Beim Niedertreten des Kupplungspedals wird es mittels der Kupplungsbetätigung (siehe folgenden Abschnitt) gegen die Druckplatte gepreßt und übernimmt nun gewissermaßen die Federkraft der Druckplatte. Die Mitnehmerscheibe ist dadurch aus ihrer Zwangslage befreit und kann sich zwischen Druckplatte und Schwungscheibe frei drehen. Motor und Getriebe sind kraftmäßig getrennt.
Wird das Kupplungspedal wieder losgelassen, quetscht die Tellerfeder der Druckplatte die Mitnehmerscheibe an die Schwungscheibe, und aus ist's mit der Freiheit. Alle drei Teile stellen nun eine feste, kraftschlüssige Verbindung dar. Die Motorkraft kann auf den Antrieb übertragen werden.

Die Kupplungsbetätigung

Die Kraft, die wir zum Niedertreten des Kupplungspedals aufwenden, muß zum Ausrücklager übertragen werden. Das erfolgt im BMW hydraulisch – wie bei der Bremse. Während Sie das Kupplungspedal niedertreten, verdrängt der Kolben im Geberzylinder (am Kupplungspedal) eine gewisse Flüssigkeitsmenge und drückt sie zum Nehmerzylinder (am Getriebe). Dort tritt der Kolben ein Stück aus dem Zylinder heraus und bewegt so das Ausrücklager.

Lebensdauer der Kupplung

Es gibt Fahrer, die bereits nach 15 000 km eine neue Kupplung brauchen, andere bringen es dagegen auf mehr als 100 000 km. Eine hohe Laufzeit erreicht man, wenn der Wagen vorwiegend auf Langstrecken gefahren und die Kupplung vernünftig behandelt wird. Wer mit seinem Wagen hauptsächlich im Stadtverkehr fahren muß –

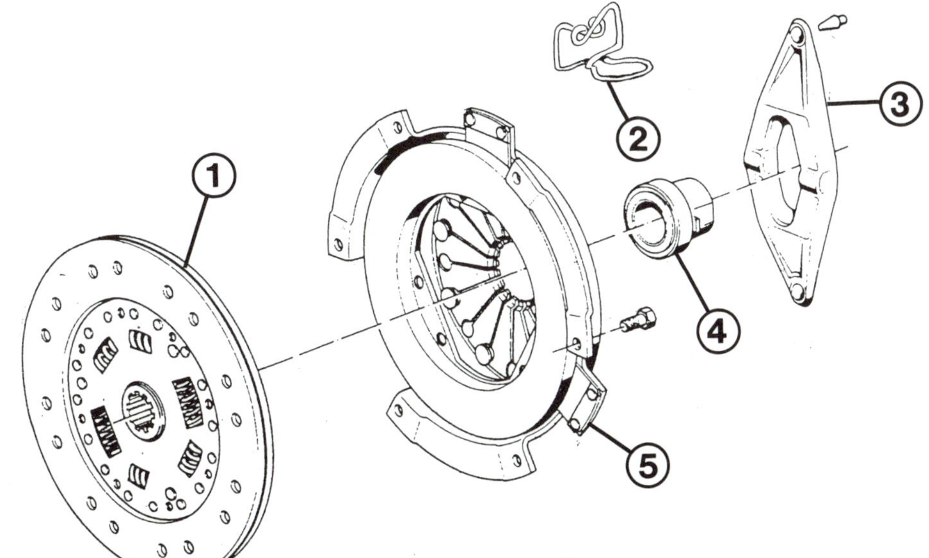

Die Teile der Kupplung:
1 – Mitnehmerscheibe;
2 – Haltefeder für Ausrückhebel (3);
4 – Ausrücklager;
5 – Druckplatte.

wobei auch die Kupplung viel öfter getreten wird –, kann kaum so lange mit den ersten Kupplungsbelägen auskommen wie ein Langstreckenfahrer.

Wie im Abschnitt »Funktion der Kupplung« angesprochen, bewirkt jedes Einkuppeln, daß die Beläge der Mitnehmerscheibe an ihren Gegenreibflächen schleifen und dabei heiß werden. Besonders verschleißfördernd ist hierbei das Anfahren mit hoher Motordrehzahl – Kavalierstart genannt –, Anfahren im 2. Gang, »Herummogeln« an Kreuzungen im 2. oder 3. Gang mit teilweise getretenem Kupplungspedal oder das »In-der-Waagehalten« an einer Steigung.

Auskuppeln beim Halt an der Kreuzung?

Recht verbreitet ist die Angewohnheit, mit eingelegtem 1. Gang und durchgetretenem Kupplungspedal an der roten Ampel zu warten. Mancher fürchtet, den Gang nicht gleich einlegen zu können, wenn das grüne Licht den Weg freigibt. Wenn auch kein direkter oder sofort meßbarer Schaden entsteht, so beansprucht das Auskuppeln doch das Ausrücklager und bewirkt so wieder Verschleiß. Je öfter und länger das vor den vielen Ampeln geschieht, desto früher ist dieses Lager abgenutzt.

Verschleiß der Kupplung prüfen

Wartung Nr. 37

In der BMW-Werkstatt besteht die Möglichkeit, den Verschleiß der Mitnehmerscheibe gewissermaßen »vorbeugend« zu prüfen. Im Bedarfsfall – etwa vor einer Urlaubsreise mit Wohnanhänger – schraubt die Werkstatt den Kupplungs-Nehmerzylinder ab und setzt eine Meßlehre ein, die Aufschluß über die noch vorhandene Belagdicke gibt.

Kupplung selbst prüfen

Das erste Anzeichen für einen Defekt ist, wenn die Kupplung durchrutscht. Eine schleifende Kupplung bemerken Sie beim Fahren zuerst im höchsten Gang unter Last. Der Motor dreht hoch, ohne daß die Fahrgeschwindigkeit in gleichem Maß zunimmt. Einen gewissen Aufschluß kann folgende Methode geben, die Sie aber nur gelegentlich anwenden sollten:

Schleift die Kupplung?

● Handbremse anziehen, Motor starten.
● 3. Gang einlegen, langsam einkuppeln und Gas geben.

● Bei einwandfreier Handbremse müßte der Motor abgewürgt werden.
● Dreht er durch, wird ein Kupplungstausch fällig.

Trennt die Kupplung richtig?

Läßt sich das Getriebe auch bei warmem Motor nur schwer durchschalten oder wird der Schaltvorgang sogar von kratzenden oder krachenden Geräuschen »untermalt«, trennt wahrscheinlich die Kupplung nicht mehr richtig. Nur selten ist dieser Effekt auf ein schadhaftes Getriebe zurückzuführen. Um sicherzugehen, machen wir die Probe:

● Motor im Leerlauf drehen lassen.
● Kupplungspedal voll durchtreten, etwa drei Sekunden warten, dann versuchen den 1. oder den Rückwärtsgang einzulegen:
● Läßt sich der Gang nur schwer oder sogar unter Kratzen einlegen, trennt die Kupplung nicht mehr sauber. Die Mitnehmerscheibe läuft also nicht ganz frei.
● Kratzgeräusche werden von der Synchronisation weitgehend unterdrückt. Auch der Rückwärtsgang ist synchronisiert.

● Meist liegt die Ursache in einer defekten Kupplungshydraulik (siehe Abschnitt »Kupplungshydraulik defekt?«).
● Andere Ursachen für nicht trennende Kupplung finden Sie im Störungsbeistand am Ende des Kapitels.

Nachstellfreie Kupplung

Vielleicht haben Sie bislang einen Wagen gefahren, bei dem regelmäßig das sogenannte Kupplungsspiel nachgestellt werden mußte. Bei der hydraulischen Kupplungsbetätigung des BMW ist das nicht mehr nötig, denn hier stellt sich der Ausrückweg entsprechend dem Verschleiß der Mitnehmerscheibe selbsttätig nach.

Fingerzeig: Die Kupplungshydraulik bezieht ihre Flüssigkeit zwar auch aus dem Bremsflüssigkeitsbehälter, doch droht bei einem Leck in diesem Bereich der Bremsanlage keine Gefahr. Der Entnahmestutzen zur Kupplungshydraulik ist relativ hoch am Behälter angebracht, so daß immer ein ausreichender Flüssigkeitsrest für die Bremse zurückbleibt.

Kupplungshydraulik defekt?

Ob die hydraulische Kupplungsbetätigung funktioniert, prüfen Sie gewissermaßen bei jedem Auskuppeln:
● Wenn die Kupplung richtig trennt, ist in jedem Fall auch die Kupplungshydraulik in Ordnung.

● Trennt sie dagegen schlecht oder fällt das Pedal

ohne Widerstand durch, ist sicher Luft in die hydraulische Anlage geraten.

● Nur Entlüften hilft da nicht – die Leckstelle muß ausfindig gemacht und repariert werden.

● Jetzt können Sie entlüften. Andere Ursachen für nicht trennende Kupplung finden im Störungsbeistand am Ende des Kapitels.

● Wer eine vorbeugende Untersuchung der Kupplungshydraulik vornehmen will, sucht nach Spuren von Bremsflüssigkeit am Geberzylinder (oberhalb des Kupplungspedals) und am Nehmerzylinder (am Getriebe).

● Ölfeuchte Kupplungszylinder sind undicht und müssen ausgetauscht werden.

● Am Nehmerzylinder wird's jedoch schwierig mit der Kontrolle: Bei Undichtigkeiten leckt er ins Innere der Kupplungsglocke, und dort läßt sich die Herkunft des Ölschmutzes, der an der Trennfuge Motor/Getriebe austreten muß, nur schwer lokalisieren.

● Im Bremsflüssigkeitsbehälter möglichst viel Flüssigkeit absaugen (evtl. mit einer großen Einweg-Injektionsspritze aus der Apotheke).

● Unter dem Wagen an der hinteren Motorraumwand die Leitung zum Nehmerzylinder lösen.

● Armaturenbrettverkleidung links unten abbauen (Kapitel »Der Innenraum«).

● Kolbenstange des Geberzylinders vom Kupplungspedal abnehmen. Dazu Sicherungsfeder aushängen und Bolzen durchschieben.

● Zulaufschlauch am Geberzylinder abziehen, und Flüssigkeitsrest in einen Lappen tropfen lassen.

● Beide Halteschrauben lösen und Zylinder abnehmen.

● Beim **Einbau** beachten: An der Zylinder-Druckstange kann die Pedalstellung justiert werden. 260–270 mm soll die Spitze des Kupplungspedals (mit Pedalgummi) von der vorderen Motorraumwand (ohne Dämm-Matten) entfernt sein.

● Gleitflächen der Druckstange mit »Molykote Longterm 2« fetten.

● Kontrollieren Sie, ob nach dem Einstellen der Kolben im Geberzylinder wirklich an seinem hinteren Anschlag anliegt. Das ist hörbar und sogar am Pedal fühlbar.

● Im Bremsflüssigkeitsbehälter möglichst viel Flüssigkeit absaugen (mit Spritze aus der Apotheke).

● Zwei Muttern lösen, Nehmerzylinder abnehmen.

● Hydraulikleitung am Zylinder abbauen.

● Druckstange des Zylinders vor dem Einsetzen vorne mit etwas hitzebeständigem Fett (Molykote Longterm 2) fetten.

● Kupplungshydraulik entlüften.

Wer nicht das in der Werkstatt übliche Entlüftungsgerät zur Verfügung hat, entlüftet die Kupplungshydraulik so wie die Bremsen oder – fast ohne Kleckerei – nach der folgenden Methode:

● Entlüftungsnippel einer Vorderradbremse und Nippel des Kupplungs-Nehmerzylinders je 1½ Umdrehungen öffnen.

● Beide Nippel mit einem Schlauch verbinden.

● Bremspedal jetzt mehrmals langsam und behutsam niedertreten, damit Bremsflüssigkeit von der Vorderradbremse durch die Kupplungshydraulik gedrückt wird.

● Nicht mit Gewalt treten, sonst rutscht der Schlauch ab!

● Flüssigkeitsstand im Bremsflüssigkeits-Vorratsbehälter im Auge behalten.

● Wenn keine Luftbläschen mehr aus der Kupplungshydraulik aufsteigen, werden beide Entlüftungsnippel zugedreht und der Schlauch abgenommen.

● Bremsflüssigkeitsstand kontrollieren!

Bei abgenommener Armaturenbrettverkleidung links unten ist der Kupplungs-Geberzylinder (Pfeil) sichtbar.

Der Kupplungsnehmerzylinder (3) sitzt links oben am Getriebegehäuse. Ferner zu sehen: Der Hydraulikschlauch (1), das Entlüftungsventil (2) und eine der Haltemuttern (4).

Fahren mit defekter Kupplungsbetätigung

Sollte unterwegs die hydraulische Kupplungsbetätigung ausfallen, so muß das noch nicht das Ende der Reise bedeuten. Ein nahes Ziel oder die nächste Werkstatt kann man auch ohne Kupplung erreichen. Man kann sogar hoch- bzw. herunterschalten. Voraussetzung ist feinfühliger Umgang mit dem Gaspedal und Schalthebel, besonders beim Herunterschalten.

Gang herausnehmen: Gas wegnehmen und bei langsamer werdender Fahrt oder bei leicht abgebremsten Wagen Schalthebel in Richtung Leerlauf drücken.

Anfahren: Motor ausschalten, 1. Gang einlegen und Anlasser betätigen. Der BMW ruckelt los und setzt sich in Bewegung. Den kalten Motor sollten Sie hierzu erst etwas warmlaufen lassen. Wer während der Fahrt nicht schalten will, fährt auf diese Weise in der Ebene im 2. Gang an.

Hochschalten: Im 1. Gang mit dem Anlasser anfahren. 1. Gang nur knapp über Leerlaufdrehzahl hinausdrehen. Gas etwas zurücknehmen, Schalthebel in Leerlaufstellung ziehen. Gaspedal loslassen und den Schalthebel mit leichter Hand in Richtung des 2. Gangs drücken. Bei richtiger Motor- und Getriebedrehzahl rutscht der Gang fast von selbst hinein. Wenn Sie zu lange gewartet haben, müssen Sie ein ganz klein wenig Gas geben, damit sich der Gang ohne Zähneknirschen einlegen läßt. Hat es nicht geklappt, halten Sie noch einmal an und versuchen das Ganze von neuem. In die weiteren Gänge wird auf die gleiche Weise hochgeschaltet. Am leichtesten geht es in sehr niedrigen Geschwindigkeiten: In den 2. Gang bei höchstens 20 km/h, in den 3. bei 25 km/h, in den 4. bei 35 km/h und in den 5. bei 45 km/h.

Herunterschalten: Hierbei muß die Motordrehzahl angehoben werden, damit sich der nächstniedrige Gang einlegen läßt. Fuß etwas vom Gas, Gang herausnehmen, behutsam Gas zugeben und gleichzeitig den Schalthebel in Richtung des neuen Gangs drücken. Bei richtiger Motordrehzahl rutscht der Gang fast ohne Nachdruck hinein. Auch das Herunterschalten geschieht am besten wieder bei niedrigen Geschwindigkeiten und Drehzahlen.

Kupplung ausbauen

Der Ausbau der Kupplung ist eine aufwendige Arbeit. Jedes der verschleißempfindlichen Teile, wie Mitnehmerscheibe, Druckplatte und Ausrücklager, sollte deshalb schon beim kleinsten Zweifel an seiner Funktionstüchtigkeit ausgetauscht werden. Sonst besteht die Gefahr, daß dieselbe Arbeit bald wieder ins Haus steht. Noch besser: Kompletten Kupplungssatz einbauen, wie ihn auch der Zubehör-Handel anbietet.

An speziellen Werkzeugen wird für diese Arbeit ein Zentrierdorn für die Mitnehmerscheibe gebraucht. Dieser Dorn ist nichts anderes als das Ende einer Getriebe-Antriebswelle (ersatzweise kann auch ein passender Stahlstift verwendet werden).

● Getriebe ausbauen.
● Noch in eingebautem Zustand kontrollieren: Stehen die Spitzen der Tellerfeder (im »Zentrum« der Kupplung) schön parallel zur übrigen Druckplatte oder bilden sie an einer Seite ein Tal? Höchstens 0,8 mm Absenkung sind zulässig.
● Sechs Halteschrauben der Druckplatte zunächst nur eine Umdrehung lösen, damit sich die Druckplatte entspannt.

● Schrauben vollends herausdrehen, Druckplatte und Mitnehmerscheibe abnehmen.
● Mitnehmerscheibe prüfen: Ist noch genügend Belagstärke vorhanden? Einseitige Abnutzung dürfen die Beläge ebensowenig aufweisen wie Risse. Festen Sitz der Torsionsdämpfer-Federn und der Belagnieten prüfen. Im Zweifelsfall: Mitnehmerscheibe ersetzen.
● Druckplatte prüfen: Die Planlaufabweichung der

Tellerfederspitzen wurde bereits kontrolliert. Darüber hinaus: Sind alle Nieten noch fest? Sind die Blattfedern unter dem Anlagering in Ordnung? Ist der Anlagering selbst frei von Rissen und Riefen?
● Außerdem darf der Ring nicht zur Mitte hin durchgebogen sein (Metallineal auflegen), sondern er muß absolut plan sein. Sonst Druckplatte auswechseln.

● Kleines Nadellager hinten in der Mitte der Kurbelwelle und das Ausrücklager auf Leichtgängigkeit prüfen.

Kupplung einbauen

Auch austretendes Motor- und Getriebeöl kann die neue Kupplung schon bald wieder lahmlegen. Deshalb auf Ölspuren im Kupplungsbereich achten, und die Dichtringe der Kurbelwelle bzw. der Getriebe-Eingangswelle gegebenenfalls gleich ersetzen.
● Getriebe-Eingangswelle mit »Molykote Longterm 2« im Bereich der Verzahnung leicht einfetten.
● An neuer Druckplatte das Korrosionsschutzwachs vollständig entfernen.
● Mitnehmerscheibe so auflegen, daß die flachere Seite der Kupplungsscheibe zur Schwungscheibe zeigt.
● Druckplatte in die drei Paßstifte an der Schwungscheibe einsetzen.
● Halteschrauben lose eindrehen und Mitnehmerscheibe zentrieren. Sie muß genau mittig auf der

Schwungscheibe sitzen, damit anschließend die Getriebewelle eingeführt werden kann. Dazu den Zentrierdorn oder Behelfswerkzeug verwenden.
● Schrauben – in mindestens zwei Durchgängen – nacheinander bis auf 25 Nm anziehen.
● Ausrücklager prüfen, Lagerungen und Führungen des Ausrücklagers fetten (siehe »Ausrücklager ausbauen«).

Fingerzeig: Lassen Sie die Kupplung niemals aus größerer Höhe auf den Boden fallen! Sonst könnten die drei Tangential-Blattfedern, die die Kupplung in Drehrichtung halten, umknicken. Auswirkung: trotz intakter Tellerfeder löst die Kupplung dann nicht mehr vollständig.

Das Ausrücklager wird beim Durchdrücken des Kupplungspedals vom Ausrückhebel auf die Tellerfederspitzen der Kupplungs-Druckplatte gepreßt. Die Kupplung wird dadurch entlastet.
Dieses Drucklager ist wartungsfrei. Ist es defekt, macht es sich durch Mahlgeräusche bei getretener Kupplung bemerkbar. Deswegen muß es jedoch nicht sofort ausgewechselt werden. Man kann die Arbeit bis zum nächsten Kupplungswechsel aufschieben.

● Getriebe ausbauen.
● Haltefeder am Ausrückhebel aushängen. Dazu an der Rückseite der Getriebeglocke die nach außen ragenden Federspitzen zusammendrücken, und Feder nach innen schieben.
● Ausrückhebel samt Lager nach vorn abziehen.
● Lager vom Hebel trennen.

● Vor dem Einbau des neuen Ausrücklagers die Nut am Innendurchmesser des Lagers mit »Molykote Longterm 2« füllen, ebenso die Führungen am Lager und die beiden Auflagepunkte des Ausrückhebels.

Ausrücklager ausbauen

Die Teile der Kupplung sind hier bei ausgebautem Motor gezeigt. Es bedeuten:
1 – Schwungscheibe mit Anlasserzahnkranz;
2 – Kupplungs-Druckplatte;
3 – Kupplungs-Mitnehmerscheibe.
Die Pfeile deuten auf die sechs Befestigungsschrauben der Kupplungs-Druckplatte.

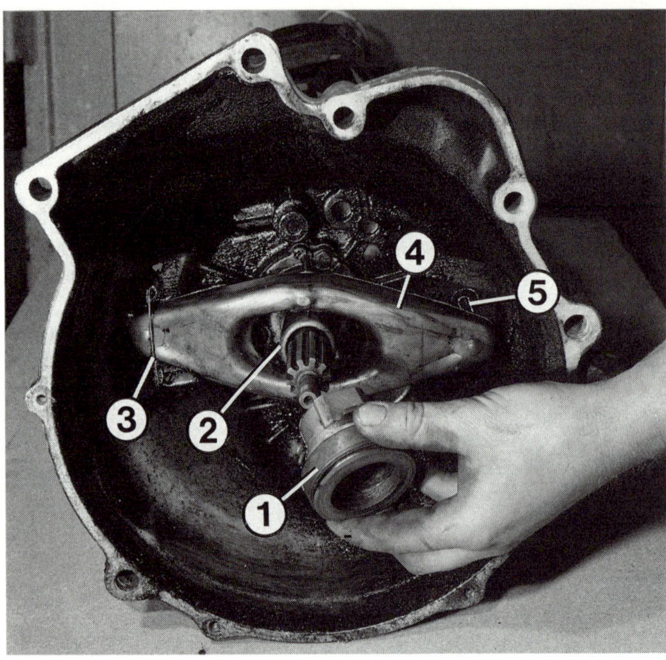

Ein Blick in die sogenannte Kupplungsglocke bei ausgebautem Getriebe:
1 – Ausrücklager;
2 – Führung des Ausrücklagers;
3 – Haltefeder für Ausrückhebel (4);
5 – Druckstange des Kupplungs-Nehmerzylinders.

Kupplung

Die Störung	– ihre Ursache	– ihre Abhilfe
A Kupplung rutscht	1 Kupplungsbeläge abgenutzt	Mitnehmerscheibe ersetzen
	2 Anpreßdruck der Kupplung zu gering	Kupplungsdruckplatte ersetzen
	3 Belag verölt	Mitnehmerscheibe und defekte Getriebe- oder Kurbelwellendichtung ersetzen
	4 Kupplung wurde überhitzt	Defekte Teile ersetzen
B Kupplung trennt nicht	1 Luft in der Kupplungshydraulik	Defektes Teil ersetzen, entlüften
	2 Mitnehmerscheibe hat Schlag	Mitnehmerscheibe richten oder ersetzen
	3 Mitnehmerscheibe verzogen oder Belag gebrochen	Mitnehmerscheibe ersetzen
	4 Mitnehmerscheibe klemmt auf Getriebewelle	Gangbar machen, Kerbverzahnung schmieren
	5 Belag nach sehr langer Standzeit an Schwungscheibe festgerostet	Anfahren, wie unter »Fahren mit defekter Kupplungsbetätigung« beschrieben. Kupplung dauernd durchtreten. Gaspedal ruckartig durchtreten und loslassen, um die Kupplung loszubrechen. Andernfalls ausbauen
	6 Tangential-Blattfedern der Druckplatte gebrochen	Druckplatte ersetzen
C Kupplung trennt nicht und rutscht gleichzeitig durch	Kupplungsdruckplatte defekt	Druckplatte auswechseln
D Kupplung rupft	1 Motor- oder Getriebeaufhängung defekt	Motor- oder Getriebelager ersetzen
	2 Unebenheiten auf der Anlagefläche von Schwungscheibe oder Druckplatte	Defektes Teil ersetzen
	3 Falsche Beläge	Mitnehmerscheibe ersetzen
E Kupplungsgeräusche	1 Unwucht der Kupplungsdruckplatte bzw. Mitnehmerscheibe	Kupplungsdruckplatte bzw. Mitnehmerscheibe ersetzen
	2 Torsions-Dämpferfeder defekt	Mitnehmerscheibe ersetzen
	3 Ausrücklager defekt	Ausrücklager ersetzen
	4 Nietverbindungen in der Kupplung locker	Kupplungsdruckplatte ersetzen
	5 Nadellager hinten in der Kurbelwelle defekt	Nadellager ersetzen

Die Zähne zeigen

Die Unterteilung in mehrere Getriebegänge entspricht den verschiedenen Geschwindigkeitsbereichen, die unser Auto zu fahren in der Lage ist. Hätten wir nur den ersten Gang – wir könnten kaum schneller als 50 km/h fahren. Und wäre nur der fünfte Gang vorhanden, dann könnten wir nicht anfahren und müßten schon vor dem kleinsten Berg kapitulieren.

Das liegt an folgendem: Der Hubkolben-Verbrennungsmotor – und einen solchen haben wir im BMW – gibt nur in einem engen Drehzahlbereich genügend Kraft ab. Weshalb wir mit den Gängen die Drehzahl an die Geschwindigkeit und Fahrbedingungen anpassen.

Nicht variabel ist hingegen das Übersetzungsverhältnis des Hinterachsantriebs. Zum Ausgleich der unterschiedlichen Wegstrecken, die bei Kurvenfahrt von den Antriebsrädern zurückgelegt werden, dient das Differential – ebenfalls Teil des Achsantriebs.

Die Motorleistung wird über die Kupplung auf die Eingangswelle des Schaltgetriebes geleitet. Auf dieser Eingangs- oder Antriebswelle sitzen 6 Zahnräder, die mit 6 dazu passenden Zahnrädern auf der sogenannten Abtriebswelle ständig im Eingriff stehen. Diese Zahnräder können frei umlaufen, bis eines von ihnen beim Schalten eines bestimmten Gangs mit seinem entsprechenden Gegenrad auf der Antriebswelle gekuppelt wird. Das Verhältnis der Zähnezahlen des jeweiligen Zahnradpaars ergibt die betreffende Übersetzungsstufe. Die Zahnräder auf der Antriebs- und Abtriebswelle sind auf »Nadeln« (stiftartige Rollen) gelagert. Es besteht also keine starre Verbindung zwischen Wellen und Rädern. Die Zahnräder bleiben, wie schon erwähnt, immer im Eingriff.

Beim Gangwechsel wird nicht etwa eine Verbindung zwischen den Zahnrädern, sondern zwischen Zahnrad und Welle hergestellt. Um die Drehzahlen von Welle und Zahnrad einander anzugleichen, läßt man einen Teil der Welle gegen einen Teil der anderen Welle über Reibelemente schleifen. Durch die Reibung wird die schnellere Welle abgebremst, bis bei Gleichlauf eine kraftübertragende Verbindung hergestellt werden kann. Da die Synchronisation für diese Drehzahlanpassung einen Sekundenbruchteil braucht, soll man besonders bei kaltem Motor und noch steifem Getriebeöl den Schalthebel nicht gewaltsam »durchreißen«.

Spiel in der Schaltbetätigung rührt nicht von einem defekten Getriebe, sondern kommt meist von ausgeschlagenen Gelenk- bzw. Gummibüchsen in der Übertragung vom Schalthebel zum Getriebe. Im Zweifelsfall diese Teile von der Wagenunterseite her kontrollieren. Einstellmöglichkeiten für die Schaltbetätigung gibt es nicht.

Schaltungs-Probleme

Im Lauf der Zeit kann das Getriebe durch Geräuschentwicklung auf sich aufmerksam machen. Dann sollten Sie zuerst nach dem Ölstand im Getriebe sehen.

Getriebegeräusche

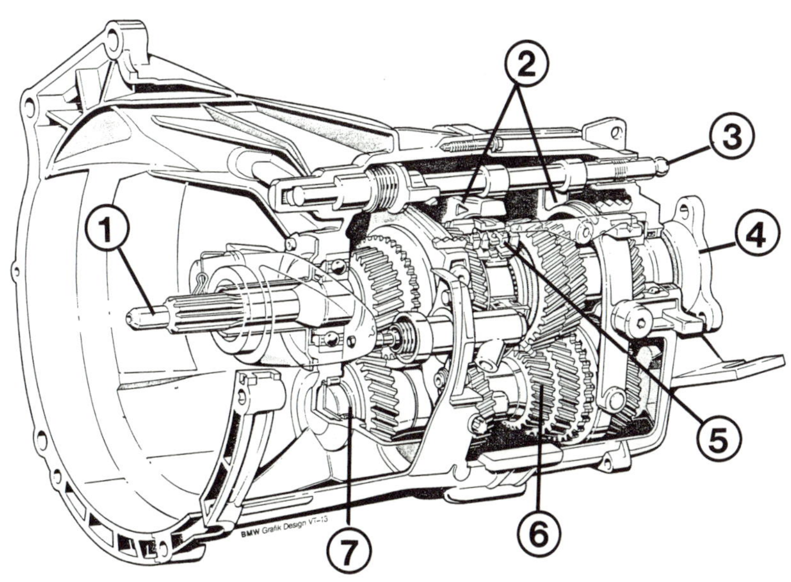

Ein Blick ins Innere des Schaltgetriebes:
1 – Antriebswelle;
2 – Schaltgabel;
3 – Schaltwelle;
4 – Abtriebswelle;
5 – Synchronring;
6 – Gangrad;
7 – Vorgelegewelle.

Hinten ist das Getriebe mit einem solchen Getrie-beträger (Pfeil) an der Karosserie befestigt.

○ Tritt ein **heulendes Geräusch in einem Gang** auf und verändert sich der Ton beim Gasgeben und Gaswegnehmen, dürfte die Verzahnung des betreffenden Gangradpaares verschlissen sein.

○ Treten **Geräusche in allen Gängen** auf, liegt es an den Getriebe-Wellenlagern.

○ **Rauhe, mahlende Geräusche**, die erst bei warmem Getriebe hörbar werden, weisen auf schlagende Synchronringe hin. Bei dünnflüssiger werdendem Öl wird dieses immer an derselben Stelle vom Synchronring weggedrückt.

Fingerzeig: Werkstätten wagen sich nur selten an die Reparatur oder Überholung eines Getriebes, sondern raten lieber zu einem Austauschaggregat. Preiswerter ist in den meisten Fällen der Einbau einer gebrauchten Schaltbox von der Autoverwertung. Achten Sie dabei auf die richtige Getriebe-Version. Zusätzliche Hilfe bieten die Getriebebezeichnung bzw. die Kennbuchstaben, die am Getriebe-gehäuse eingeschlagen sind.

Schaltgetriebe ausbauen

Der Wagen muß so aufgebockt werden, daß Sie an der Wagenunterseite bequem arbeiten können.

Bei vielen Wagen ist das Getriebe mit sogenannten TORX-Schrauben – der Schraubenkopf sieht aus wie ein Stern – am Motor befestigt. Dann benötigen Sie an zusätzlichem Werkzeug die zugehörigen TORX-Steckein-sätze für den Rätschenkasten in den Größen T 10 und T 14.

- ● Batterie abklemmen.
- ● Auspuffanlage komplett ausbauen.
- ● Wärmeschutzblech für Auspuff abschrauben.
- ● Ggf. Halter für Auspuffaufhängung abbauen.
- ● Darunterliegenden Karosseriebügel losschrauben (Einbaulage beachten!).
- ● Gelenkscheibe am Getriebe abbauen.
- ● Klemmutter am Mittellager der Kardanwelle einige Umdrehungen lösen.
- ● Mittellager losschrauben.
- ● Kardanwelle vorn vom Zentrierzapfen des Getrie-bes abziehen. Damit die Welle nicht nach unten hängt, bindet man sie mit Draht an die Karosserie hoch. Vorderes und hinteres Wellenteil **keinesfalls auseinanderziehen!**
- ● Am Verbindungspunkt Schaltstange–Getriebe/ Schaltstange–Karosserie die Sicherung abziehen. Beilegscheiben abnehmen und Schaltstangen tren-nen.
- ● Kabel vom Rückfahrlichtschalter oben am Getrie-be abziehen.

- ● Lambda-Sondenstecker vom Halter lösen.
- ● Kupplungs-Nehmerzylinder ausbauen. Die Lei-tung bleibt angeschlossen.
- ● Getriebe von unten stabil abstützen.
- ● Lufteintrittkasten hinten im Motorraum ausbauen.
- ● Querträger mit Gummilager ausbauen.
- ● Getriebe jetzt etwas absenken. Achten Sie darauf, daß hierbei nicht die Motorraumtrennwand bzw. die Heizungsanschlüsse berührt werden.
- ● Motor zusätzlich abstützen.
- ● Verbindungsstange über der Getriebe-Schaltstan-ge abbauen. Hierzu Haltefeder mit einem Schrauben-dreher vom Gehäuse abhebeln und nach oben schwenken. Lagerbolzen herausziehen.
- ● Getriebe vom Motor abschrauben. Für die oberen Befestigungsschrauben geeignete Verlängerungen und ein Gelenkstück verwenden.
- ● Getriebe vom Motor abziehen und auf den Boden absenken.

Schaltgetriebe einbauen

Beim Wiedereinbau des Getriebes sollten Sie auf folgende Punkte besonders achten:
- ● Schmiernut im Ausrücklager mit »Molykote Long-term 2« füllen.
- ● Zum Einschieben des Getriebes Gang einlegen und am Antriebsflansch hin- und herdrehen, bis die Verzahnung der Eingangswelle in die Verzahnung der Kupplung einrastet.

● Bei der Version mit TORX-Schrauben unbedingt Unterlegscheiben unter den Schrauben verwenden.
● Kardanwelle einbauen.

● Auspuff einbauen.

Bauteil			Nm
Getriebe (Kupplungsglocke) an Motor	Sechskantschrauben	M 8	22−27
		M 10	47−51
		M 11	66−82
	TORX-Schrauben	M 8	20−24
		M 10	38−47
		M 12	64−80
Gummilager hinten an Getriebeträger und Getriebe			42
Getriebeträger an Karosserie			21

Automatisches Getriebe

Kernstück aller Automatikgetriebe sind sogenannte Planetensätze. Die bestehen aus einem Zahnrad, um das drei weitere Zahnräder umlaufen. Über diese Anordnung ist ein Ringrad mit Innenverzahnung gestülpt. Jeweils zwei dieser Baugruppen sind zu einem Radsatz zusammengefaßt und bilden ein eigenes kleines Zweiganggetriebe.

Das Geniale an diesen Getrieben ist die Art, sie zu schalten. Dazu werden nämlich keine Zahnräder getrennt und zugeschaltet, sondern die Übersetzungsänderung erfolgt lediglich durch Festhalten oder Loslassen von Teilen des Planetensatzes. Das Schalten geschieht also ohne Unterbrechen des Kraftflusses. Das Halten und Lösen besorgen in der Praxis hydraulisch gesteuerte Bremsen bzw. Kupplungen.

Wann das Schalten zu erfolgen hat, bestimmt die elektronische Getriebesteuerung nach den Kriterien Fahrgeschwindigkeit, Motorbelastung, Kickdown und Wählhebelstellung.

Um ein mehrstufiges Getriebe zu erhalten, werden zwei oder mehr Planetensätze hintereinandergeschaltet. So entsteht ein Drei- oder (wie im BMW) ein Vierganggetriebe mit Rückwärtsgang. Die Koordination der Radsätze erledigt die Getriebesteuerung.

Zwischen Motor und Automatikgetriebe sitzt keine herkömmliche Reibkupplung, wie wir sie vom Schaltgetriebe her kennen. Vielmehr wurde ein hydraulischer Drehmomentwandler verwendet, in dem das Drehmoment des Motors auf Schaufelräder übertragen wird. Bei laufendem Motor versetzt das mit ihm gekuppelte Pumpenrad die Wandlerflüssigkeit (ATF) in eine Drehbewegung und schleudert sie nach außen gegen das Wandlergehäuse. Dabei trifft die Flüssigkeit auf das sogenannte Leitrad, das den ATF-Strom in die vorgesehene Richtung lenkt. Dabei wird auch das mit dem Getriebe verbundene Turbinenrad in Drehung versetzt. Weil die Zahnräder des Planetengetriebes dauernd im Eingriff stehen und die Wandlerflüssigkeit bei laufendem Motor immer versucht – durch den Motor in Drehung versetzt – das Getriebe und damit auch die Antriebsräder zu bewegen, kriecht der BMW im Leerlauf, muß also mit der Fuß- oder Handbremse gehalten werden.

Zur Vermeidung von Schlupf (was Verlust bedeutet) besitzt der Drehmomentwandler dieses Automatikgetriebes eine Überbrückungskupplung, die bei einer Getriebeöltemperatur von mehr als 20°C und ab ca. 80 km/h im 4. Gang wirksam wird. Getriebe und Motor sind dann starr miteinander verbunden.

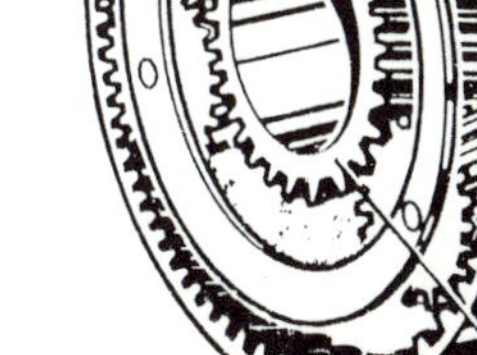

Bei einem Planetengetriebe sind alle Zahnräder ständig im Eingriff. Die verschiedenen Übersetzungsstufen werden ohne Zugkraftunterbrechung durch Antreiben oder Festhalten des Sonnenrades, der Planetenräder oder des Ringrades erreicht.
1 – angetriebene Teile; 2 – festgehaltene Teile.

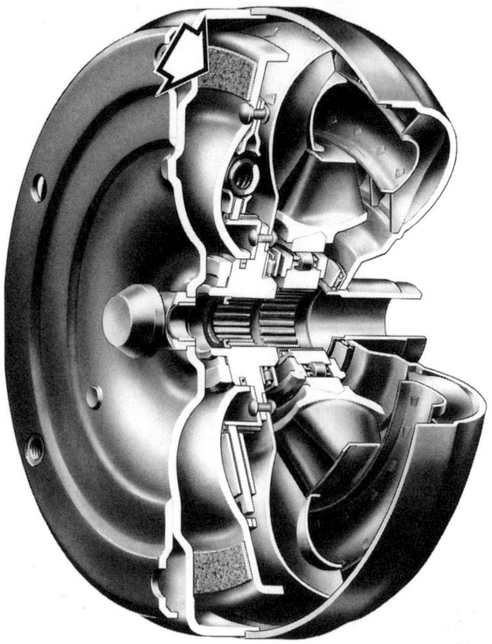

Das Schnittbild des Drehmomentwandlers zeigt deutlich die Schaufeln des Pumpenrades und des Leitrades. Der Pfeil deutet auf den Reibbelag der Wandlerkupplung, die – außer bei kalter ATF – ab ca. 80 km/h zur Vermeidung von Schlupf auf starren Durchtrieb schaltet.

Die Getriebe-steuerung

Vom Feinsten ist die Steuerung des **elektronisch-hydraulischen 4-Gang-Automatikgetriebes** mit der Getriebebezeichnung **THM–R1**. Die Getriebesteuerung erfolgt durch eine Elektronikeinheit, die Informationen von der Motronic, vom Getriebe und von einem Geschwindigkeitsgeber verarbeitet. Je nach Last-Erkennung werden dann verschiedene Schaltkennlinien (z. B. Berg-, Gefällfahrt, Anhängerbetrieb) aufgerufen.

Nach Bedarf kann auch der Fahrer drei verschiedene Programme für sportliches oder energiesparendes Fahren sowie für Schalten von Hand aufrufen. Bei erneutem Motorstart springt der Wahlschalter automatisch auf »E« (Economy) zurück.

Motronic und elektronische Getriebesteuerung korrespondieren übrigens wechselseitig: Zum Beispiel wird nach Schaltvorgängen das Drehmoment des Motors durch automatisches Verstellen des Zündzeitpunkts kurzzeitig reduziert. Der Gangwechsel erfolgt dadurch ruckfrei und komfortabel.

Die Notlaufschaltung wurde nicht vergessen. Bei gestörter Elektronik bleibt der Wagen im 3. und im Rückwärtsgang fahrfähig. Die elektronische Getriebesteuerung wird bei BMW **EGS** genannt.

Fingerzeig: Das Automatikgetriebe liefert übrigens auch Verschleißdaten an die Service-Intervallanzeige. So kann – je nach Beanspruchung – der Getriebeölwechsel nach 40000 km oder erst nach 100000 km erforderlich werden.

Automatik-getriebe prüfen

Für den Selbsthelfer bietet das Automatikgetriebe kaum Möglichkeiten zur Eigeninitiative. Hier muß im Fall einer Störung der BMW Service-Tester bemüht werden, der den Fehlerspeicher der Getriebesteuerung auslesen kann. Dem Selbsthelfer bleibt lediglich die Möglichkeit, einige gezielte Prüfungen vorzunehmen:

○ Der ATF-Stand im Getriebe kann nur bei Fahrzeugen des ersten Baumonats noch selbst geprüft werden. Bei allen anderen Fahrzeugen ist das Werkstattsache.

○ Auf einer Probefahrt können die Schaltpunkte überprüft werden. Schaltet das Getriebe für den jeweiligen Belastungsfall (rein gefühlsmäßig) richtig?

○ Beurteilen der Schaltvorgänge gehört dazu.

○ Die Einstellung des Wählhebelzugs zwischen Getriebe und Einspritzung ist eine wichtige Voraussetzung für fehlerfreie Arbeitsweise.

Beurteilen der Schaltvorgänge

Bei einer Probefahrt können Sie Ihre Aufmerksamkeit auf die Schaltvorgänge richten:

○ Hochschalten: Bei Teilgas ist der Gangwechsel kaum wahrnehmbar; bei Vollgas oder Kickdown werden die Übergänge zwar etwas deutlicher, doch stets muß der höhere Gang geschmeidig fassen. Kurzes Hochdrehen beim Gangwechsel deutet auf Fehler hin, die genauer untersucht werden müssen.

○ Herunterschalten: Ohne Gas (beim Ausrollenlassen) kaum spürbar bei sehr niederen Geschwindigkeiten. Ein Stoß ist beim Rückschalten mit Teil- oder Vollgas normal. Das Zurückschalten ohne Gas mit dem Wählhebel dauert ein bis zwei Sekunden. Wird beim zwangsweisen Zurückschalten mit dem Wählhebel gleichzeitig Gas gegeben, erfolgt der Gangwechsel ohne Verzögerung.

Automatik-Wählhebelweg einstellen

● Wählhebel im Wageninnern auf »P« stellen.
● Am Getriebe die Klemmutter (sie hält den Wählhebelzug am Hebel des Getriebes) lockern.
● Wählhebel am Getriebe ganz nach vorn drücken, damit er ebenfalls in die Parkstellung kommt.
● Seilzugende etwas nach hinten drücken, um Spiel zu eliminieren, und Klemmutter in dieser Stellung festziehen.

Fingerzeige: Fahrzeuge mit Automatikgetriebe dürfen nicht weiter als 50 km geschleppt werden, sonst reicht die Getriebeschmierung nicht aus. Aus dem gleichen Grund gilt eine Höchstgeschwindigkeit von 50 km/h. Im Zweifelsfall den bequemeren Weg wählen und den Wagen verladen lassen. Für wirkliche Notfälle im Ausland Kardanwelle (nicht die Antriebswellen!) zum Schleppen ausbauen.
Sollte der Automatik-BMW einmal nicht anspringen, hilft Anschieben oder Anschleppen nicht weiter, denn der hydraulische Drehmomentwandler kann bei stehendem Motor keine Verbindung zwischen Triebwerk und Getriebe herstellen. Bei leerer Batterie müssen Starthilfekabel weiterhelfen.

Der Wagen muß so hoch aufgebockt werden, daß Sie bequem von unten daran arbeiten können. Besorgen Sie sich zudem einen großen Rangier-Wagenheber zum Abstützen und Ablassen des sehr schweren Automatikgetriebes. Das Getriebe ist großteils mit sogenannten TORX-Schrauben am Motor befestigt. Sie benötigen dann TORX-Steckeinsätze für den Rätschenkasten in den Größen T 10 und T 14.

● Minuskabel der Batterie abklemmen.
● Auspuffanlage komplett ausbauen.
● Darunter das Wärmeschutzblech ausbauen.
● ATF ablassen.
● Bügel vom Bodenblech losschrauben (Einbaulage beachten).
● Kardanwelle vom Getriebe abschrauben.
● Am Mittellager der Kardanwelle Schraubring einige Umdrehungen lösen. Mittellager losschrauben.
● Kardanwelle nach unten knicken und vom Zentrierzapfen am Getriebe ziehen. Vorderes und hinteres Wellenteil keinesfalls auseinanderziehen!
● Damit die Welle nicht nach unten hängt, kann sie mit Draht an die Karosserie hochgebunden werden.
● Wählhebelzug am Getriebe abbauen. Um eine Verformung des Seilzugs zu vermeiden, muß die Klemmschraube gegengehalten werden.
● Bowdenzug vom Widerlager losschrauben und Seilzug herausziehen.
● Steueranschlußstecker und Drehzahlgeberstecker vom Getriebe abnehmen.
● Abdeckung an der Öffnung seitlich am Motorblock heraushebeln. Darunter sind die Befestigungsschrau- ben des Drehmomentwandlers zugänglich. BMW verwendet zum Lösen der Schrauben eine Spezial-Stecknuß mit der BMW-Bezeichnung 241110.
● Alle Befestigungsschrauben des Drehmomentwandlers von der Motorseite der Schwungscheibe her lösen. Dazu die Kurbelwelle jeweils ein Stück weiterdrehen.
● Getriebe von unten stabil abstützen.
● Lambda-Sondenstecker vom Getriebe lösen. Kabelbaum aus der Halterung aushängen.
● Querträger abbauen, Getriebe etwas absenken.
● Befestigung der Ölkühlerleitungen am Motorblock und an der Ölwanne lösen.
● Ölkühlerleitungen vorn und hinten losschrauben.
● Verbindungsschrauben Motor/Getriebe lösen.
● Vor dem Abziehen des Getriebes Drehmomentwandler gegen Herausfallen sichern. **Der Wandler muß im Getriebe bleiben!** Achten Sie auch später darauf, daß er nicht herausfällt (mit Draht festbinden).
● Getriebe vollends herausziehen und nach unten absenken. Motor gegen Kippen sichern.

Der Einbau verläuft sinngemäß umgekehrt wie der Ausbau. Beachtung verdienen die folgenden Punkte:
● Kontrollieren, ob der Wandler richtig im Getriebe sitzt. Darauf achten, daß er beim Einbau nicht nach vorn rutscht.
● Vor Einbau des Getriebes auf die beiden Führungshülsen am Motorblock achten. Ggf. Führungshülsen vom Getriebe umbauen.
● Mitnehmerscheibe am Motor auf Bruchstellen oder Rißbildung prüfen. Wenn defekt: Ersetzen. Hierbei Dehnkopfschrauben ersetzen und mit Schraubensicherungsmittel einbauen.
● Zum Festschrauben des Wandlers an der Mitnehmerscheibe unbedingt die Originalschrauben M 10 x 16 mm (mit Federscheiben) benutzen, sonst wird der Wandler zerstört.
● TORX-Schrauben nur mit Unterlegscheiben verbauen.
● Dichtringe der Ölkühlerleitungen kontrollieren und ggf. ersetzen.
● Kardanwelle einbauen.
● Wurde ein defektes Getriebe ausgetauscht, Leitungen zum Ölkühler mit Preßluft durchblasen und anschließend zweimal mit ATF durchspülen.
● Neue ATF einfüllen.
● Auspuff einbauen.
● Wählhebelweg einstellen.

Bauteil	Nm
Drehmomentwandler an Mitnehmerscheibe (M 10-Schrauben)	47–51
Ölleitungen an Getriebe und Kühler	20
Tragrohr an Motorträger	42
Gummilager an Tragrohr	21
Tragblech	21
Übrige Drehmomente wie Schaltgetriebe	

Die Kardanwelle

Die Kardan- oder Gelenkwelle überträgt die Motorkraft vom Getriebe zur Hinterachse – genauer gesagt zum Hinterachsgetriebe. Die Welle verläuft in Fahrzeugmitte im sogenannten Kardantunnel. Sie ist zweiteilig und besitzt an der Verbindung beider Hälften eine zusätzliche Lagerung, das Mittellager. Vorn ist die Welle über eine Gelenkscheibe aus Gummi mit dem Getriebe verbunden. An dieser Stelle sitzt zusätzlich ein Schwingungstilger. In der Mitte der Welle und an ihrem hinteren Ende finden wir Kreuzgelenke, die einen geringen Beugewinkel der Kardanwelle zulassen.

Störungsbeistand

Kardanwelle

○ **Vibrationen und Brummgeräusche** deuten auf Störungen im Rundlauf der Welle: Fehlende Wuchtbleche lassen darauf schließen, daß die Wuchtung nicht mehr stimmt. Beide Wellenhälften werden zusammen gewuchtet. Trennen der Teile ohne Kennzeichnung der Einbaulage der Teile zueinander macht die Wuchtung unwirksam.
Weitere Möglichkeiten für Brummgeräusche: Defektes Gummigelenk, ausgeschlagenes Mittellager, verschlissene Kreuzgelenke. Betreffende Teile ersetzen bzw. Austauschwelle einbauen.
○ **Pfeifgeräusche** können von einem defekten Mittellager herrühren.
○ **Rassel- und Schabgeräusche** haben meist ihre Ursache in zu großem Spiel am Schiebestück (Verbindung der Wellenhälften).

Kardanwelle ausbauen

● Wagen stabil aufbocken, damit an der Unterseite gearbeitet werden kann.
● Auspuffanlage komplett ausbauen.
● Wärmeschutzbleche der Auspuffanlage abbauen.
● Wo vorhanden, beide Auspuffhalter und den Karosseriebügel losschrauben. Einbaulage des Bügels beachten.
● Am Kardanwellen-Mittellager den Schraubring mit dem BMW-Werkzeug 261040 (ersatzweise große Rohrzange) einige Umdrehungen lösen.
● Wo ein **Schwingungstilger** vorhanden ist, Schwingungstilger nach Lösen der drei Schrauben um 60° drehen und an die Gummi-Gelenkscheibe anlegen. Der Schwingungstilger wird später zusammen mit der Welle abgenommen.
● Kardanwelle vom Getriebeflansch losschrauben.
● Kardanwelle jetzt vom Hinterachsgetriebe abschrauben. Dabei den Flansch mit einem stabilen Schraubendreher gegen Durchdrehen sichern.
● Kardanwellen-Mittellager von der Karosserie abschrauben.
● Kardanwelle am Mittelgelenk nach dem Abschrauben nach unten durchknicken und dabei das vordere Wellenende aus der Zentrierung am Getriebe ziehen.
● Welle zum weiteren Ausbau nach vorn herausziehen.
● Die beiden Wellenhälften **nicht** voneinander **trennen** (siehe folgenden Fingerzeig).
● Beim **Einbau** beachten:
● Generell neue selbstsichernde Muttern verwenden.
● Mittellager der Welle vor dem Festschrauben 4–6 mm in Fahrtrichtung drücken (vorspannen).
● Bei fertig eingebauter Kardanwelle die Schraubbuchse am Mittellager anziehen (Drehmoment).
● Auspuff einbauen.

<u>**Fingerzeige:**</u> **Sollen hinteres und vorderes Teil der Kardanwelle getrennt werden, muß die Stellung der Teile zueinander zuvor mit Körner- oder Farbpunkten markiert sein. Sonst stimmt beim anschließenden Zusammenbau die Wuchtung nicht mehr.**
Wurden beide Teile versehentlich ohne Markierung getrennt, bauen Sie die Welle so zusammen, daß hinteres und vorderes Kreuzgelenk gleich ausgerichtet sind. So wird die Kardanwelle werkseitig montiert. Stimmt die Wuchtung so nicht, Teile um 180° versetzt erneut zusammenbauen.

**Anzugs-
drehmomente
Kardanwelle**

Bauteil		Nm
Gelenkscheibe an Gelenkwelle		81
Kreuzgelenk der Gelenkwelle an Getriebe		64
Klemmring für Schiebestück (nach Montage im Wagen)		17
Gelenkwelle an Hinterachse	Kreuzgelenk	72
	Gleichlaufgelenk	22
Mittellager an Karosserie		22

Das Hinterachsgetriebe

Das Hinterachsgetriebe lenkt die Antriebskraft über Kegel- und Tellerrad gewissermaßen rechtwinklig um die Ecke und über zwei Antriebswellen zu den Hinterrädern. Es paßt durch seine Übersetzung die Drehzahl der Kardanwelle der erforderlichen Raddrehzahl an und gleicht bei Kurvenfahrt die unterschiedlichen Radwege des inneren und äußeren Rades durch sein Kegelradgetriebe (Differential) aus.

**Hinterachs-
getriebe
ausbauen**

● Stabilisatorlager links und rechts abbauen.
● Hinterachsgetriebe mit Wagenheber von unten stabil abstützen.
● Stecker vom Tachometer-Impulsgeber abziehen.
● Antriebswellen am Hinterachsgetriebe abschrauben und mit Draht hochbinden.
● Halteschrauben des Hinterachsgetriebes am Hinterachsträger oben lösen.

● Kardanwelle am Hinterachsgetriebe abschrauben.
● Vordere Befestigungsschraube des Hinterachsgetriebes vom Hinterachsträger losschrauben; das Hinterachsgetriebe kann jetzt abgenommen werden.
● Beim Einbau neue selbstsichernde Muttern verwenden.

**Anzugs-
drehmomente
Hinterachs-
getriebe**

Bauteil		Nm
Antriebswelle an Hinterachsgetriebe	M 8	58
	M 10	110
Hinterachsgetriebe an Hinterachsträger	vorn	110
	hinten	77
Klemmring für Schiebestück (nach Montage im Wagen)		17
Gelenkwelle an Hinterachse	Kreuzgelenk	72
	Gleichlaufgelenk	22

<u>**Fingerzeige:**</u> **Häufig wird übersehen, daß auch Getriebe und Hinterachse »eingefahren« werden müssen. Hier wird eine Schonzeit von mindestens 1000 km gefordert, in der bevorzugt mit wechselnden Geschwindigkeiten, jedoch nicht schneller als ⅔ der Höchstgeschwindigkeit gefahren werden soll. Gerade am empfindlichen Hinterachsgetriebe können sonst Schäden (Fresser) entstehen.**
Bei Einbau eines gebrauchten Hinterachsgetriebes muß auf die richtige Hinterachsübersetzung geachtet werden (siehe »Technische Daten« hinten im Buch). Die Übersetzung ist auf einer Blechfahne vermerkt, die mit einer der Gehäuseschrauben hinten am Hinterachsgetriebe befestigt ist.

Die Antriebswellen

Die Antriebswellen übertragen die Antriebskraft auf die Räder. Die Gelenke dieser Welle müssen dazu in der Lage sein, die Kraft bei allen Hinterachs-Federbewegungen gleichmäßig zu übertragen. Diese Anforderung erfüllen sogenannte homokinetische Gelenke (Gleichlaufgelenke). Ihre Funktion beruht auf sechs Kugeln, die in speziell geschliffenen Laufbahnen beim Knicken des Gelenks hin und her laufen. So wird bei jedem im Fahrzeug möglichen Beugewinkel der Antriebswelle absolut gleichmäßige Kraftübertragung gewährleistet.

Manschetten der Antriebswellen prüfen

Die Gelenke der Antriebswellen sind durch Gummimanschetten vor Feuchtigkeit und Schmutz geschützt.

Wartung Nr. 38

Die Manschetten (Pfeil) an den Enden der Antriebswellen schützen die Gelenke vor Feuchtigkeit und Schmutz. Eine regelmäßige Kontrolle der Manschetten und ihrer Schlauchbinder ist dringend anzuraten, denn eindringender Schmutz und Feuchtigkeit lassen ein Gelenk schnell ausschlagen.

Deshalb sollten Sie diese Manschetten regelmäßig unter die Lupe nehmen, ob sie nicht durch Risse undicht geworden sind.

● Jeweils ein Antriebsrad hochbocken, Wagen absichern.
● Achswelle langsam durchdrehen und dabei die Manschette auf spröde Stellen bzw. Löcher untersuchen. Auch Fettspuren können ein Hinweis sein.

● Sitzen die Schlauchbinder fest?
● Beschädigte Staubmanschetten baldigst auswechseln, sonst zerstört eindringendes Wasser die Gelenke, und die sind nicht gerade billig!

Antriebswellen

○ Die Gelenke der Antriebswellen zeigen meist schlagartig Ausfallserscheinungen, die aber zwischendurch wieder völlig verschwinden können. Die »ruhige Phase« kann sich über mehrere Tage und Kilometer erstrecken.
○ Charakteristisch sind rhythmische Schlag- oder Knack-knack-knack-Geräusche beim Gasgeben und im Schiebebetrieb.
○ Einfachste, aber teuerste Reparaturmöglichkeit ist der Einbau kompletter Austausch-Antriebswellen (evtl. vom Zubehörhandel).
○ Billigere Methode: ein einzelnes Gelenk auswechseln. Schwierig ist allerdings, das defekte Gelenk zu lokalisieren. Am besten erkennen Sie den Übeltäter durch konzentriertes Horchen während der Fahrt. Erkennt man so auch nicht das einzelne Gelenk, kann man doch die Fahrzeug-Seite festlegen.
○ Bei ausgebauter Welle sind schadhafte Gelenke leichter zu erkennen: Sie lassen sich nur schwer und ruckartig durchdrehen. Nach dem Zerlegen und Auswaschen der Gelenke zeigen sich die Schäden an den Kugel-Laufflächen am Außenring.

Antriebswelle ausbauen

Gebraucht wird ein Sicherungsblech für die Radnaben-Zentralmutter und eventuell ein großer Klauenabzieher zum Herausdrücken der Welle aus der Radnabe.
● Wagen aufbocken und sichern, Rad abnehmen.
● Auspufftopf hinten ausbauen.
● Zentralmutter in der Radnabe herausdrehen; dazu das Sicherungsblech um die Mutter heraushebeln oder zerstören.
● Sechs Innensechskantschrauben am inneren Antriebsgelenk (am Hinterachsgetriebe) herausdrehen.
● Antriebswelle am Hinterachsgetriebe abnehmen.
● Loses Antriebswellenende jetzt nicht nach unten fallen lassen, sonst nimmt das äußere Gelenk Schaden.
● Stabilisator am Hinterachsträger lösen und nach hinten klappen.
● ABS-Sensor lösen.
● Zum Herauspressen des äußeren Gelenks aus der Radnabe verwendet die Werkstatt den Abzieher 332116. Der wird an den Radschraubenbohrungen befestigt. Mit seinem Gewindestab kann die Antriebswelle nach hinten durchgedrückt werden.
● Ohne dieses Werkzeug baut man die Welle so aus:
● Zentralmutter lose auf das Wellende drehen, damit das Gewinde nicht beschädigt wird.
● Am Wellenende einen weichen Messingdorn ansetzen und den Wellenstumpf mit einigen Hammerschlägen zur Fahrzeugmitte hin herausklopfen.
● Geht das nicht, einen Klauenabzieher mittels Hilfskonstruktion an den Radschraubenlöchern befestigen und Welle herausdrücken.
● Beim Einbau die Schrauben des inneren Wellengelenks mit 58 Nm (M 8) bzw. 110 Nm (M 10) anziehen, die Zentralmutter mit 250 Nm.
● Sicherungsblech an der Zentralmutter einschlagen.

Das innere Antriebsgelenk (2) kann nach Entfernen des Sprengrings (1) von der Antriebswelle (3) abgezogen werden.

Fingerzeig: Fahrzeuge mit ausgebauter Antriebswelle nicht bewegen; das Radlager wird sonst beschädigt.

BMW bietet als Ersatzteil nur das Antriebswellen-Innengelenk nebst einem Reparatursatz für die Gummimanschette. Das Außengelenk gibt es nur komplett mit der Welle.
Dementsprechend ist die einzige Zerlegarbeit der Ausbau des Innengelenks; eine Arbeit, die auch zum Austauschen der Gummimanschette nötig wird.

Antriebswelle zerlegen

● Antriebswelle ausbauen.
● Blech-Schutzkappe auf der einen, Blechflansch der Gummimanschette auf der anderen Seite mit Durchschlag und Hammer vorsichtig vom Gelenk herunterklopfen. Dabei den Durchschlag an mehreren Stellen rund um das Gelenk ansetzen.
● Am Wellenende den Sicherungsring, der das Gelenk auf der Antriebswelle hält, mit zwei schmalen Schraubendrehern und etwas Geduld aus der Nut »popeln« und abnehmen. Wenn ein Seegerring verbaut ist, Seegerringzange benutzen.
● Antriebsgelenk jetzt von der Welle ziehen; notfalls mit dem Hammer etwas nachhelfen.
● Will sich das Gelenk so nicht lösen, muß es in der Werkstatt unter der Reparaturpresse von der Welle gedrückt werden.
● Soll die Gummimanschette gewechselt werden, Spannbänder der alten Manschette mit Seitenschneider durchschneiden. Manschette abziehen.
● Neue Manschette montieren.
● Verzahnung an Gelenk und Welle fettfrei säubern und mit »Loctite Nr. 270« (Sicherungsmittel) bestreichen. Es darf kein Sicherungsmittel auf die Kugelbahnen gelangen.

Antriebswellengelenk ausbauen

● Vor der Montage des Gelenks die Tellerfeder-Unterlegscheibe auf das Wellenende schieben bzw. deren Lage kontrollieren: Sie muß am Außenrand zum Gelenk hin gewölbt sein.
● Gelenk bis zum Anschlag auf die Welle schieben und Sicherungsring einsetzen.
● Der Sicherungsring rutscht so evtl. noch nicht in die Nut. Deshalb Antriebswelle in einen stabilen Schraubstock spannen, eine große Stecknuß oder Rohrstück auf dem Innenteil des Gelenks ansetzen und einen kräftigen Hammerschlag auf die Stecknuß ausführen. So rutscht das Gelenk gegen die Kraft der Tellerfeder ein Stück zurück – der Sicherungsring kann in die Nut springen.
● Gelenk mit 120 g MoS_2-Schmierfett versehen (im Reparatursatz enthalten); gebrauchte Gelenke nur nachfetten.
● Blech-Schutzkappe und Blechflansch der Manschette mit Dichtmittel (»Curil K«) am Gelenk festkleben.
● Vor Festziehen der Spannbänder an der Gummimanschette die Dichtflächen fettfrei säubern.

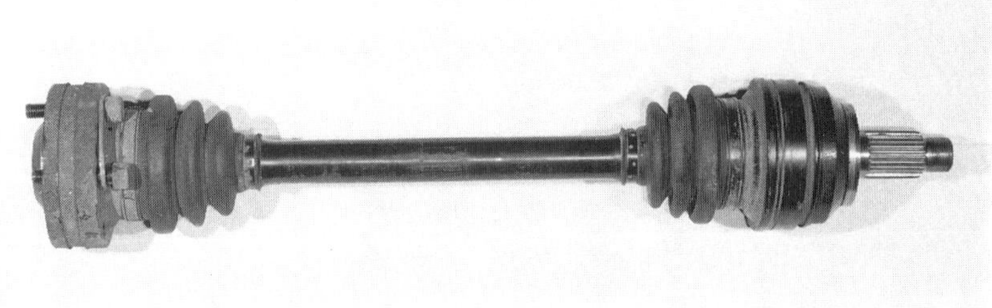

Die ausgebaute Antriebswelle des 3er BMW.

Auf allen Vieren

Die Karosserie steht mit der gefederten Radaufhängung sozusagen auf allen Vieren. Dazu gehört auch die Lenkung. Alles zusammen bildet das sogenannte Fahrwerk, von dem der oberflächliche Betrachter nichts sieht. Dabei gibt es über die Beine des Autos allerlei Interessantes zu berichten.

Das Fahrwerk

Vieles zu Aufbau und Konstuktion des BMW-Fahrwerks haben Sie bereits im Kapitel »Der BMW stellt sich vor« am Anfang des Buches erfahren. Auf den folgenden Seiten wollen wir hier gleich einsteigen in die Fachbegriffe sowie die Wartungs- und Reparaturarbeiten am Fahrwerk.

Eigenarbeiten an Lenkung und Fahrwerk

Fahrwerk und Lenkung sind für die Verkehrssicherheit von entscheidender Bedeutung. Eigenarbeiten an diesen Teilen sollte wirklich nur derenige vornehmen, der sich seiner Sache völlig sicher ist. Andere sind mit derartigen Instandsetzungsarbeiten in einer Fachwerkstatt besser aufgehoben.

Wer jedoch unbedingt an diesen Teilen schrauben will, sollte wenigstens nicht blindlings drauflosarbeiten, sondern nach fachkundiger Anleitung arbeiten. So sind auch die Arbeitsbeschreibungen dieses Kapitels zu verstehen.

Staubkappen und Spiel der Achsgelenke kontrollieren

Wartung Nr. 12

Der BMW besitzt pro Fahrzeugseite je zwei Achsgelenke an der Vorderachse. Eines verbindet den Querlenker mit dem Vorderachsträger. Das zweite verbindet Federbein und Querlenker. Von Haus aus sind die Traggelenke wartungsfrei. Die stählernen Kugelköpfe der Achsgelenke sitzen in einer Fett-Dauerfüllung und zusätzlich in Kunststoffschalen. Als Schutz vor Nässe und Schmutz dienen Staubkappen aus Gummi. Eindringender Schmutz wirkt wie Schmirgelsand im Gelenk; Feuchtigkeit läßt es mit der Zeit festrosten.

● Lenkung nach einer Seite voll einschlagen.

● Kappen beider Achsgelenke rechts und links auf Beschädigungen kontrollieren.

● Prüfung auf Spiel: Räder in Geradeaus-Stellung bringen.

● Wagen aufbocken, das betreffende Rad muß frei hängen.

● Ein Helfer muß das Rad unten fassen und quer zur Fahrtrichtung daran rütteln, während Sie mit der Hand fühlen, ob eines der Gelenke »Luft« hat.

● Bei beschädigten Manschetten oder Spiel im Gelenk muß der komplette Querlenker ersetzt werden. Einzelteile sind nicht erhältlich.

● Bei dieser Gelegenheit empfiehlt sich auch die **Kontrolle der Gummi/Metall-Lager**, mit denen die vorderen Querlenker an der Hinterkante am Wagenboden befestigt sind.

● Im Gummi/Metall-Lager wird mit einer Fühlerlehre der Abstand zwischen Gummi und Mittenhülse ge-

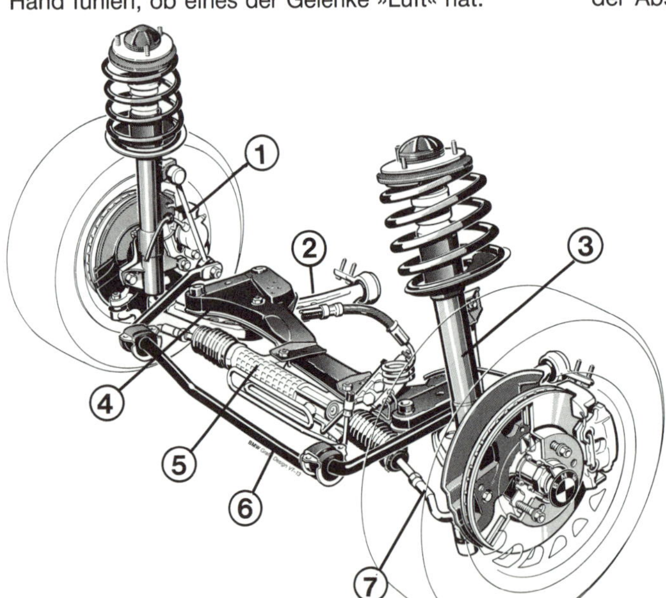

Die Vorderachse:
1 – Verbindungsstange zwischen Stabilisator und Federbein;
2 – sichelförmiger Querlenker;
3 – Federbein;
4 – Achsträger;
5 – Lenkgetriebe (Zahnstangenlenkung);
6 – Stabilisator;
7 – Spurstange.

messen. Das Fahrzeug muß sich in »Normallage« befinden.

● 0,5–1,5 mm Abstand sollen an dieser Stelle vorhanden sein. Sonst muß das Gummilager ersetzt werden.

● Grundsätzlich müssen die Gummilager immer an der rechten und linken Fahrzeugseite gleichzeitig ersetzt werden.

Nach einer harten Bordsteinberührung, einem Unfall, bestimmten Reparaturarbeiten an der Achsaufhängung oder ganz einfach im Verdachtsfall wird die Radeinstellung vermessen. Was die einzelnen Größen dabei sagen, erklärt der folgende Abschnitt. Das Vermessen geht jedoch nur auf einem optischen Achsmeßstand. Zur Messung muß der Wagen in »Normallage« (siehe übernächsten Abschnitt) gebracht werden. Dann gelten die folgenden Meßwerte:

Vorderachse	Standard-Fahrwerk	M-Technik-Fahrwerk
Gesamtspur	0°10′±4′	0°10′±4′
Sturz	−40′±40′	58′±30′
Spurdifferenzwinkel* bei 20° Radeinschlag des Innenrades	1°33′±30′	1°33′±30′
Spreizung* bei ±10° Radeinschlag	15°28′±30′	15°38′±30′
Nachlauf* bei ±10° Radeinschlag	3°44′±30′	3°50′±30′
Nachlauf* bei ±20° Radeinschlag	3°52′±30′	3°57′±30′
Radversatz der Vorderräder	0°±15′	0°±15′
Hinterachse		
Gesamtvorspur	0°16′±6′	0°16′±6′
Sturz	−1°30′±15′	2°00′±15′

* Toleranzdifferenz zwischen links und rechts max. 30′

Die Vorderräder müssen für ein sicheres Fahrverhalten in Längs- und Seitenrichtung in bestimmten Winkelstellungen stehen. Damit Sie sich unter der Bezeichnung »Lenkgeometrie« etwas vorstellen können, haben wir hier die Begriffe mit einer entsprechenden Erläuterung zusammengestellt:

○ **Vorspur:** Bei Geradeausfahrt stehen die Räder vorn geringfügig enger zusammen als hinten. Sie rollen gewissermaßen aufeinander zu. Das ist die Vorspur. Genau parallel stehende Räder haben nämlich das Bestreben, auseinanderzulaufen. Die Reibung zwischen Rad und Straße möchte das linke Rad nach links weg und das rechte nach rechts drücken. Durch die Vorspur laufen die Räder wunschgemäß parallel ohne das Bestreben, seitlich wegzuziehen.

Beim Hineinlenken des Wagens in eine Kurve geht die Vorspur durch die trapezförmige Anordnung des Lenkgestänges in »Nachspur« über. Das kurveninnere Rad schwenkt stärker herum als das kurvenäußere. Dies ist auch notwendig, weil ja in einer Kurve die inneren Räder einen engeren Kreis fahren müssen als die äußeren. Das ergibt automatisch eine Unterstützung der Lenkbewegung und der Lenkkräfte.

Sturz: So nennt man die leichte Auswärtsneigung der Vorderräder – oben im Radkasten haben sie beim BMW

Die Staubkappen der Achsgelenke (Pfeile) dürfen nicht eingerissen oder porös sein. Sonst kann Schmutz in das Gelenk eindringen und es zerstören.

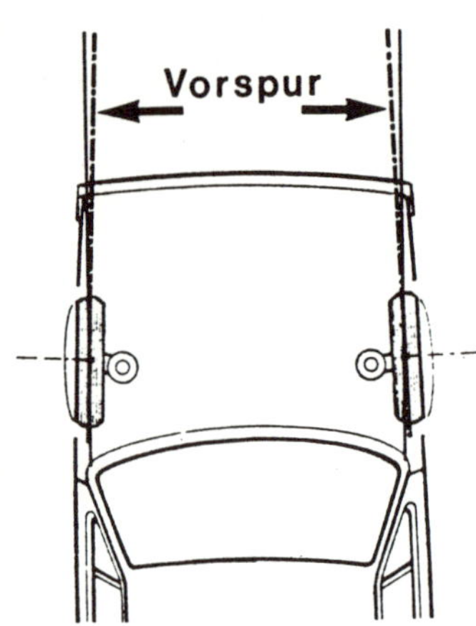

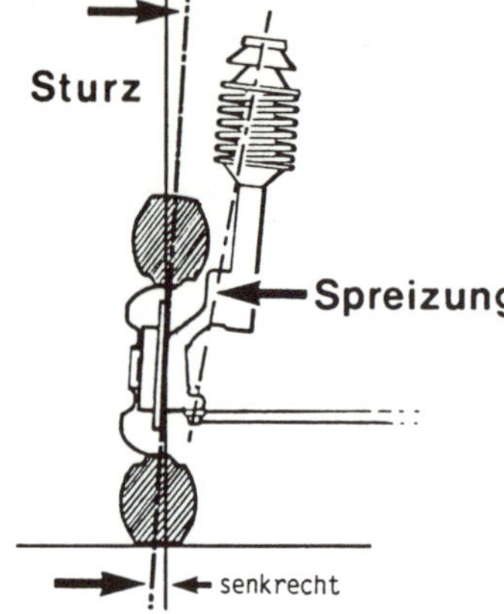

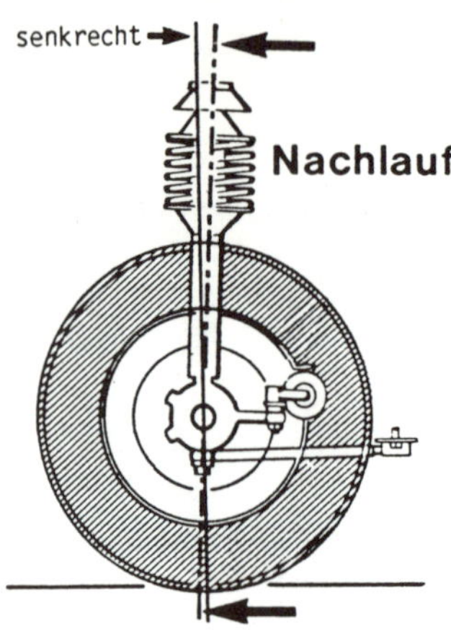

Zum besseren Verständnis der verschiedenen Grundbegriffe bei der Radeinstellung sollen die Zeichnungen beitragen.

einen engeren Abstand voneinander als unten am Boden. Das heißt in der Fachsprache »negativer« Sturz. Das Rad stemmt sich gewissermaßen gegen die Kurvenaußenseite.

Spreizung: Sie gehört zum Sturz. Spreizung ist die geringfügige Neigung der Schwenkachse, um die beim Lenken die Räder samt Aufhängung schwenken. Beide Schwenkachsen haben oben einen kleineren Abstand voneinander als unten. Sturz und Spreizung verhindern zusätzlich das Flattern der Räder. Ferner erleichtern sie das Einschlagen der Räder.

Nachlauf: Darunter versteht man die Schrägstellung der Schwenkachse in Fahrzeuglängsrichtung. Das hilft ebenfalls, den Geradeauslauf zu stabilisieren und Flattern der Vorderräder zu verhindern. Außerdem bewirkt er eine Rückstellung der Lenkung nach Kurven.

Die »Normallage«

Für die Fahrzeugvermessung wurde bei BMW eine »Normallage« des Fahrzeugs definiert. Dabei wird ein gleichmäßiger Beladungszustand simuliert, der eine in der Praxis übliche Einfederung des Wagens bringen soll. So wird die »Normallage« erzeugt: Je 68 kg auf den Vordersitzen, 68 kg auf dem Rücksitz und 21 kg im Kofferraum. Der Wagen muß vollgetankt sein, Felgen, Reifen, Luftdruck und Radlagerspiel müssen den Vorschriften entsprechen. Auch bei Arbeiten am Fahrwerk ist oft von der »Normallage« die Rede. Etwa, wenn die Schrauben an Gummi/Metall-Lagern bzw. Silentbüchsen angezogen werden sollen. Die darf man nicht festschrauben, wenn das betreffende Rad voll ausgefedert ist. Sie würden sich sonst einseitig vorspannen, was beim vollen Einfedern zu einer Überbelastung (Überdehnen) des Lagers führen würde.

In solchen Fällen braucht die »Normallage« natürlich nur annäherungsweise angestrebt zu werden. Ein paar Millimeter spielen da keine Rolle.

Erkennungs-merkmale für falsche Radeinstellung

Wenn Sie fehlerhafter Lenkgeometrie beim Fahren auf die Schliche kommen wollen, müssen Sie zuerst sicherstellen, daß beide Vorderreifen dieselbe Reifensorte, Profiltiefe und den vorgeschriebenen Luftdruck aufweisen.

○ **Stehen die Lenkradspeichen** bei Geradeausfahrt **symmetrisch?** Ein schiefsitzendes Lenkrad ist oft das Zeichen für falsche Spureinstellung.

○ **Unruhiger Geradeauslauf;** er ist besonders gut auf schnee- oder eisglattem Untergrund zu erkennen.

○ **Zieht der BMW** auf völlig ebener Fahrbahn und bei losgelassenem Lenkrad **zur Seite?**

○ **Stellt sich die Lenkung** nach Kurven wieder **von selbst in Geradeausstellung?**

○ Schauen Sie sich die **Vorderräder** aus fünf bis zehn Meter Entfernung an – **stehen sie in Geradeausstellung symmetrisch** zueinander?

○ Ist das **Reifenprofil einseitig abgenutzt?** Bei scharfer Fahrweise ist es allerdings nicht ungewöhnlich, daß an beiden Vorderreifen die Außenkanten stärkere Verschleißspuren zeigen als innen.

○ Eine **verbeulte Felge** deutet auf eine harte Bordsteinberührung, wodurch die Geometrie der Federbein-Vorderradaufhängung garantiert aus dem Winkel gerät.

○ **Weitere Ursachen** für fehlerhafte Stellung der Räder können verschlissene Gelenke bzw. Gummilager sein oder unsachgemäße Unfallreparaturen.

Wartung Nr. 25

Die Räder laufen vorn und hinten auf zweireihigen Kugellagern, die – mit Dauerfett montiert – für weitaus mehr als 100 000 km gut sind. Defekte Lager machen durch Laufgeräusche auf sich aufmerksam, die meist bei Kurvenfahrt lauter werden. Heimtückischerweise kann nicht immer genau definiert werden, welches Lager einer Achse laut ist. Deshalb möglichst beide ersetzen.

Auch Radlagerspiel ist eine Verschleißerscheinung. Das prüft man so:

● Fassen Sie nacheinander die fest am Boden stehenden Räder oben und versuchen Sie, diese quer zum Wagen zu bewegen.

● Bei einwandfreien Lagern darf praktisch keine »Luft« vorhanden sein.

● Ist Spiel spürbar, von Helfer kräftig die Fußbrem-

Die Pfeile der Abbildung zeigen auf Verschraubungen, die zum Ausbau des Federbeins gelöst werden müssen.

se treten lassen und nochmals am Rad rütteln: Ist kein Spiel mehr vorhanden, lag es nur am Radlager. Trotzdem noch Spiel: Die Radaufhängung muß kontrolliert werden.

● Defekte Radlager müssen ausgetauscht werden. Eine Nachstellmöglichkeit gibt es nicht.

Nachlassende Dämpferwirkung wird oft unbewußt durch verändertes Fahrverhalten ausgeglichen. Eine Faustregel besagt, daß nach zwei verschlissenen Reifensätzen die Serienstoßdämpfer nur noch die Hälfte ihrer ursprünglichen Wirkung besitzen und somit austauschreif sind.
Keine genaue Diagnose erhält man durch die bekannte »Schaukelmethode« im Stand, bei der man den Wagen am betreffenden Kotflügel aufschaukelt und plötzlich losläßt: Die Federbewegung müßte sofort gedämpft werden. So läßt sich aber nur ein total ausgefallener Stoßdämpfer feststellen.
Ein genaueres Bild über den Stoßdämpferzustand liefert ein spezieller Prüfstand. Solche Prüfstände haben Autoclubs im »Wandereinsatz« sowie manche Werkstätten und TÜV-Stellen.

Es gibt einige untrügliche Anzeichen für nachlassende Stoßdämpferwirkung:
○ **Flatternde Lenkung**, weil die Räder keinen ständigen Bodenkontakt haben.
○ **Die Karosserie schwingt** nach Überfahren von Unebenheiten **nach**.
○ **»Schwammiges« Verhalten in Kurven**, weil die kurveninneren Räder nicht genügend auf den Boden gedrückt und die äußeren nicht stark genug entlastet werden.
○ **Springende Räder**; das muß freilich ein neben- oder hinterherfahrender Begleiter beobachten.
○ **Vielfach unterbrochene Bremsspur bei Vollbremsung** durch springende Räder (nicht bei ABS).

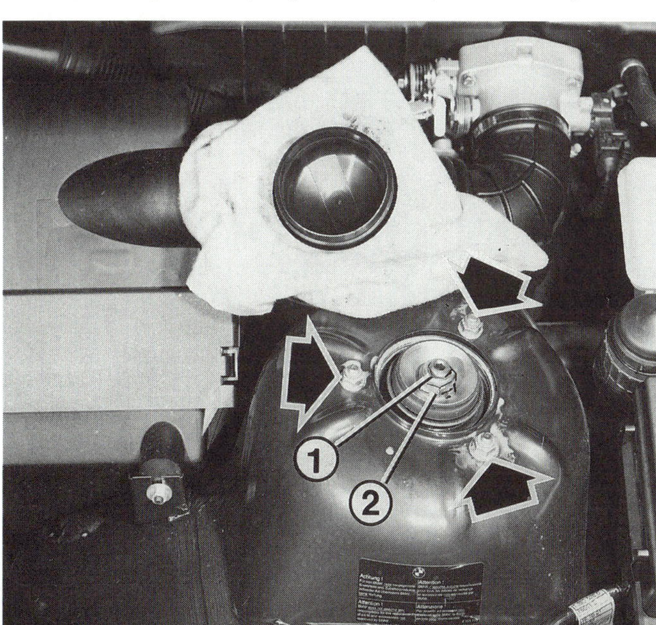
Zum Ausbau des Federbeins müssen die hier mit Pfeilen gekennzeichneten Haltemuttern gelöst werden. Keinesfalls darf die Zentralmutter (2) der Stoßdämpfer-Kolbenstange (1) gelöst werden, ohne daß die Feder mit Federspannern gesichert ist.

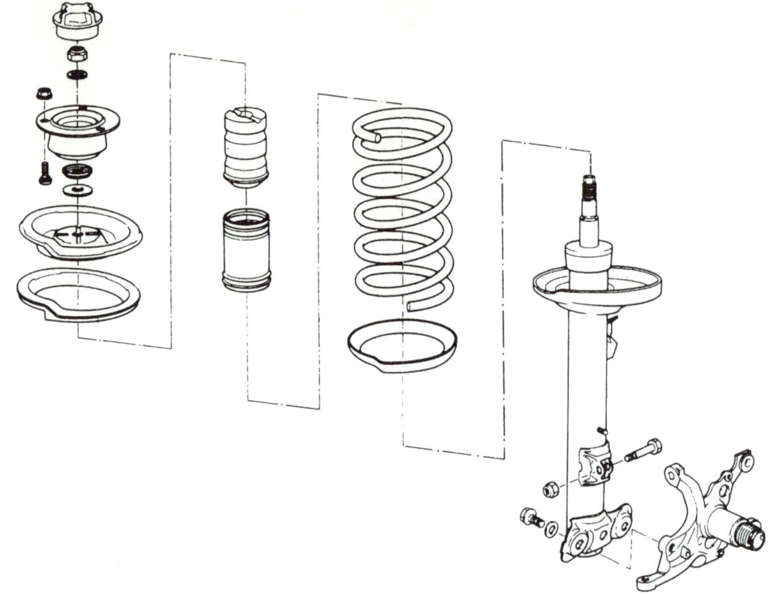

Die Zeichnung zeigt alle Teile des Federbeins in der Reihenfolge des Zusammenbaus.

○ **Ungleichmäßige Abnutzung der Reifen** und erhöhter Reifenverschleiß.
○ **Erhebliche Ölspuren außen am Stoßdämpfer** bzw. bis unter den Federteller des Federbeins. Geringe Leckverluste sind dagegen normal.

Vorderradaufhängung zerlegen

An den Teilen der vorderen Radaufhängung läßt sich manches selbst aus- und einbauen. Für bestimmte Arbeiten sind allerdings Werkstattgeräte erforderlich. Beschädigte Teile der Radaufhängung dürfen nicht gerichtet oder gar geschweißt, sondern müssen grundsätzlich erneuert werden.

Federbein vorn komplett ausbauen

● Vorderrad abbauen.
● Kabel und Bremsschlauch aus der Halterung am Federbein nehmen.
● Eine Radschraube eindrehen, Radnabe mit Bremssattel mit Draht an der Karosserie festbinden.
● Verbindungsstange zum Stabilisator vom Federbein losdrehen.
● Beide unteren Befestigungsschrauben des Federbeins herausdrehen.
● Obere Paßschraube lösen.
● Am Federbeindom im Motorraum die drei Sechskantmuttern lösen.

● Federbein nach unten herausnehmen.
● Zum Einbau sämtliche Schrauben und Muttern durch neue ersetzen. Die unteren Befestigungsschrauben des Federbeins sind mikroverkapselt. Vor dem Eindrehen der neuen Schrauben Gewindebohrungen im Achsschenkel reinigen.
● Für die verschiedenen Bauteile gelten folgende Anzugsdrehmomente: Achsschenkel an Federbein (alle drei Schrauben): 107 Nm; Stoßdämpfer-Kolbenstange an Stützlager: 44 Nm; Federbein-Stützlager an Karosserie: 22 Nm.

Stoßdämpfer vorn ausbauen

Zu dieser Arbeit, die am ausgebauten Federbein durchgeführt wird, ist eine Federspannvorrichtung dringend erforderlich. Zwei Federspanner werden mindestens gebraucht; besser sind drei. Ohne Verwendung der

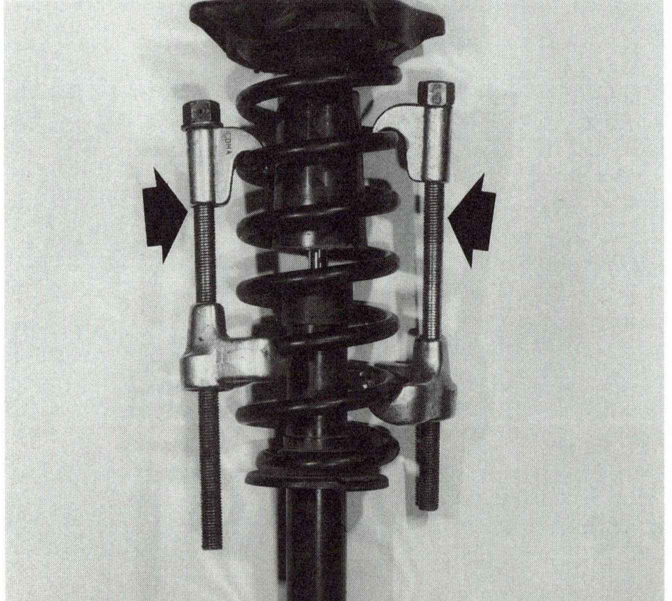

Federspannklammern (schwarze Pfeile) werden gebraucht, um bei ausgebautem Federbein die Feder vom Stoßdämpfer zu trennen.

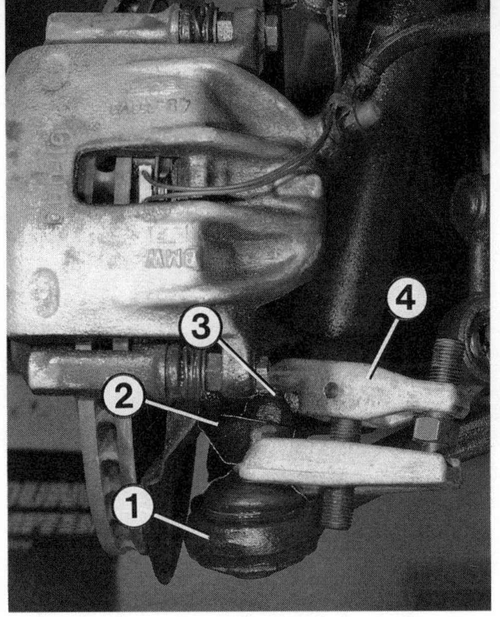

Ausbau des Querlenkers.
Links: Der Bolzen (3) des Achsgelenks (1) wird mit einem Abzieher (4) aus der Aufnahme im Federbein (2) gedrückt.
Rechts: Das innere Gelenk (3) des Querlenkers (1) wird durch Schläge mit dem Kunststoffhammer vom Achsträger (2) gelöst.

Federspannvorrichtung darf die Mutter oben an der Stoßdämpfer-Kolbenstange nicht gelöst werden, denn die Feder steht unter hoher Vorspannung. Die Federbeinteile würden explosionsartig auseinanderfliegen – **Unfallgefahr!** Außerdem läßt sich die entspannte Feder anschließend so nicht mehr einbauen. Federspanner führt der Zubehörhandel.

● Federbein ausbauen.

● Federbein ganz unten und auch dort nur sehr vorsichtig und mit Holz-Zwischenlagen in einen Schraubstock einspannen. Keinesfalls am zylindrischen Stück einspannen; das Rohr wird sonst eingedrückt.

● Federspanner an den Federwindungen ansetzen und Feder zusammenspannen. Damit die Federspanner nicht abrutschen, die betreffenden Federwindungen evtl. mit Klebeband umkleben.

● Abdeckung oben im Federbein abnehmen und die selbstsichernde Mutter auf der Stoßdämpfer-Kolbenstange lösen. Kolbenstange am Sechskant gegenhalten.

● Stützlager und Feder abnehmen.

● Beim **Einbau** Schutzrohr und Gummi-Zusatzfeder einsetzen.

● Unterlage der Schraubenfeder prüfen. Feder so in die Federteller einsetzen, daß die Federenden an den dafür vorgesehen Aussparungen anliegen.

● Stützlager mit allen Unterlegscheiben montieren.

● Selbstsichernde Mutter der Stoßdämpfer-Kolbenstange mit 75 Nm anziehen.

● Federspanner lösen; dabei Feder ausrichten.

● Federbein einbauen.

An Werkzeugen brauchen Sie einen Spurstangenabzieher (BMW 311110 oder ähnlichen) und einen Kunststoffhammer.

● Vorderrad abbauen.

● Eine Radschraube wieder eindrehen und Radnabe mit Bremssattel mit Draht an der Karosserie festbinden.

● Haltemutter des äußeren Achsgelenks so weit herausdrehen, bis sie am Federbein anliegt.

● Beide unteren Befestigungsschrauben des Federbeins losdrehen.

● Obere Paßschraube lösen.

● Haltemutter des äußeren Achsgelenks vollends herausdrehen und Gelenk mit dem Abzieher vom Achsschenkel abdrücken.

● Gummilager des Querlenkers von der Karosserie abschrauben.

● Haltemutter des inneren Achsgelenks oben am Vorderachsträger abschrauben.

● Gelenk durch seitliche Schläge mit dem Kunststoffhammer vom Vorderachsträger lösen.

● Beim Einbau neue selbstsichernde Muttern und Schrauben verwenden. Die Gewindebohrungen im Achsschenkel reinigen. Erst dann die mikroverkapselten Schrauben eindrehen.

● Folgende Anzugsdrehmomente gelten: Achsgelenk an Vorderachsträger: 85 Nm; Achsgelenk an Achsschenkel (Federbein): 62 Nm; Gummi/Metall-Lager an Karosserie: 47 Nm; Achsschenkel an Federbein (alle drei Schrauben): 107 Nm.

● Radeinstellung kontrollieren lassen.

Querlenker ausbauen

Das Gummi/Metall-Lager am hinteren Ende des Querlenkers dürfte wohl zu den am ehesten verschleißenden Teilen der Vorderachse gehören. Dementsprechend ist es auch – im Gegensatz zu den Achsgelenken, die es nur komplett mit Querlenker gibt – einzeln austauschbar. Gebraucht wird ein kleiner Klauenabzieher, das Gleitmittel von BMW (HWB-Nr. 81229407284) sowie zwei Gummi/Metall-Lager, denn die Reparatur muß prinzipiell immer an beiden Fahrzeugseiten durchgeführt werden. Im folgenden ist der Austausch des kompletten Gummi/Metall-Lagers beschrieben (mit Anschraubflansch). Komplizierter – weil mehr Fehlermöglichkeiten zulassend – ist der alleinige Austausch des Gummiteils.

Gummi/ Metall-Lager des Querlenkers auswechseln

Das Gummi/Metall-Lager des Querlenkers (1) ist mit einem Halter (2) an der Karosserie angeschraubt. Position »3« zeigt die Befestigungsschrauben.

● Hinten aus dem Gummi/Metall-Lager herausschauenden Zapfen des Querlenkers ankörnen.
● Gummi/Metall-Lager von der Karosserie abschrauben.
● In der Körnung die Spindel des Klauenabziehers ansetzen und so das Gummi/Metall-Lager vom Querlenker abziehen. Altes Gummi/Metall-Lager nicht mehr verwenden!
● Zapfen des Querlenkers mit Gleitmittel BMW HWB-Nr. 81 22 9 407 284 bestreichen. Kein anderes Produkt verwenden!
● Gummi/Metall-Lager richtig ausrichten: Die Zentrierbohrungen der beiden Befestigungslöcher (etwas größerer Durchmesser) müssen nach oben zeigen.
● Gummi/Metall-Lager in dieser Position auf den Zapfen des Querlenkers unter Verwendung einer Zwischenlage aufschlagen. Als Zwischenlage eignet sich ein stabiles Brett mit einem Loch für den Querlenker-Zapfen.
● Klappt das Aufschlagen nicht, Querlenker ganz ausbauen und Gelenk auf einer Reparaturpresse montieren lassen.
● Gummi/Metall-Lager sofort an die Karosserie anschrauben und den Wagen in »Normallage« bringen.
● Wagen jetzt mindestens 30 Minuten nicht bewegen. In dieser Zeit verdunstet das Gleitmittel, und das Gummi/Metall-Lager saugt sich auf dem Querlenker fest. Diese Einbauhinweise unbedingt befolgen, sonst leidet das Fahrverhalten!
● Zweite Fahrzeugseite reparieren.

Stabilsator ausbauen

● Wagen gleichmäßig vorn aufbocken.
● Links und rechts die Befestigungsmuttern des Stabilisators von den Kugelbolzen der Verbindungsstangen losdrehen.
● Beide Gummilager vom Wagenboden abschrauben.
● Stabilisator vom Unterboden abnehmen.
● Verschlissene Gummilager ersetzen. Hierzu den Stabilisator säubern und neue Gummilager ohne Fett einbauen.
● Zum Einbau neue selbstsichernde Muttern verwenden.

● Muttern zunächst nur handfest eindrehen.
● Wagen jetzt ablassen; er muß sich mit beiden Vorderrädern in »Normallage« befinden.
● Erst jetzt die Befestigungsmuttern der Gummilager mit 22 Nm anziehen.
● Rechts und links die Muttern für den Stabilisator mit 59 Nm festdrehen, dazu den Kugelbolzen mit einem Gabelschlüssel gegenhalten.

Arbeiten an der Hinterachse

Stoßdämpfer ausbauen

Außer den neuen Stoßdämpfern benötigen Sie neue selbstsichernde Muttern für die Stützlager oben. Stoßdämpfer sollten möglichst paarweise ausgewechselt werden, um gleichmäßige Dämpfung sicherzustellen.
● Seitenverkleidung im Kofferraum abbauen.
● Abdeckkappe oben am Stützlager abziehen.
● Beide Muttern am Stoßdämpfer-Stützlager losdrehen.
● Wagen hochbocken.
● Stoßdämpfer-Befestigungsschraube unten herausdrehen und Stoßdämpfer abnehmen.
● Beim Einbau Stoßdämpfer zunächst nur handfest anschrauben.

● Wagen jetzt ablassen; er muß sich mit beiden Hinterrädern in »Normallage« befinden.
● Jetzt erst die untere Stoßdämpfer-Befestigungsschraube mit 100 Nm festdrehen.
● Stützlager mit 21 Nm an der Karosserie festschrauben.

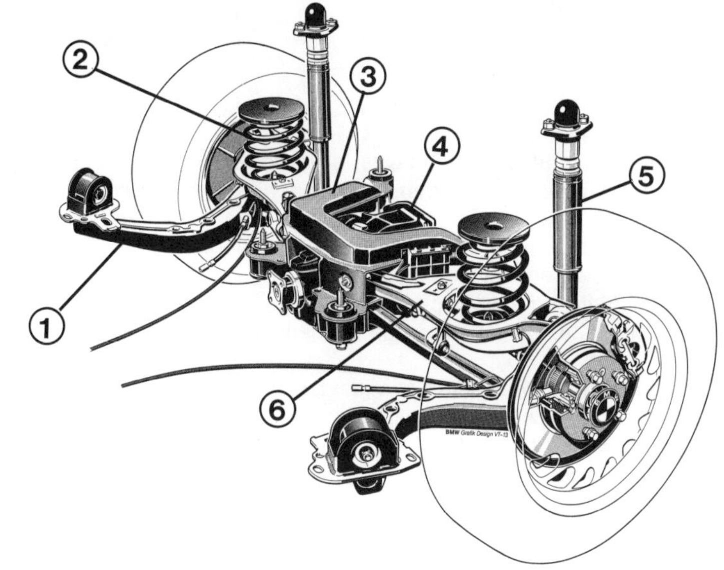

Die Hinterachse unserer BMW-Modelle besteht aus folgenden Teilen:
1 – Längslenker;
2 – Feder;
3 – Achsträger;
4 – Hinterachsgetriebe;
5 – Stoßdämpfer;
6 – oberer Querlenker.

Fingerzeig: Stoßdämpfer sollten immer senkrecht stehend gelagert werden. Bei liegender Lagerung fließt das Dämpferöl in den oberen Dämpferbereich, und der Stoßdämpfer kann im Betrieb Klappergeräusche verursachen. Zurückfließen des Öls erreicht man nur, indem man den Stoßdämpfer 24 Stunden lang mit voll ausgezogener Kolbenstange bei Zimmertemperatur senkrecht stellt.

● Wagen aufbocken und Hinterrad abnehmen.
● Längslenker abstützen, damit die Achsaufhängung nach Lösen des Stoßdämpfers nicht zu weit nach unten sackt.
● Stabilisator am Längslenker und am Hinterachsträger losschrauben.
● Befestigungsschraube oben innen am unteren Querlenker einige Umdrehungen lockern.
● Untere Halteschraube des Stoßdämpfers lösen. Achtung! Die Radaufhängung sackt jetzt nach unten.
● Abstützung des Längslenkers vorsichtig und lang-

Feder ausbauen

sam absenken. Radaufhängung nach unten drücken und Feder zur Seite herausziehen.
● Federunterlagen oben und unten auf Verschleiß prüfen, ggf. ersetzen.
● Beim Einbau obere Federunterlage mit Gleitmittel bestreichen und deren genaue Einbaulage beachten.
● Beim Zusammenbau gelten folgende Anzugsdrehmomente: Stoßdämpfer an Längslenker: 100 Nm; Querlenker an Hinterachsträger (Schraube erneuern): 40 Nm+130° weiterdrehen.

● Kardanwelle am Hinterachsgetriebe losschrauben.
● Längslenker abstützen. Befestigungsschraube außen unten am Längslenker lösen.
● Hinterachsgetriebe abstützen und losschrauben. Die Antriebswellen bleiben angeschraubt.
● Hinterachsgetriebe etwas absenken und so weit wie möglich nach hinten herausziehen.

Unteren Querlenker ausbauen

● Halteschrauben des Querlenkers lösen und Lenker abnehmen.
● Drehmomente beim Einbau: Querlenker an Hinterachsträger (Schraube erneuern): 40 Nm+130° weiterdrehen; Querlenker an Längslenker: 110 Nm.
● Nach dieser Arbeit muß die Radeinstellung kontrolliert werden.

Die beiden Abbildungen zeigen den oberen und den unteren Befestigungspunkt (Pfeile) des hinteren Stoßdämpfers.

Oberen Querlenker ausbauen

- Feder ausbauen.
- Stabilisatorstütze oben am Querlenker lösen.
- Halteschraube oben außen am Querlenker herausdrehen.
- Hinterachsgetriebe abstützen und losschrauben. Die Antriebswellen bleiben angeschraubt.
- Leitung für Bremsbelag-Verschleißanzeige und ABS-Sensor aus den Halterungen aushängen.
- Befestigungsschraube oben innen losdrehen und Querlenker abnehmen.
- Anzugsdrehmomente beim Einbau: Querlenker an Hinterachsträger (Schraube erneuern): 40 Nm +130° weiterdrehen; Querlenker an Längslenker: 110 Nm.
- Nach dieser Arbeit muß die Radeinstellung kontrolliert werden.

Längslenker ausbauen

Der Längslenker wird schnell in Mitleidenschaft gezogen, wenn beispielsweise bei Straßenglätte das Wagenheck seitlich wegwischt und dabei das Rad einen stabilen Randstein trifft.

Beim Auswechseln des alten Längslenkers gegen ein Neuteil treten für den Selbsthelfer Probleme auf: So muß das Radlager genauso unter einer Reparaturpresse eingesetzt werden wie die Gummi/Metall-Lager, mit denen der Längslenker gelenkig befestigt ist. Diese Teilarbeit müßte also in jedem Fall die Werkstatt vornehmen. Der Rest läßt sich in Eigenregie bewältigen.

Anders verhält es sich, wenn bei einem älteren Wagen ein gebrauchter, aber noch einwandfreier Längslenker vom Autoverwerter eingesetzt wird. Dann sind diese Teile bereits eingebaut. Auf die genannten Fälle bezieht sich die nachfolgende Arbeitsbeschreibung. Es wird also von einem bereits komplettierten Längslenker ausgegangen:

- Hinterrad abbauen.
- Handbremsseil ausbauen.
- ABS-Sensor losschrauben.
- Bremsschutzblech abbauen.
- Antriebswelle ausbauen.
- Bremsflüssigkeit mit einer großen Injektionsspritze aus dem Vorratsbehälter absaugen und Bremsleitung an der Verschraubung trennen. Halter der Bremsleitung ebenfalls lösen.
- Stabilisator am Querlenker losschrauben.
- Längslenker von unten abstützen, damit die Achsaufhängung nach Lösen des Stoßdämpfers nicht zu weit nach unten sackt.
- Verbindungsschrauben Querlenker unten und oben/Längslenker lösen.
- Untere Stoßdämpferhalteschraube herausdrehen. Achtung! Jetzt sackt die Radaufhängung ein Stück nach unten.
- Längslenker mit Lagerbock vorn abschrauben.
- Beim Einbau gelten folgende Anzugsdrehmomente: Querlenker an Längslenker oben und unten: 110 Nm; Längslenker-Lagerbock vorn an Karosserie: 77 Nm; Antriebswelle an Radnabe: 25 Nm.
- Radeinstellung kontrollieren lassen.

Die Lenkung

Der BMW hat eine Zahnstangenlenkung. Ein Ritzel am Ende der Lenksäule greift in eine Zahnstange ein und verschiebt diese je nach Drehrichtung am Lenkrad nach rechts oder links. Um Fahrbahnstöße vom Lenkrad fernzuhalten, ist beim 316i ohne Servolenkung ein Lenkungsdämpfer am Lenkgetriebe angeschraubt.

Die Servolenkung

Ab 318i besitzen unsere Vierzylinder-Modelle eine hydraulische Lenkkraftunterstützung – daher das Wort Hydro-Lenkung. Die unterstützende Hilfskraft ist dabei die unter hohem Druck stehende Hydraulikflüssigkeit, die im Lenkgetriebegehäuse auf die als Kolben fungierende Zahnstange geleitet wird.

Prüfen der Lenkgetriebemanschetten (Pfeil) auf Risse: Durch Auseinanderziehen der Falten lassen sich Undichtigkeiten am leichtesten erkennen. Zusätzlich die Schlauchbinder an beiden Enden der Lenkgetriebemanschette kontrollieren. Sie dürfen nicht von Rost geschwächt sein.

In welche Richtung dabei gepumpt werden soll, bestimmen Sie beim Drehen des Lenkrades. Diese Drehung wird auf ein Ventilsystem übertragen, das Richtung und Menge des Flüssigkeitsstromes regelt. Den Druck im hydraulischen System erzeugt eine Flügelpumpe, die der Motor über einen Keilriemen antreibt.

Hinter der Ölwanne des Motors finden wir das Lenkgetriebe, dessen Zahnstange von Gummimanschetten geschützt wird. Diese müssen regelmäßig kontrolliert werden. Ein rissiger Faltenbalg läßt Wasser und Staub ins Lenkgetriebe dringen, und diese Mischung produziert in Verbindung mit der Fettfüllung eine Art Schleifpaste, die Zahnstangenführung und Lenkritzel arg in Mitleidenschaft zieht. Rechtzeitige Kontrolle spart also Geld:

Wartung Nr. 27

● Faltenbalg mit der Hand auseinanderziehen, um Risse in den Gummiwülsten zu erkennen.
● Sitzen die beiden Schlauchbinder an den Enden der Gummimanschetten noch fest?

● Eine defekte Manschette sofort ersetzen.

Im Lenkgetriebe der Servolenkung befindet sich als Hydraulikflüssigkeit die vom Getriebe her bekannte ATF. Die Flüssigkeit wird von der Flügelpumpe unter hohen Druck gesetzt, weshalb schon bei kleinen Undichtigkeiten mit viel Flüssigkeitsverlust zu rechnen ist. Aus Sicherheitsgründen – schließlich wird die Lenkung ohne Servounterstützung schlagartig extrem schwergängig – sollte daher die Dichtheit des Systems geprüft werden. Um es nochmals zu sagen: Der Wagen läßt sich auch ohne Lenkkraft-Unterstützung steuern – allerdings bedeutend schwerer. Hier die Kontrolle:

Wartung Nr. 26

● Die Überprüfung findet gewissermaßen mit der Kontrolle des Flüssigkeitsstands im Vorratsbehälter statt. Denn fehlt keine Flüssigkeit, kann sie auch nirgendwo ausgetreten sein. Wenn doch:
● Lenkrad bei laufendem Motor einmal nach rechts und nach links bis zum Anschlag drehen. So baut sich der größtmögliche Leitungsdruck in der Servolenkung auf, und Undichtigkeiten werden am ehesten sichtbar.
● Lenkrad von Helfer am Anschlag festhalten lassen und folgende Stellen auf Undichtigkeiten prüfen:

● Am Drehkolbenventil: Es sitzt etwa dort, wo die Lenksäule ins Lenkgetriebe mündet.
● An der Abdichtung der Lenkhebelwelle unten am Lenkgetriebe.
● An der Flügelpumpe der Servolenkung: Zum Feststellen von Undichtigkeiten muß evtl. vorher eine Motorwäsche durchgeführt werden.
● An den Leitungsanschlüssen: Alle Anschlüsse einzeln prüfen und evtl. nachziehen (40 Nm).

Die gelenkigen Spurstangenköpfe an den Enden der Spurstangen bestehen aus Stahl-Kugelköpfen, die mit etwas Fett wartungsfrei in eine Kunststoffschale eingebettet sind. Schutz vor Staub und Feuchtigkeit erhalten die Gelenke durch Gummikappen, deren Zustand öfters kontrolliert werden soll.

Wartung Nr. 11

● Kontrollieren Sie die Staubschutzmanschetten rundum auf Risse.

● Spurstangenköpfe mit gerissenen Manschetten sind generell als defekt anzusehen – austauschen.

Links: Lenksäule und Lenkgetriebe sind mit einer solchen Gelenkscheibe (Pfeil) verbunden. Weist die Lenkung Spiel auf, kann eine verschlissene Gelenkscheibe die Ursache dafür sein.
Rechts: Die Hochdruckpumpe der Servolenkung (Pfeil) sitzt links vorn am Motor und wird vom Keilriemen (siehe Kapitel »Die Lichtmaschine«) angetrieben.

Genau wie die Achsgelenke bedürfen auch die Spurstangengelenke einiger Aufmerksamkeit. Die Staubschutzmanschetten (Pfeil) dürfen weder rissig noch porös sein, sonst gelangt Schmutz in das Gelenk und die Spurstange bekommt Spiel.

● Eventuelles Spiel im Gelenk wird bei auf dem Boden stehenden Wagen geprüft. Am besten geht das auf einer Montagegrube.
● Lassen Sie einen Helfer das Lenkrad mehrmals kurz nach links bzw. rechts drehen und fühlen Sie mit der Hand am Gelenk, ob Spiel vorhanden ist.

● Spurstangenköpfe mit Spiel sofort ersetzen!
● Auf gleiche Weise kontrollieren Sie, ob die Spurstangengelenke am Lenkgetriebe spielfrei sind.
● Unter dem Wagen liegend wird gleich geprüft, ob sich Verschraubungen am Lenkgetriebe oder an der Lenksäule gelockert haben. Ggf. nachziehen.

Lenkungsspiel prüfen

Wartung Nr. 28

● Linkes Seitenfenster herunterkurbeln/-fahren. Stellen Sie sich neben den Wagen.
● Durchs Fenster greifen und Lenkrad kurz hin und her drehen.

● Bewegt sich das linke Vorderrad aus der Geradeausstellung sofort mit? Achten Sie auf die Felge, denn der elastische Reifen kann einen Teil des Einschlags »schlucken«, ehe er sich bewegt.

Ursachen für Lenkungsspiel

Spiel in der Lenkübertragung kann ausgelöst werden von:
○ Verschleiß im Lenkgetriebe. Es kann nicht nachgestellt werden
○ ausgeschlagenen Spurstangengelenken
○ einem defekten Kreuzgelenk der Lenksäule
○ einer verschlissenen Gummi-Gelenkscheibe in der Lenksäule

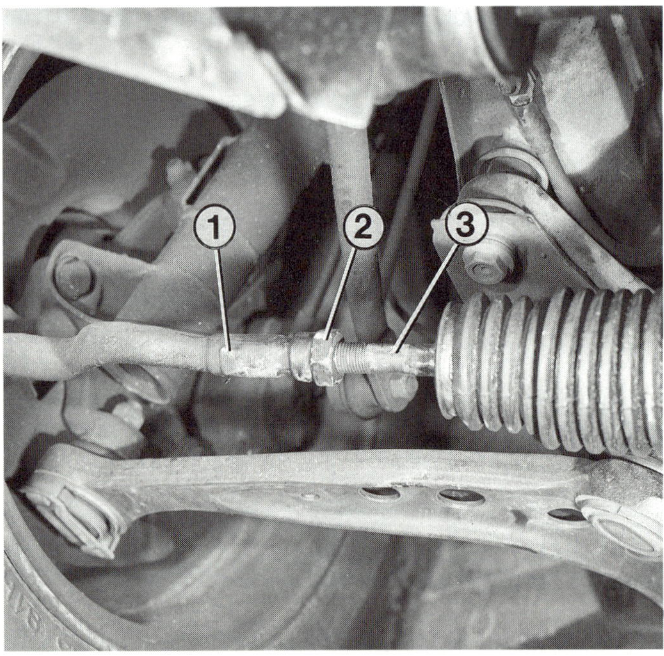

Nach Lösen der Kontermutter (2) lassen sich die beiden Teile der Spurstange (1 und 3) gegeneinander verdrehen. Dadurch verändert sich die Länge der gesamten Spurstange, wodurch die Spur eingestellt wird.

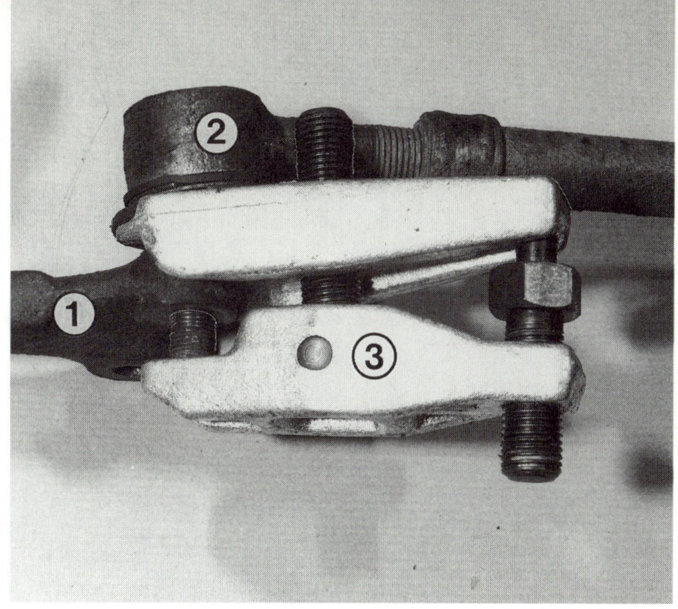

Mit dem Spurstangenabzieher (3) wird das Spurstangengelenk (2) aus dem Lenkhebel am Federbein (1) herausgedrückt.

Was zum Prüfen des ATF-Stands in der Servolenkung zu sagen ist, finden Sie im Kapitel »Schmieren aller Teile« beschrieben.

Spurstangenkopf auswechseln

Gebraucht wird ein Spurstangenabzieher bzw. ein kleiner Klauenabzieher. Denn der Spurstangenkopf kann nach Lösen der Schraube nicht einfach aus dem Lenkhebel herausgezogen werden; er ist mit einem sogenannten Haftkegel eingesetzt. Die kegeligen Ausformungen an Spurstangenkopf und Lenkhebel passen »saugend« ineinander und können dann nicht mehr ohne Hilfsmittel getrennt werden. Für das Spurstangengelenk benötigen Sie ferner eine neue selbstsichernde Mutter.

Mit einem Abzieher (der sich schon beim ersten Einsatz amortisiert) geht die Arbeit so:

● Rad abnehmen.
● Selbstsichernde Mutter am Spurstangenkopf losdrehen.
● Spurstangenkopf mit dem Abzieher nach unten aus dem Lenkhebel am Federbeingehäuse herausdrücken.
● Verschraubung an der Klemmschelle lösen.
● Lage der Spurstangenkopf-Verschraubung anzeichnen, dann stimmt die Spur nach dem Zusammenschrauben wieder einigermaßen.
● Spurstangenkopf abschrauben.
● Markierung auf den neuen Spurstangenkopf über-

Nach Lösen der Lenkgetriebemanschette (5) von der Rosette (1) an der Spurstange (2) ist das innere Spurstangengelenk (3) zugänglich. Das Sicherungsblech (4) wird nach Abschrauben des Gelenks grundsätzlich erneuert.

111

Nach Abhebeln des BMW-Emblems in der Lenkradmitte ist die Lenksäulenmutter zum Abschrauben des Lenkrads zugänglich. Als Werkzeug eignet sich am besten eine Stecknuß mit Verlängerung (Pfeil).

tragen und neuen wieder bis zur Markierung eindrehen.
● Kugelbolzen des Spurstangenkopfes in den Lenkhebel hineindrücken, ggf. vorsichtig hineinklopfen. Beide Teile müssen frei von Fett sein.

● Neue selbstsichernde Mutter mit 33–40 Nm, Verschraubung an der Klemmschelle mit 45 Nm anziehen.

Spurstange komplett auswechseln

Gebraucht wird ein neues Sicherungsblech für das innere Spurstangengelenk.
● Spurstangenkopf vom Lenkhebel trennen.
● Spannband außen am Faltenbalg lösen, Faltenbalg zurückschieben.
● Sicherungsblech am inneren Spurstangengelenk mit einer Zange aufbiegen.
● Gelenk mit Gabelschlüssel abschrauben: Zahnstange mit zweitem Gabelschlüssel gegenhalten.
● Zum **Einbau** neues Sicherungsblech verwenden.

Sicherungsblech mit seiner Zunge in die Aussparung am Lenkgetriebe einsetzen.
● Verschraubung Spurstange/Lenkungs-Zahnstange mit 71 Nm anziehen.
● Sicherungsblech mit Rohrzange umbiegen.
● Lenkungs-Faltenbalg mit Spannband befestigen.

Lenkrad ausbauen
Fahrzeuge ohne Airbag

● BMW-Emblem in Lenkradmitte mit einem schmalen Schraubendreher ausheben.
● Lenkrad in Sperrstellung einrasten lassen.
● Lenksäulenmutter mit Stecknuß SW 22 lösen.
● Lenkschloß wieder entriegeln.
● Vorderräder genau geradeaus stellen, so daß die Lenkradspeichen symmetrisch stehen.
● Mutter und Unterlegscheibe abnehmen, Lenkrad mit ruckelnden Bewegungen abziehen. Achtung!

Blinkerrückstellnocken beim Abziehen nicht beschädigen.
● Vor dem Einbau Schleifring am Lenkrad mit etwas Fett bestreichen.
● Beim Aufsetzen des Lenkrades auf die symmetrische Ausrichtung der Speichen achten.
● Lenkschloß einrasten lassen.
● Lenksäulenmutter mit 63 Nm anziehen.

Die beiden Pfeile zeigen auf die Halteschrauben des Lenkgetriebes.

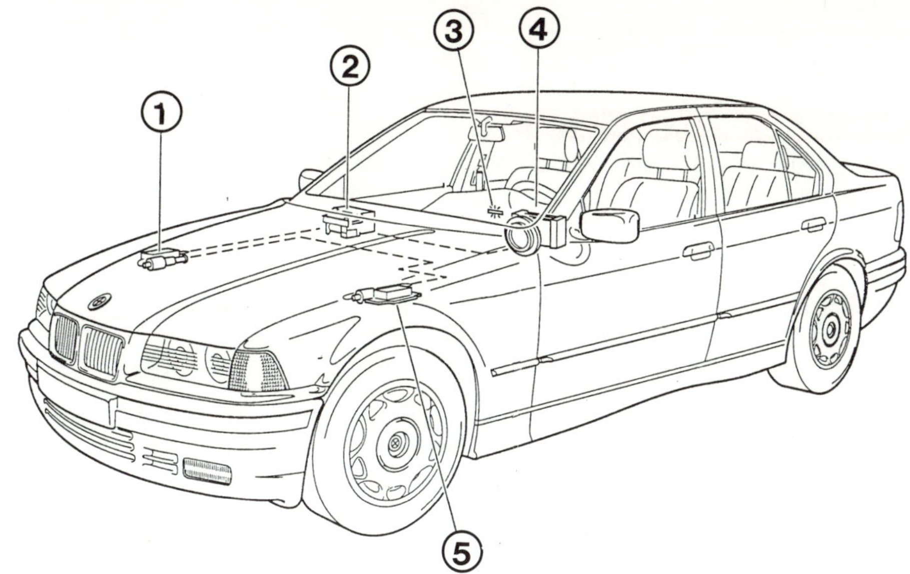

Die Bauteile des Air-
bag-Systems und ihre
Einbaulage im Fahr-
zeug zeigt diese Zeich-
nung:
1 und 5 – Crash-Senso-
ren links und rechts
am Radkasten;
2 – Steuergerät;
3 – Airbag-Kontroll-
leuchte im Kombi-
Instrument;
4 – Lenkrad mit Airbag-
Einheit (Luftsack, Gas-
generator, Zündpille
und Kontaktriemen).

Seit 9/92 ist der BMW serienmäßig auf der Fahrerseite mit Airbag ausgerüstet (bis zu diesem Zeitpunkt nur als Sonderausstattung), was am anders geformten Lenkrad mit großer Prallplatte erkennbar ist. Unter dieser befindet sich ein Luftsack, der bei Unfällen von einer kleinen Menge Fest-Treibstoff gezündet wird. Die Zündung erfolgt bei einem Aufprall mit mindestens 18 km/h auf ein starres Hindernis bzw. vergleichbar höherer Geschwindigkeit bei Kollision zweier Fahrzeuge. Wie stark der Aufprall ist, melden die Crash-Sensoren auf den Radkästen vorn im Motorraum an die Diagnose-Einheit links unter dem Armaturenbrett, die dann gegebenen-falls die »Zündpille« im Lenkrad auslöst.
Schutz bietet der Airbag übrigens nur in Verbindung mit Sicherheitsgurten – er kann sie nicht ersetzen. Er bewahrt nur vor Kopfverletzungen, hervorgerufen durch den Lenkradkranz.

Die Gasgeneratoren des Airbags und der Gurtstrammer (Kapitel »Innenraum«) unterliegen den Bestimmungen des Sprengstoffgesetzes. Der Umgang damit ist nur Fachkräften gestattet, denen die Sicherheitsbestimmun-gen bekannt sind.
Besonders wichtig aus dem Katalog der Vorsichtsmaßnahmen sind die folgenden:
○ Zu Arbeiten am Airbag Batterie abklemmen und Minuspol zusätzlich abdecken.
○ Zusätzlich die Steckverbindung unter dem Lenkrad trennen.
○ Bei Arbeitsunterbrechung Airbag nie unbeaufsichtigt lassen.
○ Airbag-Einheit nur mit Prallplatte (Polsterplatte) nach oben ablegen.
○ Zu Schweißarbeiten am Wagen Batterie abklemmen.
○ Nach Unfall alle Komponenten des Systems ersetzen.
○ Fahrzeug-Verschrottung nur nach Vorschrift!

Der Ausbau des Lenkrads bei einem Wagen mit Airbag kann nur einem geübten Selbsthelfer empfohlen werden. Wer unsicher ist, sollte die Werkstatt mit dieser Arbeit betrauen.

Lenkrad ausbauen
Fahrzeuge mit Airbag

● Sicherheitsvorschriften unbedingt beachten.
● Massekabel an der Batterie abklemmen.
● Untere Lenksäulenverkleidung ausbauen.
● An der Lenksäule die orangefarbene Steckverbin-dung aus der Halterung nehmen und trennen.
● Von der Lenkrad-Rückseite her die Halteschrau-ben der Polsterplatte mit BMW-Werkzeug 002110 lösen.
● Polsterplatte in Lenkradmitte mit Airbag-Einheit anheben und Stecker abziehen.
● Airbag-Einheit mit Polsterplatte nach oben vor-sichtig im Kofferraum ablegen.
● Lenkrad ausbauen, wie für Fahrzeuge ohne Air-bag beschrieben.
● Beim Lösen der Lenksäulenmutter wird in Lenk-radmitte die Sicherungsfeder wirksam, die den Kon-taktring in Mittelstellung arretiert. Kontaktring nicht verdrehen!
● Beim Einbau den Arretierstift am Lenkrad in die Aussparung oberhalb der Lenksäule einrasten las-sen.
● Kabel zur Airbag-Einheit nicht einklemmen.
● Halteschrauben der Airbag-Einheit – mit der in Fahrtrichtung gesehen rechten Schraube beginnend – mit 8 Nm anziehen.

Wartung Nr. 29

Auch bei ausgefallener Servounterstützung bleibt der BMW lenkfähig. Die Lenkung ist dann eben erheblich schwerer zu bedienen. Das eigentliche Gefahrenmoment ist jedoch der Schreck, wenn die Lenkunterstützung während der Fahrt plötzlich ausfällt.

● Die Servounterstützung funktioniert einwandfrei, wenn sich das Lenkrad bei laufendem Motor erheblich leichter drehen läßt als bei stehendem.

● Außerdem muß sich das Lenkrad von Anschlag zu Anschlag ruckfrei durchdrehen lassen.

● Wurde im Vorratsbehälter der Servolenkung abgesunkener Flüssigkeitsstand festgestellt, Dichtheit der Anlage prüfen.

Lenkungs-hydraulik entlüften

Befüllt und entlüftet werden muß das Lenksystem, wenn Einzelteile des Hydrauliksystems austauscht wurden und deshalb die Hydraulikflüssigkeit abgelassen werden mußte. Die einmal abgelassene Flüssigkeit darf nicht wieder verwendet werden. Eingefüllt wird ATF, siehe Kapitel »Schmieren aller Teile« und die Betriebsstoffliste hinten im Buch.

● Bei stehendem Motor Vorratsbehälter mit frischer ATF bis zur Peilstabmarke »MAX« auffüllen.

● Zum Entlüften Motor starten und Lenkrad je zwei Mal nach links und nach rechts zum Anschlag drehen.

● Motor abstellen und ATF bis zur »MAX«-Marke auffüllen.

Servolenkung

Die Störung	– ihre Ursache	– ihre Abhilfe
A ATF-Stand im Behälter zu niedrig	1 Eingeschlossene Luft im Hydrauliksystem hat sich selbst ausgeschieden	ATF bis »MAX«-Marke auffüllen
	2 Undichtigkeiten im Hydrauliksystem	Leitungsanschlüsse nachziehen; neue Dichtungen einsetzen. Hydraulikpumpe bzw. Lenkgetriebe ausbauen und abdichten lassen
B Lenkung ist schwergängig	1 Förderdruck der Pumpe ist zu gering	Druck prüfen lassen. Ggf. Überdruckventil der Pumpe oder komplette Pumpe ersetzen
	2 Lenkgetriebe defekt	Ersetzen lassen
	3 ATF-Stand zu niedrig	Auffüllen und entlüften
	3 Druckpunkt zu stramm eingestellt	Druckpunkt neu einstellen lassen
C Lenkgeräusche	1 Flüssigkeit mit Luftbläschen durchsetzt	Luftbläschen entweichen lassen, Undichtigkeit ermitteln, ATF auffüllen, entlüften
	2 Saugseitige Verschraubung der Pumpe undicht	Dichtungen ersetzen, Verschraubungen nachziehen
	3 Keilriemen lose	Riemenspannung prüfen

Stillgestanden!

Sind die Dinge erst einmal ins Rollen gebracht, tut man sich oft schwer, die Bewegung wieder aufzuhalten. Anders beim BMW: Seine Bewegungsenergie ist – in den Grenzen der physikalischen Möglichkeiten – dank großzügig dimensionierter Bremsen leicht zu zügeln.

Eigenarbeiten an der Bremse

Bei einer so wichtigen Einrichtung wie den Bremsen kann keine Kontrolle zu viel sein! Wenn Sie also in diesem Bereich zwischendurch mal nach dem Rechten sehen, haben Sie Ihre Wartungsaufgaben sicher besser erfüllt, als derjenige, der seinen Wagen einmal jährlich zur Wartung bringt. Denn gerade vor einer Urlaubsfahrt oder bei schon älteren Fahrzeugen sind verstärkte Kontrollen ratsam.
Andererseits erfordern Reparaturen im Bereich Bremsen ein erhöhtes Verantwortungsbewußtsein. Mit unserem Bremsenkapitel haben wir dem Selbstpfleger die Möglichkeit gegeben, z. B. auch Arbeiten an der Bremshydraulik durchzuführen. In solchen Fällen muß jeder Bastler für sich entscheiden, ob sein Kenntnisstand für eine verantwortungsvolle Ausführung dieser Arbeiten ausreicht.

So funktioniert die Bremse

○ Wenn Sie auf das Bremspedal treten, preßt eine mit dem Pedal verbundene Druckstange zwei hintereinanderliegende Kolben in den Hauptbremszylinder (hinten links im Motorraum).
○ Die Kolben verdrängen die im Zylinder eingeschlossene Bremsflüssigkeit. Der so entstandene hydraulische Druck in der Bremsanlage wird über Rohr- und Schlauchleitungen zu den Bremssätteln bzw. zu den Radbremszylindern der Trommelbremsen (Fahrzeuge ohne ABS; seit 9/91 ist ABS serienmäßig) weitergeleitet.
○ In den Bremsen drücken Kolben die Bremsklötze gegen die Bremsscheiben bzw. an den Hinterrädern von Wagen ohne ABS die Bremsbacken gegen die Bremstrommeln.
○ Den Flüssigkeitsdruck übertragen zwei voneinander unabhängige Leitungssysteme (Bremskreise), und zwar für die Vorderräder und die Hinterräder getrennt. Fällt ein Bremskreis aus, so hat das keine Wirkung auf den anderen Bremskreis.
○ Fällt der hintere Bremskreis aus, ist der Bremspedalweg länger, und Sie müssen wesentlich stärker aufs Bremspedal treten. Mit den vorderen Bremsen, die ohnehin die meiste Energie vernichten, bringen Sie den Wagen jedoch sicher zum Stehen. Einen längeren Bremsweg müssen Sie einkalkulieren.
○ Fällt der vordere Bremskreis aus, wird auch hier der Pedalweg länger, doch die Bremswirkung ist miserabel. Zudem müssen Sie bei einem Fahrzeug ohne ABS sehr vorsichtig bremsen, denn die hinteren Bremsen blockieren sehr schnell, der Wagen wird dann nahezu unbeherrschbar, weil er hinten sofort ausbricht. Der Bremsweg verlängert sich auch mit ABS um das Dreifache, also äußerste Vorsicht!
○ Die Handbremse wirkt über Seilzüge auf die Hinterräder. An Fahrzeugen mit Scheibenbremsen hinten sind eigens für die Handbremse kleine Trommelbremsen in die Bremsscheiben eingearbeitet. Mit Anziehen der Handbremse werden die Bremsbacken gegen die Bremsfläche der Trommel gepreßt.

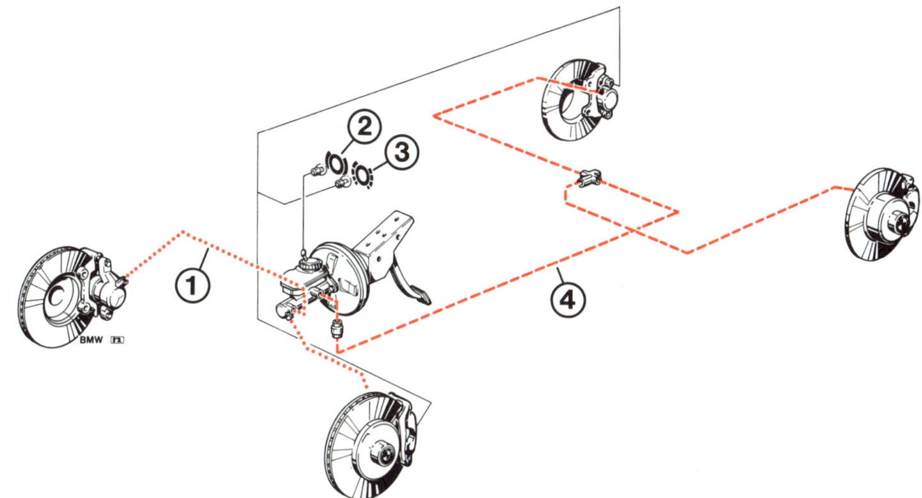

Die Bremsanlage:
1 – vorderer Bremskreis;
2 – Kontrolleuchte für Bremsflüssigkeitsstand;
3 – Kontrollampe der Bremsbelag-Verschleißanzeige;
4 – hinterer Bremskreis.

Fingerzeig: Obwohl nur ein Bremsflüssigkeitsbehälter vorhanden ist, kann bei einem undichten Bremskreis nicht die gesamte Bremsflüssigkeit auslaufen, denn der Behälter ist durch eine Zwischenwand in zwei Kammern geteilt.

Bremsen prüfen

Ständige Kontrolle

● Zuerst eine Vollbremsung bei Schrittgeschwindigkeit.

● Am Gummiabrieb auf der Straße sehen Sie bei gleich langen Spuren, daß die Bremsen gleichmäßig ziehen. Das gilt auch für Wagen mit Antiblockiersystem, denn ABS regelt unter ca. 5 km/h nicht.

● Gleiche Prüfung mit der Handbremse.

● Für die Bremsenprüfung bei höheren Geschwindigkeiten brauchen Sie eine ebene Strecke.

● Nun aus etwa 50 km/h bei losgelassenem Lenkrad, aber mit griffbereiten Händen zuerst sanft und dann scharf bis zum Stillstand abbremsen.

● Bei vollem Pedaldruck spüren Sie die harten Regelschwingungen des ABS-Systems – das ist normal.

● Zieht der Wagen beim Bremsen nach links, ist eine der rechten Radbremsen nicht in Ordnung. Das Auto zieht in Richtung des stärker gebremsten Rades. Ursachen siehe Störungsbeistand am Ende des Kapitels.

● Lassen Sie den BMW ein schwaches Gefälle hinunterrollen, um festzustellen, ob die Räder leichtgängig sind.

● Nach der Probefahrt machen Sie die Handprobe:

● Ist eine Felge auf der einen Wagenseite wärmer als auf der anderen Seite?

● Ursachen können sein ein verklemmter Bremssattel, festsitzende Radzylinder (Fahrzeuge ohne ABS) oder schwergängige Feststellbremsen.

● Bei aufgebocktem Wagen prüfen, welches Rad schwergängig ist.

Die Bremsflüssigkeit

Diese gelbliche – übrigens giftige und gegen Autolack aggressive – Flüssigkeit greift die Metall- und Gummiteile nicht an. Sie bleibt selbst bei −40°C noch ausreichend dünnflüssig, und sie hat trotz ihrer Dünnflüssigkeit den extrem hohen Siedepunkt von ca. 260°C.

Ihr Nachteil: Sie nimmt gern Wasser auf, sie ist »hygroskopisch«. Und das Wasser kann tatsächlich – z.B. über die Luftfeuchtigkeit – in die Bremsflüssigkeit gelangen: Über den Vorratsbehälter sowie durch mikroskopische Undichtigkeiten an den Bremsschläuchen und Gummimanschetten. Solche Wasseraufnahme führt nicht nur zu Korrosion an den Metallteilen der Anlage, sondern bewirkt ein rapides Absinken des Siedepunkts. Bei nur 2,5 % Wassergehalt liegt der Siedepunkt nur noch bei 150°C. Das ist bei starker Belastung der Bremsen gefährlich, weil sie sich dann sehr stark aufheizen. In der Nähe der erhitzten Bremsen können sich Dampfblasen in der Hydraulikflüssigkeit bilden. Die lassen sich zusammenpressen – das Bremspedal kann tief durchgetreten werden; manchmal tritt man sogar ins Leere! In diesem Fall kann bisweilen noch schnelles Pumpen mit dem Bremspedal helfen. Besonders gefährlich ist dieser Effekt nach dem Abstellen des Wagens nach starker Bremsbeanspruchung. Mangels Fahrtwind heizt sich die Bremsenumgebung noch stärker auf; die höchste Temperatur herrscht nach etwa 15 Minuten Standzeit. Erst nach etwa einer halben Stunde ist wieder die normale Bremsflüssigkeitstemperatur erreicht.

Vorbeugend schreibt der Wartungplan daher den Wechsel der Bremsflüssigkeit alle zwei Jahre vor. Nur die in der Betriebsstoffliste am Ende des Buches aufgeführten sind für das Bremssystem des BMW zulässig.

Stand der Bremsflüssigkeit prüfen

Ständige Kontrolle

● Zu niedriger Bremsflüssigkeitsstand wird beim BMW zwar auch durch eine Kontrolleuchte am Armaturenbrett angezeigt, doch die Sichtkontrolle sollten Sie sich dennoch nicht ersparen:

● Motorhaube öffnen und den Bremsflüssigkeits-Vorratsbehälter evtl. mit einem Lappen reinigen.

● Im durchscheinenden Flüssigkeitsbehälter muß der Bremsflüssigkeitsstand zwischen den Markierungen »MIN« und »MAX« stehen. Dann ist alles in Ordnung.

Bremsflüssigkeitsstand zu niedrig?

Sind die Scheibenbremsbeläge schon etwas abgenutzt, tendiert der Flüssigkeitsspiegel eher zur unteren Markierung; sind sie neu, steht er weiter oben. Das ist völlig normal, denn die bei abgenutzten Belägen schon etwas weiter herausgetretenen Kolben der Scheibenbremse hinterlassen in den Zylindern der Bremssättel ein größeres Volumen, das sich mit Bremsflüssigkeit füllt. Kritisch wird es dagegen, wenn die Bremsflüssigkeit in einem Behälterteil unter »MIN« abgesunken ist. Da sie nicht verdunstet oder verbraucht wird, muß sie durch ein Leck ausgetreten sein. Also schleunigst nach der Ursache suchen (siehe folgenden Wartungspunkt), bevor Sie irgendwann ins Leere treten. Nachfüllen ist Augenwischerei!

Der Stand der Bremsflüssigkeit im Vorratsbehälter (2) ist durch den Schwimmer unterhalb des Verschlußdeckels (1) gut überwacht. Über die Anschlußkabel (4) erhält die Kontrolleuchte am Armaturenbrett bei abgesunkenem Flüssigkeitsstand das Signal zum Aufleuchten. Ferner bedeuten:
3 – Leitung zum Kupplungs-Geberzylinder;
5 – Hauptbremszylinder.

Fingerzeig: Bei einem Defekt in der Kupplungshydraulik von Schaltgetriebe-Wagen kann der Pegel im Bremsflüssigkeitsbehälter erheblich absinken. Grund: Die Kupplungshydraulik deckt ihren Flüssigkeitsvorrat aus dem Bremsflüssigkeitsbehälter. Der Abzweig zur Kupplungshydraulik sitzt jedoch recht weit oben im Behälter, so daß bei einem Leck im Bereich Kupplung niemals die Bremswirkung gefährdet ist. Umgekehrt kann jedoch ein langsames Ausfallen der Kupplungsbetätigung gesunkenen Bremsflüssigkeitsstand signalisieren.

Bremsanlage auf Undichtigkeiten und Beschädigungen überprüfen

Zur Kontrolle muß die Wagenunterseite trocken sein, damit Sie undichte Stellen erkennen können. Bremsflüssigkeit kriecht auch unter Schmutz. Feuchtdunkle Stellen oder schwarzer Schmutz lassen eine Undichtigkeit vermuten.

Wartung Nr. 17

● Kontrollieren Sie sämtliche Anschluß- und Verbindungsstellen; auch die Bremssättel und den Hauptbremszylinder.
● Die Bremsschläuche dürfen weder feucht noch aufgequollen, rissig oder angescheuert sein. Sonst auswechseln.
● Die Bremsleitungen sind zum Schutz gegen Rost mit einer Kunststoffschicht überzogen. Wird diese Schutzschicht beschädigt, kann es zu Rostansatz kommen. Deshalb die Leitungen nie mit Schraubendreher, Schmirgelleinen oder Drahtbürste säubern, sondern einen alten Lappen nehmen.
● Ist die Schutzschicht beschädigt, auf die blanken Stellen Rostschutzgrundierung streichen.
● Leitungen mit Rostnarben und solche, die plattgedrückt sind, müssen ersetzt werden.

● Sind Schutzkappen auf allen Entlüftungsventilen? Sie sitzen oben an den Bremssätteln bzw. innen an den Bremsträgerblechen der hinteren Trommelbremsen bei Fahrzeugen ohne ABS.
● Die Bremsdruckprobe können Sie provisorisch selbst machen: Treten Sie voll aufs Bremspedal.
● Es darf auch nach einigen Minuten der vollen Belastung nicht nachgeben, sonst ist eine Manschette im Hauptbremszylinder defekt.
● Durch die undichte Manschette sinkt der Flüssigkeitsstand im Behälter nicht, sondern die unter Druck gesetzte Flüssigkeit mogelt sich an einem Kolben des Hauptbremszylinders vorbei auf die drucklose Seite.
● Undichte Stellen an den Kolbenmanschetten lassen sich allerdings nur bei einer genauen Druckprüfung in der Werkstatt ermitteln.

Bremsflüssigkeit wechseln

Nicht nur die schon erwähnte Gefahr von Dampfblasen macht den Bremsflüssigkeitswechsel erforderlich, sondern auch die vom aufgenommenen Wasser verursachte Korrosionsgefahr in den Bremszylindern und -leitungen. Beim Flüssigkeitswechsel geht man wie beim Entlüften vor. Gebraucht werden 2 Liter frische Bremsflüssigkeit.

Wartung Nr. 45

● Wenn möglich, Vorratsbehälter der Bremsflüssigkeit mit einer alten Injektionsspritze entleeren und gleich neu befüllen.
● So lange Bremsflüssigkeit durchpumpen, bis frische Flüssigkeit am Entlüfterventil austritt.
● Faustregel: Durch jedes Entlüfterventil 500 cm³ Bremsflüssigkeit pumpen. Dann ist garantiert überall frische Flüssigkeit im System.

● Vorgeschriebene Reihenfolge: Hinten rechts, hinten links, vorn rechts und zuletzt vorn links.
● Bei Wagen mit Schaltgetriebe zusätzlich die Bremsflüssigkeit im Leitungsstrang der hydraulischen Kupplungsbetätigung wechseln.

Messen der Belagstärke an den Vorderrad-
bremsen:
1 – Bremskolben;
2 – Trägerblech;
3 – Bremsbelagmaterial.

Fingerzeig: Bremsflüssigkeit ist giftig! Deshalb gebrauchte Bremsflüssigkeit nie in den Ausguß kippen. Auch im Altölfaß hat sie nichts verloren, denn das macht ein Recycling unmöglich. Alte Bremsflüssigkeit nur in einem eigenen Gefäß zum Sondermüll geben. Annahmestelle bei der Gemeindeverwaltung erfragen.

Die Scheibenbremsen

Zusammen mit dem Rad dreht sich eine Stahlscheibe frei im Luftstrom. Sogenannte Bremssättel umfassen sattelförmig die Scheiben. Beim Tritt auf das Bremspedal drücken Kolben die Bremsbeläge gegen die Scheiben – es wird gebremst.

Durch den Fahrtwind werden die Scheibenbremsen ständig gekühlt. Belagabrieb wird gleich weggeblasen, und ohne besondere Mechanik stellen sich die Scheibenbremsen selbst nach.

Zur Verbesserung der Bremsenkühlung besitzt der 318is innenbelüftete Bremsscheiben vorn. Die Bremsscheiben sind innen von Luftkanälen durchzogen und werden damit doppelt gekühlt.

Faustsattelbremsen

Bei den Bremsen vorn und auch hinten handelt es sich um sogenannte Faustsattelbremsen. Der Bremssattel sieht wie eine geballte Faust aus. Der Bremskolben im Zylindergehäuse drückt den inneren Belag gegen die Bremsscheibe, wodurch das Zylindergehäuse in seiner Führung herübergezogen und der Bremsklotz auf der anderen Seite ebenfalls gegen die Scheibe gepreßt wird. Es wird also nur ein Bremskolben pro Radbremse benötigt.

Die Scheibenbremse bei Nässe

Bei starkem Regen werden auch die offen liegenden Bremsscheiben naß, weshalb die Bremswirkung einen Sekundenbruchteil verspätet einsetzt. Die Feuchtigkeit zwischen Bremsscheiben und -klötzen muß erst zum Verdampfen gebracht werden. In streusalzreichen Wintern tritt diese Erscheinung verstärkt auf, wenn die auf Bremsbelägen und -scheiben sitzende Salzschicht beim Bremsen erst abgeschliffen werden muß.

Nach Fahrten im Regen oder bei winterlicher Streusalznässe sollten Sie vor mehrtägigem Abstellen des Wagens die Bremsen trockenfahren, um starken Rostansatz auf den Bremsscheiben bzw. das Festkleben der Beläge zu vermeiden. Es genügt, die letzten hundert Meter Wegstrecke mit dauernd getretenem Bremspedal zu fahren.

Scheibenbremsbeläge vorn messen

Wartung Nr. 18

Trotz der Überwachung der Bremsbeläge durch eine Kontrollampe sollten Sie die zusätzliche Sichtprüfung nicht vergessen – und das nicht nur, wenn eine Urlaubsreise ansteht.

● Die **Mindestbelagstärke** beträgt **2 mm ohne** die **Trägerplatte** gemessen. Die Trägerplatte selbst – also das Metallstück, auf das der Belag geklebt ist – hat eine Stärke von ca. 5 mm.

● Eine genaue Kontrolle der Belagstärke ist nur bei abgenommenen Rädern möglich.

● Meterstab am Belag anlegen und messen. Bremsbelag auf der Innenseite nicht vergessen.

Zustand der Bremsscheiben kontrollieren

Wartung Nr. 19

Wenn die Räder zur Belagkontrolle abgenommen sind, prüft man bei dieser Gelegenheit auch gleich den Zustand der Bremsscheiben.

● Die Scheiben dürfen keine tiefen Rillen (durch Schmutz oder zu stark abgefahrene Beläge) aufweisen. Die Riefen graben sich in neue Bremsbeläge tief ein, was deren Lebensdauer wesentlich verkürzt und die Bremswirkung herabsetzt.
● Gleiches gilt für stark verrostete Bremsscheiben – meist eine Folgen von langer Standzeit bzw. extremem Kurzstreckenverkehr.
● Riefige Bremsscheiben kann man auf einer Drehbank bis zur **Bearbeitungsgrenze** abdrehen.

● Ist jedoch das **Mindestmaß** erreicht, müssen die Scheiben paarweise ausgetauscht werden.
● Bei nicht allzu starken Riefen oder schwächerem Rostbefall helfen Politex-Bremsbeläge mit Schleifschicht.
● Eine bläuliche Verfärbung der Bremsscheibe ist ohne Bedeutung.

	Bearbeitungsgrenze	Mindestmaß
Bremsscheiben vorn unbelüftet (316i/318i)	10,4 mm	10,0 mm
Bremsscheiben vorn innenbelüftet (318is)	20,4 mm	20,0 mm
Bremsscheiben hinten	8,4 mm	8,0 mm

<u>Fingerzeige:</u> **Fahrzeuge, die nach Übersee ausgeliefert werden, sind mit sogenannten Politex-Bremsbelägen ausgestattet. Die besitzen eine dünne Schleifschicht auf dem Belagmaterial, die Rostansatz auf der Bremsscheibe – entstanden auf der langen Schiffspassage – bei den ersten Bremsungen abschleift. Die Beläge sind auch hierzulande beim BMW-Händler erhältlich und lassen sich einsetzen, wenn eine leicht riefige oder rostige Bremsscheibe geglättet werden soll.
Wurden die Bremsscheiben auf das zulässige Mindestmaß nachgearbeitet, ist ihre Lebensdauer begrenzt: Beim nächsten Belagtausch sollten die Scheiben ebenfalls ausgewechselt werden.**

Grundsätzlich müssen rechts und links beide Beläge ausgetauscht werden. Nur Beläge mit ABE verwenden. BMW schreibt die Beläge »Textar 4020« vor.
Weil die Kolben in den Bremssätteln mit zunehmendem Verschleiß der Beläge weiter herauswandern, müssen sie vor dem Einsetzen neuer, dicker Beläge zurückgedrückt werden. Hierbei wird die Bremsflüssigkeit durch die Leitungen in den Vorratsbehälter gepreßt. Wurde in der Zwischenzeit unnötigerweise Bremsflüssigkeit nachgefüllt, muß das Zuviel jetzt abgesaugt werden. Andernfalls greift die am Vorratsbehälter austretende Bremsflüssigkeit umliegende lackierte Teile im Motorraum an. Zum Absaugen nur eine absolut saubere Pipette oder alte Injektionsspritze verwenden – nie mit dem Mund ansaugen!
● Wagen vorn aufbocken und sichern.
● Rad abnehmen und Lenkung einschlagen, damit die Beläge gut zugänglich sind.
● Links Verbindungsstecker der Kabel für Bremsbelag-Verschleißanzeige aus dem Halter am Federbein nehmen und Stecker vom Gegenstück trennen.
● Abdeckkappen an der Bremsen-Innenseite abnehmen.

● Innensechskantschlüssel im nun sichtbaren Innensechskant des Führungsbolzens ansetzen und Bolzen lösen.
● Sicherungsklammer seitlich am Bremssattel abdrücken. Der eingeprägte Pfeil an der Klammer zeigt in die zu drückende Richtung.
● Bolzen herausziehen, Bremssattelgehäuse abnehmen.

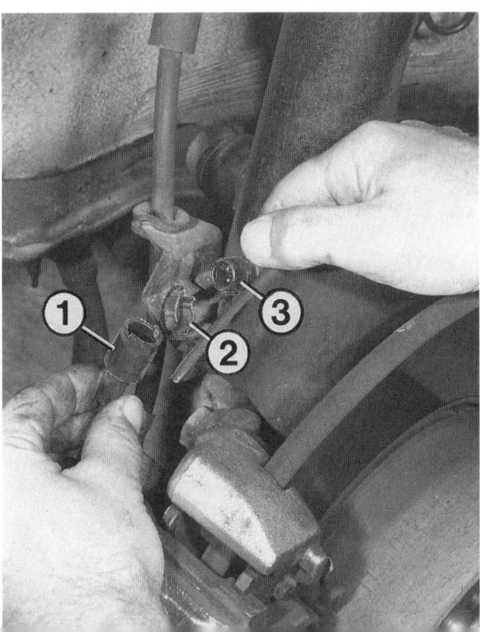

Ausbau der Beläge.
Links: Abdrücken der Sicherungsklammer in Pfeilrichtung mit einem Schraubendreher.
Rechts: Die Steckkontakte (1 und 3) der Belag-Verschleißanzeige sind in einem Halter (2) nahe des Bremssattels befestigt.

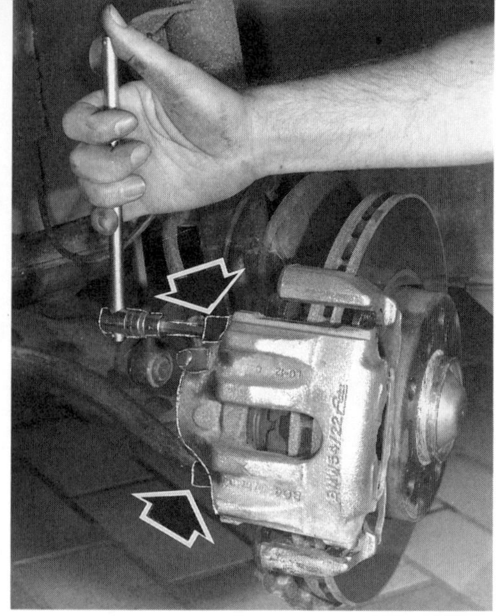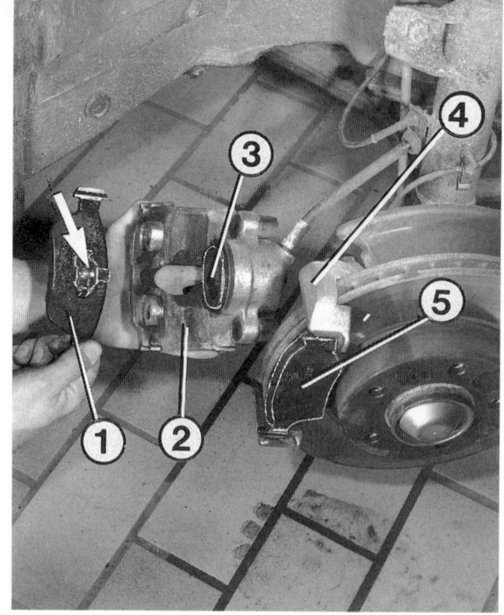

Links: Lösen der Innensechskantschrauben in den Schutzhülsen (Pfeile) nach Abnehmen des Abdeckkäppchens.
Rechts: Das Bremssattelgehäuse (2) wurde nach Lösen der Befestigungsschrauben abgenommen. Der äußere Belag (5) befindet sich noch in der Führung (4). Der innere Belag (1) wird mit seiner Federklammer (Pfeil) im Kolben (3) des Bremssattels eingesetzt.

● Damit das Bremssattelgehäuse nicht an seinem Bremsschlauch zerrt, wird es mit Draht am Federbein aufgehängt.

● Äußeren Belag aus den Führungsschienen nehmen.

● Inneren Belag vom Bremskolben lösen. Er ist mit einer Feder gesichert, die in den hohlen Kolben eingesteckt ist.

● Kolben im Bremssattel mit einer Schraubzwinge zurückdrücken. Damit der Kolben nicht verkantet oder beschädigt wird, auf den Anlagering ein kleines Brettchen legen (Bild unten rechts).

● Clip der Bremsbelag-Verschleißanzeige vorsichtig aus dem alten Belag herausheben.

● Beim Wiedereinbau auf den Federring achten. Sollte das Plastikteil der Verschleißanzeige angeschliffen sein, den Bremsbelagfühler erneuern.

● Neue Beläge einsetzen; der am Bremszylinder sitzende Belag wird mit seiner Federklammer in den Bremskolben eingesetzt.

● Zum Vermeiden von Bremsen-Quietschgeräuschen die Beläge an den Bremskolben-Anpreßstellen mit »Plastilube«-Bremspaste (Zubehörhandel) einfetten.

● Bremsklotz-Führungen und -schächte mit einer Stahlbürste reinigen. Dabei die Gummimanschette nicht beschädigen.

● Bremssattel montieren.

● Führungsbolzen mit **30 Nm** anziehen und Abdeckkappen wieder aufsetzen.

● Nach dem Zusammenbau das **Bremspedal mehrmals treten**, bis die Beläge an den Bremsscheiben anliegen. Sonst ist keine Bremswirkung vorhanden!

● Mit den neuen Bremsbelägen – wenn möglich – die ersten 500 km nur behutsam bremsen.

Bremssattel vorn ausbauen

● Rad abschrauben.

● Links vorn das Kabel der Bremsbelag-Verschleißanzeige ausstecken.

● Evtl. Bremsbeläge ausbauen.

● Halteschrauben des Bremssattels losdrehen.

● Bremssattel mit angeschraubtem Bremsschlauch

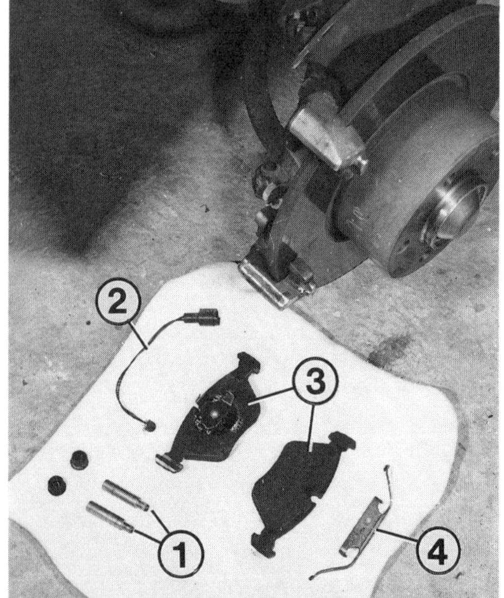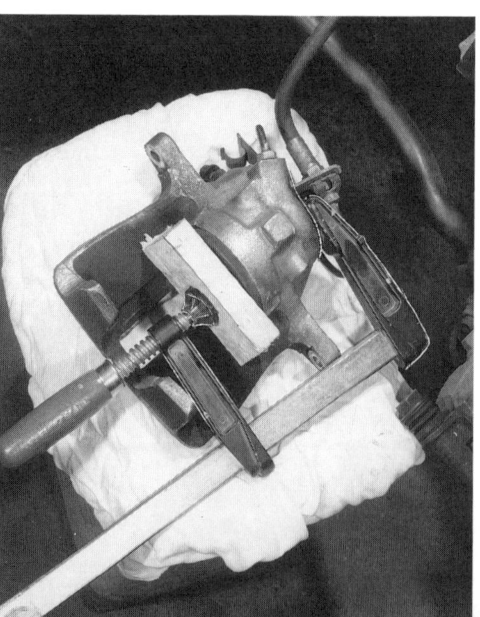

Links die Teile der vorderen Scheibenbremse:
1 – Führungsbolzen mit Aufnahme für Innensechskantschlüssel;
2 – Fühler der Bremsbelag-Verschleißanzeige;
3 – Bremsbeläge;
4 – Blechklammer.
Rechts: Hier wird der Kolben im Bremssattel mit einer Schraubzwinge zurückgedrückt, damit die neuen Bremsbeläge eingebaut werden können. Zum Schutz haben wir ein kleines Holzbrettchen zwischengelegt.

so aufhängen, daß der Schlauch nicht unter Spannung steht.
● Oder Bremsschlauch bzw. -leitung abschrauben.
● Bremspedal niederdrücken und halten, um Auslaufen von Bremsflüssigkeit zu verhindern.
● Beim Einbau beide Schrauben mit **123 Nm** anziehen.
● Bremsschlauch bzw. -leitung wieder festschrauben.

● Bremsanlage entlüften, falls der Bremsschlauch bzw. die -leitung abgeschraubt war.
● **Bremspedal** vor den ersten Metern Fahrt **mehrmals durchtreten**, bis sich normales Pedalspiel einstellt.

Bremskolben-Staub-manschette vorn auswechseln

Wurde die Bremskolbenmanschette im Bremssattel beschädigt, müssen Sie baldigst für Ersatz sorgen, sonst klemmt bald der Bremskolben aufgrund von Schmutz und Korrosion. Die Manschette gibt's leider nur zusammen mit dem Bremskolben-Dichtring (der bei der Reparatur dann übrigbleibt) zu kaufen.
● Bremssattelgehäuse abbauen, Beläge herausnehmen.
● Der Bremskolben muß ein Stück über das Bremssattelgehäuse herausragen. Ist das nicht der Fall, Bremspedal ein Stück niedertreten, bis der Kolben ca. 10 mm übersteht.
● Federring an der Bremskolbenmanschette mit schmalem Schraubendreher abhebeln.

● Alte Manschette abziehen.
● Neue Manschette in die Nut am Bremskolben einsetzen, über den Wulst am Bremssattel ziehen und mit Federring befestigen.
● Kontrolle: Die Manschette muß jetzt rundum gleichmäßig im Bremssattel sitzen. In der Nut des Bremskolbens muß sie einwandfrei anliegen.

Bremsscheibe vorn ausbauen

Bremsscheiben müssen grundsätzlich beidseitig erneuert werden. Einseitiger Wechsel kann ungleiche Bremswirkung zur Folge haben.
● Bremssattel abschrauben und mit Draht an der Karosserie befestigen; die Hydraulikleitung bleibt angeschlossen.
● Halteschraube der Bremsscheibe mit Innensechskantschlüssel losdrehen.
● Die Bremsscheibe kann nun von Hand von der Radnabe gezogen werden.

● Ist sie festgerostet, mit kräftigen Hammerschlägen nachhelfen – aber nur, wenn die Scheibe ohnehin gewechselt wird.
● Vor dem Ansetzen der neuen Bremsscheibe die Anlagefläche an der Radnabe säubern.
● Korrosionsschutzwachs von der neuen Scheibe mit Verdünnung entfernen.

Scheibenbremsen hinten

Wie an den Vorderrädern handelt es sich hier um sogenannte Faustsattelbremsen.

Scheibenbremsbeläge hinten messen

An den hinteren Scheibenbremsen erfolgt die Kontrolle des Belagverschleißes gleich wie an den vorderen. Es gelten hier ebenfalls **2 mm** als **Verschleißmaß** – gemessen **ohne Belagträgerplatte**.
Gleichzeitig mit der Belagkontrolle wird der Zustand der Bremsscheiben geprüft. Verschleißmaß und Arbeitsreihenfolge siehe weiter vorn unter »Zustand der Bremsscheiben kontrollieren«.

Wartung Nr. 18

Links: Bei der hinteren Scheibenbremse können Sie den Belagverschleiß nach Abnahme des betreffenden Rades mit einem Meterstab kontrollieren. Position »1« zeigt das Bremsbelagmaterial, »2« den Belagträger.
Rechts: Abdrücken der Blechklammer mit einem Schraubendreher zum Belagwechsel.

Scheibenbremsbeläge hinten erneuern

Generell müssen beide Beläge an beiden Fahrzeugseiten ausgetauscht werden. Nur Beläge mit ABE verwenden. BMW schreibt die Beläge »Textar 4021« vor.
● Hinterräder abbauen.
● Abdeckkappen der Führungsbolzen abdrücken.
● Rechts den Verbindungsstecker der Bremsbelag-Verschleißanzeige aus dem Halter nehmen und Steckverbindung trennen.
● Innensechskantschlüssel im nun sichtbaren Innensechskant des Führungsbolzens ansetzen und Bolzen lösen.
● Blechklammer außen am Bremssattel herausdrücken.
● Bremssattel abnehmen.
● Äußeren Bremsbelag abnehmen. Inneren Bremsbelag mit der Feder im Bremskolben aushängen.
● Kolben im Bremssattel mit Schraubzwinge und Holzbrettchen zurückdrücken, wie im Bild Seite 120 unten rechts am vorderen Bremssattel gezeigt.

● Darauf achten, daß beim Zurückdrücken der Bremsflüssigkeitsbehälter nicht überläuft.
● Neue Beläge einsetzen.
● Beschädigten Belagfühler ersetzen.
● Führungsbolzen mit **30 Nm** anziehen und Abdeckkappen wieder aufsetzen.
● Nach dem Zusammenbau das **Bremspedal mehrmals treten**, bis die Beläge an den Bremsscheiben anliegen. Sonst keine Bremswirkung!

Bremssattel hinten ausbauen

● Wagen hochbocken, Hinterrad abnehmen.
● Bremsleitung am Bremsschlauch abbauen, sofern der Bremssattel gewechselt werden soll.
● Rechts den Stecker der Bremsbelag-Verschleißanzeige aus dem Halter nehmen und Steckverbindung trennen.
● Zwei Sechskant-Halteschrauben am Bremssattel lösen und Bremssattel nach hinten von der Bremsscheibe ziehen.
● Geht das wegen eines Grats am Bremsscheibenrand nicht, Bremssattel etwas hin- und herdrücken,

damit der Bremskolben zurückgleitet und mehr Platz für die Scheibe freigibt.
● Beim Einbau die beiden Halteschrauben mit **123 Nm** anziehen.
● Bremspedal **mehrfach niederdrücken**, bis sich normales Pedalspiel einstellt.

Kolbenmanschetten hinten

Der Wechsel der Bremskolbenmanschetten am Bremssattel hinten verläuft identisch wie am Bremssattel vorn (siehe »Bremskolben-Staubmanschette vorn auswechseln«).

Bremsscheibe hinten ausbauen

● Bremssattel hinten ausbauen. Der Bremsschlauch bleibt angeschlossen. Bremssattel mit Draht an der Karosserie anbinden.
● Innensechskantschraube vorn an der Bremsscheibe lösen.
● Bremsscheibe jetzt abziehen. Geht das nicht, Nachstellrädchen der Handbremsbeläge etwas zurückdrehen (siehe »Handbremse nachstellen«).

● Anlagefläche der Bremsscheibe an der Radnabe reinigen und neue Bremsscheibe montieren.
● Handbremsbacken nachstellen.

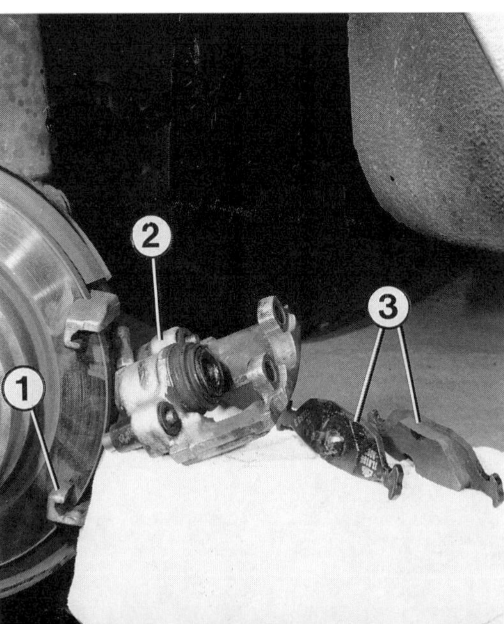

Wechsel der Scheibenbremsbeläge hinten.
Links: Lösen der Führungsbolzen in den Schutzhülsen (1 und 2) mit einem Innensechskantschlüssel.
Rechts: Das Bremssattelgehäuse (2) ist hier samt Belägen (3) vom Halter (1) abgenommen.

Bis 8/91 besaßen die 3er BMW mit Vierzylindermotor serienmäßig Trommelbremsen an der Hinterachse. Die mit Antiblockiersystem ausgestatteten Wagen (seit 9/91 Serie) besitzen die schon erwähnten Scheibenbremsen hinten.

Die Funktion der Trommelbremsen ist einfach: Zwei Bremsbacken werden von den Kolben des Radbremszylinders (er sitzt zwischen den unteren Enden der Bremsbacken) gegen die Bremsfläche der Trommel gepreßt. Durch die Anordnung der Bremsbacken wirkt bei der im BMW verwendeten Trommelbremse (Simplex-Bremse = ein Bremszylinder mit zwei Kolben) eine der beiden Bremsbacken selbstverstärkend. Das bedeutet, daß sich die Backe durch die Drehung des Rades in gewissen Grenzen selbsttätig an die Bremstrommel zieht, was die Pedalkraft vermindert. Beim BMW ist es (Vorwärtsfahrt vorausgesetzt) die hintere Bremsbacke, die selbstverstärkend wirkt. Im Fachjargon wird sie Primärbremsbacke oder Auflaufbacke genannt. Die vordere nennt sich dementsprechend Sekundärbacke oder Ablaufbacke.

Automatische Nachstellung

Der BMW besitzt an den hinteren Trommelbremsen eine automatische Nachstelleinrichtung. Nachstellen von Hand entfällt also. Die Nachstelleinheit besteht aus Nachstellhebel, Nachstellfeder und der zweiteiligen Druckstange, deren Länge mit dem Nachstellritzel verändert werden kann.

Beim Betätigen der Bremse bewegen die Kolben des Radbremszylinders die Bremsbacken in Richtung Bremstrommel. Der Nachstellhebel der vorderen Bremsbacke ist durch die Nachstellfeder vorgespannt und liegt dadurch ständig an der Druckstange an, während er gleichzeitig in das Sägezahnprofil des Nachstellritzels eingreift.

Das Vergrößern des Abstands der Bremsbacken zueinander bewirkt somit eine Drehbewegung am Nachstellhebel. Bei fortgeschrittenem Belagverschleiß ist die Drehbewegung groß genug, daß der Hebel den nächsten Zahn im Nachstellritzel fassen kann. Das Nachstellritzel wird weitergedreht, die Druckstange verlängert sich. Jetzt stehen die Bremsbacken wieder näher an den Schleifflächen der Trommel – die Bremse ist damit nachgestellt.

Nachstellautomatik und Temperatur

Bei gelöster Bremse muß zwischen Belägen und Bremstrommel ein geringer Abstand vorhanden sein, damit die Räder frei drehen können. Auch bei automatischer Nachstellung muß dieser Abstand immer vorhanden sein. Andauerndes Bremsen – etwa bei einer Paßabfahrt – kann mit voll beladenem Wagen Bremstrommel-Temperaturen von bis zu 350°C bewirken. Unter dieser Temperatureinwirkung kann sich der Durchmesser der Bremstrommel bis zu einem Millimeter vergrößern. Das könnte die automatische Bremsennachstellung fälschlicherweise als Belagverschleiß verstehen und in die aufgeheizte, vergrößerte Bremstrommel hinein nachstellen. Folge: Nach Abkühlen der Bremsen würden die Räder blockieren.

Es muß also bei höherer Wärmeausdehnung ein Nachstellen unterdrückt werden. Das schafft der sogenannte Thermoclip, der in die Druckstange eingesetzt ist. Das Bimetall-Bauteil dehnt sich unter Temperatureinwirkung stark aus und kompensiert damit die Durchmesser-Änderung der Bremstrommel. Effekt: Der Abstand Belag/Trommel bleibt bei allen Temperaturen konstant – es wird nicht fälschlich nachgestellt.

Zum Messen der Belagstärke an den Trommelbremsen braucht die Bremstrommel nicht abgenommen zu werden. Schaulöcher im Bremsträgerblech vereinfachen die Kontrolle.

Wartung Nr. 20

Bei abgenommener Bremstrommel sehen wir an der Hinterradbremse folgende Teile:

1 – Rückzugfeder unten;
2 – Nachstellhebel;
3 – Nachstellfeder;
4 – Rückzugfeder oben;
5 – Bremsbacke;
6 – Handbremszug;
7 – Bremsbelag;
8 – Niederhalter-Druckfeder;
9 – Handbremshebel;
10 – Radbremszylinder.

● Wagen hinten aufbocken.
● An der Innenseite der Hinterräder vorn und hinten die beiden Stopfen abziehen.
● Mit Taschenlampe ins Schauloch leuchten, Belagstärke feststellen.

● Die Beläge dürfen bis auf 1,5 mm **Reststärke – ohne Belagträger** gemessen – abgefahren werden. Dann sind sie reif zum Austausch.

Bremspedalweg prüfen	Wird der Pedalweg mit der Zeit länger, ist ein Fehler an der Bremsanlage zu vermuten:

● Drücken Sie bei laufendem Motor das Bremspedal von Hand nieder.
● Der Leerweg soll höchstens ⅓ des insgesamt möglichen Pedalwegs betragen.
● Sonst funktioniert die automatische Nachstellung in den Trommelbremsen an der Hinterachse nicht mehr.

● Oder die Scheibenbremsbeläge sind auf ein Mindestmaß abgefahren.
● Zu langer Pedalweg kann auch durch verklemmte Bremsbeläge oder einen festgerosteten Bremssattel verursacht werden.
● Eventuell ist Luft in die Bremsanlage gelangt.

Bremstrommel abnehmen

● Wagen aufbocken, Hinterrad abnehmen.
● Eine Radschraubenbohrung über das Nachstellritzel an der Bremsdruckstange stellen.
● Dazu die Bremstrommel so drehen, daß die Bohrung aus der Senkrechten heraus etwa 15° nach vorn unten zeigt. Zur Kontrolle mit der Taschenlampe in das Schraubenloch leuchten, ob das Ritzel sichtbar ist.
● Mit Schraubendreher das Nachstellritzel so weit zurückdrehen, bis die Trommel abgenommen werden kann. Das Ritzel hat an der linken Fahrzeugseite ein Rechtsgewinde, rechts dagegen ein Linksgewinde. Deshalb an beiden Bremsen die Verzahnung des Ritzels an seiner Oberkante nach hinten »schieben«.
● Innensechskantschraube an der Außenseite der Bremstrommel lösen.
● Trommel abnehmen; dazu Handbremse lösen.
● Klappt das so noch nicht, zusätzlich die Handbremsseile lockern.

● Ist die Bremstrommel auf der Nabe festgerostet, helfen einige Schläge mit dem Kunststoffhammer auf den Rand der Trommel. Zusätzlich ein wenig Rostlöser in den Spalt zwischen Nabe und Trommel sprühen.
● Beim **Zusammenbau** beachten: Nachstellritzel so weit in Richtung Druckhülse drehen, bis der Einstellungsdurchmesser der Bremsbacken 228,0 mm beträgt (ca. 0,5 mm weniger als der Trommel-Innendurchmesser).
● Nach Montage der Bremstrommel Fußbremse so oft durchtreten, bis die automatische Nachstellung die Bremsbacken voll nachgestellt hat. Das ist der Fall, wenn beim Treten der Bremse kein Klicken mehr aus der Bremstrommel zu hören ist.
● Handbremse einstellen, falls erforderlich.
● Falls Entlüften der Bremsanlage nötig ist, soll das vor dem Einstellen der Handbremse geschehen.

Wartung Nr. 21

BMW schreibt dieses Intervall bei jeder Inspektion vor. Unserer Auffassung nach kann das Intervall aber sicherlich auf jede Inspektion II gedehnt werden.
● Die Schleiffläche in der Bremstrommel muß möglichst glatt sein.
● Zeigen sich tiefe Rillen oder Riefen (durch bis auf die Bremsbacken abgefahrene Beläge), kann die Trommel ausgedreht werden.
● Nach dem Ausdrehen darf der Innendurchmesser nicht größer als **229,5 mm** sein, sonst müssen **beide** Bremstrommeln ersetzt werden.
● Belagabrieb wird bei dieser Gelegenheit gleich aus der Bremstrommel und von den Bremsbacken

entfernt. Nicht mit Druckluft in die Bremse blasen, sondern den Abrieb mit einem Pinsel oder einem kleinen Besen abkehren. Den Belagabrieb möglichst nicht einatmen!
● Bei ohnehin abgenommener Bremstrommel kontrollieren, ob Bremsflüssigkeit aus einem Radbremszylinder austritt. Wenn ja, Zylinder auswechseln.
● Ist nur eine Gummimanschette beschädigt oder porös, kann sie einzeln ersetzt werden (Reparatursatz), sofern noch keine Flüssigkeit austritt.

Bremsbacken ausbauen

● Bremstrommel abnehmen.
● Federteller der Druckfedern an den Bremsbacken mit einer Kombizange niederdrücken, 90° linksdrehen und abziehen. Dabei den Haltestift hinten am Bremsträgerblech festhalten, damit er nicht mitdreht.
● Federn abnehmen.
● Obere und untere Rückzugfeder jeweils an der vorderen Bremsbacke aushängen.
● Vordere Bremsbacke samt Nachstellvorrichtung abnehmen.

● Handbremsseil am Handbremshebel der hinteren Bremsbacke aushängen.
● Beim **Einbau** beachten: Die Druckstange (mit Nachstellvorrichtung), die mit »**R**« gekennzeichnet ist, hat ein **R**echtsgewinde, gehört aber an die **linke** Fahrzeugseite.
● Darauf achten, daß der Thermoclip oben einrastet.
● Die Rückzugfedern können nur in einer Stellung eingesetzt werden.

Links: Kontrolle der Belagstärke an einem Wagen mit Trommelbremse hinten: An jedem Bremsträgerblech befinden sich zwei Schaulöcher, durch die ein Blick auf die Bremsbeläge (1) geworfen werden kann. Ohne Belagträger (2) muß die Reststärke mindestens 1,5 mm betragen.

Rechts: Zum Abnehmen der Bremstrommel muß zuerst das Nachstellrädchen (2) auf der Bremsdruckstange (1) zurückgedreht werden. Das geschieht mittels Schraubendreher durch eine Radschraubenbohrung (3) hindurch. Der Vorgang ist hier der besseren Darstellung wegen bei abgenommener Trommel gezeigt.

● Das Einhängen des Handbremsseils in den Hebel an der Bremsbacke macht Probleme: Feder auf dem Zug ganz zurückschieben und mit schmaler Zange (Telefonzange) in dieser Stellung am Zug halten. Zugende jetzt einhängen.

Die Bremsbeläge der Trommelbremsen können beim BMW nicht ohne gleichzeitigen Tausch der Bremsbacken gewechselt werden. Belag und Backe sind miteinander verklebt und auch als Ersatzteil nur im Verbund erhältlich. So zahlt man zwar etwas mehr für dieses Teil, spart sich aber andererseits das lästige Aufnieten der Beläge.

● Bremstrommel abbauen.
● Bremsbacken ausbauen.
● Entlüftungsventil abschrauben.
● Bremsleitung abschrauben. Sofern nicht gleich anschließend ein neuer Bremszylinder eingesetzt wird, sollten Sie das Bremspedal niedertreten und

● Nachstellritzel vor dem Zusammenbau ganz zurückdrehen; evtl. Gewinde dünn einfetten.
● Bremstrommel montieren.

Bremsbacken komplett austauschen

und in dieser Stellung blockieren, um unnötigen Bremsflüssigkeitsverlust zu vermeiden.
● Zwei Halteschrauben hinten an der Bremsträgerblech herausdrehen und Bremszylinder abnehmen.
● Beim Einbau Halteschrauben mit 9–10 Nm festziehen.

Bremszylinder der Trommelbremse ausbauen

Wenn Sie den Handbremshebel ziehen, spannen sich die Bremsseile zu den Hinterrädern.
○ **Wagen ohne ABS:** In der Bremstrommel wird dadurch der Bremshebel der – in Fahrtrichtung hinten liegenden – Primärbacke angezogen, und über eine Verbindungsstange werden dann beide Bremsbacken an die Bremstrommel gedrückt; das Hinterrad ist blockiert.
○ Bei **Wagen mit ABS** (Scheibenbremsen hinten) wurde das Handbremssystem völlig von der Fußbremse getrennt. Innerhalb der hinteren Bremsscheiben ist eine kleine Bremstrommel angebracht, auf deren Beläge die Handbremse wirkt.

Wird die Feststellbremse nahezu bei jedem Parken angezogen, längen sich die Handbremsseile im Laufe der Zeit. Wer andererseits die Handbremse nur selten benutzt, kann eines Tages mit Überraschung erleben, daß sie einseitig zieht – ein häufig auftretender Mangel beim TÜV. So kontrolliert man die Handbremse:
● Funktionsprüfung durchführen, wie am Kapitel-Anfang beschrieben.
● Zieht die Bremse schief oder ist die Wirkung unzureichend, müssen die Beläge bzw. die Bremstrommel-Reibflächen »eingebremst« werden.

● Leerweg des Handbremshebels prüfen: Läßt er sich um mehr als 8 Rasten hochziehen, muß die Handbremse eingestellt werden.

Wartung Nr. 30

Bei Wagen mit Scheibenbremsen hinten verschleißen die Beläge der Handbremse so gut wie gar nicht, denn sie wird ja normalerweise erst bei stehendem Wagen angezogen. Es kommt also fast nie zu der sonst üblichen Reibung zwischen Belägen und Trommeln. Dadurch kann sich der Reibwert der Handbremsbeläge verändern. Die Feststellbremse verliert an Wirkung. Abhilfe: Den Wagen bei leicht angezogener Handbremse etwa 400

Handbremse »einbremsen«

Meter weit fahren. »Eingebremst« werden muß auch, wenn neue Handbremsbeläge eingebaut wurden, wenn die Handbremse eingestellt werden soll oder wenn Sie ein Nachlassen der Wirkung an der Handbremse spüren.

Fingerzeig: Von Zeit zu Zeit sollten Sie den Wagen die letzten Meter bis zum Stillstand mit der Handbremse abbremsen. So bleiben die Reibflächen an Trommel und an Bremsbelägen der Handbremse intakt und können keinen Rost ansetzen. Achten Sie darauf, daß kein Wagen hinter Ihnen fährt, denn beim Ziehen der Handbremse leuchten die Bremslichter nicht auf.

Voraussetzungen: Bevor die Handbremse eingestellt wird, muß sichergestellt sein, daß die Seilzüge der Bremse leichtgängig sind, sonst nützt alles Einstellen nichts. Ebenso müssen Sie zuvor die Bremsbeläge der Handbremse nachstellen – erst dann können die Seilzüge nachgespannt werden (sofern dann überhaupt noch nötig).

● **Handbremsbacken nachstellen** (Fahrzeuge mit Scheibenbremsen hinten): Wagen hinten aufbocken.
● Eine Radschraube an jedem Hinterrad herausdrehen.
● Leeres Schraubenloch so drehen, daß es etwa 30° hinter der Senkrechten oben steht. Genau an dieser Stelle befindet sich das Einstellritzel der Handbremsbacken. Zur Kontrolle mit der Taschenlampe durch das Schraubenloch leuchten.
● Schraubendreher durch die Radschraubenbohrung stecken und Einstellmutter unter hebelnden Bewegungen drehen, bis die Bremsbacken anliegen und das Rad sich nicht mehr bewegen läßt.
● Dann das Ritzel 3–4 Zähne zurückdrehen. Das Rad muß sich jetzt frei drehen.
● Zum Nachstellen wird das Ritzel an der linken Fahrzeugseite nach oben gedreht, rechts dreht man es nach unten.

● **Bremsseile einstellen:** Wagen hinten aufbocken; beide Hinterräder müssen frei sein.
● Abdeckmanschette am Handbremshebel aus der Mittelkonsole aushaken und nach vorn ziehen; die selbstsichernden Einstellmuttern auf den Seilzug-Enden sind jetzt zugänglich.
● Handbremshebel vier Rasten hochziehen.
● Nachstellmuttern beider Handbremsseile so weit anziehen, bis sich die Hinterräder rechts und links gleichmäßig gerade noch von Hand durchdrehen lassen.
● Handbremse lösen: Die Räder müssen sich jetzt frei drehen lassen.

Handbremsbeläge kontrollieren

Die Beläge der Handbremse sind an Fahrzeugen mit Scheibenbremsen hinten – außer beim Einbremsen – keinerlei Verschleiß unterworfen, weil sie ja erst bei stehendem Wagen in Aktion treten. Die Kontrolle bei schlechter oder einseitiger Handbremswirkung gilt also mehr der Belag-Oberfläche und der Reibfläche der Bremstrommel.

● Zum Kontrollieren Bremssattel und Bremsscheibe abbauen.
● Der Belag (ohne Bremsbacken) sollte mindestens 1,5 mm dick sein.
● Die Belag-Oberfläche soll glatt, aber nicht »verglast« (verhärtet) sein, was vorkommen kann, wenn mit gezogener Handbremse gefahren wurde. Test: Mit Schraubendreher über die Reibfläche fahren. »Splittert« das Belagmaterial ab, Beläge erneuern.
● Prüfen Sie bei dieser Gelegenheit, ob das Spreizschloß, in dem die Handbremsseile eingehängt sind, noch leichtgängig ist.

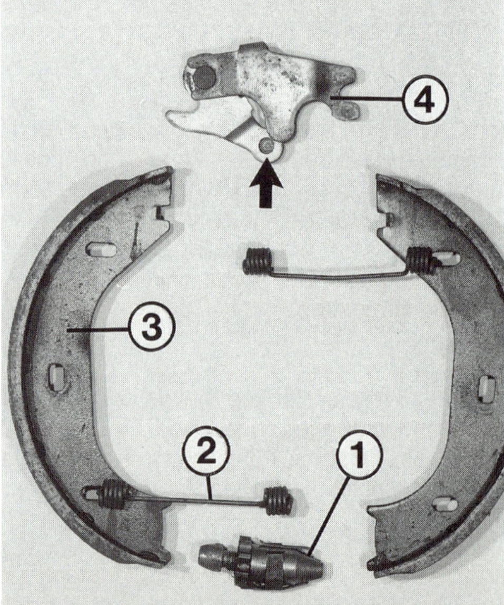

**Links: Nachstellen der Handbremsbeläge durch ein Radschraubenloch hindurch. Die Lage des Einstellrädchens – also wohin Sie das Radschraubenloch drehen müssen – erkennen Sie hier auf der Abbildung. Im Zweifelsfall mit einer Taschenlampe durch das Radschraubenloch leuchten.
Rechts: Die Teile der Handbremse:
1 – Nachstellvorrichtung mit Einstellritzel;
2 – Rückzugfeder;
3 – Bremsbacke;
4 – Spreizschloß (es drückt bei gezogener Handbremse die Backen gegen die Trommel).
Der Pfeil zeigt, wo das Handbremsseil eingehängt wird.**

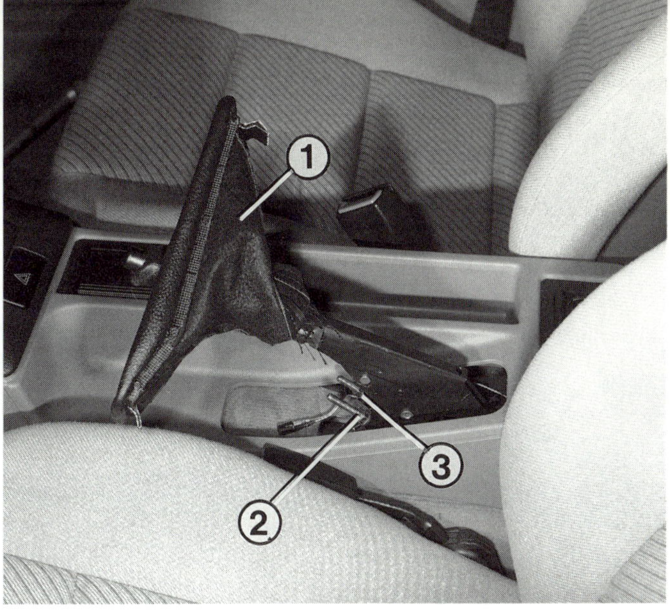

Bei abgenommener Abdeckung (1) des Handbremshebels sind die Enden der Handbremszüge (2 und 3) mit den Einstellmuttern zugänglich.

● Zuletzt die Reibfläche der kleinen Bremstrommel prüfen: Leichter Rostbefall kann durch Einbremsen entfernt werden. Tiefe Rostnarben oder Einlaufspuren erfordern eine neue Bremsscheibe (BMW gibt kein Maß fürs Nacharbeiten an).

Nachdem wir uns bisher mit der mechanischen Seite der Bremsen beschäftigt haben, wenden wir uns jetzt der Bremsbetätigung mit ihren Hydraulik-Bauteilen und dem Bremskraftverstärker zu.

Arbeitstips

○ Bremsflüssigkeit ist giftig. Nicht mit dem Mund in Berührung bringen.
○ Bremsflüssigkeit greift den Fahrzeuglack an. Deshalb keine bremsflüssigkeitsgetränkten Lappen oder -verschmierten Werkzeuge auf die Lackierung legen.
○ Beim Lösen eines Bremsschlauches oder einer Bremsleitung läuft nach und nach der Bremsflüssigkeits-Vorratsbehälter leer. Das verhindern Sie so: Vor dem Lösen der Verschraubung eine Entlüftungsschraube im betreffenden Bremskreis lösen. Entlüftungsschlauch aufstecken und in ein Gefäß leiten. Nun das Bremspedal ganz durchtreten und mittels einer passenden Holzlatte in dieser Stellung halten. Die Zulaufbohrungen im Hauptbremszylinder sind damit verschlossen – es tritt keine Bremsflüssigkeit mehr aus.
○ Zum Lösen und Anziehen der Bremsleitungen sollten Sie sich den im Bild auf der folgenden Seite gezeigten Bremsleitungsschlüssel besorgen. Ferner benötigen Sie zum Gegenhalten der Bremsschläuche einen Gabelschlüssel SW 14.
○ Nach Arbeiten an der Bremshydraulik muß grundsätzlich entlüftet werden. Oft genügt es, nur den Bremskreis zu entlüften, an dem gearbeitet wurde.

Der Hauptbremszylinder ist das Oberhaupt im Bremssystem. Er sitzt ganz hinten im Motorraum und gibt den Bremssätteln und ggf. den Radbremszylindern den Befehl, wann sie zu bremsen haben. Mehr über seine Ausführung und Funktion finden Sie am Kapitel-Anfang.

Hauptbremszylinder ausbauen

● Bremsflüssigkeit aus dem Vorratsbehälter absaugen.
● Kabelstecker vom Behälterdeckel abziehen.
● Schlauch zur Kupplungshydraulik abziehen.
● Behälter durch seitliches Kippen aus dem Hauptbremszylinder herausziehen.
● Untere Schläuche vom Behälter abziehen.
● Bremsleitungen am Zylinder abschrauben.
● Beide Haltemuttern hinten am Hauptbremszylinder herausdrehen.
● Hauptbremszylinder vom Bremskraftverstärker abnehmen.

● Beim Zusammenbau neuen Dichtring zwischen Bremskraftverstärker und Hauptbremszylinder einlegen.
● Selbstsichernde Haltemuttern erneuern und mit 20–28 Nm anziehen.
● Dichtstopfen für die Anschlußstutzen des Vorratsbehälters innen mit Bremsflüssigkeit anfeuchten, bevor der Behälter aufgedrückt wird.
● Behälter mit den Anschlußstutzen genau senkrecht bis zum Anschlag in die Stopfen eindrücken.
● Bremsanlage entlüften.

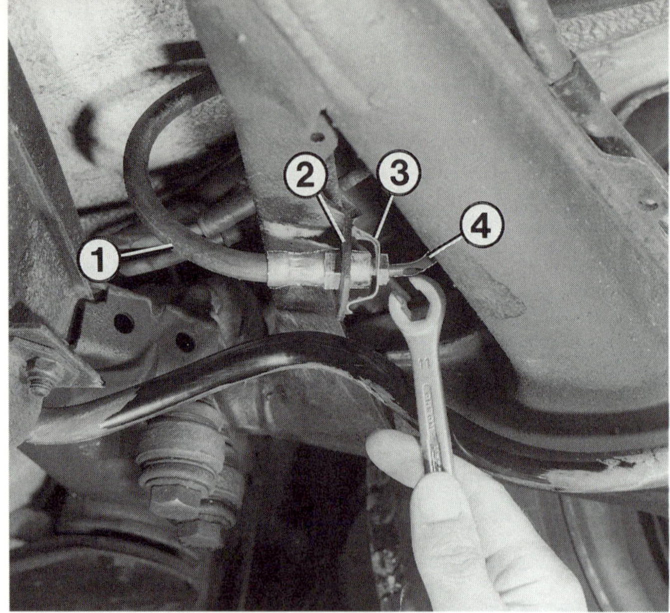

Sind Bremsleitungen (4) und Bremsschläuche (1) mit einem Blechhalter (2) an anderen Bauteilen (wie hier am Hinterachsträger) befestigt, so darf der federnde Schlauchhalter (3) nicht fehlen. Hier wird die Verbindung mittels eines speziellen Bremsleitungsschlüssels gelöst.

Der Bremskraftverstärker

Scheibenbremsen wirken nicht, wie Trommelbremsen, selbstverstärkend. Es ist eine wesentlich höhere Pedalkraft vonnöten. Deshalb hat der BMW einen Bremskraftverstärker, der rund 60% der Bremskraft aufbringt. Der Bremskraftverstärker hat seinen Platz links hinten im Motorraum, hinter dem Hauptbremszylinder. Das Bremspedal wirkt jedoch weiterhin direkt auf die Bremskolben im Hauptbremszylinder, so daß man auch noch bei ausgefallenem Hilfsgerät bremsen kann. Der notwendige Pedaldruck muß dann allerdings vervielfacht werden.

Unterdruck als Hilfskraft

Die Hilfskraft liefert der Unterdruck aus dem Ansaugrohr. Der Bremskraftverstärker ist über einen Schlauch mit dem Saugrohr verbunden. Beim Bremsen verschiebt der Druckunterschied zwischen dem äußeren Luftdruck und dem Unterdruck im Ansaugrohr eine große, elastische Membrane und drückt zusätzlich auf die Kolben im Hauptbremszylinder. Wenn der Motor nicht läuft, kann der Servo auch keine (zusätzliche) Bremskraft liefern. Bleibt der Motor unterwegs plötzlich stehen, haben Sie noch eine Reserve für einige Bremsungen. Aber dann werden die Wadenmuskeln voll beansprucht.

Bremskraftverstärker prüfen

Wartung Nr. 31

● Der Motor muß abgestellt sein.
● Bremspedal **20 Mal** durchtreten.
● Pedal durchgetreten halten und Motor starten.

Störungssuche Bremskraftverstärker

● Bei ausgefallener Bremskraftverstärkung ist ein Defekt im Unterdrucksystem am wahrscheinlichsten: Unterdruckschlauch vom Ansaugkrümmer zum Bremskraftverstärker undicht, Rückschlagventil im Unterdruckschlauch, Gummiring zwischen Hauptbremszylinder und Servogerät oder Membrane des Bremskraftverstärkers defekt.
● Zur Kontrolle des Rückschlagventils Ventil mit Unterdruckschlauch am Bremsservo abziehen.
● Durchblasen muß, Ansaugen darf nicht möglich sein.
● Richtigen Einbau des Rückschlagventils kontrollieren.

Bremsleitungen ausbauen

● Überwurfmutter der Bremsleitung losdrehen. Hierzu Gegenverschraubung – z. B. an einem Bremsschlauch – festhalten.
● Ist die Mutter auf der Leitung angerostet, wodurch sich diese mitdreht, muß die Leitung in jedem Fall erneuert werden. Die dünnwandigen Rohre knicken schnell ab.

● Bei intaktem Bremskraftverstärker muß das Pedal jetzt ein Stück nachgeben. Senkt sich das Pedal nicht, ist die Bremskraftverstärkung defekt.

● Zum Austausch eines schadhaften Gummirings zwischen Hauptbremszylinder und Verstärker muß der Zylinder demontiert werden.
● Bleibt zuletzt noch der Defekt des Bremskraftverstärkers selbst. Eine Reparatur ist hier nicht möglich – austauschen lassen.

● Zum Lösen der Leitungsanschlüsse kann folgender Trick weiterhelfen, wenn das betreffende Leitungsstück ohnehin ausgewechselt werden soll:
● Bremsleitung nahe der Verschraubung abzwikken, Überwurfmutter mit einer Sechskantnuß losdrehen.
● Muß eine neue Leitung noch etwas zurechtgebo-

gen werden, darf dies nur in einem großen Radius geschehen. Andernfalls knickt das dünne Rohr ab.
● Innenseite des Bogens beim Biegen mit dem Daumen unterstützen. So können Sie sich langsam dem Radius entlang arbeiten.
● Evtl. vorhandene Schutzschläuche bzw. -tüllen nicht vergessen.

● Zuerst die Überwurfmutter der betreffenden Bremsleitung losdrehen. Dabei darauf achten, daß sich die Leitung nicht verdreht.
● Ist ein Bremsschlauch mit einem Blechhalter an der Karosserie befestigt, dann ist er mit einem Blechbügel gegen Hin- und Herrutschen gesichert. Beim Zusammenbau darf dieser sogenannte Schlauchhalter (Bild auf der gegenüberliegenden Seite) nicht vergessen werden.
● Beim Einbau den Schlauch immer zuerst an der Stelle festdrehen, an der er sein Außengewinde hat (13–16 Nm).
● Dann die andere Verschraubung anziehen (10–15 Nm).

● Bremsleitungen in ihren Abstandshaltern verlegen.
● Anzugsdrehmoment: 10–15 Nm.
● Bremsanlage entlüften.

● Der Bremsschlauch darf nicht in sich verdreht sein. Zur Kontrolle dient der Farbstreifen oder Gummianguß entlang des Schlauches.
● Bremssystem entlüften.
● Sofort nach der Reparatur kontrollieren, ob der Schlauch bei Federbewegungen irgendwo scheuern kann.
● Die Kontrolle nach einer längeren Fahrtstrecke wiederholen.

Wenn sich das Bremspedal federnd durchtreten läßt und sich der gewohnte Pedalweg erst nach mehrmaligem »Pumpen« einstellt, ist Luft in die Bremsanlage eingedrungen. Es liegt also eine Undichtigkeit vor. Defekt suchen und reparieren. Es ist in diesem Fall nicht damit getan, einfach zu entlüften. Entlüftet werden muß ferner nach Reparaturen an der Bremshydraulik, wenn Luft in Bremszylinder und Leitungen eingedrungen ist:

● Bremsflüssigkeits-Vorratsbehälter ganz mit frischer Bremsflüssigkeit auffüllen und auch während des Entlüftens immer dafür sorgen, daß er rechtzeitig vor Absinken des Spiegels mit frischer Flüssigkeit nachgefüllt wird. Sonst wird wieder Luft angesaugt.
● Staubkappe vom Entlüftungsventil nehmen (Arbeitsreihenfolge: hinten rechts; hinten links; vorn rechts; vorn links) und das Entlüftungsventil (SW 7) um ½ bis 1½ Umdrehungen öffnen.
● Durchsichtigen Schlauch (wie von der Scheibenwaschanlage) über das saubergeriebene Ventil schieben und das freie Schlauchende in ein teilweise mit Bremsflüssigkeit gefülltes Gefäß stecken.
● Von Helfer das Bremspedal so lange langsam niedertreten und wieder zurückkommen lassen, bis

im Schlauch keine Luftbläschen mehr sichtbar sind. (Bei stark entleerter Hydraulik zwei Entlüftungsdurchgänge am Wagen machen.) So wird Bremsflüssigkeit – und natürlich auch Luft – durch das Entlüftungsventil gepumpt.
● Kommen keine Luftbläschen mehr, muß der Helfer das Bremspedal in der tiefsten Stellung halten, während Sie das Entlüftungsventil schließen. Mit Gefühl anziehen (3,5–5 Nm), sonst reißt das Ventil ab!
● An den übrigen Radbremsen auf gleiche Weise entlüften.

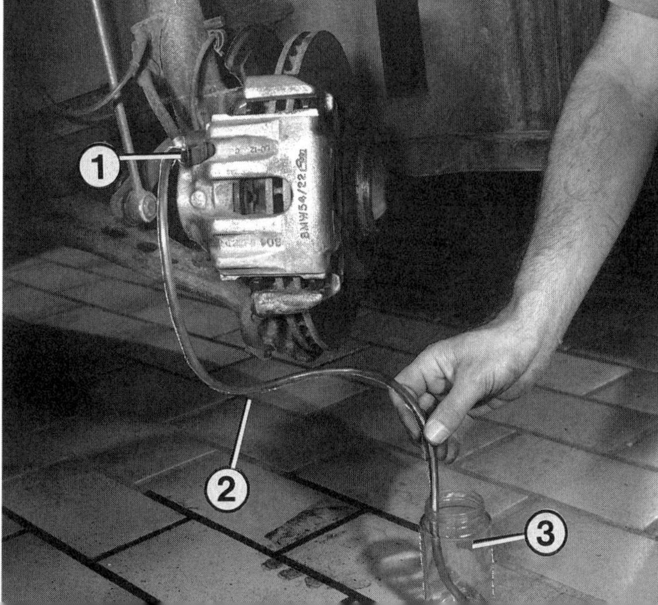

Bremsen entlüften am vorderen Bremssattel: Das Entlüftungsventil (1) wird mit einem Schlüssel SW 7 geöffnet. Der Kunststoffschlauch (2) ist auf das Ventil gesteckt und leitet die herausgepumpte Flüssigkeit in das vorbereitete Gefäß (3).

Bremsen

Die Störung	– ihre Ursache	– ihre Abhilfe
A Bremsen ziehen einseitig	1 Reifendruck ungleichmäßig	Korrigieren bei kalten Reifen
	2 Reifenprofil ungleichmäßig	Reifen wechseln
	3 Beläge verschmiert, »verglast« oder ungleichmäßig abgenutzt	Beläge erneuern
	4 Führungsbolzen im Bremssattel verschmutzt oder verrostet	Reinigen bzw. austauschen
	5 Kolben im Bremssattel oder Radbremszylinder festgerostet	Gängig machen oder erneuern
	6 Bremsbacken liegen in der Trommel nicht richtig an	Kontrollieren, evtl. neue Bremsbacken montieren
	7 Bremsscheiben stark riefig oder zu dünn	Bremsscheiben ersetzen
	8 Unrunde Bremstrommeln	Ausdrehen lassen oder erneuern
	9 Bremsschläuche innen zugequollen	Schläuche ersetzen
B Bremsen quietschen	1 Falsche Beläge	Original-Beläge einbauen
	2 Keine Bremspaste zwischen Bremsträgerplatte und Bremskolben	Beläge ausbauen, »Plastilube«-Bremspaste auf die Belagrückseite auftragen
	3 Staub und Schmutz an den Scheibenbremsen oder in den Trommelbremsen	
	4 Siehe A 4, 5, 7 und 8	
C Bremsen rattern und blockieren	1 Siehe A 5, 7 und 8	
	2 Rückzugfedern der Bremsbacken zu schwach	Federn erneuern
	3 Bremsscheibe hat Schlag	Bremsscheiben erneuern
	4 Bremsscheibe stark riefig	Bremsscheiben erneuern
D Eine oder alle Radbremsen werden sehr heiß	1 Ausgleichbohrung im Hauptbremszylinder verstopft	Säubern
	2 Kein Spiel zwischen Bremspedal (Druckstange) und Hauptbremszylinderkolben	Einstellen
	3 Verrostete Bremssättel	Überholen lassen
	4 Handbremse löst nicht vollständig	Bremsseile und Hinterradbremse kontrollieren
E Pedalweg zu groß	1 Siehe A 4, 5 und 8	
	2 Nachstellvorrichtung der hinteren Trommelbremsen defekt	Kontrollieren
	3 Radlagerspiel zu groß	Radlager erneuern
	4 Siehe C 3	
F Pedalweg zu groß, Pedal läßt sich weich und federnd durchtreten	1 Luft im Bremssystem	Bremsanlage entlüften
	2 Bremssystem undicht	Dichtheitsprüfung durchführen
	3 Hauptbremszylinder defekt	Austauschen
	4 Bei starker Bremsbelastung Dampfblasenbildung in zu alter Bremsflüssigkeit	Bremsflüssigkeit austauschen
	5 Siehe A 5	
G Schlechte Bremswirkung bei hohem Pedaldruck	1 Pedalweg normal: Beläge verölt oder »verglast«	Erneuern
	2 Pedalweg kurz: Bremskraftverstärker defekt	Kontrollieren
	3 Pedalweg lang: Ein Bremskreis ausgefallen durch Undichtigkeit	Kontrollieren, schadhafte Teile auswechseln
H Handbremse wirkt einseitig oder nur schwach	1 Korrosion in der Handbrems-Bremstrommel (bei hinteren Scheibenbremsen)	Einbremsen oder Ersetzen
	2 Bremsseil eingerostet	Erneuern
	3 Bremsbeläge der Handbremse »verglast« (bei hinteren Scheibenbremsen)	Kontrollieren bzw. ersetzen

Sicherheit serienmäßig

Seit 9/91 sind auch die Vierzylinder-Modelle der BMW 3er-Reihe serienmäßig mit einem Teves-Antiblockiersystem ausgerüstet. In Kombination mit ABS sind auch an der Hinterachse Scheibenbremsen eingebaut. Somit besitzen alle seit 9/91 gebauten Wagen Scheibenbremsen hinten. Eben gesagtes gilt jedoch nur für den Inlandsmarkt. Für Auslandsmärkte wird der BMW nach wie vor auch ohne ABS geliefert.

Was ABS macht

Bei einer Vollbremsung mit blockierten Vorderrädern schlittert das Fahrzeug geradeaus. Zu lenken wäre es nur, wenn der Fahrer in dieser Paniksituation in der Lage wäre, das Bremspedal kurz loszulassen, um ein eventuelles Hindernis zu umfahren. Von einem weniger routinierten Fahrzeuglenker ist eine solche Reaktion jedoch kaum zu erwarten. Hier liegt der Hauptvorteil des Antiblockiersystems: Es erhält die Lenkfähigkeit, indem es Blockierbremsungen vermeidet.
ABS sorgt immer für eine optimale »Stotterbremsung«, so daß eine reine Blockierbremsung nicht mehr möglich ist. Die Räder drehen sich selbst bei einer Vollbremsung auf Glatteis noch etwas, damit sie das Fahrzeug in der Spur halten können.

ABS kann nicht alles!

ABS kann keine Bremswunder vollbringen, wie häufig angenommen wird; der Bremsweg wird sich also nicht unter allen Bedingungen wesentlich verkürzen. Vielmehr hilft ABS, die Lenkfähigkeit des Wagens während einer starken Bremsung zu erhalten. Doch bedarf es dazu eines weit größeren Lenkeinschlags als normal. Das ist nur einer der Punkte, die anders sind als bei einer normalen Bremsanlage:
○ Üben Sie deshalb auf einem abgelegenen Parkplatz Vollbremsungen unter Lenkeinschlag.
○ Treten Sie dabei voll aufs Bremspedal. Das Dosieren der Bremskraft übernimmt das ABS für Sie.
○ Das gilt für Bremsungen bei Geradeausfahrt wie auch bei eingeschlagener Lenkung.
○ Wundern Sie sich nicht über das pulsierende Bremspedal. Wenn das ABS regelt, sind diese Pedalschwingungen normal.
○ In Extremfällen werden Sie auch bei ABS das Bremspedal loslassen müssen, um heikle Situationen in der Kurve noch zu retten.

Funktion der Einzelteile

Die Antiblockierregelung für die Vorderräder erfolgt unabhängig voneinander. Die Hinterräder werden gemeinsam geregelt, wobei dasjenige Rad die Regelung bestimmt, welches zuerst zum Blockieren neigt.

Die Hydraulikeinheit

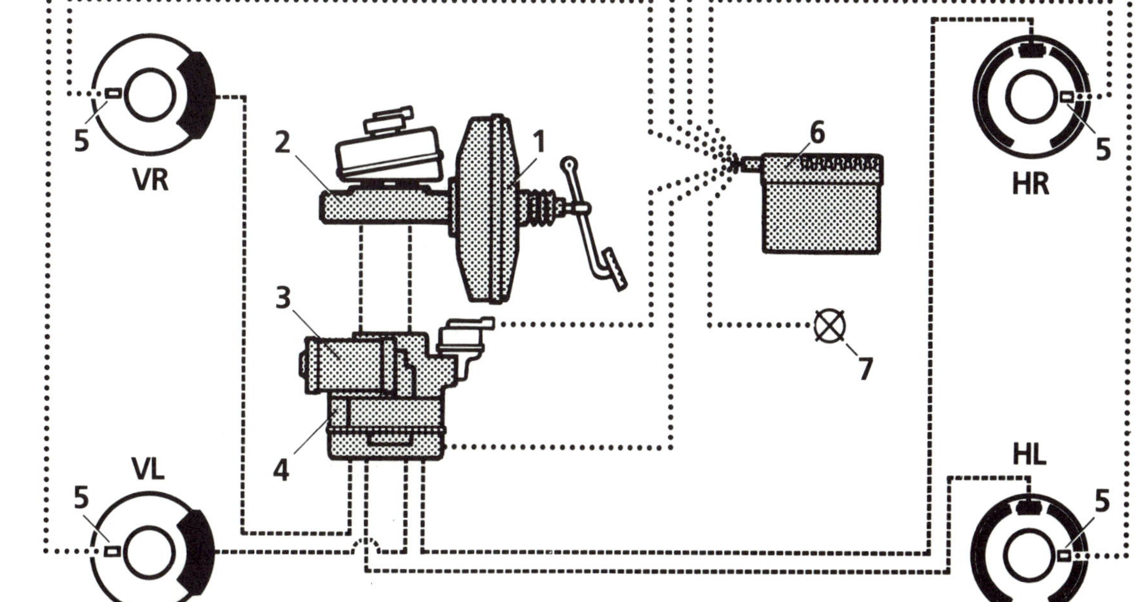

Dieses Schema zeigt die Funktionszusammenhänge beim ABS-System:
1 – Bremskraftverstärker;
2 – Hauptbremszylinder;
3 – ABS-Hydraulikeinheit;
4 – ABS-Steuereinheit;
5 – Drehzahlfühler;
6 – ABS-Steuergerät;
7 – Kontrolleuchte am Armaturenbrett.

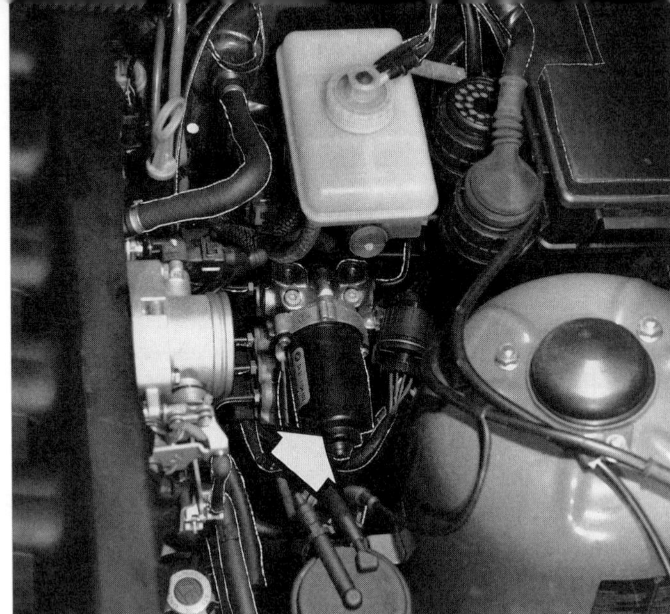

Die Hydraulikeinheit (Pfeil) des Antiblockiersystems hat ihren Platz links vorn im Motorraum unter dem Hauptbremszylinder.

Entsprechend den Befehlen vom elektronischen Steuergerät wird der Druck zu den Bremskreisen entweder konstant gehalten, verringert oder wieder aufgebaut. Höher als der Druck, den Sie über das Bremspedal erzeugen, kann der Druck aber nicht werden.

Für die Druckregelung sind sechs schnell schaltende Magnetventile zuständig – je ein Einlaß- und ein Auslaßventil pro Bremskreis. Solange Druck aufgebaut wird, sind die Magnetventile stromlos. Damit ist der Einlaß geöffnet und der Auslaß geschlossen. Zum Halten des Drucks erhält das Einlaßventil Spannung, es schließt, und der Druck im blockiergefährdeten Bremskreis kann nicht mehr erhöht werden. Soll Bremsdruck abgebaut werden, werden Ein- und Auslaßventil mit Spannung versorgt. Der Einlaß bleibt geschlossen, der Auslaß öffnet für eine ganz kurze Zeitdauer. Der Bremsdruck wird in Richtung Vorratsbehälter abgeleitet, und das blockiergefährdete Rad kann wieder schneller drehen. Das Spiel von Druckaufbau, -halten und -abbau kann von neuem beginnen, bis die Blockiergefahr beseitigt ist.

Die Druckabbauphase spüren Sie am Bremspedal. Im Hauptbremszylinder öffnet das elektrische Hauptventil. Eine sogenannte Positionierungshülse wird entgegen der Pedalkraft gedrückt und mit ihr die Kolben des Hauptbremszylinders. Damit der Druck im Bremssystem während oder nach der Regelphase nicht ganz abfällt, wird von der elektrischen Ventilpumpe des Antiblockiersystems Bremsflüssigkeit aus dem Vorratsbehälter nachgefördert. Das geschieht innerhalb von Sekundenbruchteilen – das Pedal pulsiert.

Die Drehzahlfühler

Insgesamt vier Drehzahlfühler erfassen die Drehzahlen jedes einzelnen Rades und leiten diese Information zur Steuerelektronik weiter. Damit kann das Schaltgerät seinerseits die Hydraulikeinheit ansteuern.

Drehzahlfühler (Pfeil) tasten an jedem Rad eine Zahnscheibe ab. Die entstehende Wechselspannung ist Meßgröße für die Drehzahl.

Das ABS-Steuergerät (Pfeil) sitzt gewissermaßen unter dem Handschuhfach am rechten Türpfosten.

Die Drehzahlfühler selbst bestehen aus einem Magnetkern und einer Spule und sind in geringem Abstand zu einer Zahnscheibe – dem Rotor – montiert. Der Rotor – sein Name sagt es schon – dreht sich mit dem Rad und läßt damit die zahnförmigen Erhebungen an seinem Umfang je nach Geschwindigkeit schneller oder langsamer am Fühler vorbeilaufen. Jeder Zahn, der unter dem Fühler vorbeiwandert, induziert im Fühler einen kurzen Spannungsanstieg. Auf diese Weise wird im Fühler eine Wechselspannung erzeugt, die entsprechend der Raddrehzahl ihre Frequenz ändert. Das Signal wird vom Steuergerät als Drehzahlinformation verarbeitet.

Hinter dem Handschuhfach sitzt das »Hirn« des Antiblockiersystems. Es verarbeitet die Informationen von den Drehzahlfühlern. Gleichzeitig steuert es die Hydraulikeinheit so an, daß die Räder nicht blockieren. Neben der komplizierten Signalaufarbeitung enthält das Steuergerät eine doppelte Steuerlogik. Das heißt im Klartext, daß die eingehenden Signale in zwei getrennten Mikroprozessoren verarbeitet werden. Beide Logikblöcke werden durch eine Verbindungsleitung gegenseitig durch zwei sogenannte Vergleicher überwacht. Werden Fehler festgestellt, schaltet das Steuergerät das ABS aus, und die Kontrollampe im Armaturenbrett leuchtet auf.

Das Steuergerät

Zwei zusätzliche Relais tragen zur Funktion des ABS bei:
○ das Pumpenmotorrelais und
○ das Überspannungsrelais.
Beide Relais befinden sich im Stromverteilerkasten hinten links im Motorraum.

Die Relais

Störungen am ABS-System

Die ABS-Kontrolleuchte im Armaturenbrett leuchtet mit dem Einschalten der Zündung auf. Sie muß verlöschen, wenn der Motor läuft. Fällt die Bordspannung unter 10 Volt, leuchtet die Kontrolle ebenfalls. Sie kann weiterhin aufleuchten, wenn ein Rad länger als 20 Sekunden durchdreht. Dann die Zündung wieder ausschalten und erneut starten.
Leuchtet die Kontrolle ständig, ist das ABS nicht betriebsbereit. Die Werkstatt muß nach der Ursache suchen. Als Laie können Sie allenfalls die Steckverbindungen zum Steuergerät, zu den Drehzahlfühlern oder zur Hydraulikeinheit kontrollieren. Fortgeschrittene reinigen die Stirnseiten der Drehzahlgeber und die Rotoren.

Fingerzeig: Auch wenn die ABS-Kontrolle ständig leuchtet, das ABS also abgeschaltet oder defekt ist, kann der Wagen ohne Einschränkungen gefahren werden. Die Bremse funktioniert dann eben wie bei einem Wagen ohne ABS.

Kontaktflächen

Eine etwa handtellergroße Berührungsfläche zur Fahrbahn muß den BMW auf Kurs halten – und dies bei jedem Wetter und bei Straßen aller Art. Von der Behandlung der Reifen hängt es jedoch ab, ob das ganze Sicherheitspaket, das in einen Reifen »eingebaut« ist, auch wirksam ist.

Welche Reifengrößen sind montiert?

Folgende Reifengrößen können auf unseren 3er-Vierzylindermodellen montiert sein:

	Reifenbezeichnung	Stahlfelge	Leichtmetallfelge	Einpreßtiefe (mm)
316i, 318i	185/65 R 15 87 Q, T M+S	6 J × 15 H 2	–	42
	205/60 R 15 91 H	6½ J × 15 H 2	7 J × 15 H 2	47
	225/55 R 15 92 H*	6½ J × 15 H 2	7 J × 15 H 2	47
318is	185/65 R 15 87 Q, T, H M+S	6 J × 15 H 2	–	42
	205/60 R 15 91 V	6½ J × 15 H 2	7 J × 15 H 2	47
	225/55 R 15 92 V*	6½ J × 15 H 2	7 J × 15 H 2	47

* Keine Montage von Schneeketten möglich. Bei Nachrüstung ist eine Lenkwinkelbegrenzung erforderlich. Hierzu wenden Sie sich bitte an eine BMW-Werkstatt

Für Ihren speziellen Wagen gelten diejenigen Reifengrößen, die in Ihrem **Kfz-Schein eingetragen** sind. Reifen mit anderen Bezeichnungen dürfen sich an Ihrem BMW nicht befinden, sonst kann es Ärger mit der Polizei geben. Denn die Betriebserlaubnis des Wagens ist dann erloschen. Und das wird teuer!

Nicht alle Größen gelten für Ihren Wagen

Wollen Sie eine der in der Tabelle genannten Reifengrößen an Ihrem Wagen montieren, obwohl sie im Kfz-Schein Ihres Wagens **nicht eingetragen** ist, muß diese zuvor beim TÜV in die Papiere eingetragen werden. Die dazu nötige Unbedenklichkeitsbescheinigung erhalten Sie von der Abteilung »Technischer Kundendienst« der BMW AG, Postfach 400240, 8000 München 40.

Die Reifenbezeichnungen

Was die Bezeichnungen bedeuten

Die Zahlen und Buchstaben in der Reifenbezeichnung haben die folgende Bewandtnis:
185, 205, 225: Reifenbreite in unbelastetem Zustand in mm.
65, 60, 55: Verhältnis von Reifenhöhe zu Reifenbreite = 65:100 (zum Beispiel). Entsprechend niedriger ist das Höhen/Breiten-Verhältnis bei 60er- und 55er-Reifen.
R: Kennzeichnung der Bauart als **R**adial- oder Gürtelreifen.
15: Innendurchmesser des Reifens in Zoll (″).

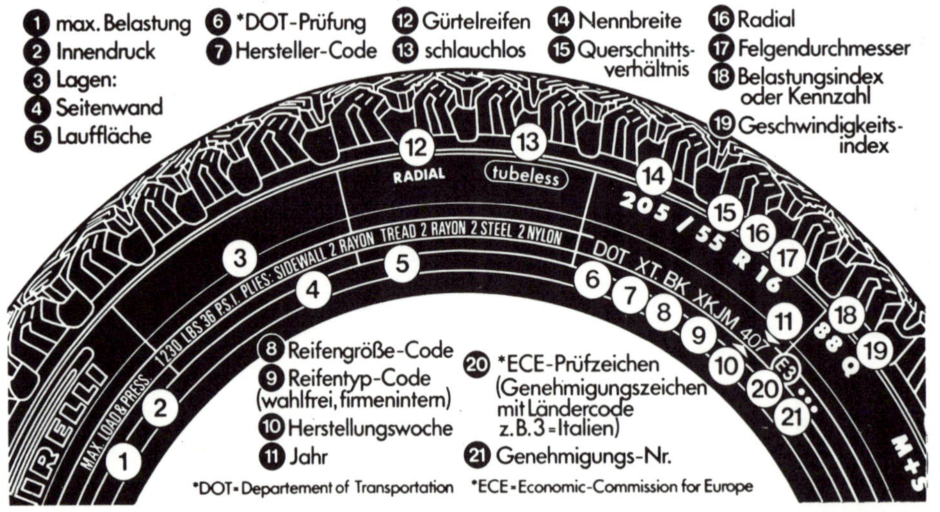

Was so alles an Beschriftung auf eine Reifenflanke paßt, finden Sie hier erklärt.

Ein wichtiges Felgenmaß stellt die Einpreßtiefe »d« dar. Damit bezeichnet man den Abstand zwischen der Felgenmitte und der Anlagefläche der Felge an die Radnabe.

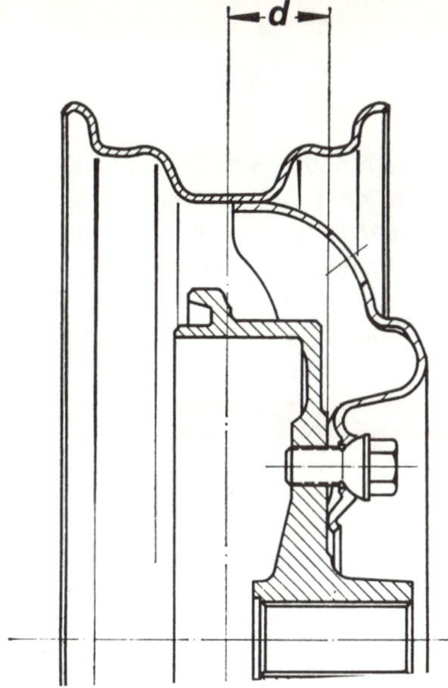

Q: zulässige Höchstgeschwindigkeit bis 160 km/h – Geschwindigkeitsklasse für herkömmliche M+S-Reifen.
S: bis 180 km/h.
T: bis 190 km/h – Hochgeschwindigkeits-M+S-Reifen.
H: bis 210 km/h.
VR: über 210 km/h (ältere, aber noch verwendete Bezeichnung; nach oben keine Begrenzung. Wurde durch Einführung von »V« und »ZR« abgelöst).
V: bis 240 km/h.
ZR: über 240 km/h.

Die Felgenbezeichnungen

Die Zahlen und Buchstaben der Felgenbezeichnungen bedeuten folgendes:
6, 6½, 7: Felgenmaulweite in Zoll. Gemessen wird an der Felgenhornbasis quer zur Laufrichtung des Rades.
J: Kennzeichnung der Felgenhorn-Höhe.
x: Zeichen für Tiefbettfelge.
15: Felgendurchmesser in Zoll. Gemessen wird von Wulst zu Wulst.
ET 42, ET 47: Einpreßtiefe 42 bzw. 47 mm. Dieses Maß erläutert die Zeichnung oben näher.

Radschrauben

Alle BMW-Felgen – ob aus Leichtmetall oder Stahl – werden mit denselben Radschrauben befestigt. Sie brauchen also keine anderen Radschrauben mitzuführen, wenn Sie trotz Leichtmetallfelgen ein Stahl-Reserverad besitzen.

Andere Radschrauben für Sonderfelgen

Abweichend vom eben gesagten können nachträglich montierte Leichtmetallfelgen anderer Hersteller als BMW besondere Schrauben erfordern. Das hat folgende Gründe: Für die entsprechende Stärke der Felgen-Anlagefläche muß die passende Radschraubenlänge verwendet werden. Eine zu kurze Radschraube hält das Rad nicht sicher an der Nabe. Eine Schraube mit zu langem Schraubengewinde ragt zu weit in die Schraubenbohrung der Radnabe und kann nicht genügend angezogen werden.

Anbau von Sonderfelgen

Sonderfelgen heißen auf Amtsdeutsch solche Räder, die in Form oder Material nicht der serienmäßigen Ausstattung entsprechen. Da es wegen nachträglich montierten Rädern und Reifen immer wieder Schwierigkeiten bei Polizeikontrollen oder der Hauptuntersuchung bei DEKRA oder TÜV gibt, hier einige Punkte, die Sie beachten müssen.
○ Keine Probleme gibt es, wenn Felgen- und Reifengröße mit den Angaben in den Fahrzeugpapieren übereinstimmen und die Felgen Original-BMW-Teile sind.
○ Eine Änderung der Fahrzeugpapiere durch die Zulassungsstelle ist erforderlich, wenn Felgen- und Reifengröße mit den Angaben in den Kfz-Papieren übereinstimmen und eine Rad-ABE vorliegt.
○ Ein Gutachten nach § 19 (2) StVZO beim TÜV (Teilgutachten) und die Berichtigung der Kfz-Papiere ist notwendig, wenn Felgen- und Reifengröße nicht mit den Angaben in den Papieren übereinstimmen und/oder für die Felgen lediglich ein TÜV-Bericht vorliegt.

○ Beim Kauf neuer Sonderfelgen muß eine Rad-ABE oder ein TÜV-Bericht beigefügt sein.
○ Vor dem Kauf gebrauchter, nicht originaler Felgen ohne entsprechende Papiere sollten Sie anhand der genauen Hersteller- und Typenbezeichnung sowie des Herstellungsdatums (es ist in der Felge eingeschlagen oder eingegossen) aus dem Räderkatalog des TÜV heraussuchen lassen, ob hierfür eine Rad-ABE oder ein TÜV-Bericht vorliegt.
○ Räder ohne ABE oder TÜV-Bericht dürfen in der Bundesrepublik nicht montiert werden.

Reifendruck prüfen

Ständige Kontrolle

Die nachfolgend genannten Werte (in bar Überdruck) entsprechen den BMW-Werksangaben. Ältere Betriebsanleitungen nennen teilweise andere Druckwerte.

Modell	Reifengröße Sommerreifen	halbe Beladung		volle Beladung	
		vorn	hinten	vorn	hinten
316i, 318i	205/60 R 15 91 H 225/55 R 15 92 V	1,8	2,0	2,0	2,5
	185/65 R 15 87 H 205/60 R 15 91 Q, T, H M+S	2,0	2,3	2,3	2,8
	185/65 R 15 87 Q, T, H M+S	2,2	2,5	2,5	3,0
318is	205/60 R 15 91 V 225/55 R 15 92 V	1,9	2,1	2,1	2,6
	185/65 R 15 87 Q, T, H M+S 205/60 R 15 91 Q, T, H M+S	2,2	2,4	2,4	2,9

Fingerzeige: Die Druckangaben gelten für die von BMW freigegebenen Reifenfabrikate. Bei Verwendung anderer Fabrikate kann höherer Reifendruck notwendig sein.
Die Druckangaben finden Sie auch an der Türsäule an der Fahrerseite.
Bei einem Fahrzeug mit Anhängekupplung sollte der Reifendruck im Solobetrieb an den hinteren Reifen um 0,2 bar erhöht werden. Bei Anhängerbetrieb gelten die Luftdruckangaben für volle Beladung.

Luftdruck bei kalten Reifen messen

Bereits wenige Kilometer zügiger Fahrt lassen den Reifendruck um 0,2–0,3 bar ansteigen. Diese Druckerhöhung durch Erwärmung ist bei den Luftdruckempfehlungen bereits berücksichtigt worden und darf deshalb nicht abgelassen werden. Am günstigsten ist ein eigener Luftdruckprüfer, womit der Reifendruck vor Antritt der Fahrt bei kalten Reifen gemessen werden kann.

Reifenzustand kontrollieren

Wartung Nr. 22

Die Kontrolle geht am besten bei aufgebocktem Wagen, etwa beim Ölwechsel an der Tankstelle.
● Drehen Sie jedes Rad einmal komplett durch.
● Fremdkörper, wie kleine Steinchen, bohren Sie mit einem schmalen Schraubendreher aus den Profillamellen, ohne den Reifen dabei zu beschädigen.

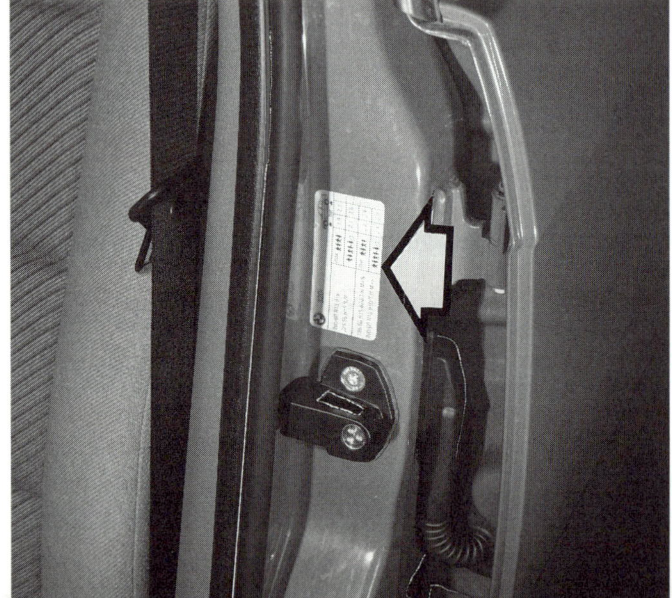

Der Aufkleber an der hinteren Türsäule der Fahrertür gibt Aufschluß über den richtigen Reifendruck des betreffenden Fahrzeugs.

136

● Das Reifenprofil muß seit dem 1. 1. 1992 laut Gesetzesvorschrift über die gesamte Profilbreite noch mindestens 1,6 mm tief sein.

● Aus Sicherheitsgründen sollten Sie jedoch die Reifen schon bei Erreichen der 3-mm-Profilgrenze wechseln lassen, denn die breiten Reifen des BMW »schwimmen« schon bei geringer Profiltiefe auf nasser Fahrbahn.

● Zur Verschleißkontrolle dienen in regelmäßigen Abständen quer zur Lauffläche verlaufende Erhebungen in den Profilrillen. Sie sind an der Reifenflanke durch die Buchstaben »TWI« gekennzeichnet.

● Wenn diese Erhebungen mit den Profilrippen in gleicher Höhe stehen, hat der Reifen noch 1,6 mm Restprofil. Spätestens jetzt ist es Zeit zum Reifentausch.

● Aus der Art der Profilabnutzung können Sie einiges herauslesen.

○ **An der Außenseite abgefahrene Vorderreifen** deuten auf flotte Fahrweise in Kurven hin. Einzige Abhilfe: Vorderräder regelmäßig gegen die Hinterräder austauschen.

○ **Einseitig abgefahrenes Profil** kann auch auf falsche Radeinstellung hinweisen; vor allem dann, wenn lediglich ein Reifen schräg abgelaufen ist.

○ **Starke Abnutzung in der Profilmitte** deutet auf wesentlich zu hohen Luftdruck. Oder der Wagen wird oft mit hoher Geschwindigkeit gefahren. Dann rundet sich die Lauffläche durch die auftretenden Zentrifugalkräfte. Die Bodenberührung und damit auch der Verschleiß finden verstärkt in der Lauflächen-Mitte statt.

○ Sind **beide Außenschultern** eines Reifens **stärker abgefahren als die Profilmitte**, wurde lange Zeit mit zu niedrigem Luftdruck gefahren.

○ **Gleichmäßige Auswaschungen** im Profil deuten auf einen defekten Stoßdämpfer.

○ Tritt die **ungleiche Abnutzung nur an bestimmten Stellen** auf, ist das Rad unwuchtig.

Festen Sitz der Radschrauben kontrollieren

Nach ca. 1000 km Fahrtstrecke soll nach jeder Radmontage kontrolliert werden, ob die Radschrauben richtig angezogen sind. Als Anzugsdrehmoment sind 110 Nm vorgeschrieben, also nicht mit einem zusätzlich verlängerten Radschlüssel die Schrauben »anknallen«. Eine gute Gelegenheit, das eigene »Kraft-Empfinden« mit dem Drehmomentschlüssel zu überprüfen.

Wartung Nr. 24

Rad-Unwuchten

Unwuchtige Räder spürt man durch Vibrationen im Lenkrad oder Schütteln im Vorderwagen. Beides tritt bei bestimmten Geschwindigkeiten besonders stark auf. Die Ursache liegt an ungleichmäßiger Gewichtsverteilung am Rad.

Die Räder müssen statisch und dynamisch ausgewuchtet werden. Dazu gibt es zwei Methoden:
○ Das Rad wird am Wagen ab- und an einer Auswuchtmaschine angeschraubt. Dort läuft es zur Probe, Unwuchten werden dabei angezeigt und können durch Anbringen von Bleigewichten ausgeglichen werden.
○ Zum Ausschalten letzter Unwuchten ist Feinwuchten erforderlich. Dabei werden auch Unwuchten von Radnabe und Bremsscheibe ausgeglichen. Die am Wagen anmontierten Räder werden durch einen Elektromotor mit Reibrad in die notwendige schnelle Drehung versetzt und die Restunwucht angezeigt. Das gleicht man wieder durch Bleigewichte aus.

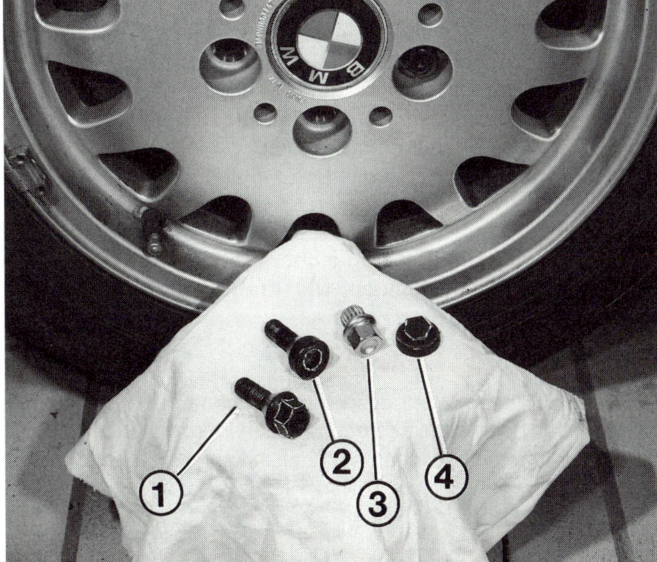

Die Radschrauben (1) passen an Stahl- und Leichtmetallfelgen aus dem Hause BMW. Abschließbare Radschrauben oder, wie hier, Radschraubensicherungen schützen teure Felgen vor Diebstahl. Es bedeuten:
2 – Radschraube für Adapter;
3 – Adapter zum Lösen der Radschraube;
4 – Abdeckkappe zur Radschraube für Adapter.

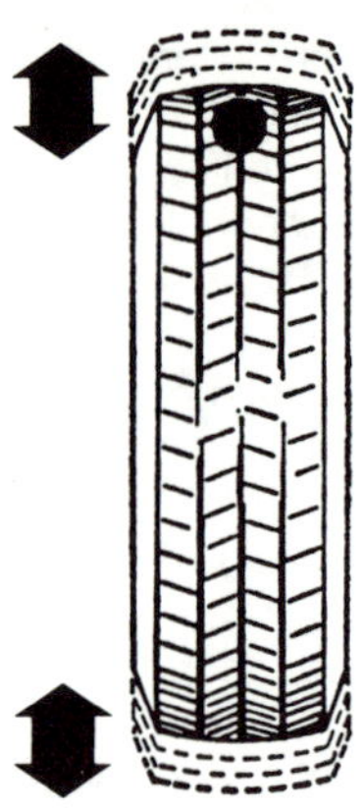

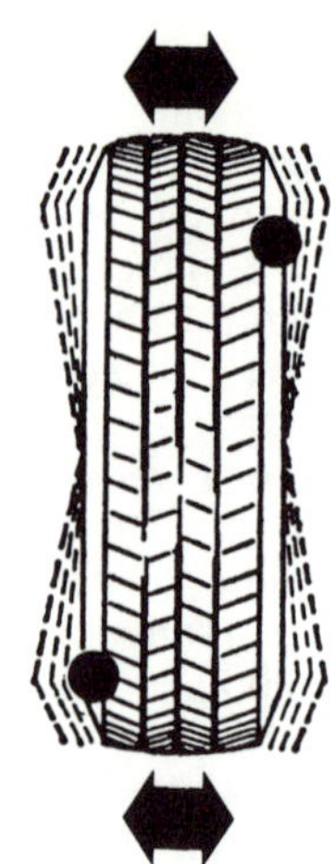

Unsere Skizze erläutert die Auswirkungen der Unwucht:

Die **statische** Unwucht erkennt man, wenn ein freihängendes, drehendes Rad immer mit der gleichen Stelle zu Boden sinkt und sich allmählich auspendelt. Folge: Das Rad hüpft während der Fahrt.

Die **dynamische** Unwucht ist durch Auspendeln des Rades nicht zu erkennen, denn sie liegt irgendwie schräg zur Radachse, so daß das schnellaufende Rad flattert und wackelt. Unausgewuchtete Räder führen zu schnellem Reifenverschleiß, unruhiger Lenkung und vorzeitiger Abnutzung der Radlager.

Fingerzeig: Feinwuchten ist besonders an den Vorderrädern des BMW anzuraten. Dort sind selbst kleinste Unwuchten am Lenkrad zu spüren. An den Hinterrädern ist das Auswuchten am Fahrzeug eher entbehrlich.

Radwechsel

Unterwegs ist der Radwechsel nicht ganz problemlos. Die Radschrauben können festgerostet sein oder sie wurden beim letzten Radwechsel in der Werkstatt mit einem Schlagschrauber »angeknallt« (statt mit den vorgeschriebenen 110 Nm festgezogen). Dann sind die Schrauben möglicherweise nicht einmal mit dem stabilen BMW-Radschraubenschlüssel mehr zu lösen. Hilfe ist dann nur noch von einem ausziehbaren Radschraubenschlüssel oder einem Radkreuz mit aufgestecktem Rohrstück (als Verlängerung) zu erwarten.

● Handbremse anziehen und 1. oder Rückwärtsgang einlegen.
● Unterwegs Warnblinkanlage einschalten und Warndreieck aufstellen.
● Räder der anderen Wagenseite gegen Wegrollen sichern, z.B. mit Steinen oder Holzstücken.
● Bei Rad-Vollblende die Blende von Hand abziehen.
● An Leichtmetallfelgen im Kreuzspeichen-Design die Radnabenabdeckung abnehmen. Dazu wird ein Schraubendreher oder der große Kunststoff-Sechskantschlüssel aus dem Bordwerkzeug verwendet.
● Felgenschloß – so vorhanden – öffnen.
● Radschrauben bei auf dem Boden stehendem Wagen jeweils knapp eine Umdrehung lockern.
● Bordwagenheber an einem der vier Aufnahmepunkte unten am Türschweller ansetzen (siehe dazu Kapitel »Der sichere Arbeitsplatz«). Darauf achten, daß der Wagenheberfuß zunächst stabil mit der ganzen Standfläche auf dem Boden aufliegt. Bei weichem Untergrund Brettchen unterlegen.
● Wagen hochkurbeln, bis das Rad frei hängt.

● Radschrauben vollends herausdrehen, Rad abnehmen.
● Wer sich das anschließende Aufsetzen des neuen Rades erleichtern will, steckt den Zentrierstift aus dem Bordwerkzeug in eine der Gewindebohrungen.
● Reserverad aufstecken.
● Schrauben über Kreuz gleichmäßig anziehen. Dabei das Rad hin- und herdrehen, damit es sich einwandfrei auf der Radnabe zentriert.
● Wagen ablassen, Schrauben nachziehen (110 Nm).
● Rad-Vollblende aufdrücken. Dabei die Blende zuerst am Reifenventil »einhängen«, mit dem Fuß festhalten und anschließend an der gegenüberliegenden Seite festdrücken.
● Am besten klappt dieser Balanceakt, wenn das Reifenventil unten am Rad steht.
● Nach ca. 1000 km Radschrauben nochmals nachziehen.

Fingerzeig: Soll ein intaktes, am Wagen gewuchtetes Rad etwa nach Kontrollen an der Bremse wieder montiert werden, muß es in gleicher Stellung wie zuvor an der Radnabe festgeschraubt werden. Dazu die Einbaulage kennzeichnen, wie im Bild auf der gegenüberliegenden Seite gezeigt.

Radmittenzentrierung fetten

Wartung Nr. 23

Wir würden diesen Wartungspunkt durchführen, wenn die Räder ohnehin zur Bremsbelagkontrolle oder anläßlich des Radwechsels abgenommen wurden.
Wegen der unterschiedlichen Materialien kann es zwischen Leichtmetallfelgen und Radnaben zu sogenannter

Kontaktkorrosion kommen. Tritt Korrosion an dieser Stelle auf, kann die Felge fast unlösbar an der Radnabe festbacken. Um das zu vermeiden, muß die Radmittenzentrierung dünn eingefettet werden.

Steht die Anschaffung von neuen Reifen an, ist das eine Gelegenheit, ggf. auf eine andere Reifendimension zu wechseln. Deshalb hier kurz Eigenschaften und Besonderheiten der Reifengrößen, die am BMW montiert werden können. **Welche Reifen für Ihren BMW in Frage kommen, entnehmen Sie den Fahrzeugpapieren.**
○ Die Standardgröße **185/65 R 15** ist für die Modelle 316i/318i voll ausreichend. Entscheidender Vorzug dieser Bereifung ist nicht nur der Preis. Wichtiger als Entscheidungshilfe scheint uns die Tatsache zu sein, daß der BMW mit schmalen Reifen die besten Geradeauslauf-Eigenschaften hat.
○ Der 318is muß für die Sommerbereifung mit den breiteren **205/60 R 15** besohlt werden; die 185er sind auf diesem Modell nur als Winterreifen zulässig.
○ Auf die noch breiteren **225/55 R 15**-Reifen umzusteigen, muß gut überlegt werden. Selbst wer bereit ist, den Mehrpreis für die noch breiteren Walzen zugunsten einer verbesserten Optik zu berappen, wird kaum Freude am Eigenlenkverhalten des Wagens haben. Denn je breiter die Reifen werden, desto empfindlicher reagiert der Wagen auf Fahrbahn-Längsrillen – sprich: desto mehr Lenkkorrekturen sind für den Geradeaus-Lauf bei unebener Fahrbahn norwendig.
○ Längere Lebensdauer ist mit breiteren Reifen nicht zu erwarten, denn: Je breiter die Reifen-Aufstandsfläche, desto schauerlicher die Aquaplaning-Eigenschaften bei zunehmendem Reifenverschleiß. Was wiederum früheren Austausch erfordert.

○ Ohne Winterreifen ist der BMW kaum durch Matsch und Schnee zu bewegen. Relativ hohe Motorleistung und Antrieb der verhältnismäßig gering belasteten Hinterachse sorgen für nicht allzu gute Wintereigenschaften. Selbst die Beladung des Kofferraums mit einem Sandsack bringt keine überzeugende Verbesserung. Die Anschaffung von Winterreifen ist also kaum zu umgehen.
○ Bei Winterreifen haben Sie die Wahl zwischen den herkömmlichen M+S-Reifen, die lediglich 160 km/h schnell gefahren werden dürfen, und den teureren Hochgeschwindigkeitsreifen für 190 und 210 km/h Höchsttempo. Entsprechend lauten die Geschwindigkeits-Kennbuchstaben dieser Reifen Q, T oder H.
○ Stehen Kostengründe im Vordergrund und wird der Wagen winters vornehmlich im Kurzstreckenverkehr gefahren, so würden wir in jedem Fall auf die preisgünstige Reifendimension 185/65 R 15 zurückgreifen, die übrigens beim 318is nur zur Winterbereifung zugelassen ist.
○ Legt der Wagen dagegen in der Winterzeit viele Autobahnkilometer zurück oder will man auf das bullige Aussehen des BMW auch winters nicht verzichten, eignen sich breitere Winterreifen in den erwähnten Sommerreifen-Dimensionen besser.
○ Wenn der BMW schneller laufen kann, als es die bauartbedingte Höchstgeschwindigkeit der Winterreifen zuläßt, muß ein Hinweisschild mit der Reifen-Höchstgeschwindigkeit am Armaturenbrett angebracht werden.
○ Ein M+S-Reifen mit weniger als 4 mm Profiltiefe taugt nichts mehr im Winter. Wenn etwa im Gebirge Winterreifen vorgeschrieben sind, werden M+S-Reifen als solche nur dann anerkannt, wenn ihr Profil noch mindestens 4 mm tief ist.

Soll ein intaktes, am Wagen gewuchtetes Rad etwa nach Kontrollen an der Bremse wieder montiert werden, muß es in gleicher Stellung wie zuvor an der Radnabe festgeschraubt werden. Dazu die Einbaulage an Felge und Nabe kennzeichnen, wie hier mit den Pfeilen gezeigt.

Grüne Männchen

Elektrizität ist leider unsichtbar. Deshalb ist alles, was mit Strom zusammenhängt, für viele ein Buch mit sieben Siegeln. Verdeutlichen wir uns doch die Zusammenhänge von Strom und Spannung am Beispiel eines Wasserfalls: Seine Höhe stellt die elektrische **Spannung** dar (in Volt gemessen), seine Breite – also die herabfließende Wassermenge – symbolisiert den elektrischen **Strom** (in Ampere gemessen).

Steht am Fuß unseres Wasserfalls ein Mühlrad, so wird dort **Leistung** (in Watt) erzeugt. Und zwar so viel, wie sich aus dem Produkt von Höhe und Breite des Wasserfalls ergibt. Klar also, daß es egal ist, ob der Wasserfall hoch und schmal oder niedrig und dafür breiter ist. Denn erst das Ergebnis der Rechnung »Höhe mal Breite« (oder »Spannung mal Strom«) entscheidet über die abgegebene Leistung. Einleuchtendes Beispiel: Die 40-Watt-Birne zu Hause brennt genau gleich hell wie die 40-Watt-Birne am Auto, obwohl das Bordnetz statt 220 Volt nur 12 Volt aufzuweisen hat.

Bleibt noch der **Widerstand** zu erklären: Er ist mit einer Verengung in der Wasserleitung vergleichbar, durch den der Wasser(Strom-)fluß reduziert werden kann.

Schon dem Wort nach basiert die Elektronik auf den Elektronen – jenen immens kleinen Bausteinen, aus denen das ohnehin schon kleine Atom zum Teil besteht. Die Elektronen sorgen in allen elektrisch leitenden Werkstoffen (Leiter) dafür, daß Strom überhaupt fließen kann. Die Elektronen wandern dabei im Leiter von Atom zu Atom.

Nichtleitende Werkstoffe besitzen zwar auch Elektronen, doch sind diese sehr stark an den Atomkern gebunden. Sie können also auch nicht weiterwandern, und somit fließt auch kein Strom.

Die dritte Werkstoffgruppe stellen die sogenannten Halbleiter dar. Das sind Kristalle (meist Germanium oder Silizium), die so nachbehandelt wurden, daß in ihrem Atomaufbau Elektronen fehlen oder überschüssige Elektronen vorhanden sind.

Dadurch ergibt sich der durchaus erwünschte Effekt, daß durch die Kristallplättchen nur unter bestimmten Bedingungen Strom fließen kann. Werden diese Bedingungen nicht erfüllt, baut sich eine Sperrschicht auf, und der Stromfluß wird gehemmt.

Halbleiterbauelemente findet man natürlich nicht nur einzeln in der Fahrzeugelektrik verwendet. Meist sind sie in größerer Stückzahl zu kompletten Schaltungen zusammengefaßt, wie zum Beispiel im Steuergerät der Motronic-Zünd-/Einspritzsteuerung oder dem Zentralverriegelungsmodul.

Halbleiter

Transistor: Er läßt nur dann Strom durchfließen, wenn an seinem dritten Anschluß eine Spannung anliegt. Ist diese Spannung hoch, fließt viel Strom durch; bei geringer Spannung entsprechend weniger. Vergleichbar ist das mit einem Wasserhahn. Je weiter das Ventil aufgedreht wird, desto mehr Wasser fließt durch.

Diode: Sie ist nur in einer Richtung für den elektrischen Strom leitend. Kommt der Strom aus der Gegenrichtung, sperrt sie den Durchgang. Das ist wie beim Reifenventil: Luft kann durchgepumpt werden, aber sie kommt nicht mehr heraus.

Leuchtdiode: Der Halbleiterkristall sendet Licht aus, sobald Spannung anliegt. Im Grund genommen ist das wie bei einer Glühlampe, aber es gibt keinen Glühfaden, der allmählich verbrennen kann.

Weitere Bauelemente

In nahezu allen elektronischen Schaltungen kommen Bauteile vor, die nicht zur Sparte der Halbleiter gehören, ohne die aber die Elektronik nicht denkbar wäre. Häufigste Vertreter sind:

Widerstand: Seine Aufgabe ist es, den Stromfluß zu hemmen, wie bereits beschrieben.

Kondensator: Er wirkt wie eine kleine Batterie und kann elektrische Energie für eine gewisse Zeit speichern. Er wird zur Glättung von Spannungsschwankungen und zum Dämpfen von Spannungsspitzen verwendet. Wenn eine Zeitverzögerung in einer Schaltung erwünscht ist (z. B. im Blinkrelais), wird ein Kondensator mit einem Widerstand zu einem »Zeitglied« zusammengeschaltet.

Elektronische Schaltungen

Integrierte Schaltkreise (IC): Eine Vielzahl von elektronischen Bauteilen ist im kleinen Gehäuse eines IC untergebracht. Die meist schwarzen »Käfer« mit 14 und mehr Anschlußfüßen gibt es mit allen erdenklichen Funktionen.

Mikroprozessoren: Sie spielen eine wachsende Rolle in der Technik. Es sind weiterentwickelte ICs, aber wesentlich »intelligenter«. Je nach Art des elektrischen Eingangssignals können sie vorher programmierte Schaltungsvorgänge auslösen.

Maß nehmen

Damit der Meßwert richtig abgelesen werden kann, bedarf es zunächst eines genauen Meßgeräts. Welche Geräte sich eignen, sehen Sie im Bild auf der folgenden Seite.
Wie man das Meßgerät richtig anschließt und was bei den einzelnen Messungen zu beachten ist, finden Sie in den folgenden Abschnitten erklärt.

Vor Beginn der Arbeit

○ Schalten Sie vor Abziehen eines Steckers im Bereich der Fahrzeugelektronik immer die Zündung aus. Noch besser ist das Abklemmen der Batterie. Denn beim Trennen eines Steckkontakts können Spannungsspitzen entstehen, die nahegelegenen empfindlichen Elektronikgeräten (z. B. Bordcomputer) nicht gut bekommen.
○ Fast alle Stecker im BMW sind gegen unbeabsichtigtes Lockern geschützt. Zum Abziehen muß also fast immer eine Sicherung überwunden werden. Mehr dazu im folgenden Kapitel.

Verschiedene Messungen

Spannung messen mit Prüflampe

Praktisch ist eine Prüflampe mit Nadelkontakt, mit deren Nadel einfach die Isolierung des zu prüfenden Kabels durchstochen werden kann. Die Klemme am Kabel der Lampe wird irgendwo an blankem Fahrzeugmetall, der sogenannten Masse, angeclipst.
Die Lampe gibt in erster Linie Auskunft darüber, ob überhaupt Spannung anliegt. An ihrer Helligkeit kann man in etwa die Höhe der Spannung abschätzen.

Spannung messen mit Diodenprüfer

An elektronischen Bauteilen darf mit einer herkömmlichen Prüflampe nicht gemessen werden. Sie nimmt zu viel Leistung auf und kann so Bauteile der Elektronik beschädigen. Wer in diesem Bereich Messungen vornehmen will, sollte sich einen Spannungsprüfer mit Leuchtdioden anschaffen.

Spannung messen mit Voltmeter

Exakter ist die Spannungsmessung mit dem Volt-Meßbereich eines Zeiger- oder Digitalmeßgeräts. Durch den sehr geringen Stromverbrauch des Instruments droht auch Elektronikteilen keine Gefahr.
○ Zum Messen der Batteriespannung (als Beispiel) wird das mit »–« gekennzeichnete Meßkabel an den Minuspol der Batterie angeschlossen. Das »+«-Kabel kommt an den Pluspol:
○ Zeigt das Instrument beispielsweise nur 10,4 Volt an, hat eine der Batteriezellen Kurzschluß. Interessant kann es auch sein, die Batteriespannung zu messen, während der Anlasser betätigt wird. Sind dann nur noch 6 Volt abzulesen, steht es mit der Batterie sicher nicht zum besten.
○ Weitere Methoden, das Volt-Meßgerät einzusetzen:
○ Messen einer Spannung »gegen Masse«: »+«-Kabel des Meßgeräts an einer Klemme anschließen, an der Spannung anliegt, »–«-Kabel an ein blankes Teil der Karosserie oder des Motors anklemmen. Beide sind durch dicke Kabel mit dem Minuspol der Batterie verbunden, wodurch eine exakte Messung möglich ist.
○ Häufig wird die Spannung zwischen zwei bestimmten Kontakten (etwa an einem Steuergerät) gemessen. Wie das Meßgerät anzuschließen ist und welche Spannung anliegen soll, ist in einem solchen Fall Bestandteil der Prüfvorschriften.
○ Mit dem Volt-Meßbereich kann auch geprüft werden, ob ein Massekabel in Ordnung ist: »+«-Kabel des Meßgeräts am Pluspol der Batterie anschließen, »–«-Kabel des Geräts am Ende des Massekabels anklemmen. Ist die Masseversorgung intakt, muß volle Batteriespannung angezeigt werden.

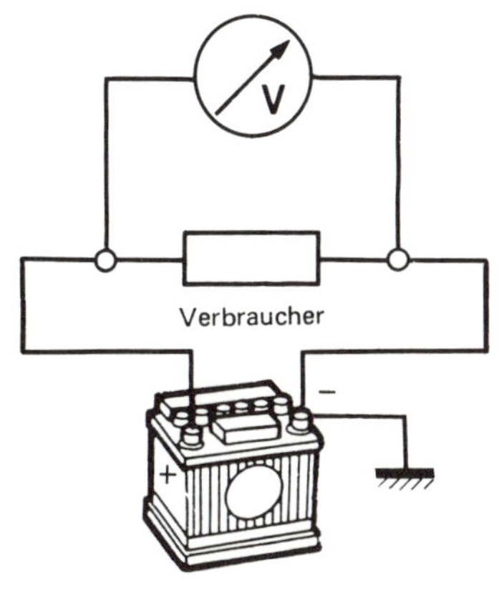

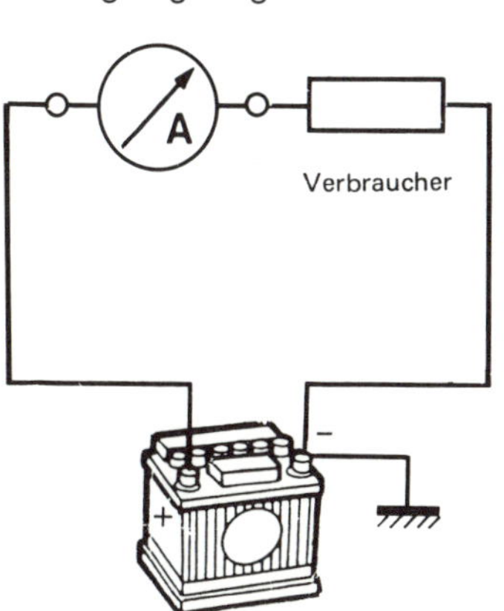

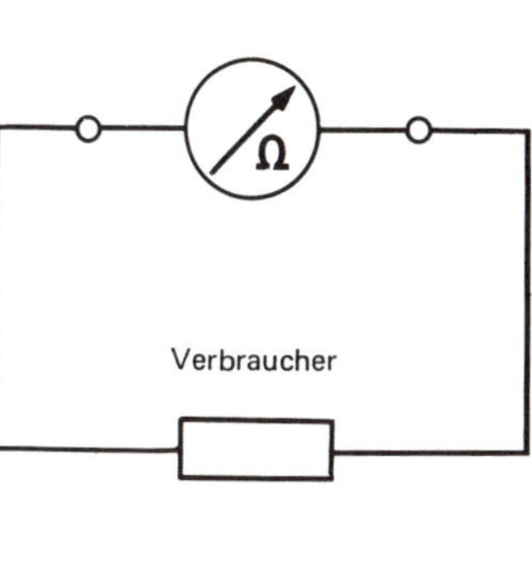

Verschiedene elektrische Messungen. Von links nach rechts: Spannung, Strom, Widerstand messen.

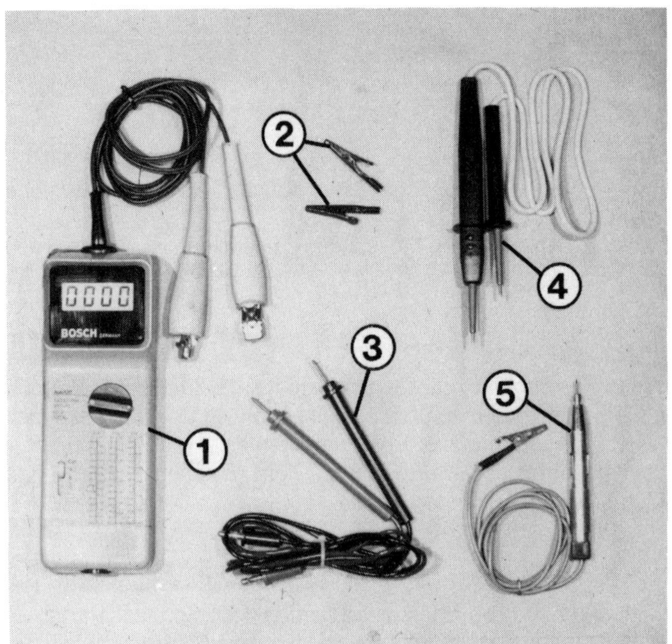

Meßgeräte für Fahrzeug- und Motorelektrik:
1 – Präzisions-Motortester mit Digitalanzeige; dazu Krokodilklemmen (2) und Meßspitzen (3); 4 – Leuchtdioden-Spannungsprüfer (auch für Elektronik-Bauteile geeignet); 5 – herkömmlicher Spannungsprüfer mit Glühlampe.

Strom messen

Ob Strom zu einem Verbraucher fließt, wird mit dem Amperemeter bzw. dem entsprechenden Meßbereich des Vielfach-Meßinstruments gemessen.

○ Dazu muß der Stromkreis aufgetrennt und das Meßgerät zwischen die jetzt freien Pole zwischengeschaltet werden.

○ In der Praxis sieht das so aus: Einen Steckkontakt in der Leitung zu einem Verbraucher abziehen und Meßgerät zwischen Stecker und Kontaktzunge zwischenschalten.

○ Strom wird beispielsweise gemessen, wenn der Verdacht besteht, daß ein heimlicher Stromverbraucher irgendwo im Bordnetz sitzt, der über Nacht die Batterie leersaugt. Um diese Leckstelle zu lokalisieren, nehmen Sie eine Sicherung nach der anderen heraus, klemmen stattdessen das Amperemeter an den Kontakten im Sicherungskasten an und können so feststellen, in welchem Stromkreis Verluste entstehen.

○ **Niemals** versuchen, auf diese Weise den Stromverbrauch des Anlassers zu ermitteln! Der Strom ist viel zu hoch für unser kleines Meßgerät.

Widerstand messen

Die exakte Widerstandsmessung an einem Bauteil hat nur dann einen Sinn, wenn man ein genau anzeigendes Gerät besitzt. Sonst bleiben letztlich Zweifel an der Messung.

○ Mit dem Widerstandsmeßbereich läßt sich beispielsweise erkennen, welchen Innenwiderstand ein bestimmtes Bauteil hat. Die Angaben finden Sie – wo nötig – hier im Buch.

○ Die Kabel des Meßgeräts (Polung ist dabei gleichgültig) werden dazu an zwei Anschlüssen des Bauteils angeklemmt.

○ Oder es wird der Widerstand »gegen Masse« gemessen: Ein Kabel am Bauteil, das zweite an Motorblock oder Karosserie anklemmen.

○ Ferner läßt sich mit dem Widerstands-Meßbereich eines Meßinstruments prüfen, ob eine Leitung oder ein Schalter »Durchgang« hat (der Meßwert ist dann 0 Ω) oder ob der Stromweg irgendwo unterbrochen ist (dann erhalten Sie den Widerstands-Meßwert »unendlich« = ∞ Ω).

Labyrinth

Von Sicherungen, Leitungen, Relais, Schalt- und Steuergeräten handelt dieses Kapitel. Denn in einem so stark elektronifizierten Auto wie dem BMW gibt es davon mehr als genug.

Grundlagen der Fahrzeugelektrik

Minus an Masse

Strom kann nur in einem geschlossenen Kreislauf fließen. Wenn Sie zu Hause den Lichtschalter anknipsen, leuchtet das Licht auf. Genauso ist es im Auto, nur daß hier der von Batterie oder Lichtmaschine kommende Strom über den jeweiligen Stromverbraucher zurück zur Batterie oder Lichtmaschine fließt.

An die Mehrzahl der Stromverbraucher im BMW sind zwei Kabel angeschlossen. Doch nur eines läßt sich bis zur Batterie bzw. bis zum Generator zurück verfolgen, wie dies auch die Stromlaufpläne zeigen. Die andere Leitung ist dagegen meist schon nach wenigen Zentimetern irgendwo am Karosserieblech festgeschraubt oder mit einer Steckerfahne eingesteckt.

Hier hat man sich zunutze gemacht, daß die Metallteile von Karosserie und Motor bzw. Getriebe ebenfalls Strom leiten können. In der Autoelektrik bezeichnet man sie mit der »Masse«. Sie sorgen für die Stromrückleitung zum Minuspol der Batterie. Merksatz: **M**inus an **M**asse.

Wenn ein Stromverbraucher direkt auf Metall sitzt, braucht er nur ein einziges Anschlußkabel, aber im heutigen kunststoffreichen Automobil müssen fast immer kleine Verbindungsleitungen den Kontakt zur Fahrzeugmasse herstellen.

System im Wirrwarr

Normklemmen

Das bunte Kabelgewirr im Auto ist eigentlich ganz gut geordnet, denn viele Einzelheiten der Kraftfahrzeug-Elektrik sind genormt. Die Zahlen an verschiedenen Bauteilen und Kabelanschlüssen sowie in den Stromlaufplänen haben in allen deutschen und in manchen ausländischen Fahrzeugen dieselbe Bedeutung. Beispiele:

Klemme 15 erhält nur bei eingeschalteter Zündung (Zündschloß-Raste »II«) Strom ab Zündschloß, wobei außer der/den Zündspule(n) jene Stromverbraucher versorgt werden, die nur bei Betrieb des Wagens Strom erhalten sollen. Die Kabel an den Normklemmen 15 besitzen vielfach eine grüne Ummantelung, bisweilen auch mit farbigen Zusatzstreifen bei bestimmten Stromverbrauchern.

Klemme R ist eine BMW-eigene Benennung für Anschlüsse, die in Zündschloßraste »I« und »II« sowie in Anlaßstellung funktionieren sollen. Die Ummantelung ist häufig violett; ggf. mit Zusatzstreifen.

Klemme 30 erhält dauernd Strom vom Pluspol der Batterie bzw. bei laufendem Motor von der Lichtmaschine. Das kann bei unvorsichtigem Umgang mit Werkzeug zu Kurzschlüssen und Funkenregen führen, wenn das Minuskabel der Batterie nicht abgenommen wurde. Diese stets stromführenden Kabel haben meist eine rote Umhüllung, ggf. mit zusätzlichen Farbstreifen.

Klemme 31 ist die Masse-Klemme, mit der ein Stromverbraucher zur Fahrzeugmasse verbunden sein muß, damit der Stromkreis geschlossen ist. Diese Kabel sind braun umhüllt.

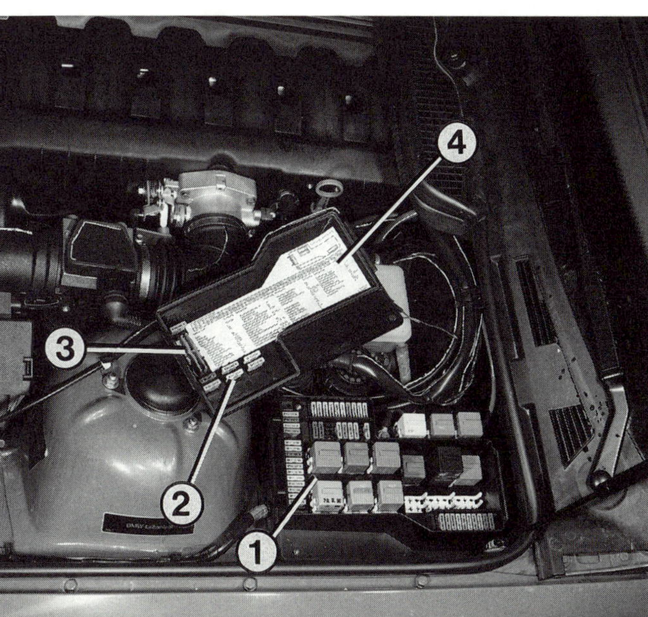

Der Stromverteilerkasten (1) ist das Kernstück der Karosserie-Elektrik im BMW. Im Deckel des Kastens sind untergebracht:
2 – Reservesicherungen;
3 – Kunststoffzange zum Abziehen von Sicherungen und Relais;
4 – Kurzfassung der Sicherungstabelle.

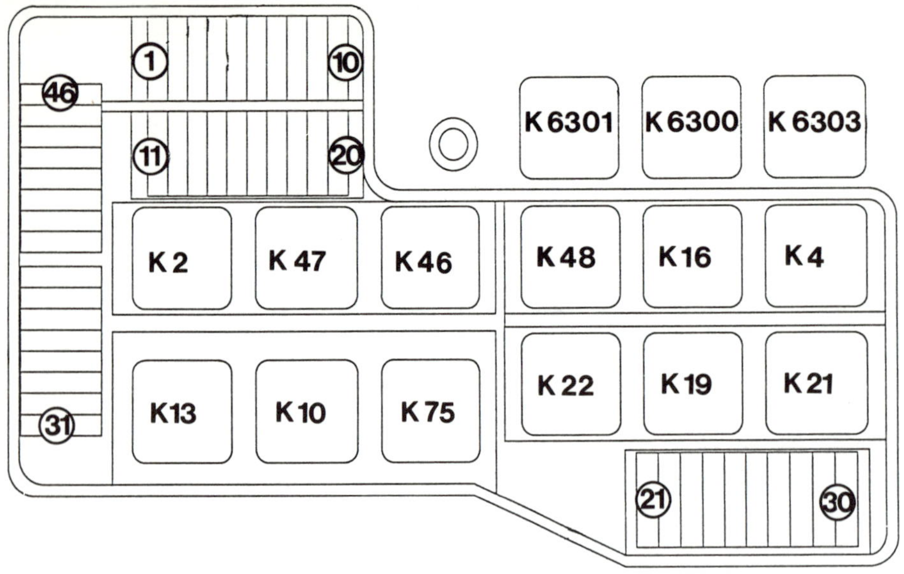

Die Zeichnung zeigt die Belegung des Stromverteilerkastens. Die Zahlen in den Kreisen nennen die Sicherungs-Nummer jeweils am Anfang und Ende einer Sicherungsleiste. Ferner sind die Relais für folgende Bauteile abgebildet: K2 – Hupenrelais; K4 – Heizungsgebläserelais; K10 – ABS-Überspannungsschutzrelais; K13 – Relais für heizbare Heckscheibe; K16 – Blink/Warnblinkrelais; K19 – Relais für Klimakompressor; K21 – Relais für elektrischen Kühlerventilator (Klimaanlage) Stufe I; K22 – Relais für elektrischen Kühlerventilator (Klimaanlage) Stufe II; K46 – Fernlichtrelais; K47 – Nebelscheinwerferrelais; K48 – Abblendlichtrelais; K75 – ABS-Pumpenmotorrelais; K6300 – Motronic-Hauptrelais; K6301 – Kraftstoffpumpenrelais; K6303 – Lambda-Sondenheizungsrelais.

Klemme 49 ist für die Blink- und Warnblinkanlage zuständig. Kabelfarbe blau/grün und blau/braun.
Klemme 53 versorgt die Scheibenwischeranlage.
Klemme 56 ist für die Spannungszufuhr des Abblendlichts mit gelb/weißem und gelb/blauem Kabel sowie des Fernlichts mit weiß/grünem und weiß/blauem Kabel zuständig.
Klemme 58 gehört zum Standlicht vorn sowie zu den Schluß- und Kennzeichenleuchten. Die Grundfarbe der Kabelumhüllung ist grau, jeweils mit zusätzlichen Farbstreifen.

Kabelsteckverbindungen

Lange Zeit mußte der ADAC in seiner Pannenstatistik lose Kabelsteckverbindungen als eine der häufigsten Pannenursachen vermerken – und das bei fast allen Autos.

Dem hat BMW im wahrsten Sinne des Wortes einen Riegel vorgeschoben: Nahezu alle Steckverbindungen sind zusätzlich mechanisch gesichert. Klar, daß diese Sicherungen zum Abziehen des Steckers überwunden werden müssen.

Hier die am häufigsten vorkommenden Steckersicherungen:

○ Stecker der Einspritzanlage sind durch einen Drahtbügel gesichert, der niedergedrückt werden muß.

○ Die meisten der Mehrfachstecker haben seitlich zwei Sicherungsrasten, die zum Abziehen niedergedrückt werden müssen.

○ Beispielsweise am Kombi-Instrument sitzen Mehrfachstecker, die mit einem Drehriegel gesichert sind.

○ Eine Spange, die seitlich verschoben werden muß, um den Stecker abzuziehen, sitzt z.B. an der Kabelsteckverbindung des Zentralverriegelungs-Antriebs in den Türen.

Die Karosserie-Elektrik

Stromverteilerkasten

Kernstück der Karosserie-Elektrik ist beim BMW der Stromverteilerkasten links hinten im Motorraum. Dort ist die

In der Elektronikbox rechts in der hinteren Motorraumwand ist Platz für das Steuergerät des automatischen Getriebes (1; hier nicht eingebaut) und das Motronic-Steuergerät (2).

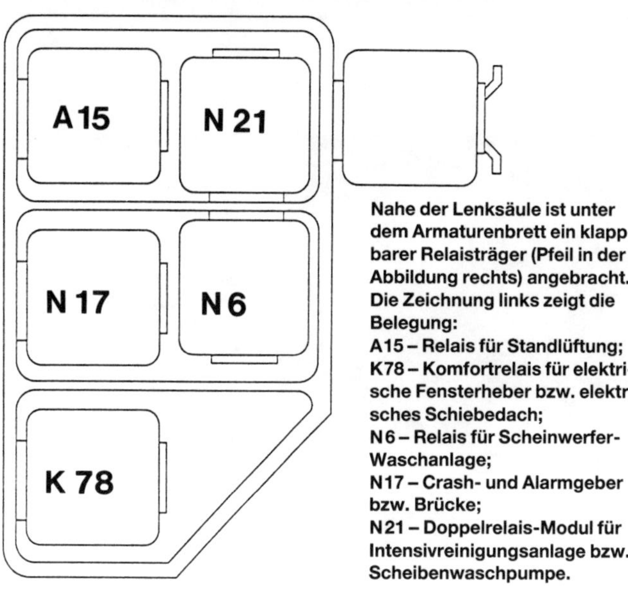

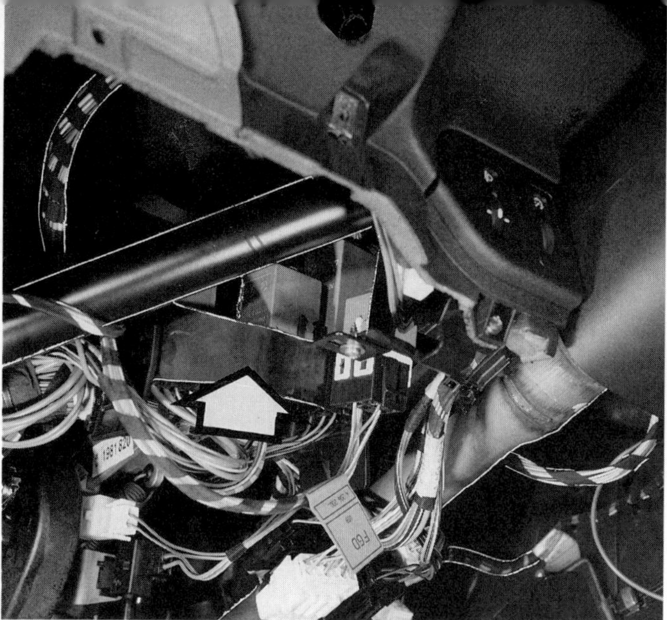

Nahe der Lenksäule ist unter dem Armaturenbrett ein klappbarer Relaisträger (Pfeil in der Abbildung rechts) angebracht. Die Zeichnung links zeigt die Belegung:
A15 – Relais für Standlüftung;
K78 – Komfortrelais für elektrische Fensterheber bzw. elektrisches Schiebedach;
N6 – Relais für Scheinwerfer-Waschanlage;
N17 – Crash- und Alarmgeber bzw. Brücke;
N21 – Doppelrelais-Modul für Intensivreinigungsanlage bzw. Scheibenwaschpumpe.

überwiegende Zahl der Relais und Sicherungen übersichtlich untergebracht. Doch dieser Einbauort reicht bei weitem nicht für alle elektrischen Bauteile.

In der Elektronikbox, die sich hinter einer Verkleidung rechts in der hinteren Motorraumwand befindet, ist Platz für die Steuergeräte der Motronic-Zünd/Einspritzsteuerung und der Getriebesteuerung des automatischen Getriebes.

Elektronikbox

Unter der linken unteren Armaturenbrettverkleidung – ganz vorn – sind zwei Relaisträger untergebracht, die zahlreiche Bauteile beherbergen können. (Ausbau der Verkleidung siehe Kapitel »Der Innenraum«.)

Links unter dem Armaturenbrett

- Anlaßsperrelais
- Wischermotorrelais
- Wischerrelais
- Klemme-15-Entlastungsrelais
- Crash-Alarmgeber
- Doppelrelaismodul
- Scheinwerfer-Reinigungsmodul
- Relais für Standlüftung
- Komfortrelais für elektrische Fensterheber und elektrisches Schiebedach

Unter der Seitenverkleidung des Fahrer-Fußraums, unter der auch der Lautsprecher sitzt, ist das Wisch-Wasch-Modul (die Wischer-Steuerung) versteckt.

Fahrer-Fußraum

Vorn in der Mittelkonsole ist das Steuergerät der Klimaanlage untergebracht.

Mittelkonsole

Bei ausgebautem Handschuhfach (Ausbau des Handschuhfaches siehe Kapitel »Der Innenraum«) sind zugänglich:

Vor dem Handschuhfach

- ABS-Steuergerät
- Zentralverriegelungsmodul
- Relais der Türschloßheizung
- Steuergerät für Tempomat
- Airbag-Diagnose-Modul
- Modul der Diebstahl-Warnanlage

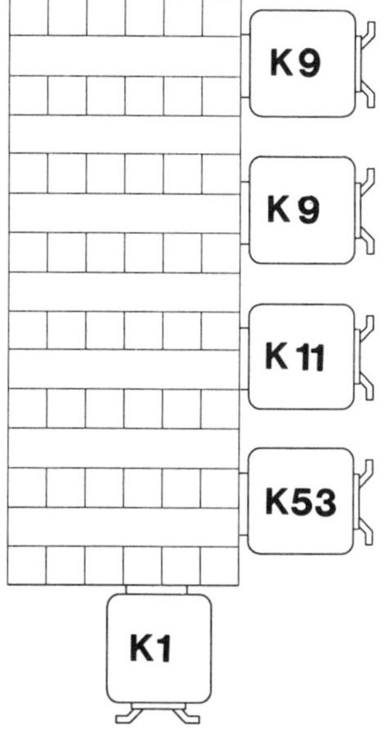

Ebenfalls links unter dem Armaturenbrett sitzt nahe der linken Seitenwand ein weiterer Relaisträger (Pfeil in der Abbildung rechts). Die Belegung zeigt die Zeichnung:
K1 – Anlaß-Sperrelais bei Automatikgetriebe bzw. Brücke;
K9 – Klemme-15-Entlastungsrelais (Einbauort wahlweise);
K11 – Wischerrelais;
K53 – Wischermotorrelais.

Bei ausgebautem Handschuhfach kommt man an die folgenden Steuergeräte heran:
1 – Steuergerät und Sicherung für Diebstahl-Warnanlage;
2 und 3 – nicht belegt;
4 – Tempomat-Steuergerät;
5 – ABS-Steuergerät;
6 – Zentralverriegelungsmodul;
7 – Airbag-Steuergerät.
Natürlich sind – wie hier – nur diejenigen Steuergeräteplätze belegt, die nach Ausstattung des Fahrzeugs erforderlich sind.

Die Schaltrelais

Wozu werden Schaltrelais benötigt?

Leitet man den Strom auf langen Kabelwegen über den dazugehörigen Schalter, gibt es Spannungsverlust. Außerdem werden die Schalterkontakte durch den hohen Stromfluß stark beansprucht. Bei einer Relaisschaltung benutzt man den Schalter nur für den geringen Schaltstrom, womit nicht der Verbraucher direkt, sondern dessen Relais eingeschaltet wird.

Stammt der Schaltbefehl nicht von einem Schalter, sondern von der Elektronikbox, gilt dasselbe: Die empfindlichen Elektronikbauteile können hohe Ströme nicht weiterleiten, ohne Schaden zu nehmen.

Funktion der Schaltrelais

○ Beim Einschalten des betreffenden Verbrauchers wird im Relais durch den an Klemme 86 ankommenden »Schaltstrom« der Schaltstromkreis zu Klemme 85 (Masse) geschlossen.

○ Dadurch zieht eine Magnetspule einen kräftigen Kontakt gegen Federdruck an und schließt so den Stromkreis für den »Arbeitsstrom«.

○ Der Arbeitsstrom wird zur Vermeidung von Spannungsabfall auf kurzem Weg direkt an Klemme 30 des Relais herangeführt und von dort weiter – bei geschlossenen Schalterkontakten – über Klemme 87 an den Stromverbraucher weitergeleitet.

○ Bisweilen ist noch eine Klemme 87a vorhanden. Die ist fest mit Klemme 87 verbunden, hat also dieselbe Funktion.

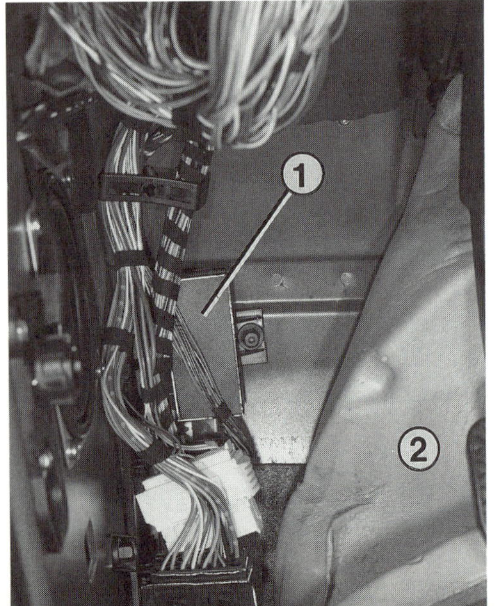

Links: Im Fahrerfußraum vorn links befindet sich das Wisch/Wasch-Modul (1). Um an dieses Bauteil heranzukommen, muß die linke Fußraumverkleidung ausgebaut und der Teppichboden zurückgeschlagen werden.
Rechts: Auf der Verbinderleiste rechts unter dem Armaturenbrett befindet sich das Relais für Türschloßbeheizung (Pfeil).

Die Zeichnung zeigt die Verbinderleiste rechts unter dem Armaturenbrett, die bei ausgebautem Handschuhfach zugänglich ist. Links die Belegung bei Fahrzeugen mit serienmäßiger Heizung, rechts die Belegung bei Fahrzeugen mit Klimaanlage. Eingesteckt ist ohnehin nur ein einziges Relais: K54 – Relais für Türschloßbeheizung.

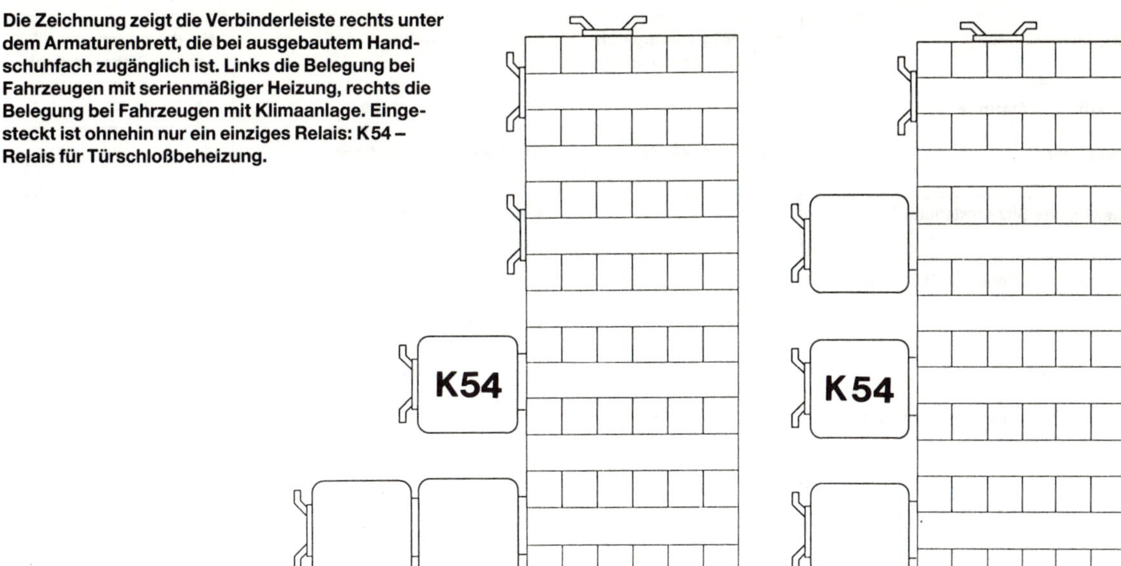

● An Klemme 30 muß immer Spannung anliegen, sofern es sich nicht um ein Relais handelt, dessen Verbraucher von einem anderen abhängt. Beispiel: Das Relais der Nebelschlußleuchte erhält nur dann Strom, wenn Licht eingeschaltet ist.

● Zur Kontrolle der Stromversorgung Relais herausziehen und mit Prüflampennadel Klemme 30 im Relaissockel antippen. Kein Strom: Zuleitung defekt.

● Relais abziehen, Klemme 86 mit Batterie-Plus und Klemme 85 mit Masse verbinden. Die Magnetspule muß den Relaiskontakt deutlich hörbar anziehen, sonst ist das Relais defekt.

● Relais aus dem Stecksockel abziehen.

● Klemme 30 und 87 im Relaissteckfeld mit einer Büroklammer oder einem kurzen Drahtstück überbrücken. Dadurch erhält der betreffende Verbraucher Dauerstrom.

● Zum Abschalten die Kurzschlußbrücke abziehen, da der betreffende Schalter in diesem Fall ja überbrückt ist.

Die Sicherungen

Im BMW werden sogenannte Flachstecksicherungen verwendet. In ein durchscheinendes, eingefärbtes Kunststoffteil sind zwei Flachstecker eingebettet, die durch den Schmelzfaden verbunden sind.

Sicherungstabelle

Stromverbraucher	Nr. der spannungsführenden Sicherung(en)	Stromverbraucher	Nr. der spannungsführenden Sicherung(en)
Abblendlicht links	11, 25	Abblendlicht rechts	12, 25
Analoguhr	23, 31	Anhängekupplung	2
Anlasser	28	Antiblockiersystem (ABS)	10, 21, 27, 38, 45
Anzünder	32	Automatisches Getriebe	28
Blink-/Warnblinkanlage	23, 33, 34, 37	Borddisplay	27, 31, 45, 46
Bordcomputer	23, 27, 31, 45, 46	Bremsleuchten	27, 46

Stromverbraucher	Nr. der spannungsführenden Sicherung(en)	Stromverbraucher	Nr. der spannungsführenden Sicherung(en)
Crash- und Alarmgeber	11, 12, 25, 34	Diebstahlwarnanlage	31, 33, 34 43, 44
Digitaluhr	23, 27, 31, 45, 46	Elektrische Fensterheber (nur Coupé)	14
Elektrische Sitzverstellung	5, 40	Elektrische Spiegelverstellung	24
Elektrisches Schiebe-/Hebedach	1	Elektronische Getriebesteuerung	26, 28
Fernlicht links	25, 29	Fernlicht rechts	25, 30
Handschuhfachleuchte	44	Heizbare Scheibenwaschdüsen	24
Heckscheibenheizung/-antenne	6, 23, 31, 37, 39, 41	Heizungsgebläse	20
Heizungsregelung	23	Innenraumbeleuchtung	33, 37, 43
Infrarot-Schließsystem	7, 24, 31, 43	Instrumente	23, 27, 31, 45, 46
Kennzeichenleuchte	37	Klimaanlage	16, 20, 23, 31, 39, 41
Kraftstoffpumpe	18	Ladesteckdose	33
Lichtschalter	22, 25, 33, 37	Motorraumbeleuchtung	37
Motronic	18, 26	Nebelscheinwerfer	15, 22
Nebelschlußleuchte	17	Radio/CD-Spieler	9, 45
Radio/CD-Spieler mit 17-Pin-Steckverbinder	9, 46	Rückfahrleuchten	26
Scheibenwischer	36, 37, 44, 45	Scheinwerfer-Waschanlage	3
Signalhorn	8	Sitzheizung	4, 23
Standlüftung	19, 20	Stand-/Rücklicht links	33
Stand-/Rücklicht rechts	37	Tempomat	28
Türschloßheizung	7, 33	Zentralverriegelung	7, 35, 43

Die Sicherungsstärke

Zur Unterscheidung der maximal zulässigen Nennstromstärke (Ampere) dienen die Kennfarben des Kunststoffteils: Braun – 7,5 A; rot – 10 A; blau – 15 A; gelb – 20 A; weiß – 25 A; grün – 30 A.

Sicherung Nr.	1	2	3	4	5	6	7	8	9	10	11	12	13	14	15	16	17	18	19	20	21	22	23
Stärke A	30	15	30	15	30	20	5	15	20	30	7,5	7,5	–	30	7,5	5	7,5	15	15	30	5	5	5

Sicherung Nr.	24	25	26	27	28	29	30	31	32	33	34	35	36	37	38	39	40	41	42	43	44	45	46
Stärke A	15	5	10	5	5	7,5	30	15	30	15	30	20	5	15	20	30	7,5	7,5	–	7,5	7,5	5	7,5

Nervenstränge

Bei der Darstellung der elektrischen Einrichtungen und Leitungsverbindungen ist BMW neue Wege gegangen: Was früher noch in einem Gesamtschaltplan oder -stromlaufplan unterzubringen war, mußte beim 3er in zahlreiche Funktionsgruppen getrennt werden.
In dieser – aus dem gedachten Gesamtschaltplan herausgegriffenen – Teildarstellung ist dann alles enthalten, was zum Verstehen dieser Baugruppe dazugehört: Bauteilnamen, teils sogar kurze Funktionserklärungen, Steckernumerierungen, Steckverbinder-Zuordnungen, Kabelfarben etc. – eine separate Schaltplanerklärung ist deshalb nicht mehr erforderlich.
Nachteil dieser Darstellungsweise ist das ständig notwendige Blättern, wenn eine Querverbindung gesucht werden soll. Ideal angewandt werden diese Teilstromlaufpläne in Verbindung mit dem BMW-Diagnosecomputer. In Ermangelung dieses Geräts schafft die Anwendung der Stromlaufpläne nicht immer den gewünschten Überblick.

Fingerzeig: Die gesamten Stromlaufpläne für die in diesem Buch behandelten Modelle füllen zwei DIN A 4-Ordner. Dieser Umfang kann natürlich hier im Buch nicht wiedergegeben werden. Wir haben uns für eine Auswahl der unserer Ansicht nach am häufigsten benötigten Pläne entschieden. Wer sich den kompletten Schaltplanordner zulegen möchte, kann ihn beim BMW-Händler oder einer BMW-Niederlassung offiziell im Ersatzteillager bestellen (Bestell-Nr. 01 509 783 930 De).

Im Stromlaufplan ist ein Stromkreis mit dem kürzestmöglichen Kabelweg – dem Strompfad – gezeichnet ohne Rücksicht auf die Einbaulage im Fahrzeug. Bauteile mit mehreren Funktionen können auf mehrere Pfade aufgeteilt sein.
Stromzufuhr: Oben im Stromlaufplan ist meist die Plus-Seite dargestellt. Von hier kommt der Strom von einer Sicherung, deren Klemmenbezeichnung, Nummer und Stärke angegeben ist.
Oder die Stromzuleitung ist nur über einen anderen Stromlaufplan zurückzuverfolgen. Dann ist über ein Dreieck mit einem Kennbuchstaben (z. B. »C«) die betreffende Schaltplan-Nummer (z. B. 1240.0–01) gedruckt. Um bei diesem Beispiel zu bleiben, muß das Kabel am Dreieck »C« im Schaltplan 1240.0–01 weiterverfolgt werden.
Sicherungen: Mit dem Kennbuchstaben »F« und einer nachfolgenden Zahl sind die im Sicherungshalter sitzenden Sicherungen bezeichnet. Die Numerierung entspricht ihrem Platz im Stromverteilerkasten (siehe dazu Tabelle im vorangegangenen Kapitel).
Sicherungsdetails: Dieser Begriff taucht hin und wieder in den Stromlaufplänen auf. Er verweist auf einen Schaltplanteil im BMW-Schaltplanordner, der lediglich die Beschaltung der Sicherungen zeigt – wir haben hier im Buch ganz darauf verzichtet. Taucht dieser Begriff auf, weiß man, daß hier die Stromzuleitung über eine Sicherung erfolgt.
Leitungen: Die elektrischen Leitungen sind vor der Farbbezeichnung mit dem Querschnitt ihrer Metallseele angegeben; »,5« steht für 0,5 mm² Querschnitt, »,75« für 0,75 mm² und »2,5« beispielsweise für 2,5 mm². Die Kabelfarben sind abgekürzt wiedergegeben: Es bedeuten: BL – blau; BR – braun; GE – gelb; GN – grün; GR – grau; VI – Violett; RT – rot; SW – schwarz; WS – weiß.
Steckverbindungen: Sie tragen grundsätzlich den Kennbuchstaben »X«. Anhand der nachfolgenden Nummer läßt sich aus einer Tabelle im BMW-Schaltplanordner herausfinden, wo der Stecker im Fahrzeug eingebaut ist und wieviele Pole er besitzt.
Bauteile: Alle elektrischen Bauteile sind in den Stromlaufplänen mit voller Bezeichnung angegeben. Außerdem tragen sie Kennbuchstaben mit nachgestellten Unterscheidungsziffern. So bedeuten z. B. A – Anzeige-Kombinationen; B – Geber; E – Glühlampen; F – Sicherungen; G – Stromquellen; H – Signaleinrichtungen; K – Relais; M – Motoren; P – Anzeigegeräte; R – Widerstände; S – Schalter; W – Stromschienen; X – Steckkontakte.
Schaltzeichen: Zur Darstellung der Bauteile werden genormte Schaltzeichen verwendet, wobei alle Schalter und Kontakte den Zustand des stehenden, abgeschlossenen Wagens mit angezogener Handbremse zeigen.
Klemmen- oder Pinbezeichnungen: Ein- oder zweistellige Ziffern, ggf. mit Zusatzbuchstaben im Stromlaufplan finden sich gleichlautend an den Anschlußklemmen des entsprechenden Bauteils.
Masse: Karosserie, Motor oder Getriebe dienen in der Autoelektrik zur Rückleitung des Stromes – man spricht hier von »Masse«. Im Stromlaufplan ist jeder Masseanschluß als solcher bezeichnet.

5-Gang-EGS

	L1	L2	L3	L4
P	1	1	0	1
R	1	0	0	0
N	1	1	1	0
D	0	0	0	1
4	0	0	1	1
3	1	0	1	1
2	0	0	1	0

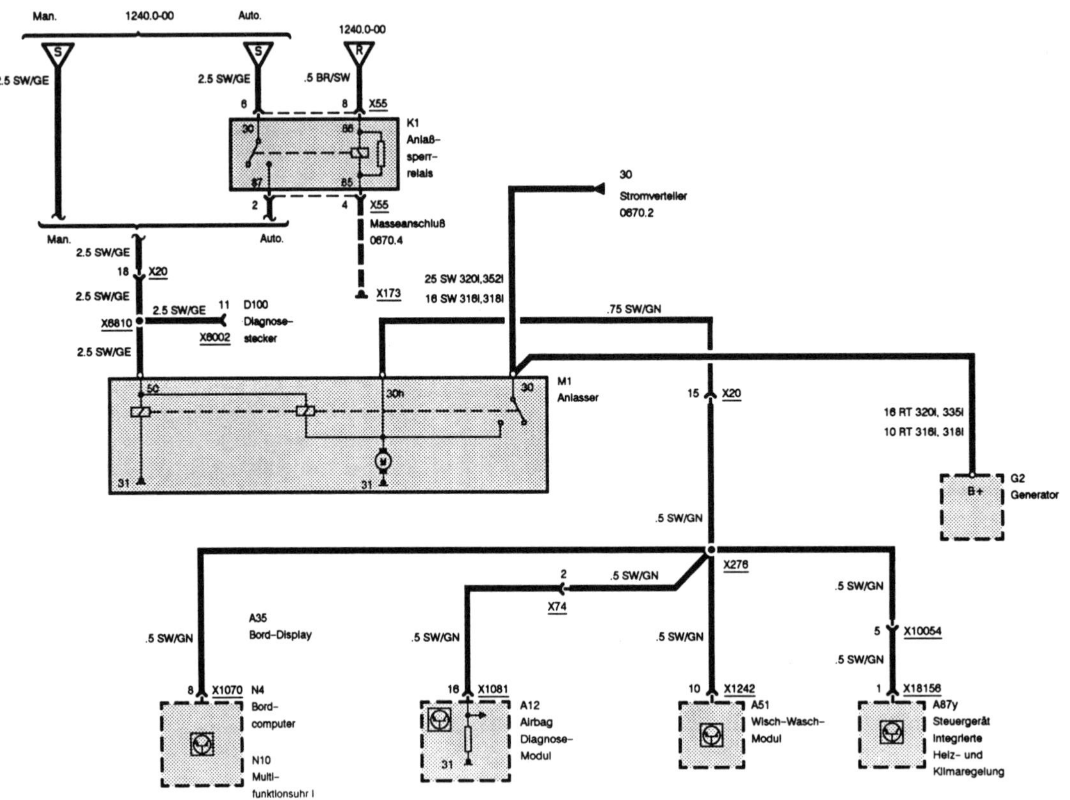

Generator

1230.0-00

ZVM-Türschloßheizung (TSH)

5120.1-00

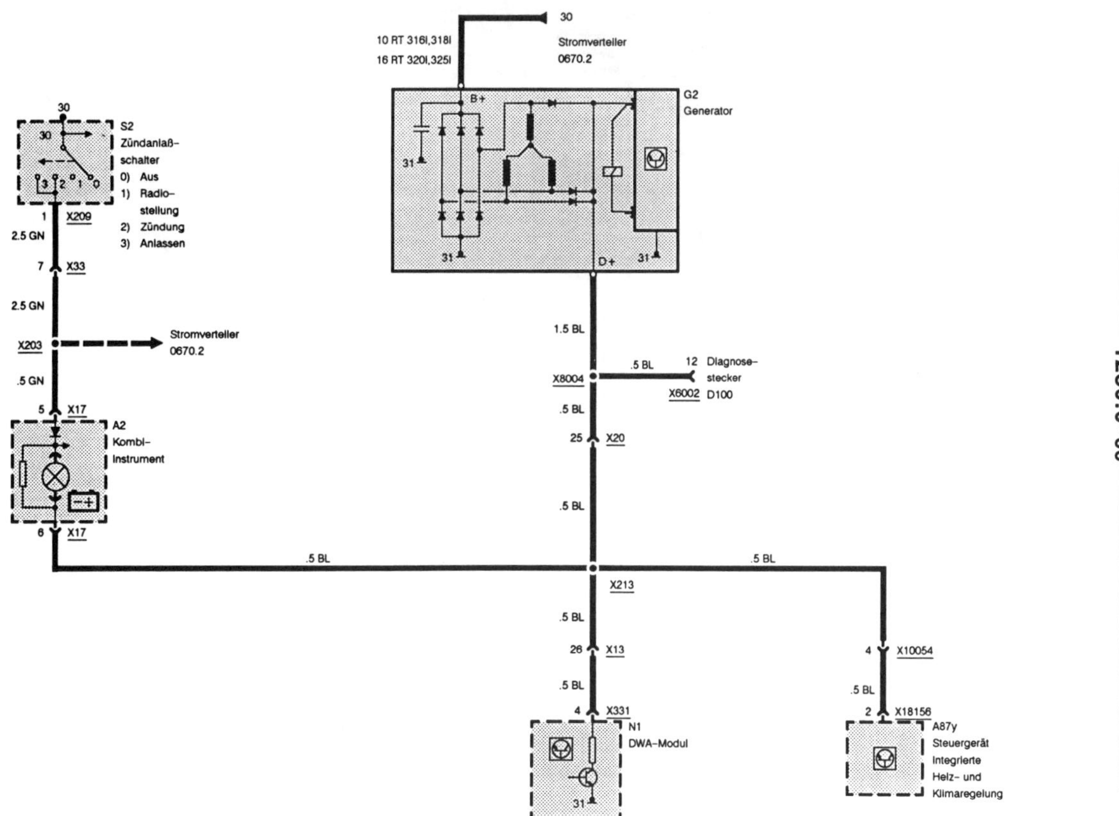

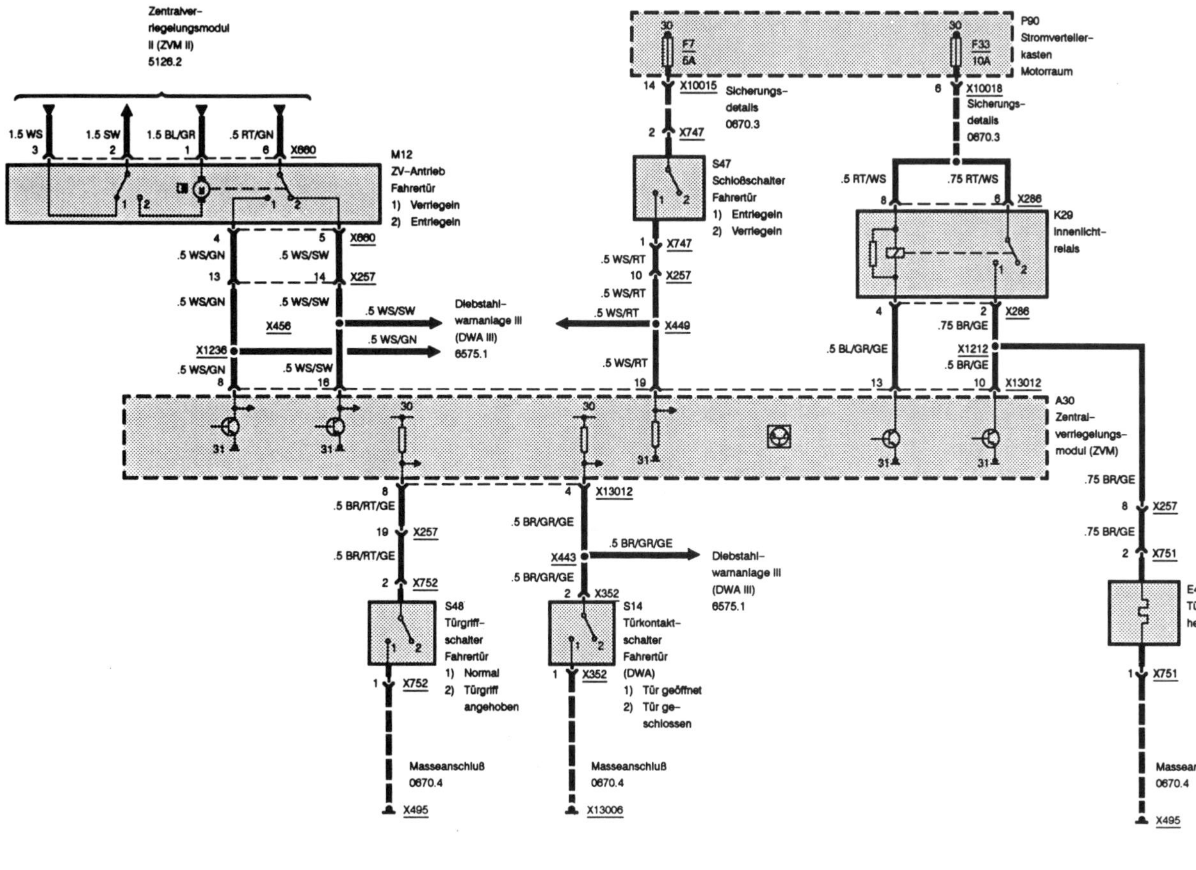

Zentralverriegelungsmodul II (ZVM II)

Eingänge

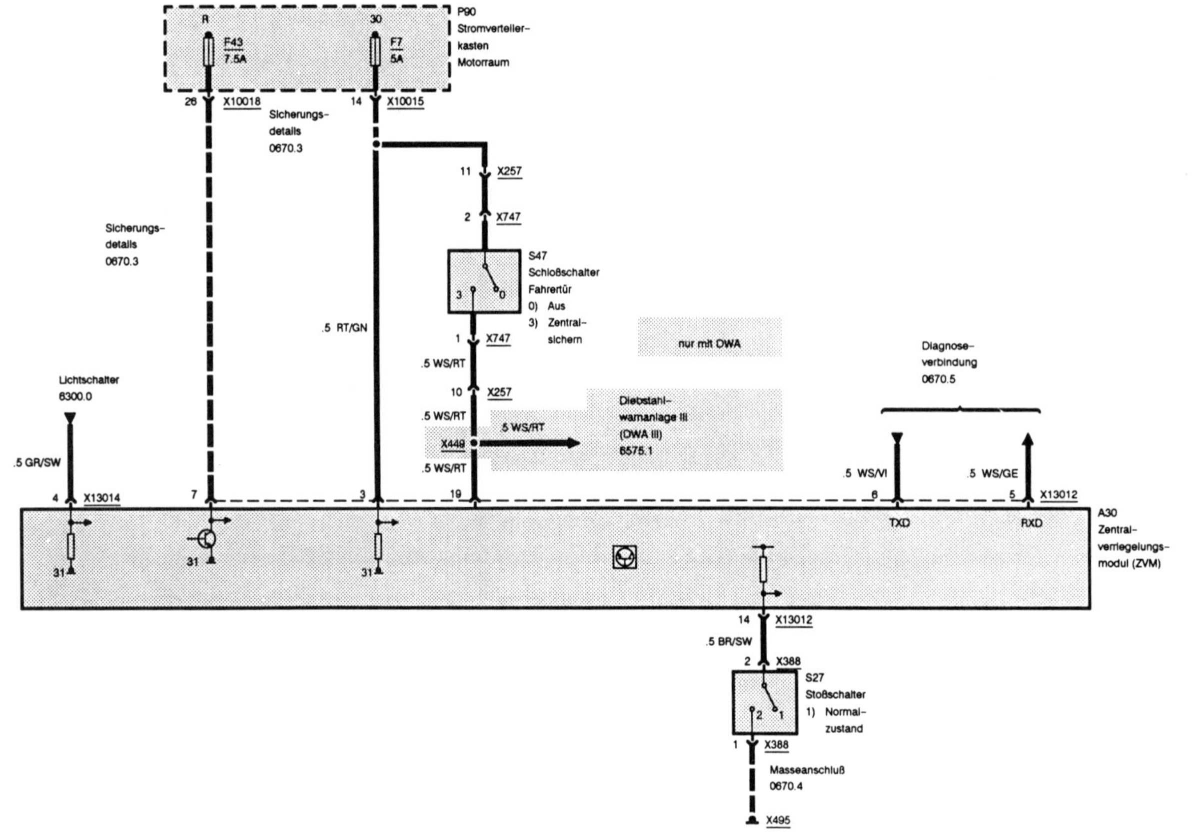

P90
Stromverteiler-
kasten
Motorraum

R   F43   7.5A
30   F7   5A

26   X10018   14   X10015

Sicherungs-
details
0670.3

11   X257

2   X747

.5 RT/GN

S47
Schloßschalter
Fahrertür
0) Aus
3) Zentral-
   sichern

3   0

1   X747

.5 WS/RT

10   X257

.5 WS/RT

.5 WS/RT

X449   .5 WS/RT

.5 WS/RT

nur mit DWA

Diebstahl-
warnanlage III
(DWA III)
6575.1

Diagnose-
verbindung
0670.5

.5 WS/VI   .5 WS/GE

Sicherungs-
details
0670.3

Lichtschalter
6300.0

.5 GR/SW

4   X13014   7   3   19   6   5   X13012

TXD   RXD

A30
Zentral-
verriegelungs-
modul (ZVM)

31   31   31

14   X13012

.5 BR/SW

2   X388

S27
Stoßschalter
1) Normal-
   zustand

2   1

1   X388

Masseanschluß
0670.4

X495

Zentralverriegelungsmodul II (ZVM II)

Eingänge

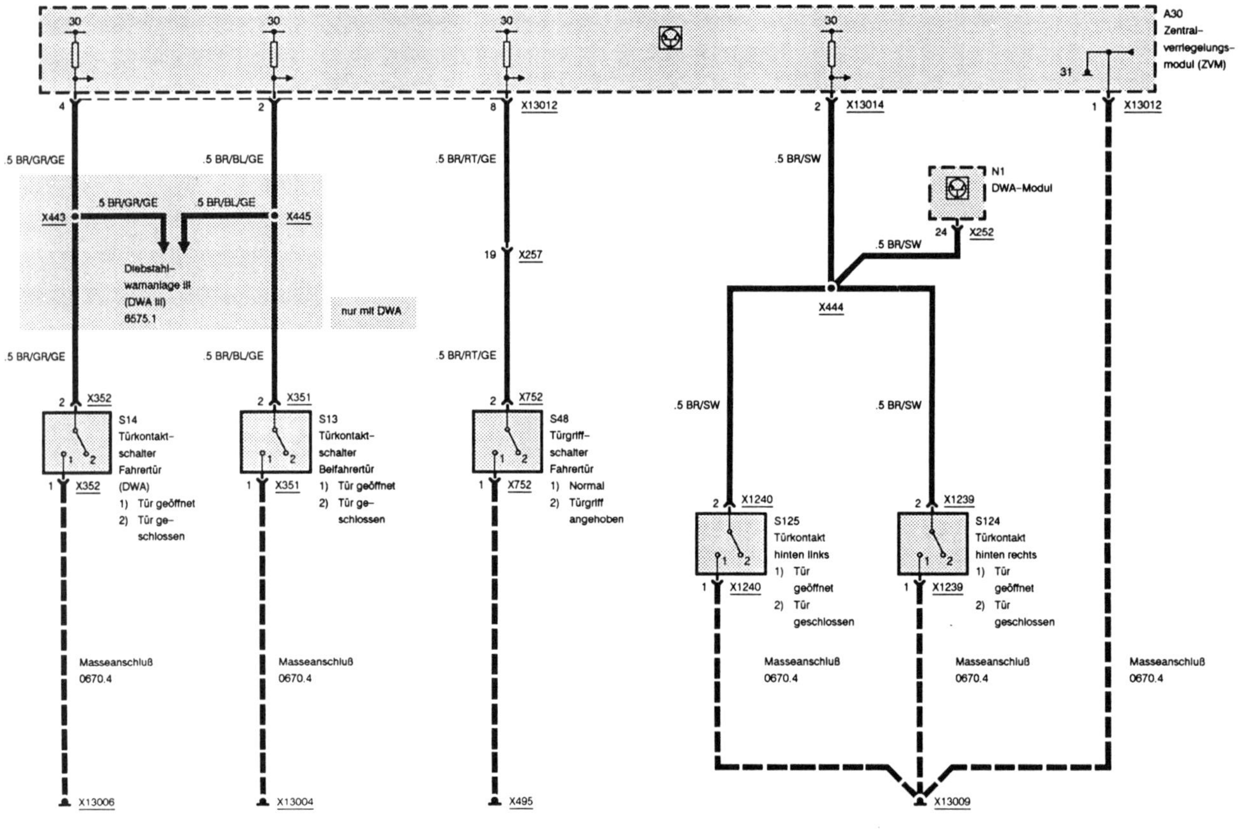

30   30   30   30

A30
Zentral-
verriegelungs-
modul (ZVM)

31

4   2   8   X13012   2   X13014   1   X13012

.5 BR/GR/GE   .5 BR/BL/GE   .5 BR/RT/GE   .5 BR/SW

N1
DWA-Modul

X443   .5 BR/GR/GE   .5 BR/BL/GE   X445

24   X252

Diebstahl-
warnanlage III
(DWA III)
6575.1

nur mit DWA

19   X257

.5 BR/SW

X444

.5 BR/GR/GE   .5 BR/BL/GE   .5 BR/RT/GE

.5 BR/SW   .5 BR/SW

2   X352   2   X351   2   X752

S14
Türkontakt-
schalter
Fahrertür
(DWA)
1) Tür geöffnet
2) Tür ge-
   schlossen

1   2

1   X352

S13
Türkontakt-
schalter
Beifahrertür
1) Tür geöffnet
2) Tür ge-
   schlossen

1   2

1   X351

S48
Türgriff-
schalter
Fahrertür
1) Normal
2) Türgriff
   angehoben

1   2

1   X752

2   X1240   2   X1239

S125
Türkontakt
hinten links
1) Tür
   geöffnet
2) Tür
   geschlossen

1   2

1   X1240

S124
Türkontakt
hinten rechts
1) Tür
   geöffnet
2) Tür
   geschlossen

1   2

1   X1239

Masseanschluß
0670.4

Masseanschluß
0670.4

Masseanschluß
0670.4

Masseanschluß
0670.4

Masseanschluß
0670.4

X13006   X13004   X495   X13009

Ausgänge

P90
Stromverteiler-
kasten
Motorraum
F7 5A
F35 25A
F7 5A
30
30
30
14 X10015
10 X10018
14 X10015
Sicherungs-details 0670.3
Sicherungs-details 0670.3
Sicherungs-details 0670.3
2 X13013
A30
Zentral-verriegelungs-modul (ZVM)
31
31
31
31
5 X453
1 X453
4 X13013
3 X13014
2.5 BL/GR
2.5 SW
2.5 WS
3
1.5 BL/GR
1.5 BL/GR
1.5 SW
X462
1.5 SW
1.5 WS
X455
1.5 WS
15 17 16 X257
16 17 15 X256
1.5 BL/GR
1.5 SW
1.5 WS
1.5 WS
1.5 SW
1.5 BL/GR
6 1 2 3 X660
3 2 1 6 X641
M
M12
ZV-Antrieb
Fahrertür
1) Verriegeln
2) Entriegeln
3) Zentral-sichern
M
M13
ZV-Antrieb
Beifahrertür
1) Verriegeln
2) Entriegeln
3) Zentral-sichern
1 2 3
3 2 1
5 4 X660
4 5 X641
.5 WS/SW
.5 WS/GN
* nur mit DWA
.5 WS/GN
.5 WS/SW
Masseanschluß 0670.4
X495

* nur mit DWA
.5 WS/SW
.5 WS/GN
.5 WS/GN
.5 WS/SW
X453
1.5 BL/GR
1.5 BL/GR
14 13 X257
X462
13 14 X258
1.5 SW
1.5 SW
X455
1.5 WS
1.5 WS
3 1 2 X273
2 1 3 X274
1.5 BL/GR
1.5 SW
1.5 WS
1.5 WS
1.5 SW
1.5 BL/GR
.5 WS/SW
.5 WS/GN
1 2 3 X844
3 2 1 X846
.5 WS/BR/GE
.5 WS/GR
M
M15
ZV-Antrieb
Tür
hinten links
M
M14
ZV-Antrieb
Tür
hinten rechts
nur mit DWA
Diebstahl-warnanlage III
(DWA III)
6575.1
X1236
.5 WS/GN
.5 WS/BR/GE
X460
X456
.5 WS/SW
.5 WS/GR
X454
.5 WS/SW
.5 WS/GN
.5 WS/BR/GE
.5 WS/GR
16 18
17 15 X13012
A30
Zentral-verriegelungs-modul (ZVM)
31 31
31 31

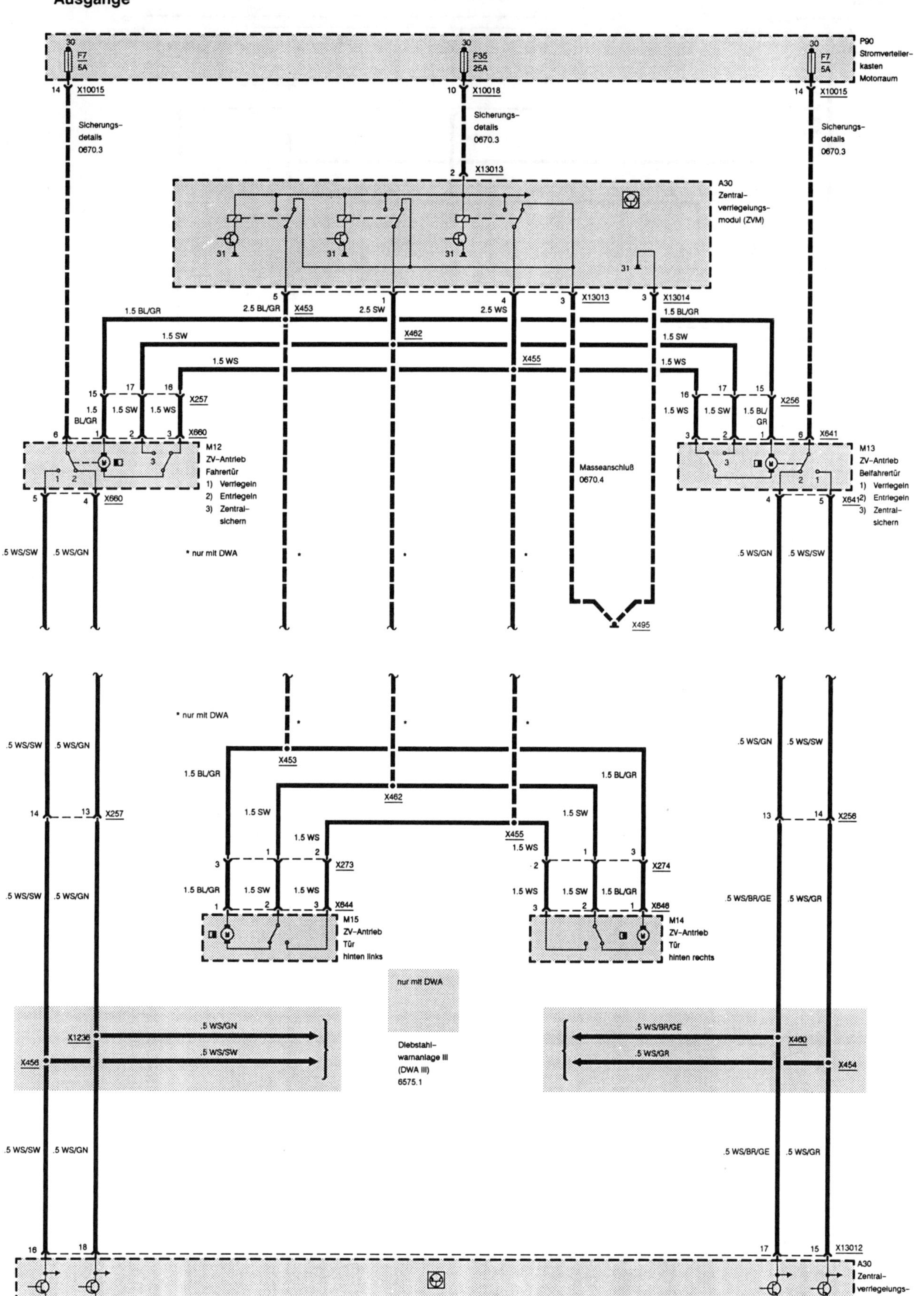

Zentralverriegelungsmodul II (ZVM II)

Ausgänge

5126.2-04

Elektrische Fensterheber (FH)

5133.1-00

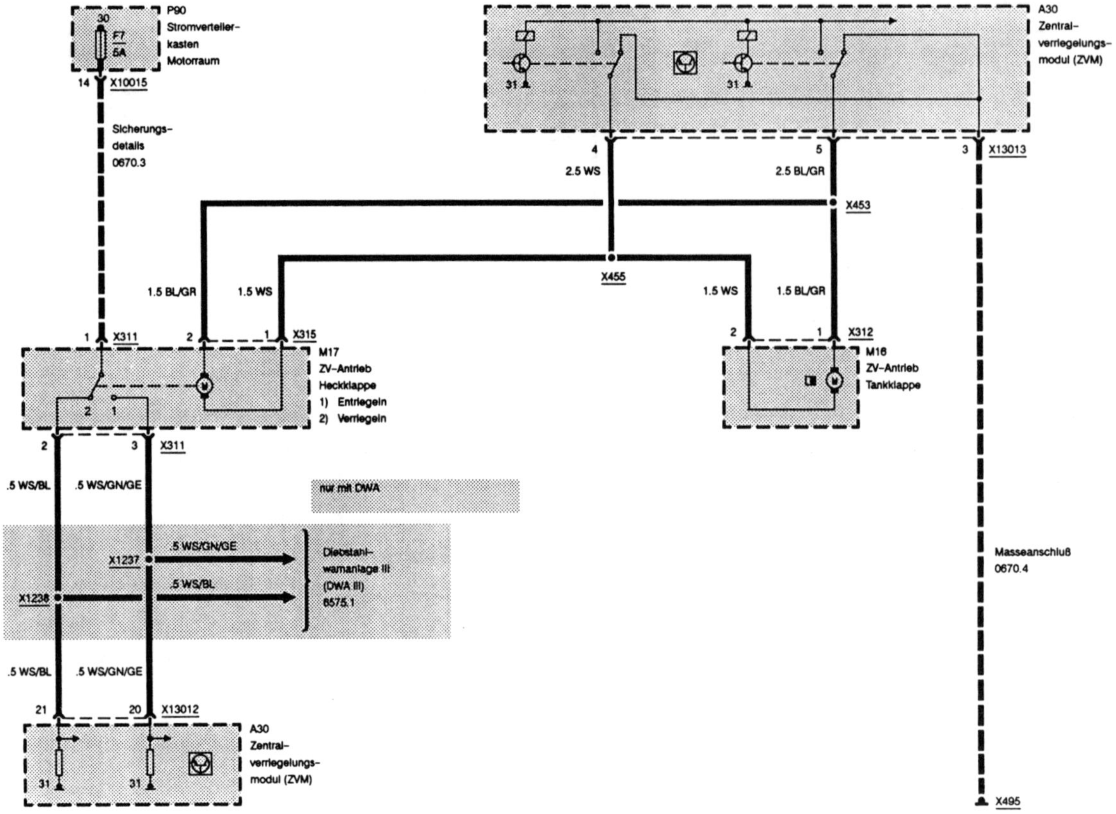

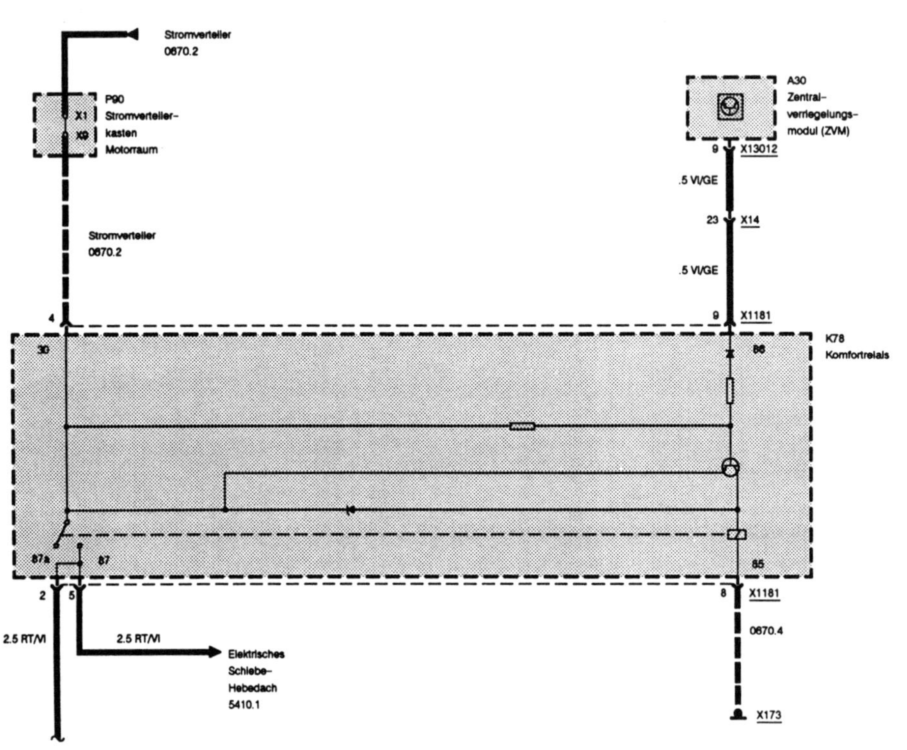

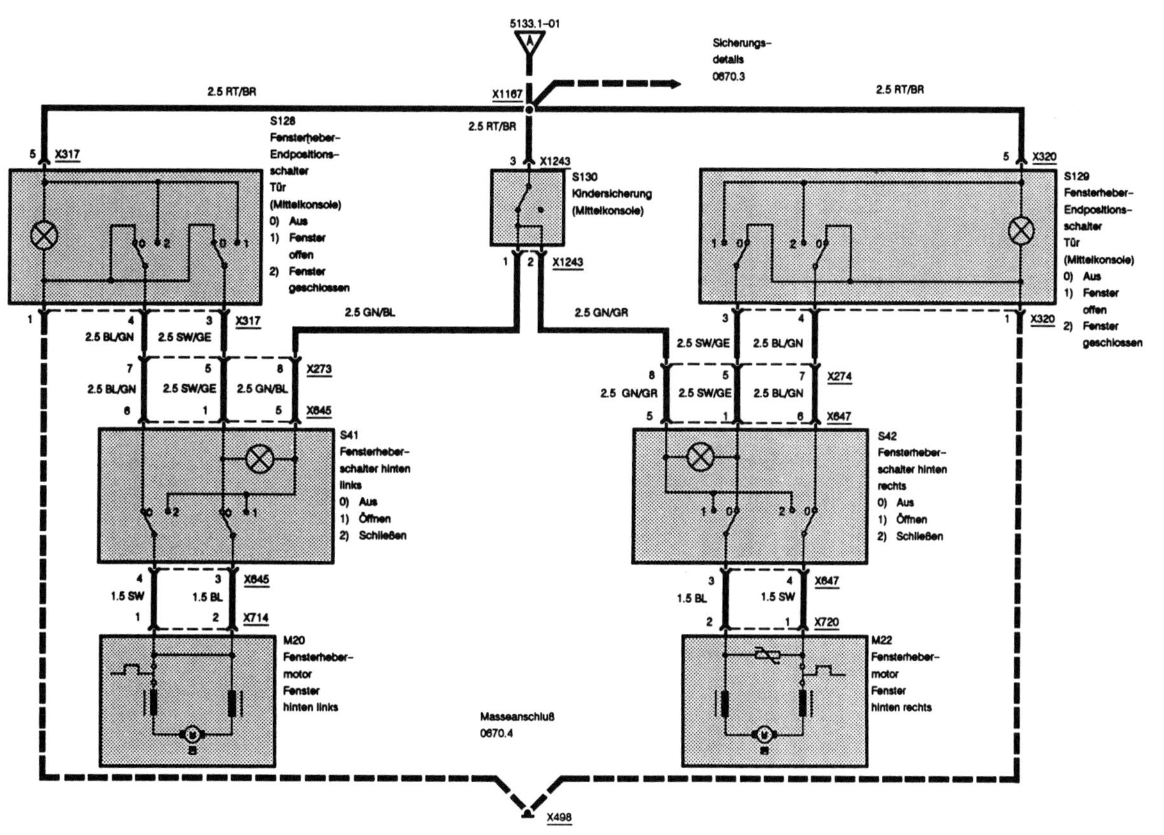

2.5 RT/VI
1 X10033
F56
Sicherungs-
automat
1 X13026
2.5 RT/BR
X1167
Sicherungs-
details
0670.3
5133.1-02
2.5 RT/BR
2.5 RT/BR
5 X316
5 X324
S126
Fensterheber-
Endpositions-
schalter
Fahrertür
0) Aus
1) Fenster offen
2) Fenster geschlossen
0 2
0 1
S127
Fensterheber-
Endpositions-
schalter
Beifahrertür
0) Aus
1) Fenster offen
2) Fenster geschlossen
0 2
0 1
1 4 3 X316
2.5 SW 2.5 VI
7 6 X257
2.5 SW 2.5 VI
2 1 X749
1 4 3 X324
2.5 SW/GR 2.5 VI/GR
7 6 X256
2.5 SW/GR 2.5 VI/GR
2 1 X744
M21
Fensterheber-
motor
Fahrertür
M23
Fensterheber-
motor
Beifahrertür
Masseanschluß
0670.4
X490
5133.1-01
5133.1-01
Sicherungs-
details
0670.3
X1167
2.5 RT/BR
2.5 RT/BR
2.5 RT/BR
5 X317
S128
Fensterheber-
Endpositions-
schalter
Tür
(Mittelkonsole)
0) Aus
1) Fenster offen
2) Fenster geschlossen
0 2
0 1
3 X1243
S130
Kindersicherung
(Mittelkonsole)
1 2 X1243
5 X320
S129
Fensterheber-
Endpositions-
schalter
Tür
(Mittelkonsole)
0) Aus
1) Fenster offen
2) Fenster geschlossen
1 0
2 0
1 4 3 X317
2.5 BL/GN 2.5 SW/GE
7 5 8 X273
2.5 BL/GN 2.5 SW/GE 2.5 GN/BL
6 1 5 X845
2.5 GN/BL
2.5 GN/GR
3 4 X320
2.5 SW/GE 2.5 BL/GN
8 7 X274
2.5 GN/GR 2.5 SW/GE 2.5 BL/GN
5 1 6 X847
S41
Fensterheber-
schalter hinten
links
0) Aus
1) Öffnen
2) Schließen
0 2
0 1
S42
Fensterheber-
schalter hinten
rechts
0) Aus
1) Öffnen
2) Schließen
1 0
2 0
4 3 X845
1.5 SW 1.5 BL
1 2 X714
3 4 X847
1.5 BL 1.5 SW
2 1 X720
M20
Fensterheber-
motor
Fenster
hinten links
M22
Fensterheber-
motor
Fenster
hinten rechts
Masseanschluß
0670.4
X498

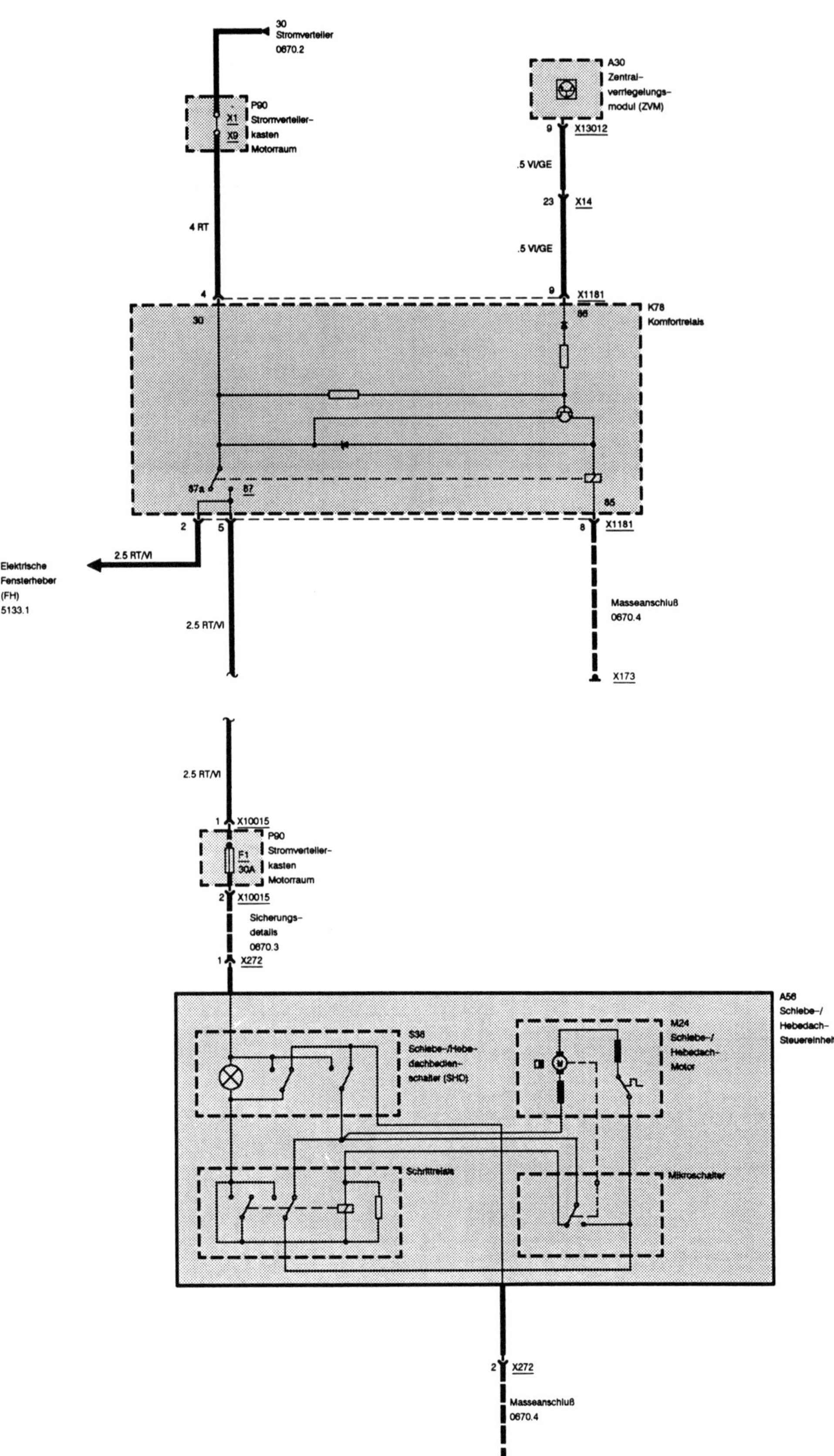

30
Stromverteiler
0670.2
A30
Zentral-
verriegelungs-
modul (ZVM)
9 X13012
.5 VI/GE
23 X14
.5 VI/GE
P90
Stromverteiler-
kasten
Motorraum
X1
X9
4 RT
4
30
9 X1181
86
K78
Komfortrelais
87a
87
85
2
5
8 X1181
Elektrische
Fensterheber
(FH)
5133.1
2.5 RT/VI
Masseanschluß
0670.4
2.5 RT/VI
X173
2.5 RT/VI
1 X10015
P90
Stromverteiler-
kasten
Motorraum
F1
30A
2 X10015
Sicherungs-
details
0670.3
1 X272
S36
Schiebe-/Hebe-
dachbedien-
schalter (SHD)
M24
Schiebe-/
Hebedach-
Motor
A56
Schiebe-/
Hebedach-
Steuereinheit
Schrittrelais
Mikroschalter
2 X272
Masseanschluß
0670.4
X495

Elektrische Spiegelverstellung

Außenspiegel

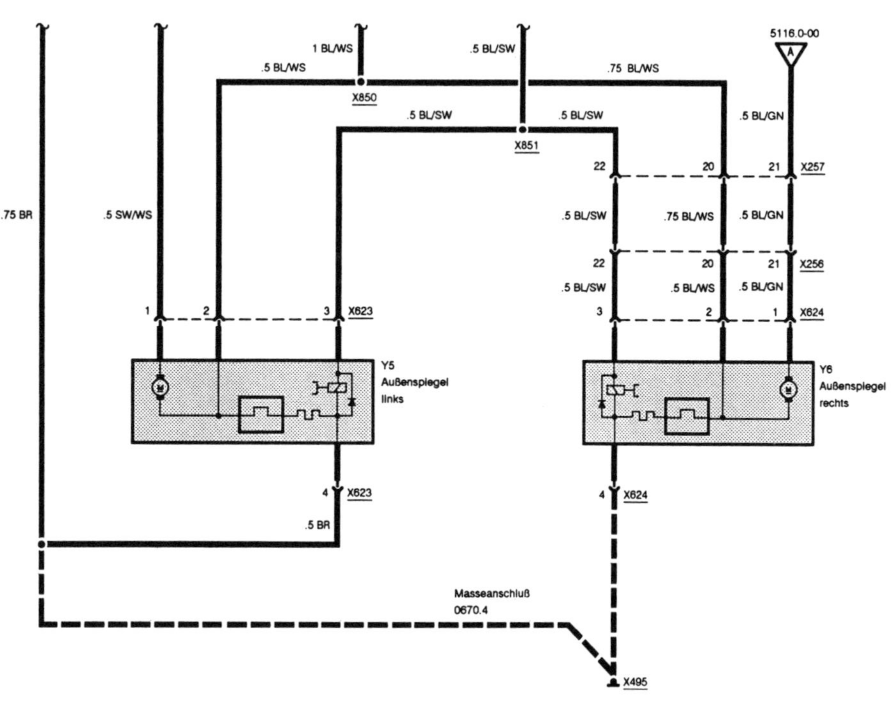

Wisch-Wasch- Modul (WWM)

Wascher, Intensivreinigung, Scheinwerferreinigung - Low

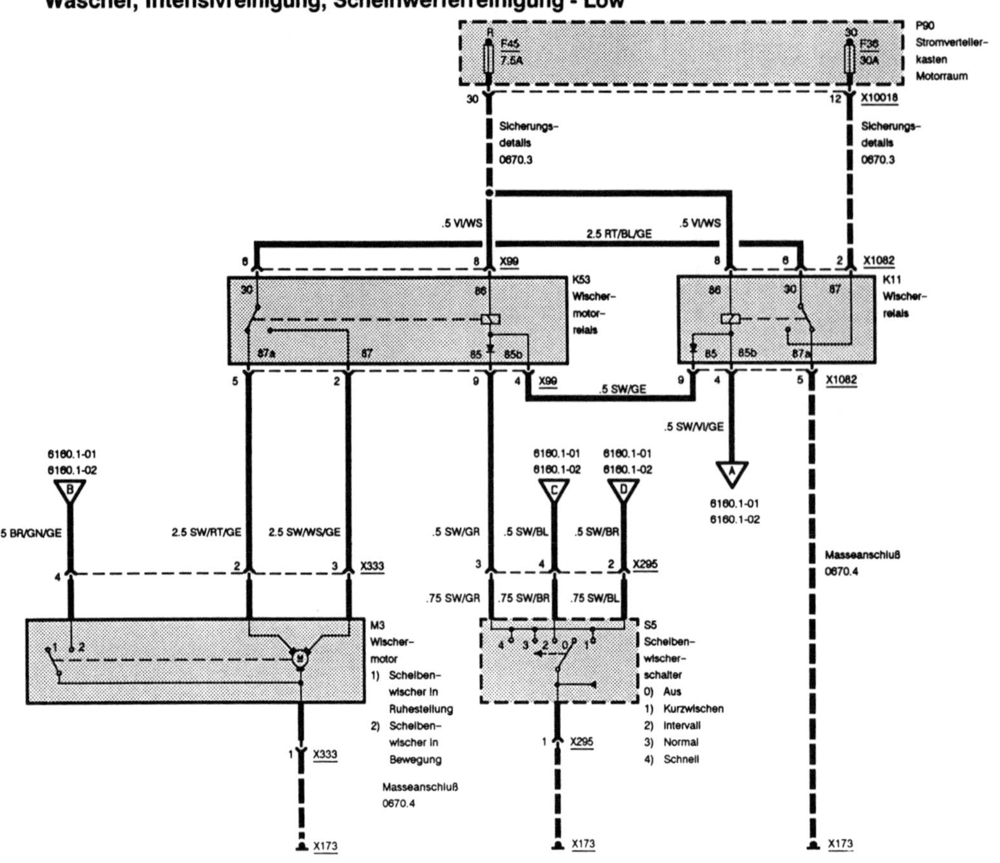

Wisch-Wasch- Modul (WWM)

Wascher, Intensivreinigung, Scheinwerferreinigung - Low

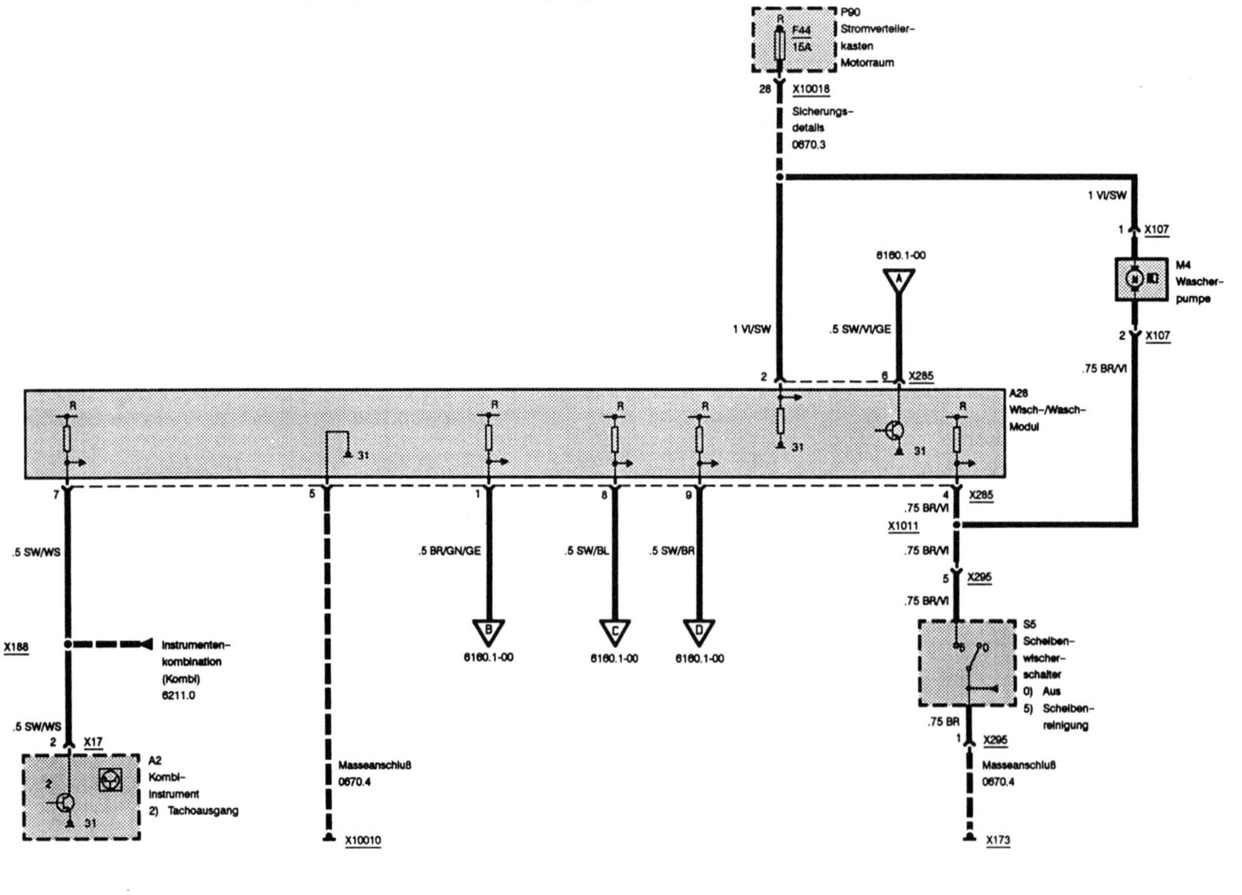

Wisch-Wasch- Modul (WWM)

Wascher, Intensivreinigung, Scheinwerferreinigung - High

6160.1-02

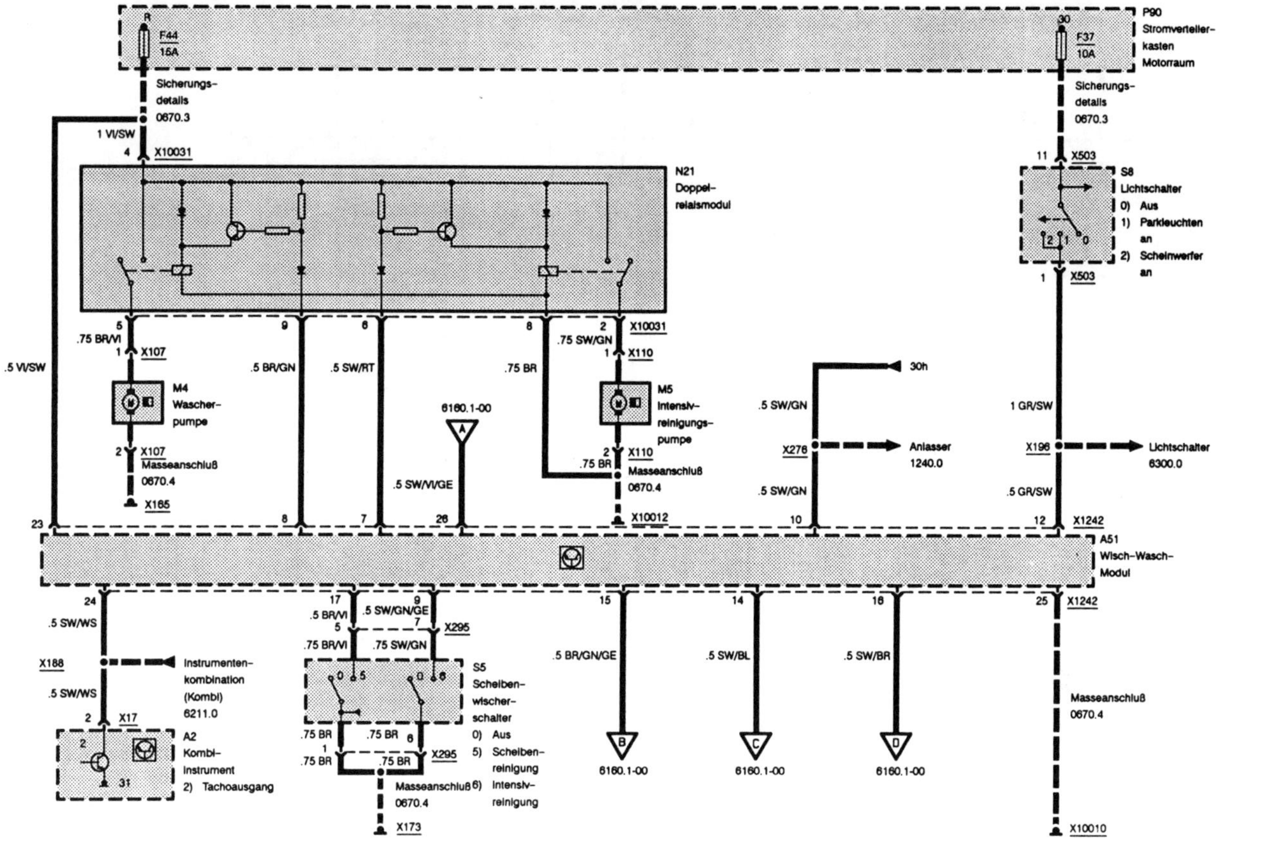

Instrumentenkombination (Kombi)

Kombiinstrumentanzeigen

6211.0-00

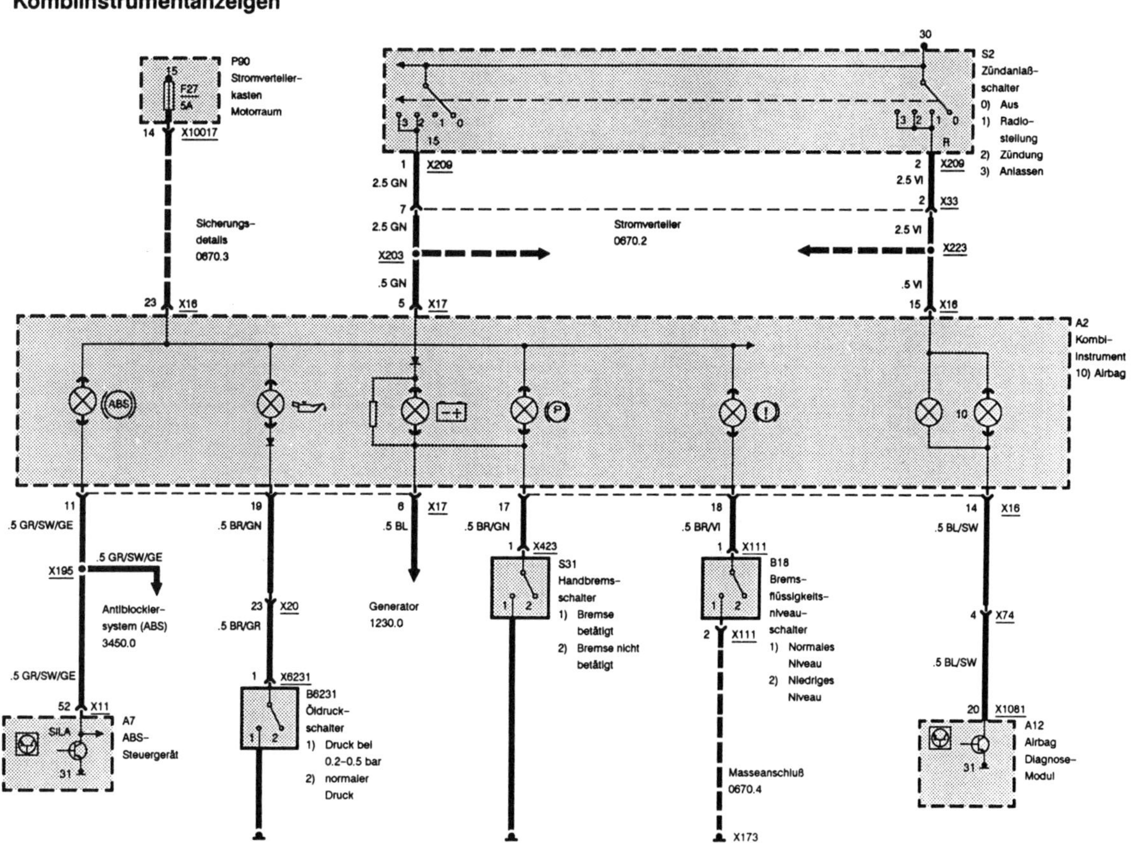

Instrumentenkombination (Kombi)
Kombiinstrumentanzeigen

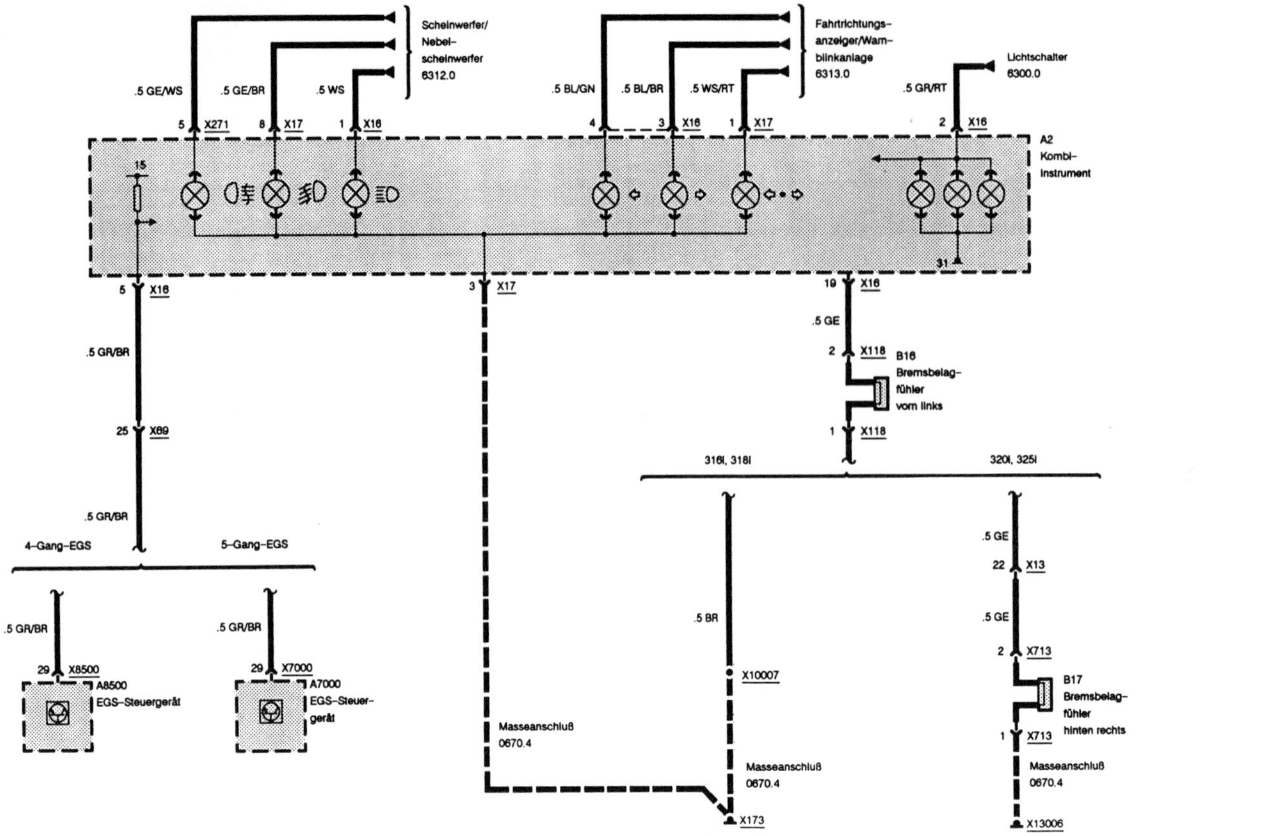

6211.0-01

Instrumentenkombination (Kombi)
Kombiinstrumentanzeigen

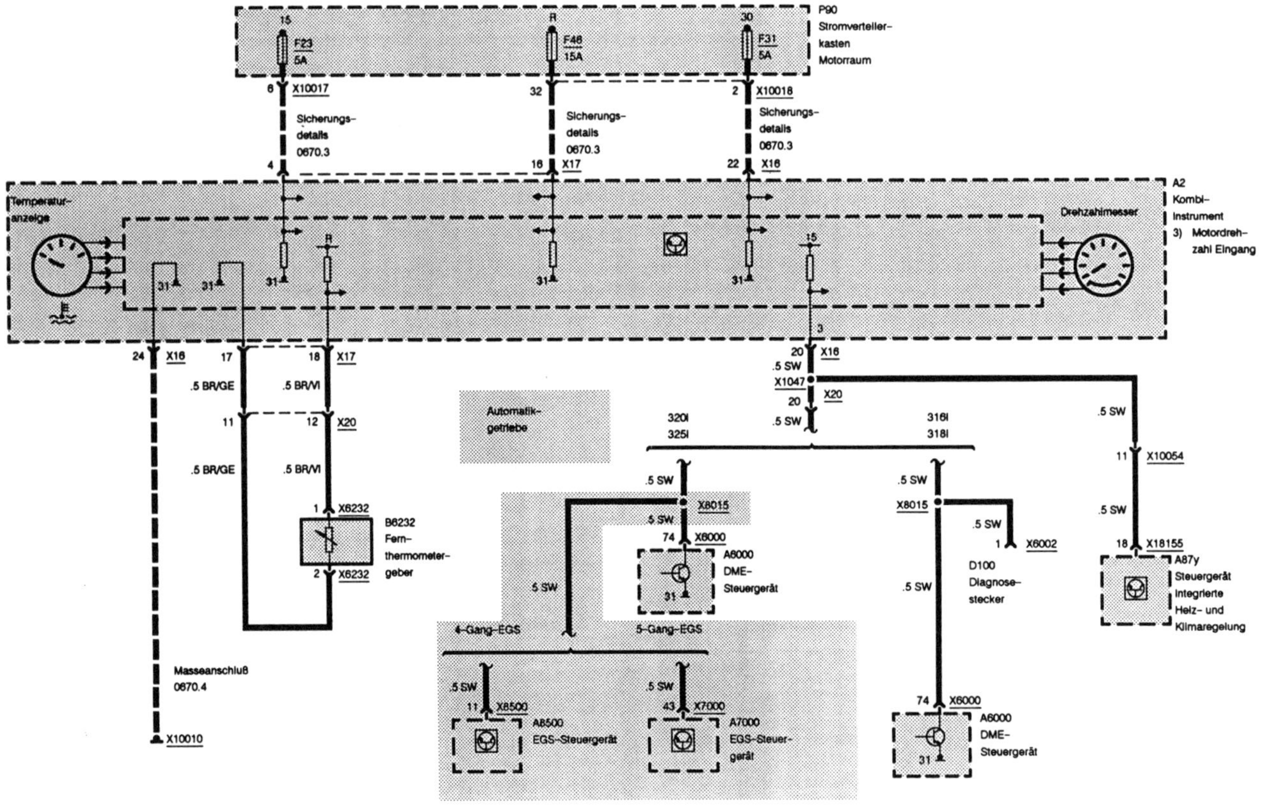

6211.0-02

Instrumentenkombination (Kombi)
Tacho-Ausgangssignal

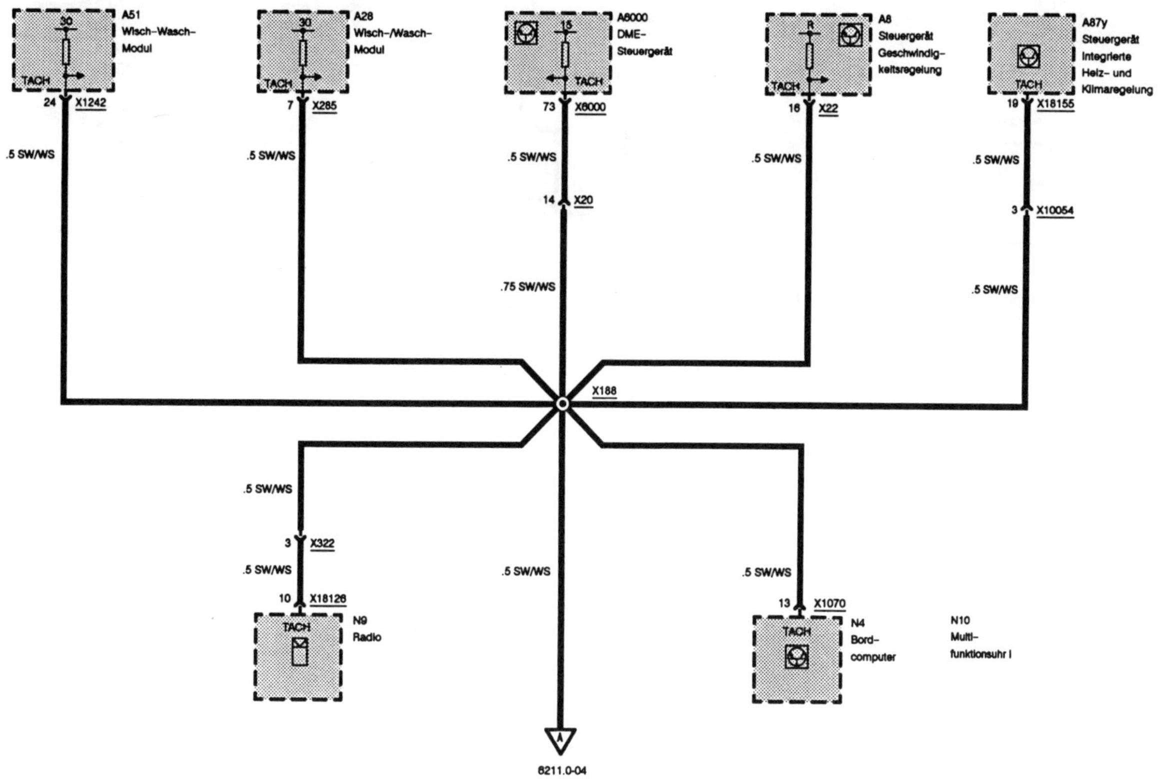

6211.0-03

Instrumentenkombination (Kombi)
Kombiinstrumentanzeigen

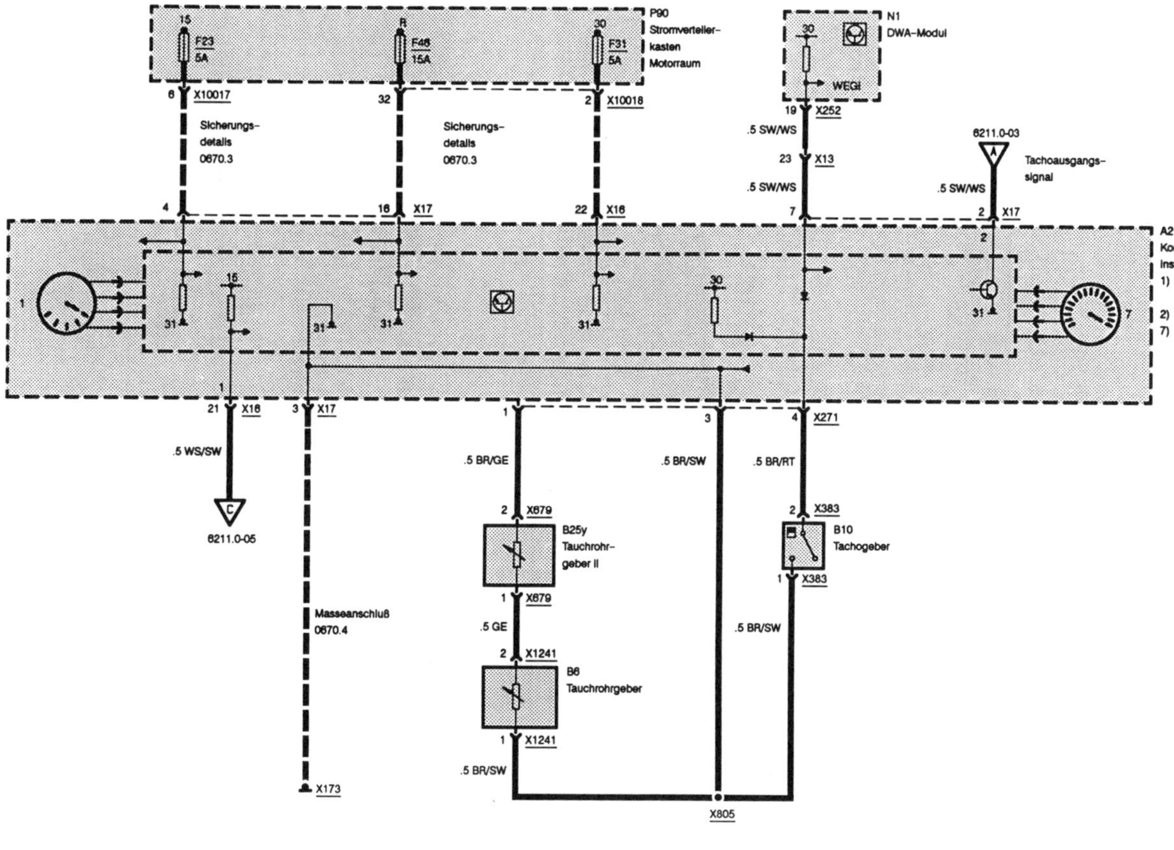

6211.0-04

Kombiinstrumentanzeigen

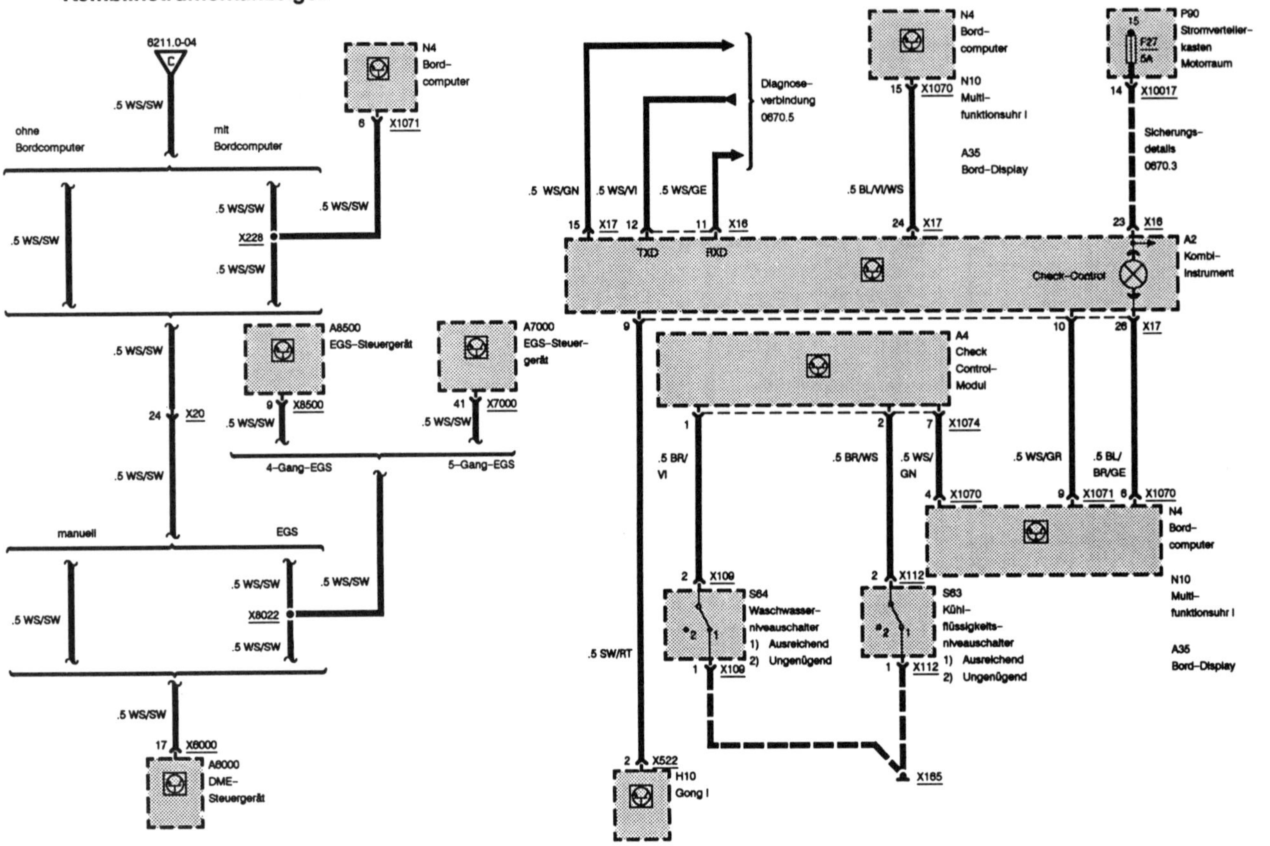

6211.0-04

.5 WS/SW

ohne Bordcomputer

mlt Bordcomputer

N4 Bord-computer

6 X1071

.5 WS/SW

.5 WS/SW

.5 WS/SW

X228

.5 WS/SW

.5 WS/SW

Diagnose-verbindung 0670.5

N4 Bord-computer

15 X1070

N10 Multi-funktlonsuhr I

A35 Bord-Display

P90 Stromverteiler-kasten Motorraum

15 F27 5A

14 X10017

Sicherungs-details 0670.3

.5 WS/GN   .5 WS/VI   .5 WS/GE

.5 BL/VI/WS

15 X17 12   11 X16

24 X17

23 X16

TXD   RXD

Check-Control

A2 Kombi-Instrument

9

A4 Check Control-Modul

10   26 X17

.5 WS/SW

.5 WS/SW

A8500 EGS-Steuergerät

9 X8500

.5 WS/SW

A7000 EGS-Steuer-gerät

41 X7000

.5 WS/SW

4-Gang-EGS

5-Gang-EGS

24 X20

.5 WS/SW

.5 WS/SW

1

.5 BR/VI

2   7 X1074

.5 BR/WS   .5 WS/GN

.5 WS/GR   .5 BL/BR/GE

4 X1070

9 X1071   6 X1070

N4 Bord-computer

N10 Multi-funktlonsuhr I

A35 Bord-Display

manuell

EGS

.5 WS/SW

.5 WS/SW

X8022

.5 WS/SW

.5 WS/SW   .5 WS/SW

2 X109

S64 Waschwasser-nlveauschalter
1) Ausreichend
2) Ungenügend

2

1

2 X112

S63 Kühl-flüssigkeits-nlveauschalter
1) Ausreichend
2) Ungenügend

2

1

.5 WS/SW

17 X6000

A8000 DME-Steuergerät

.5 SW/RT

1 X109

1 X112

2 X522

H10 Gong I

X165

Lichtschalter

P90 Stromverteiler-kasten Motorraum

15 F22 5A   15 F25 5A   30 F37 10A

30 F33 10A

4   10 X10017   14

6 X10018

Sicherungs-details 0670.3   Sicherungs-details 0670.3   Sicherungs-details 0670.3

Sicherungs-details 0670.3

8   12   11

5 X503

S8 Lichtschalter
0) Aus
1) Parkleuchten an
2) Scheinwerfer an

7   9   4   1

2   8 X503

1 GE/VI   .5 GE   1 GR/SW

mlt CM   .75 GR/GE
ohne CM 1 GR/GE

mlt CM   .75 GR/VI
ohne CM 1 GR/VI

Scheinwerfer/ Nebel-scheinwerfer 6312.0

Standlicht/ Rücklicht/ Motorraum-beleuchtung 6314.0

ohne ZVM   1 GR/SW
mlt ZVM   .5 GR/SW

10 X13

318, 320i

325i

10 X13

10 X13

.1 GR/SW

X196 (tellweise)

X461

.75 GR/SW   .5 GR/SW

2.5 GR/SW   .5 GR/SW

.75 GR/SW   .5 GR/SW   .5 GR/SW

.75 GR/SW   .5 GR/SW

1 X10051

R13 Leuchtwelten-regullerung Potentiometer

3 X517

N3 Dimmer

2 X709

E43 Kennzeichen-leuchte links

2 X710

E44 Kennzeichen-leuchte rechts

.5 GR/SW

4 X13014

A30 Zentral-verriegelungs-modul (ZVM)

3 X10051

Masseanschluß 0670.4

12 X1242

A51 Wisch-Wasch-Modul

31

4   2 X517

2.5 GR/RT

C

6300.0-01 6300.0-02

1 X709

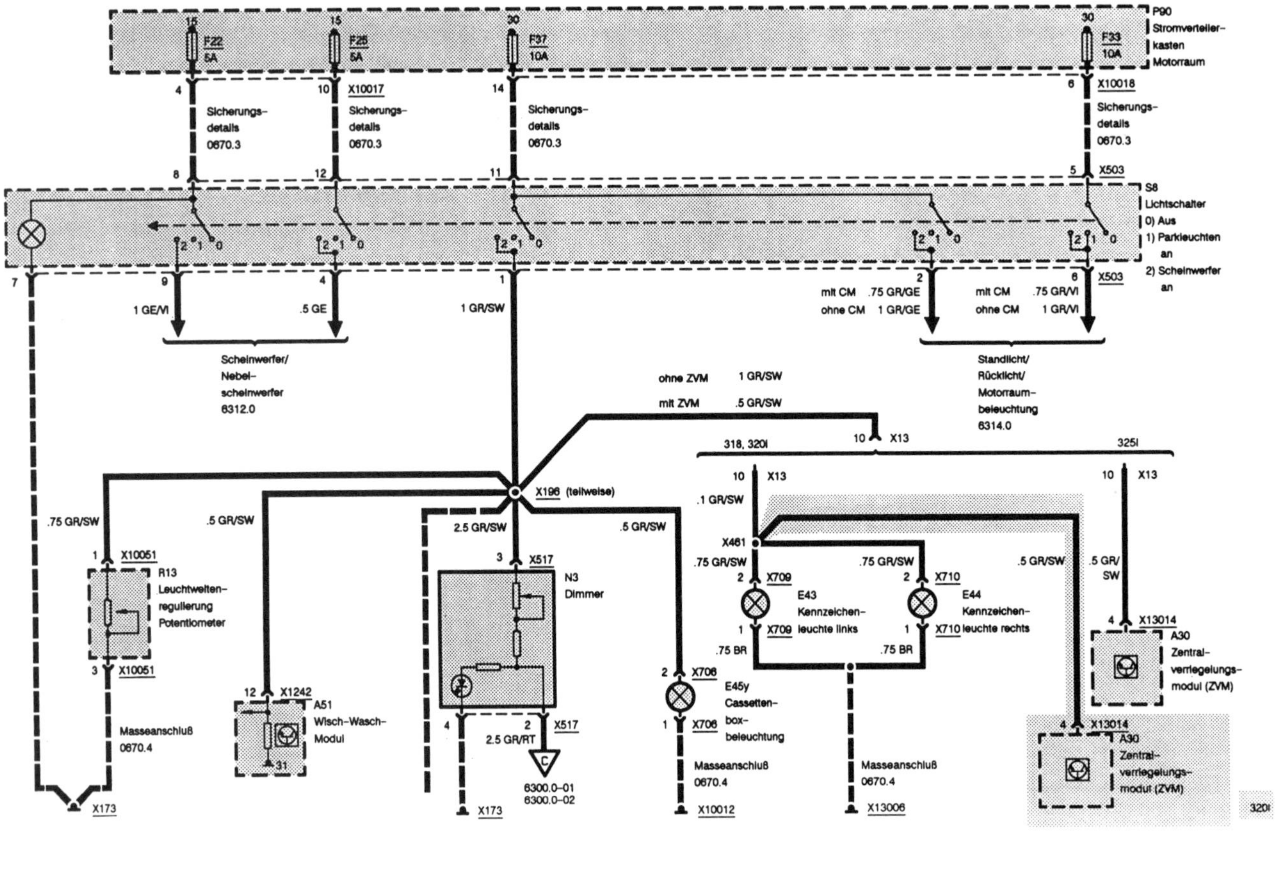

.75 BR

1 X710

.75 BR

2 X706

E45y Cassetten-box-beleuchtung

1 X706

Masseanschluß 0670.4

Masseanschluß 0670.4

4 X13014

A30 Zentral-verriegelungs-modul (ZVM)

320i

X173

X173

X10012

X13006

Lichtschalter

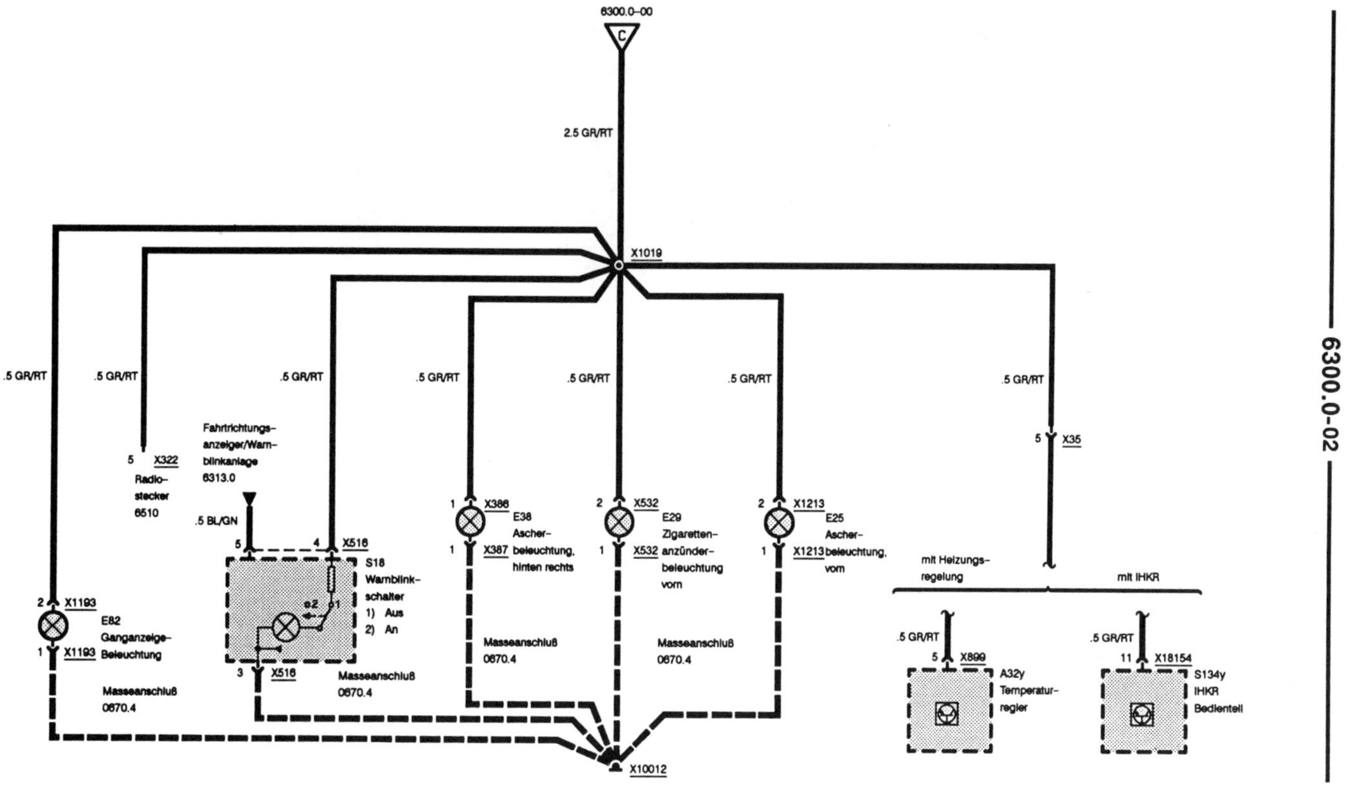

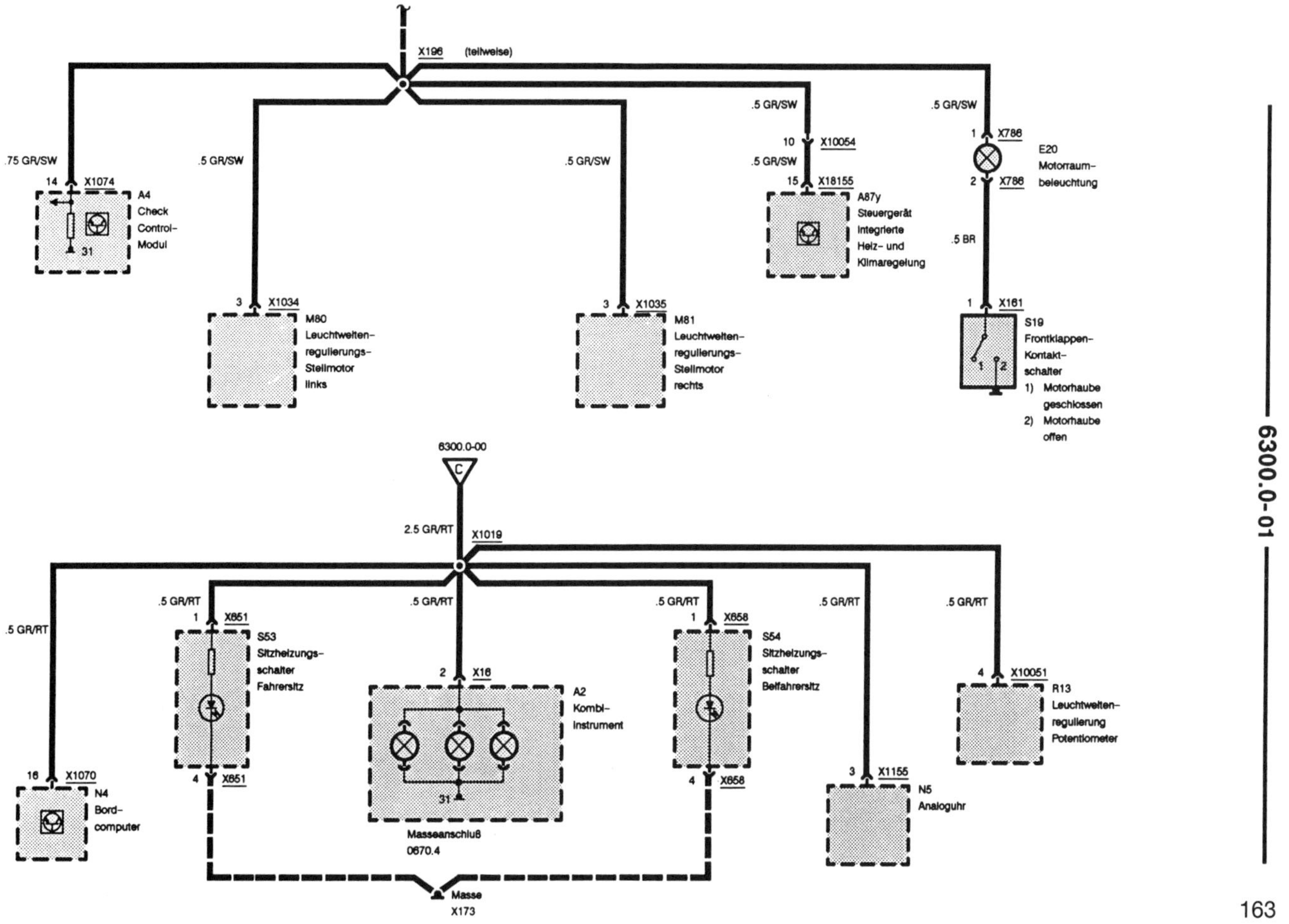

6300.0-00

2.5 GR/RT

X1019

.5 GR/RT
.5 GR/RT
.5 GR/RT
.5 GR/RT
.5 GR/RT
.5 GR/RT
.5 GR/RT

5 X322
Radio-
stecker
6510

Fahrtrichtungs-
anzeiger/Warn-
blinkanlage
6313.0

.5 BL/GN

5 4 X516

S18
Warnblink-
schalter
1) Aus
2) An

3 X516 Masseanschluß
0670.4

2 X1193
1 X1193
E82
Ganganzeige-
Beleuchtung

Masseanschluß
0670.4

1 X386
1 X387
E38
Ascher-
beleuchtung,
hinten rechts

Masseanschluß
0670.4

2 X532
1 X532
E29
Zigaretten-
anzünder-
beleuchtung
vorn

Masseanschluß
0670.4

2 X1213
1 X1213
E25
Ascher-
beleuchtung,
vorn

5 X35

mit Heizungs-
regelung

mit IHKR

.5 GR/RT
5 X899
A32y
Temperatur-
regler

.5 GR/RT
11 X18154
S134y
IHKR
Bedienteil

X10012

X196 (teilweise)

.5 GR/SW
.5 GR/SW

10 X10054

1 X786
E20
Motorraum-
beleuchtung

2 X786

.75 GR/SW
14 X1074
A4
Check
Control-
Modul
31

.5 GR/SW

.5 GR/SW

.5 GR/SW
15 X18155
A87y
Steuergerät
Integrierte
Heiz- und
Klimaregelung

.5 BR

1 X161
S19
Frontklappen-
Kontakt-
schalter
1) Motorhaube
geschlossen
2) Motorhaube
offen
1   2

3 X1034
M80
Leuchtweiten-
regulierungs-
Stellmotor
links

3 X1035
M81
Leuchtweiten-
regulierungs-
Stellmotor
rechts

6300.0-00

2.5 GR/RT X1019

X1019

.5 GR/RT
.5 GR/RT
.5 GR/RT
.5 GR/RT
.5 GR/RT

.5 GR/RT

1 X651
S53
Sitzheizungs-
schalter
Fahrersitz

4 X651

2 X16
A2
Kombi-
Instrument

31

1 X658
S54
Sitzheizungs-
schalter
Beifahrersitz

4 X658

.5 GR/RT
4 X10051
R13
Leuchtweiten-
regulierung
Potentiometer

16 X1070
N4
Bord-
computer

3 X1155
N5
Analoguhr

Masseanschluß
0670.4

Masse
X173

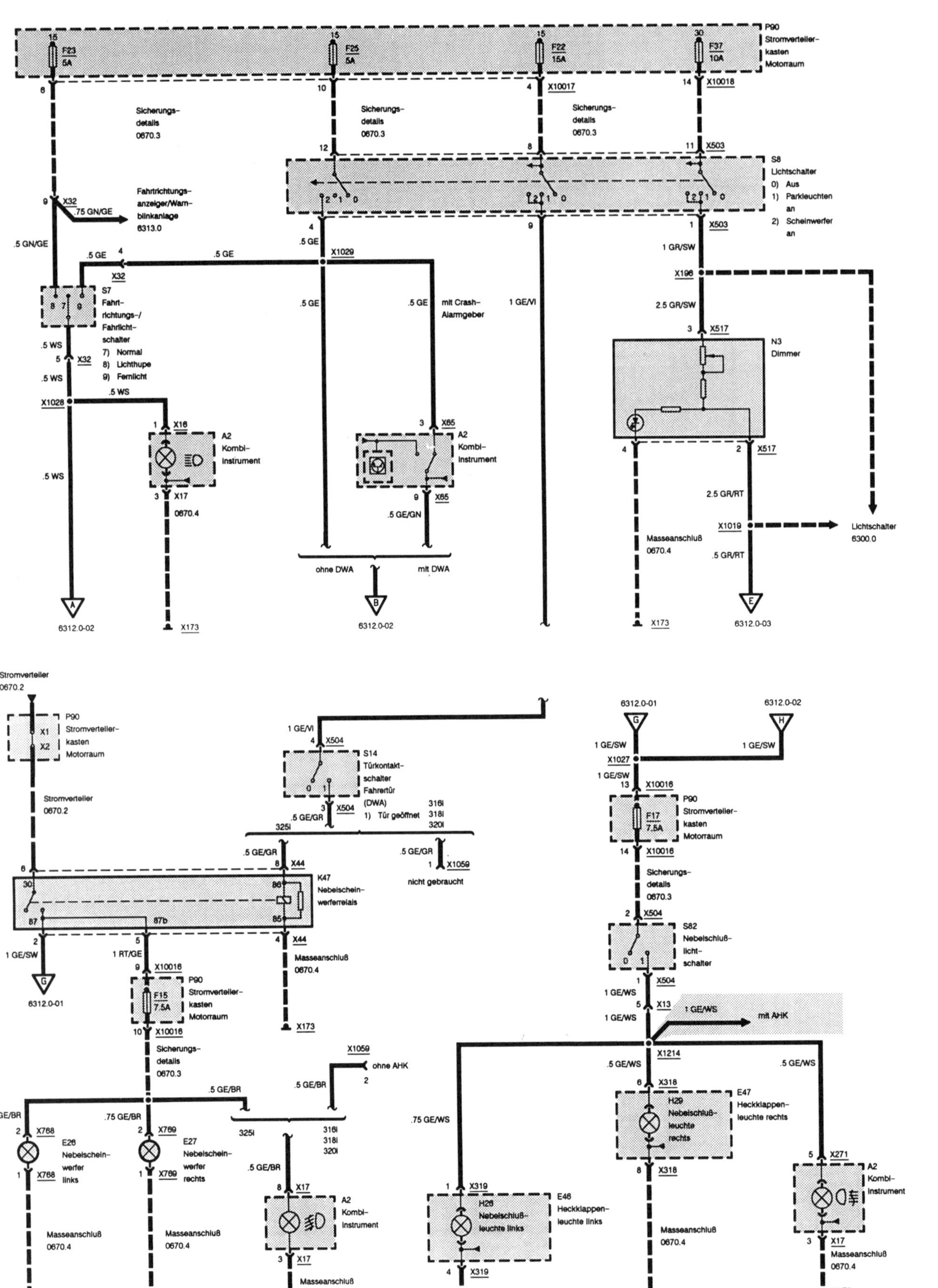
6312.0-00
6312.0-01
P90
Stromverteiler-
kasten
Motorraum
F23
5A
F25
5A
F22
15A
F37
10A
X10017
X10018
Sicherungs-
details
0670.3
Sicherungs-
details
0670.3
Sicherungs-
details
0670.3
X503
S8
Lichtschalter
0) Aus
1) Parkleuchten an
2) Scheinwerfer an
X32
.75 GN/GE
Fahrtrichtungs-
anzeiger/Warn-
blinkanlage
6313.0
.5 GN/GE
.5 GE
.5 GE
.5 GE
X1029
X503
1 GR/SW
X196
2.5 GR/SW
X32
S7
Fahrt-
richtungs-/
Fahrlicht-
schalter
7) Normal
8) Lichthupe
9) Fernlicht
.5 WS
X32
.5 WS
.5 WS
X1028
X16
A2
Kombi-
Instrument
X17
0670.4
.5 GE
.5 GE
mit Crash-
Alarmgeber
1 GE/VI
X65
A2
Kombi-
Instrument
X65
.5 GE/GN
ohne DWA
mit DWA
X517
N3
Dimmer
X517
2.5 GR/RT
X1019
Lichtschalter
6300.0
.5 GR/RT
Masseanschluß
0670.4
.5 WS
A
6312.0-02
X173
B
6312.0-02
X173
E
6312.0-03
Stromverteiler
0670.2
P90
Stromverteiler-
kasten
Motorraum
X1
X2
Stromverteiler
0670.2
1 GE/VI
X504
S14
Türkontakt-
schalter
Fahrertür
(DWA)
1) Tür geöffnet
X504
.5 GE/GR
325i
316i
318i
320i
X44
K47
Nebelschein-
werferrelais
30
87b
87b
85
X44
.5 GE/GR
X1059
nicht gebraucht
6312.0-01
6312.0-02
G
H
1 GE/SW
1 GE/SW
X1027
1 GE/SW
X10016
P90
Stromverteiler-
kasten
Motorraum
F17
7.5A
X10016
Sicherungs-
details
0670.3
X504
S82
Nebelschluß-
licht-
schalter
X504
1 GE/WS
X13
1 GE/WS
mit AHK
1 GE/WS
X1214
1 GE/SW
1 RT/GE
X10016
P90
Stromverteiler-
kasten
Motorraum
F15
7.5A
X10016
Sicherungs-
details
0670.3
Masseanschluß
0670.4
X173
X1059
ohne AHK
.5 GE/BR
.5 GE/BR
325i
316i
318i
320i
.5 GE/BR
GE/BR
.75 GE/BR
X768
X769
X17
A2
Kombi-
Instrument
X17
0670.4
E26
Nebelschein-
werfer
links
E27
Nebelschein-
werfer
rechts
Masseanschluß
0670.4
Masseanschluß
0670.4
X165
G
6312.0-01
.75 GE/WS
.5 GE/WS
.5 GE/WS
X318
H29
Nebelschluß-
leuchte
rechts
E47
Heckklappen-
leuchte rechts
X318
X319
H28
Nebelschluß-
leuchte links
E46
Heckklappen-
leuchte links
X319
Masseanschluß
0670.4
X13006
X271
A2
Kombi-
Instrument
X17
Masseanschluß
0670.4
X173
Masseanschluß
0670.4
X173

6312.0-02

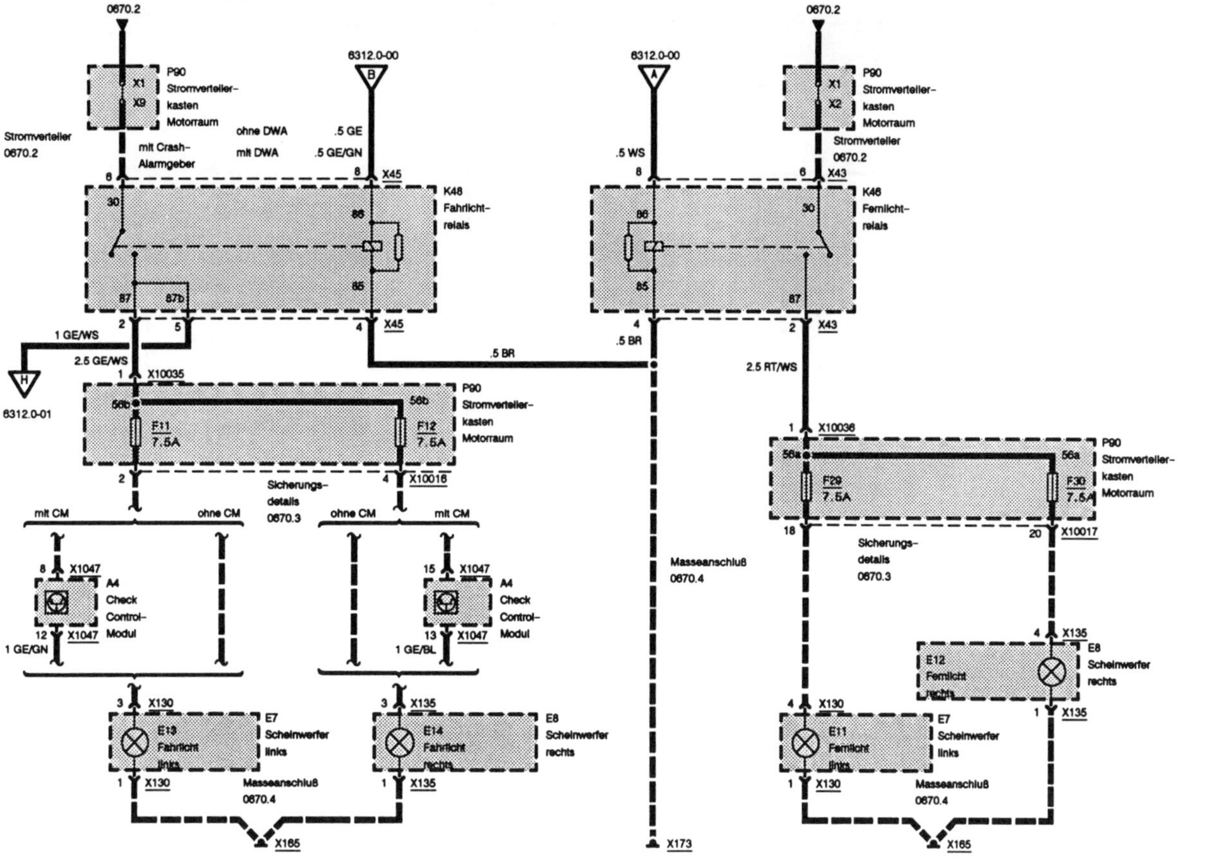

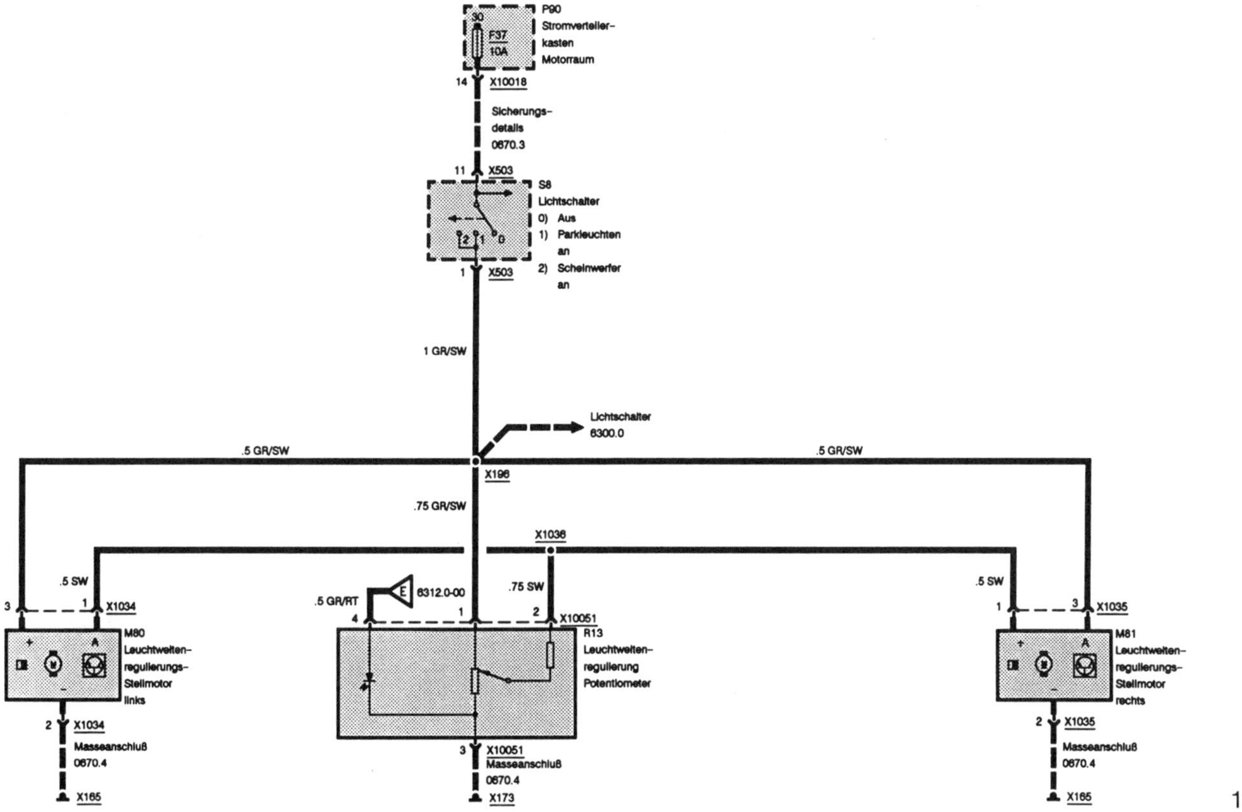

6312.0-03

Standlicht/ Rücklicht/ Motorraumbeleuchtung

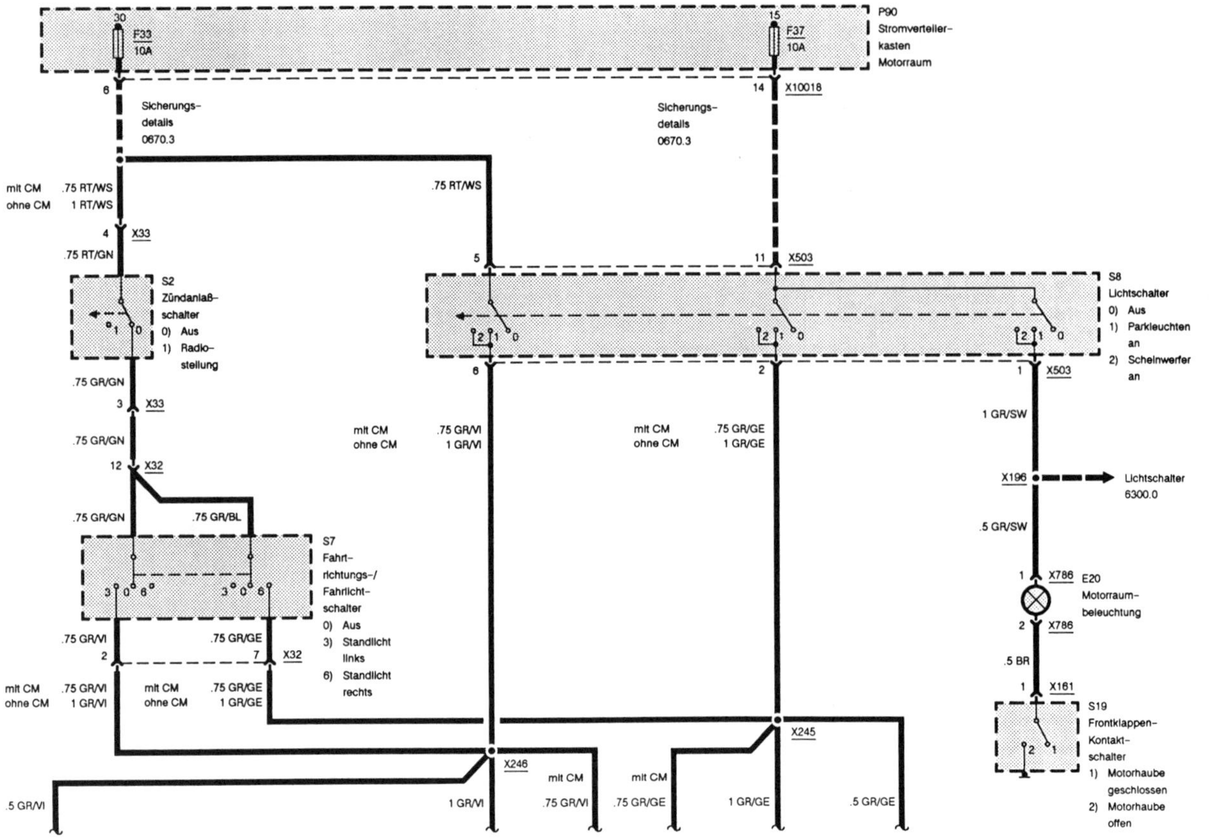

6314.0-00

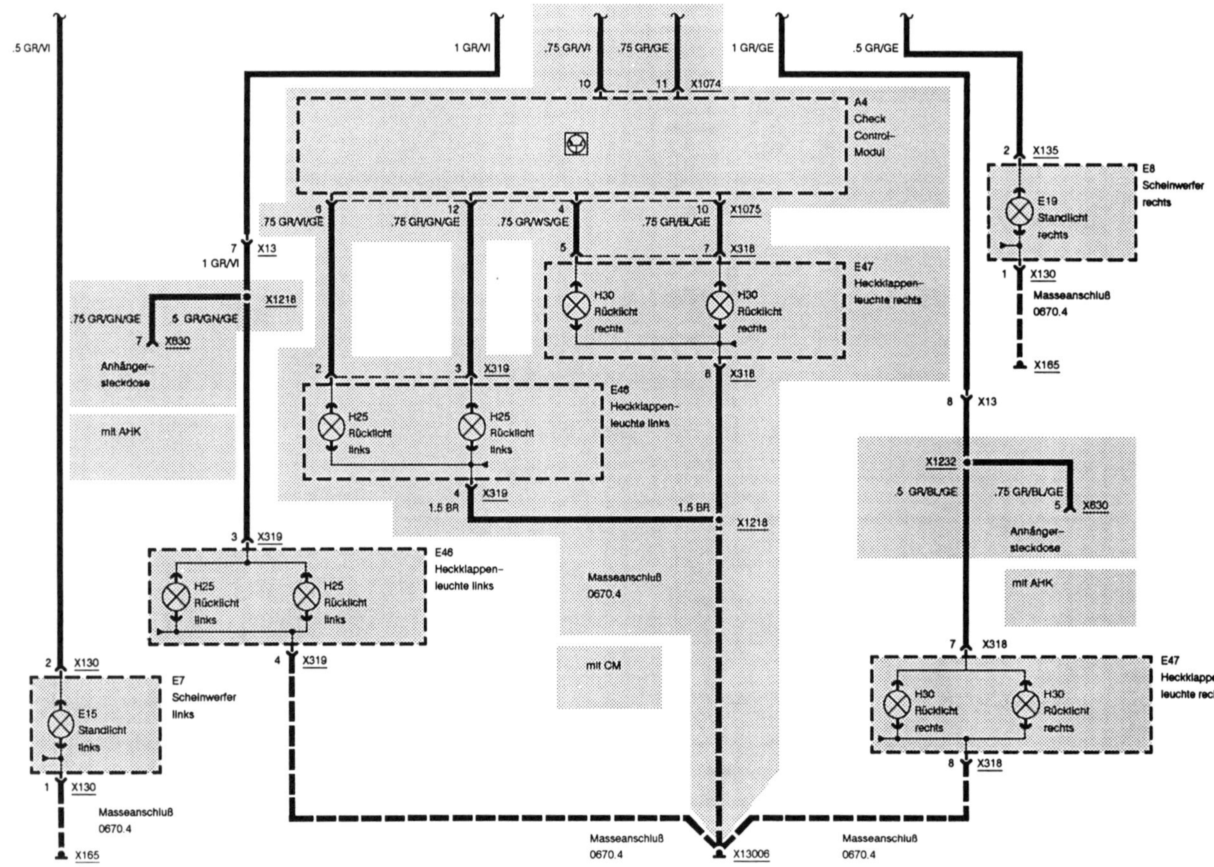

6314.0-01

Rückfahrscheinwerfer

Signalhorn

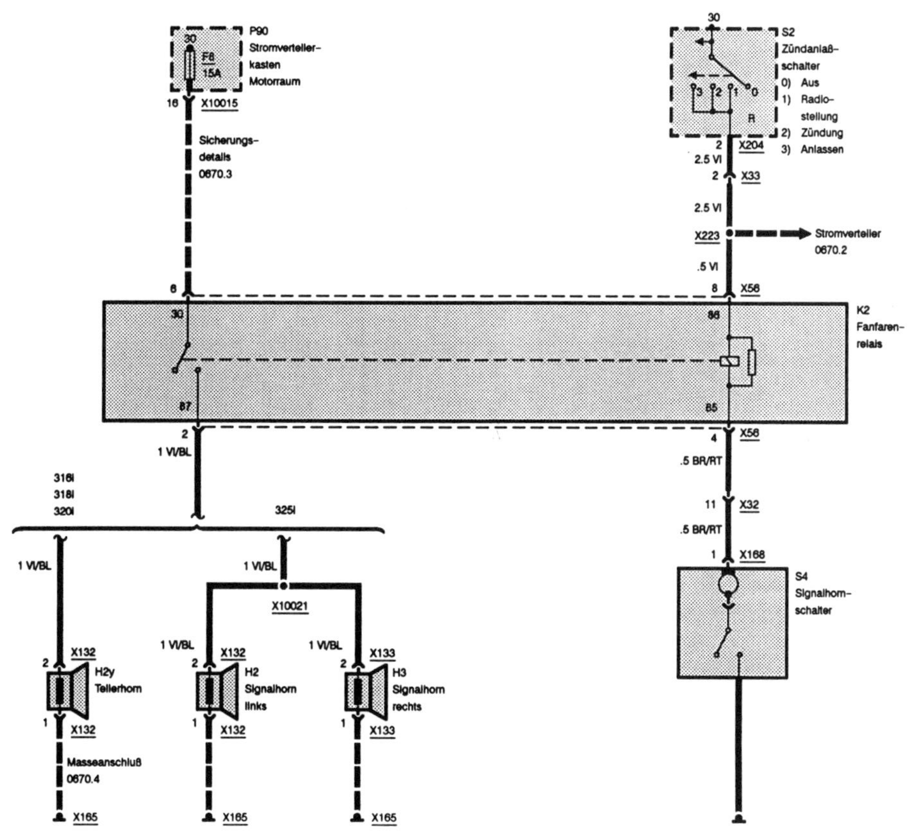

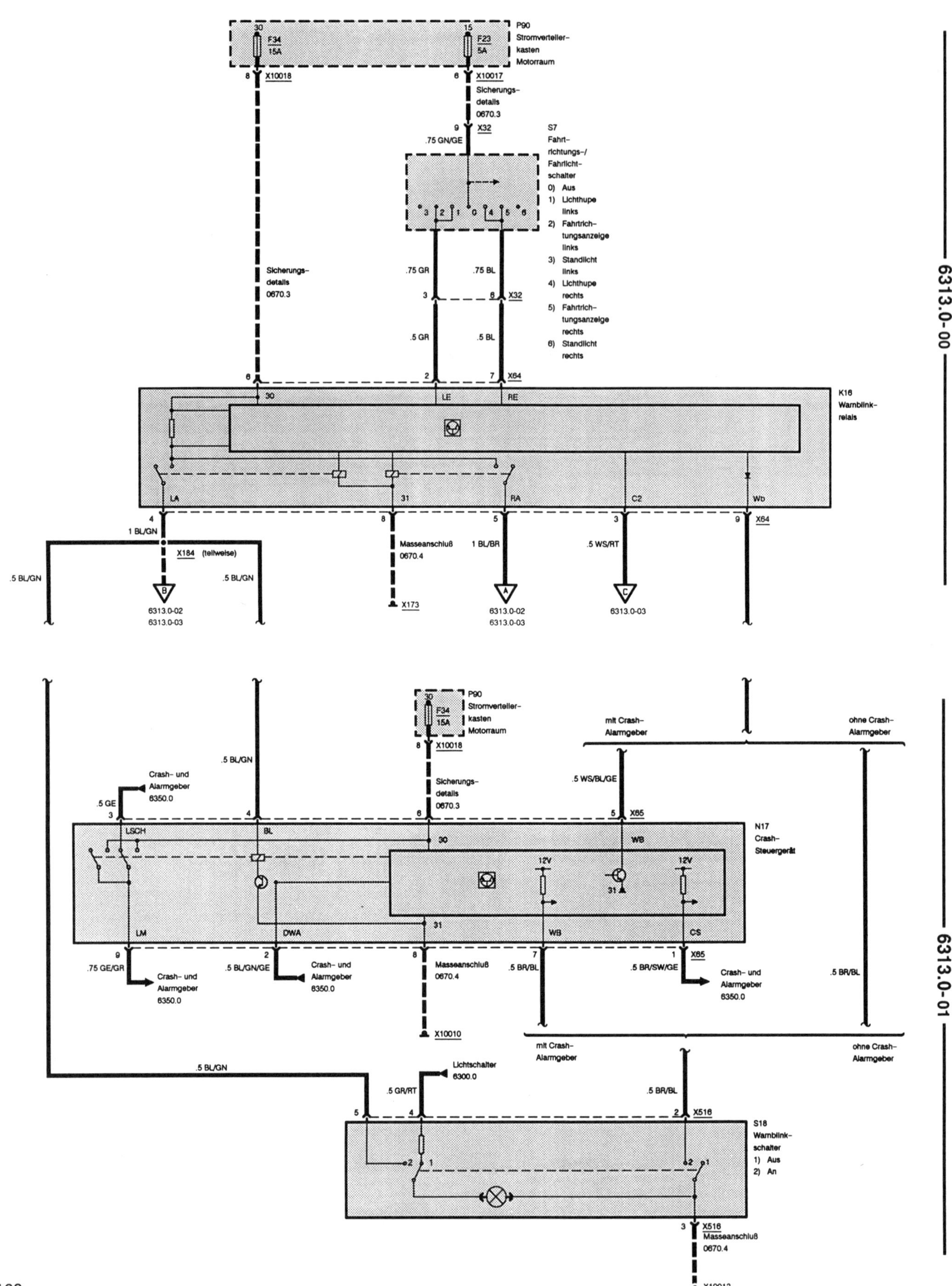

6313.0-00
6313.0-01
P90 Stromverteiler-kasten Motorraum
F34 15A
F23 5A
X10018
X10017
Sicherungs-details 0670.3
X32
.75 GN/GE
S7 Fahrtrichtungs-/Fahrtlicht-schalter
0) Aus
1) Lichthupe links
2) Fahrtrichtungsanzeige links
3) Standlicht links
4) Lichthupe rechts
5) Fahrtrichtungsanzeige rechts
6) Standlicht rechts
Sicherungs-details 0670.3
.75 GR
.75 BL
X32
.5 GR
.5 BL
X64
LE
RE
K16 Warnblink-relais
LA
31
RA
C2
Wb
X64
1 BL/GN
X184 (teilweise)
Masseanschluß 0670.4
1 BL/BR
.5 WS/RT
.5 BL/GN
.5 BL/GN
B
6313.0-02
6313.0-03
X173
A
6313.0-02
6313.0-03
C
6313.0-03
P90 Stromverteiler-kasten Motorraum
F34 15A
X10018
.5 BL/GN
Sicherungs-details 0670.3
mit Crash-Alarmgeber
ohne Crash-Alarmgeber
Crash- und Alarmgeber 6350.0
.5 GE
.5 WS/BL/GE
X65
LSCH
BL
30
WB
N17 Crash-Steuergerät
12V
31
12V
LM
DWA
31
WB
CS
X65
.75 GE/GR
Crash- und Alarmgeber 6350.0
.5 BL/GN/GE
Crash- und Alarmgeber 6350.0
Masseanschluß 0670.4
.5 BR/BL
.5 BR/SW/GE
Crash- und Alarmgeber 6350.0
.5 BR/BL
X10010
mit Crash-Alarmgeber
ohne Crash-Alarmgeber
.5 BL/GN
Lichtschalter 6300.0
.5 GR/RT
.5 BR/BL
X516
S18 Warnblink-schalter
1) Aus
2) An
X516
Masseanschluß 0670.4
X10012

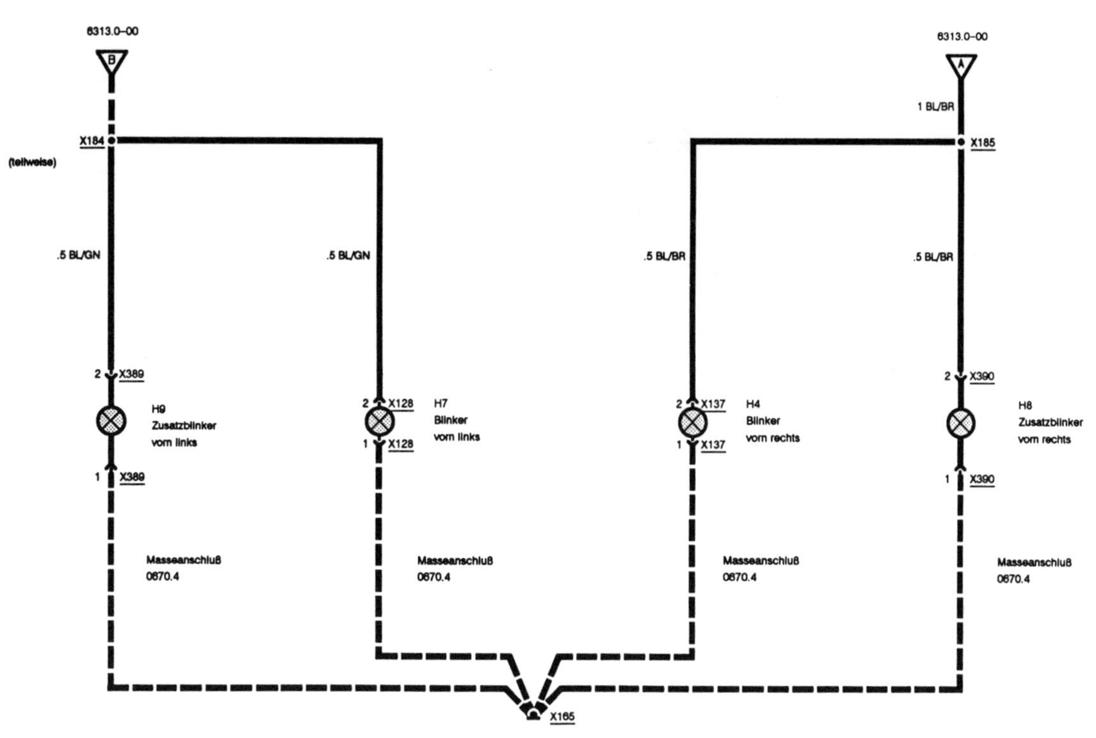

6313.0-00
B
X184
(teilweise)
.5 BL/GN
.5 BL/GN
2 X389
H9
Zusatzblinker
vorn links
1 X389
Masseanschluß
0670.4
2 X128
1 X128
H7
Blinker
vorn links
Masseanschluß
0670.4
X165
6313.0-00
A
1 BL/BR
X185
.5 BL/BR
.5 BL/BR
2 X137
1 X137
H4
Blinker
vorn rechts
Masseanschluß
0670.4
2 X390
H8
Zusatzblinker
vorn rechts
1 X390
Masseanschluß
0670.4
6313.0-02

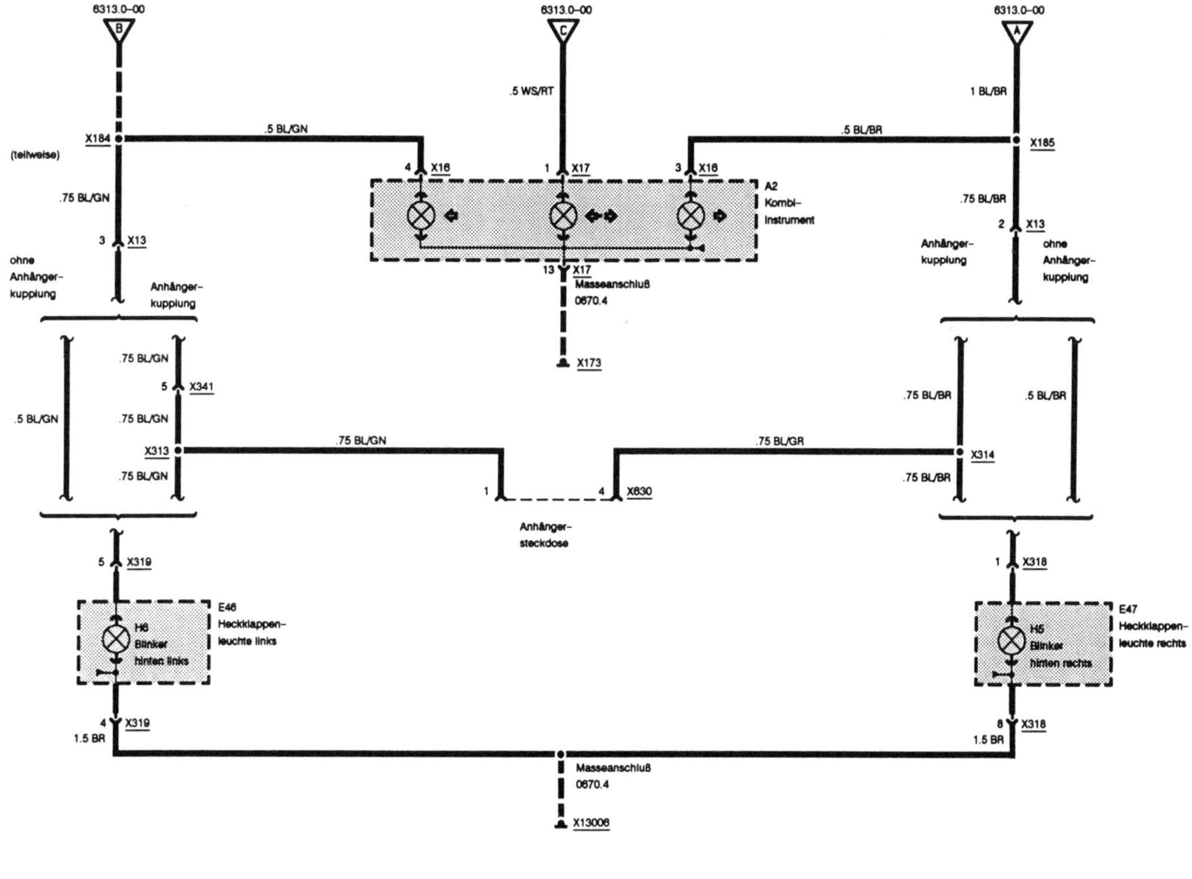

6313.0-00
B
X184
(teilweise)
.5 BL/GN
.75 BL/GN
3 X13
ohne
Anhänger-
kupplung
Anhänger-
kupplung
.5 BL/GN
.75 BL/GN
5 X341
.75 BL/GN
X313
.75 BL/GN
5 X319
H6
Blinker
hinten links
E46
Heckklappen-
leuchte links
4 X319
1.5 BR
6313.0-00
C
.5 WS/RT
4 X16
1 X17
3 X16
A2
Kombi-
Instrument
13 X17
Masseanschluß
0670.4
X173
.75 BL/GN
1 4 X630
Anhänger-
steckdose
.75 BL/GR
6313.0-00
A
1 BL/BR
.5 BL/BR
X185
.75 BL/BR
2 X13
ohne
Anhänger-
kupplung
Anhänger-
kupplung
.75 BL/BR
.5 BL/BR
X314
.75 BL/BR
1 X318
H5
Blinker
hinten rechts
E47
Heckklappen-
leuchte rechts
8 X318
1.5 BR
Masseanschluß
0670.4
X13006
6313.0-03

Bremsleuchten
Ohne CM

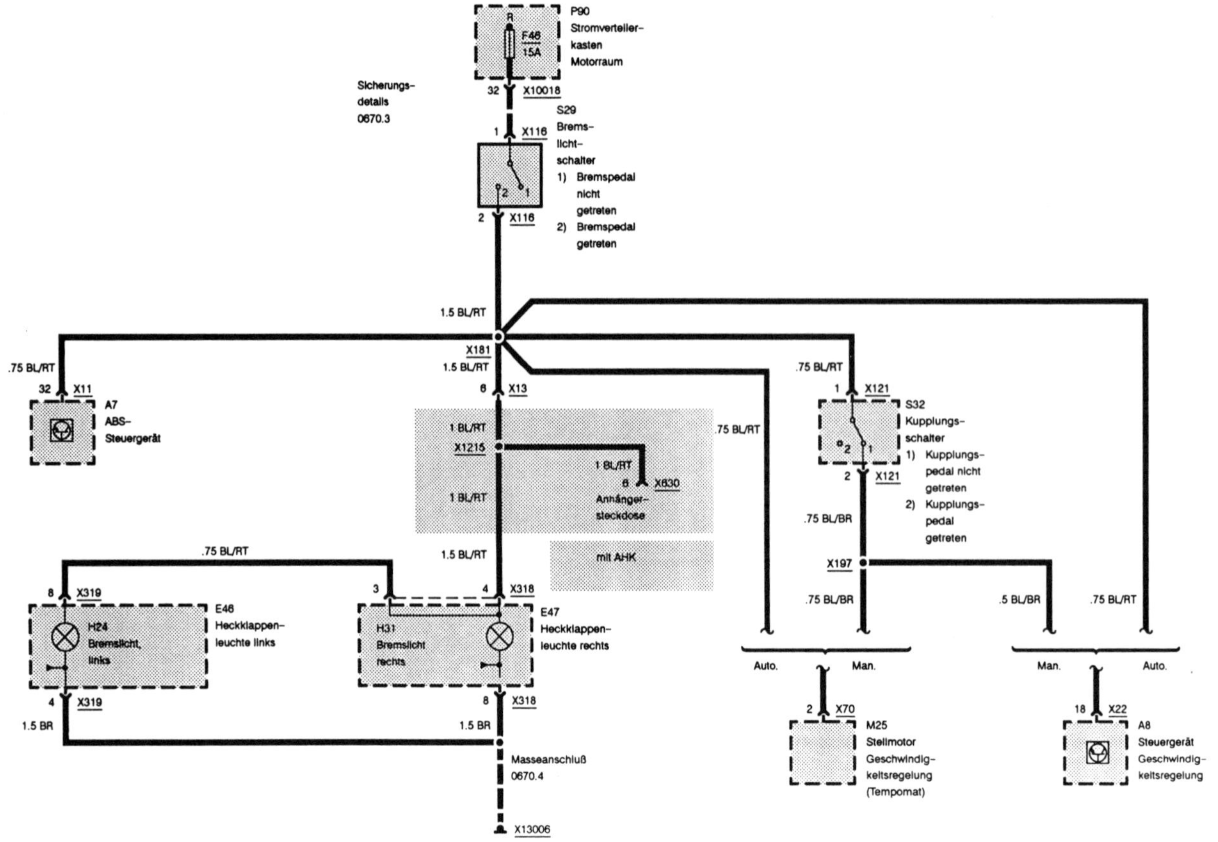

P90 Stromverteilerkasten Motorraum
F46 15A
R
32 X10018
1 X116
S29 Bremslichtschalter
1) Bremspedal nicht getreten
2) Bremspedal getreten
2 X116
Sicherungsdetails 0670.3
1.5 BL/RT
X181
1.5 BL/RT
6 X13
.75 BL/RT
32 X11
A7 ABSSteuergerät
1 BL/RT
X1215
1 BL/RT
6 X630
Anhängersteckdose
1 BL/RT
mit AHK
1.5 BL/RT
.75 BL/RT
.75 BL/RT
1 X121
S32 Kupplungsschalter
1) Kupplungspedal nicht getreten
2) Kupplungspedal getreten
2 X121
.75 BL/BR
X197
.75 BL/BR
.5 BL/BR
.75 BL/RT
Auto.   Man.
Man.   Auto.
.75 BL/RT
8 X319
H24 Bremslicht, links
E46 Heckklappenleuchte links
3   4 X318
H31 Bremslicht rechts
E47 Heckklappenleuchte rechts
4 X319
1.5 BR
8 X318
1.5 BR
Masseanschluß 0670.4
X13006
2 X70
M25 Stellmotor Geschwindigkeitsregelung (Tempomat)
18 X22
A8 Steuergerät Geschwindigkeitsregelung

Bremsleuchten
Mit CM

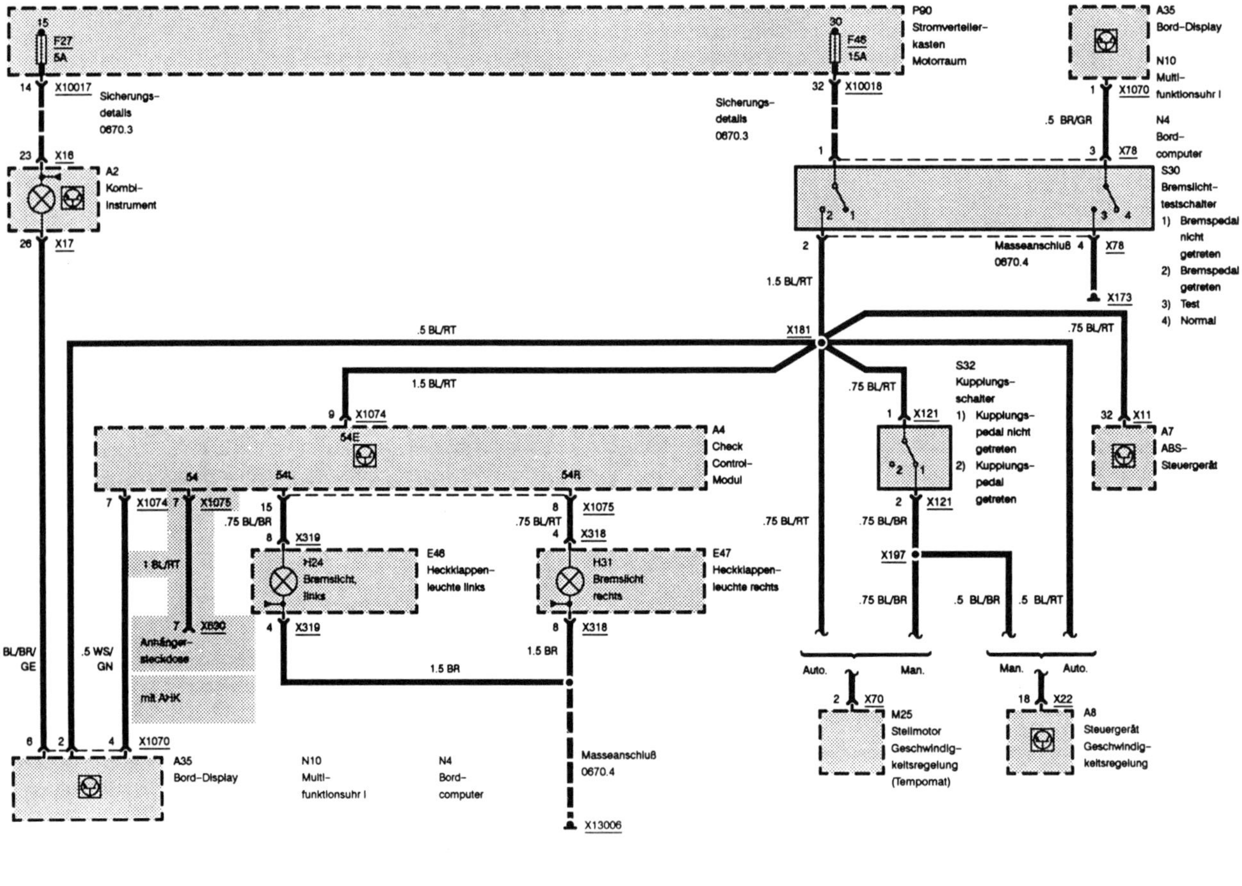

P90 Stromverteilerkasten Motorraum
A35 BordDisplay
15 F27 5A
30 F46 15A
N10 Multifunktionsuhr I
14 X10017
32 X10018
1 X1070
Sicherungsdetails 0670.3
Sicherungsdetails 0670.3
.5 BR/GR
N4 Bordcomputer
23 X16
A2 KombiInstrument
1
3 X78
S30 Bremslichttestschalter
1) Bremspedal nicht getreten
2) Bremspedal getreten
3) Test
4) Normal
26 X17
2
Masseanschluß 0670.4   4 X78
X173
1.5 BL/RT
.5 BL/RT
X181
.75 BL/RT
1.5 BL/RT
9 X1074
54E
A4 Check ControlModul
S32 Kupplungsschalter
1) Kupplungspedal nicht getreten
2) Kupplungspedal getreten
.75 BL/RT
1 X121
32 X11
A7 ABSSteuergerät
54   54L   54R
7 X1074   7 X1075   15   8 X1075
.75 BL/BR   .75 BL/RT
8 X319   4 X318
H24 Bremslicht, links
E46 Heckklappenleuchte links
H31 Bremslicht rechts
E47 Heckklappenleuchte rechts
1 BL/RT
7 X630
Anhängersteckdose
mit AHK
2 X121
.75 BL/BR
X197
.75 BL/BR
.5 BL/BR
.5 BL/RT
.75 BL/RT
4 X319
1.5 BR
8 X318
1.5 BR
Masseanschluß 0670.4
X13006
.5 BL/BR/GE
.5 WS/GN
6   2   4 X1070
A35 BordDisplay
N10 Multifunktionsuhr I
N4 Bordcomputer
Auto.   Man.
2 X70
M25 Stellmotor Geschwindigkeitsregelung (Tempomat)
Man.   Auto.
18 X22
A8 Steuergerät Geschwindigkeitsregelung

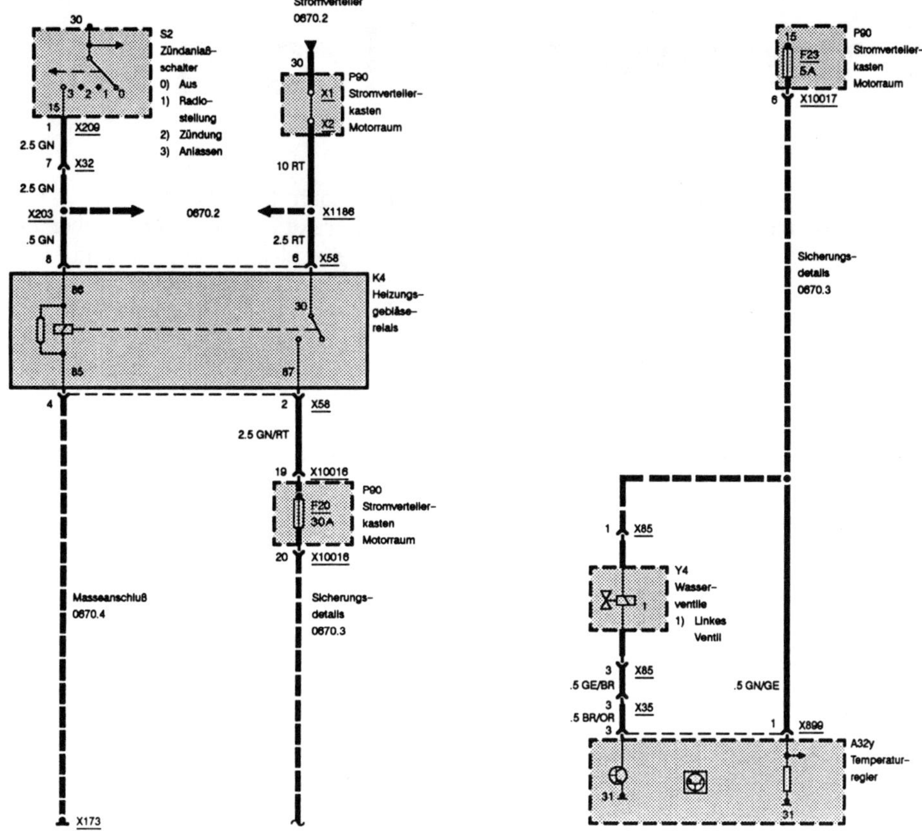

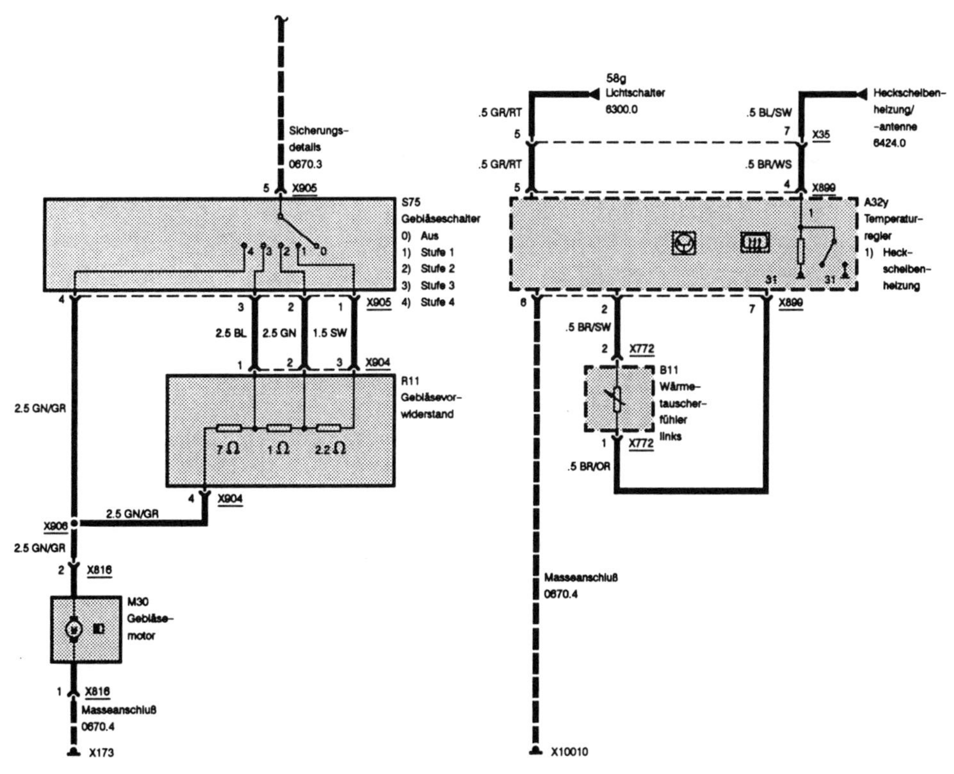

Konserven-Strom

Eine Bleiplatte als Elektrode, die mit verdünnter Schwefelsäure (dem Elektrolyt) in Verbindung kommt, gibt unter dem Einfluß des Lösungsdrucks positive Ionen, also elektrisch geladene Teilchen an den Elektrolyt ab. Dadurch wird zwischen der Bleiplatte und dem Elektrolyt eine elektrische Spannung aufgebaut.

In der Praxis verläßt man sich jedoch nicht auf diesen freiwilligen Übertritt geladener Teilchen, sondern zwingt der Batterie eine Ladespannung auf. Das hat den Effekt, daß sich das Bleisulfat der Platten einer entladenen Batterie an der positiven Elektrode in Bleidioxid und an der negativen Elektrode in Bleischwamm umwandelt. Gleichzeitig wird im Elektrolyt wieder Schwefelsäure gebildet, und als äußeres Zeichen für den fast abgeschlossenen Ladevorgang steigen Gasbläschen auf.

Beim Entladen dreht sich der Vorgang um. Das Bleidioxid der positiven Platte und der Bleischwamm der negativen werden wieder zu Bleisulfat, wobei sich die Schwefelsäure verbraucht und Wasser gebildet wird. Mit der Entladung sinkt deshalb die Säuredichte ab.

Die richtige Batterie

Folgende Batterien sind in unseren Vierzylinder-3ern hinten rechts im Motorraum eingebaut:

Modell	Batterie	Typ-Nummer
316i	12 V/46 Ah	54612
318i/318is	12 V/50 Ah	55040
318i/318is (Sonderausstattung)	12 V/62 Ah, 63 Ah oder 66 Ah	56216 56311 56618

Batterie-Daten

Spannung und Kapazität: In der Angabe 12 V/46 Ah gibt die vorangestellte 12 V natürlich die Spannung an. Hinter dem Schrägstrich ist die Stromstärke in ihrer »zeitlich lieferbaren Menge« vermerkt – »Ah« steht für Amperestunden. Das ist die Nenn-Batteriekapazität, die nach Normbedingungen gemessen wird.

In der Praxis rechnet man allerdings nur mit ⅔ der angegebenen Kapazität; bei einer älteren Batterie lediglich mit der Hälfte.

Kälteprüfstrom: Die Zahl 250 A (z.B.) nennt die Stromstärke, welche die Batterie bei −18°C liefern kann.

Typnummer: Eine fünfstellige Zahl dient einheitlich bei allen deutschen Batterie-Herstellern zur Kennzeichnung. Bei der im 316i serienmäßigen 46-Ah-Batterie lautet die entsprechende Kennzahl z.B. 54612. Die erste Zahl (5) steht für die Batteriespannung von 12 Volt. Die darauf folgenden beiden Zahlen (hier: 46) geben die Batterie-Kapazität an. Die beiden letzten Ziffern kennzeichnen Konstruktionsmerkmale, wie Bauform, Pollage und Bodenleiste.

Wie lange reichen die Reserven?

Wie lange ein Stromverbraucher mit dem Stromvorrat aus der Batterie funktionieren kann, errechnen wir aus folgender Formel:

Betriebszeit = Batteriekapazität × Bordnetzspannung : Leistung des Verbrauchers. In der Praxis sollten Sie aber nie mit der vollen Batteriekapazität, sondern nur mit ½ bis ⅔ der Nennkapazität rechnen. Es ergeben sich damit beispielsweise die in der Tabelle genannten Betriebszeiten.

Batterie	Parklicht	Standlicht	Warnblinkanlage
46 Ah	ca. 37 Stunden	ca. 15 Stunden	ca. 7 Stunden
50 Ah	ca. 40 Stunden	ca. 16 Stunden	ca. 8 Stunden
62 Ah	ca. 49 Stunden	ca. 20 Stunden	ca. 10 Stunden

Temperatureinfluß auf die Batterie

Batterien haben die Eigenart, um so unwilliger auf Kälte zu reagieren, je weniger Strom sie gespeichert haben. Völlig leere Akkus sind so empfindlich, daß sie bei Frost einfrieren und platzen können. Ist die Batterie dagegen randvoll geladen, verträgt sie die Kälte verhältnismäßig gut. Vor der kalten Jahreszeit empfiehlt sich bei einem älteren Akku die Kontrolle des Ladezustands.

Die Batterieflüssigkeit besteht aus Schwefelsäure, die mit destilliertem Wasser verdünnt ist. Ein Teil dieses Wassers kann verdunsten oder wird beim Ladevorgang in Wasserstoff und Sauerstoff zersetzt. Früher mußte der Flüssigkeitsstand regelmäßig ergänzt werden. Im BMW 3er ist eine wartungsfreie Batterie nach DIN 72311 eingebaut. Sie soll unter normalen Bedingungen ihr gesamtes Leben ohne Nachfüllen von destilliertem Wasser auskommen. Erhöhten Wasserverlust verursachen lediglich höhere Umgebungstemperaturen, längere Aufenthalte in heißen Regionen, ein defekter Lichtmaschinen-Spannungsregler, Selbstentladung bei langen Standzeiten des Fahrzeugs oder Tiefentladung, etwa durch eingeschaltetes Standlicht über Nacht.

Batteriesäurestand kontrollieren

Wartung Nr. 4

Auch beim wartungsfreien Akku sollte nach dem Flüssigkeitsstand gesehen werden:

● Die Batterieflüssigkeit muß mindestens bis zum unteren der beiden am Gehäuse auflackierten oder eingeprägten Striche reichen, zumindest aber die Plattenoberkanten gut bedecken.

● Bei abgesunkenem Flüssigkeitspegel Verschlußstopfen herausdrehen.

● Bei einer normal geladenen Batterie bis zum oberen Strich bzw. bis 15 mm über die Plattenoberkanten **destilliertes Wasser** auffüllen.

● In eine stark entladene Batterie nur so viel Wasser einfüllen, daß die Platten oben bedeckt sind. Beim Wiederaufladen steigt der Flüssigkeitsstand nämlich erheblich.

● Erst nach dem Laden bis zur oberen Marke nachfüllen.

● Die Wassermenge aus der Einfüllflasche muß gut dosierbar sein, sonst wird der Akku überfüllt.

● Eine überfüllte Batterie »kocht über«, die Säure tritt an den Verschlußstopfen aus.

Batterie ausbauen

● Grundsätzlich **zuerst das Massekabel** losschrauben, um beim weiteren Hantieren Kurzschlüsse zu vermeiden.

● Dazu Mutter an der Klemme des Minuskabels lösen, Klemme vom Batteriepol abnehmen.

● Oxidkristalle an den Batterieklemmen mit warmem Sodawasser abwaschen oder mit »Neutralon« von Varta behandeln.

● Batteriepolköpfe und Kabelklemmen mit Säureschutzfett (Bosch »Ft 40 v 1«) einstreichen.

● Pluskabel-Klemme lösen und abnehmen.

● Schraube der Halteleiste losdrehen, Schraube und Leiste abnehmen.

● Batterie aus dem Motorraum herausheben.

● Kein Fett erhalten die Polkopfseiten und die Innenseiten der Klemmen, sonst kann es Kontaktschwierigkeiten geben.

Kontaktpflege an der Batterie

Ladezustand der Batterie prüfen

Erscheint der Akku trotz richtigem Säurestand kraftlos, muß der Ladezustand kontrolliert werden. Auskunft darüber gibt das spezifische Gewicht der Batteriesäure. Sie brauchen für die Kontrolle einen speziellen Hebe-Säuremesser (Aräometer), den Sie sich bei der Tankstelle ausleihen können.

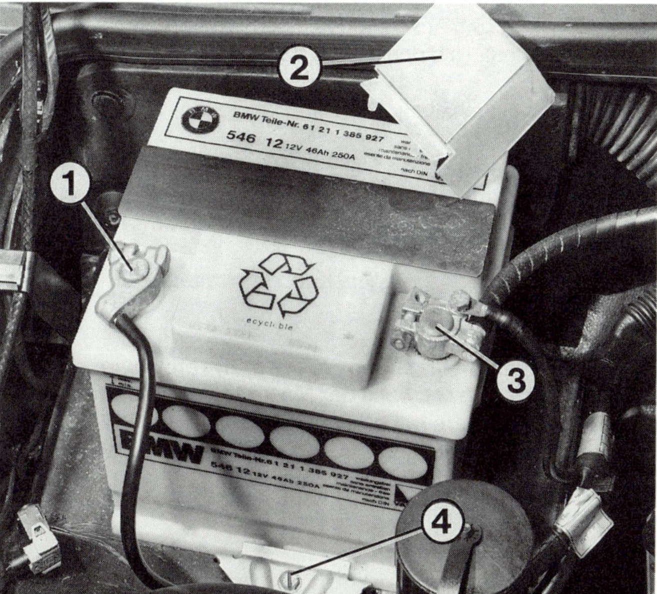

In den Vierzylinder-Modellen der 3er-Reihe ist die Batterie gut zugänglich im Motorraum untergebracht. Die Zahlen bedeuten:
1 – Minuspol;
2 – Abdeckung für Batterie-Pluspol;
3 – Pluspol;
4 – Spezialbefestigungsschraube für Batteriehalteblech.

● Batterie-Verschlußstopfen herausdrehen.
● So viel Batteriesäure ansaugen, daß die Meßspindel frei schwimmt.

● Säuregewicht ablesen. Es bedeuten: 1,28 kg/l = Batterie voll geladen; 1,20 kg/l = halb geladen; 1,12 kg/l = entladen.

Batterie laden

Heimladegerät anschließen

● Pluskabel des Ladegeräts am **Pluspol der Batterie** anschließen, das Minuskabel an einem blanken Motorteil.
● Die Batteriestopfen können eingeschraubt bleiben. Das sich beim Laden bildende Gas kann über die Öffnungen der Batteriestopfen ins Freie entweichen.
● Der Ladestrom soll anfangs etwa 10% der Batteriekapazität betragen (z.B. 4,6 A beim 46-Ah-Akku) und sich während der Ladung automatisch verringern.
● Die Batterie ist voll geladen, wenn ihre Säuredichte innerhalb von zwei Stunden nicht mehr ansteigt.
● Beim Batterieladen wird das destillierte Wasser teilweise zersetzt. Es bilden sich Gasblasen aus

Wasserstoff und Sauerstoff – das hochexplosive Knallgas.
● **Noch einige Tips zum Laden der Batterie in geschlossenen Räumen:** Wenn mit hohem Strom geladen wird, für gute Durchlüftung des Raumes sorgen.
● Beim Laden der Batterie in deren Nähe nicht rauchen und kein offenes Feuer verwenden.
● Auch Funken beim Ab- oder Anklemmen des Laders bzw. der Batteriekabel können das Knallgas entzünden.

Start mit leerer Batterie

Fremdstrom aus dem Starthilfekabel

● Fahrzeug mit geladener Batterie so dicht heranfahren, daß die Starthilfekabel in den Motorraum des BMW gelegt werden können.
● Kontrollieren Sie, ob an Ihrem stromlosen Fahrzeug alle Stromverbraucher abgeschaltet sind.
● Ein Kabel am Pluspol der Batterie anschließen.
● Anderes Starthilfekabel zuerst am Minuspol der geladenen Fremdbatterie und dann im Motorraum des stromlosen Wagens an blanker Masse (z.B. direkt am Motor) anschließen.

● Motor des Hilfswagens starten und mit erhöhter Drehzahl laufen lassen, damit die Lichtmaschine kräftig Spannung liefert.
● Falls der Motor nicht gleich anspringt, zwischendurch eine Abkühlungspause für den Anlasser einlegen. Hilfsmotor weiterlaufen lassen, wodurch die leere Batterie bereits etwas nachgeladen wird.
● Beim Abklemmen der Starthilfekabel zuerst die Klemme vom Minuspol der geladenen Fremdbatterie abnehmen.

Wagen anschieben

Mit zwei Helfern läßt sich der Schaltgetriebe-BMW bei gutem Motorzustand anschieben:
● Zündung einschalten.
● 1. Gang einlegen, in höheren Gängen wird die Lichtmaschine für kräftige Stromlieferung zu langsam durchgedreht.
● Kupplung durchtreten, Wagen anschieben lassen, bis er in Schwung ist.

● Kupplung schlagartig kommen lassen. Der Motor wird abrupt durchgedreht und müßte anspringen.
● Sofort Kupplung treten und Gas geben.

Wagen anschleppen

Suchen Sie sich zum Anschleppen einen schlepperfahrenen Helfer aus, damit nicht durch Ungeschick größerer Schaden entsteht. Und denken Sie daran: Bei stehendem Motor arbeiten Servolenkung und Bremskraftverstärker nicht.
● Zündung einschalten, 2. Gang einlegen und Kupplung treten.
● Der Zugwagen muß langsam anfahren.
● Bei etwa 15 km/h die Kupplung langsam kommen lassen, dabei die rechte Hand an den Handbremshebel legen.
● Ist der Motor angesprungen, Kupplung treten und Gas geben.

● Handbremse sanft ziehen, damit Sie dem Vordermann nicht ins Heck rollen.
● Schleppfahrer Hupsignal geben.
● Gang herausnehmen, Kupplung loslassen.
● Mit der Handbremse zusammen mit dem Schleppwagen sanft abbremsen.

Fingerzeig: Bei Fahrzeugen mit Katalysator wird oft vor dem Anrollenlassen, Anschieben oder Anschleppen gewarnt. Falls der Motor lediglich wegen einer leeren Batterie nicht anspringt, ist das aber ungefährlich. Anders bei einem Defekt an der Zündanlage: Da können unverbrannte Gemischanteile in den Katalysator gelangen, wo sie bei laufendem Motor nachgezündet werden und die Temperatur im Kat auf gefährliche Höhen treiben.

Kleinkraftwerk

Weil der BMW kein Verlängerungskabel zur Stromversorgung hinter sich herziehen kann, muß die Stromherstellung direkt im Auto erfolgen. Und das ist Sache der Lichtmaschine.

Der Drehstrom-Generator

Leistung

○ Alle Vierzylinder mit Schaltgetriebe begnügen sich mit einem 65-A-Generator.
○ Automatik-Fahrzeuge besitzen dagegen die stärkere 90-A-Lichtmaschine.
○ In Fahrzeugen mit Klimaanlage ist sogar ein 105-A-Generator eingebaut. Dieselbe Lichtmaschine ist auch gegen Aufpreis zu haben.
Übrigens erzeugt der Generator eine Spannung von ca. 14 Volt. Sie ist also höher als die Batteriespannung. Denn nur so kann Strom zur Batterie fließen, wodurch diese aufgeladen wird. Spannung und Maximalstrom multipliziert ergibt die Leistung der Lichtmaschine: 910 Watt bei 65 Ampere, 1260 Watt bei 90 Ampere und 1470 Watt bei 105 Ampere.

Umgang und Vorsichtsmaßnahmen

Die Drehstrom-Lichtmaschine liefert schon bei Leerlaufdrehzahl des Motors Strom. Ferner halten ihre Schleifkohlen weit über 80 000 km.
Getreu ihres Namens erzeugt sie jedoch Drehstrom, den wir im Auto nicht gebrauchen können, denn die Batterie kann natürlich nur Gleichstrom speichern. Deshalb sind im Generator drei Gleichrichter-Dioden eingebaut, die den Drehstrom in einen pulsierenden Gleichstrom umwandeln. Diese Dioden sind allerdings gegen hohe Spannungen empfindlich, und deshalb sollten Sie folgende Punkte beachten:
○ Bei laufendem Generator darf kein Kabel zwischen Akku und Lichtmaschine gelöst bzw. angeschlossen werden. Dadurch kann die Spannung schlagartig ansteigen (Spannungsspitzen) und eine Diode »verheizt« werden.
○ Ohne richtig angeschlossene, intakte Batterie darf die Drehstrom-Lichtmaschine nicht laufen. Der Akku dient als Spannungsbegrenzer für den Generator, gewissermaßen als Puffer gegen Überspannungen.
○ Sämtliche Kabelanschlüsse zwischen der Drehstrom-Lichtmaschine, der Batterie und dem Karosserieblech oder dem Triebwerkblock (Masse) müssen ganz fest sitzen. Schon ein Wackelkontakt kann zu gefährlichen Spannungsspitzen führen.
○ Beim Schnelladen der Batterie (nicht zum Aufladen mit dem Heimlader) und beim elektrischen Schweißen an der Karosserie müssen beide Kabel vom Akku abgeklemmt werden, damit die Lichtmaschinen-Dioden keinen Schaden erleiden.

Die Ladekontrolle

○ Die Kontrolleuchte im Kombi-Instrument hat zwei Plus-Anschlüsse, und zwar einerseits von der Klemme D+ des Generators (blaues Kabel) und andererseits von Klemme 15 (grünes Kabel).

Rückansicht der Lichtmaschine bei abgenommener Abdeckkappe:
1 – Entstörkondensator;
2 – D+-Kabel zur Ladekontrolleuchte;
3 – B+-Kabel zur Batterie (Klemme 30);
4 – Spannungsregler;
5 – Massekabel.

○ Mit Einschalten der Zündung führt Klemme 15 Spannung. Die Lichtmaschine steht aber noch, so daß der spannungslose D+-Kontakt als »Minus« wirkt. Die Kontrollampe leuchtet auf, denn zwischen dem von der Batterie versorgten Bordnetz und dem noch stehenden Generator herrscht eine Spannungsdifferenz.

○ Wird der Motor gestartet und hat die Lichtmaschine ihre Ladedrehzahl erreicht, verbindet der Spannungsregler den Stromerzeuger mit der Bordelektrik. Nun kommt Plusstrom von Klemme 15 und zusätzlich von Klemme D+. Damit besteht keine Spannungsdifferenz mehr, die Ladekontrolle verlöscht.

○ Beim Einschalten der Zündung muß die brennende Ladekontrolle – in Verbindung mit einem parallel geschalteten Widerstand – die Drehstrom-Lichtmaschine »vorerregen«. Nur so kann diese schon aus niedrigen Drehzahlen heraus Strom liefern. Allerdings ist die Vorerregung nur beim ersten Anlaufen des Generators erforderlich.

Nicht immer wird geladen

Ob die Batterie von der Lichtmaschine geladen wird, beweist das Verlöschen der Kontrollampe nicht. Es besagt nur, daß zwischen Batterie und Generator keine Spannungsdifferenz mehr besteht. Wenn im Motorleerlauf beispielsweise sämtliche Stromverbraucher eingeschaltet sind, leuchtet die Ladekontrolle nicht auf, obwohl mehr Strom der Batterie entnommen wird, als eine der leistungsschwächeren Lichtmaschinen liefern kann: Es besteht dennoch keine Spannungsdifferenz zur Batterie.

Fingerzeig: **Vielleicht haben Sie beobachtet, daß manchmal die Ladekontrolle brennen bleibt, wenn Sie den warmgefahrenen Motor ohne Gas starten und er in niedriger Leerlaufdrehzahl weiterläuft. Hierbei ist die Vorerregung der Drehstrom-Lichtmaschine zu schwach, sie liefert noch keinen Strom. Sobald Sie auf das Gaspedal tippen, verlöscht das rote Licht – alles ist wieder in Ordnung. Diese Erscheinung ist normal und deutet keinen Schaden an.**

Der Spannungsregler

Die Lichtmaschine kann man mit einem Fahrraddynamo vergleichen: Je schneller sie dreht, um so höher steigt die Spannung und somit auch der gelieferte Strom. Ein derartiges Auf und Ab würden die Stromverbraucher im Auto nicht lange ertragen, deshalb muß ein besonderer Regler die Lichtmaschinenspannung begrenzen und ein Überladen der Batterie verhindern. Dieser Regler – ein elektronischer Feldregler – ist direkt an der Drehstrom-Lichtmaschine festgeschraubt.

Selbsthilfe an Generator und Regler

Wartungsarbeiten an der Drehstrom-Lichtmaschine fallen nicht an, wenn man einmal vom wirklich selten notwendigen Schleifkohlenwechsel absieht. Tiefergehende Schäden sind mit Heimwerkermitteln nicht zu beheben.

Ladespannung prüfen

● Voltmeter zwischen +-Pol der Batterie und Masse anschließen.
● Motor mit mittlerer Drehzahl laufen lassen.
● Bei intaktem Regler sind jetzt etwa 13,3 bis 14,6 Volt abzulesen.

● Ist das nicht der Fall, Schleifkohlen kontrollieren bzw. Regler austauschen.
● Hilft das nicht, ist die Lichtmaschine selbst defekt. Austauschen.

Schleifkohlen kontrollieren

● Luftmengenmesser mit Luftfiltergehäuse und Ansaugschlauch ausbauen (Kapitel »Die Motronic-Einspritzung«).
● Lichtmaschine ausbauen.
● Abdeckung an der Lichtmaschinen-Rückseite abschrauben.

● Zwei Halteschrauben am Regler losdrehen.
● Regler gewissermaßen herausklappen, damit die Kohlebürsten nicht hängenbleiben.
● Überstand der Schleifkohlen messen.
● Sind sie nur noch **5 mm** lang, müssen sie ersetzt werden.

Schleifkohlen auswechseln

Die Schleifkohlen sind mit ihren Anschlußlitzen an einem Halter angelötet. Sie brauchen als Werkzeug daher einen Lötkolben. Ersatz-Schleifkohlen gibt's beispielsweise beim Bosch-Dienst.
● Regler ausbauen.
● Anschlußlitzen auslöten, Kohlen herausziehen.
● Druckfedern von den alten Kohlen abziehen und auf die neuen stecken.

● Anschlußlitzen anlöten.
● Dabei wenig Lötzinn verwenden und schnell arbeiten, damit sich die Anschlußlitzen nicht mit Zinn vollsaugen. Sonst werden sie starr.

Fingerzeig: Bei ausgebautem Regler können Sie die Kupfer-Schleifringe des Lichtmaschinen-Ankers (auf ihnen laufen die Kohlen) ebenfalls prüfen. Haben sie schon tiefe Einlaufspuren, kann man sie in einer Autoelektrik-Werkstatt überdrehen und polieren lassen.

Bei ausgebautem Spannungsregler kann die Länge der Schleifkohlen gemessen werden: Kürzer als 5 mm dürfen sie nicht sein.

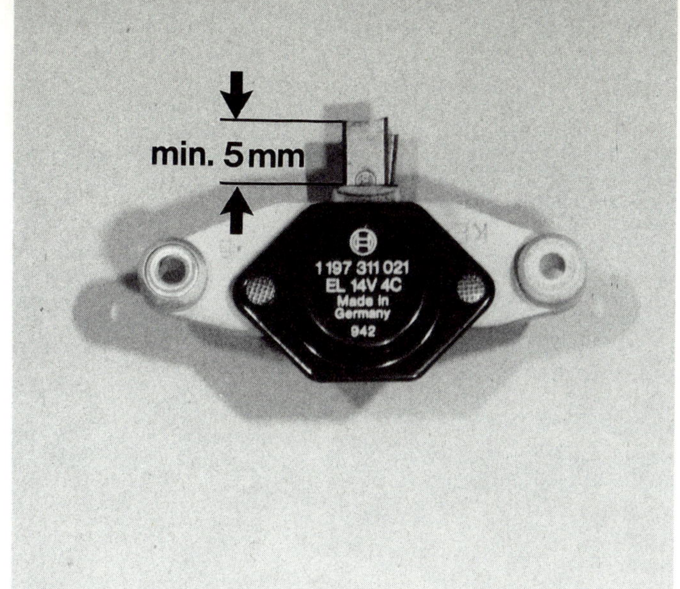

- Luftmengenmesser mit Luftfiltergehäuse und Ansaugschlauch ausbauen (Kapitel »Die Motronic-Einspritzung«).
- Batterie-Massekabel abklemmen.
- Keilriemen ausbauen.
- Abdeckkappe hinten auf der Lichtmaschine abnehmen, darunter die Kabelanschlüsse abschrauben.
- Massekabel nicht vergessen.
- Obere und untere Halteschraube der Lichtmaschine lösen, Schrauben herausziehen.
- Lichtmaschine abnehmen.

Fahren mit defekter Lichtmaschine

Wenn die Lichtmaschine oder ihr Regler streikt, ist die Weiterfahrt noch nicht gefährdet, denn die Batterie kann hilfreich einspringen.

Bei Tag reicht der Batteriestrom noch eine ganze Weile, obwohl die Motronic zum Erzeugen der Zündfunken und zum Betreiben der Einspritzung (mit elektrischer Benzinpumpe) eine Mindestspannung benötigt. Zudem ist der Akku oft nur zu ⅔ geladen.

Doch je nach Batteriekapazität reicht der Strom aber zu mindestens vier Stunden Fahrt.

Keilriemen und Keilrippenriemen

An dieser Stelle sind die Riementriebe aller Nebenaggregate behandelt. Neben der Lichtmaschine sind dies die Wasserpumpe, die Pumpe der Servolenkung und der Kompressor der Klimaanlage.

○ In allen Modellen serienmäßig vorhanden ist der Keilriemen, der Lichtmaschine und Wasserpumpe treibt.

○ Die Servolenkung und damit der zugehörige Keilriemen ist nur beim 318 i und 318 is serienmäßig vorhanden (Sonderausstattung beim 316 i).

○ Ein sogenannter Keilrippenriemen mit eigener Spannrolle ist für den Antrieb des Klimakompressors zuständig.

Keilriemenspannung und -zustand kontrollieren

Wartung Nr. 8

- Drehen Sie zur Kontrolle der Riemen den Motor einige Male ganz durch.
- Nur so können Sie wirklich alle Flächen der Keilriemen sehen. Oft haben die Riemen nämlich nur einen einzigen, aber tiefen Riß, der bei der Kontrolle möglicherweise genau auf der Riemenscheibe zu liegen kommt.
- Angerissene oder ausgefranste Riemen umgehend ersetzen.
- Gleiches gilt für den Keilrippenriemen der Klimaanlage.
- **Keilriemenspannung** mit kräftigem Daumendruck prüfen. Die richtige Riemenspannung zeigt die Tabelle:

Keilriemen für	Riemengröße	Riemendurchhang unter Daumendruck
Lichtmaschine und Wasserpumpe	10 × 1025	10–15 mm
Pumpe der Servolenkung	10 × 730	10 mm
Kompressor der Klimaanlage (Keilrippenriemen)	4 PK × 855	5 mm

Gut versteckt unter der Lichtmaschine sitzt die Servopumpe. Ihr Keilriemen wird – wie der der Lichtmaschine – gespannt, indem die Einstellmutter (4) mit ihrem Zahnkranz auf dem gezähnten Spannbügel (3) verdreht wird. Dazu Sicherungsmutter (1) lockern. Position »2« zeigt die Befestigungsschraube zwischen Spannbügel und Halter der Servopumpe.

Fingerzeig: Die richtige Keilriemenspannung ist in erster Linie für die Lebensdauer des Keilriemens entscheidend: Ein zu straff gespannter Riemen wird zu stark auf Dehnung beansprucht, was seine Gewebeeinlage zerstört. Zu schwach gespannt ist der Schlupf auf den Riemenscheiben so hoch, daß sich der Riemen zu stark erhitzt.

Keilriemen und Keilrippenriemen spannen

● **Lichtmaschinen-/Wasserpumpen-Keilriemen:** Sicherungsmutter an der Lichtmaschine etwas lockern.
● Einstellmutter mit Zahnkranz so weit verdrehen, bis die Riemenspannung stimmt.
● Sicherungsmutter wieder festdrehen.
● **Keilriemen der Servopumpe:** Es muß vorn unter dem Wagen gearbeitet werden.
● Sicherungsmutter am Spannbügel lockern.
● Einstellmutter mit Zahnkranz so weit verdrehen, bis die Riemenspannung stimmt.
● Sicherungsmutter wieder festdrehen.

● **Keilrippenriemen zum Klimaanlagen-Kompressor:** Deckel vorn an der Spannrolle mit Schraubendreher abhebeln.
● Halteschraube der Spannrolle lockern.
● Mit Hilfswerkzeug die Spannrolle so weit verdrehen, bis die Riemenspannung stimmt.
● Spannrolle in dieser Stellung halten und Halteschraube wieder festziehen.
● **Alle:** Riemenspannung nach kurzer Fahrt nochmals nachprüfen.

Keilriemen gerissen

Leuchtet plötzlich während der Fahrt die Ladekontrolle auf und haben Sie vielleicht gehört, daß im Motorraum kurz etwas gegen das Blech schlug, ist sicher der **Keilriemen der Lichtmaschine und der Wasserpumpe** gerissen. Anhalten und nachsehen! Falls ja, **dürfen Sie auf keinen Fall weiterfahren!** Durch die nun nicht mehr angetriebene Wasserpumpe ist der Kühlmittelkreislauf unterbrochen. Deshalb sofort neuen Keilriemen montieren oder Wagen abschleppen lassen, sonst überhitzt der Motor.

Keilriemen und Keilrippenriemen auswechseln

● **Lichtmaschinen-/Wasserpumpen-Keilriemen:** Riemen von Servopumpe bzw. Klimaanlagen-Kompressor abnehmen.
● Sicherungsmutter oben an der Lichtmaschine etwas lockern.
● Einstellmutter mit Zahnkranz so verdrehen, daß der Keilriemen von den Riemenscheiben genommen werden kann.
● Geht das nicht, zusätzlich den Schwenkbolzen unterhalb der Lichtmaschine lockern.

● Keilriemen von den Riemenscheiben nehmen und über die Flügel des Kühlerventilators streifen.
● Dazu gegebenenfalls die Lüfterzarge ausbauen.
● **Keilriemen der Servopumpe:** Sicherungsmutter am Spannbügel etwas lockern.
● Einstellmutter mit Zahnkranz so verdrehen, daß der Keilriemen von den Riemenscheiben genommen werden kann.
● Läßt sich die Pumpe nicht genügend schwenken,

zusätzlich die Schraube(n) am Schwenkbügel der Servopumpe lockern.

● **Keilrippenriemen zum Klimaanlagen-Kompressor:** Keilriemen der Servolenkung abnehmen.

● Deckel vorn an der Spannrolle mit Schraubendreher abhebeln.

● Halteschraube der Spannrolle lockern.

● Spannrolle so verdrehen, daß der Keilrippenriemen von den Riemenscheiben genommen werden kann.

● **Alle Riemen:** Einbau und spannen siehe Abschnitt »Keilriemen und Keilrippenriemen spannen«. Nach dem Auflegen des neuen Keilriemens Riemenspannung einstellen und kontrollieren (siehe gegenüberliegende Seite).

Störungsbeistand

Batterie und Lichtmaschine

Die Störung	– ihre Ursache	– ihre Abhilfe
A Rote Ladekontrolle brennt nicht beim Einschalten der Zündung	**1 Batterie leer**	**Mit Starthilfekabeln starten oder Wagen anschleppen**
	2 Batteriekabel gebrochen, Kabelklemmen lose oder oxidiert	**Batteriekabel und -klemmen kontrollieren**
	3 Kontrollampe defekt	**Ersetzen**
	4 Kabelweg zwischen Zündschloß, Kontrollampe und Lichtmaschine unterbrochen	**Stromweg mit Prüflampe kontrollieren**
	5 Massekabel zwischen Lichtmaschine und Motorblock gebrochen	**Kabel kontrollieren**
	6 Schleifkohlen abgenutzt	**Schleifkohlen erneuern (lassen)**
	7 Spannungsregler defekt	**Regler austauschen**
	8 Lichtmaschine schadhaft	**Lichtmaschine instand setzen lassen**
	9 Nach zu heftiger Motorwäsche: Eingedrungene Feuchtigkeit hat einen isolierenden Schmierfilm zwischen den Schleifringen und Kohlen gebildet	**Lichtmaschine so gut als möglich mit Druckluft ausblasen oder Schleifringe und Kohlen sauberreiben**
B Ladekontrolle brennt oder glimmt bei laufendem Motor	**1 Keilriemen lose**	**Riemenspannung prüfen**
	2 Mangelnder Kontakt/Oxidation an Kabelanschlüssen oder unterbrochene Kabel	**Kabelanschlüsse und Kabel prüfen**
	3 Siehe A 6–8	
C Batterieoberfläche feucht	**1 Batterie überfüllt**	**Zuviel eingefülltes destilliertes Wasser durch Überladen herausgasen. Keine Säure absaugen**
	2 Batterieverschlüsse verstopft	**Entlüftungslöcher säubern**
	3 Siehe A 7	
D Batterie gast stark	**Siehe A 7**	

Start-Helfer

Dreht man den Zündschlüssel in Stellung »Start«, geschieht im Anlasser folgendes:
○ Die Klemme 50 am Zündschloß liefert Spannung an den oben auf dem Anlasser sitzenden Magnetschalter.
○ Dadurch schiebt ein Einrückhebel das Zahnritzel des Anlassers auf einem Steilgewinde in den Zahnkranz der Motor-Schwungscheibe.
○ Beim Eingreifen des Ritzels schaltet der Magnetschalter den vollen, von Klemme 30 kommenden Batteriestrom ein, so daß der Anlasser den Motor erst nach dem Einspuren des Ritzels kräftig durchdreht.
○ Anlasser-Motor und Zahnritzel sind durch ein Planetengetriebe verbunden. Der Elektromotor dreht deshalb wesentlich schneller als das Ritzel. Dadurch besitzt der Anlasser mehr Schwung-Energie.
○ Ist der Motor angesprungen, wird das Ritzel aus der Schwungscheibe wieder ausgespurt.

Anlasser ausbauen

● **M 40-Motor:** Minuspol der Batterie abklemmen.
● Luftfiltergehäuse und Luftmengenmesser zusammen mit Ansaugschlauch ausbauen (Kapitel »Die Motronic-Einspritzung«).
● Gummihalterung des Leerlaufregelventils aushängen.
● Ölmeßstab ziehen, Führungsrohr für Ölmeßstab abschrauben und herausziehen.
● Abstützung für Ansaugrohr und Wasserschlauch-Halter abschrauben.
● Alle Leitungen am Anlasser losschrauben.
● Obere Anlasser-Befestigungsschraube lösen.
● Schraube zurückziehen.

● Untere Anlasser-Befestigungsschraube lösen.
● Anlasser herausziehen.
● **M 42-Motor:** Die Arbeit verläuft prinzipiell identisch, doch bei wesentlich erschwerter Zugänglichkeit.
● Mit Gelenk- und Verlängerungsstücken aus dem Rätschenkasten arbeiten.
● Steuerung für variable Saugrohranlage abbauen.
● Anlasser nach unten herausnehmen.
● Wer mit dem vorhandenen Werkzeug nicht beikommt, muß Ansaugrohr-Oberteil und -Unterteil ausbauen.

Schleifkohlen auswechseln

Wenn der Anlasser streikt, sind möglicherweise nur die Schleifkohlen abgenutzt. Diese Kohlebürsten können (teils nur komplett mit Halteplatte) als Ersatzteil in der BMW- oder Bosch-Werkstatt gekauft und ausgewechselt werden. Gebraucht werden Kenntnisse im Löten, Elektrolot und ein kräftiger Lötkolben.
● Anlasser ausbauen.
● An der geschlossenen Seite des Anlassers zwei Schlitz- oder Kreuzschlitzschrauben an dem kleinen Lagerdeckel herausdrehen, Deckel abnehmen.
● Sicherungsscheibe und Einstellscheibe(n) vom darunter liegenden Wellenstumpf abnehmen und der Reihenfolge nach ablegen.

● Beide Schrauben (oder Muttern mit Stehbolzen) am hinteren Gehäusedeckel herausdrehen und Deckel abnehmen.
● Schleifkohlenlänge messen: Mindestmaß **13 mm**.
● Andruckfedern der Kohlebürsten hochheben und Kohlen aus der Führung ziehen.
● Bürsten-Halteplatte von der Ankerwelle ziehen.

Der Anlasser ist bei unseren Modellen schwer zugänglich. Hier im Bild sind folgende Teile beziffert:
1 – Klemme-50-Kabel (vom Zündschloß);
2 – Magnetschalter;
3 – Klemme-30-Kabel von der Batterie;
4 – Kabel vom Magnetschalter zum Anlasser.

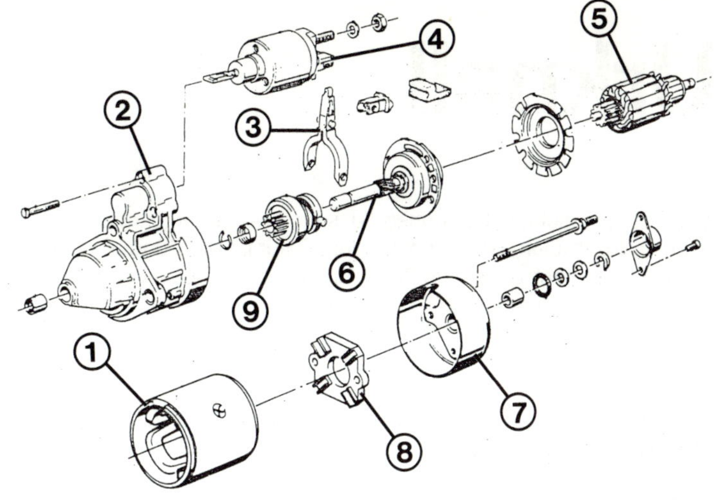

Die Teile des Anlassers im 3er BMW:
1 – Gehäuse mit Wicklung;
2 – Lagergehäuse;
3 – Einrückhebel;
4 – Magnetschalter;
5 – Anker;
6 – Planetengetriebe;
7 – Ritzelgetriebe;
8 – Gehäusedeckel.

● Alle Kohlebürsten mit ihren Anschlußkabeln auslöten bzw. abtrennen.

● Wird die komplette Halteplatte ersetzt, nur die Verbindungskabel trennen.

● Bei der Verlötung der neuen Kohlebürsten darauf achten, daß sich die Kupferlitze nicht durch einfließendes Lötzinn verhärtet. Deshalb möglichst schnell löten oder Kabel während des Lötens mit einer Zange nahe der Lötstelle zusammendrücken.

● Anlasser wieder zusammenbauen.

Anlasser

Die Störung	– ihre Ursache	– ihre Abhilfe
A Beim Drehen des Zündschlüssels in Startstellung dreht der Anlasser zu langsam oder gar nicht	1 Kontrollampen brennen schwach oder verlöschen	
	a) Batterie entladen	Mit Starthilfekabeln starten
	b) Kabelanschlüsse lose oder oxidiert	Kabelanschlüsse kontrollieren
	c) Anlasser hat Masseschluß	Anlasser überholen lassen
	2 Kontrollampen brennen hell, Klicken aus Richtung Anlasser	Kurz auf den Magnetschalter klopfen. Dreht der Anlasser weiterhin nicht:
	a) Kohlebürsten bzw. deren Anschlüsse im Anlasser gelöst	Kohlebürsten überprüfen
	b) Kontakte im Magnetschalter verschmort	Magnetschalter ersetzen
	c) Anlasserwicklung schadhaft	Anlasser überholen lassen
	3 Kontrollampen brennen hell, keinerlei Geräusche	
	a) Klemme-50-Anschluß am Magnetschalter lose	Steckanschluß überprüfen
	b) Klemme-50-Leitung vom Zündschloß zum Magnetschalter unterbrochen	Leitung mit Prüflampe kontrollieren
	c) Magnetschalter klemmt	Zerlegen und fetten oder ersetzen
B Anlasser läuft, ohne den Motor durchzudrehen	1 Einrückvorrichtung klemmt	Anlasser überholen lassen
	2 Verzahnung des Ritzels oder der Motor-Schwungscheibe beschädigt	Wagen bei eingelegtem Gang ein Stück vorschieben. Erneut starten. Beschädigte Teile ersetzen lassen
C Anlasser läuft weiter, obwohl Zündschlüssel losgelassen wurde	1 Magnetschalter hängt und schaltet nicht ab	Zündung sofort abschalten, notfalls Batterie abklemmen. Magnetschalter ersetzen
	2 Zünd-/Anlaßschalter defekt	Zünd-/Anlaßschalter ersetzen
D Ritzel spurt nach Anspringen des Motors nicht aus	1 Rückstellfeder des Einrückhebels lahm oder gebrochen	Zündung sofort abschalten. Reparieren lassen
	2 Verzahnung des Ritzels bzw. der Motor-Schwungscheibe beschädigt	Schadhafte Teile ersetzen lassen

Urknall

Ein kräftiger elektrischer Funke ist schon vonnöten, um das von den Kolben angesaugte und verdichtete Kraftstoff/Luft-Gemisch zu entzünden. Dafür ist der Zündungsteil der Motronic verantwortlich. Die Motronic ist es auch, die sehr präzise festlegt, unter welchen Last- und Temperaturbedingungen der Funke zu welchem Zeitpunkt überspringen soll.

Das Zündsystem

In der Einleitung ist es schon erwähnt: Der BMW besitzt ein umfassendes Motor-Management – die **Motronic**. Die ist sowohl für die Einspritzung wie auch für die Zündung zuständig. Dabei nutzt sie für beide Teile dieselben Geber, wie z. B. den Drehzahl- (Impuls-)geber hinter der Keilriemenscheibe, den Geber für Zylindererkennung (316i/318i) bzw. den Geber für Nockenwellen-Position links vorn im Zylinderkopf (318is), den Drosselklappen-potentiometer, den Temperaturgeber für Ansaugluft und andere.
Von der Funktion her ist die Motronic eine normale Transistorzündung geblieben – doch sie berechnet die Zündverstellung elektronisch und führt sie auch elektronisch aus.

Unterschiedliche Zündsysteme

Obwohl es sich beidesmal um eine Motronic-Zündung handelt, haben wir es doch mit zwei unterschiedlichen Ausführungen zu tun:
○ **M40-Motor** (BMW 316i/318i): Hier ist eine Motronic 1.3 eingebaut, die alle Zündkerzen von **einer Zündspule** aus mit Hochspannung versorgt. Somit wird auch ein **Zündverteiler** nötig, der die Hochspannung zu demjenigen Zylinder leitet, der gerade mit dem Zünden dran ist.
○ **M42-Motor** (BMW 318is): Der Vierventiler ist mit einer Motronic 1.7 ausgerüstet. Charakteristikum ist eine **ruhende Zündverteilung**, d.h. es ist kein Zündverteiler mehr nötig. Jeder Zündkerze ist deswegen eine eigene Zündspule zugeordnet, womit also **vier Zündspulen** für Hochspannung sorgen.

Was die Zündung leistet

Damit an der Zündkerze im Verbrennungsraum überhaupt ein Funke überspringen kann, muß zwischen den Zündkerzenelektroden eine Spannung von mindestens 20000 Volt vorhanden sein. Die Batterie liefert aber nur 12 Volt. Also muß die Batteriespannung gewaltig hochtransformiert werden.
Ferner geht es beim Funkenüberschlag nicht um Zehntel- oder Hunderstel-, sondern um Tausendstelsekunden. Nur ein Minimales zu spät oder zu früh, und die Zündung und damit die Leistung des Motors ist mangelhaft. Nicht zu vergessen die Menge der Funken, die hier benötigt wird: Dreht ein Motor mit 3000 Touren pro Minute, dann verlangt jeder Zylinder 25 Funken pro Sekunde, das sind bei unseren Vierzylindermotoren zusammen 100 in der Sekunde. Und jeder einzelne wird vom Motronic-Steuergerät ausgelöst.

Wann wird gezündet?

Der Funke muß im richtigen Augenblick überspringen – davon hängt die volle Leistung des Motors ab. Diesen Augenblick herauszufinden, ist allerdings nicht ganz einfach: Am wirkungsvollsten ist die Verbrennung, wenn das Kraftstoff/Luft-Gemisch in dem Moment entzündet wird, da dieses auf engstem Raum zusammengepreßt ist. Diese höchste Verdichtung herrscht beim Viertaktmotor in jenem Augenblick, in dem der Kolben bei Beendigung des Kompressionshubs von der Aufwärtsbewegung in eine Abwärtsbewegung übergehen will. Bevor sich die Bewegungsrichtung des Kolbens umkehrt, steht er einen winzigen Sekundenbruchteil lang am höchsten Punkt in seiner Bewegungsbahn still. Diesen Punkt nennt man den Oberen Totpunkt (OT). Der ideale Zündzeitpunkt zum Entzünden des Gemisches liegt geringfügig später – nämlich in dem Moment, in dem der Kolben gerade seine Abwärtsbewegung beginnt. Die Verdichtung ist am höchsten, und der Kolben kann mit Kraft und Schwung zum Motorblock hinuntergedrückt werden.
Nun wäre es aber falsch, den Zündzeitpunkt genau auf OT zu legen. Denn das Kraftstoff/Luft-Gemisch braucht eine gewisse Zeit (rund 1/3000 s), bis es sich entzündet hat und den vollen Verbrennungsdruck entwickelt. Also wird der Zündzeitpunkt vorverlegt. Wir haben Frühzündung. Der Startschuß für den Funken erfolgt deshalb noch während der Aufwärtsbewegung des Kolbens, der Verbrennungsdruck setzt jedoch erst knapp nach dem OT ein.

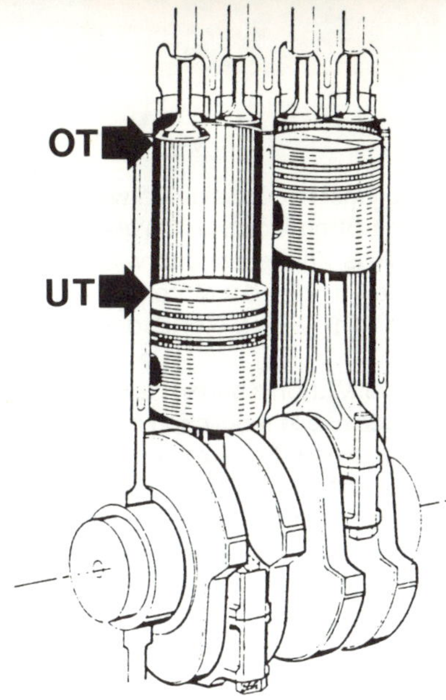

Oberer (1) und unterer (3) Umkehrpunkt des Kolbens auf der Kolbenlaufbahn (OT und UT) werden in dieser Zeichnung verdeutlicht. Der Kolbenhub (2) bezeichnet die Strecke dazwischen.

Oberer Totpunkt und Frühzündung

Mit steigender Motordrehzahl muß der Zündfunke immer früher überspringen, denn – wir haben das im letzten Abschnitt schon angesprochen – das Kraftstoff/Luft-Gemisch braucht ja immer die gleiche Zeit zur Entzündung. Nur so erfolgt die Verbrennung wieder genau zur richtigen Zeit, nämlich dann, wenn der Kolben gerade wieder beginnt abwärts zu laufen.
Das Verbrennen des Kraftstoff/Luft-Gemisches hängt aber auch von dessen Zusammensetzung ab. Bei nur gering durchgetretenem Gaspedal (bei »Teillast«) ist das Gemisch in den Brennräumen weniger zündfähig; es verbrennt daher langsamer und muß auch aus diesem Grund früher gezündet werden.

Zündverstellung in Richtung spät

Andere Situationen erfordern es, den Zündzeitpunkt in Richtung »spät« zu verschieben. Die Zündung erfolgt dann erst, wenn der Kolben den OT längst passiert hat. Es wird also fast in den Auspufftakt hinein gezündet, was die Abgaszusammensetzung verbessert, die Motorleistung aber verschlechtert. Demzufolge ist Spätzündung genau richtig, wenn der Motor ohne Last im Schiebebetrieb (z. B. bergab ohne Gas) läuft.

So entsteht der Zündfunke

Egal, ob eine oder vier Zündspulen für die notwendige Hochspannung zur Erzeugung des Zündfunkens sorgen – die Funktion ist immer dieselbe:
○ Das Grundprinzip der Zündung besteht darin, daß zunächst der Batteriestrom durch die Primärwicklung der Zündspule fließt.
○ Diese Wicklung besteht aus wenigen Windungen eines dicken Drahtes. Unter der Wirkung des Stromes baut sich um den Eisenkern in der Zündspule ein kräftiges Magnetfeld auf – unsere Zündenergie.
○ Nähert sich der Kolben in seinem Zylinder dem Punkt, da die angesaugte und verdichtete Ladung gezündet werden soll – dem Zündzeitpunkt –, wird der Strom zur jeweiligen Zündspule unterbrochen. Das geschieht im Motronic-Steuergerät.
○ Mit dem Ausschalten des Stromes bricht das Magnetfeld in der Zündspule zusammen. Dabei passiert

Das Steuergerät der Motronic (Pfeil) sitzt gut versteckt in einem eigenen Kasten rechts in der hinteren Motorraumwand. In der Abbildung ist der Deckel und die Dämm-Matte vor dem Steuergerätekasten abgenommen.

folgendes: In der Sekundärwicklung aus sehr vielen Windungen eines dünnen Drahtes entsteht ein Hochspannungs-Stromstoß von einigen zigtausend Volt.

○ Diese Zündspannung wird (beim M 40-Motor vom Zündverteiler) der Zündkerze zugeleitet, das Gemisch wird entzündet, der Motor dreht weiter. Der Stromkreis wird wieder geschlossen, und das Spiel läuft von neuem ab – beim M 42-Motor in der nächsten Spule.

Das Motronic-Zündungs-kennfeld

Bei der Motronic bedarf es keiner zusätzlichen Einrichtung zur Verstellung des Zündzeitpunkts. Dem Steuergerät stehen alle möglichen Motordaten und -kennwerte zur Verfügung. Drehzahlgeber, Kurbelwellen-Positionsgeber, Geber für Motortemperatur, Drosselklappenstellung etc. machen's möglich. Aus all diesen Daten und Informationen errechnet die Motronic den für den jeweiligen Belastungszustand richtigen Zündzeitpunkt. Zeichnet man den Zündwinkel (Zündzeitpunkt) über dem Lastzustand des Motors und der Motordrehzahl auf, erhalten wir ein sogenanntes Zündkennfeld. Das Kennfeld der Motronic wird wegen seiner bizarren Form gerne gezeigt – es läßt auf genaue Einflußnahme auf die Betriebszustände schließen. Eine einfachere Form zeigt das Kennfeld von herkömmlichen Zündanlagen.

M 42-Motor

Klopfende Verbrennung – entstanden, wenn der Zündzeitpunkt zu weit in Richtung »früh« gelegt wurde – schadet dem Motor. Folgen sind Überhitzung, Lager- und Kolbenschäden.

Andererseits ist die Leistungsausbeute des Motors am höchsten, wenn der Zündzeitpunkt so weit als möglich in Richtung »früh« gelegt wurde, wenn also hart an der Klopfgrenze gefahren wird. Zu viele Faktoren (Kraftstoffqualität, Brennraumablagerungen etc.) beeinflussen diese Klopfgrenze, als daß man sie genau festlegen könnte. Man braucht also einen großen »Sicherheitsabstand« bei der herkömmlichen Zündeinstellung. Oder einen »Horchposten«, der ermittelt, ob klopfende Verbrennung vorliegt – eine Klopfregelung.

Funktion der Klopfregelung

Die Verbrennung in den Zylindern wird von zwei sogenannten Klopfsensoren überwacht, die links am Motorblock festgeschraubt sind. Diese Sensoren »spüren« es, wenn die Verbrennung im Zylinder statt der üblichen gleichförmigen Schwingungen ein ungleichmäßiges Schwingungsbild zeigt. Diese Information leiten die Klopfsensoren zum Motronic-Steuergerät weiter. Dort passiert folgendes: Mit Eingang des Signals »klopfende Verbrennung bei der letzten Zündung« erhalten die nun folgenden Zylinder mit normaler Verbrennung weiterhin ihren errechneten Zündzeitpunkt. Doch an demjenigen Zylinder, an dem Klopfen festgestellt wurde, wird der Zündzeitpunkt um ca. 3° zurückgenommen.

Das geschieht wohlgemerkt nur bei diesem einen Zylinder. Die anderen behalten den ursprünglich errechneten Zündzeitpunkt. Sollte die klopfende Verbrennung im betreffenden Zylinder anhalten, wird beim nächsten Arbeitstakt der Zündzeitpunkt abermals um 3° zurückgenommen. Das kann bis maximal 15° (vom Soll-Zündzeitpunkt aus gerechnet) geschehen.

Wenn nun im entsprechenden Zylinder die Verbrennung wieder normal abläuft, wird der Zündzeitpunkt nach einer kurzen Verweilzeit wieder in Richtung »früh« verstellt. Das geschieht um ca. 0,5°, dann folgt eine Pause über mehrere Arbeitstakte, bevor abermals um 0,5° weiter in Richtung »früh« verstellt wird.

Das geht so lange, bis der ursprünglich geplante Zündzeitpunkt erreicht ist oder der Klopfsensor erneut klopfende Verbrennung meldet.

Der Klopfsensor

In diesem Fühler ist ein »Piezokeramik«-Stückchen eingesetzt, ein Werkstoff, den wir als Funkenspender vom Gasfeuerzeug her kennen. Mechanische Kräfte (Zug, Druck), die auf die Piezokeramik wirken, werden von dieser in elektrische Spannung umgesetzt. Ungleichmäßige Schwingungen – erzeugt durch klopfende Verbrennung – genügen, um den Sensor zu aktivieren.

Die Geber der Motronic

Die Geber der Motronic sind doppelt genutzt: Von der Einspritzanlage wie von der Zündanlage. Drehzahlgeber und der Geber für Zylinder-Erkennung sind die wichtigsten. Beides sind sogenannte Induktionsgeber.

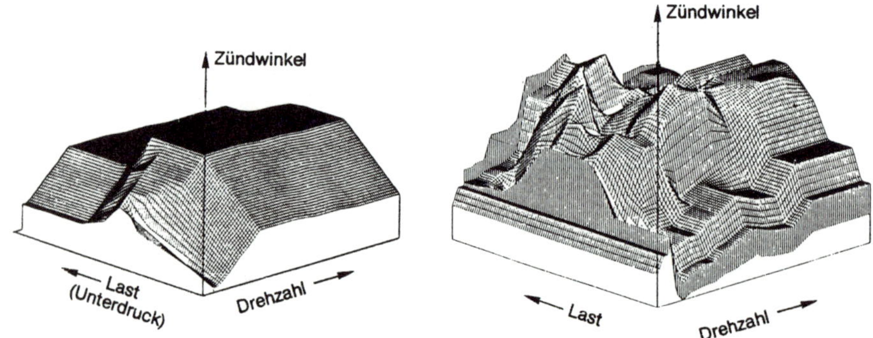

In der linken Zeichnung ist das Zündkennfeld einer herkömmlichen Zündanlage dargestellt. Rechts bei der Motronic erkennen Sie, daß das Kennfeld wesentlich stärker ausgeformt ist. Folge: Der Zündzeitpunkt ist viel genauer auf den jeweiligen Betriebszustand angepaßt.

Links: Voraussetzung für die einwandfreie Funktion des am Motorblock angeschraubten Klopfsensors (Pfeil) ist das Anzugsdrehmoment. Wird die Schraube mit mehr als den zulässigen 20 Nm festgedreht, kann der Sensor keine Klopfsignale ans Steuergerät übermitteln.
Rechts: Der Geber für Zylindererkennung (Pfeil) des M 40-Motors meldet dem Steuergerät, welcher Zylinder mit dem Zünden bzw. Einspritzen an der Reihe ist.

○ Der Drehzahlgeber funktioniert folgendermaßen: Spule und Magnet sind im Geber untergebracht. Das Gegenstück bilden die zackenförmigen Erhebungen am Kranz des Schwingungsdämpfers hinter der Kurbelwellen-Riemenscheibe.
Jedesmal, wenn nun eine Erhebung unter dem Geber vorbeiläuft, ändert sich das Magnetfeld des Dauermagneten, und in der Spule wird Spannung erzeugt. Dieses kleine Spannungssignal genügt zur Weiterverarbeitung im Steuergerät der Motronic. Die Information über die Drehzahl der Kurbelwelle liegt somit vor.
○ Um auch noch die genaue Stellung der Kurbelwelle zu erfassen, wurden an einer definierten Stelle am Umfang des Zackenrads zwei Zähne ausgelassen. An dieser Stelle setzt die sonst erzeugte Wechselspannung einen kleinen Moment aus, was das Steuergerät zur Positionsbestimmung zu deuten weiß.
○ Fast identisch funktioniert der Nockenwellen-Positionsgeber beim M 42-Motor. Er meldet dem Steuergerät, wann ein bestimmter Zylinder mit dem Zünden dran ist.
○ Was der Nockenwellengeber beim Vierventiler, ist der Geber für Zylindererkennung beim M 40-Motor. Auch hier herrscht wieder ein ähnliches Funktionsprinzip: Die Spule des Gebers ist gewissermaßen um das Zündkabel zu Zylinder 4 herumgewickelt. Fließt Zündstrom durch das dicke Zündkabel, wird in der Spule eine Spannung erzeugt. Effekt: das Steuergerät weiß, daß Zylinder 4 in diesem Moment gezündet hat.
○ Weitere Geber übermitteln die Ansauglufttemperatur, die Motortemperatur und die Stellung der Drosselklappe (Lastzustand).

Gegenüber den alten kontaktgesteuerten Zündungen sind die neuen Zündsysteme, wie z. B. die Motronic, ungleich leistungsfähiger. Die höhere Zündenergie kommt zwar dem Motorlauf und der Zuverlässigkeit zugute, doch sind die **hohen Zündspannungen** nun in den **für Menschen gefährlichen Bereich** gerückt. Schon in der dünnen Steuerleitung zur Zündspule können Spannungen bis zu 100 Volt auftreten, ganz zu schweigen von der Zündspannung, die mit über 20 000 Volt gefährlich hoch ist.

Links: Der Nockenwellengeber (Pfeil) der Motronic des M 42-Motors dient der Zylindererkennung. Er meldet dem Steuergerät, wann ein bestimmter Zylinder mit dem Zünden bzw. Einspritzen dran ist.
Rechts: Der Drehzahlgeber der Motronic (1) ist über der Zahnscheibe (2) am Schwingungsdämpfer bzw. Riemenrad vorn am Motor befestigt. Er gibt der Motronic Auskunft über Motordrehzahl und Stellung der Kurbelwelle. Um die Stellung der Kurbelwelle orten zu können, fehlen an einer Stelle des Zahnkranzes zwei Zähne.

Zwar hört man glücklicherweise nichts davon, daß Autobesitzer von ihrer Zündung ermordet wurden, doch kann das Berühren blanker Kontakte unter ungünstigen Umständen vor allem für Herzkranke sehr gefährlich werden. Deshalb:

○ Sämtliche elektrischen Leitungen – auch Anschlüsse von Prüfgeräten – nur bei **ausgeschalteter Zündung** berühren oder ab- bzw. anklemmen.

○ Soll der Motor vom Anlasser lediglich durchgedreht werden ohne anzuspringen, muß die Zündung lahmgelegt werden (siehe unten).

○ Der Stecker am Steuergerät der Motronic darf nur bei ausgeschalteter Zündung abgezogen und aufgesteckt werden.

○ Zur Motorwäsche muß die Zündung ebenfalls ausgeschaltet sein.

○ Zur Starthilfe bei leerer Batterie mit einem Schnellader darf dieser höchstens eine Minute lang angeschlossen sein und die Spannung nicht mehr als 16,5 V betragen.

○ An die Anschlüsse der Zündspule(n) dürfen keine weiteren Verbraucher, Entstörkondensatoren oder ähnliches angeschlossen werden.

○ Als Kerzenstecker nur Originalteile mit den richtigen Widerstandswerten verwenden.

○ Zum elektrischen Schweißen am Fahrzeug müssen die Kabel an der Batterie abgeklemmt werden.

Zündung lahmlegen

Ist eine Zündspule oder -kerze ausgebaut, darf der Motor keinesfalls mit dem Anlasser durchgedreht werden. Denn so kann die Zündenergie nicht abgeleitet werden, und das Motronic-Steuergerät sowie die (betreffende) Zündspule können Schaden nehmen. Deshalb bei **ausgeschalteter Zündung** das Hauptrelais am Steuergeräte-Kasten abziehen.

Störungssuche an der Zündung

Kompliziert sieht sie schon aus, die Motronic-Zündanlage, und manch einer wird sich fragen, ob hier die Störungssuche in Eigenregie noch sinnvoll ist. Wir meinen ja – sofern man mit System rangeht:

○ Zuerst die Sichtprüfung. Da fallen einfach zu behebende Fehler sofort auf.

○ Die anschließende Funktionsprüfung zeigt, ob die Motronic einen Zündfunken zustandebringt.

○ Als nächstes wird die Spannungsversorgung des Steuergeräts geprüft.

○ Jetzt kommt die Prüfung der Zündspule(n) dran.

○ Auch einige Geber lassen sich leicht mit Heimwerker-Methoden überprüfen.

○ War bis zu diesem Punkt kein Fehler zu finden (was recht unwahrscheinlich ist), kann es eigentlich nur noch am Steuergerät selbst liegen. Das Steuergerät ist voll diagnosefähig, d.h. die BMW-Werkstatt kann mit dem Service-Tester oder dem mobilen Modic-Gerät genau feststellen, wo der Defekt sitzt. Um den Fehlerspeicher nicht zu löschen, darf jedoch die Batterie während der vorangegangenen Kontrollen nicht abgeklemmt werden.

Sichtprüfung
alle Motoren

○ Sind alle Teile der Zündanlage sauber und trocken? Feuchtigkeit und Schmutz begünstigt Spannungsüberschläge.

M 40-Motor

○ Ist an der Zündspule der runde Stopfen von überlaufender Vergußmasse herausgedrückt worden?

○ Zeigen sich am Zündspulengehäuse Risse oder Brandspuren von überschlagenden Funken?

○ Kontrollieren Sie zusätzlich die Haupt- oder Zündkerzenkabel auf festen Sitz und Schäden an der Isolation. Die modernen Zündanlagen sind durch ihre hohen Zündspannungen empfindlicher gegen Funkenüberschläge und Kriechströme.

○ Untersuchen Sie auch den Zündleitungskanal am Zylinderkopfdeckel auf Feuchtigkeit, Funkenüberschlagspuren und Schmutz.

○ Verteilerkappe abschrauben: Zeigt die Innenseite Schäden, oxidierte Kontakte, Spuren von Funkenüberschlägen?

M 42-Motor

○ Zylinderkopfabdeckung abnehmen (Schlitzschrauben ¼ Drehung linksdrehen): Kerzenstecker abziehen. Sind die Stecker verölt oder steht gar Öl im Kerzenschacht? Mit Lappen aufsaugen. Erst dann Kerzen ausbauen und reinigen. Diese Reihenfolge einhalten, damit kein Öl in die Brennräume läuft. Anschließend Dichtung des Zylinderkopfdeckels auswechseln.

○ Nach einer Motorwäsche kann in den Kerzenschächten Wasser stehen. Aufsaugen.

○ Sitzen alle Kabelanschlüsse und Steckkontakte an den Zündspulen fest?

○ Zeigt die Vergußmasse einer Zündspule Risse oder Verwerfungen?

Fingerzeig: Um im Rahmen einer Sichtprüfung wirklich alle Möglichkeiten auszuschöpfen, kann die Elektronikbox in der Motorraumwand hinter der Batterie geöffnet werden, um zu prüfen, ob im Mehrfachstecker an der Motronic-Steuerung eventuell ein einzelner Steckkontakt zurückgerutscht ist.

Hier ist das Hauptrelais der Motronic (2) abgezogen. In Fahrtrichtung davor befindet sich das Relais der Kraftstoffpumpe (1); dahinter sitzt das Relais der Lambda-Sondenbeheizung (3).

Gleich zu Anfang prüfen wir, ob die Zündanlage überhaupt Zündfunken zustandebringt:

● Eine der Zündkerzen herausschrauben.

● Stecker und Kerze wieder zusammenstecken und diese so auf dem Motorblock befestigen, daß sie sicheren Massekontakt hat und von der Motorbewegung nicht abgeschüttelt werden kann. Das erreicht man z.B., wenn man das Gewindeteil der Kerze mittels der Klemme eines Starthilfekabels leitend mit dem Motor verbindet.

● Motor von Helfer mit dem Anlasser durchdrehen lassen.

● Springen kräftige Funken an der Kerzenelektrode über, ist die Zündanlage aller Wahrscheinlichkeit nach in Ordnung. Dennoch können Fehler vorhanden sein, die auf diese Weise nicht zu erkennen sind: ein defekter Geber oder falsches Ausrechnen des Zündzeitpunkts durch das Steuergerät.

● Beim **M 42-Motor** zeigt diese Prüfung, daß Zündstrom zumindest an dieser Spule vorhanden war. Sicherheitshalber Prüfung an einem anderen Zündkabel wiederholen.

● Funkt nichts, versuchen Sie es mit einem anderen Zylinder. Springen immer noch keine Funken über, muß nach folgender Anleitung weiter geprüft werden.

Fingerzeig: Beachten Sie bei den folgenden Messungen, daß Meß- und Prüfgeräte nur bei ausgeschalteter Zündung an- und abgeklemmt werden dürfen.

Neben einem Totalausfall der Zündanlage durch fehlende Spannung kann auch zu geringe Versorgungsspannung erhebliche Störungen bewirken! Deshalb ist hier ein Voltmeter besser zur Prüfung.

● **Zwei Strompfade müssen hier verfolgt werden.**

● **Strompfad 1:** Meßgerät zwischen Pin 26 des Steuergeräts und Masse anschließen.

● 11,5 Volt müssen dort mindestens abzulesen sein.

● Messen Sie gar keine Spannung oder eine zu geringe, liegt der Fehler im Kabelweg zum Stromverteilerkasten (Kapitel »Die Karosserie-Elektrik«).

● **Strompfad 2:** Am Hauptrelais im Steuergeräte-Kasten prüfen, ob das rote Zuleitungskabel Batteriespannung führt (mindestens 11,5 Volt).

● Wenn nicht, Stromzufuhr von der Batterie prüfen.

Zum Prüfen, ob Zündspannung vorhanden ist, wurde hier die herausgeschraubte Zündkerze (2) wieder in den Zündkerzenstecker (1) hineingesteckt. Bevor Sie den Anlasser betätigen, sollten Sie sicherstellen, daß die Kerze guten Massekontakt hat und von den Motorbewegungen nicht abgeschüttelt werden kann (z.B. mit Starthilfekabel festklemmen).

Ist Zündspannung vorhanden?

Stromversorgung der Zündanlage in Ordnung?

- Ist das Relais selbst in Ordnung? Das prüft man, indem man die Zündung einschaltet und an beiden rot/weißen Kabeln mißt, ob Spannung vorhanden ist (sie führen zu Pin 54 des Steuergeräts).
- Wenn nicht, obwohl die Stromzufuhr in Ordnung war: Steuerleitung vom Steuergerät zum Relais defekt oder Relais selbst defekt (Kapitel »Die Karosserie-Elektrik«).

Zündspule defekt?

Alle Motoren

- Die **Sichtprüfung** an der Zündspule wurde bereits durchgeführt.
- Spule mit herausgedrückter Vergußmasse bzw. herausgedrücktem Verschlußstopfen oder Haarrissen ersetzen.

M 40-Motor

- Zur **Widerstandsprüfung** alle Leitungen an der Zündspule bei ausgeschalteter Zündung abnehmen. Wir messen Primär- und Sekundärwicklung der Spule.
- Mit einem genauen Ohmmeter zwischen den Zündspulenklemmen 1/– und 15/+ messen. Sollwert: **0,5 kΩ**. Geringe Abweichungen von diesen Werten werden toleriert.
- Nächste Messung zwischen Klemme 15 und 4 (4 = Steckbuchse des dicken Hauptzündkabels): Hier müssen **6,0 kΩ** abzulesen sein. Mehr als 0,5 Ω sollte Ihr gemessener Wert nicht abweichen. Sonst Zündspule ersetzen.
- Mit diesen Messungen läßt sich ein Kurzschluß zwischen den Wicklungen nicht erkennen. Fällt also der Verdacht trotz guter Meßergebnisse auf die Zündspule, sollten Sie die ausgebaute Spule bei einer Autoelektrik-Werkstatt durchprüfen lassen.

M 42-Motor

- Zur **Widerstandsprüfung** Leitungsstecker an der Zündspule bei ausgeschalteter Zündung abnehmen. Wir messen Primär- und Sekundärwicklung der Spule.
- Mit einem genauen Ohmmeter zwischen den Zündspulenklemmen 1/– und 15/+ messen. Sollwert: **0,4–0,8 Ω**.
- Mit dieser Messung läßt sich ein Kurzschluß zwischen den Wicklungen nicht erkennen. Fällt also der Verdacht trotz guter Meßergebnisse auf die Zündspule, sollten Sie die ausgebaute Spule bei einer Autoelektrik-Werkstatt durchprüfen lassen.

Drehzahlgeber prüfen

Der Drehzahlgeber sitzt vorn am Zahnkranz des Schwingungsdämpfers (hinter der Kurbelwellen-Riemenscheibe). Seine Kabelsteckverbindung ist zur Seite nach oben geführt, so daß die Messung nicht unter dem Wagen vorgenommen werden muß.

- **Geber kontrollieren:** Abschrauben und an der Stirnseite abwischen. Schmutz oder Fett an dieser Stelle stört die Funktion.
- Verlegung des Kabels vom Geber zum Kabelbaum verfolgen, Steckverbindungen und Kabel prüfen.
- **Elektrische Prüfung** mit genauem Ohmmeter:
- Steckverbindung trennen und Ohmmeter am Kabel zum Geber zwischen Kontakt 1 und 2 (siehe Zeichnung unten) anschließen.
- Der Ohmmeter muß 540 ± 5 Ω anzeigen, sonst ist der Geber defekt.
- Der dritte Kontakt ist die Abschirmung des Kabels.
- Die Werkstatt hat außerdem die Möglichkeit, den Spannungsverlauf des Gebers an einem Bildschirm zu betrachten.

Geber für Zylindererkennung prüfen

M 40-Motor

- Schutzkappe über dem Verteiler aushaken, Geber einer kurzen Sichtprüfung unterziehen.
- Wird dabei nichts Ungewöhnliches festgestellt, Kabel bis zur Steckverbindung verfolgen und auf Beschädigungen überprüfen.
- Steckverbindung trennen und Ohmmeter am Kabel zum Geber zwischen Kontakt 1 und 2 (siehe Zeichnung unten) anschließen.
- Weniger als 1 Ω muß der Ohmmeter bei kaltem Motor anzeigen, sonst ist die Spule des Gebers defekt.

Nockenwellengeber prüfen

M 42-Motor

- Steckverbindung trennen und Ohmmeter am Kabel zum Geber zwischen Kontakt 1 und 2 (siehe Zeichnung) anschließen.
- Weniger als 1 Ω muß der Ohmmeter bei kaltem Motor anzeigen, sonst ist die Spule des Gebers defekt.

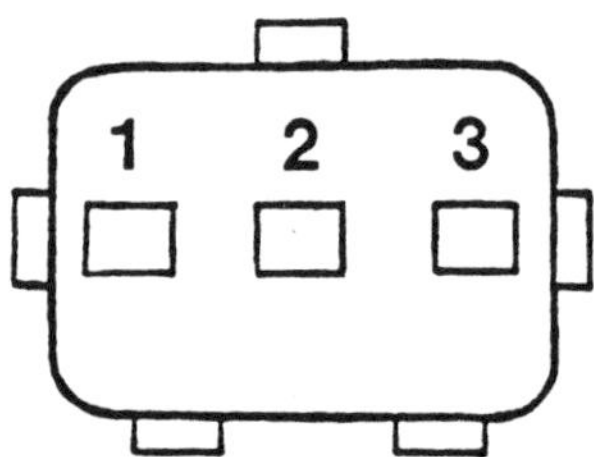

Die Zeichnung zeigt die Polbelegung im Kabelstecker am Drehzahlgeber, Geber für Zylindererkennung bzw. Nockenwellengeber.

Die Zündspule des M 40-Motors ist am rechten Radkasten befestigt. Die Zahlen bedeuten:
1 – Klemme 1 (zum Steuergerät);
4 – Hochspannungsklemme 4 (zum Verteiler);
15 – Klemme 15 (Stromzufuhr vom Zündschloß).
Der Pfeil zeigt auf den im Text erwähnten Verschlußstopfen.

Der Temperaturgeber hat ebenfalls Einfluß auf die Motronic. Wie er geprüft wird, steht im Einspritzungs-Kapitel.

Temperaturgeber

Der Zündverteiler

M 40-Motor

Der Verteiler prangt an der Stirnseite des Motors auf der Zahnriemenabdeckung. Seine einzige Aufgabe ist es, die Zündfunken in der richtigen Reihenfolge auf die Zylinder zu verteilen. Dazu ist sein rotierender Verteilerfinger direkt auf dem Nockenwellen-Zahnriemenrad montiert.

Verteiler öffnen
M 40-Motor

- Schutzkappe über den Zündverteiler-Anschlüssen aushaken und abnehmen.
- Drei Schrauben rings um den Verteilerdeckel lösen und Deckel abnehmen.
- Der Verteilerfinger kann nach Herausdrehen seiner drei Halteschrauben abgenommen werden.

- Deckel so festschrauben, daß seine Anschlüsse schräg zur rechten Fahrzeugseite zeigen.
- Beim Auswechseln des Verteilerdeckels Zündfolge beachten.

Zündverteiler kontrollieren
M 40-Motor

- Verteilerkappe abnehmen. Sie muß innen und außen sauber sein, damit keine Strombrücke über Schmutz, Abrieb oder Feuchtigkeit den Zündstrom ableitet.
- Abbrand an den Kontaktstiften des Verteilerdeckels und der Kontaktplatte am Verteilerfinger abkratzen, sonst kann es zu Startschwierigkeiten kommen.
- Sind die Kontaktflächen schon stark verschmort, Verteilerdeckel und -finger ersetzen.
- Die Kontaktkohle in der Mitte muß glatt und glänzend sein, sich leicht einfedern lassen und ohne zu klemmen wieder zurückfedern.
- Der Verteilerfinger darf an seiner Kontaktzunge und über der Vergußmasse des Entstörwiderstands zwischen Mittelkontakt und der Zunge nicht verschmort sein.
- Bleistiftartige Striche im Verteilerdeckel sind Brandspuren von Kriechströmen, die sich über Schmutz oder Feuchtigkeit einen Weg gebahnt und eingebrannt haben.

Bei abgenommener Abdeckung (1) sind die zu einem Paket zusammengefaßten vier Einzelzündspulen (Pfeile) zu sehen, die Grundbestandteil der sogenannten ruhenden Zündverteilung beim M 42-Motor sind.

● Behelfsmäßige Abhilfe schafft hier Auskratzen mit einem Schraubendreher oder Messer.
● Anschließend die gesäuberten Stellen im Vertei-

lerdeckel mit Alleskleber oder Nagellack überstreichen. Im Notfall hilft sogar Lippenstift.

Fingerzeig: Ein defekter Entstörwiderstand im Verteilerfinger des M 40-Motors kann Ursache für schwer auffindbare Defekte an der Zündanlage sein, z.B. Startprobleme bei heißem Motor oder Fehlzündungen. Deshalb die Vergußmasse (unter ihr sitzt der Widerstand) auf dem Verteilerfinger sehr genau prüfen. Ist sie verfärbt oder rissig, Verteilerfinger ersetzen.

Zündzeitpunkt kontrollieren?

Die Kontrolle des Zündzeitpunkts ist bei der Motronic des BMW überflüssig geworden. Denn an dieser Zündung kann sich beim besten Willen nichts verstellen: Die Geber sitzen rüttelsicher in ihren Halterungen und das Zackenrad am Schwingungsdämpfer kann seine Position auch nicht verändern.
Fazit: Bei Motronic braucht der Zündzeitpunkt nur bei Störungen (von der Werkstatt) geprüft zu werden, denn verstellen läßt sich ohnehin nichts.

Die Zündfolge

Für ausgewogenen Motorlauf werden die Zylinder entsprechend der werkseitig festgelegten Zündfolge **1–3–4–2** gezündet.
○ Bei Reparaturarbeiten am M 40-Motor sind Verwechslungen beim Einstecken möglich. Deshalb die Zündkabelstecker vor dem Ausbau **kennzeichnen**, sofern die Zylinder-Nr. auf den Zuleitungskabeln unleserlich geworden ist.
○ Beim M 42-Motor sind die Zündkabel in der oben genannten Reihenfolge auch in die Zündspulen eingesteckt.

Zündkerzen auswechseln

Wartung Nr. 36

Der Wartungsplan sieht bei jeder Inspektion II einen Kerzenwechsel vor. Das erscheint uns ein realistisches Intervall zu sein, bei dem keine Veranlassung besteht, es kraft besseren Wissens zu verlängern. Gerade bei Fahrzeugen mit Katalysator muß besonders darauf geachtet werden, daß die Zündanlage intakt ist – wir sprachen schon davon. Trotzdem lohnt es sich, die ausgebauten Kerzen kritisch zu beäugen: Lesen Sie im nächsten Abschnitt, was das »Kerzengesicht« aussagt.
Übrigens, falls Sie die Kerzen zwischendurch zur Kontrolle doch einmal ausgebaut haben: Von Hand sollten Sie die Zündkerzen möglichst nicht reinigen. Das schadet der Isolierschicht der Zündkerzen-Mittelelektrode (Speckstein). Aber den Elektrodenabstand können Sie prüfen (siehe übernächsten Abschnitt).

Das »Zündkerzengesicht«

Aus dem Aussehen und der Färbung der Zündkerzen-Elektroden können Sie erkennen, ob der Motor optimal arbeitet. Sehen Sie sich die Isolatorspitze mit der Mittelelektrode und die sie überdeckende Dreieck-Masseelektrode an. Es bedeuten:
○ **Isolatorspitze grau bis braun gefärbt:** Einspritzanlage in Ordnung, der Motor läuft wirtschaftlich.

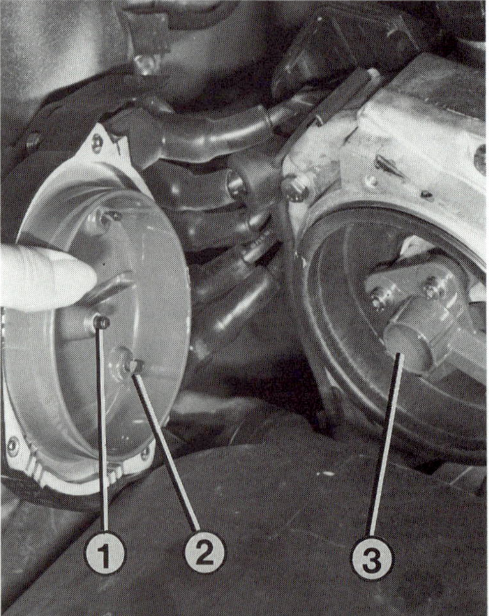

Links: Zum Ausbau des Verteilerdeckels am M 40-Motor müssen drei Sechskantschrauben (Pfeile) gelöst werden. Zusätzlich die Abdeckkappe über den Zündkabelsteckern entfernen.
Rechts: Bei abgenommenem Verteilerdeckel sind zu sehen:
1 – Kontaktkohle in Deckelmitte;
2 – einer der vier Kontaktstifte zu den Zündkabeln;
3 – Verteilerfinger.

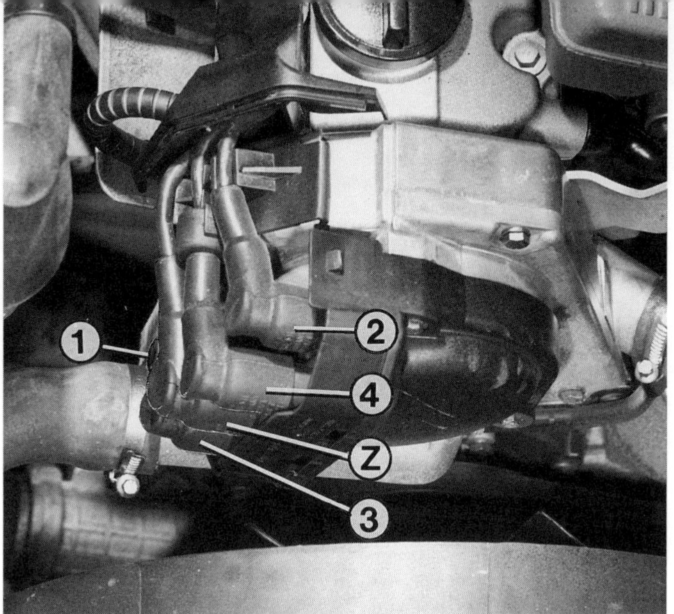

Der Zündfolge nach werden am M 40-Motor die Zündkabel des Verteilers mit den Zündkerzen verbunden. Die Zahlen zeigen, zu welchem Zylinder (Zählweise: von vorn nach hinten) das betreffende Kabel geführt werden muß. Das Kabel in der Mitte (Z) des Verteilers führt zur Zündspule.

○ **Starke Ablagerungen:** Ursachen können Zusätze im Motoröl oder Kraftstoff sein oder erhöhter Ölverbrauch duch schadhafte Ventilschaftabdichtungen. Evtl. Öl- bzw. Kraftstoffmarke wechseln.

○ **Schwarze rußartige Ablagerungen:** Zündkerze erreicht durch ausschließlichen Kurzstreckenverkehr ihre Selbstreinigungs-Temperatur nicht, falsche Zündkerze, CO-Gehalt zu hoch.

○ **Isolatorspitze weißlich gefärbt:** Zündzeitpunkt zu »früh«, also Motronic defekt, CO-Gehalt zu niedrig.

○ **Schmelzerscheinungen an Mittel- und Dreieckelektrode:** Glühzündungen durch Ablagerungen im Verbrennungsraum. Überhitzte Ventile, Mängel an der Zündanlage oder Hitzestau durch mangelhafte Kühlung.

○ **Bruch der Isolatorspitze,** im Anfangstadium als Haarrisse erkennbar: Klopfende Verbrennung durch minderwertigen Kraftstoff, Mängel an der Zündanlage (Zündzeitpunkt), ungenügende Motorkühlung oder Gemischabmagerung durch Nebenluft.

○ **Gelblich glänzende Schicht auf der Isolatorspitze:** Benzin- und Motorölzusätze haben Ablagerungen gebildet, die sich bei abrupter voller Belastung des Motors verflüssigt haben und elektrisch leitfähig wurden – als Folge Zündaussetzer. Motor nach langem Kurzstreckenbetrieb nicht sofort voll belasten.

○ **Ölschicht über Elektroden und Innenraum der Kerze:** Kolbenringe, Ventilführungen oder -schaftabdichtungen schadhaft.

Das Kraftstoff/Luft-Gemisch bzw. das verbrannte Altgas wirkt korrosiv auf die metallischen Zündkerzen-Elektroden. Und die hohe Spannung beim Funkenüberschlag sprengt kleine Metallpartikel ab, wodurch der Funkenspalt mit zunehmender Laufzeit vergrößert wird. Die im BMW eingebauten Zündkerzen haben im Neuzustand einen Elektrodenabstand von **0,9 mm** (Toleranz ± 0,1 mm). Ist der Abstand wesentlich zu groß, wird zum Auslösen des Funkens eine höhere Zündspannung benötigt, und es kann zu Zündaussetzern kommen, oder der Motor springt schlecht an.

Der Elektrodenabstand

● Zum Messen das Fühlerlehrenblatt 0,9 mm oder entsprechende Zündkerzenlehre zwischen Mittel- und Stirnelektrode halten.

● Der Elektrodenabstand wird bei der Spezialkerze für den BMW **nicht nachgestellt**. Bei wesentlichem Überschreiten der Toleranz Kerzen ersetzen.

Zum Ausbau der Zündkerzen müssen beim 318is die Schlitzschrauben (Pfeile) auf der Abdeckung in Zylinderkopf-Mitte eine Vierteldrehung linksgedreht werden. Unter der Abdeckung die langen Zündkerzenstecker (2) abziehen. Die an der Abdeckung angeklammerte Spange (1) erleichtert das Abziehen. Spange auf den Kerzenstecker aufschieben, Schraubendreher durchstecken und mit dem Schraubendreher hochziehen.

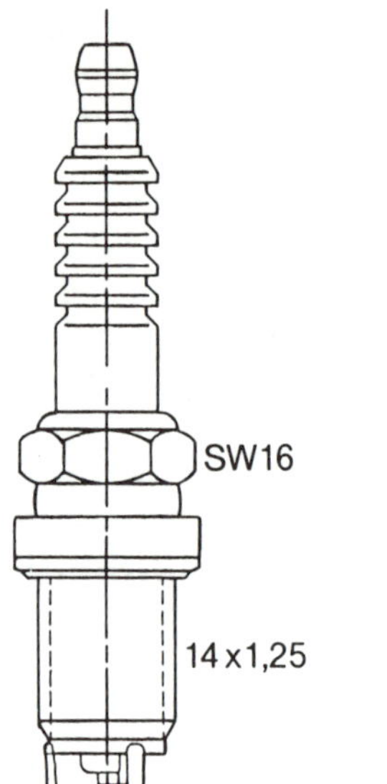

Schlüsselweite und Gewindegröße der Zündkerze ist auf dieser Zeichnung zu sehen.

Neue Zündkerzen kaufen

Die richtigen Zündkerzen

Folgende Zündkerzen gibt BMW für die Vierzylindermodelle frei:
- 316i/318i: Bosch FO 4 DA R
                   NGK BC PR 6 ER
- 318is: NGK BC PR 6 ER

Wir sind in diesem Punkt nicht ganz so markengläubig und würden auch die Vergleichstype eines anderen Zündkerzen-Herstellers verwenden (beispielsweise von Beru).

Fingerzeig: Im ersten Modelljahr waren der 316i und der 318i noch mit der herkömmlichen Zündkerze **F 8 LCR** von Bosch ausgerüstet, die statt Dreieck-Masseelektrode noch eine herkömmliche Seitenelektrode besitzt. Anläßlich des Zündkerzenwechsels wurden diese Wagen aber auch auf die neueren Kerzen umgestellt.

Zündkerzen ausbauen

- Abdeckung auf dem Zylinderkopf nach Linksdrehen der beiden Schnellverschlüsse um 90° abnehmen (nur 318is).
- Kerzenstecker abziehen.
- Zündkerzen mit **langem Zündkerzenschlüssel SW 16** herausschrauben.

- Beim Einbau die Zündkerzen nur mit **24–28 Nm** festziehen.

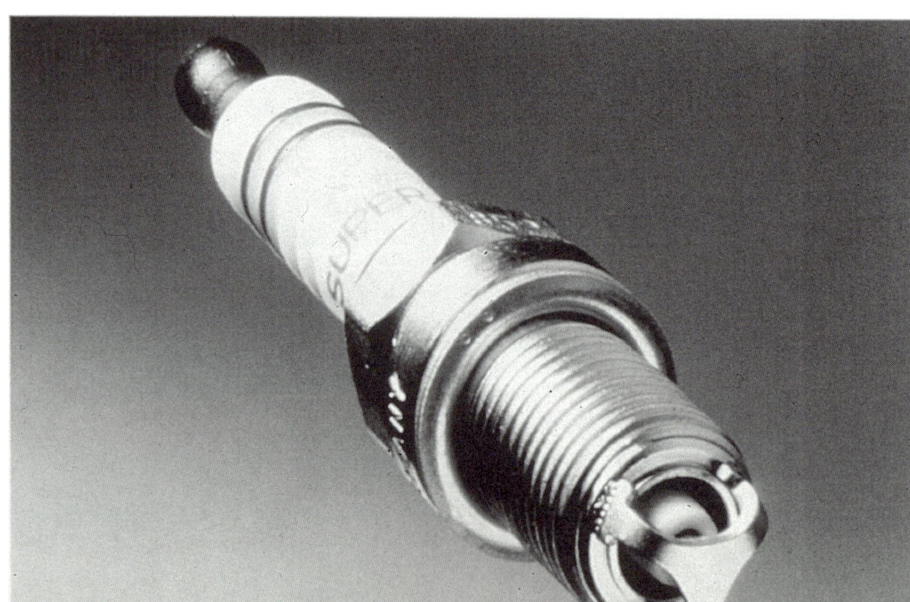

Für die Vierventiler-Motoren von BMW wurden spezielle Zündkerzen mit Dreieck-Masseelektrode entwickelt.

Beleuchtungs-Effekte

Beleuchtungseinrichtungen sind nicht selten stilistische Mittel bei der Gestaltung der Autokarosserie. Man denke nur an die für einen BMW so charakteristischen Doppelscheinwerfer. Selbst die gemeinsame Glasabdeckung, wie sie beim 3er verwendet wurde, schadet dem typischen BMW-Gesicht nicht.
Bei allem guten Aussehen sollen die Beleuchtungseinrichtungen zusätzlich auch noch funktionieren. Das ist Anliegen dieses Kapitels.

Beleuchtung kontrollieren

Von Zeit zu Zeit sollte man sich vergewissern, ob auch wirklich die gesamte Außenbeleuchtung intakt ist:

Ständige Kontrolle

● Zündung einschalten und nacheinander sämtliche Beleuchtungseinrichtungen einschalten:
● Standlicht, Abblendlicht, evtl. eingebaute Nebelscheinwerfer, Fernlicht.
● Blinker vorn rechts und links sowie Warnblinker.
● Rücklichter und Kennzeichenleuchten sowie Nebelschlußleuchte.

● Blinker hinten rechts und links, Warnblinker, Rückfahrleuchten.
● Bremsleuchten, wozu allerdings ein Helfer auf das Bremspedal treten muß.

Ersatzlampen

Ein Vorrat der wichtigsten Ersatzlampen gibt Ihnen unterwegs die Möglichkeit, einen Lampendefekt sofort ambulant zu behandeln:

○ Halogen-Einfadenlampe H1, 55 Watt DIN-Form YA (Haupt- und Fernscheinwerfer, Nebelscheinwerfer).
○ Kugellampe, 21 Watt, DIN-Form RL (Blinker vorn und hinten, Bremslicht, Rückfahrscheinwerfer, Nebelschlußleuchte).
○ Kugellampe, 5 Watt, DIN-Form G (Rücklicht).
○ Glassockellampe, 5 Watt (Standlicht).
○ Soffittenlampe, 5 Watt, 36 mm lang, DIN-Form L (Kennzeichenleuchten).

Scheinwerferlampen auswechseln

Alle Glühlampen in den Scheinwerfern werden vom Motorraum her ausgebaut. Zum Auswechseln der Lampen sicherstellen, daß der betreffende Lichtschalter ausgeschaltet ist. Die Glaskolben der Glühbirnen nicht mit der bloßen Hand berühren, sondern nur mit einem sauberen Lappen oder einem Papiertaschentuch anfassen.

Lampenwechsel am Fernscheinwerfer: Nach Drücken der Halteraste kann die hintere Lampenabdeckung (3) abgenommen werden. Nun sind zugänglich: Die Standlichtlampe (2) und die Hauptscheinwerferlampe (1).

Hier ist die Standlichtlampe mit Fassung (2) aus der Einbauöffnung am Fernscheinwerfer (1) herausgezogen. In die Fassung ist das kleine Birnchen lediglich eingesteckt.

Lampenwechsel am Hauptscheinwerfer: Hintere Lampenabdeckung (2) nach Drücken der Halteraste (Pfeil) vom Lampengehäuse abziehen, danach kommt man von hinten an die Scheinwerferlampe (1) heran.

Hauptscheinwerferlampen

● Abdeckung hinter der betreffenden Lampe nach Drücken der Halteraste aushängen.
● Drahtbügel, der die Glühbirne hält, aushängen und Lampe nach hinten herausziehen.
● Kabelstecker von der Glühlampe abziehen, Massekabel lösen.

● Beim Einsetzen der neuen Lampe darauf achten, daß der Lampensockel in die Aussparung am Reflektor paßt. Die abgeschrägte Stelle am Sockel muß nach links unten zeigen.

Standlichtlampe

● Abdeckung hinten am Fernscheinwerfer nach Drücken der Halteraste aushängen.
● Standlicht-Fassung (unter der Hauptscheinwerferlampe) nach hinten herausziehen.

● Glassockellampe aus der Fassung ziehen.
● Fassung beim Einbau in die Führung im Scheinwerfer einschieben, bis sie einrastet.

Scheinwerfer-Einheit ausbauen

● Linker Scheinwerfer: Luftfiltergehäuse zusammen mit dem Luftmengenmesser ausbauen.
● Beide Scheinwerfer: Stecker hinten am Scheinwerfergehäuse drehen und abziehen.
● Kabelsteckverbindung der Leuchtweitenregulierung trennen.
● Blinkergehäuse ausbauen und Befestigungsschrauben des Scheinwerfers herausdrehen. Achtung! Die Scheinwerfer-Halteschrauben sind in ver-

stellbare Spreizdübel eingedreht. Beim Lösen der Schrauben Spreizdübel mit Gabelschlüssel gegenhalten.
● Kunststoffabdeckung vorn am Frontblech nach Lösen der TORX-Schraube abheben.
● Darunterliegende Befestigungsschraube des Scheinwerfers herausdrehen.
● Die drei oberen Schrauben am Scheinwerfer herausdrehen.

Zum Ausbau der Scheinwerfer-Einheit die Kreuzschlitzschrauben (Pfeile) an Ober- und Unterkante des Gehäuses lösen. Dabei unbedingt die verstellbaren Spreizdübel mit einem Gabelschlüssel gegenhalten, damit sich die Grundeinstellung der Scheinwerfer-Einheit nicht verändert.

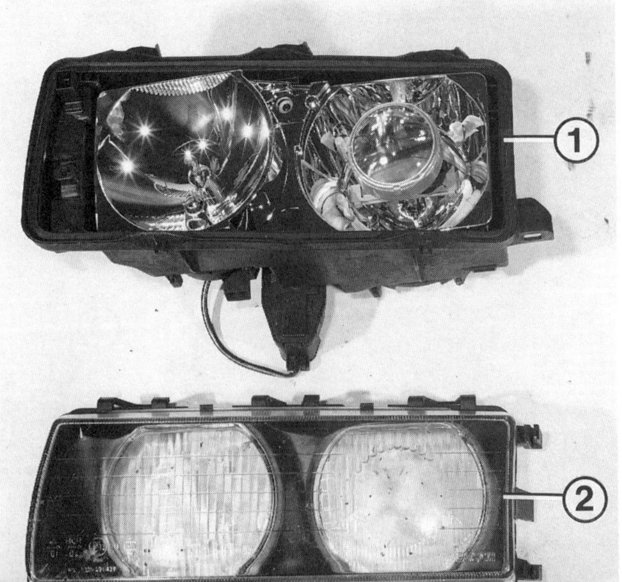

Bei einem Steinschlagschaden an der Abdeckung (2) der Scheinwerfer-Einheit braucht nicht das gesamte Gehäuse ersetzt zu werden. Der hintere Teil des Gehäuses (1) muß aber bis zum Ersetzen der Abdeckung mit einer Plastikfolie gegen Feuchtigkeit geschützt werden.

● Scheinwerfer nach vorn aus dem Ausschnitt herausheben.
● Beim Einbau des Scheinwerfers werden zuerst die unteren Schrauben bis zum letzten Gewindegang eingedreht, dabei die Spreizdübel gegenhalten.
● Anschließend wird das Spaltmaß geprüft: Hierzu 2,5-mm-Fühlerblattlehre zwischen Scheinwerfer und Frontblech schieben. Ggf. Spreizdübel entsprechend verdrehen.
● Obere Befestigungsschrauben des Scheinwerfers eindrehen.
● Nach dem Einbau Scheinwerfereinstellung kontrollieren.

● Scheinwerfer-Einheit ausbauen und auf ein Tuch legen.
● Bosch-Scheinwerfer: Kunststoffhalter oben und unten anheben und ausclipsen.
● ZKW-Scheinwerfer: Mit einem schmalen Schraubendreher oben und unten die Halteklammern vorsichtig abhebeln.
● Halter links und rechts heraushebeln.
● Beide Scheinwerfer: Halterahmen zusammen mit der Streuscheibe abnehmen.
● Klammern niederdrücken und beide Glühlampendeckel abnehmen.

Scheinwerfer-Einheit zerlegen

● Sämtliche Glühlampen ausbauen.
● Versteller der Leuchtweitenregulierung ca. 45° drehen und Kugelbolzen seitlich aus der Halterung aushängen.
● Höhen- und Seiten-Einstellschrauben markieren und ganz herausdrehen.
● Reflektor aus dem Scheinwerfergehäuse herausheben.
● Beim Zusammenbau auf richtigen Sitz der Dichtung achten, damit keine Feuchtigkeit in den Scheinwerfer eindringen kann.
● Scheinwerfer einbauen und einstellen.

Wartung Nr. 50

Von selbst wird sich die Scheinwerfer-Einstellung kaum verändern. Wenn jedoch ein Scheinwerfer ausgewechselt wurde, muß die Einstellung des Scheinwerferstrahls kontrolliert werden.
Unbedingt erforderlich ist ein Justieren natürlich auch, wenn bei einem Unfall die Wagenfront in Mitleidenschaft gezogen wurde oder nach dem Einsetzen neuer Federungsteile. So wird eingestellt:

● Wurde nur einer der Scheinwerfer ausgewechselt, genügt es fürs erste, wenn Sie in einigem Abstand vor eine helle Wand fahren, das Licht einschalten und dann die Höhe des Lichtstrahls am neu bestückten Scheinwerfer dem Strahl des unveränderten Scheinwerfers angleichen.
● Wurden die Scheinwerfer gerade mit einem Werkstattgerät neu eingestellt, können Sie die Höhe der Lichtpunkte beispielsweise an der Garagenwand markieren. Wichtig ist natürlich auch der Abstand, in dem der BMW zur Wand steht. Also anzeichnen.

● Mit Hilfe dieser Markierung kann dann, wann immer nötig, die Scheinwerfereinstellung am BMW in Eigenregie kontrolliert werden.
● Die genaueste Methode, die Scheinwerfer einzustellen, ist nach wie vor die Justierung mit einem Einstellgerät, wie es z.B. Werkstätten besitzen.
● Lichtstrahl der Nebelscheinwerfer einstellen: Bei fünf Meter Abstand vor der Einstellwand müssen die breit gestreuten Scheinwerferstrahlen 100 mm unterhalb (an der Wand) des jeweiligen Nebelscheinwerfer-Mittelpunkts (am Fahrzeug) liegen.

Die Einstellschrauben der Scheinwerfer-Einheit sind bei geöffneter Motorhaube von oben zugänglich. Zur Fahrzeugaußenseite hin gerichtet ist die Schraube der Seiteneinstellung, zur Fahrzeuginnenseite, also zum Kühler hin sitzt die Schraube für die Scheinwerfer-Höheneinstellung.

Die Höheneinstellung der Nebelscheinwerfer kann an der Einstellschraube unten in der Kühlungsöffnung des Spoilers (Pfeil) korrigiert werden.

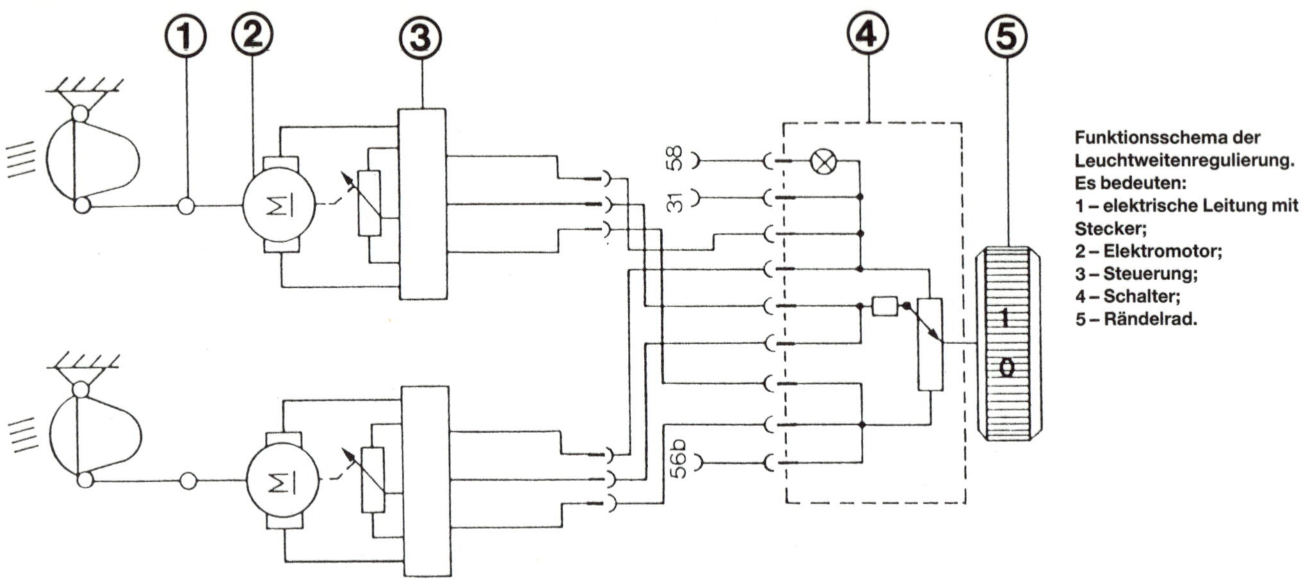

Wo sitzen die Einstellschrauben?

○ Die Einstellschrauben (Innensechskant 6 mm) für die Scheinwerfer-Einheit sind von oben bei geöffneter Motorhaube zu erreichen.

○ Die zur Fahrzeugmitte hin gerichteten Einstellschrauben dienen der Höheneinstellung.

○ Die zum Kotflügel hin gerichteten Einstellschrauben dienen der Seiteneinstellung.

○ Die richtige Scheinwerfereinstellung muß durch wechselseitiges Drehen beider Schrauben angefahren werden.

○ Die werkseitig eingebauten Nebelscheinwerfer sind nur in der Höhe einstellbar. Die Einstellschraube (Kreuzschlitz) ist durch eine Bohrung in der unteren Lufteinlaßöffnung des Stoßfängers – direkt neben dem Nebelscheinwerfer – zugänglich.

Leuchtweitenregulierung

Bei der serienmäßig eingebauten Leuchtweitenregulierung wirkt je ein Elektromotor mittels Gewindestange auf die Höhen-Einstellschraube der Scheinwerfer-Einheit. Über ein Rändelrad links unter dem Kombi-Instrument kann je nach Beladungszustand diejenige Position angewählt werden, die der Elektromotor anfahren soll.

Lampenwechsel rund ums Fahrzeug

Blinkleuchten vorn

● An der Rückseite des Blinkleuchtengehäuses die beiden Halterasten der Lampenfassung zusammendrücken und Fassung nach hinten herausziehen.

● Blinkerlampe in der Fassung linksdrehen und herausziehen (Bajonettverschluß).

● Soll das **Blinkleuchtengehäuse** ausgebaut wer-

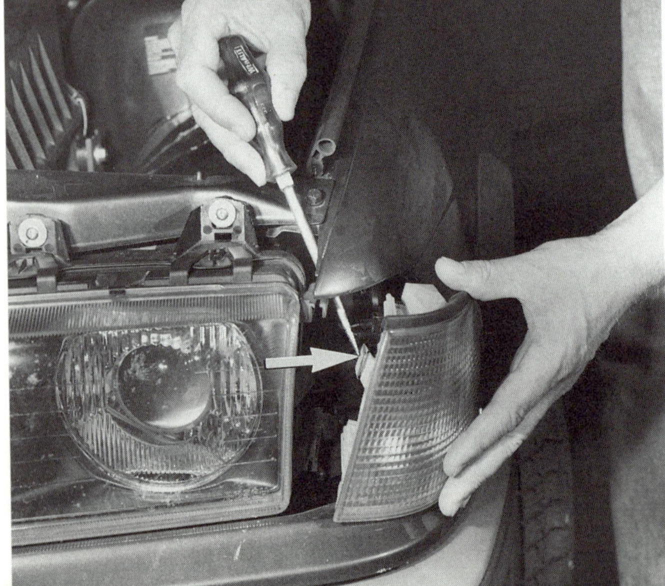

Nach Niederdrücken der Halteraste (Pfeil) kann das Blinkergehäuse nach vorn vom Scheinwerfer abgezogen werden.

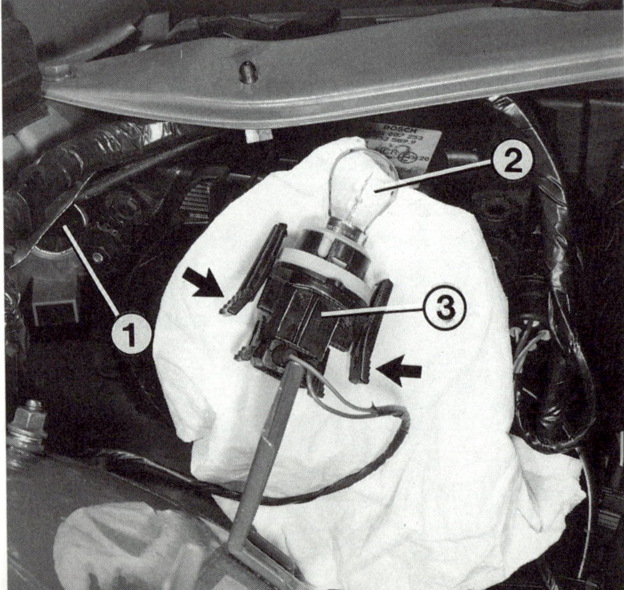

Zum Auswechseln der 21-Watt-Lampe (2) am Blinker vorn müssen die beiden Halterasten (Pfeile) an der Fassung (3) niedergedrückt werden. Jetzt kann die Fassung aus dem Lampengehäuse (1) nach hinten abgezogen werden.

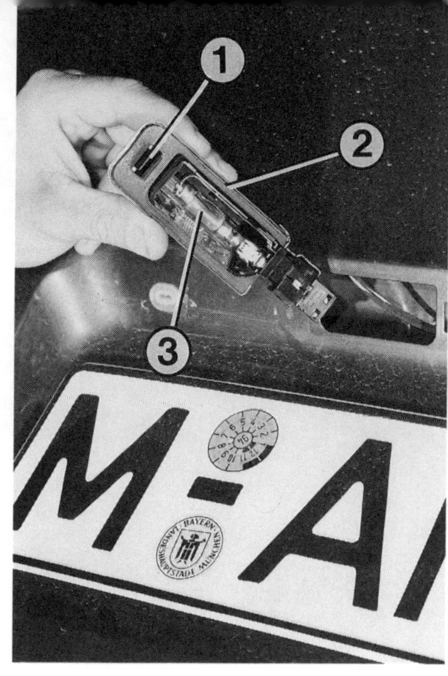

Links: Zuerst die Blende oberhalb des Kennzeichens abschrauben (Pfeile). **Rechts:** Jetzt kann die Fassung der Kennzeichenleuchte (2) aus der Verrastung (1) gehebelt werden, um die Soffittenlampe (3) auszuwechseln.

den, muß bei geöffneter Motorhaube von oben mit einem Schraubendreher die Halteraste des Blinkergehäuses in Richtung Fahrzeugseite gedrückt werden (siehe dazu Bild auf der gegenüberliegenden Seite).

- Schnellverschluß der Leuchtenabdeckung im Kofferraum durch Linksdrehen lösen.
- Leuchtenabdeckung abnehmen.
- Die Lampenfassungen sind einzeln in das Gehäuse der Rückleuchte eingesetzt.
- Fassung der defekten Lampe linksdrehen und abnehmen (Bajonettverschluß).
- Lampe ebenfalls nach Linksdrehen aus der Fassung ziehen.
- Das **Rückleuchtengehäuse** ist von der Innensei-

- Zunächst die Griffblende vom Kofferraumdeckel losschrauben.
- Betreffende Lampenfassung nach links drücken und aus dem Ausschnitt herausnehmen.

- Blinkleuchte dann nach vorn aus der Führung ziehen.
- Kabelstecker abziehen.

te her mit vier Muttern befestigt, die zum Ausbau des kompletten Gehäuses gelöst werden müssen.
- Zusätzlich Mehrfachstecker entriegeln und abziehen.
- Beim Einbau auf gute Abdichtung achten.

Heckleuchte

- Soffittenlampe aus der Fassung ziehen und neue Lampe einsetzen.
- Fassung wieder einsetzen und Griffblende anschrauben.

Kennzeichenleuchten

Der Schalter (Pfeil) für die Rückfahrleuchten sitzt rechts oben am Getriebe. Sind beide Rückfahrleuchten gleichzeitig defekt, kann das evtl. an diesem Schalter liegen.

Zum Auswechseln der Glühlampen in den Heckleuchten Schnellverschluß (Pfeil) in der Abdeckung (3) lösen und diese abnehmen. Alle Lampen besitzen einzelne kleine Fassungen (2). Hier wurde eine Fassung zum Auswechseln der Lampe (1) aus der Öffnung des Gehäuses herausgedreht.

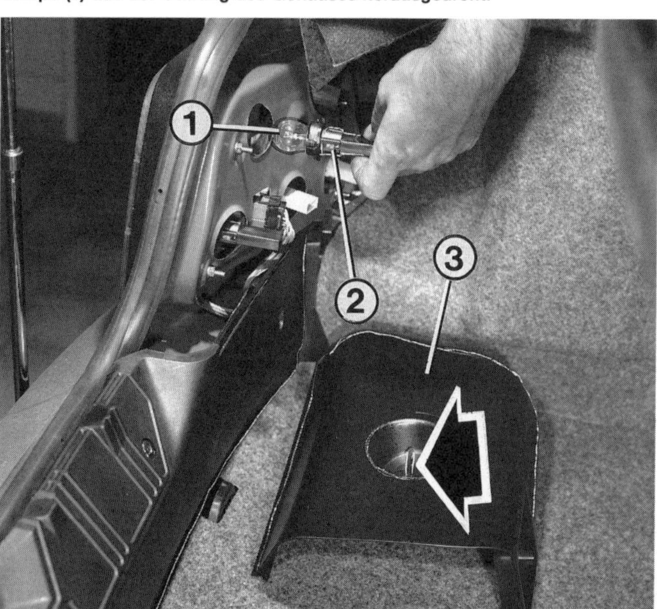

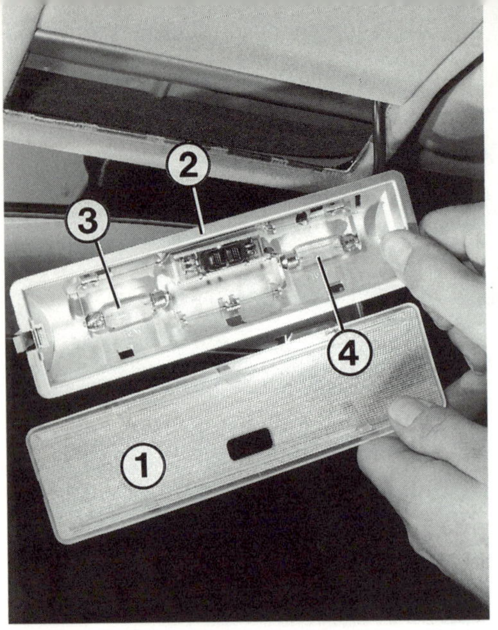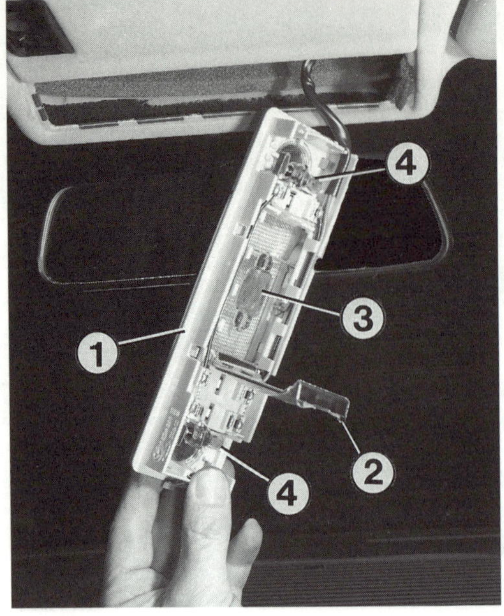

Links: Die Innenleuchte (2) ist aus dem Dachausschnitt herausgenommen. Weiter bedeuten:
1 – Plexiglasabdeckung;
3 und 4 – Soffittenlampen.
Rechts: Die Innenleuchte mit Leseleuchten ist hier ausgebaut:
1 – Lampengehäuse;
2 – Abdeckung für Soffitte (3), hier zurückgeklappt;
4 – Lämpchen für Leseleuchten.

Nebelscheinwerfer

Lampenwechsel

● Neben dem Nebelscheinwerfer befinden sich zwei Bohrungen im Stoßfänger. Schraubendreher durch die obere Bohrung stecken und die seitlich sitzende Scheinwerferhalterung entriegeln.
● Scheinwerfer nach vorn aus dem Ausschnitt herausnehmen.
● An der Rückseite des Scheinwerfers Kunststoffkappe nach links drehen und abnehmen.
● Kabelstecker abziehen.

● Drahtbügel, der die Lampe hält, aushängen und Lampe aus der Fassung herausnehmen.
● Neue Lampe einsetzen, Drahtbügel einhängen und Kabelstecker wieder anschließen.
● Nebelscheinwerfer in den Ausschnitt einsetzen und bis zum hörbaren Einrasten fest andrücken.

Nebelscheinwerfer nachträglich einbauen

Die eleganteste Lösung, Nebelscheinwerfer nachträglich in den BMW einzubauen, ist zweifellos die Verwendung der Original-Leuchten, wie sie im 325i serienmäßig vorhanden sind. Die Einbauöffnungen sind bei allen Wagen bereits vorhanden.
BMW bietet unter der Et.-Nr. 63 17 8 353 584 einen Nebelleuchten-Nachrüstsatz an. Im Satz sind enthalten: Die beiden Original-Nebelleuchten mit Linsenoptik, Nebelleuchtenschalter, Lichtschalter, Sicherungen, Relais, etc. Eine Einbaubeschreibung liegt bei.
Allzu schwierig ist die nachträgliche Montage nicht, denn das Anschlußkabel ist bis zur Steckverbindung vorverlegt.

Leuchten im Wageninnern

Innenleuchte vorn

Die Innenleuchte vorn ist mit zwei Soffittenlampen (10 Watt, 41 mm lang, DIN-Form K) ausgestattet. Die Lampe erhält dauernde Stromzufuhr. An- und abgeschaltet wird die Masseverbindung.

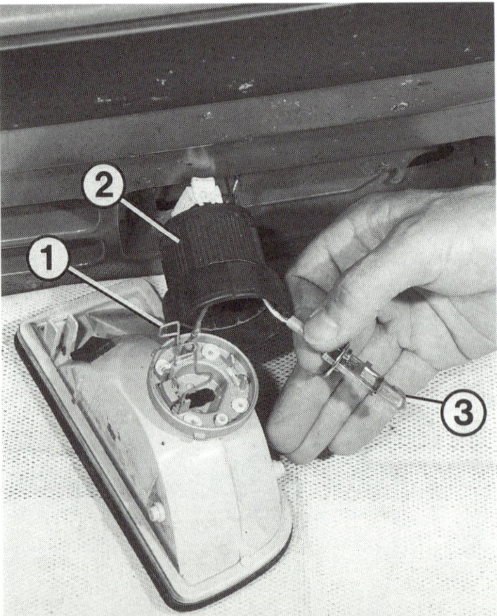

Lampenwechsel am Nebelscheinwerfer.
Links: Ausbau des Lampengehäuses nach Entriegeln der Halteraste mit einem Schraubendreher.
Rechts: Zum Herausnehmen der Halogenlampe (3) muß die hintere Lampenabdeckung (2) losgedreht und die Drahtsicherung (1) ausgehakt werden.

● Zum Ausbau einen flachen Schraubendreher in die kleine Aussparung an der linken Lampenseite stecken und damit die Haltefeder niederdrücken.
● Lampengehäuse aus dem Dachausschnitt hebeln.
● Plexiglasabdeckung vom Lampengehäuse abdrücken.

● Defekte Soffittenlampe aus ihren Haltezungen aushängen.
● Beim Einbau die rechte Seite zuerst in den Dachausschnitt einstecken.

Die Version mit Leseleuchten besitzt nur eine 15-Watt-Soffitte und zusätzlich je eine 10-Watt-Lampe für jede der Leseleuchten.
● Ausbau der Lampe, wie im vorigen Abschnitt beschrieben.
● Zum Wechsel der Soffitte Kunststoffraste drücken und Aluminium-Blende aufklappen.

● Die 10-Watt-Lämpchen zum Ausbau etwas linksdrehen und herausziehen (Bajonettverschluß).

Die beiden Innenleuchten in den hinteren Dachpfosten sind in ihrer Funktion direkt von der Stellung des Schalters in der vorderen Leuchte abhängig.
● Zum Ausbau flachen Schraubendreher in die kleine Aussparung an der vorderen Schmalseite der Lampe stecken und auf diese Weise das Lampengehäuse aus dem Ausschnitt am Dachpfosten ziehen.

● Blechdeckel an der Lampen-Rückseite hochklappen und die 10-Watt-Soffittenlampe auswechseln.

Nur beim 316i **ohne** Zentralverriegelung ist das Innenlicht noch direkt von den Türkontaktschaltern gesteuert Bei allen anderen steuert das Zentralverriegelungsmodul (Beschreibung in Kapitel »Instrumente und Geräte«) das Aufleuchten des Innenlichts, wenn der Innenleuchtenschalter in Mittelstellung steht.
Dann werden folgende Funktionen automatisch ausgelöst.
○ Bei geöffneter Tür ist das Innenlicht bis zu 15 Minuten eingeschaltet. Dann wird es zu Schonung der Batterie automatisch gelöscht.
○ Nach Schließen der Fahrertür leuchtet das Innenlicht noch ca. 20 Sekunden nach. Es verlöscht aber, wenn der Zündschlüssel in Stellung »I« gebracht wird.
○ Wird die geöffnete Fahrertür geschlossen und von außen verriegelt, geht das Innenlicht beim Verriegeln aus.
○ Nach einer Fahrt mit Stand- oder Fahrlicht geht das Innenlicht an, wenn der Motor ausgeschaltet wird.
○ Besitzt der Wagen Türschloßheizung, wird das Innenlicht schon beim Anheben des äußeren Türgriffes auch bei verschlossener Tür für 10 Sekunden eingeschaltet (höchstens 3 Mal in 10 Minuten).
○ Der Stoßsensor der Zentralverriegelung veranlaßt außerdem, daß das Innenlicht nach einem Unfall selbsttätig aufleuchtet.
○ Die Leseleuchten (Innenlichtpaket) können ab Zündschlüsselstellung »I« in Betrieb genommen werden.

Die Türkontaktschalter der Vordertüren sind beim Viertürer raffiniert untergebracht: Sie sind integriert in den Türschloß-Schließkeilen – jeweils an den hinteren Türpfosten. (Anders beim Zweitürer, siehe Bild Seite 254.) An den hinteren Türen wurden anfangs noch die bekannten Türkontaktschalter mit Druckstift eingebaut. Später kam auch dort dieselbe Version wie an den Vordertüren zum Einsatz.

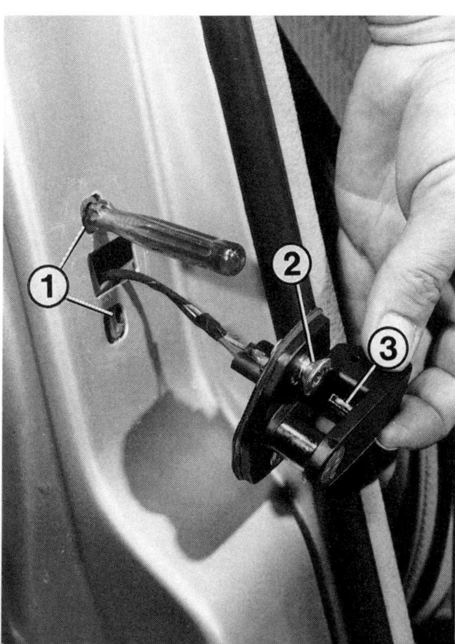

**Links: Der Türkontaktschalter vorn (3) ist im Schließkeil eingebaut. Zum Ausbau TORX-Schrauben (2) lösen. Darauf achten, daß die Gewindeplatte (1) beim Ausbau nicht in den Türpfosten fällt. Am besten mit Schraubendreher sichern, wie hier gezeigt.
Rechts: Einfachere, separat eingesetzte Türkontaktschalter befinden sich an den hinteren Türen (nur frühe Bauserien) sowie an der Kofferraumklappe.
Es bedeuten:
1 – Anschlußkabel;
2 – Türkontaktschalter.
Ohne Bild: Beim Zweitürer erfolgt die Steuerung des Innenlichts über den Türschloßkontakt, der auch für die Türfensterabsenkung zuständig ist (Bild Seite 254).**

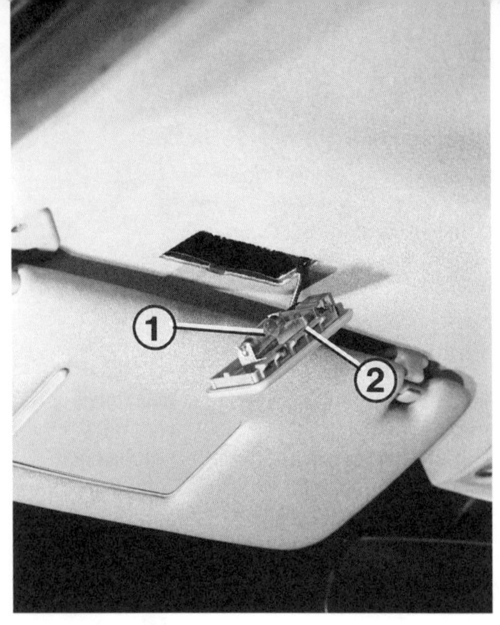

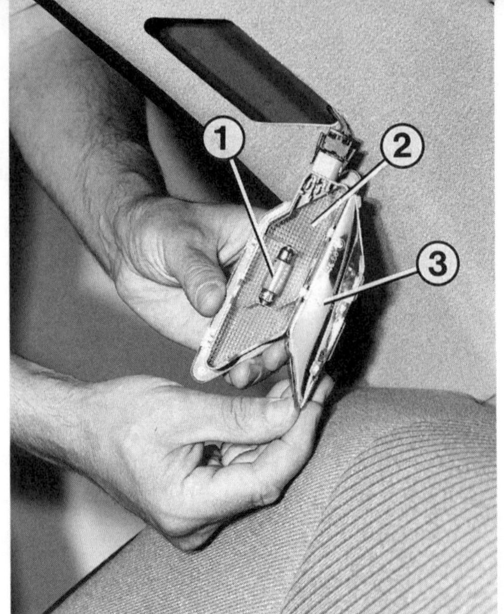

Links: Das Auswechseln der Soffittenlampe (1) in der Make-up-Spiegelbeleuchtung ist nach Herausheben des Lampengehäuses (2) aus dem Dachausschnitt möglich.

Rechts: Zum Wechsel der Soffittenlampe (1) in den hinteren Innenleuchten (2) muß der Blechdeckel (3) zurückgeklappt werden.

Störungen am Türkontaktschalter	Brennt die Innenleuchte trotz richtiger Schalterstellung beim Öffnen einer bestimmten Tür nicht, gerät der betreffende Türkontaktschalter in Verdacht. Denn er schafft bei geöffneter Tür Masseverbindung zum Zentralverriegelungsmodul und signalisiert so, daß eine Tür geöffnet ist. Bliebe hinzuzufügen, daß das Zentralverriegelungsmodul auch für die Innenlichtautomatik zuständig ist.

An diesen Schaltern sind nur zwei Defekte denkbar:

○ Die Kabelstecker haben sich vom Schalter gelöst.
○ Der Schalter selbst ist defekt. Prüfen siehe übernächsten Abschnitt.

Türkontaktschalter ausbauen

● **Schalter vorn; hinten (neue Version):** Obere TORX-Schrauben (T 40) am Schließkeil herausdrehen.
● Langen, schmalen Schraubendreher in die Gewindebohrung stecken und die Gewindeplatte in der Türsäule damit festhalten.
● Erst jetzt die untere TORX-Schraube lösen.

Türkontaktschalter prüfen

● Türkontaktschalter ausbauen.
● Jetzt können die Anschlußstecker und Kabel geprüft werden.
● Schalter selbst prüfen: Stecker abziehen, Ohmmeter am Schalter anschließen.
● Zwischen den Schalterkontakten – bei den hinteren Türkontaktschaltern der älteren Version zwischen Gehäuse und Kontakt – muß bei geöffneter Tür (Schalter nicht gedrückt) 0 Ω abzulesen sein.

● Schließkeil vorsichtig auf dem Schraubendreher ein Stück herausziehen, damit die Gewindeplatte in Position bleibt.
● **Schalter hinten (alte Version):** Kreuzschlitzschraube lösen, Schalter herausziehen.
● Darauf achten, daß das Anschlußkabel nicht in den Türpfosten zurückrutscht.

● Bei gedrücktem Kontaktstift (Tür geschlossen) muß dagegen ∞ Ω angezeigt werden.
● Wenn nicht, Schalter austauschen.
● Beim Auswechseln der Türkontaktschalter in den Schließkeilen die Gewindeplatte mit einem zweiten Schraubendreher festhalten.

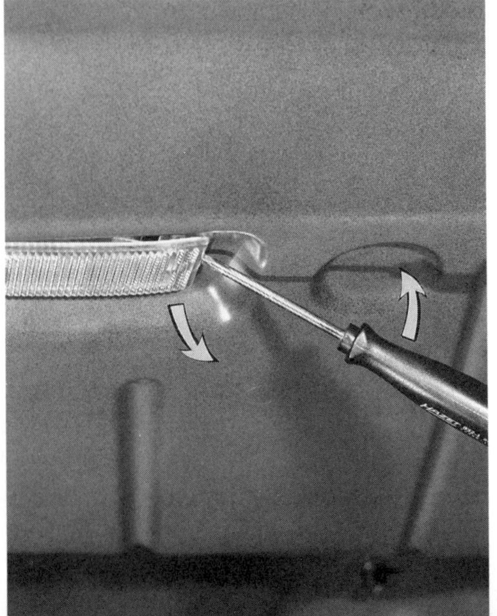

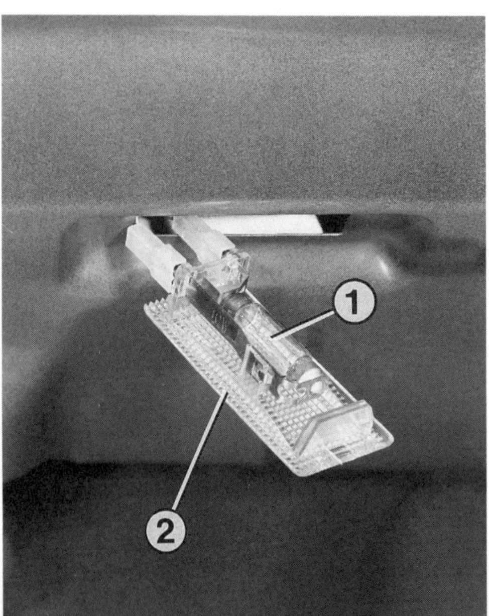

Die Kofferraumleuchte wird mit einem schmalen Schraubendreher vorsichtig herausgehebelt (Pfeile), anschließend kann die Soffittenlampe (1) aus dem Lampengehäuse (2) herausgenommen werden.

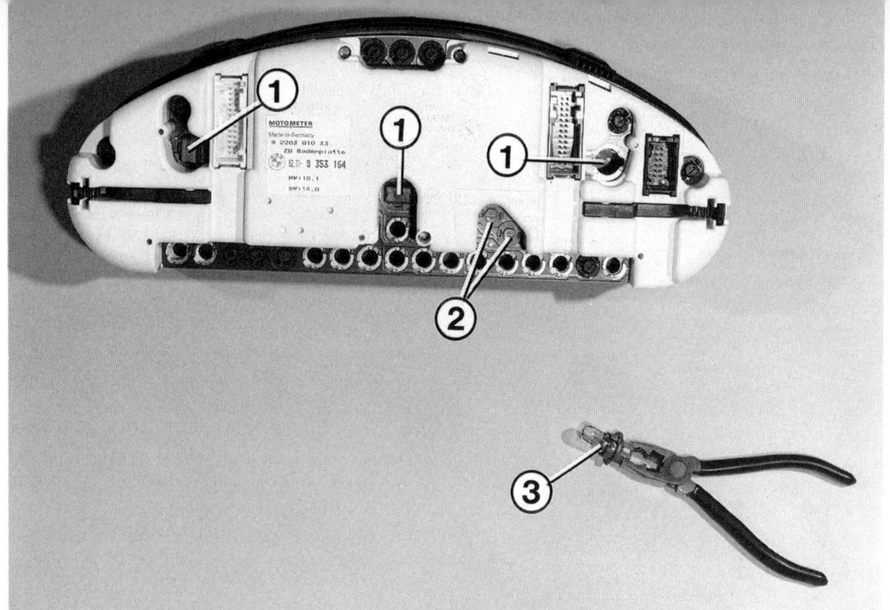

Je drei 3-Watt-Lämpchen (1) sind für die Beleuchtung der Rundinstrumente zuständig. Position »3« zeigt ein solches Lämpchen mit Fassung ausgebaut. Die Position »2« zeigt die beiden 1,5-Watt-Lämpchen, die das Flüssigkristalldisplay der Kilometeranzeige und der Service-Intervallanzeige von hinten anstrahlen.

Fingerzeig: Die Kofferraumleuchte des BMW hat eine Leistungsaufnahme von 10 Watt. Wer arglos den Kofferraum einen Tag lang offenläßt und dazu vielleicht noch das Radio eingeschaltet hat, kann abends schon Probleme mit dem Motorstart haben.

Kofferraumleuchte

- Kofferraumdeckel öffnen.
- Die Leuchte befindet sich oben im Kofferraum (gewissermaßen unter der Heckablage).
- Einen Schraubendreher in die Aussparung seitlich am Lampengehäuse stecken und die Lampe vorsichtig heraushebeln.
- Defekte Lampe aus ihren Haltezungen aushängen.
- Neue 10-Watt-Soffittenlampe einsetzen.
- Lampengehäuse zuerst mit der Kabelseite wieder in seine Aufnahme einsetzen.

Kontaktschalter der Kofferraumleuchte

Der Kontaktschalter der Kofferraumleuchte ist baugleich mit den Türkontaktschaltern für die hinteren Türen der älteren Bauart. Ausbauen und prüfen verläuft ebenfalls identisch, wie auf der vorangegangenen Seite beschrieben.

Motorraumleuchte

Die Motorraumleuchte kann nur bei geöffneter Haube und eingeschaltetem Stand- oder Fahrlicht brennen. Eingeschaltet wird sie durch einen Kontaktschalter vorn an der Motorhaube. Lampenwechsel:
- Kunststoffzunge an der Schmalseite des Lampengehäuses niederdrücken.
- Gleichzeitig das Abdeckglas abnehmen.
- 10-Watt-Soffittenlampe auswechseln.

Make-up-Spiegelbeleuchtung

Die Beleuchtung des Make-up-Spiegels funktioniert nur, wenn bei eingeschalteter Außenbeleuchtung die Sonnenblende heruntergeklappt ist und gleichzeitig die Spiegelblende zur Seite geschoben wurde (Mikroschalter in der Sonnenblende). So werden die Soffittenlampen ausgewechselt:

Links: Die Handschuhfachleuchte (2) ist hier aus ihrer Einbauöffnung herausgezogen, um die Soffittenlampe (1) auswechseln zu können.
Rechts: Der Kontaktschalter für die Handschuhfachleuchte ist bei ausgebautem Handschuhfach zugänglich, er sitzt an der rechten Seite außen am Handschuhfach.

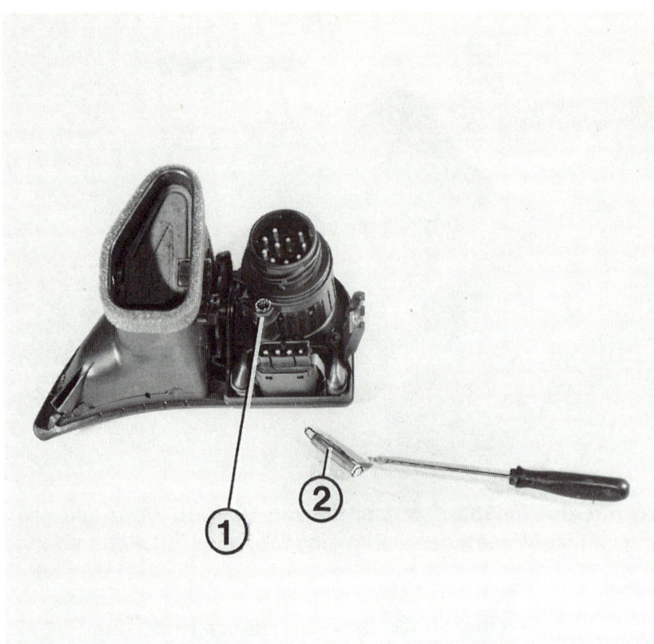

Zum Auswechseln der Lichtschalterbeleuchtung wird der gesamte Lichtschalter ausgebaut. Dann kann die Lampenfassung (2) aus der Einbauöffnung (1) hinten am Schalter herausgezogen werden.

● Gehäuse der Spiegelbeleuchtung am besten mit einem flachen Löffelstiel oder stabilen Fingernägeln aus der Dachverkleidung ausrasten, um Beschädigungen zu vermeiden.

● Soffittenlampe(n) 10 Watt austauschen.
● Lampengehäuse so einsetzen, daß der Schliff der Streuscheiben das Licht nach vorn auf den Spiegel fallen läßt.

Handschuhfach-leuchte

Beim Öffnen des Handschuhfaches wird die Handschuhfachleuchte durch einen separaten Kontaktschalter rechts am Handschuhfach eingeschaltet.
● Zum Auswechseln des Lämpchens Handschuhfach öffnen.
● Einen Schraubendreher in die Aussparung seitlich am Lampenglas stecken (seitlich geht's nicht), und die Leuchte vorsichtig heraushebeln.

● Soffittenlampe aus den Haltezungen herausnehmen.
● Nach Einbau der neuen 5-Watt-Soffittenlampe das Lampengehäuse – die Kabelseite zuerst – wieder einsetzen.

Leuchten am Armaturenbrett

Instrumenten-beleuchtung

An dieser Stelle ist lediglich die Beleuchtung der Anzeigeinstrumente behandelt. Die ebenfalls im Armaturenbrett sitzenden Kontrolleuchten finden Sie im Kapitel »Instrumente und Geräte« beschrieben. Ausbau der Instrumentenbeleuchtung:

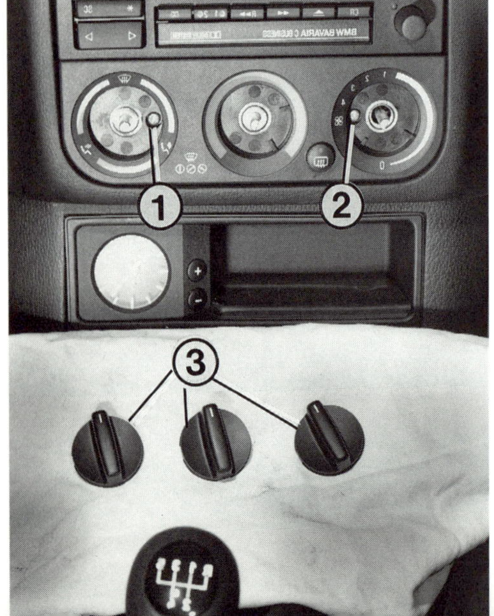

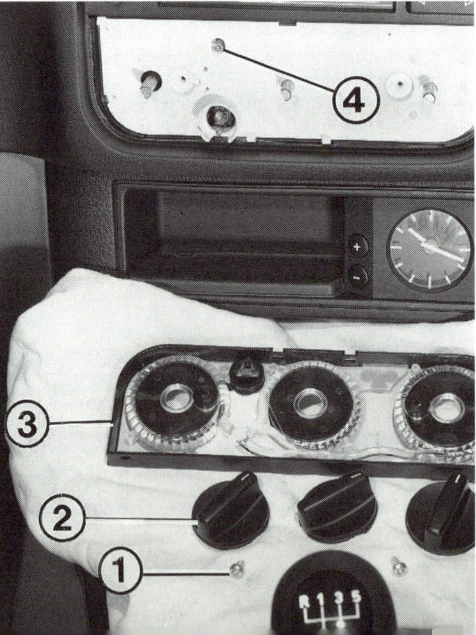

Auswechseln des Lämpchens hinter der Heizhebelbeleuchtung.
Links: Die Heizungsdrehregler (3) werden abgezogen und die beiden Halteschrauben (1 und 2) der Blende herausgedreht.
Rechts: Hier ist die Heizhebelblende (3) abgebaut, um an das Lämpchen (4) heranzukommen. Ferner bedeuten:
1 – Halteschraube für Blende;
2 – Drehregler der Heizungs-Betätigung.

Zum Auswechseln des Lämpchens (1) der
Ascher-Beleuchtung, muß der Ascher-Einsatz (2) herausgenommen und das Ascher-Ge-
häuse (3) an den zwei Halteschrauben abgeschraubt werden.

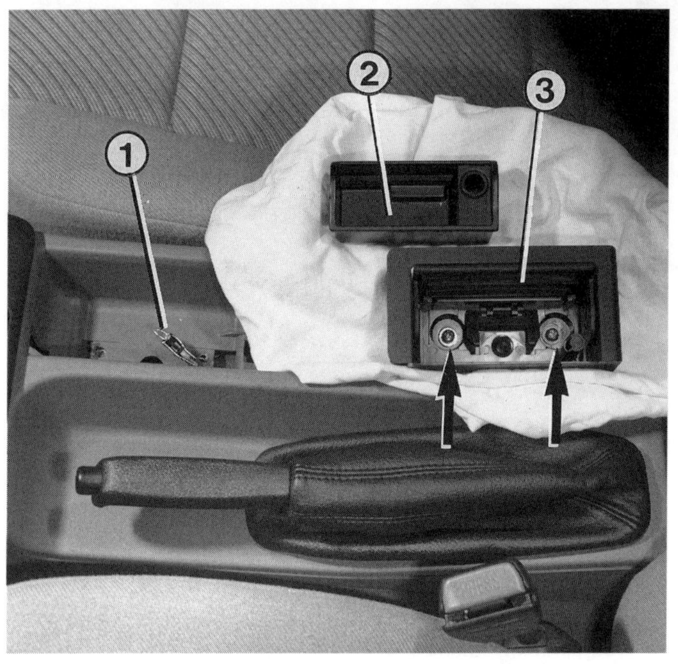

● Kombi-Instrument ausbauen (Kapitel »Instrumente und Geräte«).
● Drei Lampenfassungen hinten am Kombi-Instrument linksdrehen und herausziehen.

● Uhr bzw. Bordcomputer ausbauen (Kapitel »Instrumente und Geräte«).
● An der Rückseite des Geräts die Lampenfassun-
g(en) linksdrehen und herausziehen.

● Die eingesteckten Glassockellämpchen (3 Watt,
DIN-Form W 10/3) auswechseln, Fassung wieder ins
Kombi-Instrument setzen und bis zum Anschlag
rechtsdrehen.

● Lampenfassung und Glassockellampe sind eine
Baueinheit – zusammen auswechseln.

**Beleuchtung
für Uhr bzw.
Bordcomputer**

Die Beleuchtung der Reglerskalen erfolgt bei der Heizungs/Lüftungs-Betätigung lediglich über ein Lämpchen
und wird durch Lichtleitbahnen zu den Symbolen geleitet.
● Drehregler abziehen.
● Frontblende abschrauben bzw. ausrasten.
● Glassockellämpchen 1,2 Watt (oberhalb des Ne-

belscheinwerfer-Schalters) herausziehen und auswechseln.

**Beleuchtung
für Heizungs/
Lüftungs-
Betätigung**

Mit Ausnahme des Lichtschalters lassen sich die Beleuchtungen der Schaltersymbole nicht einzeln auswechseln.

**Beleuchtung der
Schaltersymbole**

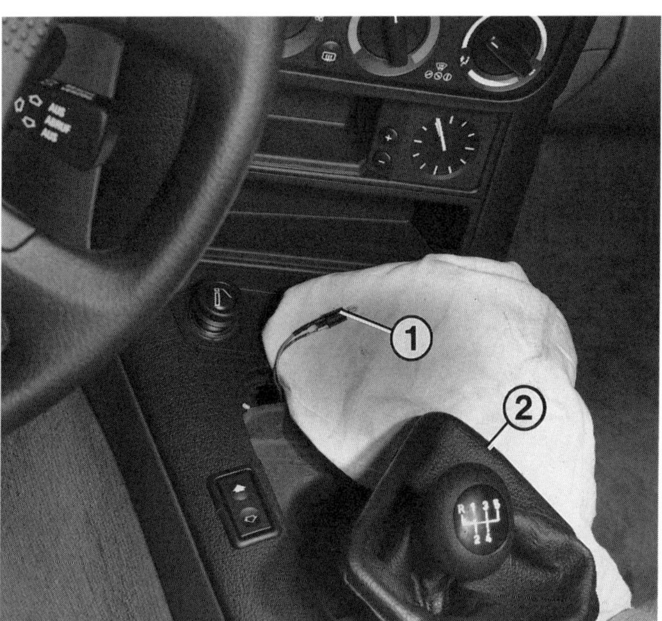

Zum Auswechseln des Lämpchens (1) der An-
zünder-Beleuchtung braucht man schlanke Hän-
de. Zum Ausbau der Fassung wird die Schalthebelabdeckung (2) ausgeclipst, und man muß unter der Konsole durchfassen, um nach der Lampenfassung zu tasten.

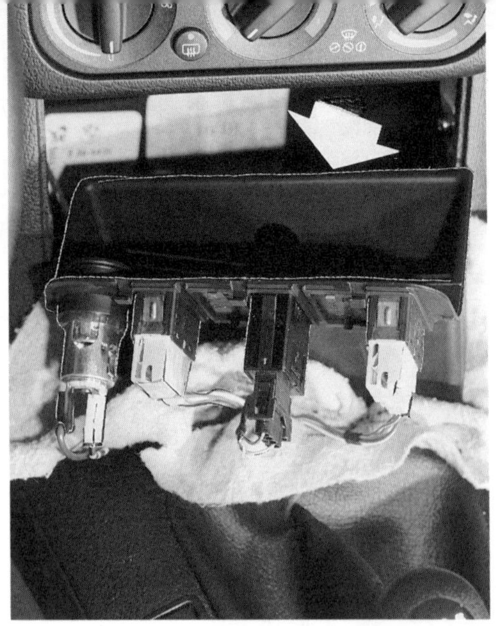

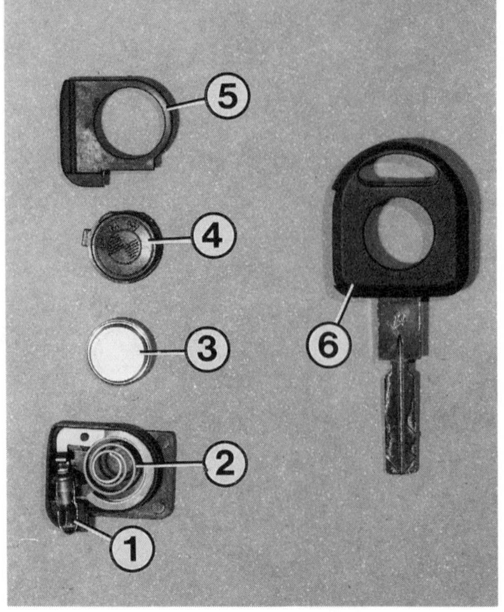

Links: Wer den Ausbau der Anzünderbeleuchtung nach der im Text beschriebenen Methode nicht schafft, muß das Ablagefach (Pfeil) ausbauen. Das geht erst nach Ausbau der Uhr bzw. des Bordcomputers, wie im Kapitel »Instrumente und Geräte« beschrieben.
Rechts: Zum beleuchteten Schlüssel gehören die folgenden Teile:
1 – Lämpchen;
2 – Kontaktfeder;
3 – Batterie;
4 – Betätigungsknopf;
5 – Beleuchtungsgehäuse-Oberteil;
6 – Schlüssel.

Die Schalter bzw. Regler für heizbare Heckscheibe, Warnblinkanlage, Leuchtweitenregulierung, Instrumentenbeleuchtung, Fensterheber und Schiebedach besitzen eine fest eingebaute Beleuchtung. Ein Auswechseln des Lämpchens ist nicht möglich. Entweder man findet sich mit dem dunklen Schalter ab oder man muß ihn komplett ersetzen (siehe Kapitel »Instrumente und Geräte«).

Beleuchtung für Lichtschaltersymbole auswechseln

● Lichtschalter ausbauen (siehe Kapitel »Instrumente und Geräte«).
● Lampenfassung von hinten aus dem Schaltergehäuse ziehen.

● Fassung mit Lämpchen auswechseln.

Beleuchtung für Ascher vorn

● Ascher-Einsatz herausnehmen.
● Zwei Schrauben des Aschergehäuses lösen und Aschergehäuse herausnehmen.

● Fassung abziehen, Glassockellämpchen 1,2 Watt auswechseln.

Anzünderbeleuchtung

● Schalthebelmanschette unten aus der Mittelkonsole aushaken und nach oben stülpen.
● Bei Automatikgetriebe: Wählhebelblende rechts aushaken und nach oben schieben.
● Schaumstoffabdeckung in der Schalthebelöffnung herausziehen.

● Mit schlanker Hand in der Schalthebel-Öffnung nach der Lampenfassung des Anzünders tasten.
● Lampenfassung abziehen, Lämpchen auswechseln.

SchlüsselBeleuchtung

● Nach Niederdrücken des Betätigungsknopfes läßt sich das Beleuchtungsgehäuse seitlich aus dem Schlüssel herausschieben.
● Mit einem schmalen Schraubendreher die beiden

Hälften des Beleuchtungsgehäuses des Schlüssels trennen.
● Batterie bzw. Lämpchen ausgewechselt oder Kontaktfeder reinigen.

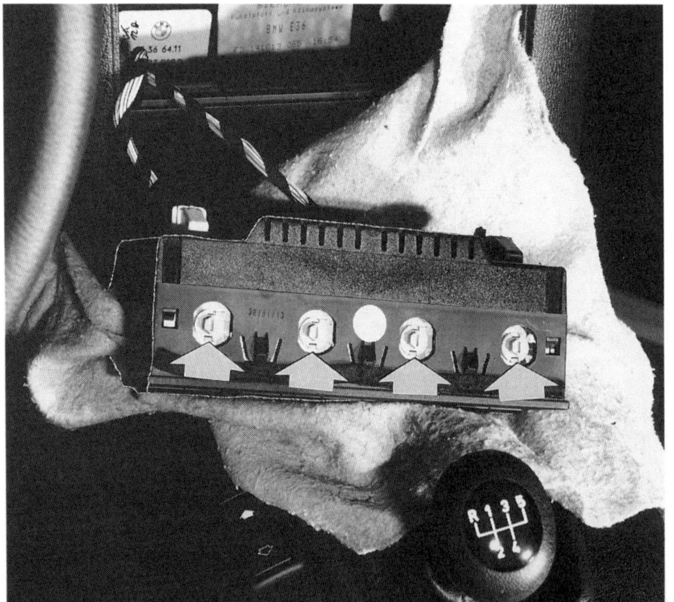

Am hier ausgebauten Bordcomputer sind die vier Lampenfassungen für Tasten- und Displaybeleuchtung mit Pfeilen bezeichnet.

Zeichensprache

Wie wirksam die Zeichensprache funktioniert, erlebt, wer ins Ausland reist. Nicht anders ist's im Straßenverkehr. Der Verständigung dienen international verständliche Symbole, wie Bremslicht, Blinker oder Hupe.

Blink- und Warnblinkanlage prüfen

Ständige Kontrolle

Die Warnblinkanlage muß ständig funktionieren, deshalb wird ihr Schalter über eine Sicherung direkt von der Batterie versorgt. Die Richtungsblinker erhalten dagegen nur dann Strom, wenn der Zündschlüssel auf Raste »II« gedreht ist.

● Drücken Sie den Schalter der Warnblinkanlage, während der Zündschlüssel in »0«-Stellung steht:
● Alle vier Blinkleuchten, die Kontrolleuchten der Richtungsblinker und das rote Fenster im Schalter leuchten im gleichen Rhythmus auf.

● Warnblinker ausschalten, Zündschlüssel auf Raste »II« drehen.
● Bei gedrücktem Blinkerhebel muß jetzt eine Blinkerseite und die dazugehörige grüne Kontrolleuchte im Kombi-Instrument aufleuchten.

Fingerzeig: Das Ticken bei eingeschaltetem Blinker kommt vom Geräuschgeber im Kombi-Instrument. Denn das »Blinker-Geräusch« schreibt der Gesetzgeber als Kontrolle zusätzlich zur Kontrolleuchte vor. Das Blinkrelais sitzt dagegen im Stromverteilerkasten.

Blinker-Störungen

○ Blitzt bei eingeschalteten Richtungsblinkern die grüne Kontrolleuchte nur kurz auf, ist eine Glühlampe ausgefallen. Beim Warnblinken macht sich der Lampenausfall im Blinker-Rhythmus nicht bemerkbar. Lampenwechsel siehe Beleuchtungskapitel.
○ Brennen bei eingeschalteten Richtungs- oder Warnblinkern die Leuchten dauernd: Blinkrelais defekt.
○ Leuchtet nur die Kontrollampe, aber bleiben die orangefarbenen Leuchten am Wagen dunkel, liegt es ebenfalls am Blinkrelais.
○ Leuchten die Blinker mal in langsamer Folge, mal schnell und sind alle Steckverbindungen einschließlich der Massekabel zu den Leuchten in Ordnung, muß das Relais erneuert werden.
○ Funktioniert nur Warnblinken ohne Richtungsblinken oder umgekehrt, fehlt es an der Spannungsversorgung durch die betreffende Sicherung (siehe Kapitel »Die Karosserie-Elektrik«) oder der Schalter ist defekt (Ausbau siehe Kapitel »Instrumente und Geräte«).

Behelf bei defektem Blinkrelais

Mit einem ausgefallenen Blinkrelais ist die Weiterfahrt nicht ganz ungefährlich, denn im dichten Verkehr und vor allem bei Dunkelheit wird Ihre Abbiegeabsicht den anderen Autofahrern nicht ersichtlich. In diesem Fall:
● Blinkrelais ausbauen (Relaisbelegung des Stromverteilerkastens siehe Kapitel »Die Karosserie-Elektrik«).
● Kurzschlußbrücke zwischen den Klemmen 49 und 49a herstellen.
● Dazu eine Büroklammer oder ein kurzes Drahtstück um die genannten Steckerzungen am Relais schlingen und jetzt das Relais wieder einstecken.

● Bei gedrücktem Blinkerhebel leuchtet jetzt eine Blinkerseite dauernd.
● Durch Ein- und Ausschalten mit dem Blinkerhebel erhalten Sie einen Blinker-Rhythmus.

Bremsleuchten prüfen

Ständige Kontrolle

● Zündschlüssel in Raste »I« oder »II« drehen.
● Die Garagenwand hinter dem Wagen muß rechts und links hell rot aufleuchten, wenn Sie auf das Bremspedal treten.
● Oder in einer Kolonne prüfen Sie mit dem Rück-

spiegel, ob sich in den Scheinwerfer-Reflektoren oder in der Lackierung des Hintermannes beide Bremslichter spiegeln.

Der Bremslichtschalter

Der Bremslichtschalter sitzt beim BMW oberhalb des Bremspedals und ist erst nach Ausbau der linken unteren Armaturenbrettverkleidung zugänglich. Wird das Bremspedal niedergedrückt, wandert sein Schalterstift heraus und schließt den Kontakt zu den Bremsleuchten.

Der Bremslichtschalter (2) ist in den Halter oberhalb des Bremspedals lediglich eingesteckt, nicht zu verwechseln mit dem Kupplungspedalschalter (1), der nur bei Fahrzeugen mit automatischer Geschwindigkeitsregulierung eingebaut ist.

Bremslichtschalter überprüfen

Sind beide Bremslichter ausgefallen, kontrolliert man, ob es am Bremslichtschalter liegt:
● Armaturenbrettverkleidung links unten abnehmen (Kapitel »Der Innenraum«).
● Stecker am Bremslichtschalter abziehen und die beiden Steckerkontakte mit einer Büroklammer überbrücken.

● Brennen jetzt die Bremslichter, obwohl das vorher nicht der Fall war, ist der Bremslichtschalter defekt.

Störungsbeistand

Bremsleuchten

Die Störung	– ihre Ursache	– ihre Abhilfe
A Eine Bremsleuchte brennt nicht	1 Glühbirne durchgebrannt	Austauschen
	2 Spannungszuleitung unterbrochen. Brennen alle übrigen Glühbirnen in derselben Heckleuchte? Falls nicht:	Kabel kontrollieren
	3 Unterbrechung in der Masseverbindung	Masseanschluß überprüfen
B Beide Bremslichter brennen nicht	1 Sicherung defekt	Ersetzen
	2 Bremslichtschalter defekt	Überprüfen, ggf. ersetzen
	3 Siehe A 1 und 3	
C Bremsleuchten brennen dauernd	1 Siehe B 2	
	2 Kabel zum Bremslichtschalter haben direkten Kontakt	Kabel kontrollieren

Die Hupen

BMW 316i und 318i sind mit nur einer Hupe ausgestattet. Das Coupé hat dagegen zwei Fanfaren. Die elektrische Verschaltung ist in beiden Fällen dieselbe: Die Stromzufuhr läuft über ein Relais.

Hupen prüfen

Ständige Kontrolle

● Zündschlüssel auf Raste »I« oder »II« drehen.
● Nacheinander die beiden Huptasten im Lenkrad drücken.

● Jedesmal muß das Hupsignal ertönen.

Elektrische Verschaltung der Hupe(n)

Im BMW läuft die elektrische Verdrahtung der Hupe(n) über ein Schaltrelais (Erklärung siehe Kapitel »Die Karosserie-Elektrik«), um die Kontakte im Lenkrad zu entlasten:
○ Die Hupe bzw. Hupen erhalten Strom über das Hupenrelais im Stromverteilerkasten (Kapitel »Die Karosserie-Elektrik«).
○ Schaltstrom für das Relais liefert die Zündschloß-Klemme »R«. Klemme »R« wiederum ist nur zur Stromlieferung bereit, wenn der Zündschlüssel auf Raste »I« oder »II« gedreht ist (aber auch beim Betätigen des Anlassers).
○ Der Hupkontakt im Lenkrad stellt die Masseverbindung im Schaltstromkreis des Relais her, bestimmt also,

wann das Relais schaltet. Die Stromversorgung des Schaltstromkreises stammt ebenfalls wieder von Klemme »R«.

● Einzelnes Signalhorn bzw. betreffende Hupe abschrauben; die Hupen sitzen unterhalb des linken Scheinwerfers.
● An den Steckanschlüssen der Hupe ausreichend lange Kabelstücke aufstecken und diese mit dem Plus- bzw. Minuspol der Batterie verbinden.
● Bleibt es ruhig, ist das Signalhorn defekt.
● Ertönt die Hupe, obwohl das im eingebauten Zustand nicht der Fall war, liegt der Fehler in der Zuleitung (Sicherung, Relais, Huptasten).

● Ein krächzendes oder völlig stummes Horn läßt sich bisweilen durch Drehen der Einstellschraube an der Hupenrückseite wieder stimmen oder zu neuem Leben erwecken.
● Schraube unter der Vergußmasse freilegen.
● Nach dem Einstellen die Schraube mit Karosseriedichtmasse wieder feuchtigkeitsdicht verschließen.

Funktioniert eine der beiden Huptasten am Serien-Lenkrad nicht mehr, sind sicher dort die Kontakte oxidiert. Ausbauen und ersetzen.
● Zündschlüssel abziehen.
● **Vierspeichen-Serienlenkrad**: An der Lenkrad-Rückseite pro Huptaste eine kleine Kreuzschlitzschraube in der Bohrung der Lenkradspeiche lösen.
● Huptaste an einem Ende beginnend mit einem schmalen Schraubendreher aus dem umschäumten Lenkrad hebeln.

● **Dreispeichen-Lenkrad**: An der Rückseite jeder Lenkradspeiche je eine Kreuzschlitzschraube lösen, Hup-Platte aus dem Lenkrad herausnehmen.

Die Störung	– ihre Ursache	– ihre Abhilfe
A Kein Hupton beim Betätigen der Tasten	1 Sicherung defekt	Ersetzen
	2 Hupe(n) defekt	Kontrollieren
	3 Anschlüsse der Hupe(n) oxidiert	Blankkratzen
	4 Relais defekt	Ersetzen
	5 Hupkontakt im Lenkrad defekt	Kontrollieren, ob der andere Hupkontakt in Ordnung sind (Serienlenkrad) bzw. Kontakt austauschen
	6 Stromzuleitung (violett/blau) oder Masseleitung (braun) zur Hupe schadhaft	Kabel kontrollieren
	7 Kontaktleitung Lenkrad/Relais (braun/rot) oder Massezuleitung zum Lenkrad unterbrochen	Kabel kontrollieren
B Nur eine Hupe tönt nicht	1 Eine Hupe defekt (Doppeltonfanfaren)	Ersetzen
	2 Kabel zwischen den Hupen defekt	Kabel kontrollieren

Ist eine der Huptasten (2) ohne Funktion, kann diese komplett ausgetauscht werden. Dazu die Halteschraube von der Lenkradrückseite her mit einem kleinen Schraubendreher (Pfeil) lösen und das Anschlußkabel (1) abziehen.

Die Hupe ist hier bei ausgebautem Scheinwerfer von vorn fotografiert, ansonsten ist sie am besten von unten zugänglich. Die Zahlen auf der Abbildung bedeuten:
1 – Anschlußstecker;
2 – Einstellschraube der Hupe.

Die Störung	– ihre Ursache	– ihre Abhilfe
C Hupe tönt dauernd bei Zündschlüsselraste »I« oder »II«	**1 Kontaktleitung Lenkrad/Relais (braun/rot) hat Masseschluß**	Kabel kontrollieren. Unterwegs: Kabel an der Hupe abziehen und isolieren
	2 Betreffende Hupe hat inneren Kurzschluß	Hupe ersetzen. Unterwegs: Kabel an der Hupe abziehen und isolieren
	3 Siehe A 4 und 5	

Lichthupe kontrollieren

Ständige Kontrolle

● Zündschlüssel auf Raste »II« drehen und den Blinkerschalter zum Lenkrad herziehen.
● Leuchten die Fernscheinwerfer und die blaue Fernlichtkontrolle auf; unabhängig von der Stellung des Lichtschalters?
● Funktioniert die Lichthupe nicht, obwohl das Fernlicht bei entsprechender Schalter- und Hebelstellung brennt, kann der Fehler nur im Lichthupenkontakt des Hebelschalters liegen, denn es besteht kein Unterschied in den Stromwegen für Fernlicht und Lichthupe. Schalterausbau siehe Kapitel »Instrumente und Geräte«.

Zwiesprache

Als Autofahrer leben Sie mit zahlreichen Anzeigeinstrumenten, Kontrolleuchten und Schaltern. Ferner sind Sie in der Lage, vom Fahrersitz aus allerlei dienstbare Geister, wie Scheibenwischer und heizbare Heckscheibe, in Betrieb zu nehmen. Von diesen und weiteren Einrichtungen handelt das folgende Kapitel.

Kontrollinstrumente und -leuchten prüfen

Das Kombi-Instrument unserer 3er-Modelle prüft sich in gewissem Umfang selbst. Dazu bei ausgeschalteter Zündung die Taste des Tageskilometer-Rückstellers im Kombi-Instrument drücken und bei gedrückter Taste den Zündschlüssel auf Stellung »Radio an« drehen. Wenn Sie die Taste jetzt loslassen, erscheinen im Schriftfeld nacheinander die folgenden Anzeigen:

Ständige Kontrolle

- Fahrzeug-Identifizierungsnummer
- BMW-interne Zahl
- Wegdrehzahl des Kilometerzählers (K-Zahl)
- Software-Version
- Hardware-Version
- Änderungsindex

Danach wird der Systemtest ausgelöst: Die Zeiger von Tacho und Drehzahlmesser nehmen dabei die Mittelstellung ein, die Nadeln von Tank-, Temperatur- und Verbrauchsanzeige wandern über die Skala, die Tankwarnleuchte brennt, alle Leuchtfelder der Kilometeranzeige und der Service-Intervallanzeige sind beleuchtet. Dieser Check erspart einige Funktionsprüfungen bei der Kontrolle und bei der Störungssuche.

Einen zusätzlichen Eigentest führt das Kombi-Instrument bei jedem Motorstart aus. Beim Einschalten der Zündung leuchten folgende Kontrolleuchten.

- Ladekontrolleuchte
- Öldruck-Kontrolleuchte
- Handbrems-Kontrolleuchte
- Bremsbelag-Verschleißanzeige
- Bremshydraulik-Kontrolleuchte
- Kontrolleuchte in der Tankanzeige
- Kontrolleuchte in der Kühlmittel-Temperaturanzeige
- Ggf. Kontrolleuchten von Sonderausstattungen (z. B. ABS)

Kombi-Instrument ausbauen

- Lenkrad abbauen.
- Zwei Schrauben an der Instrumenten-Oberkante herausdrehen.
- Obere Instrumentenkante etwas nach unten hebeln, Instrument nach vorn aus dem Armaturenbrett ziehen.
- Dabei die Lenksäule mit einem Lappen abdecken, um Kratzer an der Plexiglasscheibe des Kombi-Instruments zu vermeiden.
- Sicherungshebel der Mehrfachstecker hinten am Instrument hochklappen, um die Stecker abziehen zu können.
- Beim Einbau müssen die Hebel zum Aufstecken der Mehrfachstecker nach oben stehen.

Kombi-Instrument ausbauen: Zuerst zwei Schrauben oben am Kombi-Instrument lösen, obere Instrumentenkante etwas nach unten hebeln, Instrument abwärts schwenken und aus seiner Einbauöffnung ziehen.

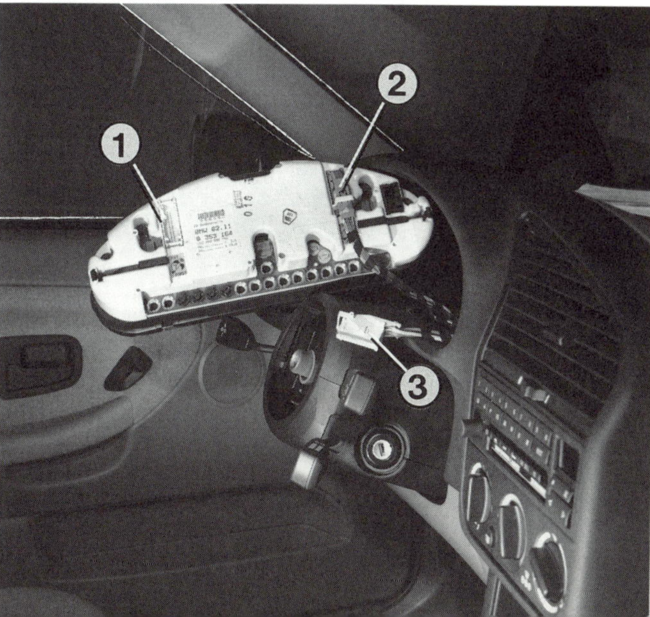

Die Anschlußstecker (2 und 3) hinten am Kombi-Instrument lassen sich nach Hochklappen der Sicherungshebel aus den Steckerleisten (1) am Instrument herausziehen.

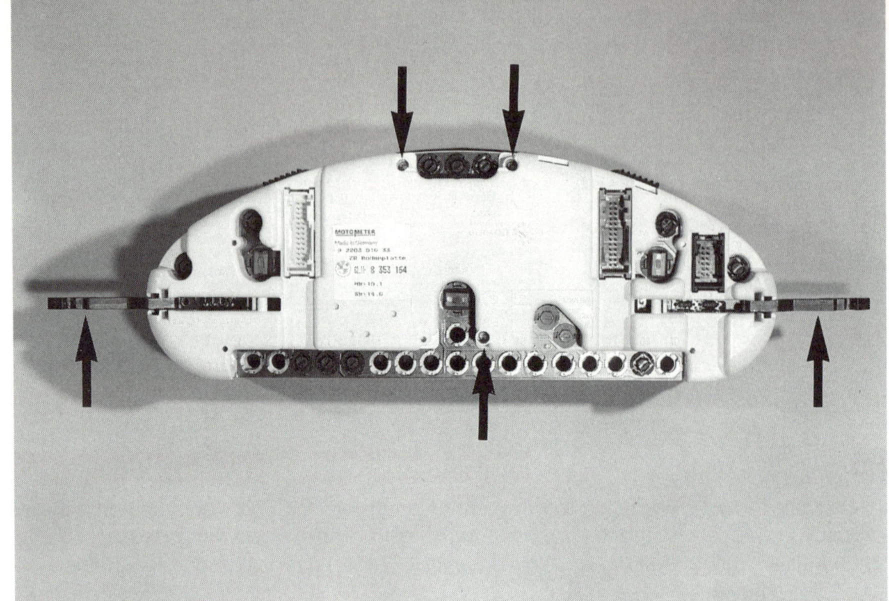

Öffnen der Instrumentenrückplatte nach Lösen der beiden Verschlußhebel (Pfeile rechts und links) und Herausdrehen von drei TORX-Schrauben (übrige Pfeile).

Die Teile des Kombi-Instruments

Kombi-Instrument zerlegen

Ohne Zerlegung des Kombi-Instruments lassen sich von der Rückseite her die folgenden Teile ausbauen:

○ **Kontrollampen:** Die Glühlampen der Kontrolleuchten sind beim BMW fest mit ihren Fassungen verlötet und auch nur komplett als Ersatzteil erhältlich. Zum Ausbau die Fassung eine Vierteldrehung linksdrehen und herausziehen.

○ Die **Warnleuchte der Tankanzeige**. Ausbau wie Kontrolleuchten.

○ Die **Warnleuchte der Temperaturanzeige**. Ausbau ebenfalls wie Kontrolleuchten.

○ Die **Lampen der Instrumentenbeleuchtung** (3-Watt-Glassockellampe). Ausbau wie Kontrollampen.

Nach Abbauen der Instrumenten-Rückplatte (drei TORX-Schrauben, die sich evtl. auch mit einem kleinen Schraubendreher lösen lassen, an der Instrumenten-Rückseite herausdrehen, Entriegelungshebel ausrasten und nach oben schwenken) sind die folgenden Einzelteile zugänglich:

○ **Verbrauchsanzeige**: Das Instrument ist nicht verschraubt, sondern lediglich eingesteckt. Haltezungen niederdücken, Instrument abziehen.

○ **Instrumententräger mit Tachometer, Drehzahlmesser, Verbrauchsanzeige, Tank- und Temperaturanzeige**: Drehriegel an den drei Haltebolzen um 180° drehen, Instrumententräger abnehmen

○ **Tachometer, Drehzahlmesser, Tankanzeige und Temperaturanzeige:** Instrumententräger ausbauen. Skalenzeiger abziehen, je zwei Schlitzschrauben an der Skala lösen, Instrument abnehmen.

○ **Anzeigemodul für Kilometerstand und Service-Intervallanzeige:** Nicht einzeln auswechselbar; ist Bestandteil der Leiterplatte.

○ **Leiterplatte:** Ist mit der Instrumenten-Rückplatte vernietet.

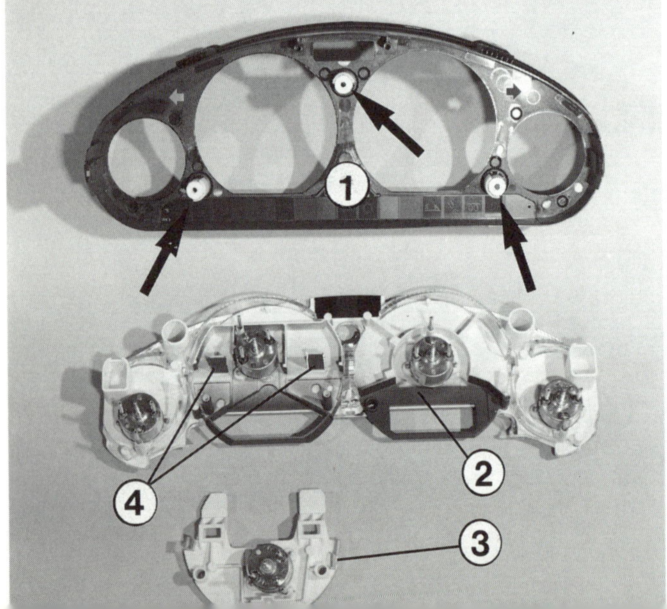

Der Instrumententräger (2) kann nach Lösen der Drehriegel (Pfeile) von der Instrumentenblende (1) abgezogen werden. Die Verbrauchsanzeige (3) läßt sich nach Ausrasten der beiden Haltezungen (4) vom Instrumententräger abziehen.

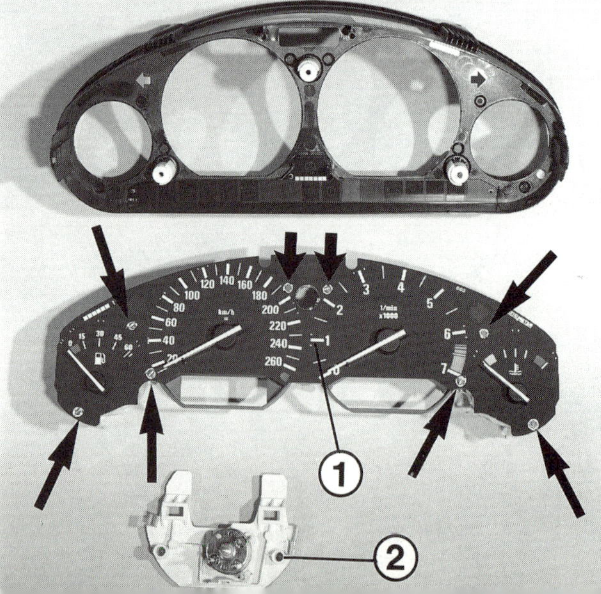

Tachometer, Drehzahlmesser, Tank- und Temperaturanzeige können nach Lösen der hier mit Pfeilen bezeichneten kleinen Schlitzschrauben vom Instrumententräger (1) abgenommen werden. Die Verbrauchsanzeige (2) ist an der Rückseite mit Haltezungen befestigt.

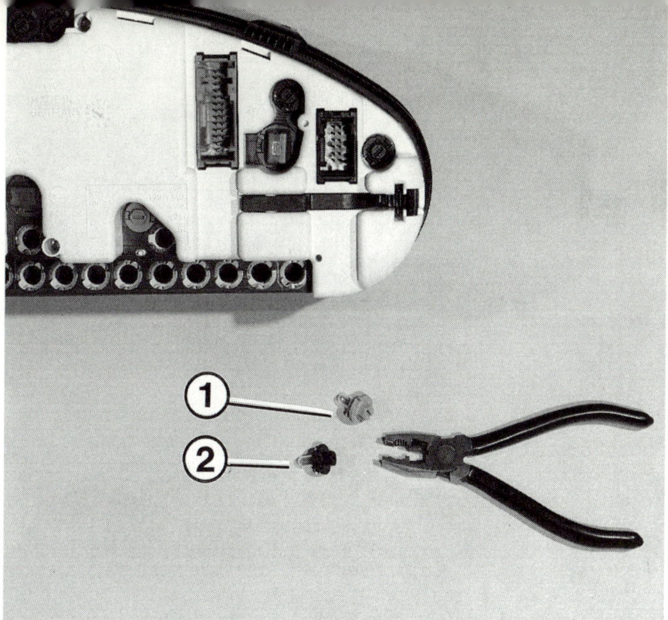

Die Kontrollämpchen (1 und 2) sind an der Rückseite des Instruments mit Bajonett-Verschlüssen befestigt, zum Lösen eignet sich eine kleine Kombi- oder Flachzange.

Fingerzeige: Funktionieren einzelne Instrumente im Armaturenbrett nicht, lohnt sich ein Blick in den Sicherungskasten (siehe Kapitel »Die Karosserie-Elektrik«).
Für die Instrumente im Armaturenbrett gibt es von Moto Meter und VDO einen Reparaturdienst. Die Moto Meter AG, Postfach 346, 7250 Leonberg 1, liefert Instrumente im Austausch. VDO unterhält eigene Werkstätten, Anschriften erhalten Sie von der VDO Adolf Schindling AG, Postfach 6140, 6231 Schwalbach.

Um jeweils dasselbe Kombi-Instrument in verschiedenen Modellen der BMW-3er-Reihe einsetzen zu können, wird seine Software so ausgelegt, daß es zunächst einmal für alle 3er-Modelle die richtigen »Anlagen« besitzt. Zur Anpassung an das jeweilige Modell wird das Instrument dann codiert, was beim Neufahrzeug zunächst werkseitig, im Reparaturfall in der Werkstatt mit dem **Mo**bilen **Di**agnose-**C**omputer (kurz Modic) geschieht. Dieses Anpassen erfolgte bei älteren BMW-Fahrzeugen mit einem sogenannten Codierstecker, der aber bei dieser Instrumenten-Generation bereits überholt ist.
Zum Beispiel werden bei der Codierung die folgenden fahrzeugspezifischen Daten im Instrument aktiviert:
○ Die Weg-Drehzahl – also das Vergleichsmaß Radumdrehung/Wegstrecke – ist für den Tachometer und den Kilometerzähler wichtig.
○ Meßbereich des Drehzahlmessers und des Tachometers.
○ Die Verbrauchskennlinie ist Grundlage für das Funktionieren der Verbrauchsanzeige.
○ Ferner werden sogenannte Inspektionsgrenzwerte – unterschiedlich für die verschiedenen Modelle – wegen der Service-Intervallanzeige bei der Codierung übermittelt.

Der Tachometer im BMW ist – wie könnte es anders sein – ein elektronisches Meßgerät, ähnlich dem Drehzahlmesser. Wie dieser verarbeitet er Drehzahlimpulse, die er (anders als der Drehzahlmesser) von einem Geber im Hinterachsgetriebe erhält. Dort wird gemessen, wie oft sich die Räder drehen. Das Instrument bringt die Umdrehungs-Impulse mit einem Zeitfaktor in Bezug, und man erhält eine Vergleichsgröße für die Geschwindigkeit.
Auch für die Service-Intervallanzeige, die Verbrauchsanzeige, die Radio-Lautstärkenanpassung und den Bordcomputer wird ein Radumdrehungs-Signal als Meßgröße für die zurückgelegte Fahrstrecke oder die Geschwindigkeit gebraucht. Somit lag es nahe, auch den Tachometer mit diesem Signal zu versorgen und auf eine Tachowelle – wie sie in den alten, mechanischen Tachometern für den Antrieb sorgt – zu verzichten. Vorteile dieser Lösung: Geräuschfreier Tachoantrieb, präzisere Anzeige.
Wenn der Tachometer nicht funktioniert, zuerst die zuständige Sicherung im Sicherungskasten überprüfen (siehe Kapitel »Die Karosserie-Elektrik«).

Der Kilometerzähler

Gesamt- und Tageskilometerstand werden in unserem BMW 3er durch LC-Displays (Flüssigkristallanzeigen) angezeigt.
Damit der Kilometerstand nicht manipuliert werden kann – etwa durch längeres Abklemmen der Batterie –, werden die Laufleistungsdaten kontinuierlich in einem spannungsunabhängigen Speicher im Kombi-Instrument abgelegt.

Am Hinterachsgetriebe (Differential) sitzt der Tachometer-Impulsgeber (1); hier ist der Stecker (2) abgezogen.

Tachometer-Impulsgeber

Die Umdrehungs-Impulse für den Tachometer liefert der Reedkontakt-Geber am Hinterachsgetriebe. Der Reedkontakt ist ein Kontaktsatz, der luftdicht eingeschlossen in einer Gashülle untergebracht ist. Geschlossen wird der Kontakt, wenn ein Magnetfeld auf ihn einwirkt.

Damit der Reedkontakt eine Impulsfolge liefern kann, muß er im Drehzahl-Rhythmus geöffnet und geschlossen werden. Deshalb beeinflußt ein Flügelrad, das sich vor dem Geber dreht, das auf den Kontaktsatz einwirkende Magnetfeld.

Tachometer-Impulsgeber ausbauen

- Wagen hinten aufbocken und sichern.
- Gummi-Schutzmanschette am Geber abstreifen und Stecker abziehen.
- Zwei Sechskantschrauben herausdrehen, Halteblech abnehmen und Geber herausziehen.
- Eventuell läuft etwas Öl aus – auffangen.

- Beim Einbau Dichtring prüfen und gegebenenfalls erneuern.

Fingerzeig: Nicht mit abgezogenem Stecker am Tachometer-Impulsgeber fahren. Das Wegsignal des Gebers wird auch für die Service-Intervallanzeige ausgewertet. Die quittiert das Ausbleiben des Gebersignals nach einiger Zeit mit der Anzeige »Inspektion fällig«.

Drehzahlmesser

Wie oft die Kurbelwelle des Motors in der Minute rotiert, zeigt der Drehzahlmesser an. Dazu erhält er vom Zündungsteil der Motronic die Zündimpulse übermittelt. Die werden von der Elektronik im Instrument summiert und aufbereitet an das Meßwerk der Analoganzeige weitergegeben.

Bei Störungen gilt es, die Sicherungen (siehe Kapitel »Die Karosserie-Elektrik«) und die entsprechenden Leitungen zu prüfen. Auch in der Leiterplatte des Kombi-Instruments kann der Fehler stecken. Der Drehzahlmesser selbst kann mit Eigenmitteln nicht repariert werden.

Kraftstoff-Verbrauchsanzeige

Den momentanen Kraftstoffverbrauch zeigt die Verbrauchsanzeige unten im Drehzahlmesser an. Dabei bezieht sich das Meßgerät auf das Einspritzsignal der Benzin-Einspritzung und auf das Wegstrecken-Signal des Tachometer-Gebers. Aus beiden Größen errechnet das Gerät den momentanen Verbrauch (pro 100 km).

Die Tankanzeige

Der Benzinstand wird am Armaturenbrett elektrisch angezeigt. Die Tankuhr ist also nichts anderes als ein Voltmeter, das die Spannung anzeigt, die von der Elektronik des Kombi-Instruments an die Klemmen der Tankuhr geschickt wird.

Vergleichsgröße für den Tank-Füllstand ist für die Elektronik – sie wertet dieses Signal aus – der Widerstandswert der beiden Tankgeber. Dieser Widerstandswert ist höher bei vollem Tank, niedriger bei leerem Tank.

Der BMW besitzt zwei Tankgeber, um die Flüssigkeitsmenge in seinem zerklüfteten Tank optimal erfassen zu können. Den Ausbau beider Geber finden Sie im Kapitel »Tank und Kraftstoffpumpe« beschrieben.

Die Tankkontrolleuchte links in der Tankanzeige brennt, wenn weniger als **ca. 8 Liter** im Tank schwappen.

Wer für die Störungssuche am Tankgeber den Service-Tester der BMW-Werkstatt nicht bemühen will, untersucht nacheinander die Fehlermöglichkeiten, denen der Laie ohne Werkstattmittel beikommen kann:
- Zuerst **Instrumenten-Sicherungen** (Kapitel »Die Karosserie-Elektrik«) kontrollieren.
- Dann **Systemtest** am Kombi-Instrument durchführen (Seite 204).
- Wenn die Tankanzeige beim Systemtest nicht ausschlägt, Kombi-Instrument untersuchen lassen, ggf. Tankanzeige-Instrument auswechseln.
- Das Auswechseln des Tankgeber-Instruments und der Tankgeber-Warnleuchte ist unter »Kombi-Instrument zerlegen« am Anfang dieses Kapitels beschrieben.
- War dagegen bei dieser Prüfung alles in Ordnung, rechten und linken **Tankgeber ausbauen**, wie im Kapitel »Tank und Kraftstoffpumpe« beschrieben.
- Ohmmeter an den Anschlüssen des Tankgebers anschließen, Widerstandswerte messen: Schwimmerarm am oberen Anschlag: ca. 250 Ω, Schwimmerarm am unteren Anschlag: ca. 15 Ω.
- Ein defekter Tankgeber kann nicht repariert werden. Austauschen.

<h2 style="background:#e8452a;color:#fff;display:inline-block;padding:2px 8px">Kühlmittel-Temperaturanzeige</h2>

Die Anzeige für die Kühlmitteltemperatur funktioniert ähnlich wie die Tankanzeige. Die Elektronik des Kombi-Instruments empfängt ein Signal vom Temperaturgeber am Motor. Dieser Geber ist ein veränderlicher Widerstand, der mit zunehmender Erwärmung einen größeren Stromdurchfluß freigibt – ein Signal, das die Elektronik an das Instrument weiterleitet.

Wer den Fehler ohne den Service-Tester der BMW-Werkstatt finden will, untersucht nacheinander die Fehlermöglichkeiten, denen der Laie ohne Werkstattmittel beikommen kann:
- Zuerst **Instrumenten-Sicherungen** (Kapitel »Die Karosserie-Elektrik«) kontrollieren.
- Dann **Systemtest** am Kombi-Instrument durchführen (Seite 204).
- Wenn die Kühlmittel-Temperaturanzeige beim Systemtest nicht ausschlägt, Kombi-Instrument untersuchen lassen, ggf. Instrument auswechseln.
- Das Auswechseln der Temperaturanzeige und der Temperatur-Warnleuchte ist unter »Kombi-Instrument zerlegen« zu Beginn dieses Kapitels beschrieben.
- Geber der Temperaturanzeige links vorn am Motor ausbauen (Kühlmittel läuft aus).
- Ohmmeter an den Anschlüssen des Temperaturgebers anschließen.
- Widerstanswerte messen, während der Geber in einem Wasserbad steht, das kontinuierlich bis auf 100°C erhitzt wird.
- Der Geber muß ebenso kontinuierlich seinen Widerstandswert verändern, ansonsten Geber auswechseln.
- Nach Auswechseln des Gebers Kühlmittel auffüllen, Kühlsystem entlüften (Kapitel »Das Kühlsystem«).

<h2 style="background:#e8452a;color:#fff;display:inline-block;padding:2px 8px">Kontrollleuchten im Kombi-Instrument</h2>

Über das Kombi-Instrument verteilt finden wir eine Vielzahl von Kontrollleuchten für die unterschiedlichsten

Etwa in der Mitte des Zylinderkopfes sitzt beim M 40-Motor der Geber (Pfeil) der Kühlmittel-Temperaturanzeige. Da er bei eingebautem Motor praktisch unzugänglich ist, haben wir ihn hier bei ausgebautem Zylinderkopf gezeigt. Der Geber daneben ist der Temperaturgeber für die Motronic.

Funktionen. Auf sie wollen wir in den folgenden Abschnitten eingehen. Wie die kleinen Glühbirnen der Kontrollämpchen ausgebaut werden, erfahren Sie im Kapitel »Die Beleuchtung«.

Blinker-Kontrolleuchten

Die beiden Blinker-Kontrolleuchten erhalten Strom im Blinker-Rhythmus von derselben Leitung, die auch zu den jeweiligen Blinkleuchten führt. Von den rechten Blinkleuchten erhält die rechte Blinkerkontrolle Strom, von den linken die linke.
Die Masseverbindung beider Kontrolleuchten stammt von der direkten Masseleitung im Kombi-Instrument.

Fernlichtkontrolle

Bei eingeschaltetem Fernlicht oder beim Lichthupen erhält die Fernlichtkontrolle Strom – bei Fernlicht von Sicherung Nr. 25, bei Lichthupe von Sicherung Nr. 23. Ob die Fernscheinwerfer wirklich brennen, kann sie aber nicht anzeigen; das muß man selbst kontrollieren. Lediglich bei durchgebrannter Sicherung verlöscht auch die Kontrolleuchte. Die Massezufuhr zum Lämpchen kommt aus dem Kombi-Instrument.

Nebelscheinwerfer-Kontrolleuchte

Die Nebelscheinwerfer-Kontrolleuchte bezieht Strom aus der Leitung zu den Nebelscheinwerfern. Sie kann – wie auch die Fernlichtkontrolle – nur anzeigen, ob die Nebelleuchten eingeschaltet sind. Über die Glühlampen in den Scheinwerfern sagt sie nichts aus. Wohl aber über die Sicherung. Masse kommt auch hier wieder von der Zentralleitung im Kombi-Instrument.

Kontrolleuchte für Nebelschlußlicht

Für die Nebelschlußlicht-Kontrolleuchte gilt dasselbe wie für die Nebelscheinwerfer-Kontrolle: Strom kommt von der Leitung zur Nebelschlußleuchte.

Anhänger-Blinkerkontrolle

Sie blinkt rhythmisch mit, wenn bei angeschlossener Anhängerbeleuchtung die betreffende Blinkleuchte am Anhänger funktioniert. Ist eine Anhänger-Blinkleuchte defekt, blinkt die Kontrolle beim jeweiligen Richtungsblinken nicht mit.
Bei eingeschalteter Warnblinkanlage und angeschlossener Anhängerbeleuchtung leuchtet die Kontrolle auch dann auf, wenn eine der Hänger-Blinkleuchten nicht funktioniert.

Handbrems-Kontrolleuchte

Die Handbrems-Kontrolleuchte ist vom Kombi-Instrument her bei eingeschalteter Zündung (Zündschloßraste »II«) mit Strom versorgt. Den Massekontakt schafft bei angezogener Handbremse ein kleiner Schalter neben dem Handbremshebel. Er ist nach Abziehen der Handbremshebel-Manschette zugänglich.

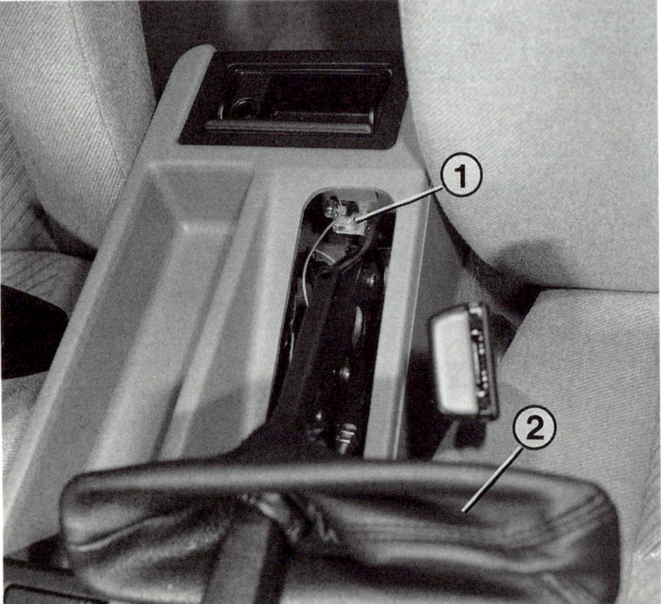

Der Schalter der Handbremskontrolle (1) ist erst nach Abziehen der Handbremshebel-Manschette (2) zugänglich.

Vorn links und hinten rechts sind an einem Scheibenbremsbelag Verschleißfühler eingesetzt. Ist der Belag bis auf das Mindestmaß abgenutzt, wird das Kabel der Verschleißanzeige von der Bremsscheibe an- (Massekontakt) bzw. durchgeschliffen (kein Kontakt). Die Elektronik im Kombi-Instrument wertet dieses Signal aus und läßt die Glühlampe der Bremsverschleißanzeige aufleuchten.
Natürlich braucht bei brennender Kontrolleuchte nicht sofort die nächste Werkstatt angesteuert zu werden. Der Sonntagsausflug kann ohne Sicherheitseinbuße beendet werden, und tags darauf reicht's noch bequem für die Fahrt zur Arbeit.

Störungssuche

Brennt die Bremsbelag-Verschleißanzeige, obwohl ausreichend Belagmaterial vorhanden ist, kommt als wahrscheinlicher Fehler eine Unterbrechung in den Leitungen zum Fühler im Bremsbelag in Betracht.
● Nacheinander Rad vorn links und hinten rechts abnehmen.
● Verbindungsstecker bei abgenommenem Rad aus den Haltern nehmen und auseinanderziehen.
● Beide Steckeranschlüsse derjenigen Kabel überbrücken, die zur Karosserie führen:
● Brennt die Kontrollampe bei eingeschalteter Zündung immer noch, liegt der Fehler an den Kabeln zum Kombi-Instrument oder an der Leiterplatte im Instrument.
● Verlöscht die Kontrolleuchte jetzt, liegt die Kabelunterbrechung an einer der Leitungen zum Belagfühler, oder der Belagfühler selbst ist defekt.
● Häufig hat der Fehlalarm seine Ursache in korrodierten Steckkontakten des Verbindungssteckers.

Der Flüssigkeitsstand im Vorratsbehälter wird durch einen Schwimmer mit angeschlossenem Kontakt überwacht. Fällt der Pegel durch ein Leck in der Bremsanlage, wird der Kontakt zur Masseleitung ausgelöst, und die Kontrollampe brennt.

Störungssuche

● Brennt die Kontrolleuchte bei laufendem Motor, obwohl der Bremsflüssigkeitsbehälter voll ist, den Kabelstecker am Deckel des Behälters abziehen:
● Verlöscht die Lampe jetzt, ist der Niveauschalter im Deckel des Vorratsbehälters defekt; eventuell ist der Schwimmer leck.
● Brennt die Kontrolleuchte weiterhin, liegt der Fehler im Instrument oder im Zuleitungskabel.

Diese Kontrolleuchte brennt zur Funktionskontrolle beim Einschalten der Zündung. Wenn nicht, Lämpchen auswechseln (siehe Anfang dieses Kapitels). Bei laufendem Motor muß die Anzeige verlöschen. Brennt sie dagegen während der Fahrt, liegt ein Defekt im Bremssystem vor. In die Werkstatt fahren und kontrollieren lassen (siehe Kapitel »Das Antiblockiersystem«).

Bei laufendem Motor darf die Ladekontrolle weder glimmen noch aufleuchten. Sonst sitzt ein Fehler in der Stromversorgung, siehe Störungsbeistand im Kapitel »Die Lichtmaschine«. Brennt das rote Lämpchen beim Einschalten der Zündung nicht, ist vermutlich die Glühlampe durchgebrannt, oder aber die Verschraubung an der Lichtmaschine hat sich gelöst.
Mehr über die Funktion der Ladekontrolleuchte erfahren Sie ebenfalls im Kapitel »Die Lichtmaschine«.

Bei eingeschalteter Zündung liegt an der Öldruckkontrolle Spannung an. Solange kein Öldruck aufgebaut wird, ist ihr Stromkreis durch den Öldruckschalter geschlossen – sie brennt.
Bei steigendem Öldruck im Motor öffnet der Öldruckschalterkontakt, der Stromkreis wird unterbrochen, und die Kontrolle verlöscht. Mehr zum Öldruck siehe im Kapitel »Der Motor und sein Innenleben«.

Fingerzeig: Kaltes Motoröl ist zähflüssig. Das ergibt hohen Öldruck, der die Kontrolleuchte schon beim oder gleich nach dem Anlassen des Motors verlöschen läßt. Im heißgefahrenen Motor im Hochsommer ist das Öl dünnflüssiger, und bei dem entsprechend niedrigeren Öldruck verlöscht die Kontrolle möglicherweise erst bei höheren Drehzahlen. Das ist eine normale Erscheinung – vor allem bei älteren Motoren.

Der Öldruckschalter (Pfeil) signalisiert über die Öldruckwarnleuchte am Armaturenbrett, ob in den Motorlagern ausreichend Öldruck vorhanden ist. Der Schalter sitzt direkt am Ölfiltergehäuse.

Störungssuche

Leuchtet die Öldruckkontrollampe plötzlich während der Fahrt auf, ist das grundsätzlich ein Alarmzeichen.

● Brennt sie nur kurz bei scharfem Bremsen oder in schnell gefahrenen Kurven, dürfte der Ölstand unter die Minimalmarke abgesunken sein – Ölstand prüfen und, wenn nötig, Öl nachfüllen.

● **Leuchtet die Lampe dauernd, Motor sofort abstellen und anhalten!**

● Dann zuerst kontrollieren, ob das Kabel vom Öldruckschalter zum Kombi-Instrument Kurzschluß zur Masse hat:

● Zündung einschalten, Kabelstecker am Öldruckschalter abziehen.

● Bei stehendem Motor muß die zuvor brennende Warnlampe nun verlöschen; das beobachtet am besten ein Helfer. Brennt sie dagegen weiter, ist das Kabel irgendwo durchgescheuert und hat Massekontakt. Das ist harmlos für den Motor – Sie können weiterfahren.

● Normalerweise zeigt das Aufleuchten der Öldruckkontrolle, daß in den Schmierstellen des Motors der nötige Öldruck nicht aufgebaut wird. Das liegt jedoch meistens nicht an einem Defekt an der Ölpumpe, sondern weit öfter an schlagartigem Ölverlust. In Betracht kommt da z. B. eine lose Ölablaßschraube.

● Stellt sich der Fehler als gefährlich für den Motor heraus, muß der BMW abgeschleppt werden.

● Bei ständig leuchtender Ölkontrolle ist nicht selten ein defekter Öldruckschalter schuld. Verläßlich nachgeprüft werden kann das aber nur durch Auswechseln des Schalters.

● Andere Defektmöglichkeit: Bleibt die Öldruckkontrolle beim Zündschlüsseldreh dunkel? Zündung einschalten, Stecker am Öldruckschalter abziehen.

● Kontaktzunge am Stecker mit Draht verlängern und Drahtende an blankes Metall halten: Brennt nun das Warnlicht, liegt es am Öldruckschalter. Öldruckschalter austauschen.

● Leuchtet nichts, ist die Zuleitung oder die Glühlampe selbst defekt.

Die Service-Intervallanzeige (SI)

Auf der Service-Intervallanzeige unten im Tachometer basiert das gesamte Wartungssystem unseres BMW. Was Ihnen die Leuchtfelder und Schriftzüge unten im Kombi-Instrument sagen wollen, erfahren Sie im Kapitel »Das Wartungssystem«.

Im 3er-BMW ist die Service-Intervallanzeige unten in die Flüssigkristallanzeige (LCD) des Kilometerzählers integriert.

Störungen

Störungen an der Service-Intervallanzeige sind ein typischer Fall für die Fehlerabfrage über die Fahrzeug-Diagnose. Denn die Berechnung der Intervallzeiten erfolgt im Kombi-Instrument, und das ist diagnosefähig. Nur wenige Punkte können Sie selbst prüfen, ohne den Diagnose-Computer zu bemühen:

○ Wenn der Motor-Temperaturgeber, der Drehzahlmesser oder Geschwindigkeitsgeber an der Hinterachse keine Signale liefern, kann auch die Service-Intervallanzeige nicht zufriedenstellend funktionieren. Also prüfen, ob hier alles mit rechten Dingen zugeht.

Der Geber der Temperaturanzeige (Pfeil) ist in
den Belüftungskanal an der linken Fahrzeugunterseite eingesteckt.

● Mit Fühlerlehre 0,9–1,0 mm unten zwischen Uhr
und Rahmen fahren.

● Uhr herausziehen, Stecker abziehen.
● Einbau: Uhr bis zum Einrasten einschieben.

Aus- und Einbau

Digital-Zeituhr mit Außentemperaturanzeige

Bei dieser Sonderausstattung ist ein Display (Anzeige) eingesetzt, das dem Bordcomputer gleicht. Zusätzliche
Anzeigen bzw. Funktionen zur Uhr:
○ Datum
○ Außentemperatur (mit Warngong unter +3°C)

○ Memofunktion (stündliches Erinnerungssignal)

Der Bordcomputer

Der Bordcomputer (Sonderwunsch beim 318 is) sitzt am selben Einbauort wie die Zeituhr. Er bietet dem Fahrer
auf seinem Display die folgenden Anzeigen bzw. Funktionen auf Abruf:
○ Uhrzeit
○ Datum
○ Zwei Durchschnittsverbräuche
○ Reichweite
○ Durchschnittsgeschwindigkeit
○ Außentemperatur (mit Warngong unter +3°C)

○ Stoppuhr
○ Voraussichtliche Ankunftszeit
○ Distanz zum Fahrtziel
○ Grenzgeschwindigkeit (selbstgewählt)
○ Motorstartsicherung mit Zahlencode
○ Memofunktion (stündliches Erinnerungssignal)

Meßwerte und Signale, aus denen der Bordcomputer seine Informationen bezieht oder errechnet, liefern die
folgenden Bauteile:
○ Schwingquarz der Zeituhr
○ Geschwindigkeitsgeber an der Hinterachse
○ Einspritzanlage (Verbrauchssignal)

○ Tankgeber
○ Außentemperaturfühler am Wagenbug
○ Zündschloß

Erscheint im Anzeigefeld des Bordcomputers die Buchstabenfolge »PPPP«, ist das als Krankmeldung des
Computers zu verstehen. Eingriffe von Laienhand sind nicht möglich, doch ist der Bordcomputer »diagnosefähig«, d.h. der Diagnose-Computer der BMW-Werkstatt liefert schnell Auskunft über die Ursache der Störung.

Störungen

**Fingerzeig: Spannungsspitzen, wie sie unter ungünstigen Umständen bei einem Kurzschluß im Versor-
gungs-Stromkreis des Computers entstehen, können der Computer-Elektronik das Leben kosten. Auch
»offene« Eingänge sind gefährlich. Deshalb z.B. den Temperaturfühler nicht längere Zeit ausgesteckt
lassen.**

Uhr bzw. Bordcomputer werden von den hier mit Pfeil bezeichneten Verriegelungshebeln im Ausschnitt der Konsole gehalten. Zum Ausbau muß der Verriegelungshebel gewissermaßen von der Rückseite her niedergedrückt werden. Deshalb wird die Fühlerlehre auch von rechts beginnend in den Spalt eingeschoben.

Bordcomputer bzw. Digitaluhr ausbauen

● Mit Fühlerlehre 0,9–1,0 mm zwischen Rahmen und untere Ablage fahren.
● Von rechts beginnend den Verriegelungshebel zurückdrücken.
● Bordcomputer bzw. Digitaluhr aushebeln, Stecker abziehen.

Die Schalter

Im BMW ist eine Vielzahl verschiedener Schalter verbaut. Wie man sie ausbaut und zuletzt auch wie man sie prüft, ist in den folgenden Abschnitten beschrieben. Zum Bereich »Schalter« gehört auch das Zündschloß.

Fingerzeig: Viele Schalter im BMW sind von innen beleuchtet. Leider lassen sich die Lämpchen in den Schaltern – ausgenommen beim Lichtschalter – nicht einzeln auswechseln, weil dadurch der Schalter zerstört würde.

Hebelschalter

Die Hebelschalter am Lenkrad sind Schalter der Superlative: Sie zählen nicht nur zu den am meisten gebrauchten Schaltern im Auto, sie führen auch die meisten Schaltfunktionen aus.

Hebelschalter ausbauen

● Batterie abklemmen.
● Armaturenbrettverkleidung links unten ausbauen (Kapitel »Der Innenraum«).
● Lenkrad ausbauen.
● Lenksäulenverkleidung ausbauen.
● Stecker der Zuleitungskabel trennen.

Die Hebelschalter (1–3) lassen sich nach Niederdrücken von Halterasten (Pfeile) vom Lenkstock abziehen.

Der Hebelschalter der Geschwindigkeitsregelanlage ist nur mit einer Halteraste (Pfeil) befestigt.

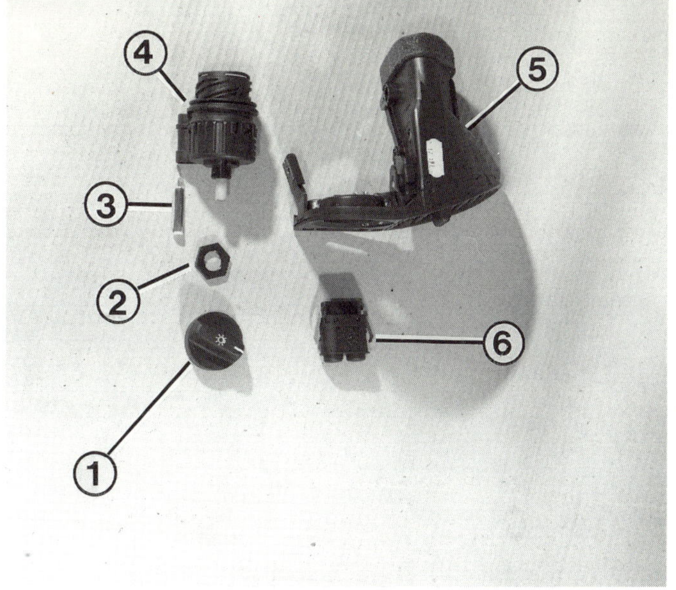

Lichtschalter und Luftdüse zerlegt. Es bedeuten:
1 – Drehgriff für Lichtschalter;
2 – Haltemutter;
3 – Lampenfassung für Lichtschalterbeleuchtung;
4 – Lichtschalter;
5 – Einbaublende mit Luftdüse;
6 – Schalter für Nebelscheinwerfer und Nebelschlußleuchte.

● Wo vorhanden, Massekabel abschrauben.
● Je zwei Haltespangen pro Hebelschalter niederdrücken.

● Kreuzschlitzschraube im Armaturenbrett unterhalb des Schalters herausdrehen.
● Schalter samt Lüftungsdüse aus dem Armaturenbrett ziehen.
● Schalterdrehknopf abziehen.

● Kreuzschlitzschraube unterhalb des Lichtschalters aus dem Armaturenbrett herausdrehen.
● Schaltereinheit mit Luftdüse aus dem Armaturenbrett herausziehen.

● Schalter aus der Führung ziehen und abnehmen.

● Mutter unter dem Drehknopf lösen.
● Kabelstecker vom Schalter abziehen und Schalter abnehmen.

● Stecker am Nebellichtschalter abziehen.
● Nebellichtschalter von hinten aus dem Einbauteil für Luftdüse und Schalter herausdrücken.

Schalter für Nebellicht ausbauen

Der Schalter für die heizbare Heckscheibe ist Bestandteil der Heizungsregulierung und kann auch nur zusammen mit der Leiterplatte der Heizungsregulierung ausgewechselt werden. Gleiches gilt für die beiden Leuchtdioden für Symbolbeleuchtung und Funktionsanzeige.

Zum Ausbau des Lichtschalters muß die hier mit Pfeil bezeichnete Kreuzschlitzschraube herausgedreht werden.

Nach Lösen der Kreuzschlitzschraube (2) ist hier die Einbaublende des Lichtschalters mit Luftdüse ein Stück herausgezogen. Es bedeuten: 1 – Lichtschalter; 3 – Haltemutter für Lichtschalter; 4 – Lichtschalterdrehgriff.

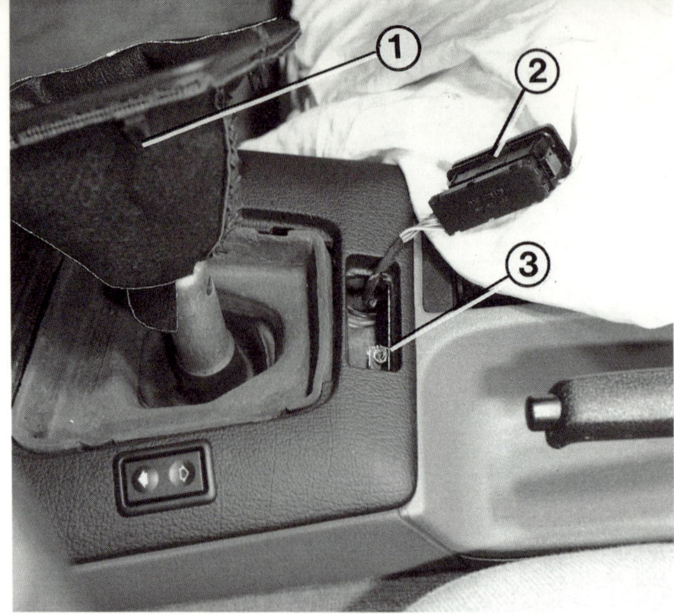

Nach Ausheben der Schalthebelabdeckung (1) kann der Schalter der Warnblinkanlage (2) von hinten aus der Mittelkonsole herausgedrückt werden. In der Einbauöffnung des Warnblinkschalters ist die Halteschraube für den Mittelkonsoleneinsatz (3) sichtbar.

Der Schalter der Warnblinkanlage ist bei eingeschaltetem Licht von einer kleinen Lampe in der Schaltertaste schwach erleuchtet. Dazu erhält das Lämpchen Strom vom Lichtschalter über einen elektrischen Widerstand. Wird der Schalter niedergedrückt, ist der Widerstand nicht mehr im Stromkreis – das Lämpchen leuchtet mit voller Lichtstärke im Blinkertakt.

Warnblink-Schalter ausbauen

- Schalthebel-Abdeckung in der Mittelkonsole seitlich aushaken und nach oben stülpen.
- Bei Fahrzeugen mit Automatikgetriebe Blende für Wählhebel abdrücken. Dazu Schraubendreher an der rechten Seite der Blende ansetzen.
- Mit der Hand den Warnblinkschalter von unten aus der Mittelkonsole drücken.
- Stecker abziehen.

Schalter der elektrischen Fensterheber

Bei entsprechend ausgestatteten Wagen werden die elektrischen Fensterheber von den Schalterblöcken in der Mittelkonsole betätigt. Zwei Einzelschalter sitzen (bei elektrischen Scheibenhebern hinten) in den Verkleidungen der beiden hinteren Türen. Alle Schalter sind beleuchtet, wenn die Fensterheber einsatzbereit sind.

Fensterheber-Schalter ausbauen

- Schalthebel-Abdeckung in der Mittelkonsole seitlich aushaken und nach oben stülpen.
- Bei Automatikgetriebe Blende für Wählhebel abdrücken (Schraubendreher rechts ansetzen).
- Mit der Hand die Fensterheberschalter von unten aus der Mittelkonsole drücken.
- Die Schalter können mit und ohne Halterahmen ausgebaut werden.
- Zum Abziehen der Stecker die Halterasten mit einem Schraubendreher lösen (siehe Bild unten).

Ebenfalls nach Ausheben der Schalthebelabdeckung können die Schalter der elektrischen Fensterheber (3) mit oder ohne Einbaurahmen (2) aus der Mittelkonsole herausgedrückt werden. Der Anschlußstecker (1) läßt sich erst nach Lösen der Verriegelung mit einem Schraubendreher abziehen. Der Pfeil zeigt, wie der Stecker entriegelt wird.

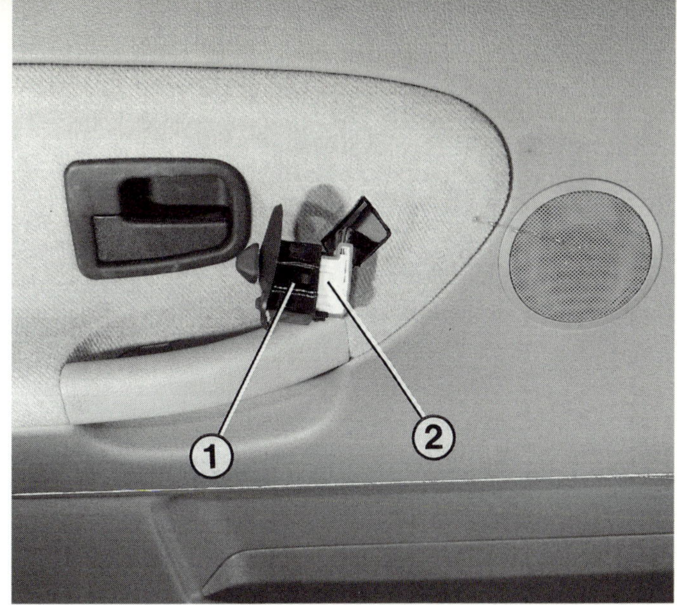

Der Schalter der elektrischen Spiegelverstellung (1) kann leicht aus der Türverkleidung herausgehebelt werden. Darauf achten, daß der Stecker (2) nach dem Abziehen nicht hinter die Verkleidung zurückrutscht.

Schalter für elektrisches Schiebedach

Wie die Fensterheber-Schalter ist er nur dann beleuchtet, wenn die elektrische Schiebedachbetätigung betriebsbereit ist.

- Abdeckung für Schiebedach-Motor hinter der Innenleuchte aus der Dachverkleidung ausrasten.
- Zum Abhebeln eignet sich ein flacher Löffelstiel.

- Schalter aus der Abdeckung herausdrücken und Stecker abziehen.

Schiebedach-Schalter ausbauen

Schalter für Spiegelverstellung

Der kleine Schalter für die Spiegelverstellung hat insgesamt vier Schaltkontakte zum Verstellen des Spiegels nach oben, unten, rechts und links. Zusätzlich sitzt im Schaltergehäuse der Umschalter für die Bedienung des rechten bzw. des linken Spiegels.

- Schmalen Schraubendreher oder Messerklinge zwischen Schalter und Türverkleidung schieben.
- Schaltergehäuse samt Anschluß aus dem Ausschnitt heraushebeln.
- Stecker vom Schalter abziehen.

- Zum Einbau Schalter wieder in die Türverkleidung eindrücken.

Schalter für Spiegelverstellung ausbauen

Drehregler

Die Helligkeit der Instrumentenbeleuchtung und die Leuchtweitenregulierung werden mit Drehreglern eingestellt.

Nach Abnehmen der linken unteren Armaturenbrettverkleidung lassen sich die Drehregler für Instrumentenbeleuchtung und Leuchtweitenregulierung zusammen mit der Konsole abnehmen, dazu die mit Pfeil bezeichnete Schraube lösen. Natürlich können die Regler auch einzeln aus der Konsole herausgedrückt werden.

Der Sicherungsautomat der elektrischen Fensterheber hält sich mit zwei kleinen Metallzungen (Pfeile) im Armaturenbrett. Er kann bei abgenommener linker Armaturenbrettverkleidung von hinten herausgedrückt werden.

Drehregler ausbauen

● **Instrumentenbeleuchtung:** Linke untere Armaturenbrettverkleidung ausbauen (Kapitel »Der Innenraum«).
● Drehregler von hinten aus der Einbaublende schieben.

● Stecker abziehen.
● **Leuchtweitenregulierung:** Der Ausbau dieses Drehreglers verläuft wie für den Drehregler der Instrumentenbeleuchtung beschrieben.

Das Zündschloß

Das Zündschloß dient nicht nur dazu, dem Besitzer des Zündschlüssels den Motorstart zu ermöglichen, sondern sperrt nach Abziehen des Zündschlüssels auch die Lenkung.
Während das Schloßteil nur in seltenen Fällen seinen Geist aufgibt, kann der in einem Kunststoffteil eingegossene Schaltkontaktsatz – also der Zündanlaßschalter – eher die Ursache für eine Störung sein. Ob er defekt ist, können Sie nach Abschrauben der linken unteren Armaturenbrettverkleidung sowie der Lenksäulenverkleidung prüfen (siehe Abschnitt »Schalter prüfen«).

Zündanlaßschalter ausbauen

Das Schalterteil des Zündschlosses kann die Ursache von Störungen sein, wenn die Kontakte abgenutzt sind. Ein Fehler, der fast ausschließlich bei älteren Wagen vorkommt.
● Batterie-Massekabel abklemmen.
● Linke untere Armaturenbrettverkleidung und Lenksäulenverkleidung ausbauen (Kapitel »Der Innenraum«).

Nach Lösen der beiden kleinen Halteschrauben (Pfeil) kann das Schalterteil (1) vom Schloßteil (2) abgezogen. Beim Einbau darauf achten, daß der Betätigungsstift richtig im Schalterteil eingreift.

● Unten am Zündschloß zwei Madenschrauben mit einem schmalen Schraubendreher herausdrehen.
● Anlaßschalter vom Zündschloß abnehmen.
● Mehrfachsteckverbindung der Zuleitungskabel trennen.

● Beim Einsetzen des neuen Schalterteils darauf achten, daß der Schloß-Betätigungsstift in die Aussparung am Schalterteil einrastet.

Diese Beschreibung soll keinen Autodieb aus Ihnen machen, sondern Ihnen vielmehr helfen, bei defektem Zündschloß weiterfahren zu können. Der Zündschlüssel muß natürlich trotzdem vorhanden sein, und er muß sich natürlich im Zündschloß drehen lassen, damit die **Lenksperre entriegelt** werden kann. Bei Defekten am Lenkschloß selbst sollten Sie nicht mehr weiterfahren, denn die Lenkradsperre könnte sonst während der Fahrt einrasten.

● Linke untere Armaturenbrettverkleidung ausbauen.
● An der Steckerleiste sehen Sie nun den Mehrfachstecker, in den die Kabel vom Zündschloß münden. An die Kontakte der einzelnen Kabel kommt man im Gehäuse des Steckers gut von hinten heran.
● Nun werden die Einzelstecker des roten und des grünen Kabels – z.B. mit einer Büroklammer – überbrückt. Die Zündung ist damit eingeschaltet.
● Zum Starten des Motors basteln Sie sich eine zweite, gut isolierte Drahtbrücke, die zunächst nur mit dem schwarz/gelben Kabel verbunden wird.
● Die zweite Drahtbrücke nun kurz gegen die bereits bestehende Brücke halten und sofort wieder wegziehen: Der Anlasser wirft jetzt den Motor an.
● Zweite Brücke am besten ganz entfernen und die erste gut isolieren, damit sie nicht mit einem blanken Teil in Berührung kommen kann. Sonst gibt's einen saftigen Kurzschluß, denn das rote Kabel besitzt keine Sicherung.
● Zum Abstellen des Motors die Verbindung zwischen dem roten und grünen Kabel abziehen.
● Zum Fahren kann die Armaturenbrettverkleidung ausgebaut bleiben.

● Mit einer Prüflampe mit Nadelkontakt können Sie die Kabelisolierung durchstechen und feststellen, welche Kabel Spannung führen.
● Nehmen Sie den passenden Stromlaufplan (Näheres dazu im Kapitel »Die Stromlaufpläne«) zur Hand.
● Zuerst wird geprüft, ob der Schalter überhaupt Spannung geliefert bekommt; hierzu muß vielfach die Zündung oder die Beleuchtung eingeschaltet werden.
● Dann wird kontrolliert, ob der Schalter in entsprechender Stellung die Spannung weiterleitet.
● Am Beispiel des **Zündanlaßschalters** sieht das folgendermaßen aus:

● Das rote Kabel von Batterie-Plus muß ständig Strom führen.
● Das violette Kabel der Zündschloß-Klemme »R« führt in den Zündschloßrasten »I«, »II« und in der Anlaßstellung Strom.
● Das grüne Kabel der Zündschloßklemme 15 führt in Raststellung »II« und in Anlaßstellung Strom.
● Das schwarz/gelbe Kabel Klemme 50 führt nur in Anlaßstellung Strom.

Alles über die Schaltrelais und ihre Unterbringung im BMW erfahren Sie im Kapitel »Die Karosserie-Elektrik«.

Der elektrische Anzünder erhält Dauerstrom über die zuständige Sicherung. Falls der Anzünder trotz intakter Sicherung nicht funktioniert, ist der Heizwendeleinsatz locker oder durchgebrannt. Dieser Einsatz läßt sich abschrauben und austauschen.

Die heizbare Heckscheibe wird nicht direkt über den Schalter in der Heizungsbetätigung am Armaturenbrett aus- und eingeschaltet. Vielmehr läuft der Stromkreis über ein Relais und von dort aus über den Antennenverstärker zu den Heizdrähten (Verschaltung siehe Kapitel »Die Stromlaufpläne«).
Variationen in der Bedienung ergeben sich bei Fahrzeugen mit Klimaanlage. Der Schalter der heizbaren Heckscheibe muß bei diesen Fahrzeugen nach jedem Abschalten des Motors erneut gedrückt werden. Die übrige Verschaltung ist jedoch identisch.

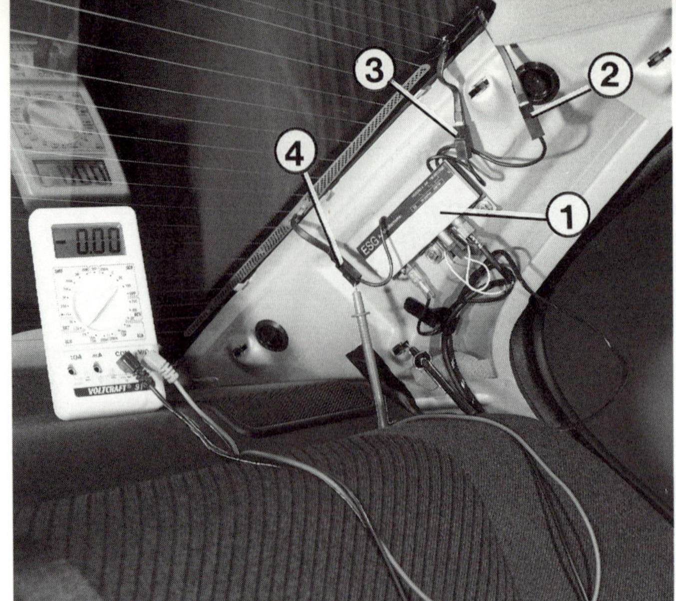

Am linken hinteren Dachpfosten ist nach Abziehen der Dachpfostenverkleidung der Antennenverstärker (1) zugänglich. Ferner zu sehen:
2 – Anschluß für UKW-Antenne (FM);
3 – Anschluß für Mittelwellen-Antenne (AM);
4 – Anschluß für heizbare Heckscheibe.
Im Bild wird geprüft, ob an der heizbaren Heckscheibe die volle Spannung anliegt.

Störungssuche

Falls die heizbare Heckscheibe kalt bleibt, kommen folgende Fehlermöglichkeiten in Betracht:

● **Sicherung defekt.**

● **Relais** für heizbare Heckscheibe **defekt** (Fehlersuche siehe Kapitel »Die Karosserie-Elektrik«).

● **Zuleitung** zur Heckscheibe **defekt**. Mit Meßgerät kontrollieren, ob an den Heizdrähten (im mittleren Scheibenbereich) etwa halbe Batteriespannung gegen Masse anliegt. An mehreren Drähten prüfen.

● Drähte, an denen gar keine Spannung anliegt, sind defekt.

● Sind einzelne Heizfäden beschädigt und dadurch unterbrochen, hilft Leitsilberlack. Dieser wird z. B. von Doduco, Postfach 480, 7530 Pforzheim, hergestellt und ist im Autozubehörhandel erhältlich.

● Ist an keinem der Drähte Spannung zu messen, ist die Zuleitung defekt. Steckeranschlüsse prüfen.

● **Koppler defekt** (rechter Steckanschluß der Heizheckscheibe). Rechte Dachpfostenverkleidung abdrücken und die beiden von der Heckscheibe kommenden Kabel am Kopplerkästchen abziehen und abwechselnd gegen Masse halten. Wenn sich jetzt je ein Teil der Heckscheibe erwärmt, ist der Koppler defekt.

● **Antennenverstärker prüfen** (unter der linken Dachpfostenverkleidung – siehe auch Seite 233): Liegt am Eingangskabel (siehe Beschriftung am Antennenverstärker) Spannung an, an den Kabeln zur Scheibe dagegen nicht, ist der Verstärker defekt.

● Waren all diese Teile in Ordnung, bleibt als letzte Fehlermöglichkeit: **Schalter defekt**. Ausbauen.

Scheibenwischer und -wascher prüfen

Ständige Kontrolle

● Motor starten.

● Laufen die Scheibenwischer in beiden Geschwindigkeiten und gehen sie beim Ausschalten in die Parkstellung zurück?

● Funktioniert die Wischintervallschaltung und die Wisch/Wasch-Automatik?

● Spritzt Wasser aus den Wascherdüsen?

● Wird bei entsprechend ausgestatteten Wagen auf Tastendruck Intensivreiniger auf die Scheibe gesprüht und anschließend nachgewaschen?

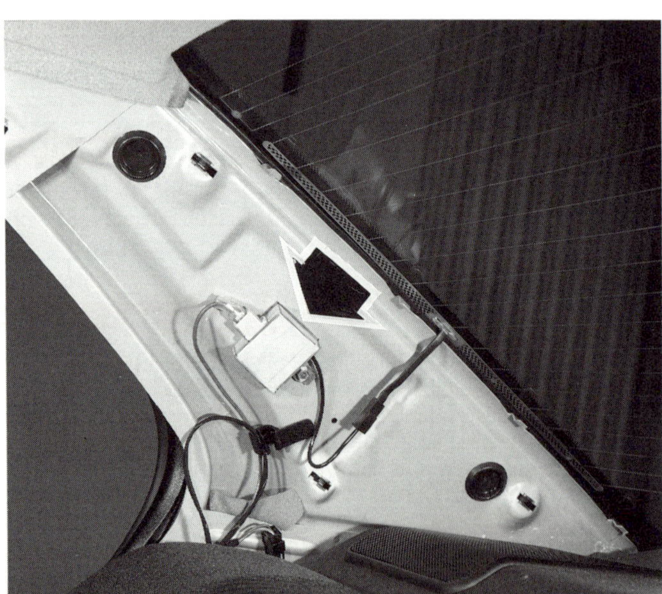

Unter der rechten Dachpfostenverkleidung ist der im Text erwähnte Koppler (Pfeil) untergebracht.

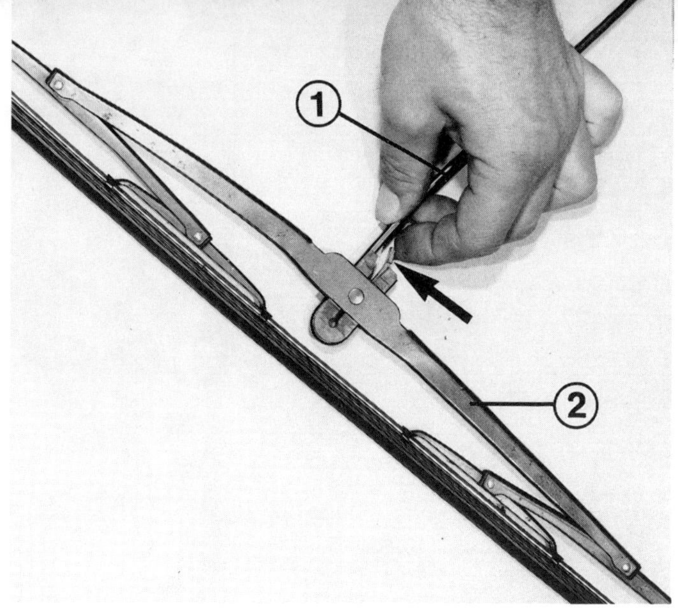

Abbau des Wischerblatts vom Wischerarm: Kunststoffhebel drücken (Pfeil), Wischerblatt (2) vom Wischerarm (1) abdrücken.

● Wischerarm zurückklappen.
● Geriffelte Halteraste nahe der Mittelachse des Wischerblatts nach unten drücken.
● Gleichzeitig das Wischerblatt zur Scheibe hin vom Wischerarm schieben.

● Wischergummi nach Muster im Zubehörladen kaufen (Werkstätten haben sie selten vorrätig).
● An einem Ende ist das Wischergummi durch seine spezielle Ausformung mit einer Halteklammer des Wischerblattgestänges arretiert.
● Eben diese Halteklammer mit schmalem Schraubendreher ein Stück aufbiegen.

● Motorhaube öffnen.
● Abdeckkappe am unteren Ende des Wischerarms von Hand abdrücken.
● Haltemutter lösen, Federscheibe abnehmen.
● Wischerarm von der Welle abziehen.
● Falls dies nicht möglich ist, beidseitig von der

● Beim Einbau Wischerblatt bis zum Einrasten der Haltenocke auf den Wischerarm drücken.

Scheibenwischer auswechseln

● Altes Gummi herausziehen und die beidseits eingelegten Metallstreifen am neuen Gummi einsetzen. Darauf achten, daß die Krümmung nach unten (zur Scheibe hin) zeigt.
● Neues Wischergummi einschieben und Halteklammer wieder zusammenquetschen.

Wischergummi wechseln

Scheibenwischerwelle zum Schutz der Abdeckung unter der Windschutzscheibe einen großen Lappen legen.
● Mit rechts und links angesetzten flachen Schraubendrehern den Wischerarm abhebeln.

Scheibenwischerarm ausbauen

Fingerzeig: Das lästige Rubbeln der Scheibenwischer auf der Scheibe liegt nicht immer an austauschreifen Wischergummis, deren Wischlippe nicht mehr elastisch genug ist. Häufig ist auch der Winkel Wischerblatt/Scheibe falsch. Das Wischergummi muß nämlich genau im rechten Winkel zur Scheibe stehen. Tut es das nicht, Wischerarm mit einer Zange in sich verbiegen, bis der Winkel stimmt. Am

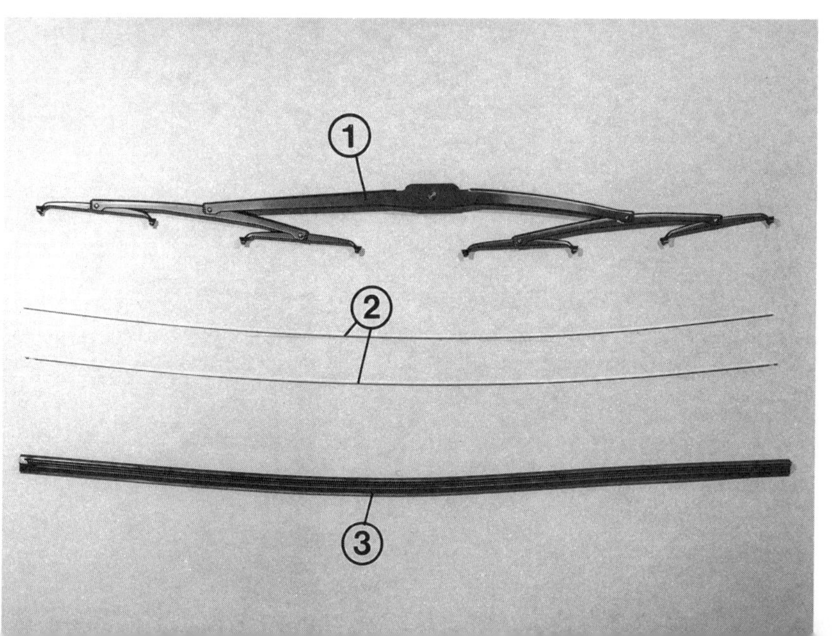

Das Wischerblatt zerlegt. Es bedeuten:
1 – Metallgestänge;
2 – Metallstreifen;
3 – Wischergummi.
Besonders Sparsame montieren lediglich auf der Fahrerseite einen neuen Scheibenwischer, der Beifahrer erhält den bisherigen linken Wischer. Beim nächsten Mal bauen sie wieder links einen neuen Scheibenwischer an und rechts den früheren linken; der alte Beifahrerwischer kommt nun auf den Müll.

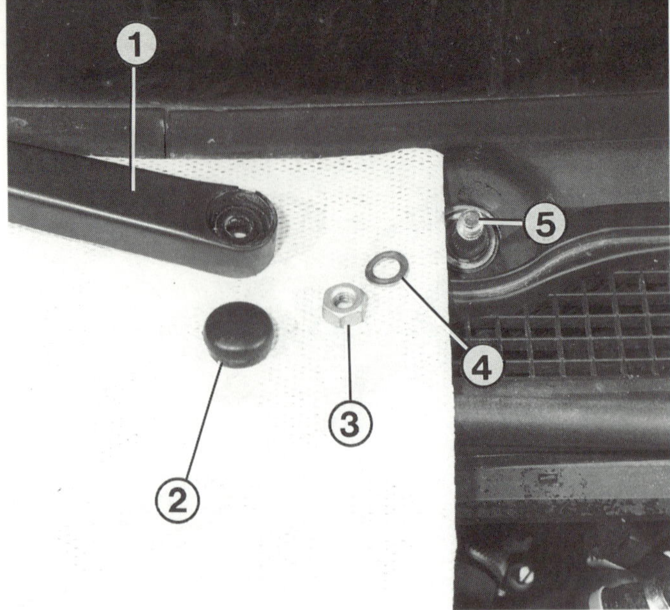

Wischerarm ausbauen: Abdeckkappe (2) abhebeln, Mutter (3) abschrauben und Unterlegscheibe (4) abnehmen. Jetzt kann der Wischerarm (1) von der Wischerachse (5) abgezogen werden.

besten geht das, wenn man den Scheibenwischer bis in halbe Scheibenhöhe hochlaufen läßt und dann die Zündung ausschaltet.

Wischermotor-Steuerung

Im 3er haben wir es mit zwei verschiedenen Steuerungen für den Wischermotor zu tun:
○ In der »Low-Version« (Standard-Version) ist das Wisch/Wasch-Modul allein für die Wischersteuerung zuständig.
○ Ist das Fahrzeug dagegen mit Intensivreinigungsautomatik ausgestattet, erfolgt die Wischersteuerung zusätzlich über ein Doppelrelais, und die Intervallzeit ist programmierbar – d.h. die Intervallzeit ist in gewissen Grenzen einstellbar. BMW nennt diese Ausstattung »High-Version«.

Geschwindigkeitsabhängige Wisch-Intervallzeit

Die Intervallzeit verändert der BMW abhängig von der gefahrenen Geschwindigkeit selbsttätig: Höhere Geschwindigkeit – kurzes Intervall; niedrige Geschwindigkeit – langes intervall. Zusätzlich schaltet das Wisch/Wasch-Modul in Wischergeschwindigkeit »I« bei stehendem Wagen auf Intervallschaltung zurück.
Bei Fahrzeugen mit Wischersteuerung in »High-Version« läßt sich die Intervallzeit im Bereich zwischen 3 und 20 Sekunden frei programmieren. Das geht so:
● Kurz in Stellung »Intervallwischen« schalten.
● Ausschalten und innerhalb von 3–20 Sekunden den Schalter wieder in Stellung »Intervallwischen« bringen.
● Die Zeitspanne dazwischen ist die neu programmierte Intervallzeit.

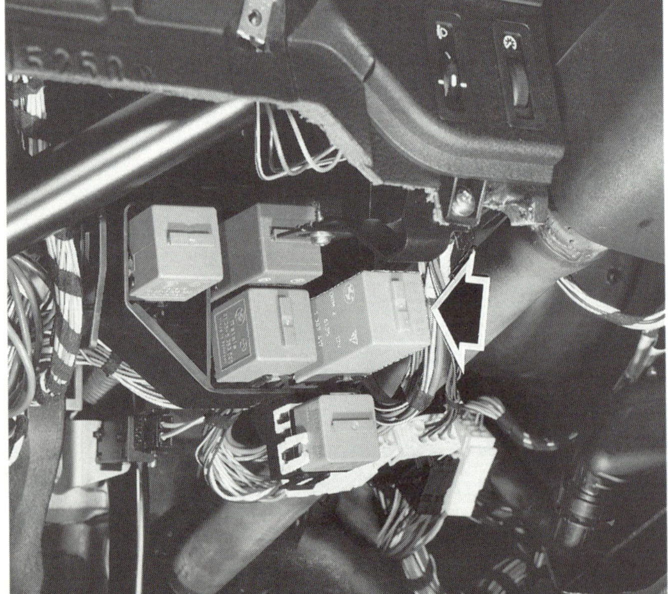

Das Doppelrelais-Modul bei Fahrzeugen mit Intensivreinigungsanlage (Pfeil) sitzt auf dem hier nach unten geklappten Relaishalter unter dem Armaturenbrett nahe der Lenksäule.

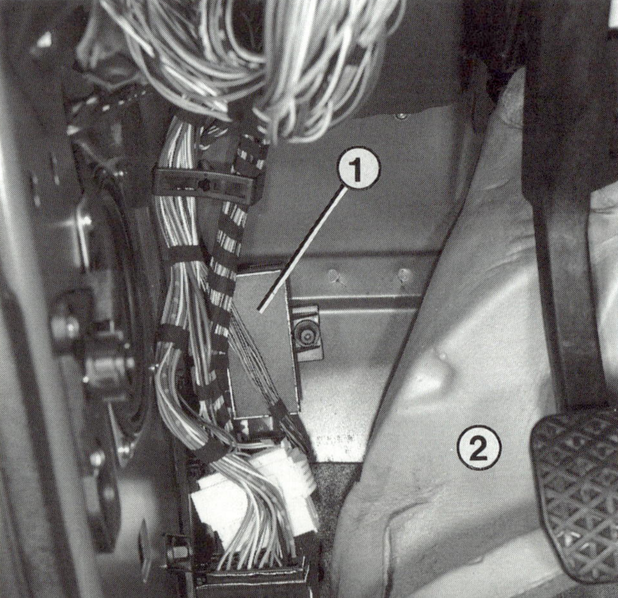

Bei abgenommener linker Fußraumverkleidung und zurückgeschlagenem Teppichboden (2) ist das Wisch/Wasch-Modul (1) zugänglich. Das Wisch/Wasch-Modul übernimmt die Steuerung von Scheibenwischer und -wascher.

○ Klemme **31** (Pin 1) ist die Masseverbindung des Motors.
○ Klemme **31b** Pin 4) ist die Steuerleitung für das Wisch/Wasch-Modul. Sie signalisiert vom Wischermotor aus, ob sich die Wischerblätter gerade in Ruhestellung befinden oder ob sie auf der Scheibe »unterwegs« sind.
○ Klemme **53** (Pin 2) hat mehrere Funktionen: Erstens liefert sie Strom für die erste Wischergeschwindigkeit. Zweitens fließt über sie auch nach Abschalten des Wischers am Schalter noch so lange Strom, bis die Wischer sich in Ruhestellung befinden. Drittens wird diese Klemme sofort vom Wischerrelais auf Masse gelegt, wenn die Wischer in Ruhestellung gelaufen sind (Wischerschalter ausgeschaltet). Das bremst den Wischermotor schlagartig ab, und er kann nicht über die Endstellung hinauslaufen.
○ Klemme **53b** (Pin 3) des Wischermotors wird mit Strom versorgt, wenn die zweite Wischergeschwindigkeit eingeschaltet ist.

Fingerzeig: Außer in Zündschlüsselstellung »0« dürfen die Wischerblätter nicht außerhalb ihrer Parkstellung blockiert sein – etwa durch Schnee oder weil sie angefroren sind. Denn der Wischermotor erhält so auch im ausgeschalteten Zustand Strom vom Wisch/Wasch-Modul. Da sich der Elektromotor durch die festhängenden Wischerblätter nicht drehen kann, brennt er durch.

Scheibenwischer

Die Störung	– ihre Ursache	– ihre Abhilfe
A Scheibenwischer laufen nicht	1 Sicherung defekt	Austauschen
	2 Wischerschalter defekt	Prüfen bzw. austauschen
	3 Wischermotor defekt	Prüfen (siehe folgenden Text)
	4 Wischerantriebskurbel lose	Festschrauben
	5 Wischerrelais defekt	Prüfen
	6 Wisch/Wasch-Modul defekt	Diagnose durchführen lassen
B Scheibenwischer laufen nicht in Stufe »II«	1 Klemme 53b des Wischermotors defekt	Motor austauschen
	2 Siehe A 3, 5 und 6	
C Scheibenwischer laufen nicht im Intervallbetrieb	Siehe A 3 und 6	
D Scheibenwischer haben keine definierte Ruhestellung	1 Kontakt 31b am Wischermotor schaltet nicht mehr	Motor austauschen
	2 Siehe A 6	
E Wischermotor läßt sich nicht ausschalten	1 Siehe D 1	
	2 Siehe A 6	

Hier ist der Anschlußstecker (2) von den Kontakten des Wischermotors (1) abgenommen, um die Stromzufuhr prüfen zu können.

Zum Ausbau des Wischermotors müssen der Luftansaugkasten der Heizung und die Blende links unter der Windschutzscheibe ausgebaut werden. Danach die hier mit Pfeilen bezeichneten Verschraubungen lösen.

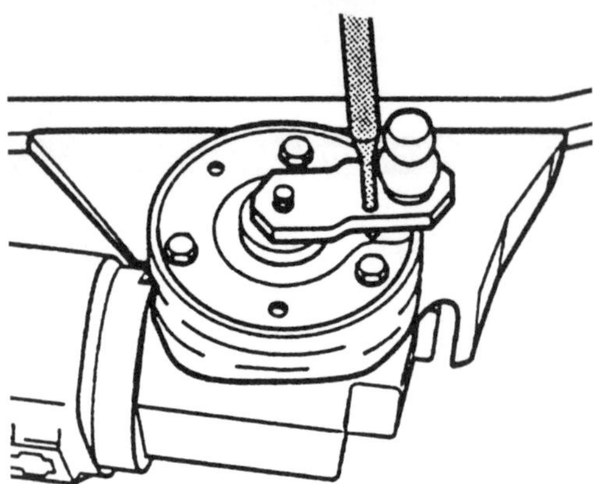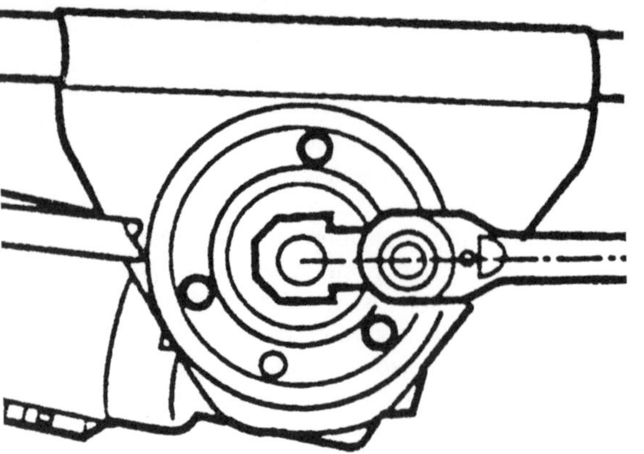

Links: Die Antriebskurbel muß am neuen Wischermotor so befestigt werden, daß sich ein Dorn durch die Fixierbohrungen an Kurbel und Konsole stecken läßt. Rechts: Die Mittelachsen der Motorkurbel und des Antriebsgestänges zum Beifahrer-Wischer müssen eine Linie bilden (strichpunktierte Linie).

Wischermotor oder Zuleitung defekt?

Zur Klärung, ob der Wischermotor oder die Stromzuleitung (Leitungen, Schalter, Relais, Wisch/Wasch-Modul) defekt ist, führt die Werkstatt üblicherweise eine sogenannte Statusabfrage mit dem Service-Tester durch. Das geht schnell und bequem. Wer die Sache selbst in die Hand nehmen will, macht das mit folgender Prüfung:

● Luftsammelkasten ausbauen, wie im folgenden Abschnitt beschrieben.

● Steckverbindung für Wischermotor-Zuleitungskabel an der Stirnwand lösen (linksdrehen).

● Hilfskabel legen: Vom Batterie-Pluspol bzw. vom Plus-Abgriff zu Klemme 53 oder 53 b am Wischermotor-Stecker (Anschluß des schwarz/rot/gelben bzw. schwarz/weiß/gelben Kabels).

● Zweites Hilfskabel von einem Massepunkt am Motor zu Klemme 31 am Wischermotor-Stecker (Anschluß des braunen Zuleitungskabels).

● Der Scheibenwischermotor muß jetzt – je nach benutzter Klemme – auf Stufe »I« oder »II« laufen. Tut er das nicht, ist er defekt. Andernfalls liegt der Fehler im Schalter, in der Wischer-Steuerung oder in der Zuleitung.

Scheibenwischermotor ausbauen

● Wischer in Ruhestellung laufen lassen und ausschalten.

● Wischerarme ausbauen.

● Abdeckgitter des Luftsammelkastens ausbauen.

● Abdeckung über den Wischerachsen direkt unter der Windschutzscheibe abziehen.

● Muttern der Wischerachsen lösen.

● Wischerachsen mit Isolierband abkleben, um Beschädigungen beim Herausziehen zu vermeiden.

● Luftführung aus dem Luftsammelkasten herausziehen.

● Schrauben des Kabelkanals oben im Luftsammelkasten lösen.

● Übrige Befestigungen des Kabelkanals lösen.

● Kabelkanal nach vorn biegen. Schrauben des rechten Halters des Luftsammelkastens lösen.

● Schraube links am Luftsammelkasten herausdrehen.

● Luftsammelkasten nach oben herausziehen.

● Abstützung rechts am Wischermotor lösen.

● Steckverbindung für Wischermotor-Zuleitungskabel an der Stirnwand lösen (linksdrehen).

● Wischermotor mit Konsole nach rechts unten aus der Karosserie »ausfädeln«.

● **Wischermotor von der Konsole trennen:** Antriebskurbel vom Wischermotor abschrauben.

● Motor von der Konsole abschrauben.

● Beim **Einbau des neuen Motors beachten:** Motor anschließen und in Parkstellung laufen lassen.

● Motor an der Konsole befestigen.

● Antriebskurbel so befestigen, daß der Dorn in die Fixierbohrungen an Kurbel und Konsole gesteckt werden kann.

● Dorn beim Anziehen der Mutter für die Wischerkurbel festhalten.

● Die Mittelachsen der Motorkurbel und des Antriebsgestänges zum Beifahrerwischer müssen eine Linie bilden.

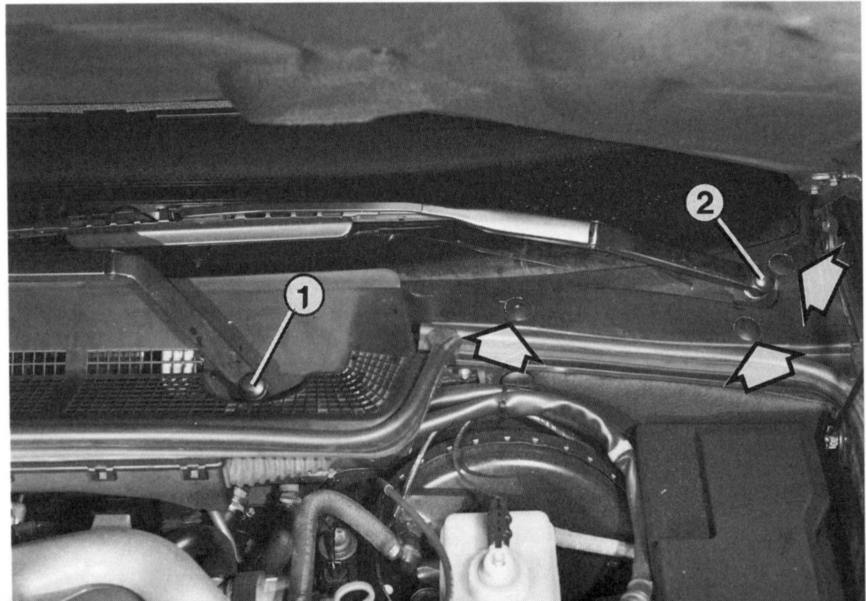

Im Gegensatz zum Viertürer wird die Abdeckung des Luftsammelkastens bzw. des Wasserkastens beim Coupé durch Schnellverschlüsse (Pfeile) gehalten. Auch müssen vor Entfernen der Abdeckung die Wischerarme (1 und 2) ausgebaut sein.

An den gezeigten
Punkten sollen die
Wasserstrahlen der
Wascherdüsen auf die
Scheibe auftreffen.

● Erst Zusatzmittel und anschließend Wasser einfüllen, damit sich die Flüssigkeiten im Wascherbehälter gut vermischen.

● Bei tiefem Frost können die Wascherdüsen an Fahrzeugen ohne Düsenheizung doch einfrieren. Zur Vorbeugung empfiehlt sich hier die Zumischung von ⅓ Brennspiritus, der allerdings aufdringlich riecht.

● Nadel in das Loch der Spritzdüse stecken.
● Das Düsenloch selbst befindet sich in einer Kugel, die mit Hilfe der Nadel verdreht wird.
● Spritzdüse drehen, bis die Spritzwasserstrahlen

● Fahrzeuge mit Intensivreinigungsanlage: Getrennten Vorratsbehälter mit BMW-Intensivreiniger auffüllen.

● Um Verstopfungen der Scheibenwaschwasserdüsen vorzubeugen, empfiehlt sich der Einbau eines handelsüblichen Benzinfilters in die Waschwasserleitung.

wie im Bild oben gezeigt auf die Windschutzscheibe auftreffen.

Ständige Kontrolle

Spritzstrahl einstellen

Trotz Frostschutzbeimischung kann das Scheibenwaschwasser durch den kalten Fahrtwind in den vorderen Spritzdüsen einfrieren. Dagegen hilft die gegen Aufpreis lieferbare Düsenbeheizung.
Direkt vor den Düsen sitzt ein Metallgehäuse mit einem temperaturgesteuerten Heizwiderstand. Mit dem Einschalten der Zündung erhält dieser Widerstand Spannung. Durch einen anfangs hohen Stromfluß werden die Düsen bei Frost schnell aufgetaut. Zum Halten der Temperatur fällt der Strom nach der Aufheizphase ab.

Elektrisch beheizte Waschwasserdüsen

Wenn die Wascherdüsenbeheizung nicht funktioniert, kontrollieren Sie folgendes (nächste Seite):

Störungssuche

Der Vorratsbehälter für Scheibenwaschwasser (2). Position »3« deutet auf die Wasserpumpe für die Scheibenwaschanlage, Position »1« zeigt die Wasserpumpe für die Scheinwerfer-Waschanlage.

Der Behälter der Intensivreinigungsanlage (2) mit zugehöriger Wasserpumpe (1) sitzt hier hinter dem rechten Federbeindom.

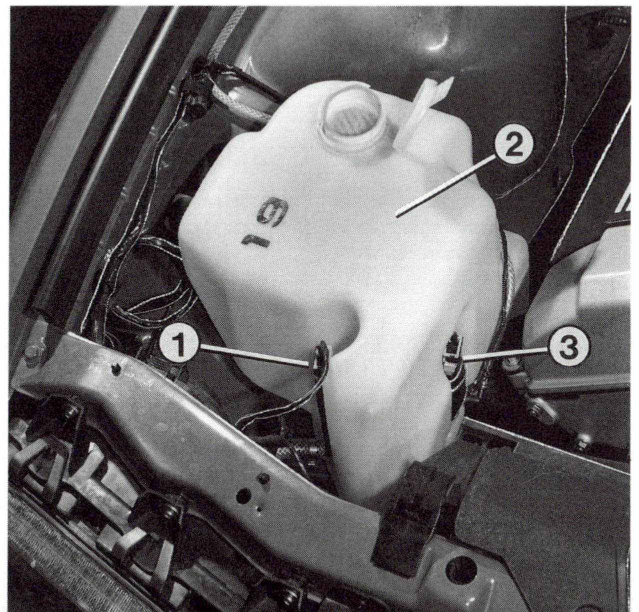

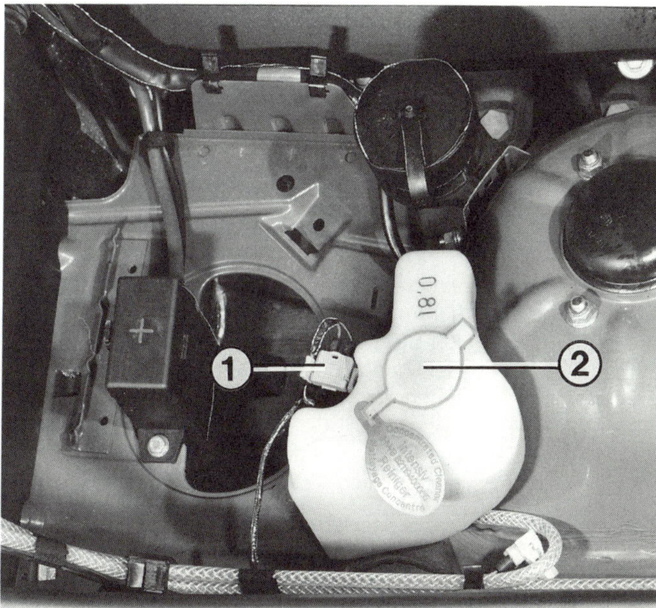

● Bei abgenommener Motorhaubenverkleidung Steckverbindung zur Düse trennen.
● Mit Spannungsprüfer bei eingeschalteter Zündung kontrollieren, ob Spannung anliegt bzw. die Masseverbindung intakt ist.

● Wenn nicht, Leitungsunterbrechung suchen.
● Fehlt es nicht an der Stromversorgung, muß die Düse ersetzt werden.

Scheibenwaschwasserbehälter ausbauen

● Stecker, an der (den) Pumpe(n) abziehen.
● Kunststoff-Halteschraube(n) ganz hinten am Behälter lösen.
● Wasserschläuche vorsichtig an der (den) Pumpe(n) abziehen. Die Schlauchstutzen brechen – besonders bei Kälte – leicht ab.
● Behälter nach oben herausnehmen und über einem bereitgestellten Gefäß ausleeren.

Störungsbeistand

Scheibenwaschanlage

Die Störung	– ihre Ursache	– ihre Abhilfe
A Wasser spritzt nicht beim Zug am Wascherhebel	1 Wascherbehälter leer	Auffüllen
	2 Im Winter: Waschwasser eingefroren	Höhere Frostschutzkonzentration verwenden
	3 Spritzdüsen verstopft	Schlauch abziehen, Düse ausbauen. Mit Preßluft durchblasen oder dünnem Draht durchstoßen. Evtl. Schlauch ebenfalls durchblasen
	4 Sicherung defekt	Ersetzen
	5 Wascherpumpe defekt	Stromversorgung (violett/schwarzes bzw. braun/violettes Kabel) bei eingeschalteter Zündung und gezogenem Hebel kontrollieren. Ggf. austauschen
	6 Waschpumpenkontakt am Wischerschalter defekt	Prüfen, ob braun/violettes Kabel bei gezogenem Hebel Massekontakt hat. Ggf. Schalter austauschen
B Einseitiger Spritzstrahl	Siehe A 3	

Die Intensivreinigungsanlage

Die Intensivreinigungsanlage (Sonderausstattung) für die Frontscheibe ist gewissermaßen ein Abfallprodukt aus dem Rennsport. Dort mußte eine Möglichkeit geschaffen werden, die Scheibe während der Fahrt auch von hartnäckigen Verschmutzungen, wie Fliegenreste und Silikon, zu reinigen.
In einen getrennten Behälter läßt sich ca. **1 Liter** Intensivreiniger einfüllen, der mit eigener Pumpe auf die Scheibe gesprüht und von den Scheibenwischern verteilt wird. Sofort anschließend erfolgt das Nachwaschen des Konzentrats mit normaler Scheibenwascherflüssigkeit.
Die Abfolge der Reinigungsvorgänge bestimmt das Wisch/Wasch-Modul.

Störungssuche

○ Zunächst kontrollieren, ob nach Drücken der Taste »Intensivreinigung« Spannung an der Pumpe des Intensivreiniger-Behälters anliegt.
○ Regt sich die Pumpe nicht, obwohl Spannung anliegt, ist sie defekt.
○ Kommt kein Strom an, Kontakt des Wischerschalters prüfen.
○ Als letzte Fehlermöglichkeiten bleiben nur noch das Wisch/Wasch-Modul, das Doppelrelais-Modul und die Kabelzuleitungen (Stromlaufpläne siehe Kapitel »Die Stromlaufpläne«).

Scheinwerfer-Waschanlage

Bei eingeschalteter Beleuchtung erhält eine zweite Pumpe des Waschwasserbehälters beim Zug am Wisch/Wasch-Hebelschalter über ein zwischengeschaltetes Relais ihren Arbeitsstrom. Sie pumpt das Wasser zu den Spritzdüsen im Stoßfänger unterhalb der Scheinwerfer. Die Leitungen münden jeweils in einen Hubzylinder. Ab einem bestimmten Leitungsdruck fährt er mit der vorn eingesteckten Wascherdüse aus, damit das Waschwasser im richtigen Winkel auf die Scheinwerfer-Streuscheibe auftrifft.
Zur Störungssuche gehen Sie gleich vor wie bei der normalen Waschanlage. Zusätzlich muß das Scheinwerfer-Reinigungsmodul (siehe Kapitel »Die Karosserie-Elektrik«) überprüft werden, was jedoch nicht mehr in Eigenregie erfolgen kann. Läßt die Reinigungswirkung zu wünschen übrig, die Funktion der Hubzylinder überprüfen. Ggf. muß der Spritzstrahl mit einer kräftigen Nadel eingestellt werden. Zum Einstellen die Spritzdüse aus dem Stoßfänger ziehen und mit einem passenden Holz- oder Kunststoffstück in voll ausgefahrener Stellung festklemmen.

Falls sich nach Betätigen des Schalters an der linken Tür bei eingeschalteter Zündung (Zündschlüsselraste »II«) nichts tut, prüfen Sie folgendermaßen:
● Sicherung in Ordnung (Kapitel »Die Karosserie-Elektrik«)?
● Spiegelschalter aus der Armlehne ziehen und mit Prüflampe am grün/schwarzen Kabel kontrollieren, ob Spannung anliegt.
● Wenn ja, Schalter durchprüfen.
● Zuletzt Kabelführung zum Spiegel prüfen. Dazu Spiegelglas ausbauen und Verstellmotor abschrauben.

● **Spiegelglas ausbauen:** Arbeitshandschuhe anziehen, falls es Bruch gibt.
● Von unten breite Spachtel oder Kunststoffplättchen hinter das Spiegelglas schieben und Glas aus der Befestigung hebeln.
● Spiegelglas vorsichtig abnehmen.
● Evtl. Kabel der Spiegelbeheizung abziehen.
● **Verstellmotor ausbauen:** Im Spiegelgehäuse die vier Kreuzschlitzschrauben des Verstellmotors losdrehen.
● Kabel am Motor abziehen.
● Beim Zusammenbau darauf achten, daß die Kabel am Spiegelmotor richtig angeschlossen werden.

● War bisher alles in Ordnung, ist sicher der Verstellmotor des Spiegels defekt, den es jedoch nur zusammen mit dem Gehäuse zu kaufen gibt.
● Vorübergehend läßt sich der Außenspiegel durch Verdrehen des Spiegeleinsatzes von Hand verstellen.

● **Spiegelglas einbauen:** Wieder Arbeitshandschuhe tragen.
● Spiegelglas in die Führungszapfen einsetzen und festdrücken, bis es einrastet.
● Wie der Spiegel komplett ausgebaut wird, steht im Kapitel »Die Karosserieteile«.

Fingerzeig: Die Versorgungsleitungen zu den elektrischen Verbrauchern und Schaltern in der Tür (Fensterheber, Spiegelverstellung, Zentralverriegelung) werden bei jedem Öffnen der Tür gebogen, was sie auf Dauer nicht immer durchhalten. Hier kann die Ursache für Fehlfunktionen der Stromverbraucher in der Tür liegen.

○ In Zündschlüsselstellung »I« lassen sich die elektrischen Fensterheber auf Knopfdruck bedienen.
○ Ein Sicherungsautomat rechts unterhalb des Kombi-Instruments schaltet die Stromzufuhr zu den Fensterhebern selbsttätig ab, wenn Überlastung oder Kurzschluß in der Anlage zu hohen Stromverbrauch hervorrufen. Zusätzlich kann der Sicherungsautomat als Hauptschalter zum Abschalten der ganzen Anlage benutzt werden.
○ Nach dem Abziehen des Zündschlüssels können die Fensterheber nur so lange betätigt werden, wie eine der Vordertüren geöffnet ist. Bei geschlossenen Türen blockiert das Komfortrelais aus Gründen des Diebstahlschutzes eine weitere Bedienung.
○ Sind vier Fensterheber eingebaut, können die hinteren durch Betätigen des mittleren Einzelschalters im

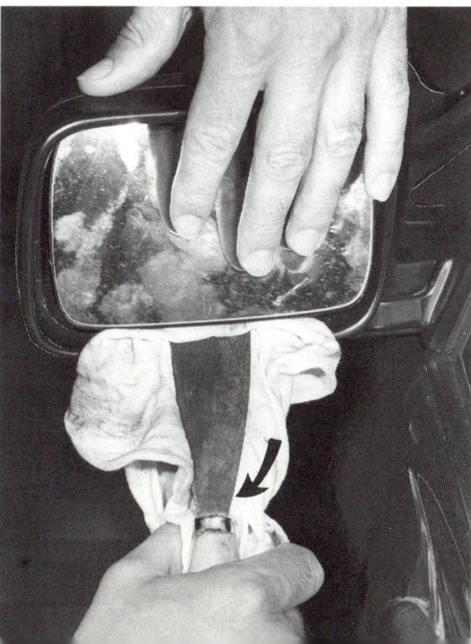

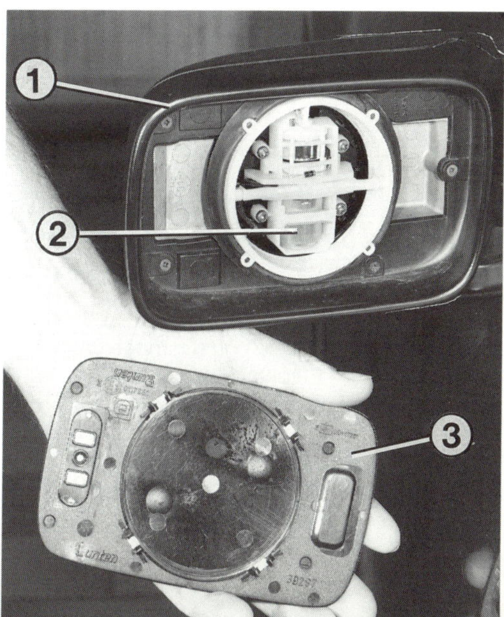

Links: Das Spiegelglas des Außenspiegels wird mittels einer breiten Spachtel oder eines Kunststoffkeils abgedrückt. Vorsicht, Arbeitshandschuhe tragen, falls das Glas absplittert.
Rechts: Der elektrisch verstellbare Spiegel ist hier zerlegt:
1 – Spiegelgehäuse;
2 – Verstellmotor;
3 – Spiegelglas.
Leider gibt es das Gehäuse nur komplett mit Motor zu kaufen.

linken Fensterheber-Schalterblock abgeschaltet werden. Eine Maßnahme, um kleinen und großen Kindern auf dem Rücksitz den Spieltrieb zu nehmen.

● Wenn sich keine Fensterscheibe mehr rührt, Sicherungsautomat rechts unter dem Kombi-Instrument kontrollieren.

● Ist die Taste herausgesprungen, lag eine Überlastung vor.

● Sicherungstaste eindrücken und durch Betätigen der einzelnen Fensterheber nacheinander feststellen, an welchem der Fehler zu suchen ist – also bei welchem die Sicherung erneut auslöst.

● Andere Fehlerquelle: Läuft nur ein Fensterheber nicht, bauen Sie den Schalterblock aus und überprüfen ihn.

● Ist der Schalter in Ordnung, Kabelverlauf zu den Türen kontrollieren.

● Dazu auch die Türverkleidung abnehmen und bei abgezogenem Kabelstecker prüfen, ob bei eingeschalteter Zündung und gedrücktem Schalter Spannung anliegt. Plus und Minus werden an den Kabeln umgepolt – je nach dem, ob der Fensterhebermotor vorwärts oder rückwärts laufen soll.

● Liegt Spannung wunschgemäß an, bleibt nur noch der Fensterhebermotor als Defektursache. Austauschen (Kapitel »Die Karosserieteile«).

● Schlechter Lauf einer Scheibe dürfte an einer verklemmten Fensterführung liegen.

● Laufen nur die hinteren Fensterheber nicht, Kindersicherung prüfen. Dazu den Schalter aus der Mittelkonsole hebeln.

● Wurden all diese Möglichkeiten durchprobiert, kann es eigentlich nur am Komfortrelais oder am Zentralverriegelungsmodul liegen. Da hilft nur eine Diagnose in der Werkstatt.

Bei streikendem Fensterheber brauchen Sie trotzdem nicht mit offenem Fenster durch Wind und Wetter zu fahren. Voraussetzung ist allerdings, daß der Fensterhebermotor selbst noch intakt ist und daß Sie zwei ausreichend lange Kabel zur Hand haben:

● Türverkleidung abbauen (Kapitel »Die Karosserieteile«).

● Kabelsteckverbindung in der Fensterheberleitung trennen.

● Je ein Kabel an Plus- und Minuspol der Batterie anschließen – darauf achten, sich die Enden nicht berühren.

● Kabel mit den Steckkontakten zum Fensterheber verbinden – der Motor befördert die Fensterscheibe nach oben. Läuft er nach unten, Kabel einfach gegeneinander austauschen (umpolen).

● Ist dagegen auch der Fensterhebermotor defekt, hilft nur noch eins: Fensterscheibe unten vom Fensterhebergestänge abbauen.

● Fensterscheibe nach oben schieben und mit Packband oder Isolierband über den oberen Fensterrahmen sichern.

Elektrische Fensterheber

Für den Fensterhebermotor des Zweitürers gilt prinzipiell gleiches wie für den Viertürer. Zusätzlich ist jedoch der Fensterhebermotor zur Scheibenabsenkung beim Öffnen der Tür durch Mikroschalter an der Türschloßfalle gesteuert. Diese bewirken folgendes:

○ Beim Öffnen der Tür senkt der elektrische Fensterheber die Scheibe um einen festen Betrag (ca. 10 mm) ab. Die Scheibe fährt dadurch aus der Dichtlippe heraus.

○ Beim Schließen der Tür in die zweite Türschloßraste drückt der Fensterhebermotor die Scheibe in Geschlossen-Stellung. Die Scheibe taucht von unten in die Dichtlippe des Fensterausschnitts ein.

○ Während die Türschloßfalle (und damit die Tür) offen ist, verbleibt die Scheibe in abgesenkter Stellung.

○ Die Steuerung des Fensterhebermotors erfolgt im Fensterhebermodul, das gewissermaßen auf den Motor aufgeschraubt ist.

○ Zur Störungssuche am Fensterhebermotor des Zweitürers lagen bei Drucklegung dieses Buches noch keine Unterlagen vor.

Zentralverriegelung

Die Zentralverriegelung kann vom Fahrer- und vom Beifahrertürschloß innen und außen sowie vom Kofferraumschloß aus betätigt werden. Anders bei der Entriegelungssperre, die alle Tür-Entriegelungsknöpfe blockiert: Die läßt sich nur von den vorderen Türschlössern außen einlegen.

Um nach schweren Unfällen den Zugang zum Fahrzeug-Innenraum zu ermöglichen, ist die Zentralverriegelung mit einem Stoßschalter kombiniert. Der öffnet nach einem harten Anstoß automatisch alle Türverriegelungen. Parallel dazu schaltet er bei Wagen mit Innenlichtautomatik die Warnblinkanlage und die Innenbeleuchtung ein.

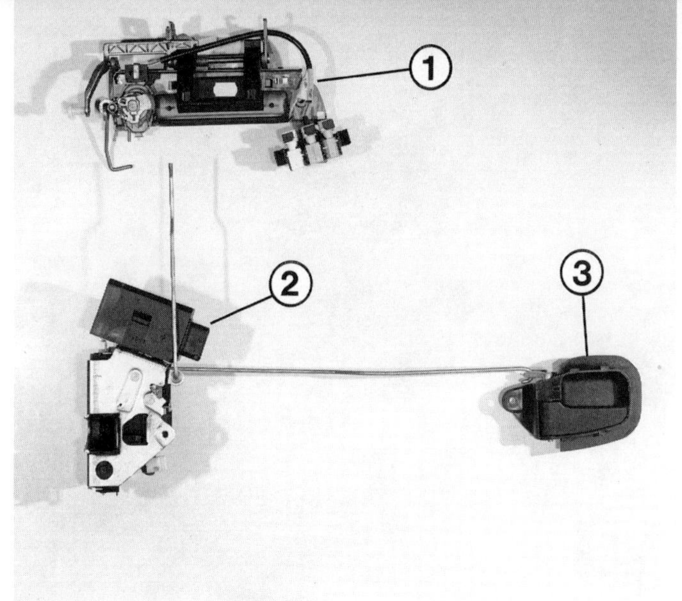

Der Schloßantrieb des Fahrertürschlosses (Viertürer) ist hier ausgebaut. Es bedeuten:
1 – Türaußengriff mit Schließzylinder;
2 – Türschloß mit Stelltrieb;
3 – Türinnengriff.

Die Schlösser an Vordertüren und Kofferraum, die mechanisch mit den jeweiligen Stelltrieben der Zentralverriegelung verbunden sind, geben den Öffnungs- oder Schließbefehl, der von den Stelltrieben zum Zentralverriegelungsmodul weitergeleitet wird. Das Modul leitet dann eben diesen Befehl an die übrigen Stelltriebe weiter.
Damit das Modul weiß, wo die Stelltriebe wirklich stehen, sind alle Stelltriebe mit einem Schalter gekoppelt, der
darüber Rückmeldung erstattet, ob die Verriegelung offen oder geschlossen ist (Ausnahme: Stelltrieb der
Tankklappe). Das Abschließen aller Zugänge übernehmen kleine Elektromagneten.
Eine Überlastungssicherung verhindert thermische Überbelastung der Stelltriebe, etwa bei einem Kurzschluß
oder bei häufigem Betätigen der Anlage kurz hintereinander. Die Zentralverriegelung wird dann zwei Minuten
lang gesperrt.
Hinter den Schließzylindern der Vordertüren sitzt jeweils ein Mikroschalter. Er ist zuständig für die Entriegelungssperre (Türen sind verschlossen, die Entriegelungsknöpfe können jetzt nicht mehr von Hand hochgezogen
werden. Der Dieb muß also durch die Fensteröffnung klettern). Diese Entriegelungssperre rückt ein zusätzlicher
Stellmotor ein oder aus.

Bevor Sie mit der Störungssuche beginnen, prüfen Sie, ob die Schlösser und Schließzylinder in Ordnung sind
und ob die Betätigungsstangen der Stelltriebe richtig eingehängt sind. Natürlich muß die Batterie geladen und
die zuständigen Sicherungen müssen intakt sein.
Bei unserer Störungssuche beschränken wir uns auf die Zentralverriegelungs-Stelltriebe. Wir setzen voraus,
daß eine der Türen nicht mehr verriegelt (wodurch sich die anderen Türen dann zum Anzeigen des Fehlers
ebenfalls automatisch entriegeln). Einem Fehler an dieser Stelle ist leicht auf die Spur zu kommen. Wird in
diesem Bereich bzw. an den Kabelzuführungen kein Defekt gefunden (was übrigens recht unwahrscheinlich
ist), muß die Werkstatt mit dem Diagnose-Computer ran, denn am Zentralverriegelungsmodul kann der
Heimwerker nichts ausrichten.
Ferner prüfen wir den Türschloß-Mikroschalter, der in Verdacht gerät, wenn die Verriegelung der Zentralverriegelung nicht mehr funktioniert.
Als Vorarbeit muß an der betreffenden Tür die Verkleidung abgenommen werden (Kapitel »Die Karosserieteile«).

Fingerzeig: **Funktioniert die Zentralverriegelung an nur einer Tür nicht wunschgemäß, kann der Fehler
auch an der Steckverbindung am vorderen Türpfosten liegen. Aber auch die Leitungen selbst zwischen
Türpfosten und Tür können defekt sein. In diesem Bereich werden die Kabel beim Öffnen und Schließen
der Tür besonders beansprucht**

Die hier beschriebenen Prüfungen gelten für alle Türen – die Funktionen und Kabelfarben sind stets dieselben.
Allerdings besitzen die hinteren Türen keine Mikroschalter. Für Kofferraumhaube und Tankklappe treffen die
Beschreibungen ebenfalls zu, doch ist dort die Funktion »Zentralsichern« nicht eingebaut. Es sind also
entsprechend weniger Kabel vorhanden.
○ Zunächst der Türkontaktschalter an der zu prüfenden Tür blockieren, damit ohne Störungsmeldung an der
offenen Tür geprüft werden kann.
○ Alle anderen Türen müssen geschlossen sein.
○ Gemessen wird an den Zuleitungskabeln zum Stelltrieb und zum Mikroschalter (Vordertüren).
○ Zum Messen die Kabelisolierungen mit Meßspitzen bzw. -nadeln durchstechen.
○ Die folgenden Ergebnisse müssen bei den Messungen erzielt werden (nächste Seite).

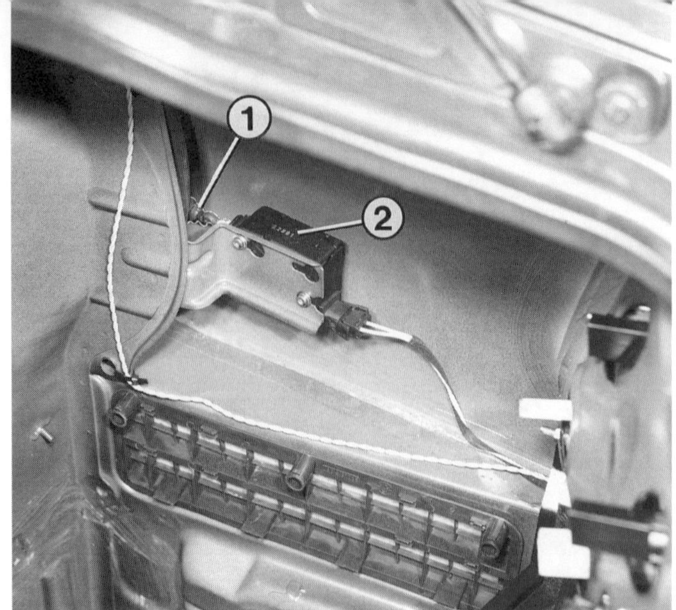

Bei Versagen des Stelltriebs (2) der Tankklappenverriegelung kann der Verriegelungsstift (1) von Hand zurückgedrückt werden. Hier ist der Stelltrieb bei ausgebauter rechter Kofferraumverkleidung gezeigt.

Stecker gelb zum Mikroschalter

Kabelfarbe	Meßergebnis
rot/grün	dauernd Batteriespannung
rot/weiß	Batteriespannung beim Drehen des Zündschlüssels auf »Verriegeln«

Stecker schwarz zum Stelltrieb

Kabelfarbe	Meßergebnis
rot/grün	dauernd Batteriespannung
weiß/grün	Batteriespannung bei Stellung »Geschlossen«
weiß/schwarz	Batteriespannung bei Stellung »Offen«
blau/grau	kurzzeitig Batteriespannung beim Öffnen
weiß	kurzzeitig Batteriespannung beim Schließen
schwarz	kurzzeitig Batterispannung beim Betätigen der Verriegelung

Notbetätigung

○ Bei defekter Zentralverriegelung lassen sich die Türen und der Kofferraum weiterhin manuell öffnen und schließen.

○ Die Tankklappe kann entriegelt werden, nachdem die Batterieabdeckung im Kofferraum ausgebaut und die rechte Kofferraumverkleidung zurückgeschlagen wurde. Dann die Verriegelungsstange am Zentralverriegelungs-Stelltrieb zurückziehen.

Der Stecker am Stelltrieb der Zentralverriegelung (hier an der Fahrertür gezeigt) kann erst nach Verschieben der Haltespange abgezogen werden. Hier im Bild wird dazu ein Schraubendreher zu Hilfe genommen.

Bei abgenommener Fahrertürverkleidung sind hier zu sehen die Steckverbindungen für Türschloßheizung (1), Schloßschalter (2) und Türgriffschalter (3).

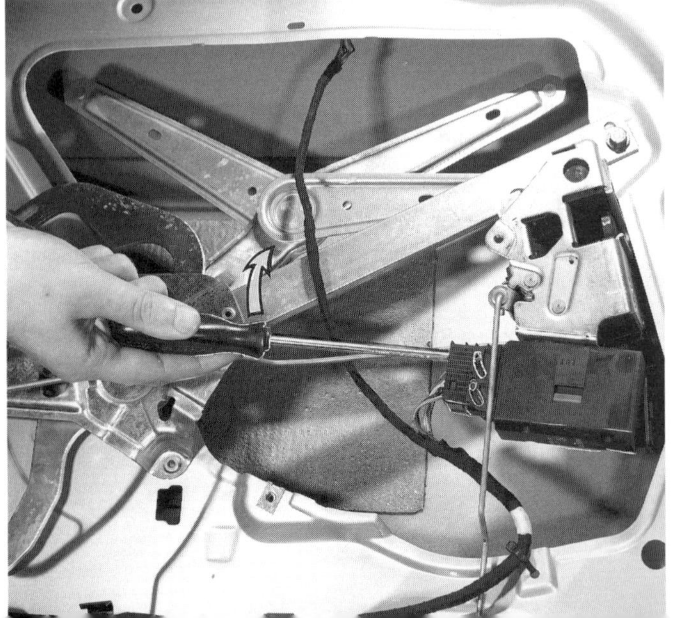

Der Motor des elektrischen Schiebedachantriebs steckt samt einem Relais und einem Mikroschalter unter der Dachverkleidung vor dem Schiebedach. Der Mikroschalter signalisiert, wann sich das Schiebedach in »Geschlossen«-Stellung befindet. Über das Relais läuft die Stromversorgung des Elektromotors.

Schiebedach-Antriebsmotor auswechseln

- Abdeckung vorn in der Dachverkleidung abhebeln.
- Dach schließen. Bei defektem Motor Innensechskantschlüssel zu Hilfe nehmen (siehe folgenden Abschnitt).
- Drei Halteschrauben lösen, Steckverbindung trennen.
- Antriebsmotor abnehmen.
- Zum **Einbau** muß das Schiebedach geschlossen sein, der Motor muß in Nullage gebracht werden.

- Nullage des Motors: Der Zapfen im großen Getrieberad muß genau in der Flucht zwischen den Achsen beider Getrieberäder stehen.
- Motor ggf. mit Innensechskantschlüssel drehen, bis Nullage stimmt.
- Motor mit neuen mikroverkapselten Schrauben befestigen oder alte Halteschrauben mit Schraubensicherungsmittel einsetzen.

Behelf unterwegs

Versagt plötzlich der elektrische Schiebedachantrieb, braucht man sich trotzdem nicht vor einem Regenguß zu fürchten:

- Zuerst Sicherung kontrollieren (Kapitel »Die Karosserie-Elektrik«).
- Läuft der Antriebsmotor immer noch nicht, Abdeckung vorn in der Dachverkleidung abziehen.

- Innensechskantschlüssel aus dem Bordwerkzeug in der Achse des Schiebedachantriebs ansetzen und Dach schließen.

Elektrischer Schiebedachantrieb

Die Störung	– ihre Ursache	– ihre Abhilfe
A Antriebsmotor bewegt sich nicht	1 Sicherung durchgebrannt	Auswechseln, siehe Kapitel »Die Karosserie-Elektrik«
	2 Schalter defekt	Ausbauen und prüfen
	3 Relais defekt	Ausbauen und prüfen
	4 Motor defekt	Auswechseln lassen
	5 Kabelunterbrechung	Kabel kontrollieren
B Antriebsmotor läuft, Schiebedach bewegt sich nicht	Anpreßdruck der Rutschkupplung zu gering	Rutschkupplung einstellen lassen
C Schiebedach geht nicht in Hebestellung	1 Siehe A 3	
	2 Dacheinstellung stimmt nicht	»Geschlossen«-Stellung instellen lassen
D Schiebedach geht beim Schließen sofort in Hebestellung	Mikroschalter defekt	Auswechseln lassen

In unseren Beschreibungen gehen wir lediglich auf den Einbau ab Werk ein. Bitte beachten Sie, daß sich selbst bei diesen Geräten die Einbauweise je nach Bauzeit und Ausführung von unserer Darstellung unterscheiden kann.

Radio ausbauen

- Bei einem Radio mit Anti-Diebstahl-Codierung **sicherstellen, daß die Code-Nummer vorliegt**.
- Batterie abklemmen.
- Beim **Radio mit vier Bohrungen** seitlich in der Frontblende: Entriegelungsbügel (bisweilen bei Radio-Einbausätzen mit dabei) in die vier Bohrungen seitlich an der Frontblende stecken und Radio aus der Mittelkonsole ziehen.
- Oder vier passende Nägel oder Drahtstifte in die Bohrungen schieben und damit die Haltefedern entriegeln.

- Radio nach vorn herausziehen, evtl. zusätzlich mit einem Schraubendreher vorsichtig heraushebeln.
- **Radio ohne Bohrungen:** Blende durch den Cassettenschacht mit einem schmalen Schraubendreher vorsichtig abheben.
- Die beiden kleinen Innensechskantschrauben rechts und links am Radio lösen.
- **Radio mit Drehriegeln:** Blende abziehen und Drehriegel mit Nägeln oder Ausziehhaken schwenken.
- **Alle:** Radio aus dem Einbauschacht ziehen.

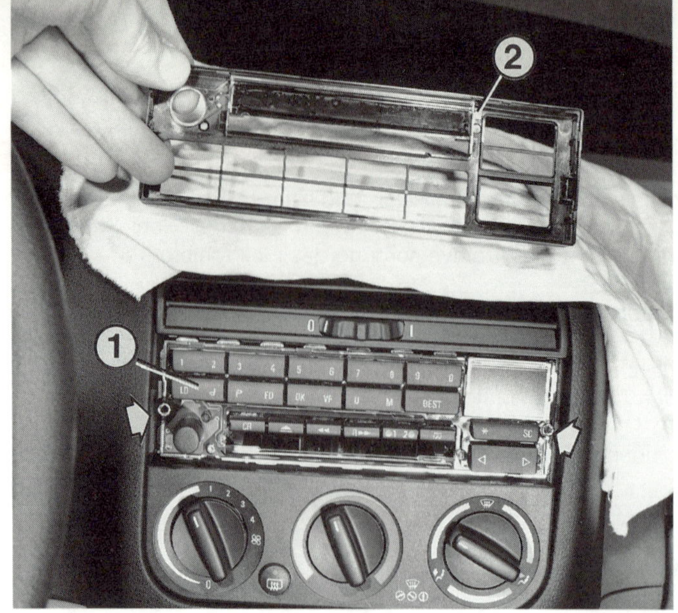

Dieses Radio (1) kann nach Abnehmen der Frontblende (2) ausgebaut werden, nachdem die beiden Innensechskantschrauben (Pfeile) gelöst
wurden. Die Innensechskantschrauben drücken
Verriegelungshaken seitlich gegen die Innenflä-
chen des Radio-Einbauschachts.
Bei einer anderen Radioversion sitzen statt der
Innensechskantschrauben Drehriegel, die zum
Radioausbau mittels eines gebogenen Nagels
geschwenkt werden müssen.

● Stecker abziehen; evtl. kennzeichnen.
● Beim **Einbau** Radio bis zum Anschlag einschie-
ben und ggf. Drehriegel nach außen klappen.
● Beim Einschieben darauf achten, daß der Halte-

bolzen an der Radio-Rückseite in die Aussparung im
Armaturenbrett eingeschoben wird.
● Ggf. Besitzercode eingeben.

Lautsprecher ausbauen

● **Lautsprecher im Fußraum**: An der linken Fahrzeugseite den Griff der Motorhauben-Entriegelung
abschrauben sowie linke untere Armaturenbrettverkleidung abbauen (Kapitel »Der Innenraum«).
● An der rechten Fahrerseite Armaturenbrettverkleidung unter dem Handschuhfach ausbauen.
● Schnellverschluß der Kunststoff-Fußraumverklei-
dung mit breitem Schraubendreher um 90° drehen.
● Verkleidung abnehmen.
● Lautsprecher von der Seitenwand abschrauben.
● **Lautsprecher in der Türverkleidung:** Türverkleidung abbauen (Kapitel »Die Karosserieteile«).
● Haltemutter lösen, Bügel abnehmen.
● **Lautsprecher hinten:** Lautsprecherabdeckung
vorsichtig aus der Heckablage heraushebeln.

● Von oben zwei Kreuzschlitzschrauben des Lautsprechers lösen, dabei Lautsprecher von einem Helfer unten im Kofferraum gegenhalten lassen.
● Lautsprecher abnehmen, Stecker abziehen.

Heckscheibenantenne

Hauptvorteil der Heckscheibenantenne: Sie bietet keinerlei Angriffspunkt für Mitmenschen mit Zerstörungswut.
Außerdem kann sie in der Waschanlage keinen Schaden erleiden.

Radios mit Bohrungen seitlich in der Frontblende (Pfeile) werden von Halteklammern im Ausschnitt gehalten. Bei einigen Radios sind die
Bohrungen unter einer kleinen Blende (1) verdeckt, die vorsichtig abgehebelt werden muß.
Zum Ausbau passende Nägel in die Bohrungen
stecken und damit die Halteklammern niederdrücken. Radio an den Nägeln herausziehen.

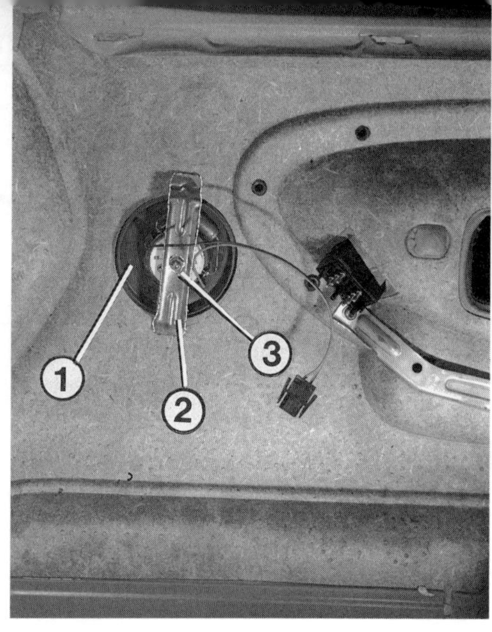

Links: Die hinteren Lautsprecher sitzen unter diesen Blenden. Die Blende wird zum Ausbau des Lautsprechers mit einem Schraubendreher abgehebelt (Pfeil).
Rechts: In den Türverkleidungen sind die Lautsprecher (1) mit einem Blechbügel (2) und einer Haltemutter (3) befestigt. Das Bild zeigt die Rückseite der Türverkleidung.

Als Antenne für Mittelwelle fungieren bei dieser Antennenart zwei Metall-Leiterbahnen ganz oben an der Scheibe. Dem UKW-Empfang dienen weitere, gleichzeitig als Heizdraht verwendete Leiterbahnen im Scheiben-Mittelbereich.

Die zweite Scheibenantennen-Version (anderer Hersteller) besitzt eine andere Aufteilung der Leiterbahnen: Die UKW-Leiterbahnen knicken in Scheibenmitte rechtwinklig nach unten ab, während die Mittelwellen-Antennendrähte nur einen Teil der Scheibenbreite einnehmen.

Ein Antennenverstärker unter der linken hinteren Dachpfostenverkleidung gleicht die fehlende Höhe dieser Antennenanlage aus.

● Beide Dachpfostenverkleidungen hinten vorsichtig abziehen.
● **Sichtprüfung:** Sind alle Steckanschlüsse korrosionsfrei? Kontakte vorsichtig abziehen und kontrollieren.
● Kontrollieren, ob der Antennenverstärker gute Masseverbindung an seiner Befestigung hat.
● Leiterbahnen auf der Heckscheibe genau kontrollieren: Liegt eine sichtbare Unterbrechung vor? Wenn ja, reparieren oder neue Heckscheibe einsetzen lassen.
● Die Anschlußkabel zur Heckscheibe dürfen nicht über Kreuz verlegt sein.
● **Elektrische Prüfung:** Stecker am Verstärker abziehen, Spannung am weißen Kabel gegen Masse messen. Dazu Radio einschalten.

● Batteriespannung vorhanden: Stromversorgung des Verstärkers ist in Ordnung. Keine Spannung: Leitungsunterbrechung beseitigen.
● Weitere Prüfmethoden stehen dem Heimwerker nicht zur Verfügung.
● **Weitere Möglichkeit:** Das Antennenkabel zum Radio ist defekt. Versuchshalber neues Kabel anschließen.

Störungssuche Heckscheibenantenne

Links: Nach Abschrauben des Haubenentriegelungsgriffes (2) ist der Schnellverschluß (Pfeil) für die linke Fußraumseitenverkleidung (1) zugänglich.
Rechts: Unter der Fußraumseitenverkleidung befindet sich einer der Lautsprecher. Die Pfeile zeigen auf die Halteschrauben.

Wetter nach Wahl

Serienmäßig ist der 3er mit einer elektronisch geregelten Heizung versehen, in Sonderausstattung kann eine Klimaanlage eingebaut sein.

Die Heizanlage

Funktion

Frische Luft tritt am Gitter unterhalb der Frontscheibe ein und wird vom Fahrtwind oder zusätzlich vom Gebläse in den Innenraum gedrückt. Der Luftstrom verläuft durch den Wärmetauscher, einen kleinen Heizkörper, durch den aufgeheiztes Motorkühlmittel bei geöffnetem Elektro-Wasserventil fließt.

Das Ventil öffnet nur nach Bedarf – also bei abgesunkener Innenraumtemperatur. Wann das zu geschehen hat, bestimmt die elektronische Heizungsregulierung.

Elektronische Heizungsregelung

Der BMW besitzt eine elektronische Heizungsregelung, die – im Rahmen des Machbaren – für eine konstante Innenraumtemperatur sorgt. Die gewünschte Temperatur wird am Heizungsregler eingestellt und so dem Steuergerät gemeldet.

Des weiteren bezieht das Steuergerät Informationen über die Luftaustrittstemperatur der Heizung. Dazu sitzt ein Fühler links am Heizgerät unter der unteren Armaturenbrettverkleidung.

Entsprechend der Abweichung vom eingestellten Sollwert – und abhängig von den Meßwerten der Fühler – wird der Wasserweg zur Heizung mehr oder weniger lange geöffnet. Bei zu kaltem Innenraum bleibt das betreffende Ventil also voll geöffnet, nach erfolgter Aufheizung läßt es nur noch stoßweise heißes Kühlmittel durch den Wärmetauscher fließen.

Fingerzeig: Sollte die Heizungsbetätigung ausfallen, öffnet das Heizventil voll, schaltet also auf volle Heizleistung. Abstellen der Heizung ist dann nur noch durch Schließen der Luftzufuhr möglich.

Heizung und Lüftung prüfen

Wartung Nr. 32

● Den Gebläse-Drehregler rechts langsam im Uhrzeigersinn drehen: Das **Gebläse** wird knapp über der »0«-Stellung eingeschaltet und steigert seine Geschwindigkeit in vier Stufen. Parallel dazu wird die Luftzufuhrklappe von »0« = geschlossen bis zur Stellung »1« mehr und mehr geöffnet.

● Drehregler für **Heizleistung** nach rechts drehen: Die Heizleistung nimmt zu. Das Wasserventil wird bei zu geringer Innenraumtemperatur geöffnet.

● Drehregler für **Luftverteilung** bei eingeschaltetem Gebläse langsam durchdrehen (er besitzt keinen Anschlag). Gemäß den Symbolen werden nacheinander die Austrittöffnungen unter der Windschutzscheibe und im Fußraum sowie die Düsen in Armaturenbrett-Mitte mit kalter oder warmer Luft versorgt.

Das Heizventil (2) sitzt in Fahrtrichtung rechts neben dem Bremskraftverstärker. Postion »1« bezeichnet den Anschlußstecker.

Bei einem Defekt an Heizungsregelung oder Wasserventil bleibt das Ventil voll geöffnet. Um dem Defekt auf die Spur zu kommen, prüfen wir die Komponenten der Heizungsregelung nacheinander:

● Zuerst die zuständige **Sicherung** prüfen (Kapitel »Die Karosserie-Elektrik«).

● **Wasserventil prüfen:** Heizungsregler am Armaturenbrett auf »Kalt« drehen.

● Stecker am Wasserventil abziehen, Prüflampe zwischen gelbem Kabel und gelb/braunem Kabel anschließen.

● Zündung einschalten.

● Bei intakter Regelung liegt Batteriespannung an, die Prüflampe leuchtet.

● Gegenprobe: Regler auf »Warm« drehen – die Prüflampe verlöscht.

● Logische Folgerung: Sind die Spannungswerte in Ordnung, die Störung in der Heizanlage aber immer noch vorhanden, muß das Wasserventil der Störenfried sein. Auswechseln.

● Wurde **keine** Spannung angezeigt, Spannung am Zuleitungskabel (gelb) gegen Masse (z. B. am Motorblock) messen.

● Zündung einschalten. Keine Spannung: Stromzufuhr von der Sicherung her unterbrochen.

● Prüfung der Massezufuhr (vom Steuergerät): Voltmeter am Pluspol-Abgriff der Batterie anschließen, anderes Meßkabel an die gelb/braune Leitung im Stecker. Es muß bei eingeschalteter Zündung (Regler auf »Kalt«) Batteriespannung anliegen. Sonst ist ein Teil der Heizungsregelung (Temperaturfühler oder Steuergerät) bzw. das Kabel defekt.

● **Temperaturfühler prüfen**: Als Vorarbeit die Armaturenbrettverkleidung links unten ausbauen (Kapitel »Der Innenraum«).

● Stecker hinten am Temperaturfühler abziehen, Fühler aus dem Heizkasten herausziehen.

● Ohmmeter zwischen den beiden Anschlüssen des Fühlers anklemmen. Es müssen bei unterschiedlichen Prüftemperaturen in etwa die genannten Widerstandswerte angezeigt werden:

○ Bei ca. 20°C (Umgebungstemperatur) ca. 10 Ω.

○ Bei ca. 30°C (in der Hand) ca. 6 Ω. Sonst den Temperaturgeber ersetzen.

● **Stromversorgung Steuergerät prüfen**: Die Betätigungseinheit für Heizung/Lüftung ausbauen.

● Voltmeter an Klemme 1 und 6 des Steckers hinten am Regler anklemmen (grün/gelbes und braunes Kabel). Bei eingeschalteter Zündung muß Batteriespannung anliegen. Sonst Stromversorgung samt Sicherung überprüfen.

● **Steuergerät prüfen**: Das Steuergerät selbst kann mit Eigenmitteln nicht geprüft werden. Wir gehen von folgender Überlegung aus: Ist die Stromzufuhr, das Wasserventil und der Temperaturfühler intakt, muß bei gestörter Heizungsregelung das Steuergerät defekt sein.

Der Gebläsemotor läuft in vier Geschwindigkeitsstufen, die durch den Drehschalter am Armaturenbrett eingestellt werden. Die Geschwindigkeitsstufen werden durch Zuschalten verschieden großer Widerstände bzw. durch direkte Stromversorgung erreicht. Die Widerstände bewirken eine verringerte Spannung am Motor und drosseln so seine Geschwindigkeit. Die volle Drehzahl erreicht der Gebläsemotor bei direkter Stromzuleitung.

Ausbau des Heizungsgebläses: Nach Abnehmen des Schutzgitters (1) sind die Halteschrauben (Pfeile) für den Kabelschacht und die Luftführung im Lufteintrittkasten zugänglich.

Der Gebläsemotor selbst (Pfeil) ist erst nach Abbau des Lufteintrittkastens zugänglich. (Beide Abbildungen zeigen den Viertürer.)

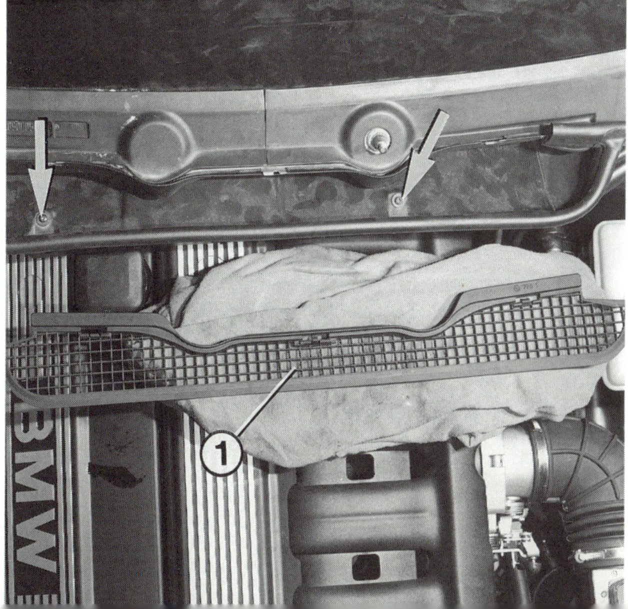

Nach Ausbau des Handschuhfaches können an der rechten Seite des Heizgeräts die Gebläse-Vorwiderstände (2) aus der Einbauöffnung (1) des Heizgeräts herausgenommen werden.

Störungssuche Gebläsemotor

● Wenn das Gebläse bei eingeschalteter Zündung **in keiner Schalterstellung** rauscht, kontrollieren Sie zuerst die zuständige **Sicherung**.

● Ist die Sicherung intakt, kann der Fehler am **Lüfterrelais** liegen. Störungssuche und Einbauort siehe Kapitel »Die Karosserie-Elektrik«.

● War dieses in Ordnung, Gebläseschalter prüfen – dazu muß das Bedienteil Heizung/Lüftung ausgebaut werden.

● Zündung einschalten.

● Prüflampe oder Voltmeter an guten Massekontakt anschließen. Wir prüfen jetzt, ob die am Schalter angeschlossenen Kabel Strom führen. Dazu Kabelisolierung mit Nadelkontakt durchstechen:

● Beim grün/braunen Kabel (Stromzufuhr) muß die Prüflampe immer brennen bzw. der Voltmeter muß Batteriespannung anzeigen. Bei den Kabeln mit schwarzer, blauer oder grüner Umhüllung ist das nur bei entsprechender Schalterstellung der Fall.

● Funktion nicht, wie beschrieben: Fehler in der Stromzufuhr beheben bzw. Schalter austauschen.

● Waren Stromzufuhr und Schalter einwandfrei, muß der **Gebläsemotor** freigelegt werden, wie unter »Gebläsemotor ausbauen« beschrieben.

● Stromzufuhr zum Motor prüfen: Liegt am grün/grauen bzw. roten Anschlußkabel des Gebläsemotors bei eingeschalteter Zündung Spannung an (zweites Prüflampen- bzw. Voltmeterkabel am Motorblock befestigen)? Wenn nicht, Stromzufuhr prüfen.

● Spannung zwischen den beiden Anschlußkontakten am Gebläsemotor messen, Gebläseschalter auf Stufe »4« stellen. Jetzt müssen ca. 12 V anliegen.

● Ist das der Fall, ohne daß sich der Gebläsemotor bewegt, ist er defekt. Austauschen.

● Ist keine Spannung vorhanden, liegt der Fehler an der **Sicherung auf der Widerstandsplatte**.

● Läuft das Gebläse nicht in allen Geschwindigkeiten oder läuft es nur auf Stufe »4«, ist möglicherweise einer der **Vorwiderstände** defekt.

● Vorwiderstände ausbauen. Sichtprüfung vornehmen. Ist einer der Widerstände durchgebrannt, kompletten Widerstandsträger ersetzen.

Gebläsemotor ausbauen

● **Viertürer:** Gummidichtung am Lufteintritt unter der Frontscheibe abziehen und Schutzgitter ausclipsen.

● **Zweitürer:** Scheibenwischerachse abschrauben, Abdeckung mit Schutzgitter abnehmen (sechs Schnellverschlüsse).

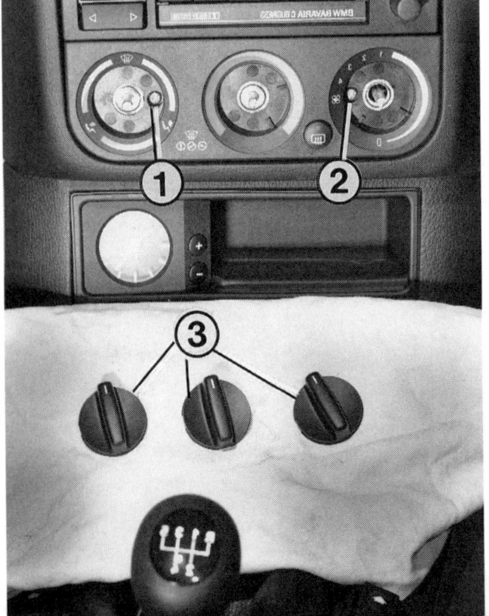

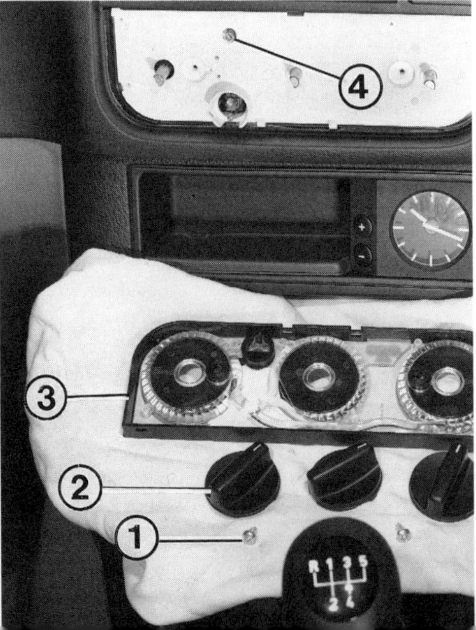

Ausbau der Bedienungseinheit.
Links: Die Heizungsdrehregler (3) werden abgezogen und die beiden Halteschrauben (1 und 2) der Blende herausgedreht.
Rechts: Hier ist die Heizhebelblende (3) abgebaut. Sie sehen folgende Teile:
1 – Halteschraube für Blende;
2 – Drehregler der Heizungs-Betätigung.
4 – Lämpchen.

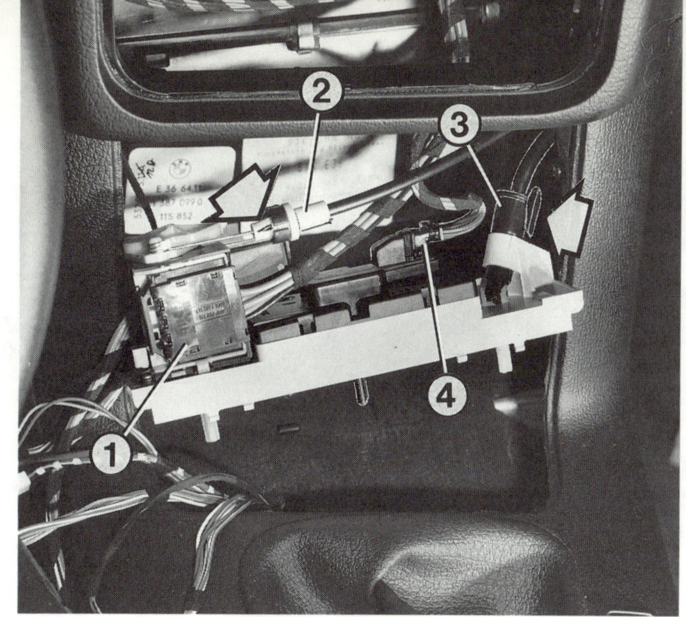

Ausbau der Bedienungseinheit für Heizungs- und Lüftungs-Betätigung. An der Rückseite der Bedienungseinheit müssen die Stecker (1 und 4) sowie der Betätigungszug (2) und die Welle des Luftverteilungshebels (3) abgebaut werden. Die beiden Pfeile zeigen auf die Halterasten zum Ausbau des Betätigungszugs und der Welle.

● **Alle:** Kabelschacht losschrauben (zwei Schrauben von oben).
● Halter für Lufteintrittkasten rechts und links des Lufteintritts abschrauben.
● Lufteintrittkasten mit der richtigen Mischung aus Kraft und Gefühl abziehen.
● Abdeckung für Zylinderkopfdeckel ausbauen (Kapitel »Die Motoren und ihr Innenleben«).
● Deckel der Elektronikbox rechts an der hinteren Motorraumwand abschrauben.
● Kabelstecker am Gebläsemotor abziehen.

● Handschuhfach ausbauen (Kapitel »Der Innenraum«).
● Ganz vorn rechts am Heizgerät zwei Halteklammern ausrasten und Widerstandsträger herausziehen.
● Kabelstecker abziehen.

● Zuerst Zeituhr bzw. Bordcomputer ausbauen (Kapitel »Instrumente und Geräte«).
● Ablagefach aushebeln und zur Seite legen.
● Drehknöpfe der Heizungs/Lüftungs-Betätigung abziehen.
● Darunter die Halteschrauben der Frontblende lösen.

● Klammern der Abdeckung des Gebläsemotors lösen, Abdeckung abnehmen.
● Haltebügel des Gebläsemotors lösen und Motor herausnehmen.
● Lüftungswalzen nicht von der Motorwelle abnehmen oder darauf verdrehen, denn die Teile sind gemeinsam gewuchtet. Der Rundlauf wäre gefährdet.
● Beim **Einbau** darauf achten, daß der Elektromotor sorgfältig in die Aussparung im Gebläsekasten eingesetzt wird.

Gebläse-Vorwiderstände ausbauen

Heizungs/Lüftungs-Betätigung

Bedienungs-einheit ausbauen

● Blende abziehen.
● Bedienungseinheit nach hinten drücken und nach unten herausführen.
● Stecker abziehen, Bowdenzug lösen, Welle nach Ausklinken der Halteraste aushängen.

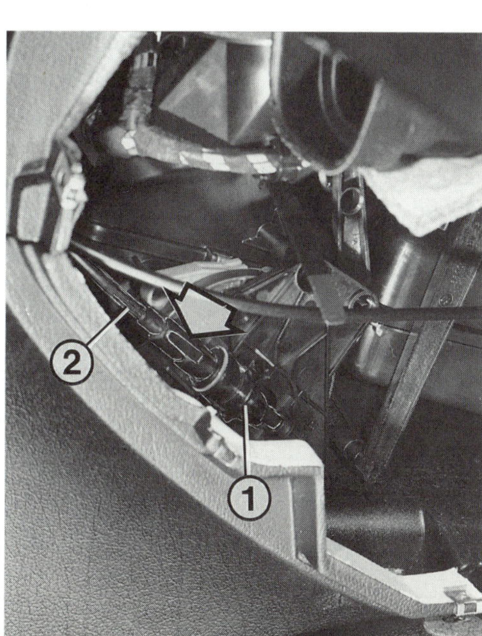

Links: Die Betätigungswelle des Drehknopfes für Luftverteilung (1) endet an der rechten Seite des Heizgeräts (2). Zum Ausbau der Welle Halteraste (Pfeil) drücken.
Rechts: Bei ausgebautem Handschuhfach ist zu sehen, wo der Betätigungszug des Luftmengenreglers endet. Es bedeuten:
1 – Bowdenzughülle;
2 – Widerlager am Heizgerät;
3 – Halteclip;
4 – Zug.

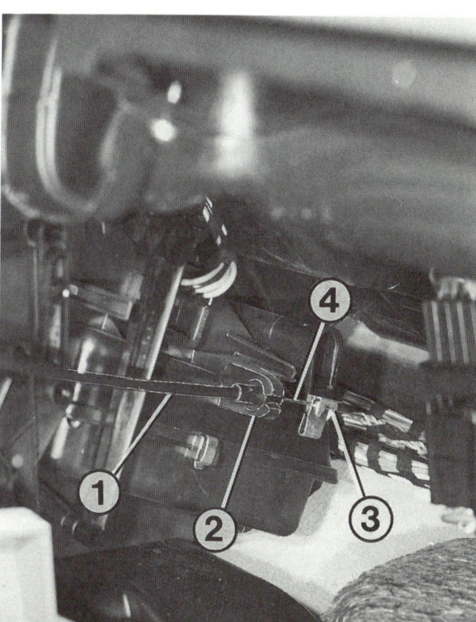

Die Düseneinsätze oberhalb des Handschuhfaches sind auf die Haltebolzen lediglich aufgesteckt (Pfeile).

Das Düseneinbauteil mit Regler oberhalb des Handschuhfaches kann nach Abziehen der Düseneinsätze ausgebaut werden. Dazu die vier Kreuzschlitzschrauben (Pfeile) lösen.

Betätigungszug auswechseln

Ein sogenannter Bowdenzug verläuft vom Luftmengenregler in der Bedienungseinheit Heizung/Lüftung zum Heizgerät. Der Aus- und Einbau des Zugs verläuft wie folgt:

● Bedienungsteil Heizung/Lüftung ausbauen.
● Halterasten des Bowdenzug-Widerlagers zusammendrücken und Lager aus der Öse ziehen. Zug am Bedienungsteil aushängen.
● Handschuhfach ausbauen (Kapitel »Der Innenraum«).
● Am Heizgerät die Halterasten des Bowdenzug-Widerlagers zusammendrücken und Lager aus der Öse ziehen.
● Halteclip für Bowdenzug am Betätigungshebel des Heizgeräts aushängen und Zug aus dem Clip lösen.

● Der Halteclip am Heizgerät ist so konstruiert, daß sich der Zug nach dem **Einbau** von selbst einstellt.
● Dazu einfach den Regler von Anschlag zu Anschlag drehen. Der Zug verschiebt sich dabei im Clip an die richtige Stelle.

Luftdüsen im Armaturenbrett ausbauen

● **Luftdüse links des Kombi-Instruments:** Kreuzschlitzschraube unterhalb des Lichtschalters lösen.
● Lichtschalter mit Düse herausziehen.
● **Luftdüse rechts des Kombi-Instruments:** Radio ausbauen (Kapitel »Instrumente und Geräte«).
● Oben im Radioschacht zwei Kreuzschlitzschrauben herausdrehen.
● Düse herausziehen.

● **Luftdüsen oberhalb des Handschuhfaches:** Düseneinsätze mit Flachzange an einem der Querstege fassen und herausziehen. Oder mit Schraubendreher heraushebeln.
● Düsen-Einbauteil mit Regler nach Lösen von vier Schrauben herausziehen.

Wärmetauscher ausbauen

Der Wärmetauscher muß nur dann ausgebaut werden, wenn er undicht ist oder wenn er wegen schlechter Heizleistung entkalkt bzw. gereinigt werden soll. Leider ist diese Arbeit recht kompliziert und eignet sich kaum für den Selbsthelfer. Wer es dennoch wagen will, findet nachstehend die wichtigsten Arbeitsschritte:

● Kühlmittel ablassen und auffangen.
● Verkleidung links unter dem Armaturenbrett ausbauen.
● Gummidichtung am Lufteintritt unter der Frontscheibe abziehen und Schutzgitter ausclipsen.
● Kabelschacht losschrauben (zwei Schrauben von oben).
● Halter für Lufteintrittkasten rechts und links des Lufteintritts abschrauben.
● Lufteintrittkasten mit der richtigen Mischung aus Kraft und Gefühl abziehen.
● Flansch für Heizungsschläuche (an der hinteren

Motorraumwand) abbauen, mit Druckluft das Wasser aus dem Wärmetauscher drücken.
● Doppelflansch der Heizungs-Wasserrohre am Wärmetauscher lösen.
● Schraube links oberhalb des Wärmetauschers herausdrehen, Wärmetauscher nach links aus dem Heizungskasten ziehen.

Bei abgenommener Armaturenbrettverkleidung links unten sind zu sehen: 1 – Heizungs-Wärmetauscher; 2 – Temperaturfühler der Heizung; 3 – Heizkasten.

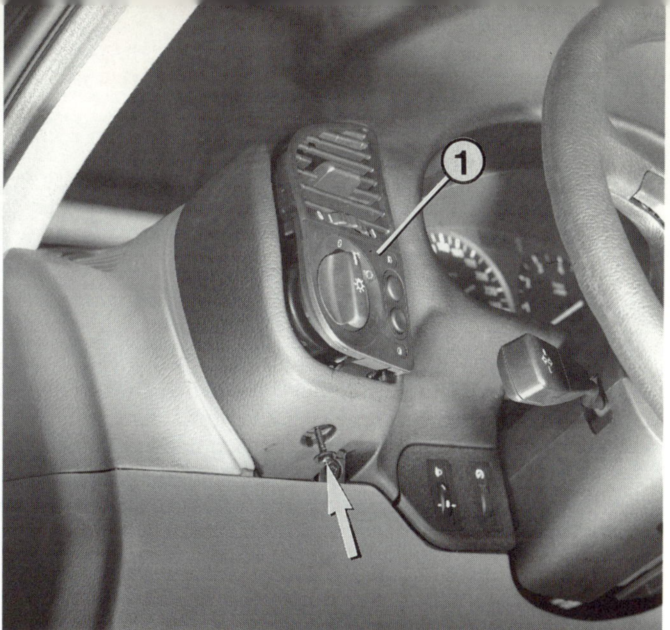

Zum Ausbau der Luftdüse links des Kombi-Instruments (1) muß die Kreuzschlitzschraube unter dem Armaturenbrett (Pfeil) gelöst werden.

Mikrofilter der Heiz- bzw. Klimaanlage auswechseln

● Lufteintrittkasten im Motorraum ausbauen, wie unter »Gebläsemotor ausbauen« beschrieben.

● Mikrofiltereinsätze rechts und links von den Ansaugkanälen des Gebläsemotors abziehen.

● Mikrofilter der **Klimaanlage:** Handschuhfach ausbauen (Kapitel »Der Innenraum«).

● Rechts am Gehäuse der Klimaanlage den runden Deckel mit Quergriff herausdrehen und abziehen.

● Mikrofiltereinsatz aus der Öffnung herausziehen (der Einsatz ist in eine Führung eingesteckt und knickt sich beim Einstecken zweimal ab).

Wartung Nr. 7

Die Klimaanlage

Die Klimaanlage für den 3er-BMW mit elektronischer Temperaturregelung wird im BMW-Sprachgebrauch »IHKR« – Integrierte Heiz- und Klimaregelung genannt.

Selbsthilfe ist an der Klimaanlage – mit Ausnahme der Kontrolle des Keilrippenriemens (Kapitel »Die Lichtmaschine«) – nicht möglich. Auch von den BMW-Werkstätten versteht sich nicht jede auf die Reparatur der Anlage. Deshalb bei Defekten einen Betrieb mit speziell geschulten Fachkräften erfragen und aufsuchen.

Ähnlich wie zu Hause im Kühlschrank wird ein gasförmiges Kältemittel durch einen Kompressor verdichtet. Letzterer wird von der Motor-Kurbelwelle über einen Keilrippenriemen angetrieben. Beim Verdichten verflüssigt sich das Kältemittel und gelangt in den Verdampfer am Armaturenbrett. Der sieht aus wie ein Kühler. Darin verdampft das Kältemittel und kann hierdurch Wärme aufnehmen. Die durch den Verdampfer geführte Luft strömt abgekühlt in den Innenraum. Über einen Kondensator neben dem Wasserkühler im Motorraum gelangt das Kältemittel wieder zurück zum Kompressor. Zur verstärkten Kondensierung bläst ein Zusatzventilator dauernd Luft durch den Kondensator.

Die Luftverteilung im Fahrzeug-Innenraum muß auch bei der Klimaanlage manuell vorgenommen werden, doch die Temperatur hält die Anlage von selbst konstant.

Grundfunktion

Für einwandfreie Funktion der Klimaanlage muß der Keilrippenriemen des Kältekompressors richtig gespannt sein. Mehr darüber im Kapitel »Die Lichtmaschine«.

Keilrippenriemen

Fingerzeig: Die Kältemittel-Leitungen der Klimaanlage dürfen keinesfalls gelöst werden. Der direkte Umgang mit Kältemittel ist gefährlich und erfordert deshalb besondere Schutzmaßnahmen. Die Berührung mit diesem Stoff verursacht schwere Erfrierungen auf ungeschützter Haut und im Augenbereich.

Zimmer mit Aussicht

Die gefällige Karosserieform des BMW täuscht darüber hinweg, daß sie weniger als Kunstwerk, denn als technisches Bauteil betrachtet werden muß. Viel Rechenarbeit steckt in jedem Winkel der Karosse, denn sie muß geringes Gewicht, Verwindungssteifigkeit, hohe Formfestigkeit der Fahrgastzelle und energievernichtende »Knautschzonen« an Bug und Heck aufweisen.

In diesem Kapitel geht es weder um die Kunst, noch um die Karosserieberechnung. Hier beschrieben ist der Ein- und Ausbau der wichtigsten Karosserieteile.

Die Fahrzeugfront

BMW-»Niere« ausbauen

● Schwarze Abdeckung über Kühler und Frontblech ausbauen. Dazu links und rechts Haltedübel abnehmen: Stift des Dübels mit einem Schraubendreher herausziehen. Anschließend Dübel abziehen.

● Kreuzschlitzschrauben lösen, Abdeckung zum Kühler hin aushängen und abnehmen.

● Mit leichtem Faustschlag von außen das Innenteil der BMW-Niere entriegeln. Das Innenteil fällt nach hinten.

● Chromring nach vorn vom Frontblech abziehen. Innenteil aus dem Ausschnitt herausnehmen.

● Zum Einbau BMW-Niere zusammenbauen. Chromring und Innenteil einfach zusammendrücken.

● BMW-Niere ins Frontblech einsetzen und andrücken.

Die Stoßfänger

Der BMW ist vorn und hinten mit Kunststoff-Stoßfängern ausgerüstet. Aufgehängt ist die ganze Konstruktion an stoßabsorbierenden Prallelementen.

Stoßfänger vorn ausbauen

● Stoßfänger unten losschrauben.

● Nebelscheinwerfer ausbauen (Kapitel »Die Beleuchtung«).

● Schwarze Stoßleiste auf dem Stoßfänger – beginnend neben dem Kennzeichenhalter – aus den Haltehaken herausheben.

● Seitenleisten der Stoßleiste nach vorn ziehen.

● Die jetzt zugänglichen vier Haltemuttern vorn am Stoßfänger herausdrehen.

● Stoßfänger mit Helfer nach vorn ziehen und auf dem Boden ablegen.

● Zum Einbau gemeinsam mit einem Helfer den Stoßfänger seitlich in die Führungen einhängen und Stoßfänger nach hinten schieben.

● Stoßfänger-Haltemuttern festdrehen.

Stoßfänger reparieren

Kleine Beschädigungen an der Kunststoff-Außenhaut des Stoßfängers können mit dem Kunststoff-Reparaturmaterial der Firma »3M« ausgebessert werden. Nicht repariert werden dürfen Beschädigungen in der Nähe von

Das Grillteil, bestehend aus Chromring und schwarzem Innenteil, ist hier zusammengesteckt. Die Pfeile zeigen auf diejenigen Stellen, an denen sich das Grillteil am Karosserieausschnitt hält.

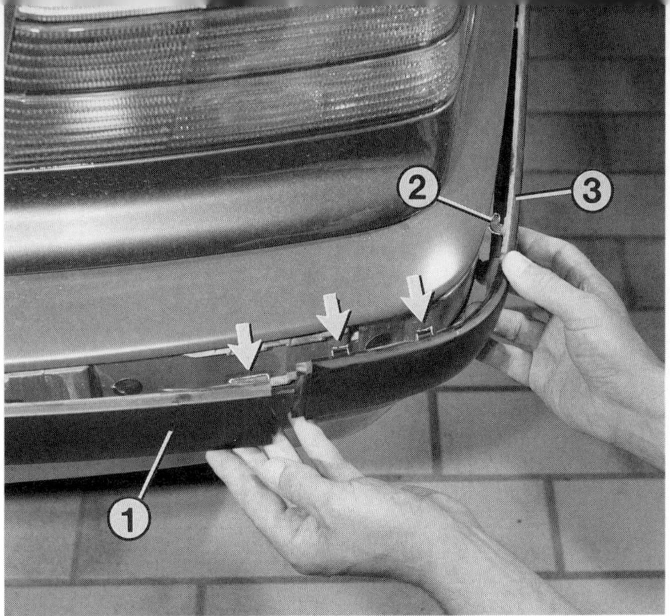

Demontage der Stoßleisten auf dem Stoßfänger: Die seitlich sitzenden Leisten (3) sind an der Hinterkante mit flachen Zapfen (Pfeile) eingesteckt. Seitlich dienen Haken (2) als Halterung, so daß diese Leisten zum Ausbau nach hinten (bzw. am vorderen Stoßfänger nach vorn) geschoben werden müssen. Die übrigen Stoßleisten (1) sind nur mit den flachen Haken (Pfeile) gesichert.

Karosserie-Befestigungspunkten, Abplatzungen, Brüche, Risse an Ecken und Kanten, Risse, die länger sind als 100 mm oder Löcher, größer als 100 mm². Teile mit solchen Schäden müssen ersetzt werden.

Bei der Arbeit die nötigen Schutzmaßnahmen beachten (Schutzmaske gegen Schleifstaub tragen, Dämpfe nicht einatmen, nur in gut belüfteten Räumen arbeiten, etc.). Die Arbeit verläuft wie folgt:

● Reparaturstelle mit Kunststoffreiniger »3 M 8984« abreiben.

● 10 Minuten ablüften lassen.

● Reparaturbereich mit Schleifpapier der Körnung P 80 abschleifen.

● Beschädigte Stelle V-förmig mit Schleifpapier der Körnung P 36 ausschleifen.

● Bei durchgehenden Beschädigungen die Stoßfänger-Rückseite in gleicher Weise behandeln.

● Schleifstaub entfernen.

● Aluminium-Klebeband über die Vorderseite der Beschädigung kleben.

● Glasgitter-Gewebe »3 M 9030« auf passende Größe zurechtschneiden.

● Reparaturmaterial »3 M 5900« zurechtmischen und über die Rückseite der Reparaturstelle auftragen.

● Glasgittergewebe auflegen und erneut eine Schicht Reparaturmaterial darüberziehen.

● 20 Minuten bei Raumtemperatur aushärten lassen.

● Alu-Band abziehen und Reparaturbereich nochmals anschleifen und reinigen.

● Reparaturmaterial von der Vorderseite auftragen und härten lassen.

● Reparaturstelle mit Schleifpapier der Körnung P 80 planschleifen und mit der Körnung P 180 feinschleifen. Keine anderen Körnungen verwenden!

Fingerzeige: Leichte Unfallschäden ziehen die Karosserie des BMW nicht in Mitleidenschaft (siehe auch Kapitel »Der BMW stellt sich vor«). Oft genügt es, nur den Stoßfänger oder – je nach Aufprall – zusätzlich die Pralldämpfer auszuwechseln.

Links: Die Pfeile zeigen bei abgenommener Stoßleiste auf die Muttern, die zum Ausbau des Stoßfängers auf einer Fahrzeugseite gelöst werden müssen.

Rechts: Bei ausgebautem Scheinwerfer sehen wir hier die Halteschrauben des Pralldämpfers, der bei nicht allzu schweren Kollisionen ausgewechselt werden kann, ohne daß weitere Karosserieteile ersetzt werden müssen.

Die Pfeile zeigen auf die beiden Schrauben an jedem Scharnier, die zum Ausbau der Motorhaube losgeschraubt werden müssen. Zusätzlich den Gasdruckdämpfer aushängen.

Hinten werden die Pralldämpfer beim Ausbau des Stoßfängers mit abgebaut. Sie müssen also nur vom Stoßfänger abgebaut werden.
Vorn sind die Dämpfer an den Spitzen der Karosserie-Längsholme befestigt. Dort können sie nach Ausbau des Stoßfängers abgeschraubt werden.

Die Motorhaube

Haube ausbauen

- Motorhaube öffnen.
- Innenverkleidung der Haube so weit abbauen, bis man an die Abzweigstelle der Scheibenwaschwasserschläuche herankommt.
- Dazu die Stifte in den Haltedübeln mit einem Schraubendreher herausdrehen. Dann die Dübel abziehen.
- Bei einem Fahrzeug mit Intensivreinigungsanlage die Schläuche verwechslungssicher kennzeichnen.
- Schlauchklemmen öffnen, Schläuche abziehen und aus den Halterungen ausclipsen.
- Ggf. Stecker der Düsenbeheizung bzw. Motorraumleuchte abziehen.
- Massekabel von der Haube losschrauben.

- Sicherungsspangen an den Gasdruckdämpfern aushängen und Dämpfer mit Helfer abnehmen.
- Rechts und links Befestigungsschrauben der Motorhaube herausdrehen, dabei die Haube gut festhalten, damit sie nicht nach unten rutscht und Schäden verursacht.
- Motorhaube zusammen mit Helfer abnehmen.
- Wird dieselbe Haube wieder eingebaut, braucht die Haubeneinstellung bei dieser Ausbaumethode nicht korrigiert zu werden.

Fingerzeig: Für die Motorhaube des Viertürers gibt es eine »Werkstatt-Stellung«, die einen größeren Öffnungswinkel zuläßt. Zum Hochstellen der Haube den Kunststoff-Haken oben aus der linken Haubenstütze ausrasten. Bei neueren Fahrzeugen ist statt des Hakens eine SW-10-Schraube eingedreht.

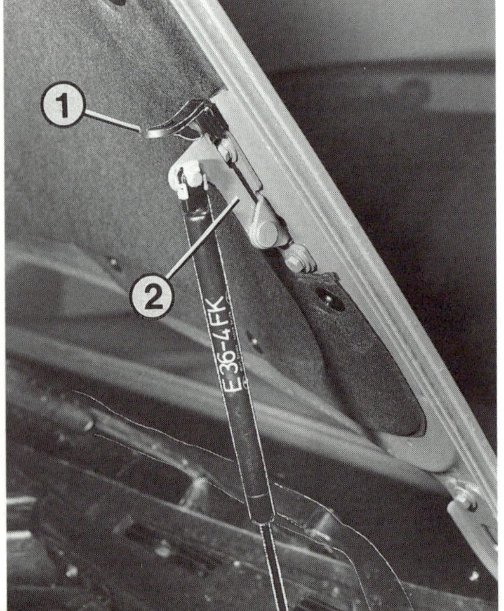

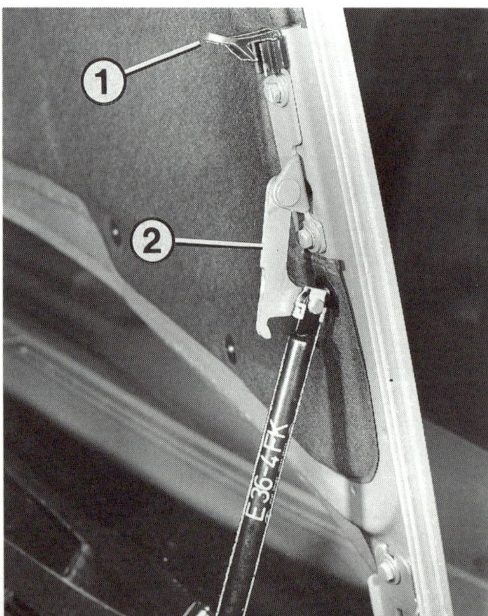

Die Motorhaube des BMW zur Verbesserung der Zugänglichkeit im Motorraum in eine »Werkstattstellung« bringen. Dazu bei älteren Bauserien den Kunststoffhaken (1) ausrasten und die Haube hochstellen, bis die Schwenkhebel rechts und links (2) unten an der Haube anliegen.
Bild links: »Normalstellung«, Bild rechts »Werkstattstellung«.

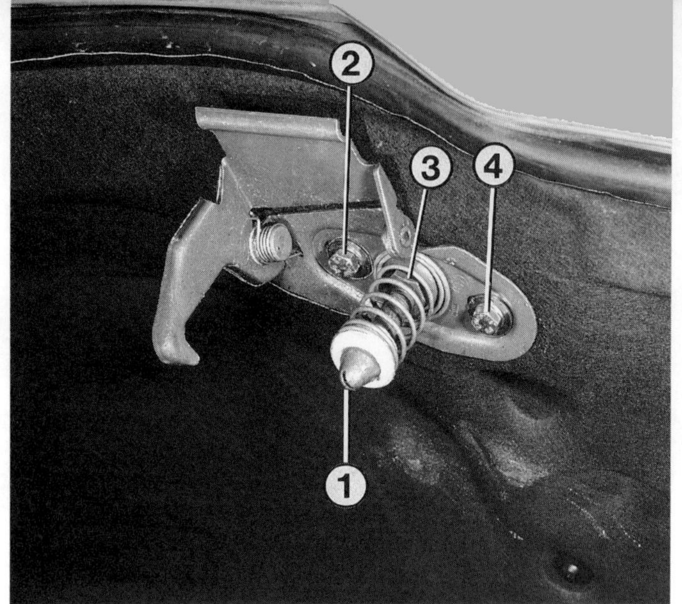

Das linke Motorhaubenschloß mit seinen Teilen:
1 – Schließzapfen;
2 und 4 – Halteschrauben;
3 – Kontermutter für Schließzapfen.

Haube hochstellen, bis die Schwenkhebel unten anliegen. In dieser Haubenstellung darf der Wischer nicht betätigt werden, da es sonst zu Lackbeschädigungen kommt.

Bei geschlossener Motorhaube muß der Abstand zu den beiden Kotflügeln gleich sein. An der Vorderkante soll die Haube mit den Kotflügeln fluchten. Auch die Höheneinstellung muß stimmen: Die Haube soll mit ihrer Oberkante in gleicher Höhe mit den beiden Kotflügeln stehen. Um diese Einbaulage zu erreichen, bestehen zwei Einstellmöglichkeiten, die im folgenden aufgeführt sind (Reihenfolge wie hier beschrieben).

● **Seiteneinstellung:** Scharniere an der Haube lockern und Motorhaube zu den Kotflügeln ausrichten.
● Scharnierschrauben wieder festziehen.
● **Höheneinstellung:** Halteschrauben der beiden Haubenschlösser vorn etwas lockern.
● Klappe einige Male schließen (nicht einrasten lassen), damit sich die Schlösser zentrieren.
● Kontermutter der Schließzapfen lösen.

● Schließzapfen durch Drehen um die eigene Achse in der Höhe verstellen, bis ein gleichmäßiger Spalt (rechts wie links) zwischen Haube, Front und Scheinwerfern vorhanden ist.
● Diese Einstellung muß mehrfach durch Schließen der Haube kontrolliert werden.
● Kontermuttern festziehen, ohne die Schließzapfen-Einstellung zu verändern.

● Armaturenbrettverkleidung links unten abschrauben (Kapitel »Der Innenraum«).
● Seitenverkleidung links im Fahrer-Fußraum abbauen. Dazu den Entriegelungshebel abschrauben und Schnellverschluß um 90° linksdrehen.
● Entriegelungsschloß von der Seitenwand abschrauben.
● Sicherungsspange der Zughülle vom Entriegelungsschloß abdrücken.

● Zugende aushängen.
● Linken Scheinwerfer ausbauen (Kapitel »Die Beleuchtung«).
● Radhausverkleidung des linken vorderen Kotflügels ausbauen.
● Motorhauben-Entriegelungszug nach vorn durch die Stirnwand durchziehen.
● Zughülle aus den verschiedenen Haltern im Bereich der linken Seitenwand lösen.

Für die Werkstattstellung der Motorhaube wurde in neueren Bauserien der Kunststoffhebel durch eine Sechskantschraube (Pfeil) ersetzt. Bei hochgestellter Haube den Scheibenwischer nicht betätigen!

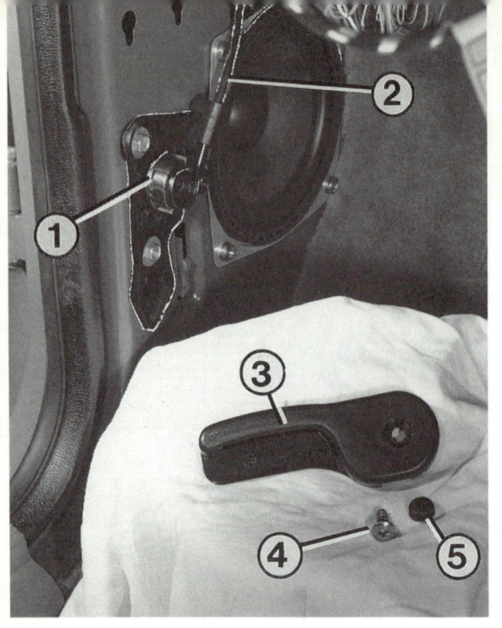
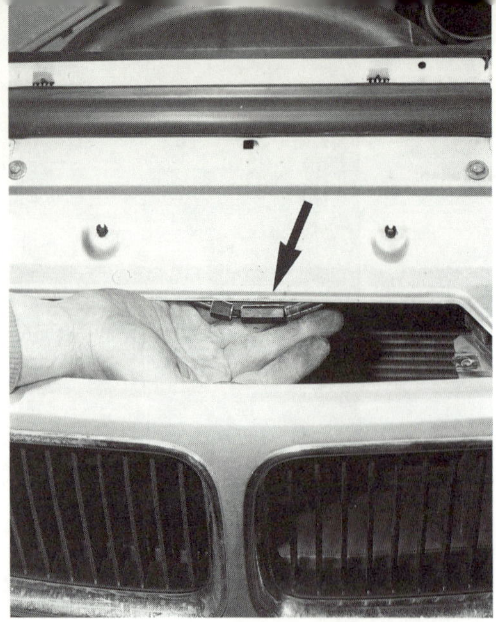

Links: Zum Ausbau des Motorhaubenzugs zuerst Abdeckkäppchen (5) abdrücken, Schraube (4) lösen und Entriegelungshebel (3) abziehen. Nach Abnehmen der linken Fußraumverkleidung wird dann das Entriegelungsschloß (1) von der Seitenwand abgeschraubt, um den Nippel des Entriegelungszuges und die Zughülle (2) aushängen zu können.
Rechts: Der Verbindungszug zwischen den beiden Motorhaubenschlössern muß spielfrei sein. Ggf. kann der Zug an dieser Schraube (Pfeil) gestrafft werden.

● Vorn am Haubenschloß das Ende der Zughülle aus der Führung ziehen und Nippel aus dem Schloßriegel aushängen.
● Beim **Einbau** den neuen Zug nicht knicken.
● Zug zunächst am Haubenschloß einhängen und dann in den Karosseriehaltern befestigen.
● Darauf achten, daß die Gummitülle an der Stirnwand dicht sitzt.

● Zuletzt den Nippel in das Entriegelungsschloß im Innenraum einhängen. Sicherungsspange aufdrücken.
● Ggf. den Verbindungszug zwischen den beiden Haubenschlössern spielfrei einstellen (Bild oben rechts). Das ist nur notwendig, wenn sich die Schlösser nicht gleichzeitig öffnen.

Kotflügel vorn

Ausbau

● Motorhaube öffnen.
● Blinkergehäuse ausbauen, siehe Kapitel »Die Beleuchtung«.
● Radhausverkleidung ausbauen.
● Am Motorhaubenscharnier unten die hintere Schraube lockern und die vordere Schraube ganz herausdrehen.
● Hinten an der Unterkante des Kotflügels (Bereich Türschweller) zwei weitere Schrauben losdrehen.
● Vorn im Radhaus drei Sechskantschrauben lösen. Dort ist der Kotflügel mit dem Frontteil verschraubt.

● Tür öffnen. Bei den Türscharnieren die beiden Sechskantschrauben herausdrehen.
● Kotflügel vorsichtig abnehmen, damit es nicht zu Lackschäden kommt.
● Neuen Kotflügel einpassen. Dabei auf den Spalt zur Tür und zur Motorhaube achten.
● Hintere Kotflügel-Unterkante mit Steinschlagschutz nachbehandeln.
● Stoßleiste umbauen.

Die Pfeile zeigen auf die Halteschrauben oben am Kotflügel.

Die Halteschrauben (Pfeile) im Türbereich des Kotflügels.

Die Kunststoff-Radhausverkleidung in den vorderen Kotflügeln bzw. die kleine Verkleidungen hinten verhindern, daß sich Schmutznester in den Winkeln an den Kotflügel-Innenseiten bilden. Denn an solchen Stellen gedeiht mit Vorliebe Rost.
- **Vorn:** Wagen hochbocken.
- Betreffendes Vorderrad abbauen.
- Unten im Bereich des Stoßfängers drei Sechskantschrauben herausdrehen.
- Im Radhaus entlang der Verkleidung insgesamt sieben Sechskantschrauben lösen.
- Hinten an der Radhausverkleidung in der Kotflügel-Stoßleiste Haltedübel ausbauen. Dazu Stift des Dübels mit einem Schraubendreher herausziehen. Anschließend Dübel abziehen.
- Verkleidung aus dem Radhaus herausnehmen.
- **Hinten:** Wagen aufbocken. Das Hinterrad kann montiert bleiben.
- Haltedübel ausbauen, wie vorstehend beschrieben.
- Eine Kunststoffmutter lösen.
- Radhausverkleidung abnehmen.

Radhaus-
verkleidung
ausbauen

BMW baut bei der Herstellung des Wagens die Türen nach der Lackierung wieder von der Karosserie ab, damit sie in bequemer Arbeitshaltung getrennt vom Wagen bestückt werden können. Erst dann erfolgt der endgültige Einbau der kompletten Tür.

Für diese Fertigungsart wurden spezielle Türscharniere entwickelt, die ein leichtes An- und Abbauen der Türen ohne Veränderung der Türeinstellung ermöglichen. Davon profitiert auch der Heimwerker: Nach der im folgenden beschriebenen Ausbaumethode demontiert man die Tür, ohne die Einstellung zu verändern. Natürlich bleibt noch die herkömmliche Ausbaumethode durch Abbauen der Scharniere mit anschließendem Einstellen. In diesem Fall die unbehandelten Flächen unter den Scharnieren nachlackieren.

- Sechskantschraube im Bolzen des Türscharniers herausdrehen (bei dieser Methode braucht die Türeinstellung bei Wiedereinbau derselben Tür nicht verändert zu werden).
- Sicherungsscheibe unten im Bolzen des Türfeststellers abziehen, Bolzen nach oben herausdrücken.
- Bereiten Sie jetzt eine Abstellmöglichkeit für die Tür vor, so daß sie in Einbauhöhe neben dem Wagen stehen kann (Holzbalken, zwei Schemel etc.).
- Tür zu zweit nach oben aus den Scharnieren heben und auf die vorbereitete Unterlage stellen.
- Jetzt den Halterahmen der Kabelsteckverbindung an der Karosserie losschrauben, während der Helfer die Tür festhält.
- Stecker aus dem Türpfosten nehmen, Steckerriegel hochziehen und Steckverbindung trennen.

Tür ausbauen

Zur Einstellung einer Tür muß der BMW mit allen Vieren waagrecht auf dem Boden stehen. Bei aufgebocktem Fahrzeug kann sich die Karosserie verwinden, so daß die Türjustierung anschließend nicht mehr stimmt.
○ Richtig eingestellt müssen die Türspalte vorn und hinten gleich breit sein. Angestrebt wird ein Spaltmaß von **5,5 mm.**

Tür einpassen

Die Schließplatte (2) kann zum Einstellen der Türhinterkante nach Lösen der TORX-Schrauben (1) verschoben werden.

Ausbau der Vordertür: Sechskantschrauben (1 und 4) an den Bolzen der Scharniere lösen, Bolzen des Türfeststellers nach Abhebeln der Sicherung (2) herausziehen, Steckverbindung (3) abschrauben und trennen.

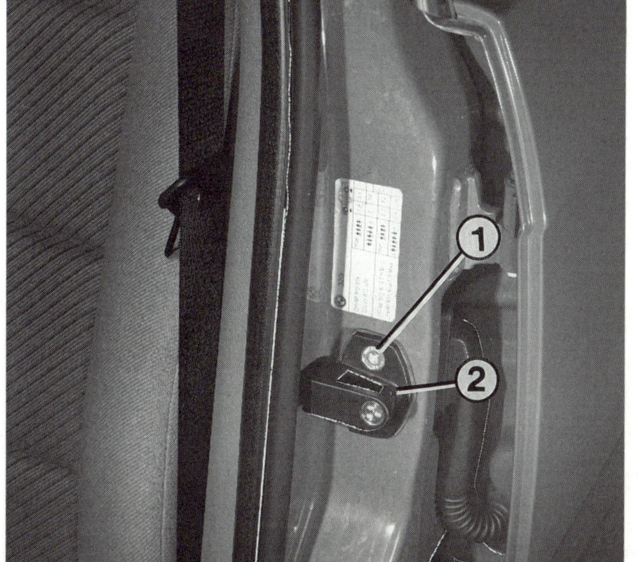

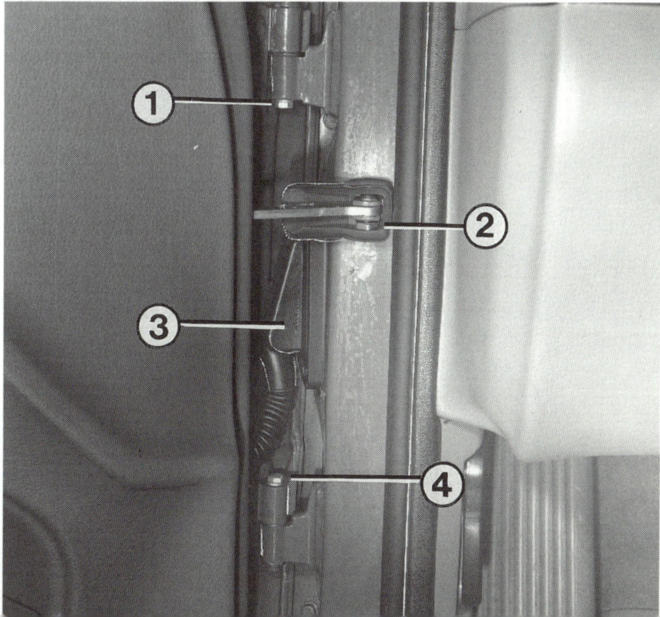

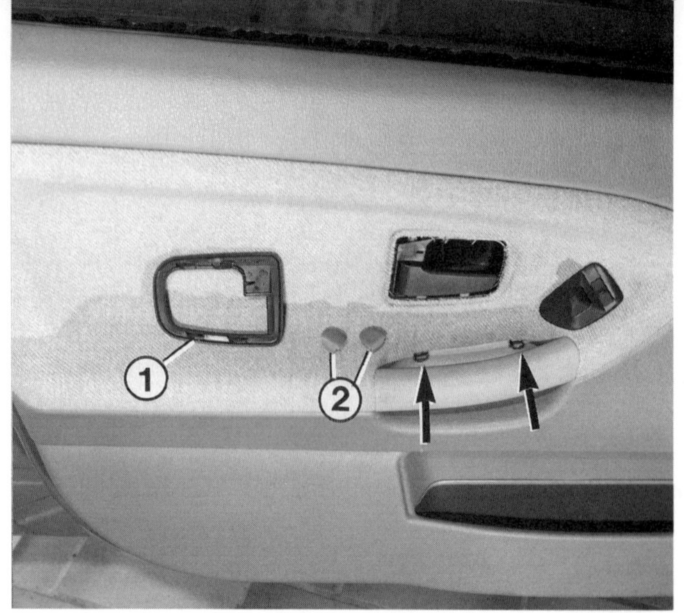

Arbeitsschritte zum Ausbauen der Türverkleidung: Blende des Tür-Innengriffes (1) nach vorn von der Griffmulde schieben. Stopfen (2) hinter dem Türgriff abdrücken und die TORX-Schrauben (Pfeile) lösen.

○ Die Türfläche darf nicht über die Fahrzeugkontur hinausragen. Angestrebt wird jedoch, daß die Vorderkante der jeweiligen Tür ca. **1 mm** weiter innen steht als das angrenzende Karosserieteil.

○ Auch die Höhe muß stimmen, was man an den Prägekanten kontrollieren kann.

Die zur Verfügung stehenden Einstellmöglichkeiten ermöglichen ein genaues Ausrichten der Tür:

● **Höheneinstellung:** Muttern an den Scharnieren lösen und Tür in den Langlöchern nach oben oder unten rücken. Muttern wieder festziehen.

● **Seiteneinstellung vorn:** Wenn die Tür an ihrer Vorderkante zu weit innen oder außen steht, läßt sich das durch Einbauen von Distanzplättchen zwischen Scharnier und Tür regulieren. Dazu Scharnier von der Tür abbauen. Distanzplättchen mit 0,5 und 1,0 mm Stärke gibt es im Ersatzteillager.

● **Seiteneinstellung hinten:** Hier kann die Schließplatte gelockert und weiter nach innen oder außen geschoben werden. Entsprechend steht die hintere Türkante. Nach oben und unten wird die Schließplatte nur verschoben, um mit dem Schloß in einer Höhe zu sein.

● Zum Lösen der Schließplatten-Schrauben wird ein TORX-Schlüssel T40 benötigt.

Türverkleidung ausbauen

Diese Arbeit wurde aus dem Kapitel »Der Innenraum« vorgezogen, da sie für die weiteren Zerlegungsschritte der Tür wichtig ist.

● Zwei Stopfen hinter dem Tür-Innengriff abdrücken.

● Die jetzt freiliegenden beiden TORX-Schrauben T20 herausdrehen.

● Schalter für Spiegelverstellung aus der Verkleidung hebeln, Stecker abziehen (siehe auch Kapitel »Instrumente und Geräte«).

● Blende für Tür-Innengriff nach vorn von der Griffmulde schieben.

● Türverriegelungsknopf losschrauben.

● Verkleidung rundum aus den Halteclips ziehen und abnehmen.

● Steckverbindung zum Lautsprecher trennen.

● Folie vom Türkasten abziehen und mit Klebefläche nach oben zur Wiederverwendung ablegen.

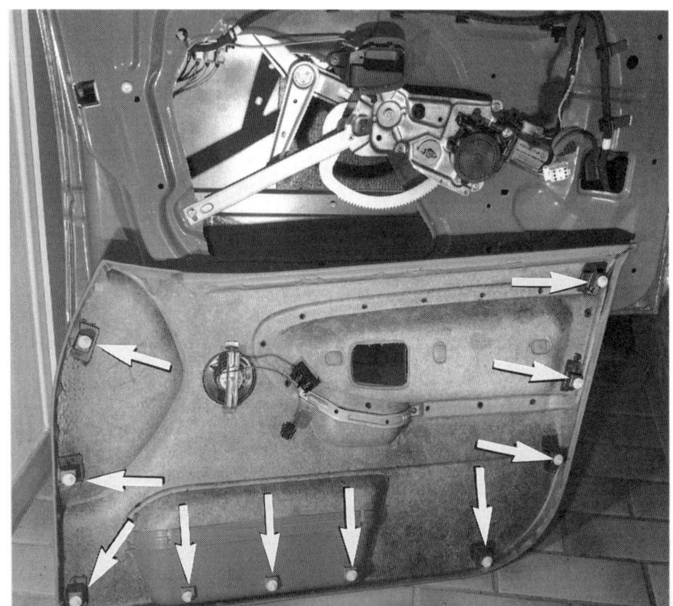

Hier ist die Türverkleidung abgebaut. Die weißen Pfeile zeigen auf die Halteclips der Verkleidung, die beim Einbau vorsichtig ausgerichtet und in die Bohrungen am Türkasten eingesteckt werden müssen.

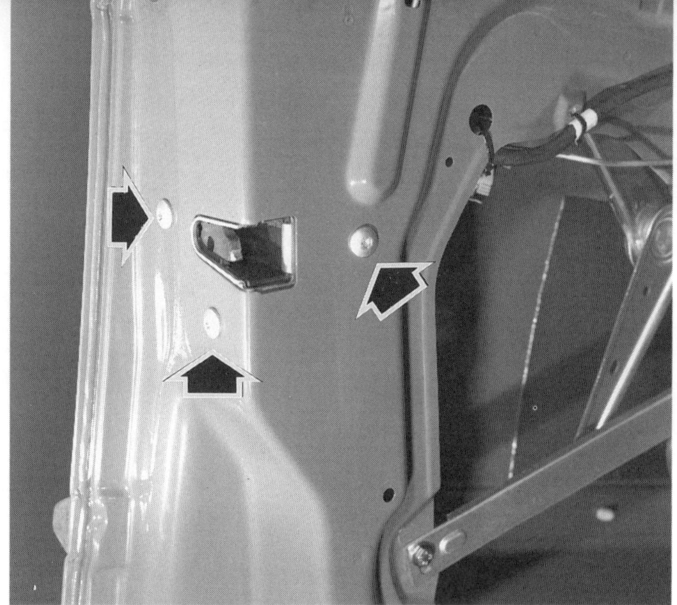

Die hier gezeigten Schrauben (Pfeile) müssen zum Ausbau des Türschloßmechanismus gelöst werden.

- Türverkleidung abbauen.
- Türfenster ausbauen.
- Schraube unten an der hinteren Fensterführungsschiene lösen, Schiene abbauen.
- Tür-Innengriff abschrauben (TORX T20).
- Drei TORX-Schrauben T30 am Türschloß lösen.
- Abdeckstopfen in Türgriffhöhe an der hinteren Schmalseite der Tür abhebeln.
- Unter dem Stopfen den Riegel nach vorn schieben, bis sich die Türgriffblende löst. Blende dabei festhalten, daß sie nicht zu Boden fällt.
- Am Türgriff außen Ringmutter am Schließzylinder – wie im Bild unten rechts gezeigt – mit zwei gekreuzten Schraubendrehern lösen. Vorsicht, Gefahr von Lackbeschädigung. Sicherheitshalber umliegendes Türblech mit Klebeband abdecken.
- Vorn am Türgriff von der Tür-Innenseite her eine Sechskantmutter lösen.

- Türgriff zusammen mit Schloß aus dem Türkasten herausnehmen.
- Stecker abziehen.
- Beim Einbau darauf achten, daß beide Verbindungen zwischen Schloß und Griff eingehängt sind.
- Fensterführungsschiene vor dem Festschrauben an der Oberkante in den Türkasten einhängen.
- Vor dem Andrücken der Türverkleidung in ihre Clips Funktionsprobe durchführen.

Türschloß und Türgriff ausbauen

Beschrieben ist der Ausbau der elektrischen Fensterheber an der Vordertür beim Viertürer. Die Arbeitsschritte verlaufen an den hinteren Türen sowie beim Zweitürer bzw. bei mechanischen Fensterhebern nahezu identisch.

- Türverkleidung ausbauen.
- Schutzfolie vorsichtig abziehen.
- Befestigungsschraube des Tür-Innengriffes lösen und Innengriff aushängen.

- Scheibe ca. 30 cm absenken.
- Aus Sicherheitsgründen Stecker am Fensterhebermotor abziehen.
- Türfensterscheibe festhalten. Sicherungsspangen

Fensterheber ausbauen

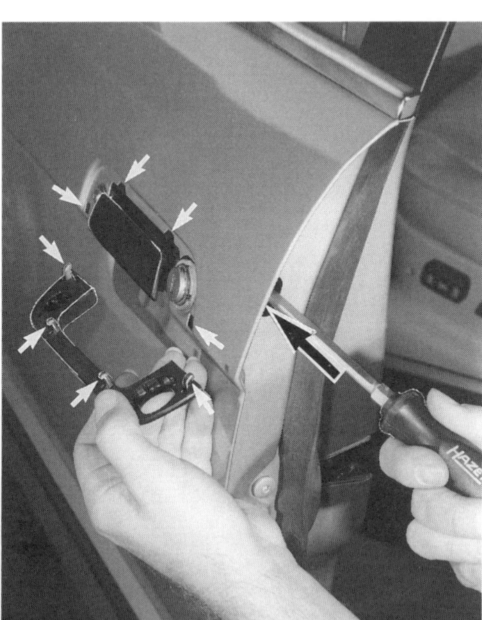
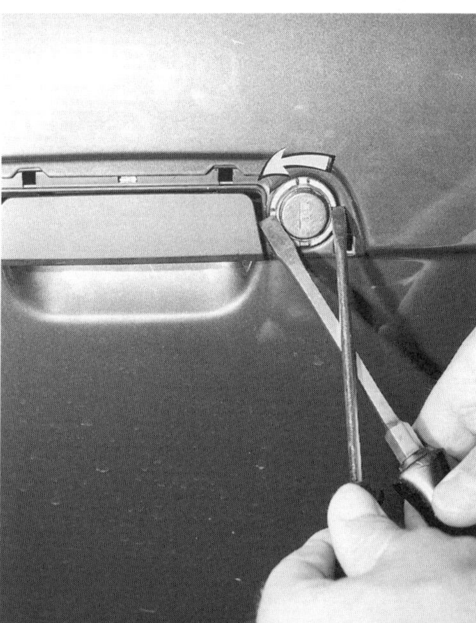

Links: Die Türgriffblende ist mit ihren Häkchen in die Aussparungen an der Tür eingesetzt. Mit dem Schraubendreher wird hier der Riegel (schwarzer Pfeil) gelöst, der von innen die Häkchen der Blende hält.
Rechts: Nach Abnehmen der Türgriffblende kann die Ringmutter mit zwei gekreuzten Schraubendrehern gelöst werden (gebogener Pfeil).

Die Pfeile in der Abbildung zeigen auf die beiden Sicherungsspangen an den Gleitstücken der Fensterheberlaufschiene, die zum Ausbau der Türfenster abgedrückt werden müssen.

an den Gleitstücken der Laufschiene (an der Scheiben-Unterkante) zur Seite herausziehen.
● Scheibe sichern.
● Fensterheberarme jetzt aus den Gleitstücken der Laufschiene ausrasten.
● Halteniete der Fensterheberkonsole ausbohren – vorsichtig bohren, bis der Nietkopf abfällt. Türblech nicht anbohren.
● Nietreste mit passendem Durchschlag herausschlagen.
● Haltearm der Fensterheberkonsole links unten an der Tür losschrauben.

● Fensterheberkonsole zusammen mit dem Fensterhebermotor aus dem Türschacht herausheben.
● Halteschrauben des Elektromotors von der Rückseite her lösen.
● Beim Einbau werden die aufgebohrten Niete durch Sechskantschrauben M 6 × 10 mit passenden Muttern und Unterlegscheiben ersetzt (Anzugsdrehmoment 10 Nm).
● Anschließend Türfensterscheibe einstellen, siehe übernächsten Abschnitt.

Türfenster beim Viertürer

Türfenster ausbauen

● Türverkleidung ausbauen.
● Schutzfolie vorsichtig abziehen.
● Fensterscheibe ca. 30 cm absenken.
● Sicherungsspangen an den Gleitstücken der Laufschiene (an der Scheiben-Unterkante) zur Seite herausziehen.

● Scheibe festhalten und Fensterheberarm aus der Laufschiene ausrasten.
● Fensterscheibe vorn etwas abkippen und nach oben aus dem Fensterschacht herausheben.
● Nach dem Einbau Fensterscheibe einstellen (folgender Abschnitt).

Türfenster einstellen

Die Türfensterscheibe muß parallel zum Fensterrahmen stehen und gleichmäßig in die Fensterdichtung eintauchen. Die Dichtung muß außen an der Fensterscheibe gleichmäßig anliegen. Eine falsch eingestellte Fensterscheibe kann Windgeräusche verursachen.

Bei abgenommener Türverkleidung sind beim Viertürer die Niete (Pfeile) und die Schrauben (1) des Fensterhebermechanismus sichtbar. Hier sehen wir einen elektrischen Fensterheber (5). Ferner bedeuten:
2 – eine der Schrauben des Türschlosses;
3 – Steckverbindungen zum Türschloß, Mikroschalter, zur Türschloßheizung und zum Türgriffschalter;
4 – Halteschraube für Türöffner innen.

Die Tür des Zweitürers bei abgenommener Verkleidung zeigt die Niete (Pfeile) des Fensterhebermechanismus sowie Fensterhebermotor (2) und Fensterhebersteuerung (1).

- Türverkleidung ausbauen.
- Schutzfolie vorsichtig abziehen.
- Links neben dem Fensterhebermotor Halteschraube des Hauptanschlags etwas lockern.
- Durch Verstellen der Fensterführungsschiene Parallelität der Scheibe zum Fensterrahmen einstellen.
- Fensterscheibe bis zum gleichmäßigen Eintauchen in die Fensterdichtung schließen.
- Hauptanschlag nach unten schieben und Halteschraube wieder anziehen.

Türfenster beim Zweitürer

Die rahmenlosen Scheiben des Zweitürer-Modells sehen besonders elegant aus, erfordern aber eine überaus exakte Einstellung, wenn die Fensterscheibe hinterher einwandfrei im Ausschnitt sitzen und keine Windgeräusche verursachen soll. Der Werkstatt steht dafür eine umfangreiche Einstellanweisung zu Verfügung. Dorthin würden wir den Wagen auch bringen, wenn es sich um die Grundeinstellung einer neuen Türscheibe handelt.
Den **Aus- und Einbau** kann man notfalls selbst vornehmen. Die Arbeit verläuft ähnlich wie für den Viertürer. Zusätzlich den Lagerbock der hinteren Fensterführung und Anschläge abschrauben.
Beim **Einstellen** würden wir bestenfalls eine bestehende Grundeinstellung korrigieren:
○ Die **Scheibenneigung nach innen** wird nach Lösen der Schrauben unten außen am Türkasten korrigiert.
○ Die **Scheibenneigung nach vorn oder hinten** kann nach Lösen der Schrauben oben unter der Fensterbrüstung etwas verändert werden. Darauf achten, daß die Scheibe noch leicht läuft.
○ Die Höheneinstellung wird bei hochgefahrener Scheibe eingestellt. Dazu Schloßfalle von Hand zudrücken – Scheibe fährt hoch. Höheneinstellung an vorderer und hinterer Einstellschraube (vorn und hinten an der Scheiben-Unterkante im Türkasten) korrigieren.

Fingerzeig: Für die einwandfreie Funktion der Scheibenabsenkung beim Zweitürer müssen die Gummi-Scheibendichtungen gut gepflegt werden, damit die Scheibe leicht läuft. Geeignet: Hirschtalg oder Gummi-Pflegespray.

Links: Die Neigung der Seitenscheibe kann beim Zweitürer durch Schwenken der hinteren Fensterführungsschiene etwas nachjustiert werden. Dazu die beiden Sechskantschrauben (Pfeile) unten im hinteren Bereich des Türkastens lösen.
Rechts: Der Blick in den Türkasten beim Zweitürer zeigt:
1 – Anschlagschraube für unteren Fensteranschlag;
2 – Sicherungsspange am Gleitstück der Fensterheberlaufschiene (zum Ausbau abdrücken).

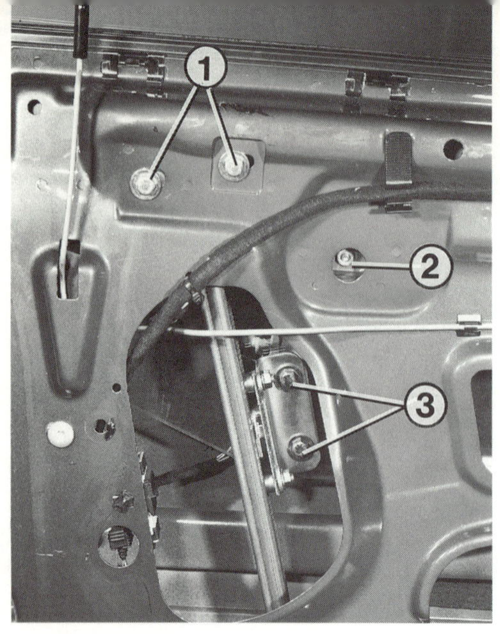

Links: Einstellmöglichkeiten des Türfensters beim Zweitürer bestehen an der hinteren Fensterführungsschiene (1) und an der hinteren Fensterbefestigung (3). Position »2« zeigt die Halteschraube des oberen Fensteranschlags.
Rechts: Blick in den Türkasten beim Zweitürer:
1 – Türschloßkontakt;
2 – Steckverbindung für Türschloßkontakt.

Die Außenspiegel

- **Ausbau:** Blende innen im Fensterdreieck oben ausclipsen und nach oben schieben.
- Stecker aus der Blende ausclipsen und Blende abnehmen.
- Innensechskant-Halteschrauben lösen.
- Steckverbindung trennen und Spiegel abnehmen.
- **Spiegelglas ersetzen:** Wie der Außenspiegel zerlegt wird, erfahren Sie im Kapitel »Instrumente und Geräte«.

Stoßleisten seitlich

Ausbau

- Leiste von den Kunststoff-Halteklammern abhebeln.
- Dazu eignet sich am besten ein flacher Schraubendreher, der zum Schutz vor Lackkratzern mit einem Lappen unterlegt wird.

Der Kofferraumdeckel

Ausbau

- Kofferraumdeckel öffnen.
- Kunststoffverkleidung am Kofferraumdeckel mit einem breiten Schraubendreher vorsichtig ausclipsen.
- Kabelzuleitung zu den Kennzeichenleuchten, dem Kofferraumleuchten-Kontaktschalter und zur Zentralverriegelung ausstecken. Es gibt leider keine Sammel-Steckverbindung.
- Sicherungsklammern links und rechts mit einem kleinen Schraubendreher abhebeln, und Gasdruckstoßdämpfer von den Befestigungen am Kofferraumdeckel abdrücken.
- Kofferraumdeckel gemeinsam mit einem Helfer halten und links und rechts je zwei Schrauben am Scharnierbügel herausdrehen.
- Deckel von den Scharnieren abnehmen.

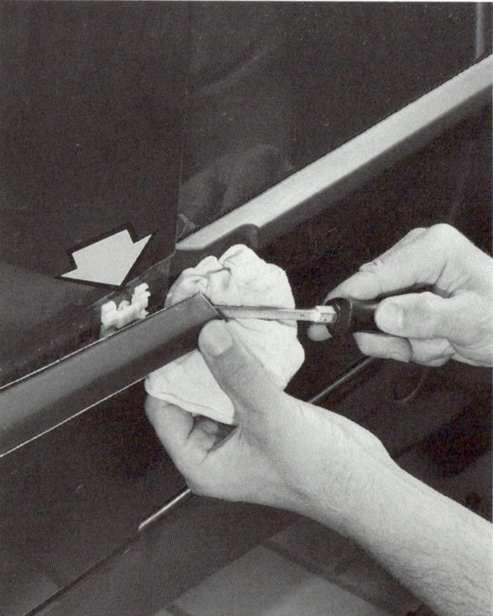

Links: Die Halteschrauben (Pfeile) des Außenspiegels sind nach Abnehmen der Blende (1) im vorderen Fensterdreieck zugänglich.
Rechts: Die Stoßleisten der Türen sind auf Kunststoffhaltern (Pfeil) befestigt. Zum Abdrücken eignet sich ein Schraubendreher mit Lappen-Unterlage.

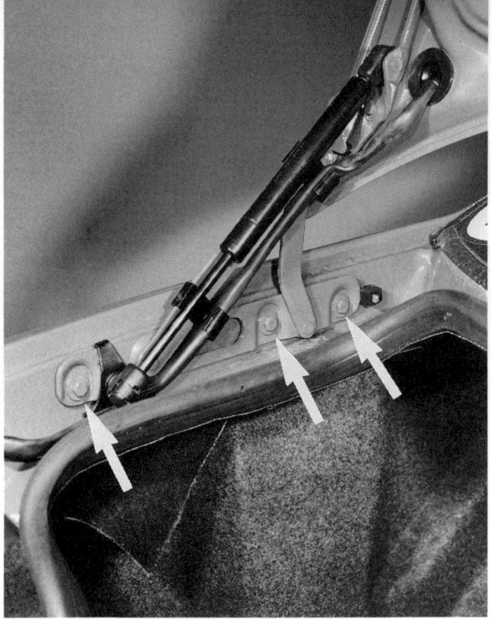

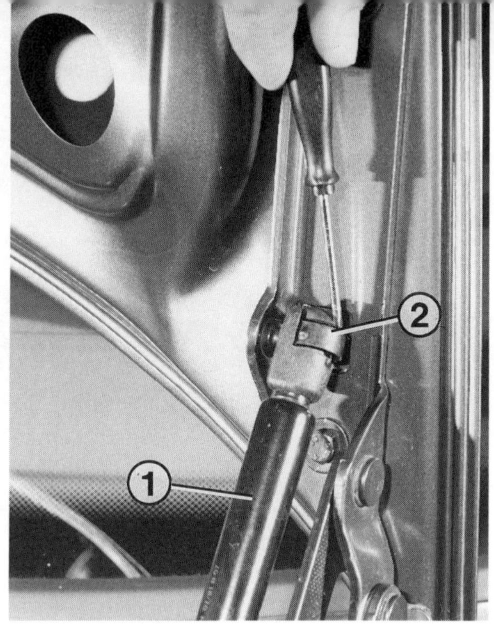

Links: Zum Demontieren der Kofferraumhaube müssen an jedem Haubenscharnier drei Sechskantschrauben (Pfeile) gelöst werden. Kabelzuführungen nicht vergessen.
Rechts: Der Gasdruckdämpfer (1) der Kofferraumklappe läßt sich nach Abdrücken der Sicherungsspange (2) vom Kugelbolzen ziehen.

Angestrebt wird ein gleich breiter Spalt zum rechten wie zum linken Seitenteil. An der Hinterkante muß die Haube flächenbündig abschließen. Die Oberseite der Haube soll mit den Seitenteilen in einer Ebene liegen.

Kofferraumdeckel einstellen

● **Einstellung seitlich und in Längsrichtung:** Schrauben am Haubenscharnier lockern und Haube ausrichten.

● Damit das Schloß beim Einrasten die Haube nicht zur Seite zieht, müssen die Schrauben am Schließbolzen gelöst werden.

● **Höheneinstellung Hauben-Hinterkante:** Die beiden Gummipuffer rechts und links unten an der Haube ganz hineindrehen.

● Zwei Halteschrauben am Schließbolzen lockern, bis sich der Schließbolzen gerade verschieben läßt.

● Haube zuerst schließen und in Einstell-Position bringen: An der Hinterkante soll die Oberseite der Haube etwa 1 mm tiefer liegen als die Oberkanten der Seitenteile.

● Jetzt das Schloß vorsichtig öffnen.

● Schrauben am Schließbolzen wieder festziehen.

● Nach beendigter Einstellung die Gummi-Anschlagpuffer so weit herausdrehen, bis der Kofferraumdeckel in geschlossenem Zustand leicht vorgespannt ist und in einer Ebene mit den Seitenwänden steht.

Schloß des Kofferraumdeckels ausbauen

● Kofferraumdeckel öffnen.

● Verkleidung des Kofferraumdeckels mit einem breiten Schraubendreher vorsichtig ausclipsen.

● Am **Druckknopf** die zwei Betätigungsstangen aushängen und beide Befestigungsschrauben herausdrehen.

● Druckknopf abnehmen.

● Am **Schloßteil** die drei TORX-Schrauben lösen und Schloßteil samt Betätigungsstange herausziehen.

● Zum Ausbau des **Antriebs der Zentralverriegelung** die beiden TORX-Schrauben herausdrehen.

● Antriebseinheit abnehmen und Kabelsteckverbindung trennen.

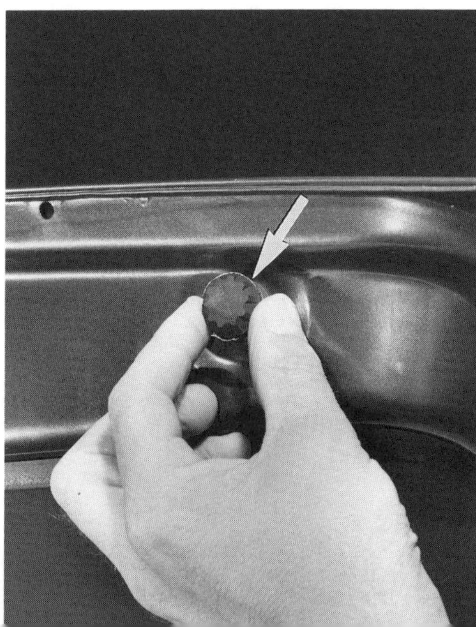

Links: Zum Ausrichten des Schließbolzens am Heckblech müssen die beiden Halteschrauben (1) gelöst werden.
Rechts: Der Gummipuffer (Pfeil) läßt sich in der Höhe verstellen, damit die Haube satt aufliegt.

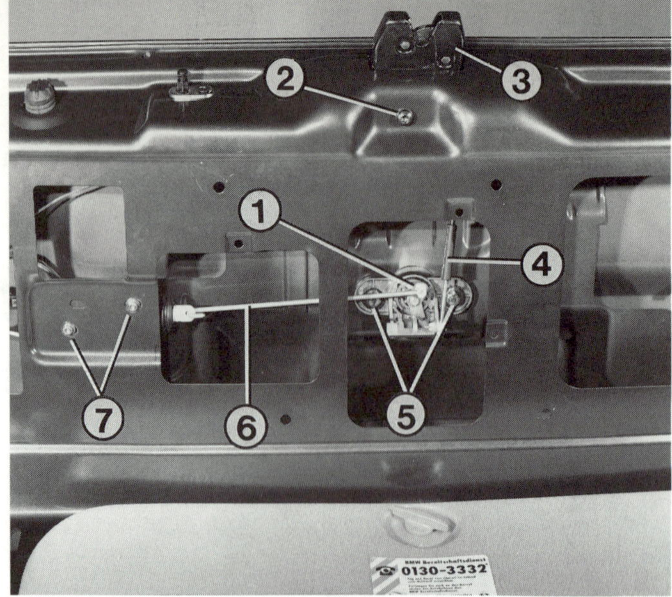

Die Teile des Kofferraumschlosses sind bei hochgeschlagener Verkleidung zu erkennen:
1 – Druckknopf;
2 – Schraube für Schloßteil;
3 – Schloßteil;
4 – Betätigungsstange Druckknopf/Schloßteil;
5 – Schrauben für Druckknopf;
6 – Betätigungsstange Druckknopf/Stelltrieb;
7 – Stelltrieb der Zentralverriegelung.

BMW-Zeichen abbauen	● Das BMW-Zeichen ist mit zwei Haltebolzen in Kunststoff-Führungen an der Haube eingesteckt. ● Plakette rundum gleichmäßig mit flachem Schraubendreher anheben und abnehmen.

● Lack mit einem Lappen schützen.
● Beim Einbau etwas Karosseriedichtmasse von unten auf die Plakette kleben.

Typbezeichnung abnehmen

● Die Modellbezeichnung an der Kofferraumklappe ist geklebt.
● Zum Abnehmen dünnen und doch stabilen Zwirn in Geschirrspülmittel tauchen und damit die Klebeschicht zwischen Plakette und Lack »durchsägen«.

● Noch leichter geht die Arbeit, wenn die Plakette mit einem Fön erwärmt ist.
● Neue Plakette auf 40–50°C erwärmen und Klebeseite kurz anpressen.

Stoßfänger hinten

Ausbau

● Wagen hinten aufbocken.
● Links und rechts die Radhausverkleidungen ausbauen, wie weiter vorn in diesem Kapitel beschrieben.
● Seitliche Befestigungschrauben des Stoßfängers losdrehen.
● Im Kofferraum die Batterieabdeckung ausbauen.

● Darunterliegende Befestigungsmutter losdrehen.
● Links im Kofferraum die Kunststoffabdeckung ausbauen.
● Am Heckblech links und rechts je zwei Muttern losdrehen.
● Stoßfänger gemeinsam mit einem Helfer abnehmen.

Das Schiebedach

Dieses Fenster zum Himmel erfordert für problemlose Funktion eine exakte Einstellung, aber die hierzu notwendigen Beschreibungen würden den Rahmen dieses Buches sprengen.

Links: Am Heckblech – erreichbar durch den Kofferraum – sitzen die hinteren Haltemuttern für den Stoßfänger.
Rechts: Unter den Radhausverkleidungen in den hinteren Radausschnitten sitzen die Befestigungsschrauben für die Stoßfänger-Seitenwangen (Pfeile).

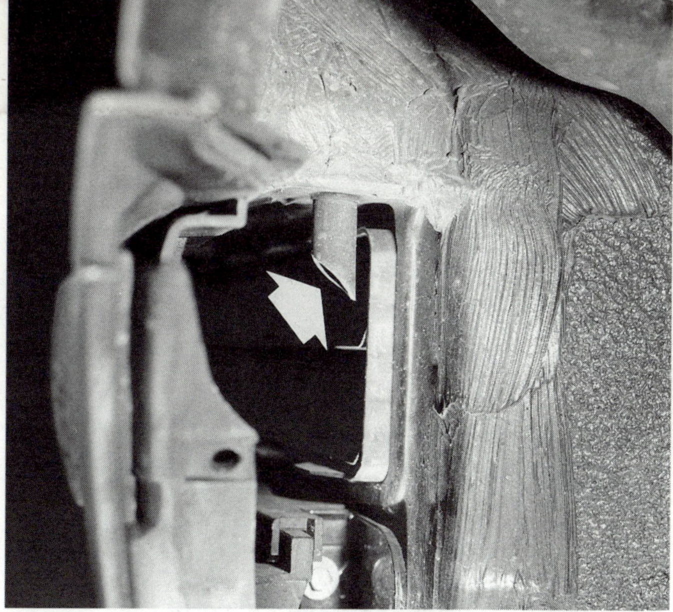

Die hinteren Wasserablaufrohre (Pfeil) des Schiebedaches enden zwischen Seitenblech und Seitenwangen des hinteren Stoßfängers. Zugänglich sind sie nach Ausbau der Radhausverkleidungen hinten.

Was bei Störungen am elektrischen Schiebedach zu tun ist, erfahren Sie im Kapitel »Instrumente und Geräte«. Ein undichtes Schiebedach hat seine Ursache in verstopften Ablaufrohren, von denen je eines an den vier Ecken des Schiebedachkastens angeschlossen ist. Zwar darf das Wasser eindringen, aber es muß auch wieder ablaufen können. Die **vorderen Ablaufrohre** münden – von außen unsichtbar – in das Hohlprofil des Türschwellers. Das eingetretene Wasser läuft durch die Ablauflöcher unten am Schweller aus. Dazu dürfen diese nicht verstopft sein (siehe folgende Seite). Die **hinteren Ablaufrohre** enden unter den Radhausverkleidungen der hinteren Radausschnitte.

● Bei undichtem Schiebedach alle vier Ablaufrohre durchstoßen.

● Diese sitzen an den vier Ecken des Schiebedachkastens – die vorderen sind naturgemäß gut zu erreichen, die hinteren selbst bei geöffnetem Schiebedach recht schwer.

● Zum Reinigen eignet sich z. B. eine alte Tachowelle. Manchmal genügt auch schon ein Draht.

Front- und Heckscheibe sind »kraftschlüssig verklebt«. Die Scheiben sind damit beim BMW 3er ein konstruktives Element und wurden in die Festigkeitsberechnungen der Karosserie mit einbezogen. Dieses Verfahren ist bei der Suche nach möglichst glattflächigen Karosserien nahezu unumgänglich.
Für den Selbsthelfer bedeuten die geklebten Scheiben das »Aus«. Ohne Spezialwerkzeug ist da nichts zu machen – ein Fall für die Werkstatt.

Front- und Heckscheibe

Während autowaschende Familienväter in den 60er Jahren aus dem samstäglichen Straßenbild nicht wegzudenken waren, bilden sich in den 90ern eher lange Schlangen vor den Autowaschanlagen. Der Grund für diese Veränderung liegt nahe: Das Verhältnis zum Auto ist auf eine andere Ebene gerückt. Der fahrbare Untersatz ist zur Selbstverständlichkeit geworden, und anspruchsloser ist er noch dazu. Beispiel dafür ist die aufwendige Rostvorsorge, die schon ab Werk an den BMW-Karosserien betrieben wird.

Eine wirkungsvolle und zugleich preiswerte Pflege für die Wagenunterseite ist – vor allem im Winter – das regelmäßige Abspritzen mit einem scharfen Wasserstrahl. Auftausalz und Straßenschmutz sollen sich nicht lange in den Kanten und Ecken des Bodens festsetzen können, denn sie binden Feuchtigkeit. Die ohnehin schlecht zugänglichen Ecken trocknen nie ganz aus, was letztendlich den Rostfraß erheblich fördert. Schmutzkrusten können sich an folgenden Stellen festsetzen:

○ Im Blechfalz am Rand der hinteren Radausschnitte

○ In den Radkästen

○ Im Spritzbereich der Hinterräder rechts und links des Kofferraums

Für die Unterwagenwäsche brauchen Sie zumindest einen Wasserschlauch mit Spritzdüse. Es gibt auch abgewinkelte Spritzdüsen (z. B. von APA), mit denen man den am Boden stehenden Wagen abspritzen kann, ohne selbst allzu naß zu werden.
Am günstigsten ist allerdings ein Dampfstrahlgerät, wie es Tankstellen und Waschparks besitzen. Erkundigen Sie sich, ob es in Ihrer Nähe ein solches Gerät zur Selbstbedienung gibt.

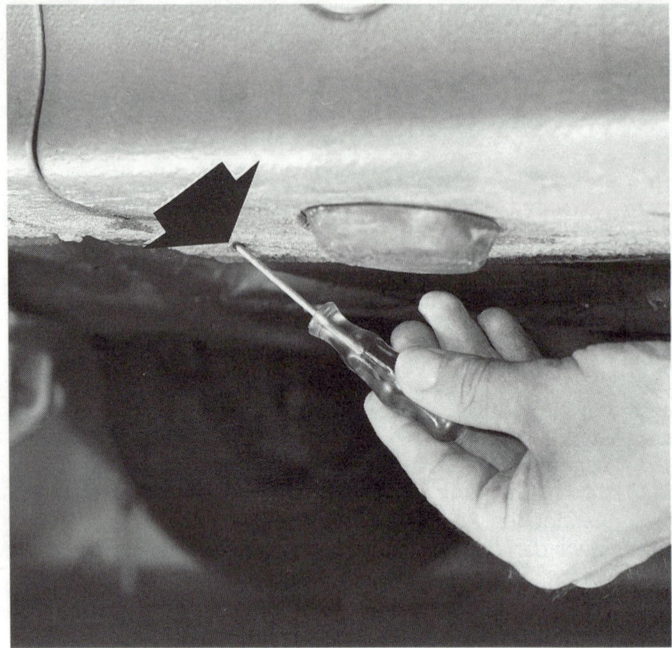

Die Wasserablauflöcher unten an den Türschwellern sind beim BMW erfreulich groß ausgefallen. Sorgen Sie dafür, daß diese Öffnungen nicht verstopft sind, sonst staut sich Wasser in den Hohlräumen und fördert den Rostfraß. Übrigens führen auch die vorderen Ablaufrohre des Schiebedaches in die Schweller, so daß ablaufendes Wasser aus dem Schiebedachkasten ebenfalls durch diese Löcher ins Freie gelangt.

Wasserablauflöcher reinigen

Wartung Nr. 48

Keine Schweißnaht ist so dicht, daß nicht Wasser eindringen kann. Aus diesem Grund sind in allen Hohlprofilen im Wagen Wasserablauflöcher angebracht. Sind diese durch Schmutz oder Unterbodenschutz verstopft, kann eindringendes Wasser nicht mehr ablaufen, sondern fördert den Rostfraß von innen heraus. Besonders gefährdet sind die Längsversteifungen der Karosserie.
Deshalb die Löcher regelmäßig mit einem Pfeifenreiniger, Draht oder Schraubendreher durchstoßen.

Lackierung prüfen

Wartung Nr. 49

● Steinschlagschäden an der Lackierung müssen schon bald ausgebessert werden, bevor sich Rostansatz breitmacht, was auf den verzinkten Teilen glücklicherweise nicht ganz so schnell geht.
● Dazu eignet sich sogenannter Tupflack, den es in kleinen Fläschchen samt Tupfpinsel zu kaufen gibt.

● Ist eine beschädigte Lackstelle bereits unterrostet, Rost abschleifen – je nach Umfang mit GlasfaserRadierstift, Schleifpapier oder elektrischem Winkelschleifer.
● Vor dem Decklack Rostgrundierung auftragen.

Unterbodenschutz kontrollieren

Wartung Nr. 47

Die Schutzschicht der Wagenunterseite muß sorgsam geprüft und ggf. nachgearbeitet werden. Das können Sie selbst machen, wenn Sie eine sichere Aufbockmöglichkeit für den BMW haben (Hebebühne, Auffahrrampe).
● Unterboden gründlich waschen.
● Gesamte Unterseite mit einer hellen Lampe ableuchten und auf schadhafte Stellen untersuchen.
● Beschädigte Stellen im Unterbodenschutz mit Spachtel, Schaber und Drahtbürste bis aufs blanke Blech freilegen.
● Rostansätze so weit als möglich blankschleifen.
● Gesäuberte Fläche mit Rostprimer oder Bleimennige bestreichen.
● Ebene oder größere Flächen werden mit streichbarem Unterbodenschutzmaterial behandelt.

● Für schwer zugängliche Fugen und Ecken ist eine Sprühdose mit Unterbodenschutz günstiger.
● Nicht alle Unterbodenschutzmaterialien eignen sich für die Verwendung am BMW. So kann es Haftprobleme bei Materialien auf Bitumenbasis geben.
● Besser ist Wachs-Unterbodenschutz: Er kann sowohl zum zusätzlichen Konservieren der werkseitig aufgespritzten PVC-Unterbodenschutzschicht verwendet werden wie auch zum Behandeln von Reparaturstellen.

Fingerzeig: Beim Sprühen von Unterbodenschutz müssen die Bremsen mit Papierbogen oder Kunststoffolie gegen den schmierigen Nebel abgedeckt werden.

Empfangsraum

Nun folgt der »gemütliche Teil« dieses Handbuches. Denn hier geht es um den wohnlichen Teil unserer Fahrmaschine.

Vordersitz ausbauen

● Sitz nach hinten schieben und Sitzhöhenverstellung in höchste Stellung bringen.
● Gurtstrammer an der Innenseite des Sitzes entschärfen: Knebel um 90° drehen und Bowdenzug nach oben aushängen.
● Abdeckkappen von den Befestigungsmuttern des Sitzes abhebeln. Muttern herausdrehen.
● Sitz nach vorn schieben und hintere Befestigungsschrauben lösen.
● Sitz etwas anheben und die Befestigungsschraube des Sicherheitsgurts losdrehen.

● Ggf. Steckverbindung für Sitzheizung oder elektrische Sitzverstellung trennen.
● Vordersitz aus dem Fahrzeug herausheben.
● Beim Einbau des Sitzes Bowdenzug des Gurtstrammers sorgfältig einhängen und Knebel wieder um 90° zurückdrehen. Ist der Zug nicht korrekt eingebaut, bleibt der Gurtstrammer bei einem Auffahrunfall ohne Funktion.

Gurtstrammer

Der BMW 3er ist grundsätzlich mit Gurtstrammern ausgestattet. Die straffen blitzartig die Sicherheitsgurte vorn: Die Fahrzeuginsassen können so nicht mehr in den lose übergelegten Gurt »fallen« und sich dabei Kopf- oder Beinverletzungen an Armaturenbrett oder Tür zuziehen.
Der Gurtstrammer arbeitet durch Zündung eines Festtreibstoffgemisches. Der Verbrennungsdruck wirkt auf einen Kolben, der das Gurtschloß am Sitz nach unten zieht.
Die Gasgeneratoren der Gurtstrammer unterliegen den Bestimmungen des Sprengstoffgesetzes. Der Umgang damit ist nur Fachkräften gestattet, denen die Sicherheitsbestimmungen bekannt sind, siehe auch unter »Airbag« im Kapitel »Radaufhängung und Lenkung«.

Kopfstützen ausbauen

● **Vordersitze:** Kopfstütze ganz hochziehen.
● Kopfstütze mit einem Ruck über den Endanschlag ziehen und abnehmen.

● Die Kopfstützen der **Rücksitze** werden auf die gleiche Weise wie vorn ausgebaut.

Rücksitz ausbauen
feststehende Rückenlehne

● **Sitzbank** nach oben aus den Halteklammern an der Vorderkante ziehen.
● Sitzbank nach vorn ziehen und aus dem Fahrzeug herausheben.
● Beim Einbau Beckengurt in der Mitte hochlegen und Sitzbank einbauen.

● **Rückenlehne:** Zuerst Rücksitzbank ausbauen.
● Oben an den Außenkanten Lehne mit einem Ruck aus der Verriegelung aushaken.
● Lehne unten links und rechts aus den beiden Haken herausziehen. Rückenlehne ein Stück weit umklappen.

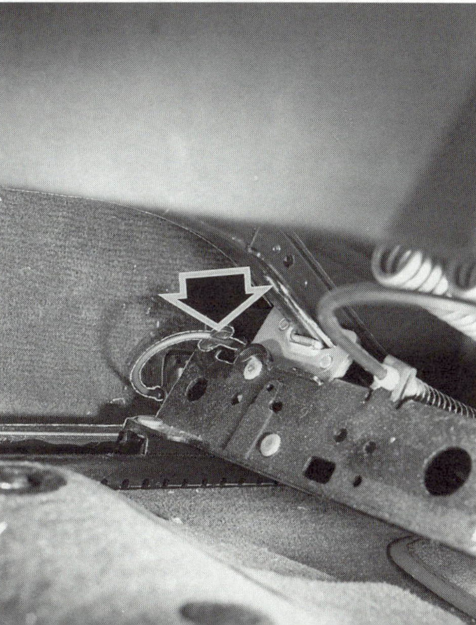

Links: Nach Abhebeln der Abdeckkäppchen (1) sind die Befestigungsmuttern (2) der Sitze auf den Sitzschienen zugänglich.
Rechts: Vor Ausbau des Vordersitzes muß der Gurtstrammer entschärft werden: Knebel (Pfeil) um 90° drehen.

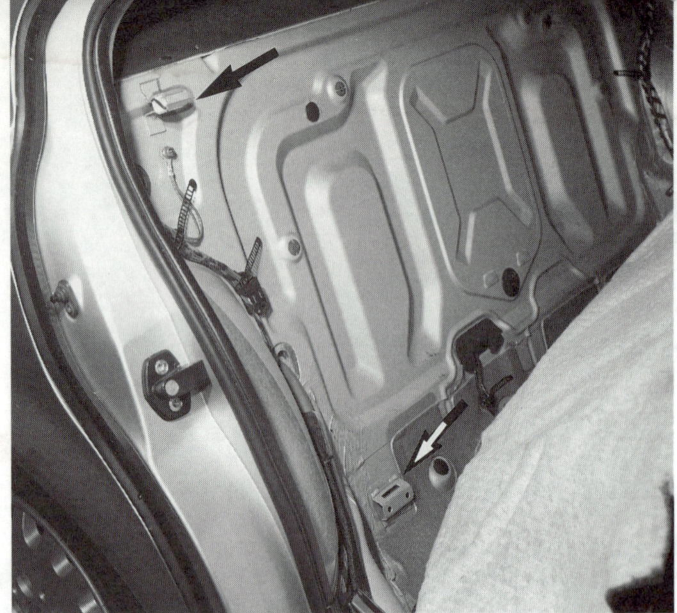

Die Rücksitzlehne ist an der Unterkante eingesteckt und an der Oberkante lediglich festgeklemmt. Die Pfeile im Bild zeigen auf die beiden Befestigungen an der rechten Fahrzeugseite.

- Die Lehne ist mit der darunterliegenden Dämm-Matte verklebt. Matte von der Rückenlehne ablösen.
- Rückenlehne aus dem Fahrzeug herausheben.

- Beim Einbau Rückenlehne zuerst unten einhängen, dann oben andrücken.

Das Armaturenbrett

Verkleidung links unten ausbauen

- Zwei bzw. drei Kreuzschlitzschrauben herausdrehen.
- Verkleidung links oben ausrasten, dazu Verkleidung vorsichtig nach hinten ziehen.
- Ggf. Leitungen für Warngong (Temperaturanzeige) ausstecken.

- Beim Einbau Verkleidung in die Führungen vorn unten und links oben einstecken.

Lenksäulenverkleidung ausbauen

- Lenkrad ausbauen (Kapitel »Radaufhängung und Lenkung«).
- Lenkrad-Höhenverstellung (sofern eingebaut) entriegeln.
- Oben und unten an der Verkleidung je eine Kreuzschlitzschraube lösen.

- Dübel, in die die Kreuzschlitzschrauben eingedreht sind, herebeln.
- Verhakungen zwischen unterer und oberer Verkleidungshälfte trennen.
- Die Verkleidungsteile können Sie jetzt einzeln abnehmen.

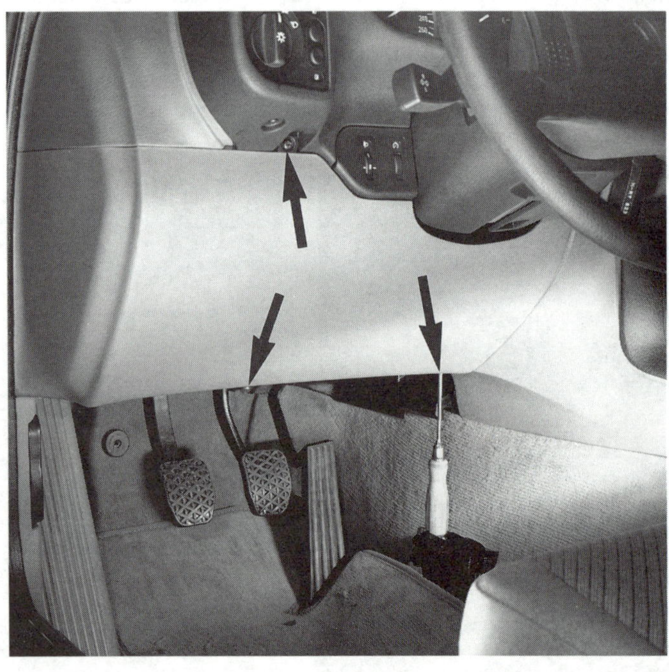

Ausbau der linken unteren Armaturenbrettverkleidung nach Lösen von zwei bzw. drei Kreuzschlitzschrauben (Pfeile). Dann die Verkleidung vorsichtig nach hinten ziehen und dabei an der linken Seite ausrasten.

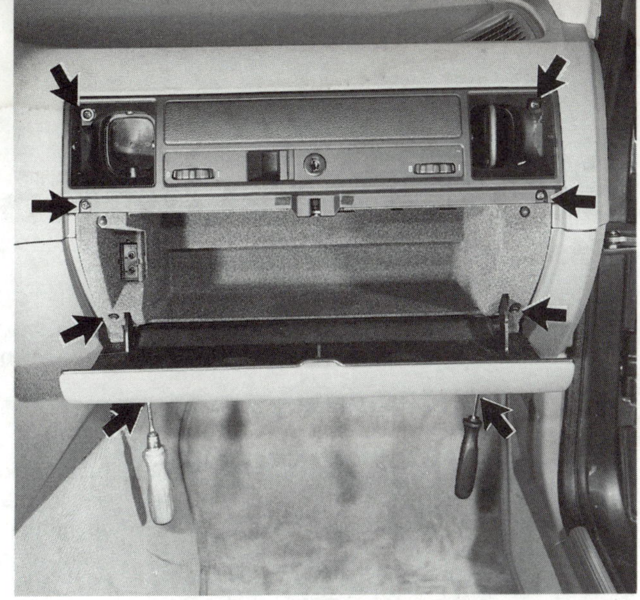

Ausbau des Handschuhfaches: Luftdüseneinsätze oberhalb des Handschuhfaches heraushebeln und die mit Pfeilen bezeichneten Schrauben lösen. Dann Handschuhfach komplett herausziehen.

● Handschuhfach öffnen.
● Beide Luftdüsen aus den Schächten herausziehen (Kapitel »Heizung und Lüftung«).
● Unterhalb der Düsenschächte beide Kunststoffabdeckungen mit einem schmalen Schraubendreher heraushebeln.
● Befestigungsschrauben des Handschuhfaches und des Düsenhalters herausdrehen, wie im Bild oben gezeigt.
● Handschuhfach zusammen mit dem Düsenhalter aus dem Ausschnitt herausziehen.
● Kabelstecker von der Handschuhfachleuchte abziehen.
● Kabelstecker zum Kontaktschalter abziehen.

Wartung Nr. 33

Zeigen die Gurte einen der nachfolgend genannten Mängel, sollten sie ausgewechselt werden, damit sie im Notfall wirklich schützen können:

○ Welliges Gurtband
○ Ausgefranste Kanten
○ Aufgeriebenes Gewebe
○ Angerissene Nähte

○ Wenn ein »lahmer« Automatikgurt öfter zwischen Tür und Karosserie eingeklemmt wurde, wodurch er mit der Zeit an Festigkeit verliert

Fingerzeig: Schmutzige Gurte werden ausschließlich mit Seife und Wasser gesäubert. Benzin oder chemische Reinigungsmittel greifen die Gewebestruktur an.

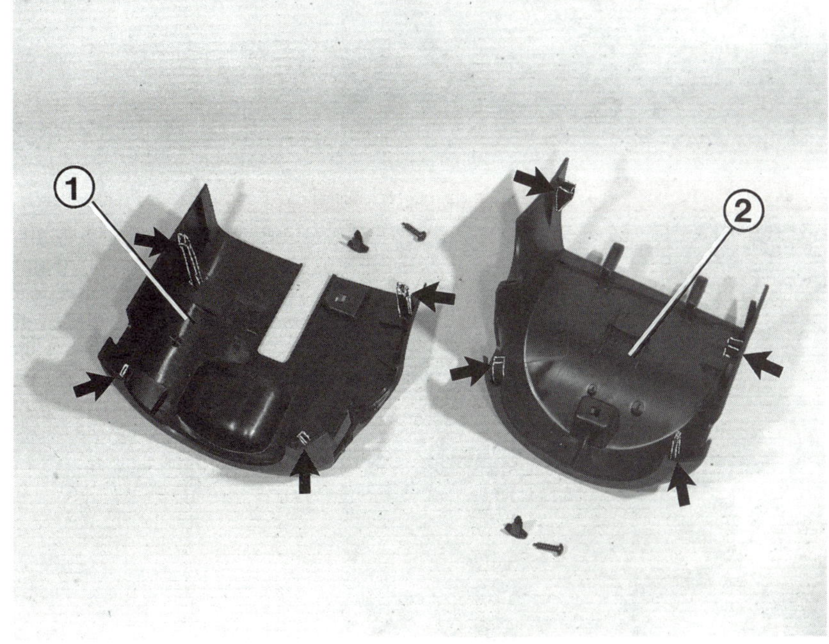

Zum Abnehmen der Lenksäulenverkleidung müssen zwei Schrauben gelöst und die Dübel, in denen sie stecken, herausgehebelt werden (die Teile sind im Bild sichtbar). Dann können die Verhakungen (Pfeile) gelöst werden, die oberes (2) und unteres Verkleidungsteil (1) zusammenhalten.

Störungsdienst

Wir gehen bei unserer Fehlersuche davon aus, daß der Motor keine mechnischen Leiden hat. Weiter nehmen wir an, daß das Triebwerk unvermittelt stehenblieb bzw. nicht mehr anspringen will.

Dreht der Anlasser den Motor durch?

Tut er's nicht oder nur unwillig, lesen Sie bitte weiter unter »Fehlerquelle Elektrik«. Wird der Motor dagegen flott durchgedreht, müssen die folgenden Fragen der Reihe nach beantwortet werden.

Funken an den Zündkerzen?

Eine Zündkerze herausschrauben, wieder in den Kerzenstecker hineinstecken und Kerze elektrisch leitend und rüttelsicher mittels eines Starthilfekabels mit dem Motorblock verbinden. Von einem Helfer den Anlasser durchdrehen lassen. **Zündkabel und Kerze nicht berühren**, siehe Seite 185. Springen Funken über? Wenn ja, nächste Frage abklären. Falls nicht, weiterlesen unter »Fehlerquelle Zündung«.

Wird die Einspritzanlage mit Kraftstoff versorgt?

Kraftstoffschlauch (Pfeil) an der Trennstelle links unten im Motorraum abnehmen. Gefäß unter den Druckregler halten. Von Helfer den Anlasser kurz durchdrehen lassen: Spritzt Benzin heraus, ist die Kraftstoffversorgung intakt. Wenn nicht, lesen Sie bitte weiter unter »Fehlerquelle Kraftstoffversorgung«. Bleibt noch die Einspritzung selbst als Fehlerquelle.

○ Ist ein Kabelstecker an Teilen der Zündanlage oder an einem Teil der Einspritzanlage abgefallen?
○ Nur 316i/318i: Kontrollieren Sie den festen Sitz der Zündkabel am Verteiler (Abdeckung dazu abnehmen). Die Zündung darf nicht eingeschaltet sein!
○ Kerzenstecker richtig aufgesteckt?
○ Sind sämtliche Unterdruckschläuche im Motorraum auf ihren entsprechenden Stutzen aufgesteckt?
○ Alle Teile der Zündanlage – auch die Zündspule(n) – müssen sauber und trocken sein, sonst besteht die Gefahr von Kriechströmen und Spannungs-Überschlägen.
○ Nur 316i/318i: Kondenswasser am oder im Verteilerdeckel?
○ Benzingeruch im Motorraum? Ist ein Kraftstoffschlauch undicht oder hat er sich gar gelockert?

Fehlerquelle Elektrik

○ Die Kontrollampen im Armaturenbrett brennen nicht bei eingeschalteter Zündung: Batterie ist völlig entladen oder die Batterieklemmen sind lose.
○ Kontrollampen verlöschen beim Betätogen des Anlassers: Batterie stark entladen oder altersschwach oder Anlasser hat Kurzschluß.
○ Kontrollampen werden beim Schlüsseldreh geringfügig dunkler; Anlasser dreht sich nicht: Magnetschalter klemmt bzw. defekt oder Anlasser defekt.
○ Kontrollampen brennen hell beim Schlüsseldreh; Anlasser dreht sich nicht: Klemme-50-Kontakt im Zündschloß defekt, Klemme-50-Leitung am Magnetschalter lose oder Magnetschalter defekt.

Fehlerquelle Zündung

○ Alle Anschlüsse im Bereich Zündspule(n) und Zündverteiler (316i/318i) richtig aufgesteckt?
○ Risse im Zündspulengehäuse bzw. in den Zündspulengehäusen? Brandspuren von Funkenüberschlägen, ausgetretene Vergußmasse?
○ Steckverbindung zum Drehzahlgeber in Ordnung? Prüfen, ob der Geber an seiner Stirnseite verschmutzt ist.
○ 316i/318i: Verteilerdeckel abnehmen. Sind Kriechstromspuren an seiner Innenseite sichtbar? Federt die Kontaktkohle in der Deckelmitte einwandfrei? Grünspan an den Kontaktstiften?
○ Elektronik-Box hinter der Batterie öffnen: Sind die Steckeranschlüsse am Motronic-Steuergerät fest? Ist evtl. ein einzelner Steckkontakt im Mehrfachstecker zurückgerutscht?
○ Als letztes hilft nur das komplette Durchprüfen der Zündanlage.

Fehlerquelle Kraftstoffversorgung

○ Kein Benzin im Tank – das ist nicht so abwegig, wie Sie vielleicht denken. Wagen aufschaukeln und horchen, ob es im Tank plätschert.
○ Kraftstoffpumpe defekt.
○ Benzinfilter verstopft.
○ Bei intaktem Benzinnachschub gerät – z.B. bei ständigen Startproblemen – die Einspritzanlage in Verdacht.

Verzeichnis der Störungsbeistände

Über das Buch verteilt finden Sie Störungsbeistände zu den einzelnen Bauteilen. Hier die Zusammenstellung:

Datendrang

Motor

		316i	318i	318is
Typ		316i	318i	318is
Bauart		Vornliegender wassergekühlter Vierzylinder-Viertakt-Reihenmotor		
Bohrung	mm	84	81	81
Hub	mm	72	84	84
Hubraum	cm³	1596	1796	1796
Verdichtung		9,0	8,8	10,0
Höchstleistung	kW/PS	73/100	83/113	103/144
bei Drehzahl	1/min	5500	5500	6000
Höchstes Drehmoment	Nm	141	162	175
bei Drehzahl	1/min	4250	4250	4500
Ventilsteuerung		Durch eine obenliegende Nockenwelle über Schlepphebel auf hängende Ventile. Ventilspielausgleich durch Hydrosockel		Durch zwei obenliegende Nockenwellen über hydraulische Tassenstößel auf hängende Ventile
Kompressionsdruck	bar	mind. 10–11	mind. 10–11	mind. 10–11
Ventilsitzbreite	mm	E: 1,4–1,9/A: 1,75–2,25	E: 1,4–1,9/A: 1,75–2,25	E/A: 1,4–1,9
Ventilsitzwinkel		45°	45°	45°
Ventilführung Innen-∅				
Originalmaß	mm	7,0 H7	7,0 H7	7,0 H7
1. Übermaß	mm	7,1 H7	7,1 H7	7,1 H7
2. Übermaß	mm	7,2 H7	7,2 H7	7,2 H7
Außen-/Bohrungs-∅				
Originalmaß	mm	12,5 u6/12,5 M7	12,5 u6/12,5 M7	12,5 u6/12,5 M7
1. Übermaß	mm	12,6 u6/12,6 M7	12,6 u6/12,6 M7	12,6 u6/12,6 M7
2. Übermaß	mm	12,7 u6/12,7 M7	12,7 u6/12,7 M7	12,7 u6/12,7 M7
Ventilschaft ∅				
Originalmaß	mm	E: 6,975/A: 6,96	E: 6,975/A: 6,96	E/A: 6,975
1. Übermaß	mm	7,1	7,1	7,1
2. Übermaß	mm	7,2	7,2	7,2
Kippspiel des Ventils				
zulässig/verschlissen	mm	0,5/0,8	0,5/0,8	0,5/0,8
Schmiersystem		Druckumlaufschmierung durch Rotorölpumpe System Eaton (Duocentric-Pumpe), Ölfilter im Hauptstrom, Druckregelventil im ungefilterten Ölkreis		
Öldruck im Leerlauf	bar	1,3–2,0	1,3–2,0	1,3–2,0
bei Höchstdrehzahl	bar	4,0–4,3	4,0–4,3	4,0–4,3
Schaltpunkt des				
Öldruckschalters	bar	0,2–0,5	0,2–0,5	0,2–0,5

Kühlsystem

	316i	318i	318is
Art	Wasserumlaufkühlung mit Flügelradpumpe, Thermostat und motorgetriebenem Kühlerventilator mit Viscokupplung		
Verschlußdeckel			
Überdruckventil öffnet bei	1,4 ± 0,1 bar	1,4 ± 0,1 bar	1,4 ± 0,1 bar
Unterdruckventil öffnet bei	0,09 bar	0,09 bar	0,09 bar
Thermostat öffnet bei	88°C	88°C	88°C
Kühlerventilator			
Axialspiel des Rotors	max. 0,4 mm	max. 0,4 mm	max. 0,4 mm
Radialspiel	0,5 mm	0,5 mm	0,5 mm
Zuschalttemperatur	82 ± 4°C Umgebungstemp.	82 ± 4°C Umgebungstemp.	82 ± 4°C Umgebungstemp.
Abschalttemperatur	≥ 60°C Umgebungstemperatur	≥ 60°C Umgebungstemperatur	≥ 60°C Umgebungstemperatur
Durchmesser	410 mm	410 mm	410 mm
Blattzahl	11	11	11

System	316i/318i: Bosch Motronic M 1.3; 318is: Bosch Motronic M 1.7
Druckregler Systemdruck	$3{,}0 \pm 0{,}06$ bar
Temperaturfühler	
Wasser bzw. Luft	
Prüfwerte bei −10°C	8,2–10,5 kΩ
bei +20°C	2,2–2,7 kΩ
bei +80°C	0,3–0,36 kΩ
Einspritzventile	
Leckage bei Systemdruck	1 Tropfen/Minute
Spulenwiderstand bei 20°C	15–17,5 Ω
Spritzwinkel	ca. 30°

Schaltgetriebe			
eingebaut in	316i	318i	318is
Getriebe-Bezeichnung	S 5D 200 G	S 5D 200 G	S 5D 200 G
Kennbuchstaben	AKD	AKD	AKD
Art	Vollsynchronisiertes Fünfgang-Schaltgetriebe mit Direktgang-Auslegung		
Übersetzungen			
1. Gang	4,23	4,23	4,23
2. Gang	2,52	2,52	2,52
3. Gang	1,67	1,67	1,67
4. Gang	1,22	1,22	1,22
5. Gang	1,00	1,00	1,00
Rückwärtsgang	4,04	4,04	4,04
Automatikgetriebe			
eingebaut in	316i A	318i A	318is A
Getriebe-Bezeichnung	A 4S 310 R (THM−R1)	A 4S 310 R (THM−R1)	A 4S 310 R (THM−R1)
Art	elektronisch-hydraulisch gesteuertes Viergang-Automatikgetriebe mit drei Schaltprogrammen		
Kennbuchstaben	LC	LE, LD	LE, LD
Übersetzungen			
1. Gang	2,40	2,40	2,40
2. Gang	1,47	1,47	1,47
3. Gang	1,00	1,00	1,00
4. Gang	0,72	0,72	0,72
Rückwärtsgang	2,00	2,00	2,00
Hinterachsgetriebe			
Übersetzung bei			
Schaltgetriebe	3,45	3,45	3,45
Automatikgetriebe	4,45	4,45	4,45

Vorderradaufhängung	Einzelradaufhängung mit zwei Querlenkern unten, Federbeinen und Stabilisator
Lenkung	Zahnstangen-Servolenkung mit Sicherheits-Lenksäule
Hinterradaufhängung	Einzelradaufhängung mit je einem Zentrallenker und je zwei Querlenkern pro Fahrzeugseite
Achseinstellung	Siehe Tabelle Seite 101
Reifen und Felgen	Siehe Tabelle Seite 134

Fußbremse vorn	Einkolben-Faustsattelbremse, innenbelüftete Bremsscheiben
Bremsscheibenstärke vorn	Siehe Tabelle Seite 119
Belagstärke vorn	mind. 2,0 mm ohne Trägerplatte
Fußbremse hinten (mit ABS)	Einkolben-Faustsattelbremse
Bremsscheibenstärke hinten	Siehe Tabelle Seite 119
Belagstärke bei Scheiben-	
bremsen hinten	mind. 2,0 mm ohne Trägerplatte

Fußbremse hinten (ohne ABS)	Simplex-Innenbacken-Trommelbremsen, selbstnachstellend
Bremstrommel-Innen-durchmesser	229,5 mm (Bearbeitungsgrenze)
Belagstärke bei Trommel-bremsen hinten	mind. 1,5 mm (ohne Bremsbacke)
Handbremse	Mit ABS: Über Seilzug auf zusätzliche Bremstrommeln an der Hinterachse wirkend Ohne ABS: Über Seilzug auf die Bremstrommeln an der Hinterachse wirkend
Antiblockiersystem	Teves/ATE (bei 316i/318i bis 9/91 Sonderausstattung)

Elektrische Anlage

Bordspannung	12 Volt
Batterie	Siehe Seite 172
Generator	Siehe Seite 175
Anlasser	1,4 kW
Zündanlage	Bosch Motronic
Zündkerzen	Siehe Seite 192
Glühlampen	Siehe Seite 193

Abmessungen

Länge	4433 mm	Spurweite vorn (bei zul. Achslast)	1408 mm
Breite Viertürer	1698 mm	Spurweite hinten (bei zul. Achslast)	1421 mm
Breite Coupé	1710 mm	Kleinster Spurkreisdurchmesser	9,4 m
Höhe (unbelastet)	1393 mm	Kleinster Wendekreis-durchmesser	10,4 m
Radstand	2700 mm		
Vordere Überhanglänge	748 mm		
Hintere Überhanglänge	985 mm		

Füllmengen in Liter

Tank	65	Kühlsystem mit Heizung	
Scheibenwaschanlage	ca. 2,5	316i/318i	6,0
Scheibenwaschanlage mit Scheinwerfer-Waschanlage	ca. 8,5	318is	6,5
Intensivreinigungsanlage	ca. 1,0	Schaltgetriebe	1,1
Motorölwanne		Automatikgetriebe	3,0
mit Filterwechsel 316i/318i	4,0	Hinterachsgetriebe	1,1
318is	4,5		
o. Filterwechsel 316i/318i	3,75		
318is	4,25		

Gewichte in kg

Leergewicht	316i	318i	318is
Schaltgetriebe	1190	1205	1240
Automatikgetriebe	1230	1245	–
Zul. Gesamtgewicht			
Schaltgetriebe	1650	1665	1700
Automatikgetriebe	1690	1705	–
Zul. Achslast vorn	800	810	825
hinten	970	975	995
Anhängelasten			
ohne Bremse	550	550	550
mit Bremse bis max. 12% Steig.	1050	1200	1300
Zul. Deichselstützlast	50	50	50
Zul. Dachlast	75	75	75

Motoröl

Marken-Motoröl für Ottomotoren gemäß den Spezifikationen auf Seite 24 (keine besonderen Freigaben)

Synthetik-Motoröl

Agip sint 2000	ELF prestigrade m	Shell TMO
Aral Super LL	Esso Superlube EX-2	Shell Super 3
Autol Carrera	Esso Ultra Oil	Shell Helix
Avia Multigrade	Fanal varia light CD	Texaco Alpha
Avia Topsynt	Fuchs Titan Unic 1040 MC	Texaco Havoline X1
Avia Turbo CFE	IP Sintiax Motor Oil	UK-ProMotor FE MC-Klasse
BayWa Rennklasse Turbo 2000	Jet Nr. 1	UK-ProMotor Formel »e«
BMW Super Power	Mobil 1	Valvoline Syn Gard Plus
BP Strato	Mobil Super XHP	Veedol Synthron
Castrol TXT	Mobil Super Formula XHP	Veedol Synthetic Oil
Castrol TXT softec	Mobil Rally Formula XHP	Veedol Synthetic Oil Spezial R
Castrol Formula RS	Mobil 1 Rally SHC	Veedol Spezial R
Castrol Syntron	Motorex MC Plus	Veritas Syntholube
Castrol Syntron X	Motorex Select MC	Westfalen WXD
Divinol Synthetic LLS	Motul Synergie	Wintershall Primalub Alpha
Duckhams XQR	Neste Alfa 2	Wintershall VIVA 1
Econo-Veritas LS	Oest Eta	Yacco VX 300
ELF moins	Q8 Auto 8	

Kühlmittel Frostschutz

BASF Glysantin G 46/11	Hoechst Genantin VP 1719	Shell ANF
BASF Glysantin G 48/00	ICI Antifreeze 012	

ATF für Schaltgetriebe und automatisches Getriebe

Agip Dexron II D-21 103	Deutz Oel Dexron II D-21 666	Martin Giromatic Dexron C/D D-20 112
Adrumol ATF Dexron II D-22 042	Elfmatic G 2 Dexron D-22 329	Mobil ATF 220 D-20 104, 21 790, 21 412, 21 297
Amalie Dexron II D-22 209	Ellmo Fluid Dexron D-21 869	
Ampol A.T.F. Type DXR II D-20 353	Esso Automatic Transmission Fluid Dexron D-21 065, 22 079	Motorex ATF Dexron II D-21 121
Ampol A.T.F. Super II D-21 592		Norol Automatgirolje II D-21 105
Antar Dexron II D-22 329	Euro Oil ATF II D-21 869	ÖMV Elan Austromatic Dexron II D-21 374
Aral Getriebeöl ATF 22 D-22 144	Fiat Tutela GI/A D-21 105	Oest ATF Dexron D-21 523
Aseol ATF DB Universal 16-715 D-22 098	Fina Dexron D-21 869	Opalfluid TA/D-20 728
Autol Getriebeöl D-21 523	Finke Aviaticon Dexron II D-20 112	Optimol ATF-DF-D-21 523
Avia Fluid ATF 86 II D-21 523	Fuchs Renofluid 4000 D-22 173	Orlymatic ATF Dexron II D-21 362
Beverol Dexron II D-20 727	Hafa Transmatic BD II D-20 781	Panolin ATF Dexron Multi D-21 996
BP Autran DX D-21 105, 20 137, 20 349, 21 523, 22 119, 22 081	Hessol Dexron D-20 112	Pennzoil Hydra-F 10 Dexron II D-21 735
	Hessol Fluid C N D-12 523	Petrogal Gaslp Transmatic D II D-21 084
Caltex Transmatic Fluid Dexron II D-20 139	Hilbert Xorbol ATF Dexron II D-20 383	Prinz-Schulte Aero-Line ATF Dexron D-20 101, 22 232
Castrol TQ Dexron II D-21 130, 20 180, 20 815, 20 354, 20 451, 21 293, 22 106, 21 945	Homberg Getr.-Fluid Dexron D-22 042	
	Huiles Renault Diesel Dexron D-22 329	Q8 Auto 14 D-21 677
Cera Honeylupe ATF DX II D-20 137	Hürlimann Rollsynol ATF Dexron II D-21 121	Raff Matic II D-20 101
Chemico Lubro Dexron II D-21 294		Repsol Telex 3 Dexron II D-21 824
Chevron Automatic Transmission Fluid D-21 871, 21 461	IP dexron Fluid II D-21 627	Shell ATF II D-20 137, 21 666, 21 464, 21 774
	Irokal Dexron II D-22 042	
Cidisol Fluis II D-20 137	Käppler Selectol Fluid Getriebeöl Dexron D-20 112, 21 523	Shell MAC ATF Dexron II D-21 666
Cidisol Fluis D-II D-21 666	Kendall Dexron II D-22 092	Sunamatic 149 D-20 101
Condamatic II D-21 258	Kompressol Fluid-matic D 52 Dexron D-21 666	Sunamatic 153 D-22 232
Deltinol ATF Universal Dexron II D-21 523		Texaco Texamatic 9226 D-20 112
Deluxol Transmatic Fluid Dexron II D-20 726, 22 232	Lubrication 1107 Automatic Transmission Fluid D-21 452	Texaco Lastona Fluid II D-20 112
		Total Dexron D-20 356
		Total ATF H 5421 D-21 647

Trek Dexron II D-22142
Turbo Getriebeöl ATF Dexron II D-20383
UK Fluid Dexron II D-21666
Unil Matic Dexron II D-21523, 20101
Valvoline ATF Dexron II D-21270

Veedol ATF Dexron II D-20816, 20808, 21945
Westfalen ATF Dexron D 86 D-22042
Wevag Automatic Getriebeöl ATF Dexron D-20383, 21523

Wintershall STF Dexron D-22042
Wisura ATF Dexron D-20112, 20383
Yacco ATF II D-20806

Öl für Hinterachsgetriebe ohne Sperrdifferential

Aral Getriebeöl EH
BP Getriebeöl BM 90
Castrol Hypoy G 728
Deltinol Hinterachsöl BM
Esso Getriebeöl B 80 W-90
Fina Pontonic BM 90
Fuchs Renogear H 90

Mobil Hinterachsgetriebeöl BM
Motul Hypo BM
Oest Getriebeöl BM 90
Shell Achterasolie BMW
Shell Hinterachsöl BMW
Schindler Frontol Spezialgetriebeöl BAV 96
Sunoil Sunfleet L 901

Texaco Geartex HGB SAE 90
Valvoline Magnet S 90
Veedol Multigear AX
Westfalen Getriebeöl Hypoid BMW
Wintershall Wiolin Hypoid EW 90

Öl für Hinterachsgetriebe mit Sperrdifferential

Agip BMW HLS
Aral Getriebeöl EH-LS90
Avia Getriebeöl Hypoid 90 BM Super
BP Getriebeöl BLS 90
Castrol G 728 LS plus
Fina Pontonic BMS 90
Frontol Getriebeöl BAV 90 Universal
Fuchs Renogear HLS 90

Mobil Hinterachsgetriebeöl BMS
Motorex Gear Oil HLS 90
Motul Hypo BM LS
Oest Getriebeöl HLS 90
Shell Achterasolie LS BMW
Shell Hinterachsöl LS BMW
Texaco Geartex BHS SAE 90
Tranself MB-LS 90

UK Ecusynth Hyp 75W-90
Valvoline Magnet HLS-90
Veedol MLS 90 G plus
Westfalen Hypo BMWS
Wintershall Wiolin EWS
Wisura Getrieböl WSD 90

ATF für Servolenkung

Für Erst- und Nachfüllung; zum reinen Nachfüllen stehen wesentlich mehr als die hier aufgeführten Produkte zur Verfügung.

Agip F.1 ATF Dexron
Aral Öl P 319 Dexron
Avia Fluid ATF 77 Dexron
BP Autran DX II

Caltex Texamatic Fluid Dexron II
Castrol TQ Dexron II
Esso ATF Dexron
Frontol Getriebeöl DXS Dexron C/D

Shell Dexron II
Texaco Texamatic 9226
Veedol ATF Dexron II

Bremsflüssigkeit

ATE SL-DOT 4 Bremsflüssigkeit
BASF Hydraulan DOT 4 Typ 75 974

Castrol Disc Brake Fluid DOT 4
DOW ET 504

Shell DONAX YB BF 4,5 DOT 4
Veedol Disc Brake Fluid DOT 4